# ENCYCLOPEDIA OF PHYSICS

CHIEF EDITOR

S. FLÜGGE

VOLUME XLIX/5

# GEOPHYSICS III

PART V

BY

JA. L. AL'PERT T. K. BREUS K. I. GRINGAUZ
W. L. JONES A. T. VASSY E. VASSY W. L. WEBB

EDITOR

K. RAWER

WITH 236 FIGURES

SPRINGER-VERLAG
BERLIN HEIDELBERG NEW YORK
1976

# HANDBUCH DER PHYSIK

HERAUSGEGEBEN VON

S. FLÜGGE

BAND XLIX/5

## GEOPHYSIK III

TEIL V

VON

JA. L. AL'PERT  T. K. BREUS  K. I. GRINGAUZ
W. L. JONES  A. T. VASSY  E. VASSY  W. L. WEBB

BANDHERAUSGEBER

K. RAWER

MIT 236 FIGUREN

SPRINGER-VERLAG
BERLIN HEIDELBERG NEW YORK
1976

Professor Dr. SIEGFRIED FLÜGGE
Physikalisches Institut der Universität, D-7800 Freiburg i.Br.

Professor Dr. KARL RAWER
Institut für Physikalische Weltraumforschung (Fraunhofer-Ges.), D-7800 Freiburg i.Br.



ISBN 3-540-07512-7 Springer-Verlag Berlin Heidelberg New York
ISBN 0-387-07512-7 Springer-Verlag New York Heidelberg Berlin


Library of Congress Catalog Card Number A 56-2942.
Printed in Germany.



Satz, Druck und Bindearbeiten: Universitätsdruckerei H. Stürtz AG, Würzburg.

# Contents.

# Introductory Remarks.

Volume 49/5 deals with typical phenomena of the upper atmosphere. Natural optical emissions occurring under magnetically quiet conditions are analyzed by VASSY and VASSY. The much stronger auroral emissions were described by AKASOFU, CHAPMAN and MEINEL in Vol. 49/1. My dear friend ETIENNE VASSY died suddenly on October 30, 1969. The first version of his manuscript was just ready at that time; it was later finalized by his co-author and wife ARLETTE VASSY.

The two following contributions deal with the dynamic structure of the upper atmosphere in general and with internal gravity waves in particular. The contribution by AL'PERT mainly considers phenomena which appear in the vicinity of vehicles flying through space plasma—a new subject of mutual interest to space flight and geophysics. In the same contribution plasma waves and oscillations are also discussed. In order to allow comparison with the more detailed discussion by GINZBURG and RUHADZE in Vol. 49/4 an effort was made to have equations written in compatible shape in both papers. The last contribution of this volume summarizes the findings on planetary ionospheres obtained during the last years with space research methods—a subject which is in rather quick development.

SI-units (SI = Système International) are now rather generally used and are the only legal units in quite a few countries (in the Federal Republic of Germany since 1970). However, since the earlier volumes of the Part Geophysics should remain comparable and since the elder literature is mainly written in c.g.s. units, we preferred to continue writing equations in the more general system which was first used in Vol. 49/2. Such equations are valid in all commonly used systems of units.

This generalized way of writing equations precludes the use of the simplifications typical of c.g.s. systems. In these systems the permittivity of free space, $\varepsilon_0$, and the permeability of free space, $\mu_0$, are chosen to be dimensionless (and made unity). Now we have to introduce $\varepsilon_0$ and $\mu_0$ as physical quantities, which may in fact correspond to their nature. The three most generally used c.g.s. systems are obtained by specializing the numerical values of quantities as indicated in the following table where $c_0$ is the velocity of light in free space.

| | Electrostatic | Electromagnetic | GAUSS |
|---|---|---|---|
| $\varepsilon_0 =$ | 1 | $1/c_0^2$ | 1 |
| $\mu_0 =$ | $1/c_0^2$ | 1 | 1 |
| So that the product: | | | |
| $c_0^2\,\varepsilon_0\mu_0 =$ | 1 | 1 | $c_0^2$ |

In SI units, too, which are basically electromagnetic, we have

$$c_0^2\,\varepsilon_0\mu_0 = 1\,.$$

Unfortunately, there is yet another difference between the systems of units. The c.g.s. systems most frequently used in the literature are non-rationalized while SI is rationalized (as is the special c.g.s. system introduced by H. A. LORENTZ). In a rationalized system of units the factor $4\pi$ appears only in spherical problems, for example, in COULOMB's law. In non-rationalized systems the natural factor $4\pi$ has been artifically eliminated from COULOMB's law, although it appears in planar problems. There are thus two alternatives, regardless of the choice of the constants $\varepsilon_0$, $\mu_0$ and $c_0$. The two alternatives may be allowed for by a dimensionless numerical constant u, which assumes the values:

$$\mathrm{u}=1 \text{ in rationalized systems,}$$

$$\mathrm{u}=4\pi \text{ in non-rationalized systems.}$$

These rules for writing equations in a generalized way were used by RAWER and SUCHY in Vol. 49/2 of this Encyclopedia in the contribution entitled "Radio Observations of the Ionosphere". Detailed explanations are given in an appendix (pp. 535 and 536 of Vol. 49/2), in which the 'transformations' between two systems of units and the relevant 'invariants' (e.g. energy quantities) are also discussed.

Numerical values for the different constants are given in the following summary table:

| System | | u | $\varepsilon_0$ | $\mu_0$ | $c_0^2\,\varepsilon_0\,\mu_0$ |
|---|---|---|---|---|---|
| SI | = m.k.s.A. | 1 | $8.854\cdot 10^{-12}$ $\mathrm{AV^{-1}\,sm^{-1}}$ | $1.257\cdot 10^{-6}$ $\mathrm{A^{-1}\,V\,sm^{-1}}$ | 1 |
| GAUSS | = "symmetric" c.g.s. | $4\pi$ | 1 | 1 | $c_0=9\cdot 10^{20}$ $\mathrm{cm^2\,s^{-2}}$ |
| | el.magn. c.g.s. | $4\pi$ | $\frac{1}{c_0^2}=1.113\cdot 10^{-21}$ $\mathrm{s^2\,cm^{-2}}$ | 1 | 1 |
| | el.stat. c.g.s. | $4\pi$ | 1 | $\frac{1}{c_0^2}=1.113\cdot 10^{-21}$ $\mathrm{s^2\,cm^{-2}}$ | 1 |
| LORENTZ | = rat. GAUSS | 1 | 1 | 1 | $c_0^2=9\cdot 10^{20}$ $\mathrm{cm^2\,s^{-2}}$ |

It may be helpful to repeat the most important equations of electromagnetic theory. With the definitions

| electric field intensity (field strength) | electric flux density (displacement) | magnetic field intensity (field strength) | magnetic flux density (induction) | current density |
|---|---|---|---|---|
| $\boldsymbol{E}$ | $\boldsymbol{D}$ | $\boldsymbol{H}$ | $\boldsymbol{B}$ | $\boldsymbol{J}$ |

there is

$$\boldsymbol{D}=\varepsilon\boldsymbol{E}; \quad \boldsymbol{B}=\mu\boldsymbol{H}; \quad \boldsymbol{J}=\sigma\boldsymbol{E},$$

and in vacuum

$$\varepsilon=\varepsilon_0; \quad \mu=\mu_0, \quad \sigma=0.$$

MAXWELL's equations connecting the different field quantities are now written:

$$\frac{\partial}{\partial \boldsymbol{r}} \times \boldsymbol{H} \equiv \nabla \times \boldsymbol{H} = \frac{1}{c_0 \sqrt{\varepsilon_0 \mu_0}} \frac{\partial}{\partial t} \boldsymbol{D} + \frac{\mathrm{u}}{c_0 \sqrt{\varepsilon_0 \mu_0}} \boldsymbol{J}$$

$$\frac{\partial}{\partial \boldsymbol{r}} \cdot \boldsymbol{D} \equiv \nabla \cdot \boldsymbol{D} = \mathrm{u} \varrho$$

$$\frac{\partial}{\partial \boldsymbol{r}} \times \boldsymbol{E} \equiv \nabla \times \boldsymbol{E} = -\frac{1}{c_0 \sqrt{\varepsilon_0 \mu_0}} \frac{\partial}{\partial t} \boldsymbol{B}$$

$$\frac{\partial}{\partial \boldsymbol{r}} \cdot \boldsymbol{B} \equiv \nabla \cdot \boldsymbol{B} = 0.$$

The two systems of units most used in geomagnetism are that of GAUSS and SI. With regard to these two systems, we may say that in SI units $c_0^2 \varepsilon_0 \mu_0 = 1$ and $\mathrm{u} = 1$, so that the factors in MAXWELL's equations can be disregarded. In the GAUSS system the constants $\varepsilon_0$ and $\mu_0$ can be omitted, but $c_0$ remains and we have the additional constant $\mathrm{u} = 4\pi$.

All equations are, of course, usable in any system of units because they are written in physical quantities. The accepted definition of a physical quantity is

(numerical value) · (dimension)

such that by dividing each term through the dimension a purely numerical equation can be obtained. We tend to write such equations, if at all, so that each physical quantity individually is divided by its own dimension. Where other units are to be used, the numerical change follows from an *algebraic substitution*, e.g.

$$c_0 = 3 \cdot 10^8\ \mathrm{ms}^{-1}; \qquad 1\ (\text{nt.mile}) = 1.853\ \mathrm{km}; \qquad 1\ \mathrm{m} = \frac{10^{-3}}{1.853}\ (\text{nt.mile}),$$

$$c_0 = 3 \cdot 10^8 \frac{10^{-3}}{1.853}\ (\text{nt.mile})\ \mathrm{s}^{-1} = 1.619 \cdot 10^5\ (\text{nt.mile})\ \mathrm{s}^{-1}.$$

A few remarks on *mathematical signs* may be in order.

Bar or stroke may be used to express division. According to IUPAP rules, the stroke / has priority over multiplication such that $a \cdot b/c \cdot d = \frac{ab}{cd}$. It is worth noting that this is not so in computer languages like ALGOL.

It is a special convention in this Encyclopedia that the natural logarithm is denoted by log (not by ln).

Differential operations in vector fields are normally expressed by means of the symbolic vector (or 'vector operator')

$$\frac{\partial}{\partial \boldsymbol{r}} \equiv \nabla$$

which in cartesian coordinates $x_1$, $x_2$, $x_3$ reads

$$\left(\frac{\partial}{\partial x_1}, \frac{\partial}{\partial x_2}, \frac{\partial}{\partial x_3}\right).$$

IUPAP proposes two different ways of denoting tensors: use of sanserif letters as symbols (e.g. $\mathsf{T}$), or analytical expression with reference to cartesian coordinates (e.g. $T_{ik}$).

In the latter case the summation rule is to be applied. Though symbolic writing is preferred, we give both presentations in most cases. The unit tensor is written as $\mathsf{U}$ or $\delta_{ik}$. The tensorial product of two vectors $\boldsymbol{a}\boldsymbol{b}$ must be distinguished from the vector product $\boldsymbol{a} \times \boldsymbol{b}$ and the scalar product $\boldsymbol{a} \cdot \boldsymbol{b}$.

Freiburg, 22 July 1976

KARL RAWER

a

b

Fig. 1a et b. Photographie nocturne d'un paysage. Appareil Leica; objectif Boyer $f/0{,}9$; Film Kodak Ektachrome EF, développé à 640 ASA. Dû à la durée de l'exposition les étoiles aparaissent comme de petits traits. a) Durée d'exposition: 10 min. b) Durée d'exposition: 5 min. Cette photographie obtenue plus tót que la précédente, avec un ciel encore crépusculaire montre le passage du satellite Echo II.

Tableau 2. *Distribution énergétique du Soleil en dehors de l'atmosphère (par unité de surface et par unité de longueur d'inde) dans l'intervalle spectral 500 ... 630 nm (5000...6300Å).*

| Longueur d'onde | | Flux d'énergie | | Flux de quanta | |
|---|---|---|---|---|---|
| nm | Å | $Wm^{-2}\,nm^{-1}$ | $erg\,cm^{-2}\,s^{-1}\,Å^{-1}$ * | $m^{-2}\,s^{-1}\,nm^{-1}$ | $cm^{-2}\,s^{-1}\,Å^{-1}$ ** |
| 500 | 5000 | 1,98 | 198 | $4{,}97\cdot10^{18}$ | $4{,}97\cdot10^{13}$ |
| 510 | 5100 | 1,96 | 196 | $5{,}03\cdot10^{18}$ | $5{,}03\cdot10^{13}$ |
| 520 | 5200 | 1,87 | 187 | $4{,}90\cdot10^{18}$ | $4{,}90\cdot10^{13}$ |
| 530 | 5300 | 1,95 | 195 | $5{,}20\cdot10^{18}$ | $5{,}20\cdot10^{13}$ |
| 540 | 5400 | 1,98 | 198 | $5{,}38\cdot10^{18}$ | $5{,}38\cdot10^{13}$ |
| 550 | 5500 | 1,95 | 195 | $5{,}40\cdot10^{18}$ | $5{,}40\cdot10^{13}$ |
| 557,7 | 5557 | 1,91 | 191 | $5{,}37\cdot10^{18}$ | $5{,}37\cdot10^{13}$ |
| 560 | 5600 | 1,90 | 190 | $5{,}35\cdot10^{18}$ | $5{,}35\cdot10^{13}$ |
| 570 | 5700 | 1,87 | 187 | $5{,}36\cdot10^{18}$ | $5{,}36\cdot10^{13}$ |
| 580 | 5800 | 1,87 | 187 | $5{,}45\cdot10^{18}$ | $5{,}45\cdot10^{13}$ |
| 589,3 | 5893 | 1,84 | 184 | $5{,}46\cdot10^{18}$ | $5{,}46\cdot10^{13}$ |
| 590 | 5900 | 1,84 | 184 | $5{,}46\cdot10^{18}$ | $5{,}46\cdot10^{13}$ |
| 600 | 6000 | 1,81 | 181 | $5{,}47\cdot10^{18}$ | $5{,}47\cdot10^{13}$ |
| 610 | 6100 | 1,74 | 174 | $5{,}34\cdot10^{18}$ | $5{,}34\cdot10^{13}$ |
| 620 | 6200 | 1,70 | 170 | $5{,}30\cdot10^{18}$ | $5{,}30\cdot10^{13}$ |
| 630 | 6300 | 1,70 | 170 | $5{,}40\cdot10^{18}$ | $5{,}40\cdot10^{13}$ |

La première des deux paires de colonnes «Flux» est en unités SI, la seconde en unités traditionelles.

Enfin, rappelons que pratiquement on peut passer des unités énergétiques aux unités quantiques à l'aide des relations suivantes:

| Mesure énergétique | | Mesure quantique |
|---|---|---|
| $1\,W\,m^{-2}\,sr^{-1}$ | $=10^{-4}\,W\,cm^{-2}\,sr^{-1}$ | $\sim 6{,}32\,(\lambda/Å)\cdot10^{5}\,R = 6{,}32\,(\lambda/nm)\,10^{6}R$ |
| $1\,erg\,cm^{-2}\,s^{-1}\,sr^{-1}$ | $=10^{-3}\,W\,m^{-2}\,sr^{-1}$ | $\sim 632\,(\lambda/Å)\,R = 6320\,(\lambda/nm)\,R$ |
| $1{,}66\cdot10^{-7}\,W\,m^{-2}\,sr^{-1}/(\lambda/nm)$ | $=1{,}66\cdot10^{-10}\,W\,cm^{-2}\,sr^{-1}/(\lambda/Å)$ | $\sim 1\,R$ |
| $1{,}66\cdot10^{-3}\,erg\,cm^{-2}\,s^{-1}\,sr^{-1}/(\lambda/Å)$ | | $\sim 1\,R$ |

## A. Luminance du ciel nocturne.

**2. Position du probleme.** Pour savoir si la lumière du ciel nocturne était due en totalité ou en partie seulement à l'ensemble des étoiles, il était indispensable d'une part de déterminer par une mesure photométrique la luminance du ciel et, d'autre part, il fallait effectuer un travail de statistique astronomique consistant à dénombrer dans une région délimitée du ciel les étoiles de chaque magnitude et à intégrer les données obtenues.

Un tel travail fut effectué dès 1925 par P. J. VAN RHIJN[1], qui dénombra les étoiles de magnitudes photographiques comprises entre 6 et 18 et cela pour 792 régions du ciel. Cette statistique montre que la plus grande partie de la lumière apportée par les étoiles provient des étoiles de magnitude 10. Au delà de $m=18$, on procède par extrapolation et l'incertitude qui en résulte n'est pas grande parce qu'elle porte sur des étoiles faibles. La difficulté essentielle est qu'on explore une portion relativement petite de la voute céleste.

* $=10^{-7}\,W\,(10^{-2}\,m(^{-2})\,10^{-1}\,nm)^{-1} = 10^{-2}\,W\,m^{-2}\,nm^{-1}$.
** $=(10^{-2}\,m)^{-2}\,s^{-1}\,(10^{-1}\,nm)^{-1} = 10^{5}\,m^{-2}\,s^{-1}\,nm^{-1}$.
[1] P. J. VAN RHIJN: Publ. Groningen 43 (1925).

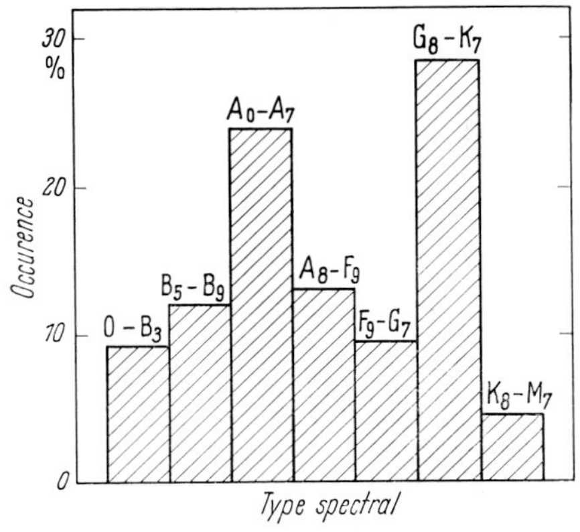


Fig. 5. Répartition des étoiles suivant les différents types spectraux.

C'est ainsi que SEARES, VAN RHIJN, JOYNER et RICHMOND[2] trouvèrent que la lumière provenant de la totalité des étoiles est égale à 1092 étoiles de magnitude visuelle unité. Comme il y a 41253 degrés carrés sur la surface d'une sphère, cela donne 0,0265 étoile de magnitude visuelle unité par degré carré ou encore $0{,}0265 \cdot 3980 = 105$ étoiles de magnitude visuelle 10 par degré carré. Ce chiffre représente d'ailleurs une valeur moyenne car les étoiles sont assez concentrées vers la Voie Lactée.

Une valeur de luminance couramment admise depuis déjà une trentaine d'années[3] était de 0,009 étoile de magnitude photographique unité pour un degré carré du ciel. On sait que, en introduisant l'indice de couleur $C$, on a la relation:

$$S_{10}(\text{vis}) = S_{10}(\text{phot})\; 10^{0{,}4 \cdot C}. \tag{2.1}$$

Il s'agissait jusqu'ici de la totalité du spectre visible (pour les magnitudes visuelles) ou du spectre photographique (anciennes émulsions photographiques non panchromatiques). Et d'autre part, les étoiles se répartissent suivant les différents types spectraux d'après la Fig. 5. Aussi, bien que les premiers résultats aient montré que la luminance des étoiles était loin d'atteindre la luminance effectivement mesurée par des méthodes physiques, dès qu'on eut une connaissance suffisante des résultats de l'analyse spectrale, on fut amené à serrer le problème de plus près en opérant non plus sur l'ensemble du spectre visible (ou photographique) mais sur un étroit intervalle spectral.

Les intégrations, à partir des données de VAN RHIJN et de celles du Mont Wilson furent reprises par F. E. ROACH et ses collaborateurs[4], et aussi par ELSÄSSER et HAUG[5]; puis elles furent déduites par itération de mesures photométriques sur l'ensemble du ciel nocturne mais dans un étroit intervalle spectral. Elles précisèrent les résultats obtenus. Nous donnerons une idée des récents résultats de F. E. ROACH et ses collaborateurs en reproduisant sur la Fig. 6 un graphique traduisant en unités $S_{10}$ la luminance due à l'ensemble des étoiles à partir des données du Mont Wilson et de celles de Groningen. (A partir des

[2] F. H. SEARES, P. J. VAN RHIJN, M. C. JOYNER et M. L. RICHMOND: Astrophys. J. **62**, 320 (1925).

[3] WANG SHIH KY: Publ. Obs. Lyon **1**, 19 (1936).

[4] F. E. ROACH et H. B. PETTIT: J. Geophys. Res. **56**, 325 (1951).
F. E. ROACH et L. R. MEGILL: Astrophys. J. **133**, 228 (1961).

[5] H. ELSÄSSER et U. HAUG: Z. Astrophys. **50**, 121 (1960).

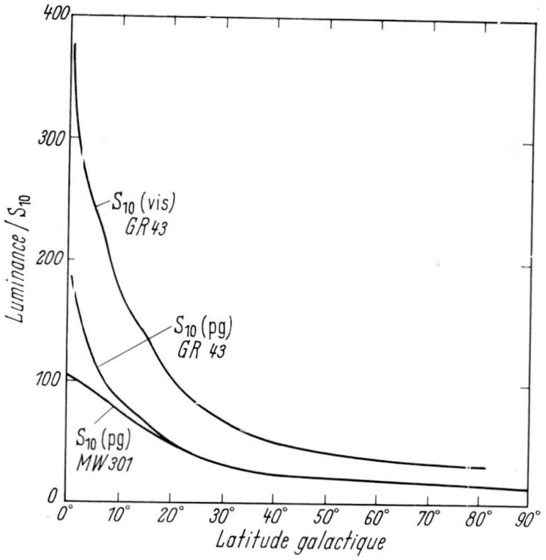


Fig. 6. Luminance des étoiles obtenue par intégration, en fonction de la latitude galactique. Les différentes courbes correspondent aux unités $S_{10}$ visuelles et photographiques et aux données de *Groningen* et à celles du *Mont Wilson*.

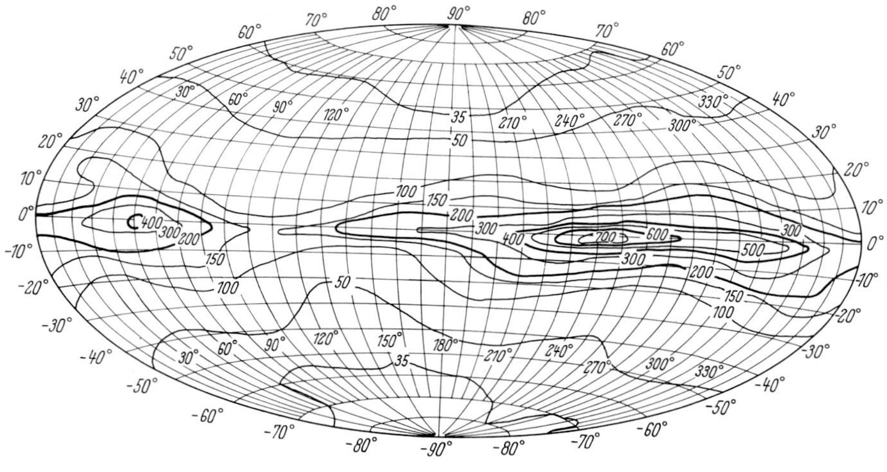

Fig. 7. Luminance des étoiles obtenue par intégration suivant les coordonnées galactiques.

données de Groningen nous exprimons $S_{10}$ en magnitude visuelle et en magnitude photographique.) Nous reproduisons aussi sur la Fig. 7 la luminance des étoiles, obtenue par intégration en fonction des coordonnées galactiques. Nous reviendrons sur cette question quand, à propos de l'évaluation quantitative des différentes composantes de la lumière du ciel nocturne, nous étudierons l'origine de ce phénomène.

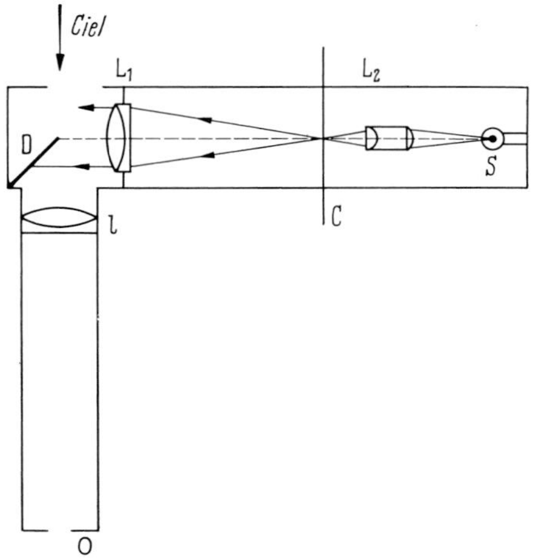


Fig. 8. Schéma du photomètre visuel de J. DUFAY. l lentille, $f = 30$ ou 60 cm; O oeilleton dans le plan focal de l; S, lampe à incandescence de 4 V; C, coin photométrique; D, diffuseur; $L_1$, lentille, $f = 20$ cm; $L_2$, oculaire de microscope, $f = 25$ mm.

Voyons maintenant les méthodes de mesure de la luminance du ciel. On peut les diviser en trois groupes:

— méthodes visuelles,
— méthodes photographiques,
— méthodes photoélectriques.

**3. Méthodes visuelles.** Avec l'utilisation actuelle des unités quantiques (R = Rayleigh) ces méthodes n'ont plus qu'un intérêt historique mais elles conservent toutefois un intérêt pour les problèmes de visibilité nocturne.

Nous mentionnerons seulement les anciennes méthodes utilisées par NEWCOWB, BURNS, YNTEMA pour ne décrire que la méthode la plus correcte qui est celle de J. DUFAY [*1*].

Le problème consiste à comparer une source étendue (le ciel) à un point lumineux (étoile de magnitude connue).

Il est possible de comparer des sources ponctuelles par égalisation de luminance, grâce à l'emploi d'une lentille convergente. Si l'on place en effet la pupille de l'œil au foyer d'une lentille recevant un faisceau de rayons parallèles provenant d'une étoile, on verra la lentille sous l'aspect d'un disque uniformément éclairé. On peut alors juxtaposer une plage, également éclairée uniformément et à l'aide d'un dispositif approprié, comparer des luminances. L'œil n'est en effet capable que de dire si deux plages de compositions spectrales analogues présentent ou non la même luminance.

L'appareil utilisé par J. DUFAY (Fig. 8) est basé sur le principe ci-dessus; c'est une modification du photomètre sans écran diffusant de BUISSON et FABRY. Voici en quoi il consiste: un objectif de microscope $L_2$ concentre la lumière d'une petite lampe sur un coin photométrique C.

Puis le faisceau va sur la lentille $L_1$ qui le rend parallèle. Ce faisceau éclaire l'écran diffusant D. L'œil placé en O permet d'observer à travers l'objectif l les deux moitiés du champ: écran et ciel ou étoile. On déplace le coin pour réaliser l'égalité d'éclairement des deux plages. Les lectures de la graduation relative au coin permettent de déterminer le rapport des luminances.

Si l'on compare la luminance du ciel avec celle d'une étoile, il faut tenir compte de l'éclairement produit par la portion du ciel qui entoure l'étoile.

Donnons une idée de la précision des mesures. Celle-ci a fait l'objet d'une étude particulière de DUFAY et Melle SCHWEGLER [2]. Elle varie avec le diamètre apparent de la plage étudiée. Il faut que celui-ci soit assez grand. Le Tableau 3 donne les erreurs relatives moyennes pour diverses valeurs de la luminance $B$ (exprimée en cd $m^{-2}$) et pour les diamètres apparents de 0,1 et 0,2 rad, qui sont de l'ordre de ceux effectivement utilisés.

Tableau 3. *Erreurs relatives moyennes en fonction de la luminance suivant le diamètre apparent.*

| | $B=10^{-2}$ | $10^{-3}$ | $10^{-4}$ | $10^{-5}$ | $5\cdot 10^{-6}$ cd $m^{-2}$ |
|---|---|---|---|---|---|
| 0,2 rad | 0,017 | 0,023 | 0,034 | 0,09 | 0,16 |
| 0,1 rad | 0,018 | 0,025 | 0,044 | 0,16 | 0,6 |

On voit que pour les luminances voisines de $10^{-4}$ cd $m^{-2}$, qui sont ainsi que nous le verrons de l'ordre de celle du ciel nocturne, l'erreur est inférieure à 0,02 et la magnitude de 1 degré carré du ciel est déterminée à 0,04 magnitude près, si bien qu'avec les erreurs sur le coin photométrique et sur la détermination de l'angle solide, on arrive à 0,06 ou 0,07 magnitude.

Rappelons pour mémoire les photomètres qui ont servi aux anciennes mesures de Lord RAYLEIGH[1]; l'un d'eux avait un cube de Lummer grâce auquel l'éclairement donné pour une région du ciel était comparé à celui donné par un sel luminescent sous l'influence de sels radioactifs (sulfate de potassium contenant des traces d'urane).

C'est un instrument assez analogue qui a été mis au point par O'BRIEN[2] à l'Université de Rochester et dont HULBURT et ses collaborateurs[3] se sont servi pour différentes mesures. Il y a aussi un photomètre sans optique construit par GARRIGUE[4], ayant l'avantage d'être binoculaire, la comparaison étant ici effectuée également directement, mais avec une lampe.

**4. Méthodes photographiques.** Il est avantageux d'utiliser les méthodes photographiques pour deux raisons:

(i) L'émulsion photosensible intègre dans le temps l'énergie reçue, de sorte qu'en prolongeant le temps de pose, on arrive à avoir une opacité du cliché mesurable, même pour des éclairements très faibles.

(ii) Pour de faibles éclairements, comme ceux donnés par la lumière du ciel nocturne, la sensibilité de l'œil suit des lois encore imparfaitement connues, bien que les nécessités de la dernière guerre mondiale aient fait faire un grand pas dans ce domaine.

La méthode la plus correcte est celle de CH. FABRY[1]; le problème est le suivant: comparer les flux lumineux provenant de deux objets célestes (dont un au moins est une étoile) et que reçoit une même surface: celle de l'objectif de l'instrument.

Renonçant aux images extrafocales qui ne présentent pas une uniformité suffisante et de plus cette méthode, chère aux astronomes, ne pouvant s'appliquer à des objets ayant un diamètre apparent sensible, CH. FABRY procède de la façon suivante (Fig. 9):

[1] Lord RAYLEIGH: Proc. Roy. Soc. (London), Ser. A **106**, 117 (1924).
[2] O'BRIEN: OSRD Report, Institute of Optics, University of Rochester 1943.
[3] E. O. HULBURT: J. Opt. Soc. Am. **39**, 211 (1949).
[4] H. GARRIGUE: Compt. Rend. Paris **209**, 769 (1939).
[1] CH. FABRY: Compt. Rend. Paris **150**, 273 (1910); — Ann. Astrophys. **6**, 65 (1943).

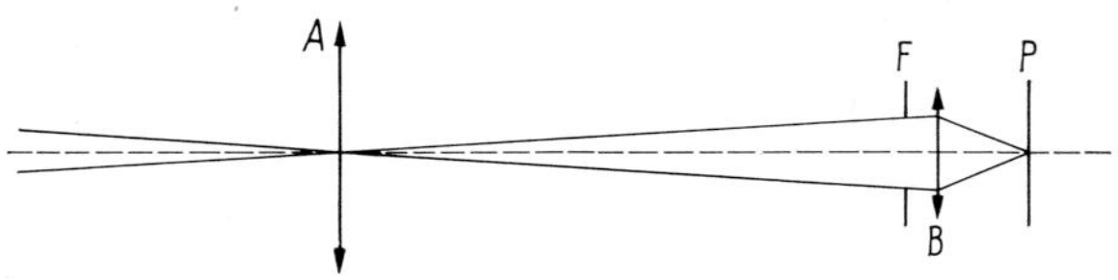


Fig. 9. Schéma de principe du dispositif optique de FABRY. *A* objectif; *F* diaphragme; *B* 2e lentille; *P* Couche sensible.

Un objectif A projette dans son plan focal F l'image de l'objet à étudier: étoile ou région du ciel. Dans ce plan se trouve un diaphragme, laissant passer seulement l'image de la région soumise à la mesure.

Immédiatement derrière ce diaphragme se trouve placée une lentille B qui projette l'image de l'objectif A sur l'émission photosensible P. Cette image est un petit cercle dont l'éclairement est parfaitement uniforme.

Pour comparer les magnitudes de deux objets, qu'il s'agisse d'une étoile ou d'une région du ciel, on fait avec la même durée d'exposition deux poses, une pour chaque objet. Si les densités optiques des deux images sont égales, les magnitudes sont égales. Si les densités sont différentes, on comparera les magnitudes après avoir tracé la courbe de gradation de la plaque.

Dans le cas qui nous intéresse, on utilisera pour la mesure relative à l'étoile un petit diaphragme, éliminant la région du ciel située tout autour, et l'on pourra prendre un diaphragme de diamètre plus grand pour la mesure relative au fond du ciel.

On a intérêt, pour diminuer le temps de pose, à employer une lentille B aussi ouverte que possible.

En discutant la précision d'une telle mesure, on arrive à montrer que la magnitude photographique de 1 degré carré du ciel est déterminée à 0,02 près, à condition d'opérer toutefois sur des émulsions présentant une homogénéité suffisante.

Il est à remarquer que le dispositif optique imaginé par CH. FABRY a été utilisé plus tard avec les photomètres photoélectriques car il permet de définir un champ sans la présence de zones de pénombre.

**5. Méthodes photoélectriques.**

$\alpha$) Les *cathodes photoélectriques* sont des récepteurs d'énergie éminement sélectifs. Il en existe deux types principaux:

— Cs/Ag dont la sensibilité spectrale est représentée sur la Fig. 10 par la courbe a,

— Sb/Cs, représentée par la courbe b.

Aujourd'hui les progrès dans cette technique permettent presque d'obtenir des photocathodes de sensibilité spectrale prédéterminée, mais il faudra tenir compte de leur courbe caractéristique pour rapporter les résultats au facteur de visibilité relative, si l'on veut pouvoir les comparer à ceux obtenus par les méthodes visuelles.

$\beta$) Des déterminations de la *luminance du ciel*, en utilisant comme récepteur d'énergie une cellule photoélectrique, ont été commencées par ELVEY et ROACH[1] dès 1937.

Leur photomètre était constitué par une lentille formant l'image du ciel sur la cathode d'une cellule photoélectrique. Un miroir mobile permettait d'envoyer

[1] C. T. ELVEY et F. E. ROACH: Astrophys. J. **85**, 213 (1937).

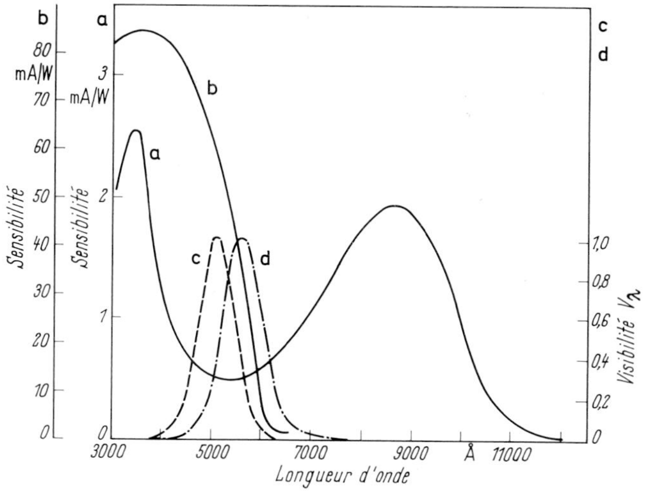


Fig. 10. Sensibilité spectrale des photocathodes au Cs/Ag (courbe a) et au Sb (courbe b). Les courbes en pointillé représentent le facteur de visibilité relative (sensibilité spectrale de l'oeil), courbe c pour la vision nocturne, courbe d pour la vision diurne. Abscisses longueur d'onde en Å (10 Å = 1 nm).

successivement sur la cellule la lumière venant des différentes distances zénithales possibles. Le courant de la cellule, après amplification, était mesuré par un galvanomètre sensible et enregistré photographiquement. Ces auteurs pouvaient ainsi étudier l'hémispère céleste entier en 1 h et tracer des isophotes de la sphère céleste. Aussi portèrent-ils plus leur attention sur la distribution relative de la luminance du ciel que sur des mesures en valeur absolue.

De semblables mesures furent effectuées peu après en France par GRANDMONTAGNE[2]. Son photomètre était constitué par une cellule au Cs/Ag oxydé, débitant dans une grande résistance ($10^{12}\,\Omega$), un électromètre DOLEZALEK mesurant la différence de potentiel aux extrémités de cette résistance. Avec un tel dispositif, le rayonnement du ciel nocturne était comparé à celui d'une lampe à incandescence à filament de tungstène ou de carbone, qui pouvait soit éclairer un verre opale diffusant, soit être placée à une cinquantaine de mètres. La température de couleur de la source utilisée était de l'ordre de 2000 K (lampe très sous-voltée); son intensité lumineuse était de l'ordre de 1 cd. On comparait ainsi l'éclairement donné par la lampe à celui donné par le ciel. Il fallait, dans le cas de la mesure sur le ciel nocturne, déterminer l'angle solide sous-tendu par la portion du ciel éclairant la cellule car:

$$E = B\Omega = B\,\frac{\pi}{2}\,(1 - \cos \mathfrak{z}) \tag{5.1}$$

où $\mathfrak{z}$ est l'angle au sommet du cône utile.

$\gamma$) Dès 1942, nous avons utilisé les *photomultiplicateurs* dont nous avons fait d'abord des instruments quantitatifs, puis nous les avons rendu capables de fonctionner hors du laboratoire, en pleine nature[3]. Lorsqu'il est nécessaire d'isoler certaines radiations, il est commode d'utiliser des filtres interférentiels. La bande spectrale transmise peut descendre exceptionnellement jusqu'à environ

---

[2] R. GRANDMONTAGNE: Ann. Physique **16**, 253 (1941).

[3] P. ABADIE et A. et E. VASSY: Compt. Rend. Paris **217**, 610 (1943); — Ann. Geophys. **1**, 189 (1944/45).

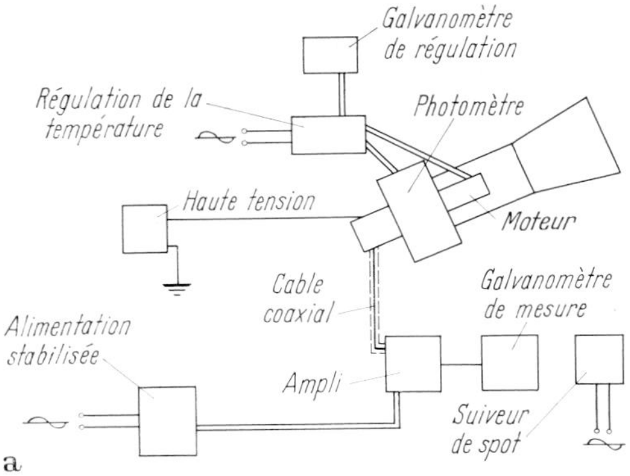


a

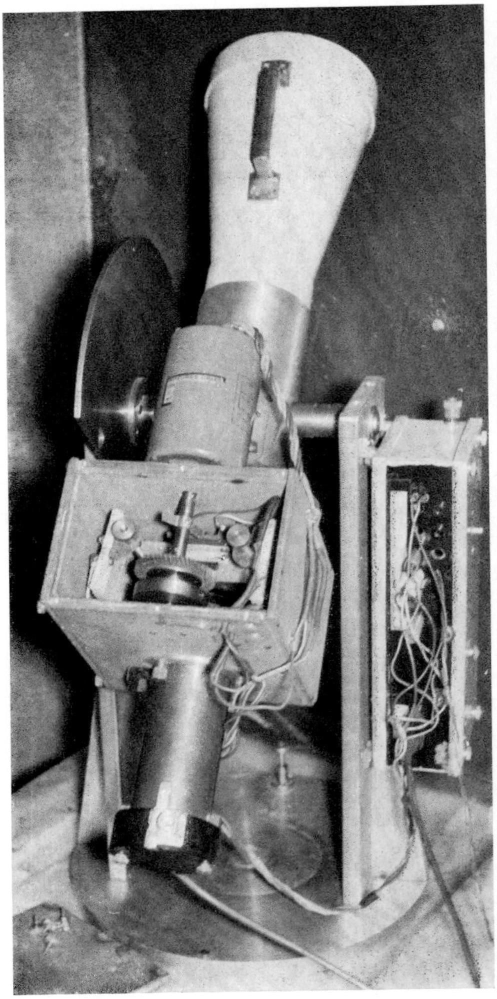

b

Fig. 11a et b. Photomètre de A. Vassy, avec filtre Kastler-Blamont. a) Schéma. b) Photographie.

1 nm. Ils présentent l'inconvénient de ne pouvoir être utilisés que sur des faisceaux lumineux assez peu ouverts, ne dépassant par 5° et il faut s'assurer que leur facteur de transmission ne varie pas avec le temps.

$\delta$) Pour isoler encore mieux les diverses radiations, on emploie avantageusement le dispositif Blamont-Kastler[4] qui procède comme Lyot[5] par *spectre cannelé*. Une lame de quartz taillée parallèlement à l'axe est placée entre deux polaroids. L'axe du polariseur est à 45° des lignes neutres du quartz; une lame 1/4 d'onde permet d'éviter l'effet de polarisation sur la photocathode. L'analyseur tourne de façon à moduler la lumière à 80 Hz. Un filtre interférentiel isole un domaine de 5 nm centré sur la raie à étudier.

Une des cannelures est centrée sur la raie isolée et le signal correspondant est modulé à 80 Hz par rotation de l'analyseur. Il est amplifié par un amplificateur

[4] J. E. Blamont et A. Kastler: Ann. Geophys. **7**, 73 (1951).
[5] B. Lyot: Ann. Astrophys. **7**, 31 (1944).

très sélectif, tandis que le signal provenant des autres cannelures donne naissance à une composante continue, peu amplifiée, l'amplificateur étant à bande passante étroite.

La lame de quartz est onde pour la longueur d'onde à étudier. Elle doit être maintenue à température constante par un dispositif spécial.

Un dispositif analogue a été réalisé plus tard aux Etats-Unis[6]. On trouvera un exemple de photomètre photoélectrique moderne[7] sur la Fig. 11. Aux Etats-Unis, le photomètre de F. E. ROACH est complètement automatisé pour réaliser une exploration systématique de la voûte céleste.

### 6. Résultats des mesures de luminance.

α) Si l'on fait abstraction de mesures anciennes (NEWCOMB, 1901; BURNS, 1902) ou isolées (BAUER, DANJON et JEAN LANGEVIN au Mont-Blanc, 1923), c'est J. DUFAY [1] qui, par de très nombreuses mesures, et par la *méthode visuelle* et par la méthode *photographique* a apporté le premier des résultats constituant les données les plus sûres.

Il a choisi comme région du ciel sur laquelle portaient les mesures une région voisine de l'étoile polaire. Elle présentait l'avantage d'être assez près du zénith, c'est-à-dire non seulement d'être moins affectée par l'absorption atmosphérique, mais d'être visible toute l'année et avec à peu près la même distance zénithale.

Pour les mêmes raisons, il a pris comme étoile de comparaison, l'étoile polaire, bien que celle-ci soit une étoile variable (variation maximum de 0,11 magnitude; période de 4 jours), la variation de magnitude qu'elle présente étant faible devant celle due à l'absorption atmosphérique. D'ailleurs J. DUFAY a effectué les corrections nécessaires:

Voici les résultats trouvés:

— pour un degré carré du ciel: magnitude visuelle 4,60
magnitude photographique 4,36.

Les résultats donnés par la méthode visuelle portent sur 35 nuits, par la méthode photographique sur 55 nuits. Obtenus dans le sud de la France, ils se rapportent à des nuits choisies pour une remarquable transparence de l'atmosphère.

On peut exprimer ces résultats autrement:

— pour un degré carré du ciel, la luminance est équivalente à celle de:

0,036 étoile de magnitude visuelle unité ou de

0,045 étoile de magnitude photographique unité.

On peut encore les exprimer dans le système habituel des physiciens. La loi de POGSON s'écrivant:

$$\log_{10} E = -5{,}68 - 0{,}4\, m \tag{6.1}$$

faisons $m = 4{,}60$. On trouve pour valeur de $E$, $3 \cdot 10^{-8}$ lx. Ceci pour un degré carré. Pour 1 sr $E$ sera:

$$3 \cdot 10^{-8} \cdot 3280 = 9{,}84 \cdot 10^{-5}\ \text{lx}$$

ou encore

$$9{,}84 \cdot 10^{-9}\ \text{cd cm}^{-2} \quad \text{soit} \quad 10^{-4}\ \text{cd m}^{-2}.$$

Remarquons que la luminance ainsi trouvée est environ 100 fois plus grande que la luminance minimum perceptible à l'œil: $10^{-6}$ cd m$^{-2}$.

L'éclairement du ciel nocturne sur un sol horizontal, voisin de $10^{-4}$ lx, équivaut à celui d'une source d'intensité 1 cd placée à une distance de 57 m.

---

[6] R. B. DUNN et E. R. MANRING: J. Opt. Soc. Am. **45**, 899 (1955); **46**, 572 (1956).

[7] A. VASSY: Geofis. Pura Appl. **45**, 185 (1960).

β) Des *mesures visuelles* de E. O. HULBURT[1], effectuées en différents points du globe, lui ont donné au voisinage du zénith une luminance de l'ordre de $4{,}77 \cdot 10^{-4}$ cd m$^{-2}$.

D'après ses mesures photoélectriques, GRANDMONTAGNE[2] avait trouvé:

$$12{,}4 \cdot 10^{-4} \text{ cd m}^{-2} \quad (1937)$$
$$10{,}7 \cdot 10^{-4} \text{ cd m}^{-2} \quad (1938)$$

ce qui en transformant ces résultats en unités astronomiques donne:

1,86 magnitude par degré carré (1937)
2,02 magnitude par degré carré (1938).

γ) Au cours de ses premières *mesures photoélectriques*, ELVEY[3] avait trouvé pour un degré carré une magnitude de 4,5. On voit donc que les magnitudes photoélectriques diffèrent assez des magnitudes visuelles et des magnitudes photographiques. Cela provient des sensibilités spectrales différentes des divers récepteurs d'énergie (œil, maximum 0,55 μm; photocathode de GRANDMONTAGNE, maximum à 0,90 μm; photocathode d'ELVEY, maximum à 0,45 μm).

Aussi F. BLOTTIAU[4] a montré qu'en partant soit des résultats de J. DUFAY, par la méthode photographique, soit de ceux de GRANDMONTAGNE et en les rapportant à la sensibilité spectrale de l'œil définie par la Commission Internationale de l'Eclairage, on arrivait à trouver pour la luminance du ciel nocturne la même valeur de $6 \cdot 10^{-4}$ cd m$^{-2}$.

δ) Ce point de vue a été encore mieux précisé par Y. LE GRAND[5] qui dégage le caractère en quelque sorte théorique des luminances déterminées par GRANDMONTAGNE à partir d'*étalons photométriques* mesurés au Laboratoire. On sait que l'effet PURKINJE déplace la courbe de sensibilité spectrale de l'œil quand celui-ci s'adapte aux faibles éclairements. Dans ces conditions la notion de luminance visuelle perd toute signification, à moins de préciser par des conventions.

*La luminance diurne:*

$$B = K \int E_\lambda V_\lambda \,\mathrm{d}\lambda \tag{6.2}$$

où $V$ est le facteur de visibilité relative diurne, $E_\lambda$ la luminance spectrale énergétique du ciel nocturne.

*La luminance nocturne:*

$$B' = K' \int E_\lambda V'_\lambda \,\mathrm{d}\lambda \tag{6.3}$$

$V'$ étant le facteur de visibilité relative nocturne.

Y. LE GRAND a déterminé le rapport $K/K'$ et trouvé d'après les deux relations ci-dessus:

$$B' = 0{,}204\, B,$$

d'où en donnant à $B$ les valeurs trouvées par GRANDMONTAGNE,

$$B' = 2{,}53 \cdot 10^{-4} \text{ cd m}^{-2} \quad (1937)$$
$$B' = 2{,}28 \cdot 10^{-4} \text{ cd m}^{-2} \quad (1938)$$

ce qui est plus voisin des luminances déterminées par photométrie visuelle.

[1] E. O. HULBURT: J. Opt. Soc. Am. **39**, 211 (1949).
[2] R. GRANDMONTAGNE: Ann. Physique **16**, 253 (1941).
[3] C. T. ELVEY: Astrophys. J. **97**, 65 (1943).
[4] F. BLOTTIAU: Cahiers Phys. **12**, 49 (1942).
[5] Y. LE GRAND: Compt. Rend. Paris **214**, 180 (1942).

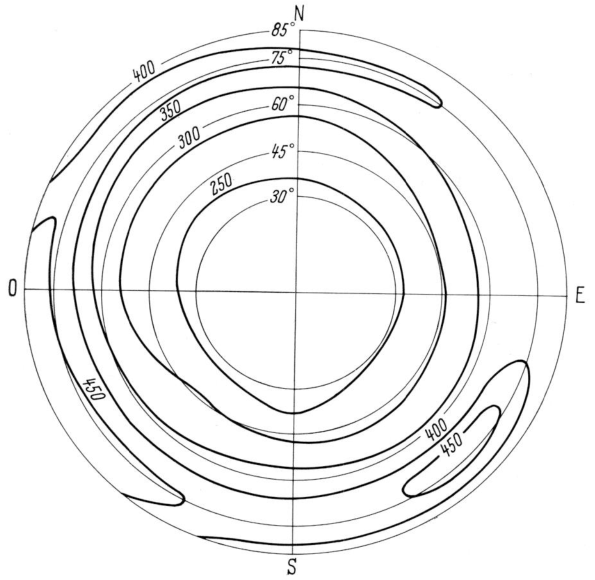


Fig. 12. Isophotes de la voûte céleste (en Rayleigh) pour la raie verte (557,7 nm = 5577 Å) obtenues à l'aide du photomètre A. VASSY pendant la nuit du 21 au 22 avril 1966 à Valensole. (latitude 43° 51′N).

$\varepsilon$) Il était intéressant de comparer les valeurs de la luminance du ciel nocturne, ainsi mesurée par des méthodes physiques, avec celles obtenues pour l'*ensemble des étoiles* d'après le travail de statistique astronomique que nous avons examiné précédemment. Bien que cette dernière varie avec la latitude galactique (Fig. 6) si nous prenons pour un degré carré du ciel la valeur moyenne de 0,009 étoile de magnitude photographique unité, nous constatons qu'elle est seulement de l'ordre de 1/5 de la valeur effectivement mesurée par J. DUFAY: 0,045 étoile de magnitude photographique unité. C'est ainsi qu'on s'est rendu compte que la lumière du ciel nocturne est due non seulement à celle des étoiles, mais à d'autres sources d'émission lumineuse qu'il s'agit maintenant de préciser.

**7. Répartition de la luminance sur la voute celeste.** Les premiers renseignements obtenus pour éclaircir ce problème ont été apportés par l'étude de la répartition de la luminance sur la voûte céleste, laquelle apparait déjà non uniforme par simple observation visuelle.

On aperçoit tout d'abord la Voie Lactée. Par des mesures photométriques on se rend compte que sa luminance, en moyenne, atteint à peine deux fois celle du ciel voisin. Seules quelques plages les plus brillantes atteignent ce chiffre.

Il y aussi la lumière zodiacale, zone de clarté diffuse, en forme de fuseau s'élevant plus ou moins obliquement sur l'horizon suivant la saison et la latitude du lieu d'observation. On l'appelle ainsi parce qu'elle se présente suivant le Zodiaque, dont le tracé sur le ciel correspond à celui de l'écliptique. Sa luminance à 30° du Soleil peut atteindre trois fois celle de la région polaire. Les isophotes de la sphère céleste tracées par ELVEY et ROACH d'après leurs mesures photoélectriques de photométrie en rendent parfaitement compte. Il s'agit là d'un phénomène extraterrestre sur lequel nous n'insisterons pas, sauf quand il s'agira de rendre compte de l'origine des diverses composantes de la lueur nocturne.

En dehors de la Voie Lactée et de la lumière zodiacale dans tous les azimuts, la luminance croit avec la distance zénithale (Fig. 12), c'est-à-dire avec la masse d'air. Il y a donc intervention de l'atmosphère terrestre.

Cette intervention de l'atmosphère pourrait se produire par la diffusion de la lumière d'origine stellaire. Mais l'augmentation de la luminance avec la distance zénithale est plus importante pour les grandes longueurs d'onde. Or on sait que l'intensité de la lumière diffusée varie avec l'inverse de la quatrième puissance de la longueur d'onde, qu'elle est donc beaucoup plus grande pour les courtes longueurs d'onde que pour les grandes. Il faut donc renoncer à faire intervenir seulement la diffusion et supposer qu'il y a émission de lumière au sein même de l'atmosphère terrestre, comme c'est le cas, avec une intensité beaucoup plus grande, pour les aurores polaires.

## B. Couleur de la luminescence nocturne.

**8. Determination de la Couleur.** Il est un peu spécieux de parler de la couleur de la lumière du ciel nocturne puisque pour des éclairements de 0,0004 lx, nous sommes au-dessous du seuil de perception visuelle de la couleur qui est compris entre 1 et 10 cd $m^{-2}$ suivant la longueur d'onde. D'ailleurs une expression populaire veut que: «la nuit tous les chats sont gris».

$\alpha$) *D'anciennes mesures* de Lord RAYLEIGH[1] avaient montré que la lumière du ciel nocturne est beaucoup plus comparable au point de vue de la couleur à la lumière solaire directe qu'à celle du ciel bleu: il la trouvait voisine de celle d'une lampe dite «demi Watt».

Quelques années plus tard, en 1929, J. DUFAY[2] reprit la question. Il compara par voie photographique à travers des filtres transmettant diverses régions spectrales (rouge, jaune, vert, bleu et violet) la lumière du ciel nocturne avec celle du ciel éclairé par la Lune, et avec des étoiles de différents types spectraux.

Il constata d'abord une variation de la couleur d'une nuit à l'autre et fut conduit à la même conclusion que Lord RAYLEIGH avec toutefois une précision de plus. C'est ainsi qu'il conclut de son étude que non seulement le rayonnement

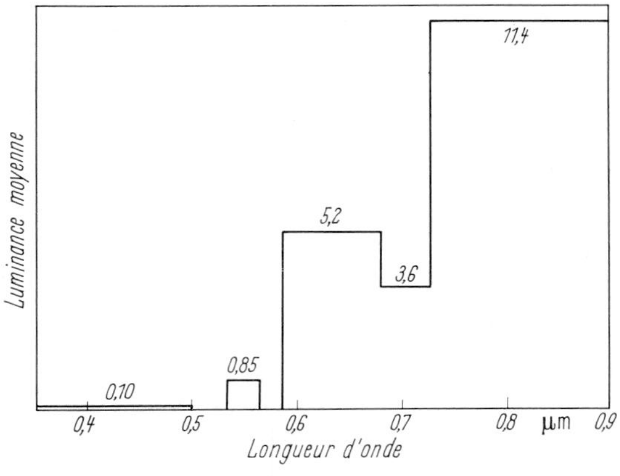


Fig. 13. Répartition spectrale approximative (en unités arbitraires) de la luminescence nocturne obtenue à l'aide de filtres différents [d'après GRANDMONTAGNE].

[1] Lord RAYLEIGH: Proc. Roy. Soc. (London) Ser. A **99**, 10 (1921).
[2] J. DUFAY: J. Phys. Radium **10**, 219 (1929).

du ciel nocturne se rapproche plus de celui du Soleil que du ciel bleu, mais qu'il diffère cependant du rayonnement solaire car si l'on admet qu'il est comparable dans le vert et dans le jaune, il a une intensité plus grande dans la région violette et aussi dans la région rouge.

β) Le problème de la détermination de la couleur du ciel nocturne avait été à nouveau repris par GRANDMONTAGNE[3] avec le *photomètre* à cellule *photoélectrique* décrit plus haut.

Devant la cellule, des filtres montés sur un tambour tournant, venaient se placer. L'un était bleu, c'est-à-dire avec un facteur de transmission maximum autour de 425 nm (4250 Å), un autre vert, maximum 547,5 nm (5475 Å) et un rouge, maximum 732,5 nm (7325 Å).

Par comparaison avec une lampe à incandescence dont la température de couleur était de 2000 K, il obtint les résultats représentés par la Fig. 13. La température de couleur de la lumière du ciel nocturne, c'est-à-dire la température qu'aurait un corps noir dont la répartition énergétique serait la même, entre 400 et 900 nm (4000 et 9000 Å), a été trouvée de 2280 K. La lumière du ciel nocturne était donc d'après GRANDMONTAGNE beaucoup plus rouge qu'on ne l'avait supposé jusqu'alors.

Y. LE GRAND[4] a reconsidéré la question. D'après les résultats bruts de GRANDMONTAGNE, il a déterminé, ainsi qu'on le fait habituellement en colorimétrie, les coefficients trichromatiques de la lumière du ciel nocturne.

Il trouve: $x = 0{,}598$, $y = 0{,}383$, la longueur d'onde dominante étant 597 nm et le facteur de pureté 0,95, soit un orangé très saturé. Si la notion de couleur subsistait aux faibles luminances, la couleur du ciel nocturne serait d'un jaune assez voisin de la lumière du sodium. Cependant, des photographies en couleurs prises par COOPER à bord d'un satellite montrent que la lueur atmosphérique nocturne est verte par contraste avec la teinte bleuâtre de la Terre éclairée par la Lune.

## C. Étude spectrale.

### 9. Moyens d'investigation: leur développement.

α) La faible luminance de la lueur nocturne rend difficile son étude spectrale: il faut des spectrographes très ouverts, de l'ordre de $f/1$ et cela représente pour l'opticien une sérieuse difficulté. Aussi la connaissance du spectre de la lueur nocturne fut-elle liée au développement des *spectrographes lumineux* et des émulsions photographiques sensibles aux faibles éclairements.

Les premiers spectres obtenus nous paraissent aujourd'hui d'une qualité très médiocre: raies larges, diffuses, domaine spectral de netteté très étroit, etc. ... On a même dû employer certains artifices, tels celui de J. DUFAY qui, pour pouvoir utiliser une fente large, c'est-à-dire recueillir plus d'énergie, tendait un fil en son milieu. La ligne claire et étroite correspondant à l'ombre du fil permettait de faire des pointés relativement précis.

Il fallut, pour intéresser les ingénieurs opticiens à la construction de spectrographes lumineux, les importants besoins des chimistes à la suite de la découverte de l'effet RAMAN (1928). Aussi l'époque 1930–1935 constitue une étape importante où, en France, J. COJAN concilie le mieux possible deux caractères incompatibles; dispersion et luminosité, avec un champ plan sur une grande étendue spectrale

[3] R. GRANDMONTAGNE: Ann. Physique **16**, 253 (1941).
[4] Y. LE GRAND: Compt. Rend. Paris **214**, 180 (1942).

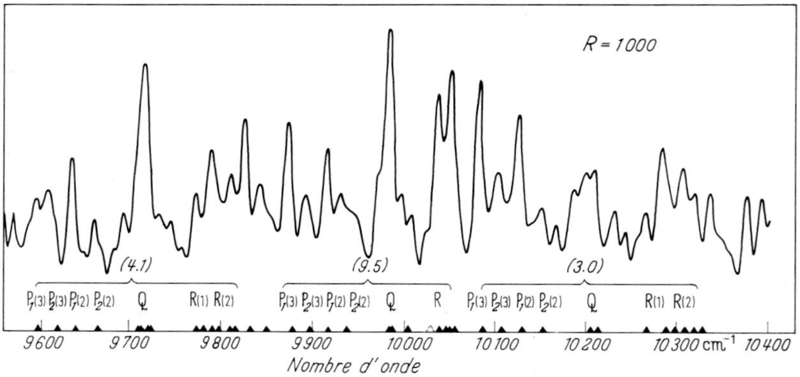


Fig. 14. Spectre du ciel nocturne obtenu dans le proche infra-rouge (autour de 1,6 μm) à partir d'un interférogramme [d'après J. CONNES et H. P. GUSH]. Abscisse: nombre d'onde.

$(F/1,2$; 4 nm (40 Å) par mm à 400 nm (4000 Å); $f/0,7)$. A. ARNULF applique aux spectrographes le principe du télescope de SCHMIDT où l'aberration sphérique du miroir est corrigée pour toutes les radiations du spectre par une lame plan parallèle convenablement déformée. Il obtient la correction par un système de deux lentilles exactement calculé, constituant le collimateur et il réalise des instruments couramment ouverts à $f/1$.

$\beta$) Une seconde étape, une quinzaine d'années plus tard, correspond à l'apparition aux Etats-Unis (BAUSCH et LOMB), des *réseaux «échelette»* où l'énergie se trouve concentrée dans un ordre déterminé et où un traitement de la surface du réseau lui confère un excellent pouvoir réflecteur. Il devient possible d'avoir des spectrographes lumineux avec une dispersion linéaire suffisante pour permettre la résolution de bandes et des mesures précises de longueur d'onde.

En même temps que la rapidité des émulsions photographiques faisait de grands progrès, on utilisait aussi des traitements renforçateurs. L'intérêt essentiel de l'émulsion photographique est son pouvoir résolvant élevé. Aussi a-t-on cherché à le conserver dans l'infra-rouge où la sensibilité des émulsions est faible, par l'emploi d'un transformateur d'image (KRASSOVSKIJ, 1949): au moyen d'une optique électronique, le spectre infra-rouge obtenu sur une photocathode est transporté sur un écran luminescent dans le visible que l'on peut photographier.

$\gamma$) Enfin l'*interféromètre* classique de PEROT et FABRY a été très précieux quand il a fallu mesurer avec une excellente précision (de l'ordre de 0,001 nm, soit 1/100 Å) des raies difficiles à identifier.

D'autre part, le flux recueilli sur l'axe d'un interféromètre à deux ondes dans lequel la différence de marche varie linéairement en fonction du temps est la transformée de FOURIER du spectre de la lumière incidente.

Inversement la transformée de FOURIER de l'interférogramme donne le spectre cherché[1]. C'est là une intéressante innovation; la Fig. 14 donne une idée des possibilités du procédé. L'interféromètre classique de FABRY-PEROT a subi d'intéressants perfectionnements. P. CONNES a utilisé un système sphérique[2]. On a utilisé également l'interféromètre de MICHELSON et son ouverture a été considérablement augmentée[3]. On trouvera, en se plaçant du point de vue de l'étude

[1] J. CONNES et H. P. GUSH: J. Phys. **20**, 915 (1959); **21**, 645 (1960).

[2] P. CONNES: Rev. Opt. **35**, 37 (1956); — J. Phys. **19**, 262 (1958).

[3] R. L. HILLIARD et G. G. SHEPERD: J. Opt. Soc. Am. **56**, 362 (1966); — Planet. Space Sci. **14**, 383 (1966).

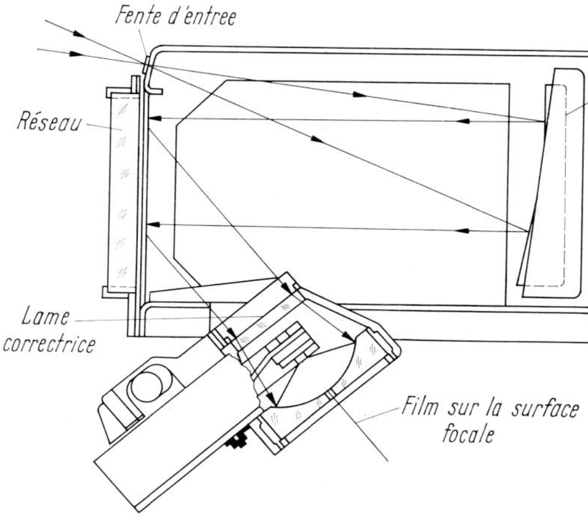


Fig. 15. Schéma d'un spectrographe pour l'étude de l'ultra-violet à bord de fusées (d'après J. P. HENNES]. (Fente de 0,5 mm, hauteur 160 mm; réseau de 2160 traits par mm.)

de la lueur nocturne, une comparaison des performances des différents interféromètres et de leurs perfectionnements dans un travail de J. C. JEANNET[4].

D'une façon générale, on a intérêt pour recueillir le plus d'énergie possible, à pointer l'instrument dont on se sert à une faible hauteur au-dessus de l'horizon afin d'avoir une grande épaisseur émissive. Il ne faut cependant pas exagérer car l'absorption atmosphérique interviendrait (région maximum pour une élévation de 15°, (voir Fig. 12). Comme on a affaire à une source large, il est avantageux de diriger le collimateur directement sur le ciel, sans le secours d'une lentille de projection.

$\delta$) Afin d'éviter le rôle d'écran absorbant joué par la basse atmosphère, on a embarqué des spectrographes en *fusée et* en *satellite*. On a abouti en recherche spatiale à des spectrographes trés évolués dont la Fig. 15 donne un exemple[5]. De l'altitude courante des satellites, il est possible en pointant un peu au-dessus de l'horizon terrestre d'avoir affaire à une masse d'air émissive très grande.

**10. Principales Etapes.**

$\alpha$) Si la présence de la *raie verte* dans les aurores polaires est connue depuis 1868 (A. ÅNGSTRÖM), sa présence dans la lumière du ciel nocturne en tout temps et dans toutes les régions du ciel semble bien avoir été suggérée par W. W. CAMPBELL (1895). Puis WIECHERT (1901–1902) l'observa aussi à Göttingen, avec un spectroscope ouvert à $f/4$, pendant des nuits où aucune aurore n'était visible. Mais c'est surtout à SLIPHER (1915) que revient le mérite d'avoir procédé le premier à l'obtention de spectres. Il disposait d'un instrument ouvert à $f/1,9$ et ainsi la présence permanente de la raie verte dans la lumière du ciel nocturne fut définitivement établie.

La même radiation fut étudiée peu après (1922) par Lord RAYLEIGH en Angleterre qui s'attacha surtout à ses variations d'intensité et plus tard (1930) à sa mesure absolue. En 1923, avec l'interféromètre de PEROT-FABRY, H. D. BABCOCK détermina exactement sa longueur d'onde: 557,735 nm soit 5577,350 Å et sa

[4] J. C. JEANNET: Publ. Lab. Phys. Atmos. (Paris) 1967
[5] J. P. HENNES: J. Geophys. Res. **71**, 763 (1966).

largeur 0,0035 nm (0,035 Å), mais on ne savait pas à quel élément elle était due. C'est peu après (1925) que McLENNAN parvint à la reproduire au laboratoire, avec de l'oxygène et obtint pour la mesure à l'interféromètre de sa longueur d'onde une valeur en bon accord (5577,341 ± 0,004 Å) avec celle de BABCOCK.

L'effet ZEEMAN lui montra qu'il s'agissait de la transition «interdite» $^1D_2 - {}^1S_0$. Peu après (1930), FRERICHS confirmait cette identification et pouvait prévoir l'existence des raies rouges 630,0—636,4 nm, soit 6300—6364 Å ($^3P_{2,1} - {}^1D_2$).

*β*) L'exploration des autres régions du spectre avait été abordée dès 1922 indépendamment par Lord RAYLEIGH et par J. DUFAY qui trouvèrent avec des durées d'exposition allant jusqu'à 100 heures réparties sur plusieurs nuits, un spectre continu dans le bleu et le violet, entre 480 et 300 nm, soit 4800 et 3000 Å sur lequel ils reconnurent la présence de raies de FRAUNHOFER.

En 1929, SLIPHER trouva un nouveau groupe de raies dans la région orange et rouge du spectre; il obtint pour leur longueur d'onde 589,2, 631,5, 653, 685 et 727 nm (5892, 6315, 6530, 6850 et 7270 Å).

La même année, SOMMER trouva à Göttingen une quarantaine de raies ou bandes dans l'intervalle compris entre 526,5 et 375,8 nm (5265 et 3758 Å), puis, plus tard, une trentaine de raies ou bandes au-delà de 526,5 nm, soit 5265 Å, du côté des grandes longueurs d'onde.

J. CABANNES, seul ou en collaboration avec J. DUFAY, autour de l'année 1935, étudia, à l'aide de son spectrographe ouvert à *f*/0,7, la région vert-rouge où il trouva plus d'une centaine de raies et plus tard la région bleue et violette. En 1938, avec J. DUFAY et J. GAUZIT, il identifiait par l'interféromètre la raie à 589,2 nm, soit 5892 Å avec celle du sodium, R. BERNARD venant de faire la même identification dans le ciel crépusculaire.

Puis, en 1941, J. DUFAY identifie les bandes de HERZBERG de l'oxygène.

Autre étape essentielle: en 1950, à l'aide d'un réseau, A. B. MEINEL identifie dans le proche *infra-rouge* les bandes de rotation-vibration de la molécule OH. On s'aperçoit de leur extraordinaire intensité et, plus tard, de leur extension jusque dans le domaine visible.

*γ*) Enfin, en 1959, V. S. PROKUDINA découvre la présence de la raie $H_\alpha$ de l'*hydrogène* dans la lumière du ciel nocturne, radiation que VEGARD avait découverte vingt années auparavant dans celle de l'aurore polaire.

Peu de temps avant (1957), à l'aide de fusées, l'équipe du Naval Research Laboratory de Washington, avait, en supprimant l'écran absorbant constitué par l'ozone et l'oxygène de l'atmosphère, mis en évidence l'importante radiation $L_\alpha$ à 121,5 nm soit 1215,7 Å de l'hydrogène.

Dans cet historique très schématisé, on ne se rend guère compte du difficile cheminement de la connaissance scientifique. En effet, à cause de la faible disperssion, due à la grande ouverture des spectrographes utilisés, la précision des mesures était insuffisante pour permettre une identification sûre. Aussi un bon nombre d'identifications proposées ont-elles dû être abandonnées par la suite. Aujourd'hui, heureusement, il est possible de présenter avec certitude un tableau complet des identifications.

**11. Le spectre de la luminescence nocturne: identifications.** Nous distinguerons successivement les spectres de raies dus aux atomes, les spectres de bandes dus aux molécules et le spectre continu.

*α*) *Spectres de raies (atomes).* On a obtenu les spectres des atomes neutres suivants: oxygène, azote, sodium et hydrogène. Considérons-les successivement.

(a) *Oxygène.* Les différents résultats sont groupés sur le Tableau 4 où il s'agit de longueurs d'ondes mesurées dans l'air (et non pas dans le vide)

$$557{,}7 \text{ nm } (5577 \text{ Å}): {}^1S_0 \to {}^1D_2 .$$

Tableau 4. *Résultats concernant la mesure précise de la longueur d'onde de 5577Å (OI).*

| Source | Méthode | Auteurs | Longueur d'onde Å |
|---|---|---|---|
| Ciel nocturne | Interférences | BABCOCK (1923) | 5 577,348 ± 0,001 |
| Aurore polaire | Interférences | VEGARD et HARANG (1934) | 5 577,3445 ± 0,0027 |
| Ciel nocturne | Interférences | CABANNES et DUFAY (1955) | 5 577,344 ± 0,005 |
| Laboratoire | Interférences | MCLENNAN et MCLEOD (1927) | 5 577,341 ± 0,005 |
| Laboratoire | Réseau | CARIO (1927) | 5 577,348 ± 0,005 |
| Laboratoire | Réseau | KVIFTE et VEGARD (1947) | 5 577,346 |

BABCOCK avait donné 5 577,30. Mais par suite d'une révision de la longueur d'onde de la raie de comparaison du mercure, CABANNES et DUFAY [*16*] ont apporté une correction.

La Fig. 16 représente les franges d'interférences de cette raie verte.

Après l'émission de la raie verte, l'électron demeurant sur le niveau qui est un niveau métastable peut revenir à l'état normal ${}^3P_{0,1,2}$ (Fig. 17) en émettant le triplet:

${}^1D_2 \to {}^3P_2$ dont la longueur d'onde est 630 nm, soit 6300 Å,
${}^1D_2 \to {}^3P_1$ dont la longueur d'onde est 636,4 nm, soit 6364 Å,
${}^1D_2 \to {}^3P_0$ dont la longueur d'onde est 639,2 nm, soit 6392 Å.

Il s'agit comme pour ${}^1S_0 \to {}^1D_2$ de transitions interdites.

On observe dans la luminescence nocturne seulement ${}^3P_2 - {}^1D_2$ (630 nm) et ${}^3P_1 - {}^1D_2$ (636,4 nm) dont l'intensité est environ le 1/3 de celle de la première.

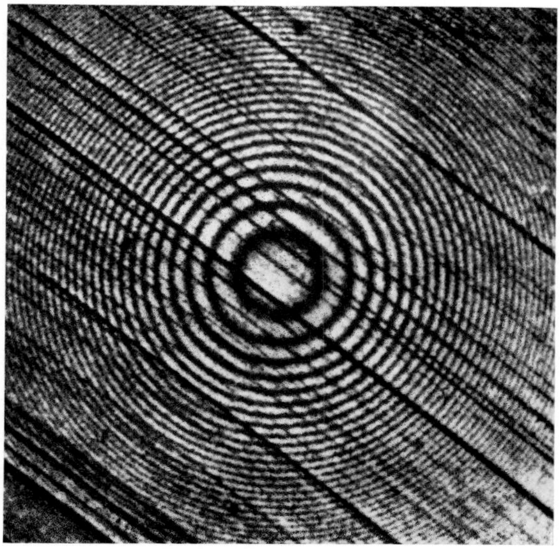

Fig. 16. Franges d'interférences de la raie 557,7 nm = 5 577 Å de OI [d'après CABANNES et DUFAY].

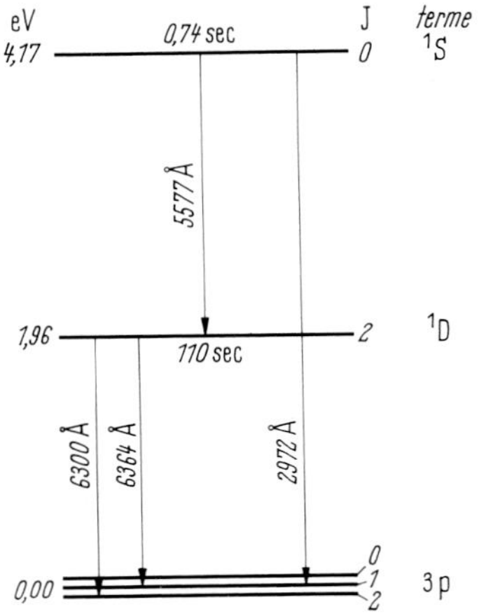


Fig. 17. Niveaux inférieurs de l'atome OI. (Les longneurs d'onde sont indiquées en Å; 10 Å = 1 nm.)

$^3P_0 - {}^1D_2$ (639,2 nm) a une intensité trop faible et se trouve au milieu de bandes, si bien qu'elle n'a pu être repérée.

Voici les résultats des mesures concernant ces deux radiations:

Tableau 5. *Résultats concernant la mesure précise de la longueur d'onde de 630 nm, soit 6300 Å (OI).*

| Source | Méthode | Auteurs | Longuenr d'onde Å |
|---|---|---|---|
| Aurore polaire | Interférences | VEGARD (1940) | 6300,303 ± 0,010 |
| Ciel nocturne | Interférences | CABANNES et DUFAY (1955) | 6300,308 ± 0,004 |
| Laboratoire | Réseau | KVIFTE et VEGARD (1947) | 6300,297 |
| Ciel nocturne | Interférences | CABANNES et DUFAY (1955) | 6363,790 ± 0,0045 |
| Laboratoire | Réseau | KVIFTE et VEGARD (1947) | 6363,854 |

On peut prévoir également l'existence du triplet $^3P - {}^1S_0$ dont les raies les plus intenses se trouvent à 297,2 et 295,8 nm, soit 2972 et 2958 Å. La première $^3P_1 - S_0$ a été très étudiée en laboratoire par:

EMELEUS, SLOANE et CATHCART (1939) qui ont donné: (2972,3 ± 0,15) Å,
L. et R. HERMAN (1944) qui ont donné: (2972,25 ± 0,01) Å
SAWYERS et EMELEUS (1950) qui ont donné: (2972,315 ± 0,02) Å.

Cette raie a été trouvée dans la luminescence nocturne à l'aide d'un spectrographe placé dans une fusée AEROBEE, lancée de White Sands le 1er décembre 1964[1]. Elle est masquée par une bande de l'oxygène, mais la reconstitution quantitative du spectre montre qu'environ 25% de l'émission totale est bien due à 297,2 nm de OI. Quant à 295,8 nm, elle est trop faible pour apparaître à travers le recouvrement par la même bande.

[1] J. P. HENNES: J. Geophys. Res. **71**, 763 (1966).

Toutes les raies énumérées ci-dessus se rapportent à des transitions interdites de l'atome d'oxygène neutre; les potentiels d'excitation sont respectivement de 4,17 eV pour $^1D_2 - {}^1S_0$ et 1,96 eV pour $^3P - {}^1D_2$. A l'encontre des aurores polaires, aucune transition permise de OI n'a été trouvée, pas plus que des raies dûes à l'atome ionisé OII, du moins jusqu'à 1970. Mais, des observations récentes ont montré l'existence dans la luminescence nocturne des régions tropicales de raies permises de haute énergie. C'est ainsi que HICKS et CHUBB[2] ont enregistré à partir du satellite OGO4 les raies 135,6 nm (1356 Å) et 130 nm (1304 Å) de l'oxygène avec une intensité pouvant atteindre 500 R; puis WEILL et JOSEPH[3] ont découvert, toujours dans l'arc intertropical et avec également une intensité atteignant aussi 500 R, le triplet à *777* nm (*7772, 7774, 7775* Å), triplet $3\,{}^5S_0 - 3\,{}^5p$ de OI; l'atome, après émission de ce triplet tombe sur le niveau $5\ S_0$ d'où il émet la raie 135,6 (1356 Å); le potentiel d'excitation de ce triplet est 10,7 eV, celui de 1356 est de 9,20 eV.

(b) *Azote.* Une faible raie interdite vers 520 nm (5199 Å) a finalement été attribuée à l'atome neutre d'azote. Il s'agit en réalité d'un doublet $^4S_{0,\frac{3}{2}} - {}^2D_{0,\frac{5}{2},\frac{3}{2}}$ correspondant aux raies 519,8 et 520 nm (5198 et 5200 Å), qui a été trouvé d'abord dans le spectre auroral, puis dans le spectre du ciel crépusculaire avant d'être trouvé présent d'une manière permanente dans la luminescence nocturne[4].

Le potentiel d'excitation correspondant au niveau $^2D$ est 2,37 eV et la durée de vie $9{,}4 \cdot 10^4$ s.

(c) *Sodium.* Différents auteurs ayant trouvé pour la raie jaune du ciel nocturne des longueurs d'onde très voisines de 589 nm (5893 Å) et à la suite de la découverte par R. BERNARD du phénomène de renforcement de cette raie au

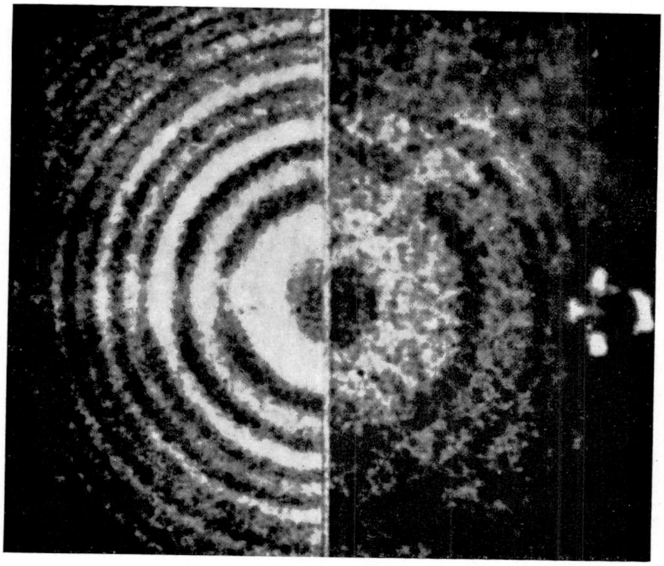

Fig. 18. Franges d'interferences du doublet 589,3 nm = 5893 Å du Na (CABANNES, DUFAY et GAUZIT).

[2] G. T. HICKS et T. A. CHUBB: J. Geophys. Res. **75**, 6233 (1970).
[3] G. WEILL et J. JOSEPH: Compt. Rend. Paris **271**, 1013 (1970).
[4] V. I. KRASSOVSKIJ: Ann. Geophys. **14**, 356 (1958). — M. DUFAY: Compt. Rend. **248**, 2505 (1959). — D. E. BLACKWELL, M. F. INHGAM et H. RUNDLE: Astrophys. J. **131**, 15 (1960).

crépuscule, J. CABANNES, J. DUFAY et J. GAUZIT[5] identifièrent le doublet (non séparé par les spectrographes) avec celui du sodium en utilisant un interféromètre de PEROT et FABRY associé à leur spectrographe ouvert à *f*/0,7.

La Fig. 18 montre sur la moitié droite les anneaux d'interférences obtenus en visant le ciel nocturne et sur la moitié gauche ceux obtenus avec une flamme contenant du sodium. La concordance des anneaux identifie parfaitement l'atome de sodium neutre et il s'agit bien du doublet (raies permises):

$$3\ {}^2S_{\frac{1}{2}} - 3\ {}^2P_{\frac{1}{2},\frac{3}{2}}$$

dont les composantes $D_1$ et $D_2$ ont respectivement pour longueur d'onde 589, 592 et 588, 995 (5895,92 Å et 5889,95 Å).

Leur rapport d'intensité a été mesuré plusieurs fois[6] et on trouve que $D_2/D_1$ est voisin de 2.

On a recherché aussi, mais sans succès, la raie 330,3 nm (3303 Å) dûe à la transition $3\ {}^2S_{\frac{1}{2}} - 4\ {}^2P_{\frac{1}{2}}$ qui aboutit au même niveau final et requiert une faible quantité d'énergie pour son excitation (2 eV).

(d) *Hydrogène.* PROKUDINA[7], ainsi que KVIFTE[8], ont finalement trouvé la présence permanente de la raie $H_\alpha$ de l'hydrogène à 656,3 nm, soit 6563 Å transition (${}^2P - {}^2D$) laquelle avait été longuement recherchée à travers un fouillis de bandes. Son intensité est environ 1/10 de celle de la radiation 630 nm de OI et sa largeur est de l'ordre de 0,2 nm. Nous reviendrons plus loin sur l'élargissement de la raie et les renseignements qu'il est possible d'en tirer.

C'est en 1957 qu'un groupe du Naval Research Laboratory de Washington (BYRAM, CHUBB, FRIEDMAN et KUPPERIAN) publia [*17*] les résultats obtenus à l'aide d'une fusée Aerobee tirée le 17 Novembre 1955, équipée de tubes photocompteurs dont l'un était sensible à la radiation Lyman alpha 121,6 nm (1215,7 Å) de l'hydrogène. A partir d'une altitude de 75 km, ce tube donna une réponse dont la valeur exprimée en flux énergetique croissait exponentiellement avec l'altitude. A 88 km le compteur était déjà saturé et la présence de $L_\alpha$ dans la lumière du ciel nocturne indubitablement mise en évidence.

*β) Spectre de bandes (molécules).* Pour plus de détails, on devra se reporter à l'article très complet intitulé «Atlas of the Airglow Spectrum 3000 ... 12400 Å» dû à KRASSOVSKIJ, ŠEFOV et JARIN[9] auquel nous empruntons les figures suivantes: 19a–f.

(a) *Oxygène:* (i) *Bandes de Herzberg.* Comme nous l'avons vu plus haut, J. DUFAY[10] a suggéré en 1941 l'existence dans le spectre de la luminescence nocturne des bandes de HERZBERG de l'oxygène $A^3\sum_\mu^+ \to X_g^3$. Ces bandes avaient été découvertes par HERZBERG[11] au laboratoire avec de l'oxygène sous pression, retrouvées dans l'atmosphère, toujours en absorption, par CHALONGE et VASSY[12], et au laboratoire enfin, en émission cette fois par BROIDA et GAYDON[13].

[5] J. CABANNES, J. DUFAY et J. GAUZIT: Compt. Rend. **206**, 870, 1525 (1938); — Astrophys. J. **88**, 164 (1938).

[6] J. CABANNES, J. DUFAY et J. GAUZIT: Astrophys. J. **88**, 164 (1938). — P. BERTHIER: Compt. Rend. Paris **234**, 233 (1952). — NGUYEN HUU DOAN: Compt. Rend. Paris **249**, 739 (1959).

[7] V. S. PROKUDINA: Spectral, Electrophotometrical and Radar Researches of Aurorae and Airglow. Articles translated from the Russian, No. 1, 43. New York: Royer and Rogers Inc. (1959).

[8] G. KVIFTE: J. Atmospheric. Phys. **16**, 252 (1959).

[9] V. I. KRASSOVSKIJ, N. N. ŠEFOV et V. I. JARIN: Planetary Space Sci. **9**, 883 (1962).

[10] J. DUFAY: Compt. Rend. Paris **213**, 284 (1941).

[11] G. HERZBERG: Naturwissenschaften **20** (1932); — Can. J. Phys. **30**, 185 (1952).

[12] D. CHALONGE et E. VASSY: Compt. Rend. Paris **198**, 1318 (1934).

[13] H. P. BROIDA et A. G. GAYDON: Proc. Roy. Soc. (London), Ser. A **222**, 181 (1954). Voir Airglow and Aurorae, p. 262.

L'observation de ces bandes, qui sont situées vers l'extrémité ultra-violette du spectre de la lueur nocturne, a été étendue par la suite vers le visible par BARBIER[14] et par J. DUFAY[15].

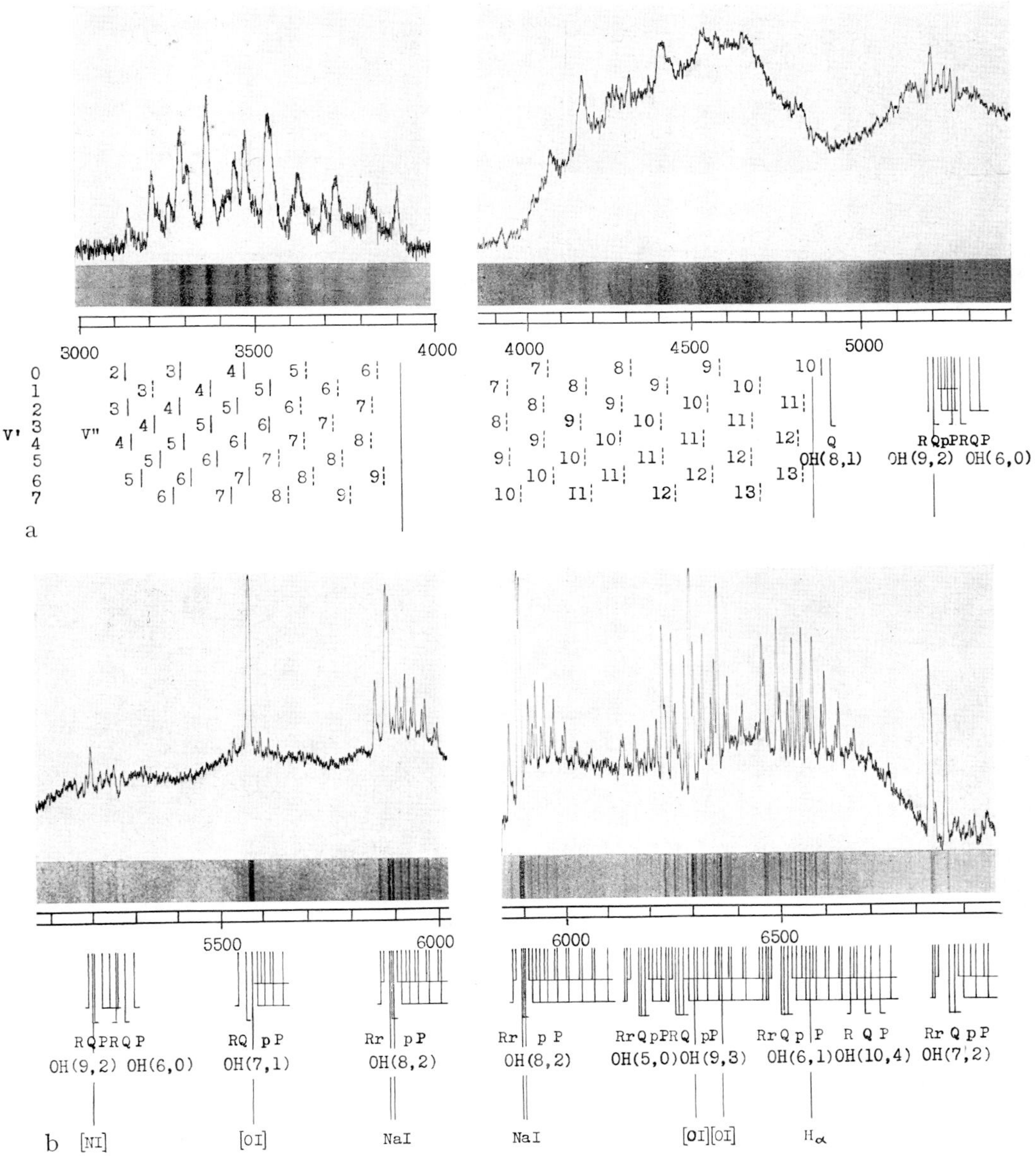


Fig. 19a–g. Spectre du ciel nocturne dans le domaine 3000 à 12400 Å [d'après V. I. KRASSOVSKIJ, N. N. ŠEFOV et V. I. JARIN, Planetary Space Science **9**, 883 (1962)]. a) de 3000 à 5400 Å. b) de 5100 à 7000 Å. c) de 6900 à 8400 Å. d) de 8200 à 10100 Å. e) de 9800 à 11400 Å. f) de 11300 à 12300 Å. g) de 3100 à 3900 Å, plus détaillé que a). (10 Å = 1 nm).

---

[14] D. BARBIER: Ann. Astrophys. **10**, 47 (1947).
[15] J. DUFAY: Ann. Geophys. **3**, 1 (1947).

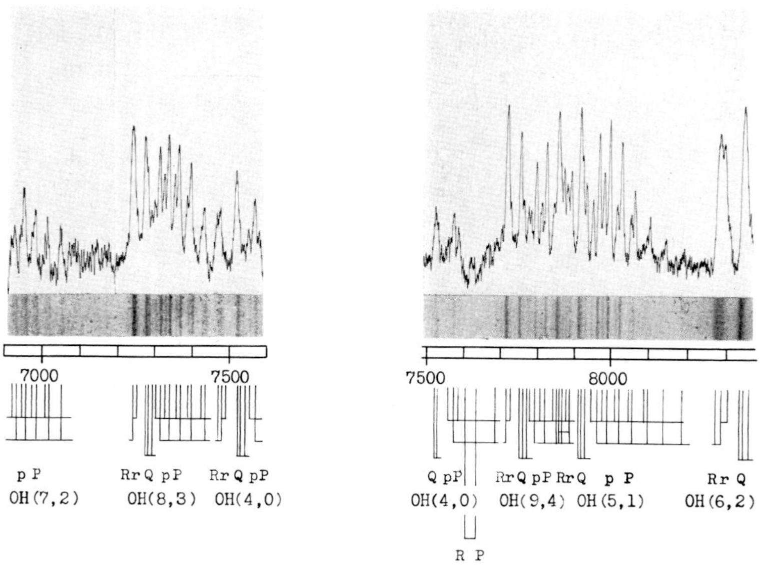


Fig. 19c

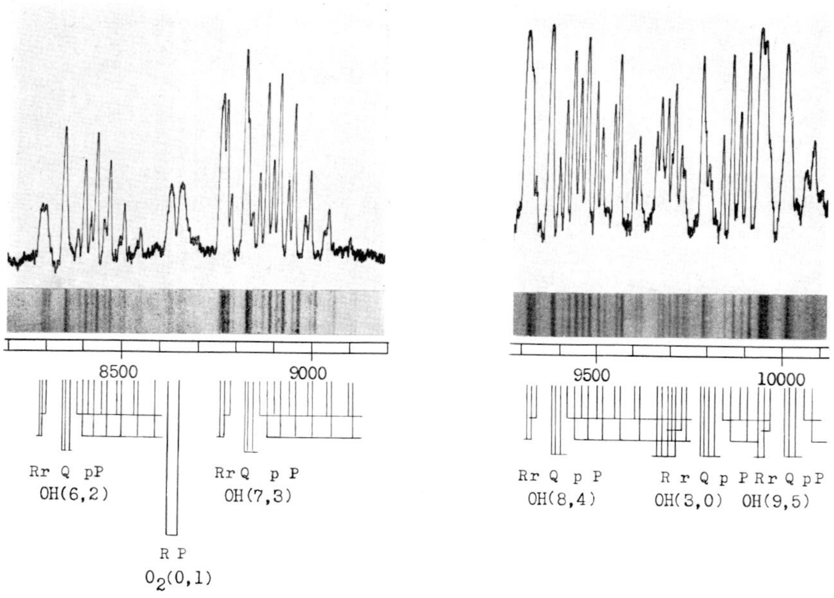


Fig. 19d

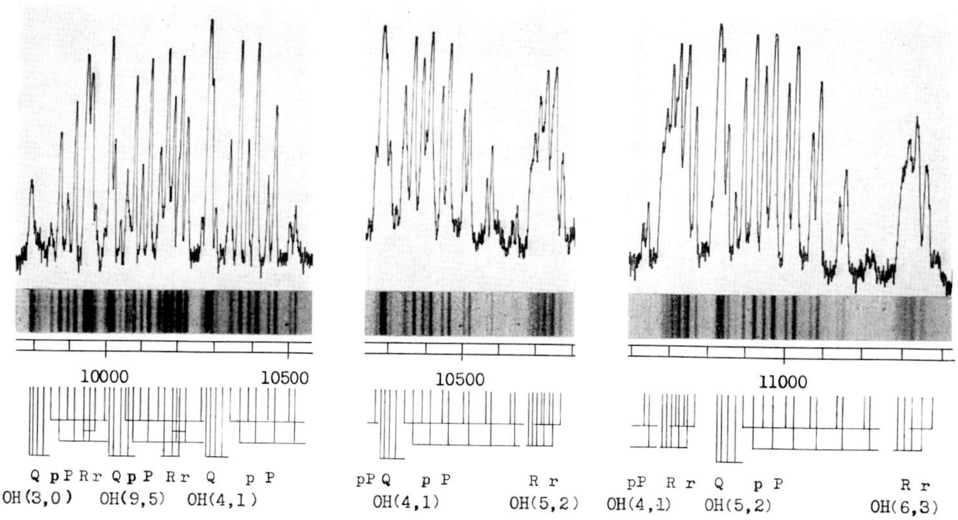


Fig. 19e

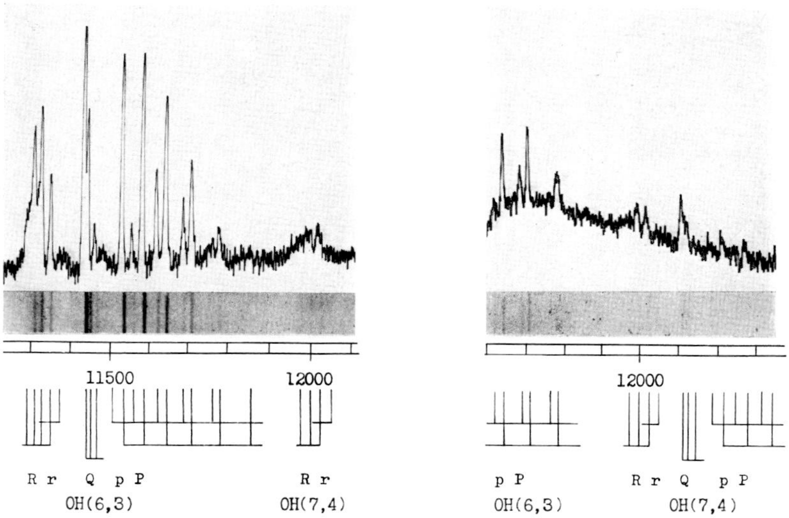


Fig. 19f

Leur existence a surtout été indubitablement confirmée quand, en 1955, CHAMBERLAIN[16] a pu résoudre le spectre de rotation dans la région 310 ... 350 nm (3100 ... 3500 Å).

Enfin récemment, l'enregistrement de ces bandes en fusées[17] a été étendu vers les courtes longueurs d'onde jusqu'à 252 nm (2519 Å), dernière bande obtenue (Fig. 20).

[16] J. W. CHAMBERLAIN: Astrophys. J. **121**, 277 (1955).
[17] J. P. HENNES: J. Geophys. Res. **71**, 763 (1966).

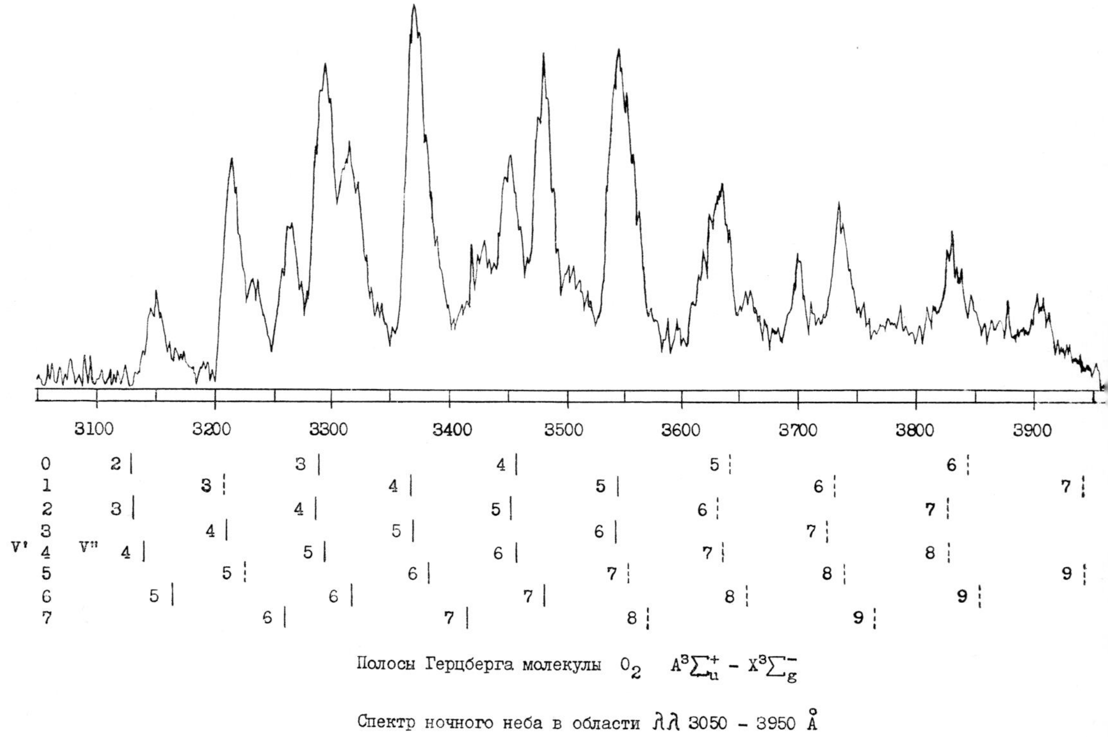


Fig. 19g

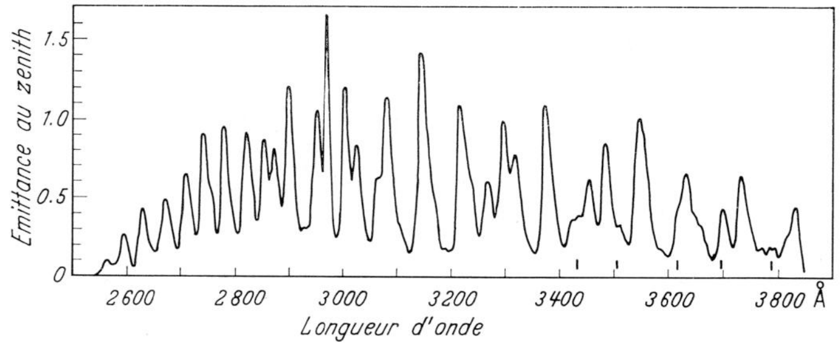


Fig. 20. Bandes de Herzberg enregistrèes en fusée [d'après J. P. Hennes]. 255 ... 380 nm (1 nm = 10 Å).

(ii) *Système atmosphérique* $b^1\sum_g^+ \to X^3\sum_g^-$; *bande de Kaplan-Meinel.* La présence de la bande (0, 1) du Système Atmosphérique de $O_2$ a été démontrée en 1948 par Meinel[18] en résolvant les branches P et R à 863 nm (8629 Å) et 866 nm (8659 Å); elle avait été trouvée au laboratoire ainsi que d'autres provenant du même niveau supérieur par J. Kaplan[19] dans la post-luminescence de l'oxygène. D'où

[18] A. B. Meinel: Publ. Astron. Soc. Pacific **60**, 373 (1948); — Trans. Am. Geophys. Un. **31**, 21 (1950).
[19] J. Kaplan: Nature **159**, 673 (1947).

son nom de bande de KAPLAN-MEINEL. Il est à remarquer que c'est la seule rencontrée dans la lueur nocturne.

(iii) *Système* $B^3\Delta_u \rightarrow a^1\Delta_g$ *(Chamberlain)*. Dans le domaine visible, CHAMBERLAIN[20] a indiqué en 1958 les longueurs d'onde de plusieurs bandes de ce système.

(b) *Azote*. La présence d'une façon permanente de bandes du Premier Système Négatif de $N_2^+$, transitions $B^2\Sigma_u^+ \rightarrow X^2\Sigma_g^+$ autour de 428 nm (4278 Å) bande (0, 1), de 391 nm (3914 Å) bande (0, 0) et 385 nm (3852 Å) bande (1, 0) n'est pas absolument sûre. On trouvera une discussion dans le travail de CHAMBERLAIN[20].

(c) *Hydroxyle*: *Bandes de Meinel de* OH. L'importance des bandes de OH dans le spectre de la luminescence nocturne est extrême (de l'ordre de 100 fois l'ensemble des autres émissions). Et pourtant il fallut attendre 1950, date à laquelle MEINEL[21] fut capable, grâce à son réseau, d'obtenir la structure détaillée dans le proche infrarouge et de déterminer les constantes de rotation des niveaux de vibration.

Puis ces bandes furent découvertes au laboratoire dans les flammes d'oxygène-acétylène et d'oxygène-hydrogène (DÉJARDIN et coll.[22], BENEDICT et coll.[23], HERMAN et HORNBECK[24]).

Enfin, elles furent étudiées dans une grande étendue spectrale par plusieurs auteurs (cf. KRASSOVSKIJ [*16*], J. CABANNES et coll.[25], J. DUFAY[26], M. DUFAY[27],

Tableau 6. *Bandes* OH *par ordre de longueurs d'onde.*

| $\lambda_{air}$ nm | $\lambda_{air}$ Å | Transition ($v'-v''$) | Intensité absolue R | $\lambda_{air}$ nm | $\lambda_{air}$ Å | Transition ($v'-v''$) | Intensité absolue R |
|---|---|---|---|---|---|---|---|
| 381,66 | 3816,6 | 9–0 | 0,023 | 1082,8 | 10828 | 5–2 | 12000 |
| 417,29 | 4172,9 | 8–0 | 0,121 | 1143,3 | 11433 | 6–3 | 15000 |
| 441,88 | 4418,8 | 9–1 | 0,73 | 1211,5 | 12115 | 7–4 | 17000 |
| 464,06 | 4640,6 | 7–0 | 0,71 | 1289,8 | 12898 | 8–5 | 16000 |
| 490,35 | 4903,5 | 8–1 | 3,8 | 1381,7 | 13817 | 9–6 | 13000 |
| 520,14 | 5201,4 | 9–2 | 11,0 | 1433,6 | 14336 | 2–0 | 46000 |
| 527,33 | 5273,3 | 6–0 | 4,4 | 1504,7 | 15047 | 3–1 | 74000 |
| 556,23 | 5562,2 | 7–1 | 22 | 1582,4 | 15824 | 4–2 | 88000 |
| 588,63 | 5886,3 | 8–2 | 57 | 1668,2 | 16682 | 5–3 | 90000 |
| 616,86 | 6168,6 | 5–0 | 33 | 1764,2 | 17642 | 6–4 | 82000 |
| 625,60 | 6256,0 | 9–3 | 110 | 1873,4 | 18734 | 7–5 | 71000 |
| 649,65 | 6496,5 | 6–1 | 130 | 1999,7 | 19997 | 8–6 | 54000 |
| 686,17 | 6861,7 | 7–2 | 310 | 2149,6 | 21496 | 9–7 | 37000 |
| 727,45 | 7274,5 | 8–3 | 520 | 2800,7 | 28007 | 1–0 | 920000 |
| 752,15 | 7521,5 | 4–0 | 280 | 2936,9 | 29369 | 2–1 | 820000 |
| 774,83 | 7748,3 | 9–4 | 710 | 3085,4 | 30854 | 3–2 | 640000 |
| 791,10 | 7911,0 | 5–1 | 930 | 3248,3 | 32483 | 4–3 | 490000 |
| 834,17 | 8341,7 | 6–2 | 1800 | 3429,4 | 34294 | 5–4 | 360000 |
| 882,41 | 8824,1 | 7–3 | 2800 | 3633,4 | 36334 | 6–5 | 260000 |
| 937,30 | 9373,0 | 8–4 | 3400 | 3867,4 | 38674 | 7–6 | 180000 |
| 978,80 | 9788,0 | 3–0 | 3100 | 4140,9 | 41409 | 8–7 | 110000 |
| 1001,0 | 10010 | 9–5 | 3600 | 4470,2 | 44702 | 9–8 | 65000 |
| 1027,3 | 10273 | 4–1 | 7600 | | | | |

[20] J. W. CHAMBERLAIN: Astrophys. J. **128**, 713 (1958).
[21] A. B. MEINEL: Astrophys. J. **111**, 207, 555 (1950).
[22] G. DEJARDIN, J. JANIN et MEYRON: Compt. Rend. Paris **234**, 1866 (1952).
[23] W. S. BENEDICT, E. K. PLYLER et C. J. HUMPHREYS: J. Chem. Phys. **21**, 398 (1953).
[24] R. C. HERMAN et G. A. HORNBECK: Astrophys. J. **118**, 214 (1953).
[25] J. CABANNES, J. DUFAY et M. DUFAY: Compt. Rend. Paris **230**, 1233 (1950).
[26] J. DUFAY: Ann. Geophys. **7**, 1 (1951).
[27] M. DUFAY: Compt. Rend. Paris **232**, 2344 (1951); **244**, 364 (1957).

L. et R. HERMAN[28], J. W. CHAMBERLAIN et coll.[29], GUSH et JONES[30], FEDOROVA[31]).

Elles sont dues aux transitions de vibrations-rotation dans l'état électronique de plus bas niveau, l'état $^2\Pi$.

On trouvera dans le Tableau 6 la liste des bandes de OH classées par ordre de longueurs d'onde croissantes observées ou prévues d'après CHAMBERLAIN et SMITH[29].

Tableau 7. *Structure de la bande 6–2 de* OH (T = *225 K*).

| k'' | Branche $R_1$ | | | Branche $R_2$ | | | Branche $P_1$ | | | Branche $P_2$ | | |
|---|---|---|---|---|---|---|---|---|---|---|---|---|
| | nm | Å | intensité R | nm | Å | intensité R | nm | Å | intensité R | nm | Å | intensité R |
| 1 | 829,90 | 8299,0 | 87 | 831,14 | 8311,4 | 32 | | | | | | |
| 2 | 828,87 | 8288,7 | 101 | 829,68 | 8296,8 | 42 | 839,93 | 8399,3 | 155 | 838,29 | 8382,9 | 57 |
| 3 | 828,17 | 8281,7 | 77 | 828,70 | 8287,0 | 36 | 843,02 | 8430,2 | 179 | 841,57 | 8415,7 | 75 |
| 4 | 827,83 | 8278,3 | 44 | 828,15 | 8281,5 | 23 | 846,54 | 8465,4 | 136 | 845,26 | 8452,6 | 64 |
| 5 | 827,85 | 8278,5 | 21 | 828,03 | 8280,3 | 12 | 850,48 | 8504,8 | 78 | 849,36 | 8493,6 | 41 |
| 6 | 828,25 | 8282,5 | 8 | 828,35 | 8283,5 | 4 | 854,86 | 8548,6 | 36 | 853,88 | 8538,8 | 20 |
| 7 | 829,04 | 8290,4 | 2 | 829,07 | 8290,7 | 1 | 859,68 | 8596,8 | 14 | 858,81 | 8588,1 | 8 |
| | Somme | | 340 | | | 150 | | | 598 | | | 265 |

Le Tableau 7 donne pour la bande 6–2 le détail de la structure [*20*]. La branche P est résolue; les branches Q et R ne peuvent l'être par suite de la dispersion utilisée.

Il y a lieu de remarquer que les raies et les systèmes de bandes dont l'identification a été retenue correspondent à une faible excitation, excepté les raies permises de OI dont nous avons parlé plus haut. Le Tableau 8 donne les potentiels d'excitations correspondants classés par ordre croissant:

Tableau 8. *Potentiels d'excitation correspondant aux principales radiations.*

| Atome ou molecule responsable | Longueur d'onde nm | Longueur d'onde Å | Potentiel d'excitation eV |
|---|---|---|---|
| $O_2$ (Atm) | | | 1,75 |
| OI | 630 | 6300 | 1,96 |
| NaI | 589,3 | 5893 | 2,09 |
| NI | 520 | 5200 | 2,37 |
| OH | | | 3,23 |
| OI | 557,7 | 5577 | 4,18 |
| $O_2$ (HERZBERG) | | | 4,90 |
| OI | 135,6 | 1356 | |
| | 130,4 | 1304 | 9,2 |
| | 777 | 7772<br>7774<br>7775 | 10,7 |

[28] L. et R. HERMAN: Compt. Rend. Paris **240**, 1413 (1955).
[29] J. W. CHAMBERLAIN et N. J. OLIVER: Phys. Rev. **90**, 118 (1953). — J. W. CHAMBERLAIN et F. L. ROESLER: Astrophys. J. **121**, 541 (1955). — J. W. CHAMBERLAIN et C. A. SMITH: J. Geophys. Res. **64**, 611 (1959).
[30] H. P. GUSH et A. VALLANCE JONES: J. Atmosph. Terr. Phys. **7**, 285 (1955).
[31] N. I. FEDOROVA: Ann. Geophys. **14**, 365 (1958).

γ) *Spectre continu.* Depuis 1923 (Lord RAYLEIGH[32], J. DUFAY[33]), on sait qu'il existe un spectre continu sur lequel viennent se détacher des raies d'absorption telles que les raies H et K de Ca II. Ce spectre continu commence dès la limite ultra-violette pour s'étendre vers les grandes longueurs d'onde. Il a été très étudié mais le plus souvent avec des dispersions insuffisantes (bandes non résolues), si bien que les conclusions ont été faussées.

S'il n'est pas douteux qu'une partie de ce fond continu est d'origine extra terrestre comme le montre la présence des raies H et K du Calcium interstellaire (CHAMBERLAIN et OLIVER[34], MEINEL[35]), le fait observé par BARBIER[36] et par J. et M. DUFAY[37], que l'intensité mesurée soit fonction de la distance zénithale de la direction de visée conduit à penser qu'une partie au moins est due à une émission au sein de l'atmosphère terrestre.

D'après ROACH et MEINEL[38], pour la longueur d'onde 530 nm (5300 Å), environ 20% de l'intensité du spectre continu serait attribuable à un phénomène d'émission dans l'atmosphère terrestre. Des expériences effectuées à bord de fusées ont conduit HEPPNER et MEREDITH[39] à conclure que cette valeur devait être portée à au moins 50%. Des études avec une dispersion accrue sont souhaitables. On verra plus loin la distribution de l'énergie dans ce spectre.

Signalons toutefois qu'un travail de ROBLEY et VILKKI[40] portant sur 4 années leur a permis de suggérer que le continuum serait émis dans deux couches, l'une vers 80 km, celle dont l'intensité varie avec la distance zénithale, et une autre à très haute altitude (1000 km) et dans une couche assez épaisse.

**12. Distribution spectrale de l'énergie.** Maintenant que nous connaissons les longueurs d'onde et les attributions des radiations de la lueur nocturne, une donnée quantitative intéressante est la distribution de l'énergie dans le spectre.

Mais une remarque préalable doit être faite. On n'a pas affaire, ainsi que nous le verrons par la suite, à un phénomène parfaitement stable. Il présente des variations même au cours d'une nuit; aussi la distribution de l'énergie se rapportera-t-elle à une valeur moyenne.

GRANDMONTAGNE[1] avait tenté, à l'aide de filtres placés successivement devant une cellule photoélectrique, de donner une idée de la distribution de l'énergie (Fig. 13). Mais connaissant l'allure du spectre, on se rend compte que ce ne pouvait être qu'une indication grossière, par suite du trop large intervalle spectral isolé par les filtres.

α) La technique à utiliser doit être celle de la *spectrophotométrie*; c'est-à-dire qu'à l'aide d'un spectrographe ou d'un monochromateur, on comparera pour chaque longueur d'onde, les intensités du spectre de la lueur nocturne avec les intensités correspondantes d'une source dont la distribution énergétique est connue.

Une tentative a été faite dès 1939 par BABCOCK et JOHNSON[2] au Mont-Palomar, à l'aide d'un spectrographe ouvert à *f*/1. On obtenait sur la même plaque photographique le spectre de la lumière du ciel nocturne avec une durée d'exposition de 10 h, et toute une série de spectres d'une lampe étalon, dont la

[32] Lord RAYLEIGH: Proc. Roy. Soc. (London), Ser. A **103**, 45 (1923).
[33] J. DUFAY: Compt. Rend. Paris **173**, 1290 (1923).
[34] J. W. CHAMBERLAIN et N. J. OLIVER: Astrophys. J. **118**, 197 (1953).
[35] A. B. MEINEL: Astrophys. J. **118**, 197 (1953).
[36] D. BARBIER: Ann. Geophys. **11**, 181 (1955).
[37] J. et M. DUFAY: Ann. Geophys. **11**, 209 (1955).
[38] F. E. ROACH et A. B. MEINEL: Astrophys. J. **122**, 530 (1955).
[39] J. P. HEPPNER et L. H. MEREDITH: J. Geophys. Res. **63**, 51 (1958).
[40] R. ROBLEY et E. VILKKI: Ann. Geophys. **26**, 195 (1970).
[1] GRANDMONTAGNE: Ann. Physique **16**, 253 (1941).
[2] H. W. BABCOCK et J. J. JOHNSON: Astrophys. J. **94**, 271 (1941).

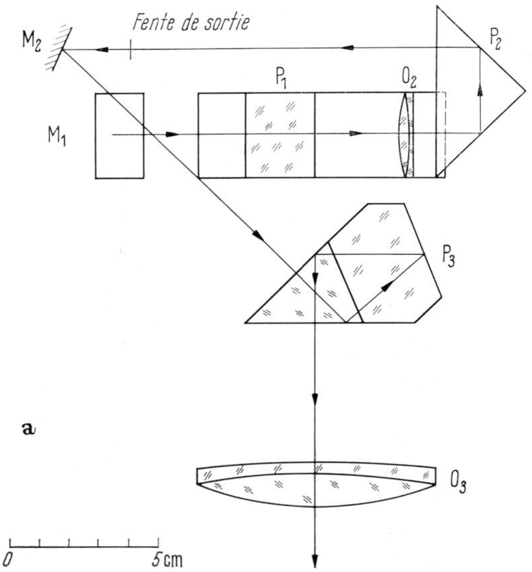


a

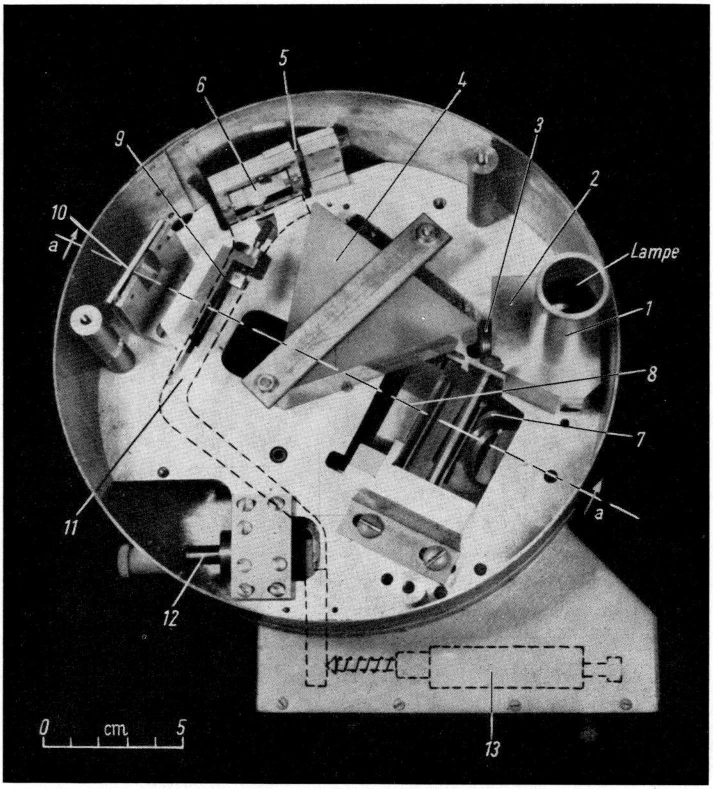


b

Fig. 21a–c. Source étalon de JEANNET, a) Schéma de principe; b) Vue intérieure; c) Vue extérieure. Légende:

*1* Fente d'entrée
*2* Collimateur
*3* Objectif $O_1$
*4* Prisme $P_1$
*5* Lame ressort
*6* Miroir $M_1$ (mobile)
*7* Prisme $P_2$
*8* Objectif $O_2$
*9* Fente de sortie
*10* Miroir $M_2$
*11* Levier solidaire de $M_1$
*12* Vis commandant la rotation de $M_1$
*13* Comparateur étalonné en longueur d'onde

Fig. 21c

température de couleur était repérée à l'aide d'un pyromètre optique, et dont les intensités croissaient dans des rapports connus — ceux des largeurs de la fente du spectrographe — avec une durée d'exposition de 10 s. Mais le fait que la durée d'exposition n'était pas la même dans les deux cas rendait toute précision illusoire car le facteur de contraste de l'émulsion photographique n'est pas non plus le même.

Aussi, à la suite de ces difficultés, la technique consistant à utiliser un spectrographe et à tenter d'obtenir au cours de la même expérience la distribution de l'énergie dans une large étendue spectrale semble avoir été abandonnée au profit de l'étude de différentes radiations considérées individuellement et mesurées en valeur absolue. Nous avons vu Sect. 5 les dispositifs expérimentaux utilisés dans ce but.

*β) Etalons secondaires pour la simulation de la luminescence nocturne.* On s'est aidé également de la réalisation de sources simulant la luminescence nocturne. Ce sont des étalons secondaires dont la répartition énergétique est connue en valeur absolue (exprimée en unités énergétiques ou en unités quantiques) et ayant une intensité de l'ordre de grandeur de celle de la luminescence nocturne.

Elles sont de deux types, suivant qu'on utilise des sources luminescentes excitées par des traces de substances radioactives ou des sources à incandescence. Dans le premier type, on peut citer les réalisations:

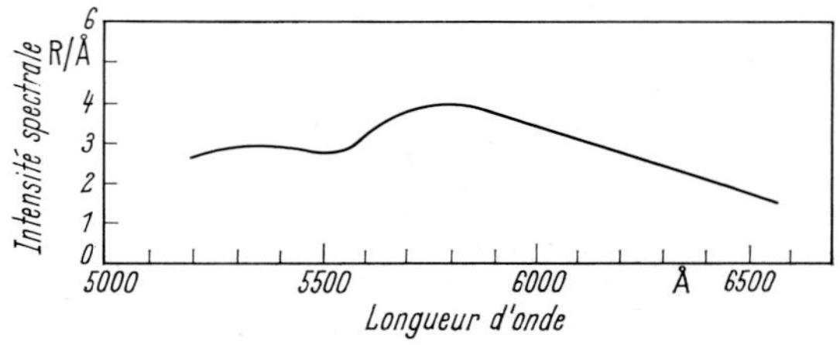


Fig. 22. Distribution de l'énergie dans le spectre continu d'après ŠEFOV [Abscisse: longueur d'onde en Å; 10 Å = 1 nm. Ordonnée: intensité spectrale en Rayleigh par Ångström. 1 R/Å = $4\pi\ 10^{11}\ \mathrm{m}^{-2}\ \mathrm{s}^{-1}\ (\mathrm{nm}^{-1})$, voir Sect. 1 c $\beta$].

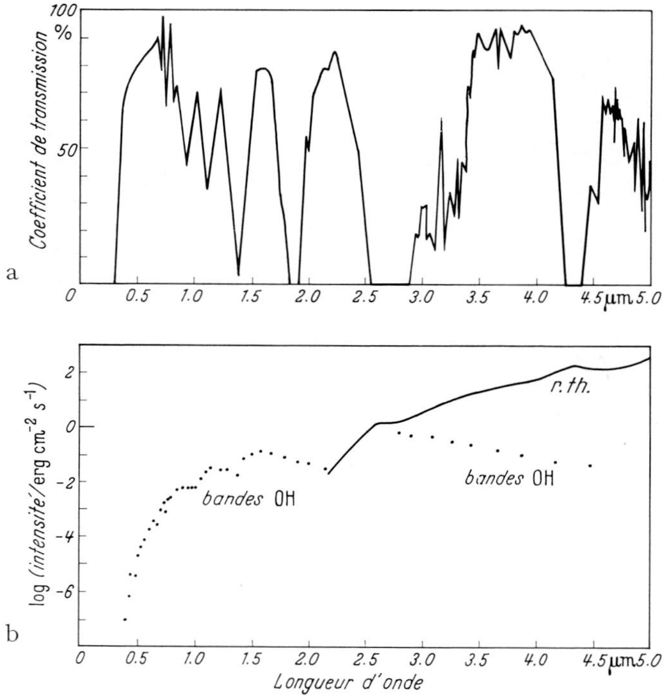


Fig. 23. a) Logarithme de l'intensité des bandes de OH dans l'infra-rouge (points) avec celui du rayonnement thermique de la basse atmosphère pour comparaison trait plein). ($\Delta\lambda = 0{,}1$ µm, $T = 275$ K, $\varepsilon = 0{,}3$). b) Coefficient de transmission de l'atmosphère (en %) dans la même gamme spectrale.

— de BARBIER[3]: mince couche de willémite excitée par du Strontium 90 dont la période de décomposition est de 25 ans; l'énergie émise par la source décroît de 2,8% par an;

— de PURDY, MEGILL et ROACH[4] où la couche phosphorescente est activée par du Carbonne 14 et excitée par les particules α du Radium.

[3] D. BARBIER: Rev. Optique **36**, 132 (1957).

[4] C. H. PURDY, L. R. MEGILL et F. E. ROACH: J. Res. Nat. Bur. Stand. Engin. Inst. **65**, 213 (1961).

Mais par suite des variations de l'émittance en fonction du temps et surtout de la température, une étude récente[5] montre que l'on ne peut espérer une précision supérieure à 10%.

Dans le second type, il faut citer une réalisation japonaise[6] et une américaine[7] où l'on retrouve l'utilisation d'un verre opale éclairé par une lampe à filament de tungstène.

Toutes ces sources sont utilisées conjointement avec des filtres interférentiels. Aussi convient-il de mettre à part une réalisation récente de J. C. JEANNET[8] qui se classe dans le 2ème type mais utilise un monochromateur à double dispersion, l'ensemble étant ramassé dans une boîte cylindrique de faible encombrement et permettant d'atteindre une précision de l'ordre de 3,5% (Fig. 21a, b).

On consultera avec fruit les articles publiés à la suite d'un Symposium sur cette question tenu en 1963[9].

$\gamma$) *Résultats.* On les trouvera groupés dans le Tableau 9, les données ayant été empruntées à KRASSOVSKIJ, ŠEFOV et JARIN ainsi qu'à F. E. ROACH.

Pour le spectre continu, on trouvera sur la Fig. 22, une courbe moyenne donnant d'après ŠEFOV[10], la distribution de l'énergie en Rayleigh (R) par Ångström (Å) dans le vert.

Pour être plus complet, il convient de se reporter également au Tableau 6 où a été donnée la liste des bandes de OH en fonction de la longueur d'onde et où figure également leur émittance (exprimée en Rayleigh). Il est préférable de traduire les unités quantiques en unités énergétiques et de les reporter sur la Fig. 23, en ordonnées logarithmiques, étant donnée leur importante variation en fonction de la longueur d'onde.

Mais dans toute la région du proche infrarouge, l'atmosphère terrestre est à la fois émissive et absorbante. Aussi à l'exemple de F. E. ROACH [27] avons-nous reporté également sur la Fig. 23 la valeur du rayonnement thermique en fonction de la longueur d'onde et sur la partie inférieure de la figure, le facteur de transmission moyen de l'atmosphère.

L'examen du Tableau 9 nous montre que l'énergie contenue dans les bandes de OH représente 99% de la totalité de l'énergie émise. Le spectre de la lueur nocturne est donc essentiellement le spectre de OH.

En outre, le Tableau 9 aussi bien que la Fig. 23 nous montrent que la plus grande partie de l'énergie se trouve dans l'infra-rouge, ainsi que l'indiquaient déjà les mesures de GRANDMONTAGNE. Si l'on considère les unités énergétiques, on peut voir que 99% de l'énergie sont dans le proche infrarouge, au-delà de 0,7 μm, limite du spectre visible.

Enfin, pour être complet, on doit mentionner que la bande $N_2^+$ à 391,4 nm (3914 Å), qui caractérise les aurores et les phénomènes crépusculaires, serait faible mais présente dans la lueur nocturne. Ainsi BROADFOOT et HUNTEN[11] trouvent une intensité inférieure à 1 R, O'BRIEN et ses collaborateurs[12] en fusée, donnent la valeur 5 R, YANO[13], au sol, 10 R.

---

[5] H. V. BLACKER et M. GADSEN: Planet. Space Sci. **14**, 921 (1966).

[6] R. ONAKA et M. NAKAMURA: Sci. Light (Tokyo) **7**, 28 (1958).

[7] D. M. PACKER: IQSY Instructions Manual No. 9, 74 (1964).

[8] J. C. JEANNET: Thèse Docteur-Ingénieur, Paris (1967).

[9] G. J. HERNANDEZ et A. L. CARRIGAN: AFCRL 65-114, Special Reports No. 22 Cambridge (Mass.), 1965.

[10] N. N. ŠEFOV: Poljarnye Sijanija i Svečenie nočnogo Neba (Aurorae and Airglow) **1**, 25 (1959) (Moskva).

[11] L. BROADFOOT et D. M. HUNTEN: Planet. Space Sci. **14**, 1303 (1966).

[12] B. J. O'BRIEN, F. R. ALLUM et H. C. GOLDWINE: J. Geophys. Res. **70**, 161 (1965).

[13] K. YANO: Planetary Space Sci. **14**, 709 (1966).

Tableau 9. *Distribution spectrale énergétique de la luminescence nocturne.*

| | Constituant responsable | Longueur d'onde nm | Longueur d'onde Å | Emittance absolue au zénith: unités quantiques R | Emittance absolue au zénith: unités énergétiques $W m^{-2}$ |
|---|---|---|---|---|---|
| Atomes (raies) | OI | 557,7<br>630,0 ... 636,4 | 5577<br>6300 ... 6364 | 250<br>200 | $8,9\cdot 10^{-7}$<br>$6,2\cdot 10^{-7}$ |
| | NaI | 589,0 ... 589,6 | 5890 ... 5896 | été 30<br>hiver 200 | $1,0\cdot 10^{-7}$<br>$6,8\cdot 10^{-7}$ |
| | HI | 656,3<br>486,1 | 6563<br>4861 | 15<br>3 | $4,5\cdot 10^{-8}$<br>$1,2\cdot 10^{-8}$ |
| Molécules (bandes) | OH | 380 ... 4500 | 3800 ... 45000 | $5\cdot 10^{6}$ | $3,6\cdot 10^{-3}$ |
| | $O_2$ | | bandes de HERZBERG | 1500 | $8,8\cdot 10^{-6}$ |
| | | 300 ... 400 | 3000 ... 4000<br>bandes atm. (0,1) | | |
| | | 864,5 | 8645 | 500 | $1,1\cdot 10^{-6}$ |
| Spectre continu | atmosphérique | 400 ... 700 moyenne | 4000 ... 7000 | 900<br>(0,3 R/Å) | $5,0\cdot 10^{-6}$ |
| | astronomique | | moyenne | 4000<br>(1,3 R/Å) | $1,5\cdot 10^{-5}$ |

L'intensité de $L_\alpha$ (121,6 nm, soit 1215,7 Å) de HI, mesurée en fusée[14] entre 350 et 1200 km d'altitude est de l'ordre de 2500 R.

[14] J. E. KUPPERIAN JR., E. T. BYRAM, T. A. CHUBB et H. FRIEDMAN: Planetary Space Sci. **1**, 3 (1959).

## D. Polarisation de la lumière du ciel nocturne.

**13. Résultats des mesures de polarisation.** Quand il s'agira de rechercher l'origine de la lumière du ciel nocturne, un renseignement important sera apporté par la connaissance de la polarisation. En effet, si la lumière solaire diffusée intervient, un plan passant par le Soleil jouira de propriétés privilégiées: il y

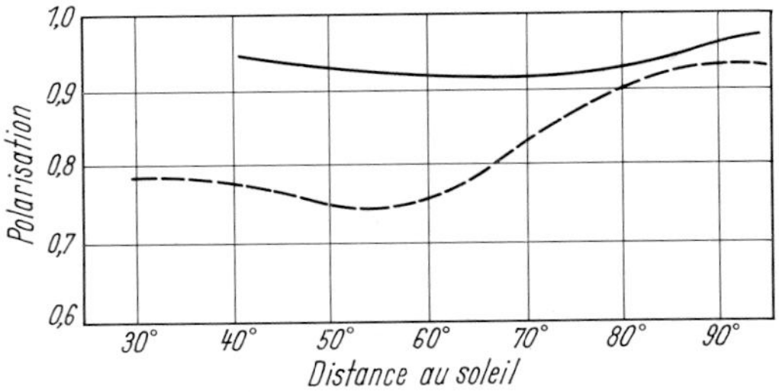


Fig. 24. Polarisation de la lumière zodiacale (trait brisé) et de la lumière du ciel nocturne (trait plein) en fonction de la distance angulaire au soleil.

aura polarisation. Aussi est-ce dès les débuts de l'étude de la lumière du ciel nocturne que l'on a examiné sa polarisation.

α) *En lumière totale.* Bien entendu on a commencé par étudier la polarisation de l'ensemble de la lumière du ciel nocturne et ce n'est que plus récemment, quand le spectre a été mieux connu, que l'on a examiné la polarisation de quelques radiations considérées individuellement. Comme pour l'étude spectrale, à cause des mêmes difficultés, on trouva dans les débuts des résultats parfois discordants.

A cause du désaccord entre les premiers résultats de Lord RAYLEIGH qui avait trouvé une faible polarisation et de BABCOCK qui n'en avait pas trouvé du tout, J. DUFAY avait été conduit à reprendre les mesures en employant non plus une méthode visuelle, mais une méthode photographique. Elle consiste tout simplement à photographier une ouverture circulaire à travers un prisme biréfringent. Si la lumière est partiellement polarisée dans le plan de section principale du biréfringent (ou dans un plan perpendiculaire), les densités optiques $d_1$ et $d_2$ des deux images seront différentes et correspondront, d'après la courbe d'étalonnage de l'émulsion photographique, à deux éclairements inégaux $E_1$ et $E_2$. La dépolarisation $\varrho$ de la lumière incidente sera:

$$\varrho = E_2/E_1$$

d'où la *proportion* de la lumière *polarisée*:

$$p = (E_1 - E_2)/(E_1 + E_2) = 1 - \varrho .$$

Les mesures de J. DUFAY ont montré que la lumière du ciel nocturne est partiellement polarisée et que d'autre part le plan de polarisation passe constamment par le Soleil; mais, la proportion de lumière polarisée est faible: elle varie entre 2 et 4% (Fig. 24).

En vue de rechercher l'origine de la lueur nocturne, il était intéressant d'étudier parallèlement la polarisation de la lumière zodiacale.

Elle a une allure voisine, mais dans le cas de la lumière zodiacale, la polarisation est plus variable d'un jour à l'autre que pour la lumière du ciel nocturne.

β) *Sur la raie verte* (557,7 nm) et rouge (630 nm) de OI. Plus tard (1938), HVOSTIKOV[1] effectua des mesures sur la raie verte isolée à l'aide de filtres (les mesures utilisaient la méthode de la vision limite, c'est-à-dire que l'on forme une plage lumineuse et on l'affaiblit jusqu'à disparition complète à l'aide d'un coin neutre étalonné). Sans vouloir insister sur le détail des mesures (*Wollaston*), indiquons seulement ses résultats: il a trouvé que la polarisation $p$ de la raie verte dans la direction du pôle serait à minuit de 11% ± 3%, la vibration étant perpendiculaire au plan Soleil-observateur-pôle.

Peu de temps après, ce même auteur a repris ses déterminations par une autre méthode: la fente d'un spectrographe suffisamment ouvert était partagée en trois parties. Devant chacune d'elles un polariseur se trouvait interposé, leurs trois sections principales faisant entre elles un angle de 120°. Par photométrie photographique il était possible de déterminer la proportion et la direction de la polarisation.

Dirigeant l'appareil toujours vers le pôle, il a trouvé pour la même radiation 557,7 nm une polarisation de 13,5% et pour 630 nm une de 15,3%, la vibration étant également perpendiculaire au plan Soleil-observateur-pôle.

Ce résultat paraissant assez inattendu, les mesures de polarisation sur la raie verte ont été reprises par BRICARD et KASTLER[2]. Ils ont utilisé la méthode interférentielle de SAVART-LYOT. Voici en quoi elle consiste: une lame de quartz à faces parallèles taillée obliquement par rapport à son axe optique, placée entre deux polaroids croisés dont les sections principales sont à 45° des lignes neutres,

---

[1] I. A. HVOSTIKOV: J. Phys. **7**, 187 (1936); — Dokl. Akad. Nauk SSSR **21**, 322 (1938); **27**, 219 (1940).

[2] J. BRICARD et A. KASTLER: Ann. Geophys. **3**, 38 (1947); **6**, 226 (1950).

donne en lumière monochromatique convergente un système de franges (franges de SAVART). Pour augmenter la luminosité, on utilise le procédé de LYOT qui consiste à remplacer l'analyseur par un biréfringent convenablement placé donnant une séparation telle que les franges brillantes correspondant à l'une des images coïncident avec celles de l'autre image. Avec l'ensemble lame de quartz-biréfringent (sans analyseur) on peut obtenir des franges nettes lorsque la lumière incidente est constituée par une raie présentant une polarisation au moins égale à 3%. Par interposition de lames de verre, il était possible de modifier l'intensité des franges et d'obtenir la direction de polarisation.

Dans la direction du pôle, aucune frange n'a pu être obtenue. Par la suite, un dispositif plus sensible comportant deux lames de verre juxtaposées inclinées sur des axes croisés fut utilisé. Une polarisation partielle de la lumière incidente aurait introduit une dissymétrie dans le contraste des franges. Aucune variation ne fut décelée. La polarisation de la raie verte est donc très faible, inférieure à 3%, en tout cas bien inférieure à la valeur donnée par HVOSTIKOV, soit 14%. Il est probable que, du moins dans les premières mesures, la polarisation observée par cet auteur provenait du fond continu entourant la raie, probablement sous-évalué.

## E. Variations dans le temps de la luminescence nocturne.

Pour déceler de telles variations, il faut bien entendu se mettre à l'abri des variations de l'absorption par l'atmosphère située au-dessous de la région émissive. Aussi n'est-il pas étonnant qu'en étudiant les corrélations avec les facteurs météorologiques, on ait trouvé qu'une luminance élevée correspond le plus souvent à une augmentation de la transparence de l'air liée à une bonne visibilité et à une humidité faible.

**14. Variations sporadiques dans le temps.** C'est WIECHERT qui vers 1901–1902, constata qu'en l'absence d'aurores polaires, non seulement la raie verte pouvait être vue à travers un spectroscope, mais qu'elle avait une intensité variable.

Plus tard, à l'aide de ses photomètres visuels répartis en trois points du globe, Lord RAYLEIGH montra que des variations sporadiques se présentaient et qu'elles ne paraissaient avoir aucun lien dans les trois stations.

α) Les *mesures systématiques* de GRANDMONTAGNE[1], effectuées à l'aide de filtres et portant également sur de larges intervalles spectraux, mettent en évidence deux types de variations. Si dans le premier, la partie bleue du spectre devient prédominante au solstice d'été et provient sans doute de la diffusion de la lumière solaire, dans le second des variations sporadiques se présentent: le rapport de l'infrarouge au visible, par exemple, ayant des valeurs comprises entre 0,34 et 0,47, varie d'une nuit à l'autre d'une façon assez désordonnée.

En vue d'étudier les variations rapides de l'intensité des différentes radiations, GARRIGUE[2] avait construit un spectrographe ultra-lumineux ouvert à $f/0{,}55$ qui, bien que le spectre ne soit pas très net, permettait d'obtenir la raie verte avec une durée d'exposition de l'ordre de la minute. Cet instrument bien adapté à son but, permettant un enregistrement automatique de 15 spectres consécutifs, montra que tandis que le fond continu demeurait constant, les trois principales raies, verte, jaune et rouge, pouvaient présenter au cours de la nuit des perturbations rapides atteignant parfois 30% de leur valeur moyenne.

[1] GRANDMONTAGNE: Ann. Physique **16**, 253 (1941).
[2] H. GARRIGUE: Compt. Rend. Paris **202**, 44 (1936).

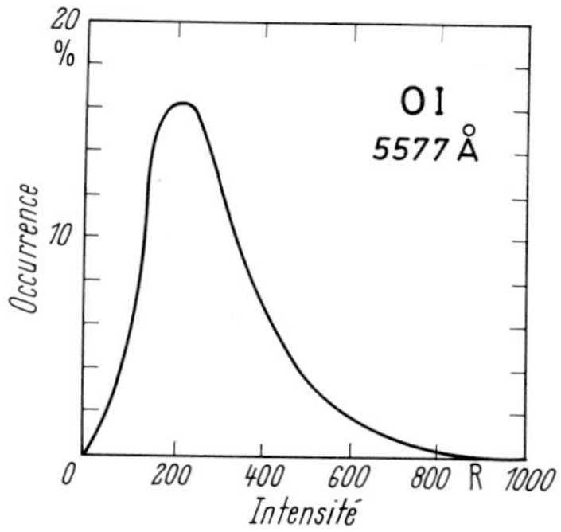


Fig. 25. Distribution statistique des intensités (en Rayleigh) de la raie verte 557,7 nm = 5577 Å d'après les données de l'Année Géophysique Internationale (A.G.I.) [d'après F. ROACH].

Ces fluctuations ont été étudiées systématiquement par J. DUFAY et TCHENG MAO LIN[3] au cours de très nombreux enregistrements spectrographiques; mais leur appareil ouvert à $f/1$ nécessitait des durées d'exposition de l'ordre de 3 h au minimum, ce qui a pour effet d'atténuer les variations. L'utilisation pour ce genre d'études d'un appareillage photoélectrique est évidemment préférable.

J. DUFAY et TCHENG trouvèrent, comme GARRIGUE, malgré leur temps de pose plus long, que les fluctuations sont en moyenne de 30%. Ils ont recherché s'il y avait une relation entre les fluctuations des trois raies. Pour cela, ils ont calculé les coefficients de corrélation pour les raies prises deux à deux. Ils ont obtenu les valeurs suivantes:

| raie | OI ronge | Na jaune | OI verte | $\lambda$ |
|---|---|---|---|---|
| ronge | * | 0,70 | 0,41 | 630,0 nm |
| jaune | 0,70 | * | 0,32 | 589,3 nm |
| verte | 0,41 | 0,32 | * | 557,7 nm |

Mais il est difficile d'éliminer l'effet de l'absorption atmosphérique, 630 et 589,3 nm étant affectées par l'absorption due à la vapeur d'eau.

$\beta$) On peut considérer aussi la façon dont se présentent les fluctuations d'un point de vue *statistique*. On englobe ainsi les variations sporadiques et les variations régulières. Mais un graphique emprunté à F. E. ROACH [*25*] (Fig. 25) montre, à partir de 21088 observations effectuées pendant l'Année Géophysique Internationale, la distribution dans le temps de l'émittance au zénith de la raie verte. Si la valeur moyenne est de 254 R, on rencontre des écarts assez importants.

$\gamma$) Il convient de signaler un autre genre de variations sporadiques se produisant à une échelle de temps plus grande. C'est le phénomène des *nuits claires*.

Il arrive, certaines nuits, que le ciel présente une luminance exceptionnelle sur toute la sphère céleste, sans qu'il y ait d'aurore polaire localisée. Ainsi Lord RAYLEIGH[4], trouve, par exemple, que pendant la nuit du 8 novembre 1929, la luminance est quatre fois la valeur normale.

[3] J. DUFAY et TCHENG MAO LIN: Ann. Geophys. **2**, 189 (1946); **3**, 153, 282 (1947).
[4] Lord RAYLEIGH: Proc. Roy. Soc. (London), Ser. A **131**, 376 (1931).

Ce phénomène a été observé très souvent. Ainsi YNTEMA cite des observations datant de 1788, de nuits exceptionnellement claires et présentant un accroissement régulier de luminance en allant du zénith vers l'horizon.

Certains observateurs remarquent que l'on y voit suffisamment pour lire, d'autres que l'on voit seulement les étoiles des premières grandeurs, etc. Il est regrettable que des mesures de luminance n'aient pas été effectuées.

Un autre caractère de ces nuits claires, est que non seulement les trois principales raies sont renforcées, mais également le spectre continu. Celui-ci est même visible avec un spectroscope de poche (résultat mentionné par STÖRMER[5]). Mais des spectres ont été obtenus en particulier par DUFAY et TCHENG[6] et par GÖTZ [8]. Ils diffèrent également du spectre des aurores; les bandes de l'azote ($N_2^+$) sont absentes; les raies de l'oxygène atomique surtout sont très intenses ainsi que le fond continu. De plus, on ne constate généralement pas de fluctuations importantes au cours de la nuit.

En outre, GÖTZ a remarqué qu'en 1940, le phénomène s'est reproduit trois fois à 27 jours d'intervalle, la période de rotation solaire. Il semble donc y avoir une certaine corrélation avec l'activité solaire, cette tendance à la récurrence faisant penser à un flux de particules solaires tel qu'il en résulte un renforcement de la luminescence nocturne sans qu'apparaisse toutefois une aurore polaire.

**15. Variation au cours de la nuit.** Pour dégager une variation au cours de la nuit, il faut donc, d'après ce que nous venons de voir sur les fluctuations, opérer sur des résultats suffisamment nombreux pour avoir une valeur statistique.

Examinons successivement comment se comportent les différentes radiations.

α) *Raie verte* (557,7 nm). Les premières recherches remontent à 1927. Elles sont dues à MCLENNAN et ses collaborateurs[1] qui utilisent d'abord la spectrophotométrie photographique, puis un dispositif photographique simple: la radiation 557,7 nm, isolée par un filtre, éclaire une fente derrière laquelle se déplace perpendiculairement, à faible vitesse, une plaque photographique. La variation de la densité optique du cliché traduit la variation de l'intensité de la raie verte qui présente vers 1h 30 un maximum assez marqué.

Peu après (1928/29), Lord RAYLEIGH[2], utilisant une cellule photoélectrique, effectue des mesures à diverses heures et dégage bien un maximum au milieu de la nuit.

Autour de 1935, à l'aide du spectrographe ultra-lumineux précédemment mentionné, GARRIGUE trouve que l'intensité de la raie verte augmente dans la première moitié de la nuit, passe par un maximum vers 1 h et décroit à nouveau.

Lors d'une expédition au Mont Elbrouz, plusieurs auteurs soviétiques[3] confirment cette variation, mais par une méthode visuelle peu précise consistant à affaiblir la radiation jusqu'au seuil de perception visuelle.

ELVEY[4] confirme l'existence du maximum peu après minuit en 1941, mais ne le retrouve plus en 1942[5].

DUFAY et TCHENG MAO LIN, malgré leur nombre réduit de spectres enregistrés au cours d'une nuit, mais examinant 588 spectres obtenus au cours de 189 nuits, trouvent bien un maximum d'intensité peu après minuit, l'amplitude de la variation étant de l'ordre de 40 à 50%. C'est donc un maximum très accentué Toutefois ils ne peuvent préciser, ainsi que l'a fait GARRIGUE, si l'heure du

[5] C. STÖRMER: Astrophys. Norveg. **3**, 373 (1941).

[6] J. DUFAY et TCHENG MAO LIN: Cahiers Phys. **14**, 63 (1943).

[1] J. C. MCLENNAN, J. H. MCLEOD et H. J. C. IRETON: Trans. Roy. Soc. Can. **22**, 397 (1928).

[2] Lord RAYLEIGH: Proc. Roy. Soc. (London), Ser. A **124**, 395 (1929).

[3] N. DOBROTIN, I. FRANK et P. ČERENKOV: Dokl. Akad. Nauk SSSR. **1**, 110 (1935).

[4] C. T. ELVEY, P. SWINGS et W. LINKE: Astrophys. J. **93**, 337 (1941).

[5] C. T. ELVEY et A. H. FARNSWORTH: Astrophys. J. **96**, 451 (1942).

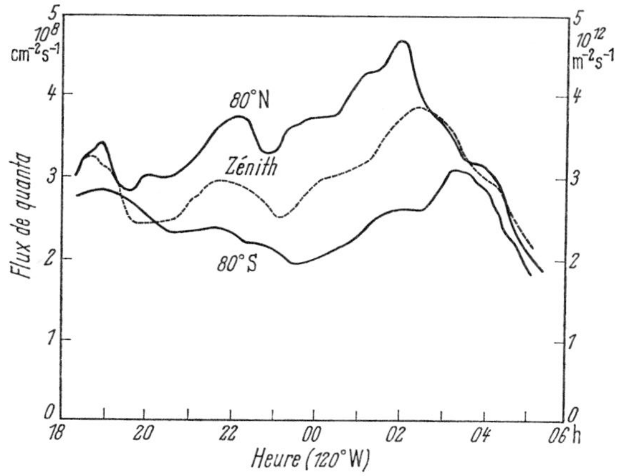


Fig. 26. Variation diurne de la raie verte 557,7 nm = 5577 Å d'après F. ROACH et H. PETIT. Paramètre: distance zénithale. [Californie, lat. 36° N.]

maximum dépend de la direction de visée: elle serait peut-être un peu plus tardive près de l'horizon Nord qu'à l'Ouest.

F. E. ROACH et H. B. PETTIT[6] ont étudié systématiquement cette question: en moyenne le maximum d'intensité se produit une heure après minuit (heure locale) et il atteint 1,3 fois l'intensité moyenne pour la nuit entière. La Fig. 26 représente la variation diurne typique trouvée en Californie (lat. 36° N). Elle montre un déplacement systématique du maximum suivant la direction de visée. Ces auteurs suggèrent aussi une variation du maximum avec la saison; pendant l'été il se présenterait avant minuit, pendant l'hiver après. En étudiant les isophotes pour la raie verte au cours de la nuit, un déplacement systématique est mis en évidence, sur lequel nous reviendrons.

Nous passerons sur d'autres recherches[7–12] pour en arriver à un travail de BARBIER[13] qui avait recueilli en Haute-Provence des observations relatives à cinq années consécutives et donne des conclusions plus précises:

— de novembre à février, l'intensité passe par un maximum au milieu de la nuit,

— de mai à août elle augmente légèrement entre le début et la fin de la nuit,

— entre temps, elle est sensiblement constante.

Enfin, J. CHRISTOPHE-GLAUME[14] qui a examiné les données recueillies pendant dix ans confirme les résultats de BARBIER et précise l'amplitude de la variation (50% en moyenne) pendant les mois d'hiver. La Fig. 27 traduit pour chaque mois de l'année le logarithme moyen de l'intensité au zénith, exprimée en rayleighs.

---

[6] F. E. ROACH et H. B. PETTIT: J. Geophys. Res. **56**, 325 (1951).

[7] F. E. ROACH, D. R. WILLIAMS et H. B. PETTIT: J. Geophys. Res. **58**, 73 (1953).

[8] F. E. ROACH, H. B. PETTIT, D. R. WILLIAMS, P. ST-AMAND et D. N. DAVIS: Ann. Astrophys. **16**, 185 (1953).

[9] H. B. PETTIT et E. MANRING: Ann. Geophys. **11**, 377 (1955).

[10] D. BARBIER: Ann. Geophys. **15**, 412 (1959).

[11] P. BERTHIER et B. MORIGNAT, [*16*], p. 60.

[12] H. B. PETTIT, F. E. ROACH, P. ST-AMAND et D. R. WILLIAMS: Ann. Geophys. **10**, 326 (1954).

[13] D. BARBIER: Ann. Géophys. **15**, 412 (1959).

[14] J. CHRISTOPHE-GLAUME: Ann. Geophys. **1**, 50 (1965).

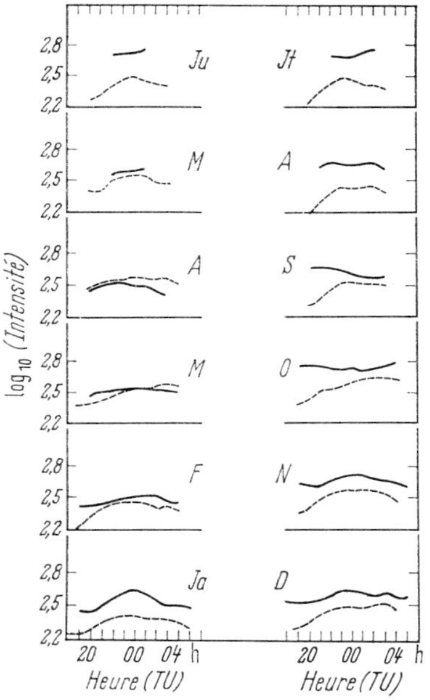


Fig. 27.

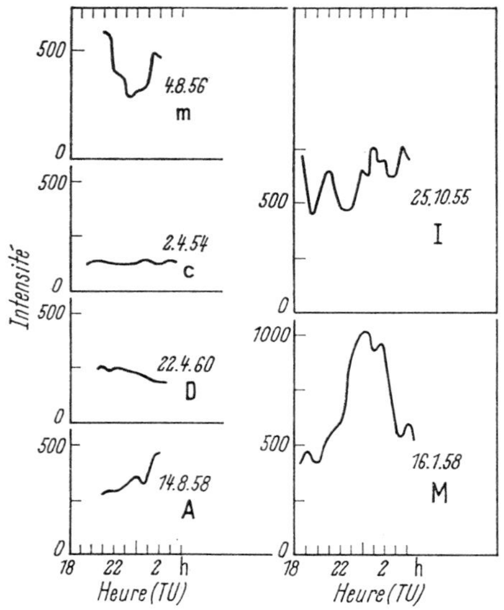


Fig. 28.

Fig. 27. Variation diurne, pour chaque mois, du logarithme moyen de l'intensité de la raie verte 557,7 nm = 5577 Å; en traits pleins pour la Haute Provence, en traits interrompus pour Tamanrasset [d'après Christophe-Glaume].

Fig. 28. Divers types de variation diurne de l'intensité de la raie verte 557,7 nm = 5577 Å observée à l'observatoire de Haute Provence.

| Type | Forme de la variation | Date |
|---|---|---|
| **A** | l'intensité augmente toute la nuit | 14. 8. 1958 |
| **D** | l'intensité diminue | 22. 4. 1960 |
| **c** | l'intensité est sensiblement constante | 2. 4. 1954 |
| **m** | minimum au cours de la nuit | 4. 8. 1956 |
| **M** | maximum au cours de la nuit | 16. 1. 1958 |
| **I** | variation irrégulière (plusieurs maxima) | 25. 10. 1955 |

Ces courbes représentent des valeurs moyennes, mais il ne faut pas perdre de vue que les variations sporadiques se traduisent, quant à la variation diurne, suivant différents types décrits par J. Christophe-Glaume[14] (Fig. 28).

*β*) *Raies rouges* (630 ... 636,3 nm). Ce serait vers 1933 que l'attention aurait été attirée pour la première fois par Currie et Edwards sur le fait que les raies rouges sont plus intenses au crépuscule et à l'aube qu'au milieu de la nuit.

Mais c'est surtout Garrigue[15] qui, sur ses nombreux spectres obtenus au Pic du Midi, a montré que le doublet rouge très intense au coucher du Soleil, décroît lentement au cours de la nuit pour se renforcer à l'aube.

A l'aide de leurs nombreuses données d'observation, J. Dufay et Tcheng Mao Lin[16] délimitent nettement les effets crépusculaires et montrent qu'en dehors de ces effets qui se prolongent après le crépuscule et se retrouvent à l'aube, il n'existe pas de variation diurne des raies rouges de OI.

[15] H. Garrigue: Compt. Rend. **202**, 1807 (1936).

[16] J. Dufay et Tcheng Mao Lin: Ann. Geophys. **2**, 189 (1946); **3**, 153, 282 (1947).

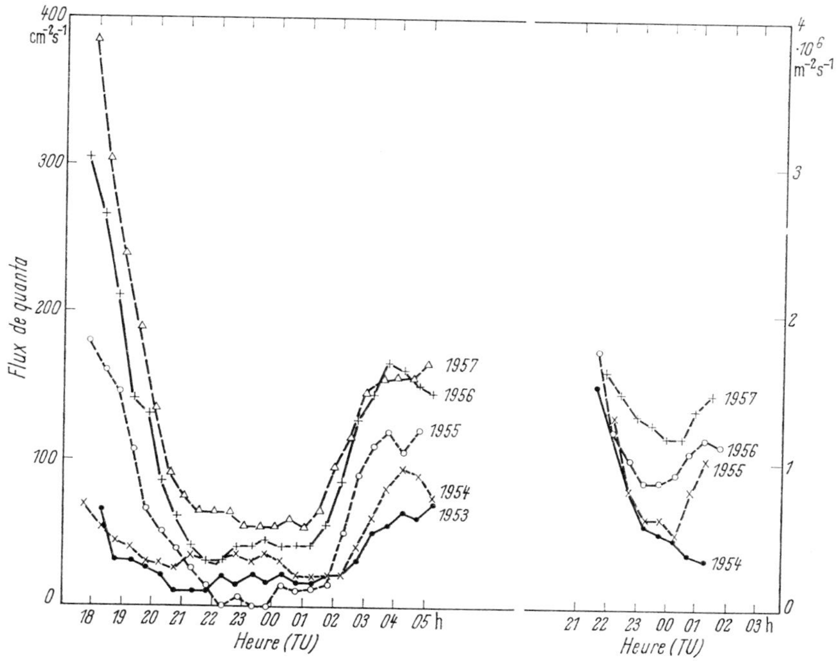


Fig. 29. Intensités moyennes de la raie 630 nm = 6300 Å, mesurées dans la direction du pôle, en Haute Provence au voisinage du solstice d'hiver (à gauche) et du solstice d'été (à droite). Paramètre des courbes: année.

Si plusieurs auteurs ont examiné le phénomène, notamment ROBLEY[17], BARBIER[18] a confirmé les conclusions précédentes sur cinq années d'observations. Aussi donnerons-nous une figure empruntée à son mémoire et sur laquelle on voit comment se présentent les courbes représentant l'intensité au cours de la nuit mesurée dans la direction du pôle suivant qu'on est au voisinage du solstice d'hiver (courbes de gauche) ou du solstice d'été (courbes de droite) (Fig. 29).

Il a également donné un graphique représentant la variation diurne de la raie rouge au cours de chaque mois (Fig. 30).

$\gamma$) *Raie jaune du sodium* (589,3 nm). Lors de ses premières observations, GARRIGUE avait trouvé que la raie jaune ne présentait pas de variation au cours de la nuit. Puis ELVEY et FARNSWORTH[19] confirmèrent que la raie jaune demeure constante en intensité au cours de la nuit, et qu'elle présente un renforcement au crépuscule et à l'aube.

Quelques années plus tard, J. DUFAY et TCHENG MAO LIN[16] trouvèrent aussi que la raie jaune présente comme la raie rouge de OI un effet post et précrépusculaire; toutefois l'effet crépusculaire est moins marqué dans le cas du sodium.

F. E. ROACH et H. B. PETTIT[20], ayant travaillé en Californie entre 1948 et 1951 par photomètrie photoélectrique, ont de nombreux résultats qui confirment dans l'ensemble les précédents. La Fig. 31 qui représente pour quelques

[17] R. ROBLEY: Compt. Rend. Paris **243**, 2120 (1956).
[18] D. BARBIER: Ann. Geophys. **15**, 179 (1959).
[19] C. T. ELVEY et A. H. FARNSWORTH: Astrophys. J. **96**, 451 (1942).
[20] F. E. ROACH et H. B. PETTIT: Ann. Astrophys. **14**, 392 (1951).

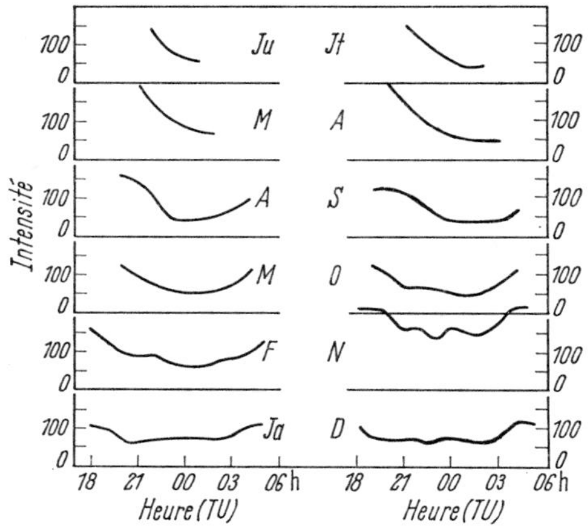


Fig. 30. Courbes moyennes, pour chaque mois, de la variation diurne de l'intensité de la raie rouge (630 nm = 6300 Å) de l'oxygène. Observatoire de Haute-Provence, [d'après BARBIER]

nuits réparties dans le cours de l'année l'intensité émise au zénith, donne une idée assez exacte du phénomène.

Des résultats plus récents dûs à BERTHIER et MORIGNAT [*16*] sont en accord avec l'absence de variation pendant la nuit signalée antérieurement, bien entendu, l'effet crépusculaire étant mis à part.

$\delta$) *Bandes de OH.* Déjà en 1943, ELVEY[21] avait distingué trois types de variations:

— diminution régulière d'intensité,
— minimum aux environs de minuit,
— variations irrégulières.

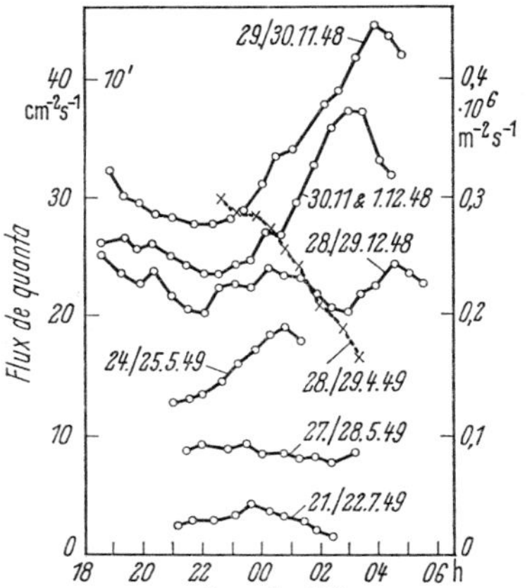


Fig. 31. Variation diurne de l'émission de NaI 589,3 nm = 5893 Å à Cactus Peak (Californie, lat 36° 04′ N, long. 117° 49′ W) pour quelques nuits.

[21] C. T. ELVEY: Astrophys. J. **97**, 65 (1943).

Puis BERTHIER[22] une dizaine d'années plus tard, trouve une variation du second type accompagnée d'une rapide décroissance pendant les dernières heures de la nuit. Cependant des mesures publiées peu après en collaboration avec MORIGNAT [*16*] ne montrent pas de variation systématique.

ARMSTRONG [*16*] retrouve des variations analogues à celles signalées par ELVEY et aussi des cas où un maximum se présente vers minuit. Ces observations paraissent si complexes qu'on souhaiterait les voir accompagnées de mesures relatives à l'absorption atmosphérique, l'absorption par la vapeur d'eau devenant importante dans le proche infra-rouge et la quantité de ce gaz présente dans l'air étant variable dans de larges limites.

ε) *Autres radiations.* Pour le système atmosphérique des bandes de $O_2$, BERTHIER[22], trouve une décroissance à partir de la fin du crépuscule jusqu'à un minimum, puis un maximum au milieu de la nuit.

Pour le système de HERZBERG, BARBIER[23] signale malgré des variations erratiques une tendance à la présence d'un maximum.

**16. Variations au cours de l'année.** Dans les débuts de l'étude de la luminescence nocturne, on a étudié d'abord comment se présentait au cours de l'année la lumière totale; ensuite on s'est préoccupé de la variation annuelle des différentes radiations.

α) *Lumière totale.* C'est ainsi que, le premier, Lord RAYLEIGH, à l'aide des résultats de photométrie visuelle obtenus en Angleterre, à Terling, par 52° de latitude Nord, en Australie, à Canberra, par 35° de latitude Sud, et en Afrique du Sud, au Cap, par 32° de latitude Sud, a dégagé une variation systématique dans laquelle l'analyse harmonique effectuée par SPENCER JONES[1] a montré l'existence d'une période annuelle et d'une période semestrielle.

Les résultats sont représentés sur la Fig. 32. La variation semestrielle a approximativement la même amplitude pour les trois stations, tandis que celle de la variation annuelle est la plus grande en Angleterre et la plus faible en Afrique du Sud; celle-ci semblerait donc dépendre de la latitude.

En ce qui concerne la couleur, l'amplitude de la variation annuelle est à peu près la même pour la région verte et pour la région rouge; elle est plus petite pour la région bleue.

L'amplitude de la variation semestrielle est maximum pour la région verte, minimum pour la région bleue.

Par voie photographique; J. DUFAY avait fait une étude de la variation de l'intensité en lumière totale. Il avait trouvé un maximum au solstice d'été, un minimum au solstice d'hiver. Une courbe empruntée à un Mémoire de CABANNES et DUFAY[2] et se rapportant à d'anciennes mesures (1924–1925), publiées en 1935, donne la luminance du ciel nocturne au voisinage du pôle Nord en étoile de magnitude photographique 5,0 par degré carré: on constate un maximum seconaire en mars, et un autre plus faible en octobre (Fig. 33).

Toujours dans le même ordre d'idée, mais à l'aide de son photomètre, GRANDMONTAGNE[3] avait, avec sa cellule pourvue de filtres, présentant son maximum de sensibilité dans le proche infrarouge, obtenu un ensemble de points pouvant être reliés par une courbe. Cette courbe (Fig. 34) présente un maximum en novembre et un minimum en avril–mai.

[22] P. BERTHIER: Compt. Rend. Paris **236**, 1808 (1953); **238**, 263 (1954); **240**, 1919 (1955).
[23] D. BARBIER: Ann. Geophys. **16**, 96 (1953); **17**, 97 (1954); — Compt. Rend. Paris **236**, 276 (1953); **237**, 599 (1953).
[1] Lord RAYLEIGH et H. SPENCER JONES: Proc. Roy. Soc. (London), Ser. A **151**, 22 (1935).
[2] J. CABANNES et J. DUFAY: Compt. Rend. Paris **200**, 878 (1935).
[3] R. GRANDMONTAGNE: Ann. Physique **16**, 253 (1941).

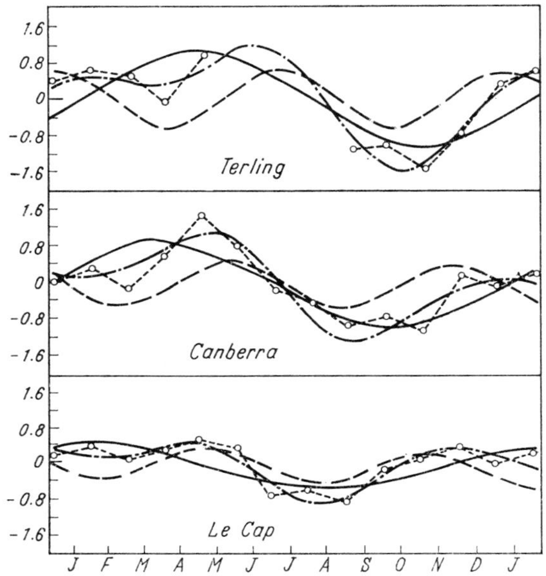


Fig. 32. Variation annuelle de la lumière du ciel nocturne (en lumière totale) en Angleterre (Terling), en Australie (Canberra) et en Afrique du Sud (le Cap) [d'après Lord Rayleigh] ——— composante annuelle, — — — composante semi-annuelle, —·—·— courbe expérimentale lissée; les points sont les valeurs expérimentales moyennes jointes par des sections droite (en pointillé).

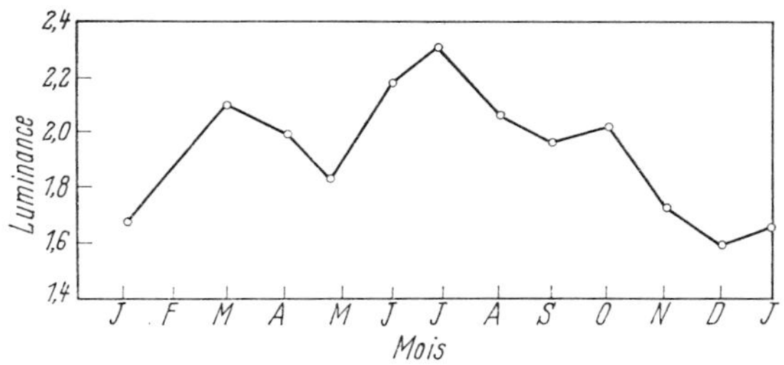


Fig. 33. Luminance du ciel nocturne au voisinage du pôle Nord, au cours de l'année, mesuré par photométrie photographique, en étoiles de magnitude photographique 5,0 par degré carré.

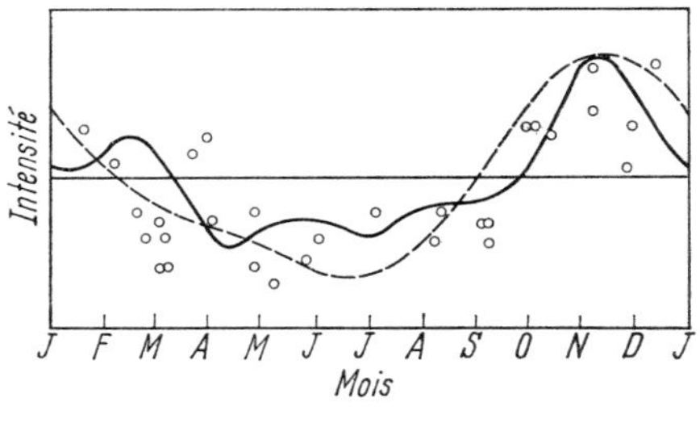


Fig. 34. Variation annuelle de la lumière totale obtenue avec une cellule photoélectrique Cs/Ag (ordonnées en valeurs relatives). ——— Courbe moyenne; — — — moyenne glissante; trait horizontal: valeur moyenne.

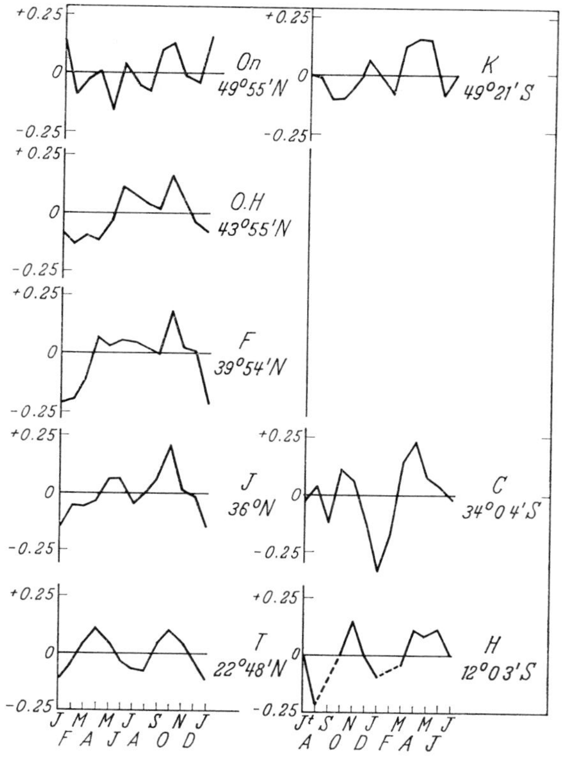


Fig. 35. Variation annuelle de l'intensité de la raie verte 557,7 nm = 5577 Å (logarithme moyen de l'intensité) pour huit latitudes différentes [d'après CHRISTOPHE-GLAUME].

Mais les résultats les plus intéressants se rapportent aux principales radiations. Nous allons les passer en revue.

β) *Raie verte* (557,7 nm) *de OI*. Depuis BABCOCK et JOHNSON qui ont enregistré la variation d'intensité de la raie verte entre septembre 1939 et septembre 1940, de nombreux auteurs[4–10] se sont préoccupés de cette question.

Les résultats les plus complets et les plus récents sont ceux groupés par J. CHRISTOPHE-GLAUME[11] d'après ses propres mesures à l'Observatoire de Haute-Provence (dix années d'observations) et ceux publiés dans les Annales de l'A.G.I. On les trouvera représentés sur la Fig. 35 pour différentes stations de l'hémisphère Nord et de l'hémisphère Sud. Si l'on met à part les valeurs d'été d'Ondrejov qui en raison de l'activité aurorale due à la latitude élevée sont peu précises, on y voit se dessiner nettement un double maximum que l'on peut rapprocher de la

[4] J. DUFAY et TCHENG MAO LIN: Ann. Geophys. **3**, 153 (1947).
[5] D. BARBIER, J. DUFAY et D. WILLIAMS: Ann. Geophys. **14**, 399 (1951).
[6] F. E. ROACH, H. B. PETTIT, D. R. WILLIAMS, P. ST-AMAND et D. N. DAVIS: Ann. Astrophys. **16**, 185 (1953).
[7] H. B. PETTIT et E. MANRING: Ann. Geophys. **11**, 377 (1935).
[8] E. MANRING et H. B. PETTIT: Ann. Geophys. **14**, 506 (1958).
[9] D. BARBIER: Ann. Geophys. **15**, 412 (1959).
[10] D. BARBIER et J. GLAUME: Ann. Geophys. **16**, 1 (1960).
[11] J. CHRISTOPHE-GLAUME: Ann. Geophys. **1**, 50 (1965).

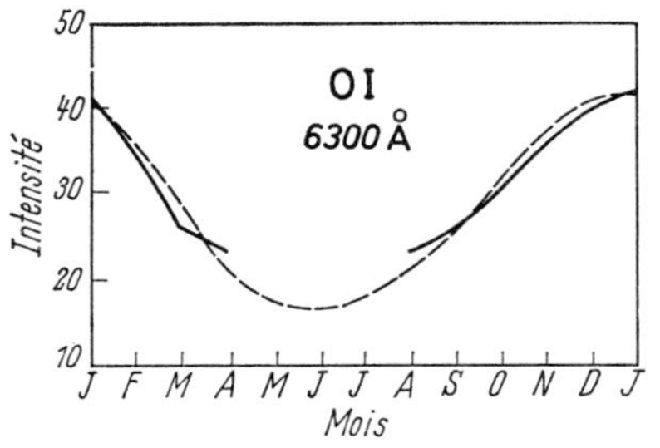


Fig. 36.

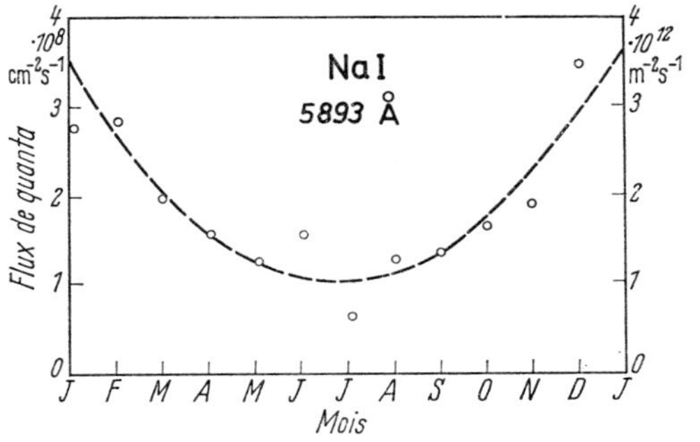


Fig. 37.

Fig. 36. Variation annuelle de l'intensité de la raie rouge 630 nm = 6300 Å de l'oxygène. [Intensités obtenues par photométrie photographique; Observatoire de Haute-Provence.]

Fig. 37. Variation annuelle de l'intensité de la raie jaune 589,3 nm = 5893 Å de Na I (moyenne mensuelle du flux de quanta). [Californie.]

variation annuelle de la courbe de fréquence d'apparition des aurores polaires aux latitudes moyennes.

D'autre part, si aux basses latitudes les deux maxima ont sensiblement la même valeur, à mesure que la latitude croît le maximum d'avril diminue d'intensité.

$\gamma$) *Autres radiations.* Avec la raie rouge 630 nm de OI, la variation annuelle se présente d'une manière toute différente: un maximum au solstice d'hiver, un minimum au solstice d'été[4]. Peut-être ces données déjà anciennes sont-elles un peu contaminées par la présence voisine de OH, toujours difficile à éliminer (Fig. 36).

Une variation analogue se présente pour le doublet jaune de NaI (589,3 nm). Le profond minimum d'été avait été observé depuis 1932, bien avant l'attribution de cette radiation au sodium. L'enregistrement spectrographique est en effet parfois impossible au cours des mois d'été. Les mesures systématiques de F. E. ROACH et H. PETTIT[12] effectuées en Californie et portant sur 3 années donnent une courbe assez voisine de celle de DUFAY et TCHENG (Fig. 37).

Pour les bandes de OH, BERTHIER avait trouvé aussi un minimum en été et un maximum en hiver, mais BARBIER[13] trouve le maximum en novembre.

En ce qui concerne la bande atmosphérique de $O_2$, BERTHIER trouvait une courbe à 4 maxima assez mal définis, le plus important se trouvant en octobre–novembre. A cause de l'absorption par la vapeur d'eau de la troposphère, une correction précise de cet effet serait souhaitable.

**17. Variation avec la periode solaire undecennale.** A la suite de 10 années d'observations visuelles, Lord RAYLEIGH et SPENCER JONES avaient été conduits à admettre l'existence d'une variation de la raie 557,7 nm, qualifiée de séculaire par analogie avec la variation magnétique. L'intensité pouvait en effet être représentée par une somme de trois termes: un terme périodique annuel, un terme périodique semi-annuel et un terme séculaire. L'amplitude de la variation de ce

[12] F. E. ROACH et H. B. PETTIT: Ann. Astrophys. **14**, 392 (1951). — E. R. MANRING et H. B. PETTIT [*17*], p. 58.

[13] D. BARBIER: Ann. Geophys. **15**, 412 (1959).

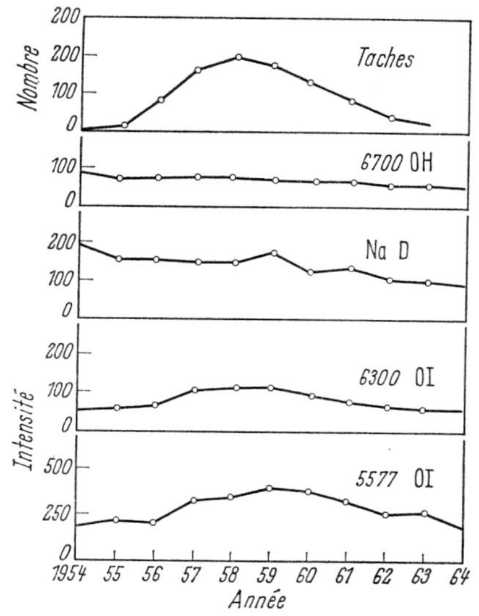


Fig. 38. Variation au cours d'un cycle solaire des intensités des raies 557,7 nm = 5577 Å et 630 nm = 6300 Å de OI, de la raie D de Na I et des bandes de OH (région de 670 nm = 6700 Å), ainsi que du nombre relatif des taches solaires (d'après BARBIER].

dernier terme apparaît beaucoup plus considérable pour TERLING que pour les deux autres stations.

DUFAY et TCHENG disposant à l'époque de la publication de leur travail d'un nombre d'années d'observations plus réduit, trois seulement, ont tout de même dégagé une variation nette pour la même raie 557,7 nm, tandis qu'il n'en apparaît pas pour la raie jaune et pour la raie rouge.

Mais nous disposons maintenant des importantes données de BARBIER[1] recueillies au cours d'une période de onze années, de 1954 à 1964, avec un appareillage qui est demeuré le même, c'est-à-dire conduisant à des résultats rigoureusement comparables. La Fig. 38 les reproduit.

On voit que la variation avec la phase du cycle solaire est bien marquée pour 630 et 557,7 nm. La date du maximum de 630 nm coincide avec la date du maximum d'activité solaire alors que celle du maximum de 557,7 nm a lieu un an plus tard.

Il semble établi que la variation périodique de NaI et de OH est faible, mais une décroissance graduelle de l'intensité de ces deux radiations est à peu près certaine.

## F. Variations dans l'espace: altitude des couches émissives.

Ces deux questions se trouvent étroitement liées, car c'est en voulant déterminer l'altitude à laquelle sont émises les radiations de la luminescence nocturne, que l'on s'est aperçu de la présence extrêmement fréquente d'hétérogénéités dans la luminance.

[1] D. BARBIER: Ann. Geophys. **21**, 265 (1965).

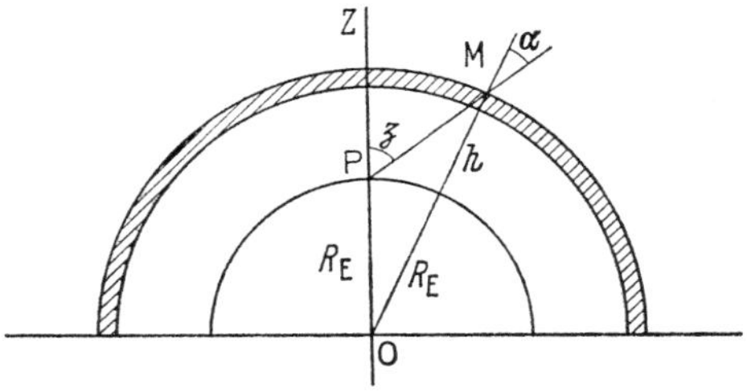


Fig. 39. Aspect de la couche émissive (distance zénithale $\zeta$).

Nous distinguerons les méthodes employées au sol et celles utilisées en altitude, faisant appel à des fusées et à des satellites.

**18. Utilisation de la méthode de Van Rhijn.** Si l'augmentation de la luminance de la lueur nocturne avec la distance zénithale avait montré qu'il s'agissait bien d'un phénomène d'émission lumineuse ayant son siège au sein de l'atmosphère, il était possible d'aller plus loin et par l'application quantitative de la méthode de VAN RHIJN de déterminer l'altitude de la couche émissive.

α) *Principe de la méthode.* Supposons qu'une radiation donnée soit émise dans une couche relativement mince, concentrique à la Terre et avec une intensité uniforme. Il est important de ne pas perdre de vue cette hypothèse (Fig. 39).

Soit donc P le lieu d'observation à la surface de la Terre. On mesure la luminance dans une direction PM dont la distance zénithale est* $\zeta$, et qui traverse en M la couche émettrice d'altitude $h$. PM fait avec la verticale OM du point M un angle $\alpha$ qui est relié à $\zeta$ par une relation simple. Dans le triangle OPM, $R_E$ étant le rayon terrestre:

$$(\sin\alpha)/R_E = (\sin\zeta)/(R_E + h). \tag{18.1}$$

Si l'on admet que la luminance est proportionnelle à l'épaisseur de la couche suivant la direction considérée, on voit que si l'intensité au zénith est $I(\zeta=0)$, l'intensité lumineuse suivant PM sera:

$$I(\zeta) = I(\zeta=0)\sec\alpha = I(\zeta=0)\left[1-\left(\frac{R_E}{(R_E+h)}\right)^2\sin^2\zeta\right]^{-\frac{1}{2}}. \tag{18.2}$$

De la connaissance du rapport $I(\zeta)/I(\zeta=0)$ obtenue expérimentalement, il sera possible de tirer la valeur de l'altitude $h$.

Théoriquement, il suffit de deux mesures pour deux distances zénithales suffisamment différentes, pour obtenir la valeur de $h$. C'est d'ailleurs ainsi qu'avaient procédé de nombreux auteurs par voie spectrographique. Mais si l'on fait varier $\zeta$ depuis le zénith jusqu'à l'horizon et si l'on fait varier également l'azimut du photomètre, on explore la totalité de l'hémisphère et on a ainsi la possibilité de vérifier si l'hypothèse de base est satisfaite.

On trouvera en Annexe les valeurs de $\sec\alpha$ pour différentes valeurs de la distance zénithale (de 5° en 5°) et pour différentes valeurs de l'altitude $h$.

Il faut en outre introduire deux corrections qui peuvent être importantes:

— il faut tenir compte de l'absorption de la radiation considérée qui, variable avec la longueur d'onde, n'est pas la même suivant MP que suivant ZP.

— il faut tenir compte aussi du fait que suivant la direction PM ou PZ on reçoit de la lumière provenant de l'ensemble de la couche concentrique, diffusée

* En Géophysique on utilise couramment la lettre greque $\chi$ au lieu du symbole particulier $\zeta$

par les molécules d'air qui se trouvent sur le trajet MP ou ZP. Ces molécules d'air rediffusent également dans la direction de P la lumière provenant de la couche émettrice diffusée une première fois par le sol.

*β) Corrections d'absorption et de diffusion.* Nous nous trouvons devant un problème complexe qui nécessiterait beaucoup de place pour être exposé complètement. Aussi nous renverrons pour l'exposé d'une solution exacte du problème de la diffusion à celui qu'en a donné J. W. CHAMBERLAIN[1]. Il s'agit d'un traitement complet des problèmes de transfert dû à CHANDRASEKHAR[2] en faisant appel aux principes d'invariance introduits par AMBARZUMIAN.

Pour une solution approchée on se contentera de se reférer à un exposé de D. BARBIER[3]. Afin d'avoir une idée de la façon dont pratiquement ces corrections peuvent être effectuées, on se reportera à un article d'E.V. ASHBURN[4] contenant un certain nombre de tables numériques.

Nous donnerons une idée de l'importance de ces corrections en reproduisant un tableau exprimant pour différentes valeurs de la densité optique $\tau$ de l'atmosphère la valeur du rapport $I(\mathfrak{z}=75°)/I(\mathfrak{z}=0)$ dans trois cas:

(i) en utilisant seulement la formule de VAN RHIJN,

(ii) avec les corrections d'absorption et de diffusion, mais sans tenir compte de la diffusion par le sol (albedo terrestre $=0$),

(iii) avec les corrections ci-dessus et en tenant compte de la diffusion par le sol: albedo $=0{,}80$ (cas de la neige).

La densité optique de l'atmosphère est le coefficient d'extinction (népérien) de l'air multiplié par l'èpaisseur réduite de l'atmosphère au-dessus de l'observateur, soit 7990 m au niveau de la mer.

Tableau 10. *Valeurs du rapport $I$ (75°)/$I$(0°) pour differentes valeurs de la densité optique de l'atmosphère* et pour une altitude de* **100** *km de la couche émettrice*

| $\tau$ | 0,01 | 0,05 | 0,10 | 0,15 | 0,25 | 1,00 |
|---|---|---|---|---|---|---|
| (i) | 3,144 | 2,809 | 2,439 | 2,118 | 1,598 | 0,193 |
| (ii) | 3,158 | 2,877 | 2,568 | 2,294 | 1,896 | 0,801 |
| (iii) | 3,162 | 2,899 | 2,618 | 2,372 | 2,018 | 1,099 |

* Voir texte pour l'identification des trois cas.

On se rendra compte de l'importance de ces corrections en rappelant pour les longueurs d'ondes de quelques radiations, la valeur de la densité optique de l'atmosphère due:

— à la diffusion moléculaire,
— à l'ozone.

Tableau 11. *Densité optique de l'atmosphère pour quelques longueurs d'onde.*

| Longueur d'onde | 530 | 557,7 | 589,3 | 630 nm |
|---|---|---|---|---|
| Diffusion moléculaire | 0,112 | 0,090 | 0,073 | 0,055 |
| Ozone (épaisseur réduite $=2{,}5$ mm) | 0,021 | 0,029 | 0,034 | 0,028 |
| Total | 0,133 | 0,119 | 0,107 | 0,083 |

[1] J. W. CHAMBERLAIN [*20*], § 2.5. Correction of Photometric Observations of the Airglow for Troposphere Scattering, pp. 55–62.

[2] S. CHANDRASEKHAR: Radiative Transfer. Oxford: Clarendon Press 1950.

[3] D. BARBIER [*22*], Corrections de diffusion et d'absorption, pp. 325–330.

[4] E. V. ASHBURN: J. Atmosph. Terr. Phys. **5**, 83 (1954).

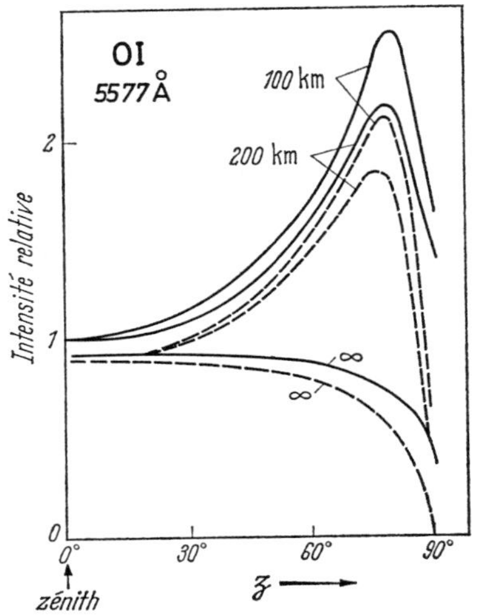


Fig. 40. Intensité relative réciproque $[I(z=0)/I(z)]$ en fonction de la distance zénithale $z$ de la radiation 557,7 nm = 5577 Å de OI pour une altitude d'emission de 100 km, 200 km, et l'infini (∞). En trait plein: lumière directement transmise plus lumière diffusée. En trait interrompu: lumière directement transmise.

Leur somme ne diffère des densités effectivement rencontrées que par celle due aux aérosols, éminemment variable suivant les conditions atmosphériques.

On aura une idée de l'importance des corrections d'absorption et de diffusion en donnant pour la raie verte (557,7 nm) les valeurs du rapport $I(z)/I(z=0)$ pour quelques valeurs de l'altitude $h$. La Fig. 40 donne en trait plein: la formule de VAN RHIJN sans corrections, en trait pointillé: la formule de VAN RHIJN avec corrections.

Nous avons personnellement l'expérience d'une utilisation des calculs de PIOTROWKI[5], puis du travail de D. BARBIER[6] accompagné des tables de M. MAYOT[7]. Notre expérience nous amène, étant donnée la présence si variable des aérosols, de l'ozone et de la vapeur d'eau à conseiller une détermination expérimentale simultanée de la densité optique à l'aide des étoiles et cela dans plusieurs directions.

$\gamma$) *Résultats.* (a) *Hétérogénéité de l'émission.* Lorsque dès 1942, à l'Observatoire du Pic du Midi, nous avons pu grâce aux multiplicateurs d'électrons explorer la voûte céleste avec un faisceau utile d'ouverture inférieure à 3°, nous nous sommes rendus compte que les courbes de VAN RHIJN expérimentales présentaient d'importantes et fréquentes anomalies[8].

Soit avec la raie verte 557,7 nm, soit avec 630 nm qui évoluaient d'ailleurs indépendamment, soit même avec la raie jaune 589,3 nm, nous avons trouvé fréquemment des renforcements localisés d'intensité, des courbes différentes suivant l'azimut. Ces anomalies se présentaient le plus souvent en direction du Nord, atteignaient leur maximum entre 21 h et 22 h, comme l'activité aurorale aux moyennes latitudes. Aussi, lui-avons nous attribué la même origine. Nous

[5] S. L. PIOTROWSKI: Astrophys. J. **106**, 466 (1947).
[6] D. BARBIER: Ann. Geophys. **1**, 144 (1944); **15**, 247 (1957).
[7] M. MAYOT: Ann. Astrophys. **15**, 374 (1952).
[8] P. ABADIE, A. VASSY et E. VASSY: Compt. Rend. Paris **217**, 610 (1943); **222**, 99 (1946).

avons trouvé que les courbes ainsi perturbées se présentaient 50% du temps en août–septembre 1943, 30% en octobre 1945, 37% en décembre 1946. On retrouvait donc la variation saisonnière de l'activité aurorale.

Ce phénomène a été confirmé plus tard, d'abord par A. DAUVILLIER[9] malgré le grand angle sous-tendu par son récepteur d'énergie, par J. DUFAY[10] malgré les durées d'exposition nécessitées par la méthode spectrographique et aussi par F. E. ROACH et ses collaborateurs[11] avec une instrumentation semblable, mais possédant l'avantage d'être automatique.

Tableau 12. *Altitudes des couches émissives par application de la méthode de Van Rhijn.*

| | Année | Auteurs | Altitude/km |
|---|---|---|---|
| 557,7 nm OI | 1945 | ABADIE, A. VASSY et E. VASSY | {70, 1000} |
| | 1947 | KARIMOV | 260 |
| | 1950 | ROACH et BARBIER | 110 |
| | 1951 | BARBIER, DUFAY et WILLIAMS | 215 |
| | 1952 | ROACH et PETTIT | 200 |
| | 1953 | HURUHATA | 400 |
| | 1953 | J. DUFAY, BERTHIER et MORIGNAT | 250 |
| | 1955 | J. DUFAY et TCHENG | 195 |
| | 1955 | ROACH et MEINEL | 62 ... 104 |
| | 1956 | ELSASSER et SIEDENTOPF | 90 |
| | 1957 | BARBIER et GLAUME | 100 |
| | 1958 | MANRING et PETTIT | 85 |
| | 1958 | ROACH, MEGILL, REES et MAROVITCH | 100 |
| | 1965 | KULKARNI | {100, 250} |
| 630 nm OI | 1945 | ABADIE, A. VASSY et E. VASSY | {70, 1000} |
| | 1952 | KARIMOV | 260 |
| | 1952 | ROACH et PETTIT | 275 |
| | 1953 | HURUHATA | 170 |
| | 1955 | ROACH et MEINEL | 116 ... 143 |
| | 1955 | J. DUFAY et TCHENG | 280 |
| 589,3 nm NaI | 1944 | BARBIER | 150 |
| | 1950 | ROACH et BARBIER | 310 |
| | 1952 | ROACH et PETTIT | 275 |
| | 1952 | KARIMOV | 125 |
| | 1953 | Huruhata | 350 |
| | 1955 | ROACH et MEINEL | 108 ... 129 |
| | 1955 | J. DUFAY ET TCHENG | 200 |
| OH (MEINEL) | 1950 | ROACH, PETTIT et WILLIAMS | 70 |
| | 1950 | PAVLOVA et col. | 900 |
| | 1953 | HURUHATA | 300 ... 335 |
| | 1956 | BERTHIER | 160 ... 180 |
| $O_2$ (Atm.) (HERZBERG) | 1956 | BERTHIER | 150 ... 200 |
| | 1953 | BARBIER | 200 |
| Continuum | | | |
| 530 nm | 1955 | ROACH et MEINEL | 43 ... 78 |
| 518 nm | 1954 | BARBEIR, DUFAY et WILLIAMS | 460 |

[9] A. DAUVILLIER: Compt. Rend. Paris **219**, 283 (1944).
[10] J. DUFAY [*6*], p. 51.
[11] F. E. ROACH, D. R. WILLIAMS et H. B. PETTIT: Geophys. Res. **58**, 73 (1953).

Toutefois, cette non uniformité de la luminance dans l'espace est aujourd'hui universellement reconnue. C'est ce que F. E. ROACH a appelé des "cellules" et nous reviendrons plus loin sur leur étude.

(b) *Tentatives de détermination de l'altitude.* Bien qu'on ait reconnu expérimentalement la non-validité de l'hypothèse de base de la méthode de VAN RHIJN (non uniformité de l'émission) on a tenté cependant, en choisissant des courbes qui ne présentaient pas d'anomalies et en opérant sur des valeurs moyennes de déduire une valeur de l'altitude. Depuis nos premières recherches publiées en 1945 où nous avions surtout montré qu'il était impossible de rendre compte pour OI, de la variation d'intensité en fonction de la distance zénithale rapportée à l'intensité au zénith, par la présence d'une seule couche, de très nombreux travaux ont été effectués et leurs résultats constituent un ensemble discordant, ainsi qu'on devait s'y attendre. On les trouvera cependant rassemblés dans le Tableau 12. A noter que KULKARNI[12] a trouvé en 1965 une double couche comme nous en 1945; seules les altitudes diffèrent.

Avec une pareille dispersion des résultats, on conçoit que la méthode n'ait eu d'intérêt qu'avant de pouvoir disposer de méthodes directes (fusées, voir Sect. 20).

Aussi insisterons-nous sur ses difficultés d'application. Elles sont de trois ordres:

— Essentiellement, nous avons vu que l'émission est loin d'être homogène; mais on n'a pas non plus toujours affaire à une couche mince. C'est le cas du sodium qui donne alors lieu à des phénomènes de diffusion multiple, lequel affecte la détermination de l'altitude[13]. Interviennent en outre la température des atomes et leur position par rapport à la couche excitatrice.

— La méthode devient sensible aux grandes distances zénithales mais la Fig. 40 montre l'importance des corrections d'absorption et de diffusion. Nous avons vu la difficulté qu'il y a à tenir compte de la présence des aérosols (voir Sect. 20, en particulier Ref. 6). Ce point a été souvent discuté[14,15], mais il est préférable de se placer à une altitude aussi élevée que possible. C'est pourquoi nous avions travaillé au Pic du Midi (altitude 2800 m). Aujourd'hui la technique permet d'opérer en ballon par télémesure.

— Une cause d'erreur est le défaut de pureté spectrale des radiations isolées. A l'aide de filtres, mêmes de filtres interférentiels modernes ayant une largeur de bande d'une cinquantaine d'Angstroms, il se produit une certaine contamination, soit par des radiations voisines, soit par le fond continu d'origine extra-terrestre. L'évaluation précise de cette contamination est une opération difficile.

**19. Détermination depuis le sol par triangulation.** Si le défaut d'uniformité des couches émettrices rend très difficile l'utilisation de la méthode de VAN RHIJN en vue de la détermination de l'altitude, en revanche, il permet d'obtenir cette dernière par triangulation. Mais l'application d'une telle méthode est loin d'être aussi aisée que pour les aurores polaires, car les hétérogénéités dans la luminance sont beaucoup moins apparentes et il faut être certain de viser de deux stations distantes la même irrégularité.

Aussi, peut-on procéder de plusieurs façons:

(i) s'aider des enregistrements photométriques aux deux stations pour trianguler une région présentant la même intensité,

(ii) trianguler des régions présentant la même variation d'intensité en fonction du temps.

(iii) trianguler d'une seule station, si on connait la vitesse du déplacement de l'hétérogénéité (supposée égale à la vitesse de rotation de la Terre) en déterminant sa position à deux instants différents.

---

[12] P. V. KULKARNI: Ann. Geophys. **21**, 58 (1965).
[13] T. M. DONAHUE et A. FODERARO: J. Geophys. Res. **60**, 75 (1955).
[14] D. BARBIER [*22*], p. 9.
[15] E. V. ASHBURN: J. Atmospheric. Terrest. Phys. **6**, 67 (1955).

Le Tableau 13 groupe les résultats obtenus jusqu'ici pour la raie verte (557,7 nm).

Tableau 13. *Résultats des mesures par triangulation de l'altitude de la couche émettant la raie verte.*

| Année | Auteurs | Methode | Altitude/km |
|---|---|---|---|
| 1951 | DAVIS[1] | (iii) | 300 |
| 1953 | ROACH, WILLIAMS et PETTIT[2] | (i) | 180 |
| 1954 | ROACH, WILLIAMS, ST-AMAND, PETTIT et WELDON[3] | (i) | 100 |
| 1955 | ST-AMAND, PETTIT, ROACH et WILLIAMS[4] | (ii) | 80 ... 100 |
| 1956 | HURUHATA, TANABE et NAKAMURA[5] | (i) | 270 ... 300 |
| 1958 | MANRING et PETTIT[6] | (ii) | 80 ... 100 |
| 1966 | M. M. WOLF[7] | | 97 |

L'accord est loin d'être parfait; on se rend compte de la difficulté d'application de la méthode. On obtient ainsi plutôt l'altitude des «cellules» que celle de l'ensemble de la couche lumineuse.

Pour la radiation 6300Å, BARBIER[8] a obtenu, par la 3ème méthode une altitude de 300 km.

## 20. Détermination de l'altitude au moyen de fusées.

α) *Par photographie.* Il est possible à bord d'une fusée au voisinage de sa culmination, de prendre une photographie de la couche lumineuse entourant la Terre. Avec les étoiles comme repères, on peut alors déterminer l'altitude par triangulation. Jusqu'ici on a opéré en lumière totale, sans distinguer les différentes radiations. La photographie reproduite sur la Fig. 3 était prise à l'altitude de 184 km avec 3 s d'exposition et un objectif ouvert à $f/1{,}4$ sur film Tri X Kodak. On en a déduit la distribution verticale de la lumière, représentée sur la Fig. 41.

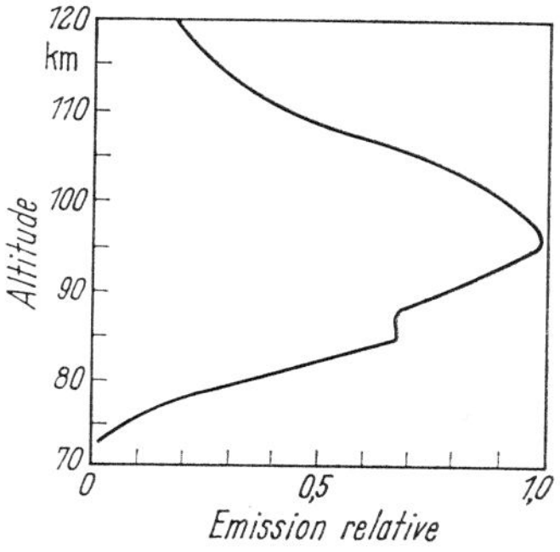


Fig. 41.

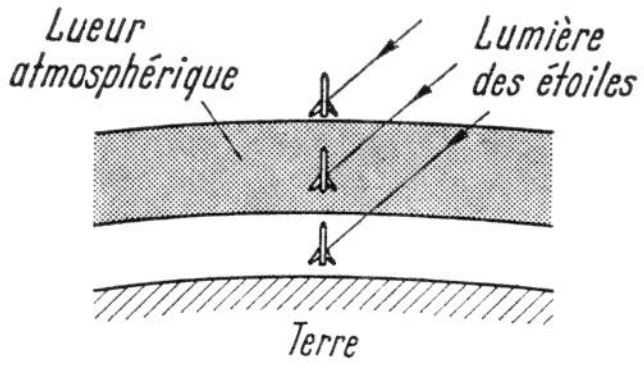


Fig. 42.

Fig. 41. Distribution verticale de la lueur (en lumière totale) d'après les photographies obtenues en fusée par HENNES et DUNKELMAN.

Fig. 42. Principe de la mesure en fusée.

[1] D. N. DAVIS: J. Geophys. Res. **56**, 567 (1951).
[2] F. E. ROACH, D. R. WILLIAMS et H. B. PETTIT: J. Geophys. Res. **58**, 73 (1951).
[3] F. E. ROACH, D. R. WILLIAMS, P. ST-AMAND, H. B. PETTIT et R. G. WELDON: Ann. Astrophys. **17**, 171 (1954).
[4] P. ST-AMAND, H. B. PETTIT, F. E. ROACH et D. R. WILLIAMS: J. Atmospheric. Terrest. Phys. **6**, 189 (1955).
[5] M. HURUHATA, H. TANABE et T. NAKAMURA [*16*], p. 20.
[6] E. R. MANRING et H. B. PETTIT: J. Geophys. Res. **63**, 39, 506 (1958).
[7] M. M. WOLF: J. Geophys. Res. **71**, 2743 (1966).
[8] D. BARBIER: Compt. Rend. Paris **244**, 1809 (1957).

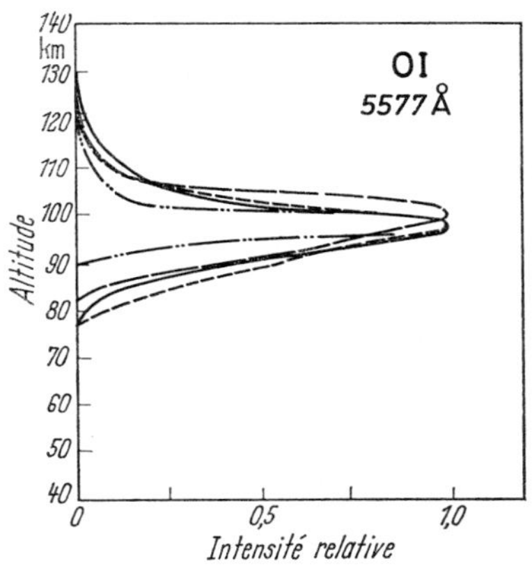


Fig. 43.

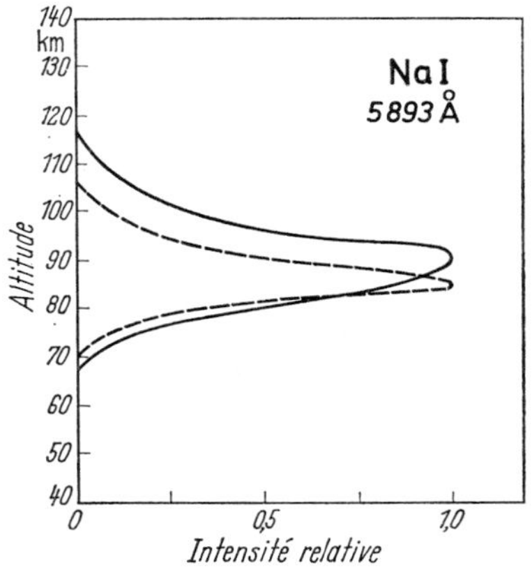


Fig. 44.

Fig. 43. Distribution en fonction de l'altitude de l'intensité de 557,7 nm = 5577 Å de OI pour quatre tirs différents (——— 12. 12. 55; —·· — 5. 7. 56; — — — 28. 3. 57; ------ 6. 11. 59) [d'apprès PACKER] (intensités relatives normalisées). [White Sands, New Mexico, lat. 32° 24′ N, long. 106° 25′ W.]

Fig. 44. Distribution en fonction de l'altitude de l'intensité de l'emission de 589,3 nm = 5893 Å de Na I pour deux tirs différents (——— 28. 3. 57; ----- 12. 12. 55) [d'après PACKER] (intensités relatives normalisées). [White Sands, New Mexico, lat. 32° 24′ N, long. 106° 25′ W.]

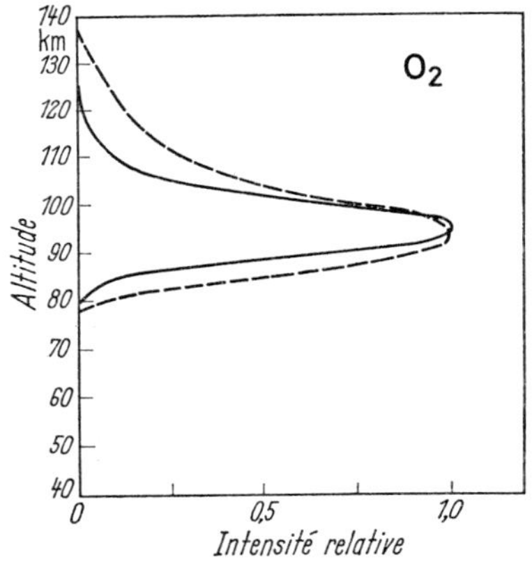


Fig. 45. Distribution en fonction de l'altitude de l'intensité de l'emission de $O_2$, bande 762 nm = 7619 Å (— — —) et émission ultraviolette (———) [d'après PACKER] (intensités relatives normalisées). [White Sands, New Mexico, lat. 32° 24′ N, long. 106° 25′ W.]

On constate que 80% de la lumière se trouve émise entre les altitudes de 80 et de 116 km.

*β*) *Par photométrie.* Dans cette méthode, la fusée comporte un ou plusieurs photomètres, visant dans une direction déterminée, avec un champ faible. Un filtre isole aussi bien que possible la radiation étudiée.

Le signal transmis par télémesure, proportionnel au courant photoélectrique produit, est constant tant que la couche émissive n'est pas atteinte. Au fur et à

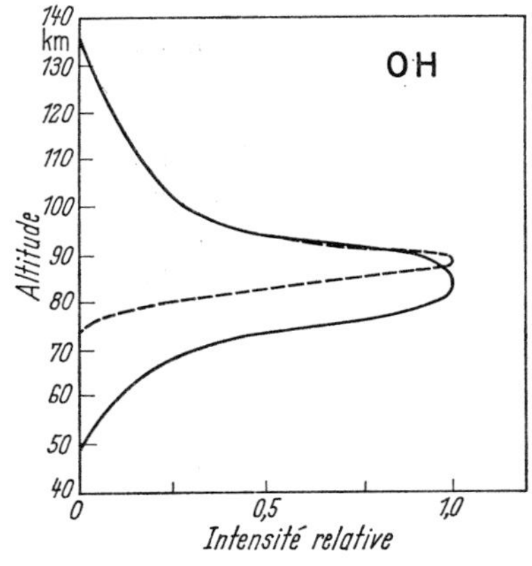


Fig. 46.

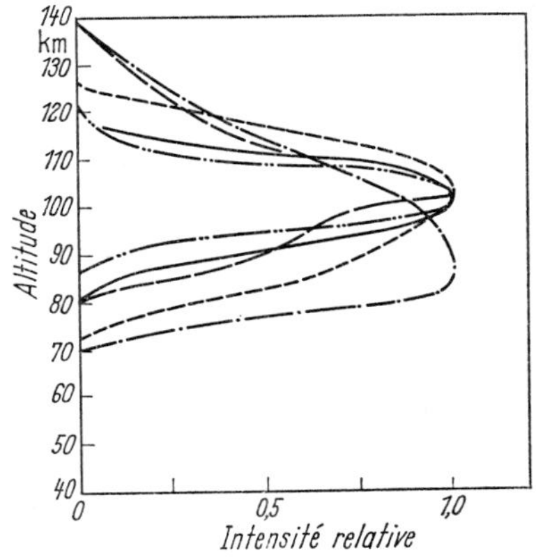


Fig. 47.

Fig. 46. Distribution en fonction de l'altitude de l'émission de OH, bande 728 nm = 7280 Å (----) et émission 0,76 ... 1,04 μm (= 7600 ... 10400 Å) (----) [d'après PACKER] (intensités relatives normalisées). [White Sands, New Mexico, lat. 32° 24′ N, long. 106° 25′ W.]

Fig. 47. Distribution en fonction de l'altitude de l'émission du continuum pour différentes longueurs d'onde (— — 452 nm = 4520 Å en 1959; —·— 542 nm = 5420 Å en 1959; —··— 541 nm = 5410 Å en 1957; ——— 523,5 = 5235 Å en 1957; ------ 532,0 nm = 5320 Å en 1955) [d'aprés PACKER] (intensités relatives normalisées). [White Sands, New Mexico, lat. 32° 24′ N, long. 106° 25′ W.]

mesure que la fusée pénêtre dans la couche (Fig. 42), le signal décroît et de la variation d'intensité de ce signal en fonction du temps, c'est-à-dire de l'altitude, on tire la distribution verticale du rayonnement émis.

Remarquons qu'avec cette méthode, il est aisé de faire la part de la lumière stellaire dont l'influence est constante quelle que soit l'altitude.

Depuis les premières mesures du Naval Research Laboratory de Washington, plusieurs expériences ont eu lieu[1-3] et nous donnerons quelques distributions verticales pour la raie verte de OI (Fig. 43), la raie jaune de NaI (Fig. 44), les bandes de HERZBERG et Atmosphériques de $O_2$ (Fig. 45) les bandes de OH (Fig. 46) et pour le continuum (Fig. 47).

Nous rapporterons aussi les données obtenues pour la raie Lyman alpha de l'hydrogène (121,6 nm) dont il a été question[4]. Cette radiation qui commence a être absorbée par l'atmosphère terrestre vers l'altitude de 130 km l'est totalement à 75 km. Son origine serait dans le système solaire.

Il n'y avait pas jusqu'à ces dernières années de résultat probant concernant la raie verte de OI; on avait trouvé seulement qu'elle était émise au-dessus de 150 km. Mais la question a été soigneusement étudiée par TARASOVA[5] qui de l'enregistrement, obtenu jusqu'à la culmination d'une fusée à 200 km, de la variation de l'intensité en fonction de la distance zénithale, conclut que l'émission de OI à 630 nm ne peut-être due à une couche mince mais à une couche qui

[1] R. TOUSEY: Ann. Géophys. **14**, 186 (1958).

[2] J. P. HOPPNER et L. H. MEREDITH: J. Geophys. Res. **63**, 51 (1958).

[3] D. M. PACKER: Ann. Géophys. **17**, 67 (1961).

[4] J. E. KUPPERIAN, E. T. BYRAM, T. A. CHUBB et H. FRIEDMAN: Ann. Géophys. **14**, 329 (1958).

[5] T. M. TARASOVA dans: MULLER, P. (éd.): Space Research IV. Amsterdam: North Holland 1964, p. 235.

s'étend depuis environ 70 km jusqu'à des altitudes supérieures à 1000 km. Ses données expérimentales concordent étrangement avec celles que nous avions publiées en 1945 en opérant au Pic du Midi.

A signaler une difficulté qui se présente dans la méthode photométrique; c'est la présence possible d'aérosols dans la haute atmosphère. Ainsi, peu après une averse météorique (Lyrides) l'un de nous a trouvé[6] entre 75 et 125 km une couche d'aérosols de densité optique 0,135. L'absorption par cette couche est une cause d'erreur importante dans l'application de la méthode de VAN RHIJN.

Le défaut d'homogénéité de la couche constitue aussi une difficulté pour l'utilisation de photomètres en fusée. Il est indispensable, ainsi que nous l'avons fait, au cours de la nuit du tir, de procéder du sol à la construction des isophotes concernant la même radiation que celle étudiée en fusée afin de savoir si la mesure correspond bien à une stabilité relative de la lueur nocturne.

D'après les dernières expériences de DANDEKAR et TURTLE[7], la raie verte serait émise dans deux couches, une couche mince entre 96 et 104 km, et une couche diffuse au-dessus de 150 km dont l'altitude n'est pas précisée et dont l'intensité est 1/5e de la couche basse, résultats qui confirment également ceux de TARASOVA et les nôtres.

En ce qui concerne l'émission de OH, des mesures de HARRISON[8] ont montré l'existence d'un maximum à 95 km d'altitude.

Enfin l'existence dans la région F d'une émission de la radiation 630 nm de OI et celle d'une seconde couche émettant la raie verte (557,7 nm) de OI ont été établies par les mesures de GULLEDGE, PACKER et TILFORD[9].

Nous donnerons pour conclure un graphique (Fig. 48) emprunté à ROACH qui schématise la position en altitude des différentes radiations du spectre de la lueur nocturne d'après les résultats obtenus en fusée et aussi par d'autres mesures.

## 21. Emploi des satellites.

α) *Photographie par les cosmonautes.* En orbitant autour de la Terre en satellite, l'astronaute GORDON COOPER a obtenu des photographies le 16 mai 1963. Une analyse de 9 de ces photographies[1] donne pour l'altitude du maximum d'intensité, 88 km, la limite inférieure étant à 75 km et la limite supérieure à 111 km. Il s'agit bien entendu d'un ensemble de radiations du domaine visible, l'émulsion utilisée étant panchromatique.

Deux des astronautes, SCHIRRA et COOPER, ont aussi vu, au-dessus, une luminosité située à l'altitude de la région F de l'ionosphère.

β) *Mesures photométriques embarquées.* Il existe quelques résultats[2] malheureusement peu nombreux obtenus avec le satellite Ogo II, lancé le 14 octobre 1965 (périgée 420 km, apogée 1520 km, inclinaison 87,4°). Un des deux photomètres dont le schéma optique est représenté sur la Fig. 49 avait, grâce au mouvement d'un miroir, la possibilité d'explorer l'horizon au travers d'un filtre de 4 nm de large, centré sur 630 nm.

Les résultats de l'exploration reproduits sur la Fig. 50 montrent l'existence de deux couches. L'une due à OI aurait son maximum d'intensité entre 200 et 300 km et le flux de photons serait de 1 à 25 $cm^{-3}\,s^{-1}$ ($1 \ldots 2{,}5 \cdot 10^6\ m^{-3}\,s^{-1}$).

[6] A. VASSY: Compt. Rend. Paris **260**, 1712 (1965).
[7] B. S. DANDEKAR et J. P. TURTLE: Planet. Space Sci. **19**, 949 (1971).
[8] A. W. HARRISON: Can. Jour. Phys. **48**, 2231 (1970).
[9] I. S. GULLEDGE, D. M. PACKER et S. G. TILFORD: Trans. Amer. Geophys. Un. **47**, 74 (1966).
[1] F. C. GILLET, W. F. HUCH, E. P. NEY et G. COOPER: J. Geophys. Res. **69**, 2927 (1964).
[2] E. J. REED et J. E. BLAMONT dans: R. L. SMITH-ROSE et J. W. KING: Space Research VII,1. Amsterdam: North-Holland 1967, p. 337.

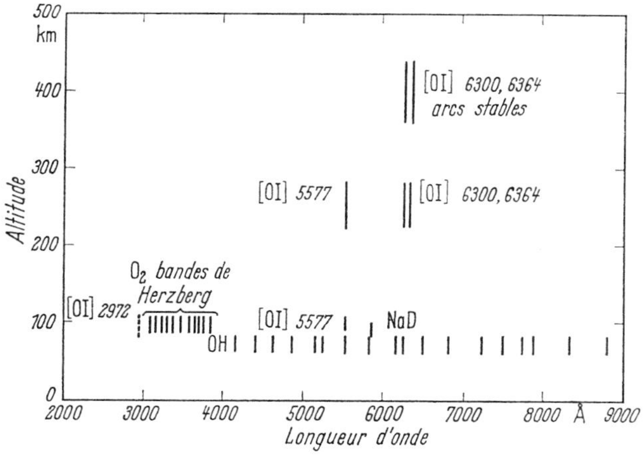


Fig. 48. **Altitudes** des différentes radiations émises par la lueur nocturne. (Les longneurs d'onde sont indiquées en Å; 10 Å = 1 nm.)

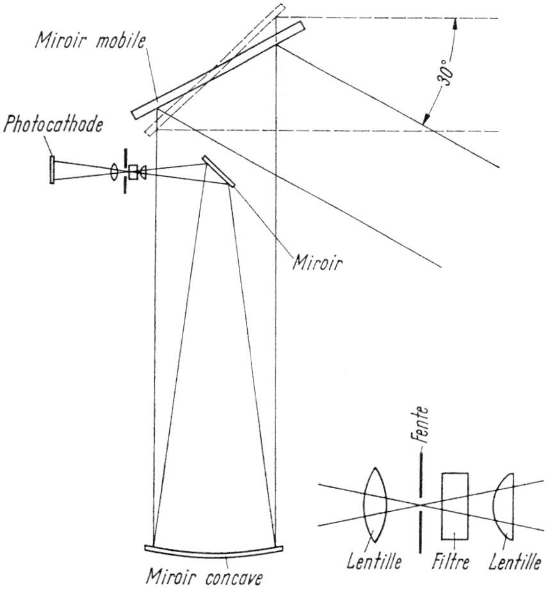


Fig. 49. Dispositif expérimental de REED et BLAMONT utilisé dans le satellite OGO II.

L'autre aurait son maximum à $(80 \pm 15)$ km. Les auteurs ne voyant pas de possibilité théorique d'émission de 630 nm à ces altitudes relativement basses pensent à une contamination par OH.

A bord d'OGO 6, THOMAS et DONAHUE[3] ont mesuré, pour la zone intertropicale, l'émission de la raie verte dans la région F. Plus complets sont les résultats de COGGER et ANGER[4] obtenus à bord de ISIS 2, aussi pour la raie verte 551,7 nm. Ils

[3] R. J. THOMAS et T. M. DONAHUE: J. Geophys. Res. **77**, 3557 (1972).

[4] L. L. COGGER et C. D. ANGER: J. Atmos. Terr. Physics **35**, 2081 (1973).

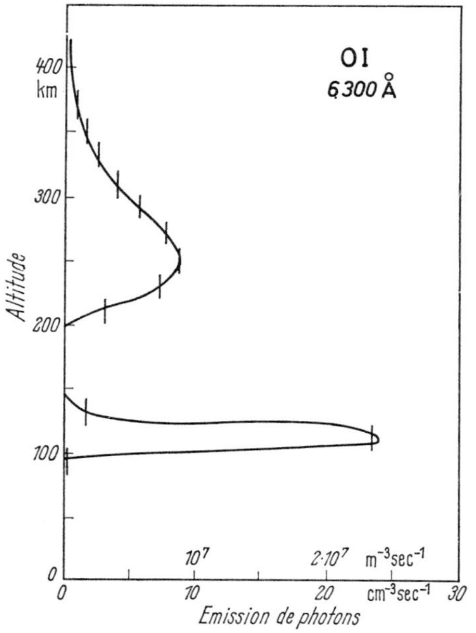


Fig. 50. Résultats de REED et BLAMONT: distribution verticale de l'intensité de 630 nm = 6300 Å. [Temps local: 04 h 51 min].

retrouvent les deux couches dans les régions E et F, la couche élevée ayant une intensité entre 10 et 20% de la couche basse pour les latitudes supérieures à 20°. En effet, ils ont tracé la variation avec la latitude de chacune des couches émissives, la couche haute présentant un important maximum vers l'équateur, la couche basse un maximum vers 30°. Ces résultats permettent d'interpréter les observations faites depuis le sol aux latitudes basses et moyennes, la contribution de la couche élevée étant prépondérante au voisinage de l'équateur (voir Sect. 25).

**22. Influence de la latitude.** Au fur et à mesure que l'on se rapproche du cercle de FRITZ, il est de plus en plus difficile d'éliminer, dans la luminance du ciel nocturne, tout ce qui a un caractère auroral car la fréquence et l'intensité des aurores augmentent. La connaissance du spectre est précieuse pour faire la distinction. Généralement on considère la présence de la bande 391,7 nm de $N_2^+$ comme caractéristique de l'aurore. C'est, ainsi que CURIE et EDWARDS[1] ont signalé il y a une trentaine d'années qu'à CHESTERFIELD (Canada, latitude 63° N), les spectres de la luminescence nocturne obtenus au milieu de la nuit, ont un caractère auroral, que l'aurore soit visible ou non.

Ainsi, par suite de la superposition de l'aurore sous ses formes plus ou moins intenses, la luminescence nocturne est-elle plus grande aux latitudes élevées. C'est ce qu'ont trouvé effectivement, en opérant en lumière totale, un certain nombre d'auteurs[2-5].

Le même phénomène se retrouve sur la raie verte au cours d'études comparatives particulières[6,7], sauf toutefois dans[8].

Mais nous disposons maintenant du très important stock de données accumulées pendant l'AGI 1957/58. Aussi, la courbe (Fig. 51) empruntée à un Mémoire de ROACH [25] donne l'intensité de la raie verte en Rayleigh d'après la latitude magnétique invariante. Cette latitude magnétique invariante, Л, introduite par McILWAIN[9], est définie par la relation

$$\cos Л = \sqrt{\frac{r}{R_E} \cdot \frac{1}{L}} \tag{22.1}$$

[1] B. W. CURIE et H. W. EDWARDS: Terr. Magn. **41**, 265 (1936).
[2] Lord RAYLEIGH et H. SPENCER JONES: Proc. Roy. Soc. (London), Ser. A **151**, 22 (1935).
[3] V. G. FESENKOV: Dokl. Akad. Nauk. SSSR **2**, 213 (1935).
[4] H. GARRIGUE: Compt. Rend. Paris **209**, 769 (1939).
[5] E. O. HULBURT: J. Opt. Soc. Am. **39**, 211 (1949).
[6] D. BARBIER et H. B. PETTIT: Ann. Géophys. **8**, 232 (1952).
[7] N. V. JORJIO, in: Spectral, Electrophotometrical and Radar Research of Aurorae and Airglow. Articles translated from the Russian, Nr. 1, 30–40. New York: Royer and Roger Inc. (1959).
[8] F. E. ROACH, D. R. WILLIAMS et H. B. PETTIT: J. Geophys. Res. **58**, 73 (1953).
[9] C. E. McILWAIN: J. Geophys. Res. **66**, 3681 (1961).

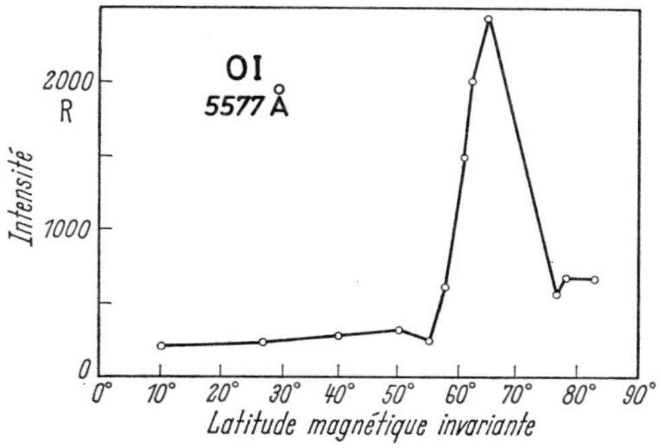


Fig. 51. Distribution de l'intensité (en Rayleigh) de 557,7 nm = 5577 Å en fonction de la latitude magnétique invariante.

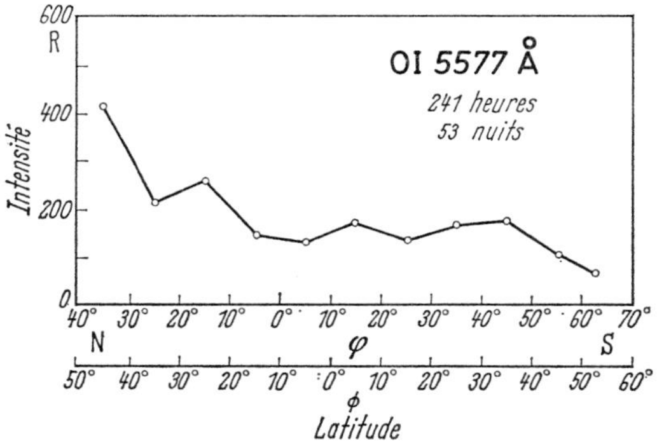


Fig. 52. Distribution de l'intensité (en Rayleigh) de la raie verte 557,7 nm = 5577 Å en fonction de la latitude géographique, $\varphi$, et géomagnétique, $\phi$.

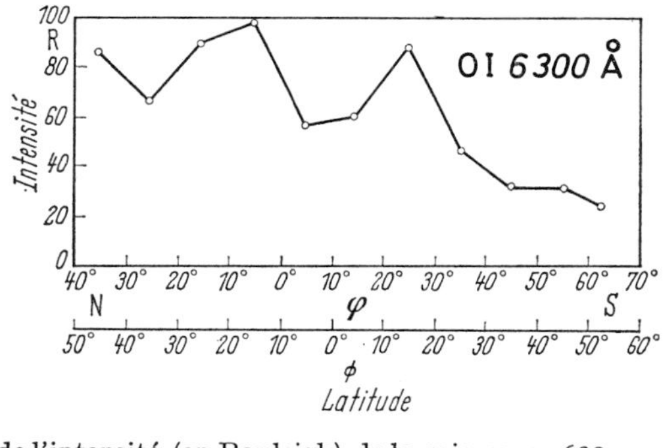


Fig. 53. Distribution de l'intensité (en Rayleigh) de la raie rouge 630 nm = 6300 Å en fonction de la latitude géographique, $\varphi$, et géomagnétique, $\phi$.

ou $r$ est la distance du centre de la Terre à la couche émettrice, $R_E$ le rayon terrestre. $L$ est approximativement la distance géocentrique à l'intersection équatoriale de la ligne de force magnétique correspondante, exprimée en rayons terrestres[10].

[10] Pour une définition exacte voir W. N. Hess dans cette Encyclopédie, tome 49/4, p. 124.

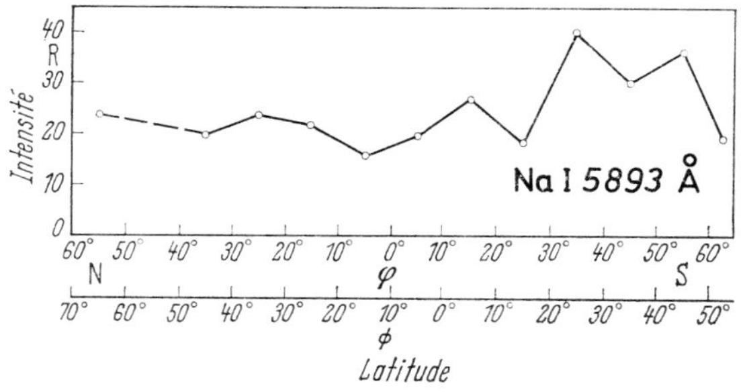


Fig. 54. Distribution de l'intensité (en Rayleigh) du doublet 589,3 nm = 5893 Å de Na I en fonction de la latitude géographique, $\varphi$, et géomagnétique, $\phi$.

Nous rapporterons aussi des données moins nombreuses, mais ayant le mérite d'avoir été obtenues avec le même appareillage lors d'une exploration systématique effectuée par DAVIS et SMITH[11] en bateau le long du méridien 70° depuis la zone aurorale Nord jusqu'au continent antarctique.

La raie verte (557,7 nm) de OI présente un maximum dans l'hémisphère Nord entre 30 et 40° de latitude et dans l'hémisphère Sud vers 40°, l'intensité étant plus faible dans cet hémisphère. La Fig. 52 représente l'intensité moyenne (portant sur 10° en latitude) en Rayleigh en fonction de la latitude.

Des mesures effectnées par SHARP et REES[12] à bord d'un avion ont confirmé ces résultats, mais avec une variation plus faible et ont montré que les bandes de HERZBERG varient peu avec la latitude.

Pour la raie rouge (630 nm) de OI, la Fig. 53 traduit les résultats analogues et présente deux maxima importants aux latitudes géomagnétiques voisines de 15° sur lesquels nous allons revenir.

En ce qui concerne la raie jaune (589,3 nm) de NaI, le photomètre utilisé laissait passer aussi la bande (8–2) à 588,6 nm de OH. Les résultats se trouvent représentés sur la Fig. 54 et montrent également deux maximums, celui dans l'hémisphère Sud étant plus important.

Enfin, le fond continu mesuré autour de 534 nm croît du Nord au Sud, mais si l'on retranche la lumière stellaire, la composante terrestre montre alors un minimum prononcé aux basses latitudes et la courbe présente une symétrie apparente par rapport à l'équateur géomagnétique (Fig. 55).

**23. Arc auroral stable et arc intertropical.** Nous renverrons aux Sect. 74 *Subvisual red arcs* et Sect. 75 *Tropical subvisual red arcs* du Handbuch der Physik [*37*] dans lesquels AKASOFU, CHAPMAN et MEINEL ont rattaché les phénomènes d'émission de la raie rouge (630 nm) de OI à l'aurore polaire, bien que dans le cas de l'arc intertropical les bandes de $N_2^+$ ne présentent aucun renforcement et que l'émission de la raie verte soit environ cinq fois plus faible que celle de la raie rouge.

L'arc intertropical Nord[1] et l'arc intertropical Sud[2] sont situés généralement à 12° de part et d'autre de l'équateur magnétique. Leur altitude serait comprise entre 200 et 300 km. Au cours de la nuit, ils se rapprochent de l'équateur. Dans la première partie de la nuit, l'arc intertropical Nord se déplace du Nord vers le

---

[11] T. D. DAVIS et L. L. SMITH: J. Geophys. Res. **70**, 1127 (1965).
[12] W. E. SHARP et M. H. REES: J. Geophys. Res. **75**, 4894 (1970).
[1] D. BARBIER et J. GLAUME: Ann. Géophys. **16**, 319 (1960).
[2] D. BARBIER, G. WEILL et J. GLAUME: Ann. Géophys. **17**, 305 (1961).

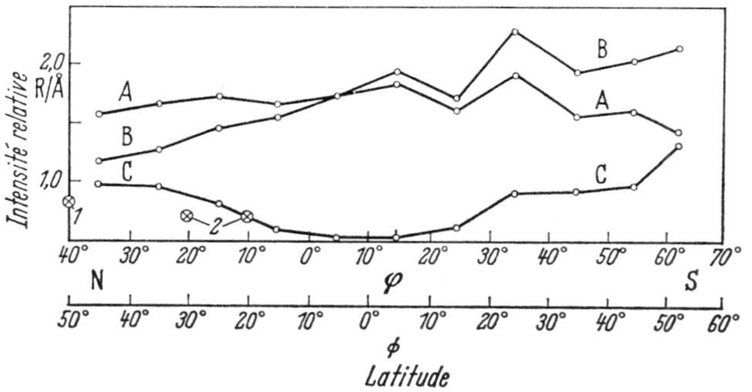


Fig. 55. Distribution de l'intensité du fond continu (unité: Rayleigh par Ångström 1 R/Å = $4\pi\, 10^{11}\, m^{-2}\, s^{-1}\, (nm)^{-1}$, voir Sect. 1γ) en fonction de la latitude géographique, $\varphi$, et géomagnétique, $\phi$. A: fond continu total; B: lumière stellaire et zodiacale; C: continuum en émission.

Sud, en sens inverse dans la seconde partie et s'évanouit peu à peu en fin de nuit. Le déplacement a lieu soit d'une façon régulière, soit par sauts. On retrouve les caractères généraux du mouvement de l'aurore polaire.

En Afrique, l'arc intertropical Nord disparait pendant l'été, mais on constate des sursauts d'intensité de la raie 630 nm de l'ordre d'un facteur 10 pendant deux ou trois heures[3]. Pendant la période undécennale du minimum d'activité solaire, l'arc intertropical s'affaiblit et s'approche plus rapidement de l'équateur au cours de la nuit[4].

Mais l'arc intertropical ne s'observe pas uniquement pour la raie 630 nm de l'oxygène; grâce au satellite OGO 4, on a détecté dans les arcs intertropicaux l'émission des raies ultraviolettes 1304 et 1356 A de OI[5–6], et de même avec le satellite Kosmos 215[7].

**24. Distribution spatiale de la raie rouge de l'oxygene.** Il faut rappeler que plusieurs phénomènes contribuent à l'émission de la radiation 630 nm. Ce sont:

— l'aurore polaire,
— le phénomène crépusculaire,
— la nappe occidentale,
— les nappes subpolaires,
— les arcs intertropicaux.

Suivant le lieu et l'instant considéré, on les trouve plus ou moins superposés.

La nappe occidentale est au début de la nuit intense à l'Ouest. Son intensité décroit peu à peu en même temps que son maximum d'intensité se déplace vers le Sud. Les observations faites à l'Est et à l'Ouest pour la même distance zénithale se reproduisent avec un décalage dans le temps correspondant à une altitude de 275 km pour l'hiver, 100 km pour l'été.

BARBIER[1] a démontré que l'augmentation d'intensité en fin de nuit de la radiation 630 nm arrivait non pas de l'Est mais du Nord; d'où le nom de nappe

[3] D. BARBIER: Compt. Rend. Paris **145**, 1559 (1957).
[4] L. ARGEMI, D. BARBIER, G. CAMMAN, J. MARSAN, S. HUILLE et N. MORGULEFF: Compt. Rend. Paris **256**, 2215 (1963).
[5] G. T. HICKS et T. A. CHUBB: Sect. 11a, réf. 2.
[6] C. A. BARTH et S. SCHAFFNER: J. Geophys. Res. **75**, 4299 (1970).
[7] E. K. ŠEFFER: Kosm. Issledov SSSR, **9**, 74 (1971).
[1] D. BARBIER, G. CAMMAN, S. MARSAN, S. HUILLE et N. MORGULEFF: Ann Géophys. **17**, 3 (1961).

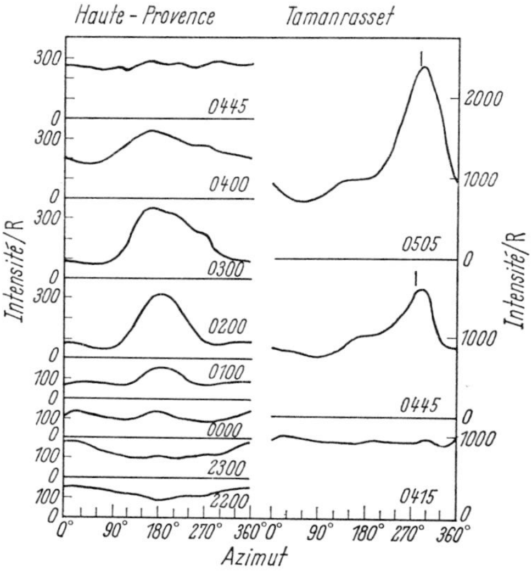


Fig. 56. Intensité (en Rayleigh) de la raie 630 nm = 6300 Å en fonction de l'azimut à deux stations de latitude 44° N (gauche) et 23° N (droite). L'heure locale est indiquée sur les courbes.

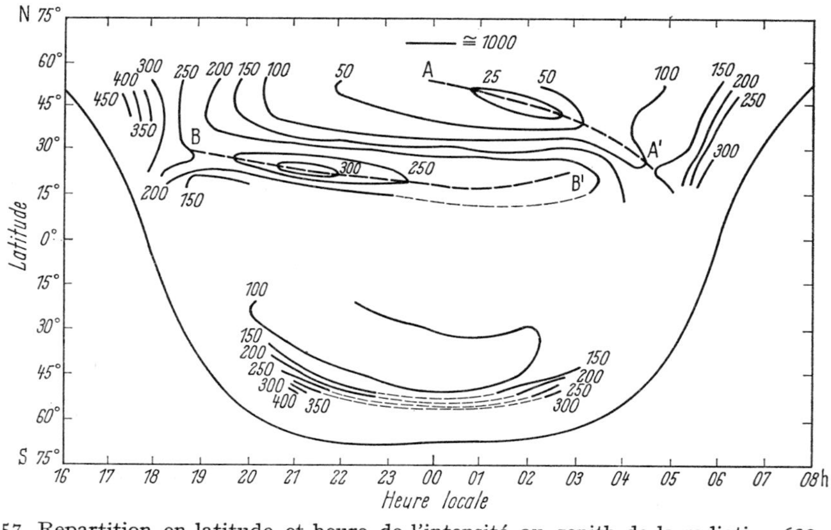


Fig. 57. Repartition en latitude et heure de l'intensité au zenith de la radiation 630 nm = 6300 Å (pour janvier 1960). Paramètre: intensité en Rayleigh. [AA', limite de la nappe subpolaire; BB', arc intertropical Nord]. Les lignes en pointillé sont des extrapolations très probables.

subpolaire. C'est ce qu'illustre la Fig. 56 empruntée à son mémoire, où l'intensité de la raie est exprimée en fonction de l'azimut (partie droite de la figure: Haute Provence, janvier 1959; à gauche: Tamanrasset janvier 1960). Son altitude est de l'ordre de celle de la nappe occidentale. La vitesse de déplacement qui est de 340 km/h quand elle apparaît au Nord atteint 1500 km/h quand elle arrive au Sud. Ces chiffres nous semblent indiquer qu'il ne s'agit pas d'un déplacement effectif de matière, mais de variations spatiales des conditions d'excitation.

Au solstice d'hiver, les intensités de la nappe subpolaire au zénith sont (en Rayleigh) groupées dans le Tableau 14.

Tableau 14. *Variation des intensités (R) de la nappe subpolaire au zénith pour la raie rouge.*

| 1953 | 1954 | 1955 | 1956 | 1957 | 1958 | 1959 |
|---|---|---|---|---|---|---|
| 67 | 94 | 121 | 165 | 157 | 171 | 139 |

Il y a donc une nette variation avec le cycle solaire.

Nous emprunterons au même mémoire, la Fig. 57 tentant d'établir pour le mois de janvier 1960 une carte mondiale de l'émission de 630 nm. Les chiffres portés sur les courbes expriment l'intensité en Rayleigh au zénith. AA' limite la nappe subpolaire, BB' est l'arc intertropical Nord.

**25. Distribution spatiale de la raie verte.** Les isophotes de la radiation 557,7 nm se présentent d'une manière assez variable au cours de la nuit. La Fig. 58 empruntée à un travail de ROACH et PETTIT[1] en donne un exemple pour la nuit du 6 au 7 janvier 1951. Ils ont examiné si les variations se présentaient simultanément (au décalage d'heures locales près) de la même façon en Haute Provence et en Californie. Il semble que si les variations ont en général la même forme, il y a de notables différences de détail. Malgré de telles difficultés ROACH et différents collaborateurs ont pu améliorer nos connaissances relatives à la structure de cette couche[2-5], par deux intéressantes façons de procéder.

L'une consiste à comparer, dans le plan du méridien, le rapport des intensités correspondant à la même distance zénithale (généralement 75°) au Nord et au Sud, l'autre à établir des graphiques donnant l'intensité observée (réduite à sa valeur au zénith) dans le plan du méridien, en fonction du temps. Si l'intensité est fonction seulement du temps local à chaque latitude, ces graphiques donnent une représentation de la couche émissive.

Pour les latitudes moyennes (de 30° à 50°), la couche émissive présente une structure très complexe, changeant complètement d'une nuit à l'autre.

Aux basses latitudes, il est important comme l'a fait J. CHRISTOPHE-GLAUME[6] de corriger l'intensité de la radiation de la contribution due à la présence d'une couche à haute altitude. Ainsi pour Tamanrasset (lat. 22,8° N) les contributions des deux couches sont du même ordre de grandeur. Cette correction faite, la structure de la couche à 100 km devient régulière ainsi que l'a montré J. CHRISTOPHE-GLAUME[7] d'après les observations faites à Tamanrasset et à Agadez (lat. 17,0° N). L'émission est plus intense au Nord qu'au Sud et l'intensité minimale se produit au voisinage de l'équateur. Au cours de la nuit, l'intensité au Nord est particulièrement forte peu après le milieu de la nuit, ainsi que le montre la Fig. 59.

Aux latitudes moyennes, il est bon, en vue de dégager l'allure de la structure, d'éliminer celles de caractère transitoire et d'opérer sur des moyennes. Ainsi, J. CHRISTOPHE-GLAUME[7], perfectionnant les résultats de F. E. ROACH, donne

[1] F. E. ROACH et H. B. PETTIT: Mem. Soc. Roy. Sci. Liege **12**, 13 (1952).
[2] F. E. ROACH: Ann. Géophys. **11**, 214 (1955).
[3] F. E. ROACH, E. TANDBERG-HANSSEN et L. R. MEGILL: J. Atmosph. Terr. Phys. **13**, 113 (1958).
[4] F. E. ROACH, D. R. WILLIAMS et H. B. PETTIT: J. Geophys. Res. **58**, 73 (1953).
[5] F. E. ROACH: Ann. Géophys. **17**, 172 (1961).
[6] J. CHRISTOPHE-GLAUME: Compt. Rend. Paris **257**, 486 (1963).
[7] J. CHRISTOPHE-GLAUME: Compt. Rend. Paris **257**, 486 (1963).

Fig. 58. Isophotes heure par heure de la raie verte 557,7 nm = 5577 Å au cours de la nuit du 6 au 7 janvier 1951 [d'après ROACH et PETTIT].

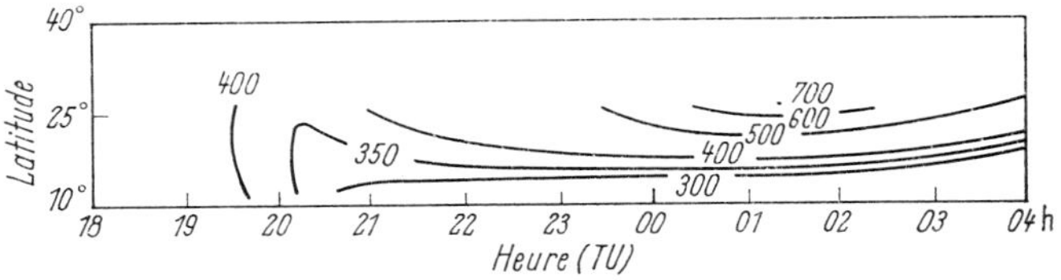


Fig. 59. Diagramme de l'émission de 557,7 nm = 5577 Å (nuit du 26 octobre 1962) en fonction de la latitude (ordonnée) d'après les observations de Tamanrasset et Agadez.

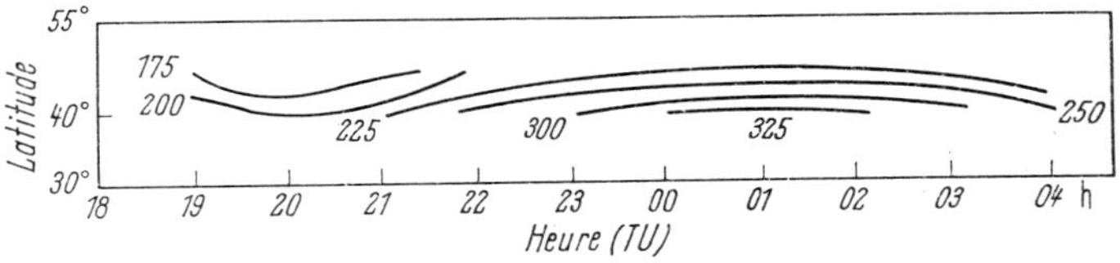


Fig. 60. Diagramme de l'émission de 557,7 nm = 5577 Å (moyenne pour 6 nuits en février 1961) en fonction de la latitude (ordonnée) à l'observatoire de Haute Provence. Paramètre des courbes: intensité.

pour chaque mois de l'année la position en latitude de la ligne d'intensité maximale. C'est la suivante (Tableau 15).

Tableau 15. *Variation annuelle de la position en latitude de la ligne d'intensité maximale.*

| Mois | J | F | M | A | M | J | J | A | S | O | N | D |
|---|---|---|---|---|---|---|---|---|---|---|---|---|
| Latitude | 45,5° | 37° | 38° | 37° | 38,5° | 53° | 50° | 53,5° | 41° | 42° | 41° | 52° |

Il semble donc bien se présenter un maximum aux latitudes moyennes, très probablement dû au champ magnétique terrestre.

Pour l'Observatoire de Haute-Provence (latitude 43° 56′ N) la couche moyenne apparaît bien régulière et montre le plus souvent un maximum au Sud, généralement peu après minuit (Fig. 60) confirmant ainsi d'anciennes observations (voir [15], p. 216).

Il faut se rappeler ainsi que les hétérogénéités précédemment signalées (Sect. 18$\gamma$, (a)), sont superposées à la structure moyenne relativement stable et en masquent les caractères. ROACH et ses collaborateurs[4] ont appelé ces hétérogénéités des «cellules». S'ils les ont trouvées circulaires, J. CHRISTOPHE-GLAUME[8] les trouve plutôt ovalisées dans le sens Est-Ouest où leur étendue est 1,5 fois plus grande que dans le sens Nord–Sud.

Par contre, J. C. JEANNET et A. VASSY[9], toujours en Haute-Provence, les trouvent allongées dans le sens Nord–Sud.

Pour HAUG[10] le diamètre de ces «cellules» est rarement supèrieur à 1000 km. Leur vitesse de déplacement a été trouvée de l'ordre de 100 m $s^{-1}$ et il semblerait qu'il s'agisse d'un mouvement de rotation[11].

## G. Corrélations avec d'autres phénomènes.

En vue de mieux comprendre le phénomène de la lueur nocturne, il apparait bon de dégager les relations qui peuvent exister entre certains de ses aspects et aussi avec d'autres phénomènes géophysiques.

**26. Corrélations entre différentes emissions.** Ce problème n'a pas toujours été résolu de façon satisfaisante par suite des difficultés inhérentes à un isolement spectral correct: souvent des corrélations ont été annoncées et en réalité elles étaient dues à une contamination. Aussi nous ne reviendrons pas sur de tels résultats.

BARBIER[1] distingue trois groupes covariants: ce sont:

(i) Le groupe de la raie verte (557,7 nm) de OI, les bandes de $O_2$ (Herzberg et Atmosphériques), le continuum vert. La corrélation entre 557,7 nm et les bandes atmosphériques de $O_2$ a été mise en évidence par M. DUFAY[2] à l'aide d'un spectromètre photoélectrique pour l'infrarouge. Le graphique de la Fig. 61 représente en fonction de l'intensité de la raie verte celle des bandes de HERZBERG de $O_2$ et du continuum vert.

(ii) Le groupe du sodium (589,3 nm) et OH. C'est le résultat apporté par BERTHIER[3] dès 1954 et confirmé par la suite.

(iii) La raie rouge (630 nm) de OI qui aujourd'hui n'apparait plus reliée à d'autres radiations et se comporterait d'une manière indépendante.

Il arrive qu'à certaines époques de l'année il existe une relation presque linéaire entre des radiations du premier et du deuxième groupe. Pendant d'autres le coefficient qui les relie se présente de manière variable.

BARBIER trouve que si les deux premiers groupes varient de manière indépendante, ils peuvent parfois être momentanément reliés. Un progrès serait sans doute accompli si les

---

[8] J. CHRISTOPHE-GLAUME: Ann. Geophys. **21**, 1 (1965).

[9] J. C. JEANNET et A. VASSY [*34*], p. 205.

[10] U. HAUG: J. Atmosph. Terr. Phys. **21**, 225 (1961).

[11] F. E. ROACH, E. TANDBERG-HANSSEN et L. R. MEGILL: J. Atmosph. Terr. Phys. **13**, 122 (1958).

[1] D. BARBIER: Compt. Rend. Paris **238**, 770 (1954), [*16*], p. 38.

[2] M. DUFAY: Compt. Rend. Paris **246**, 2281 (1958); — Ann. Géophys. **15**, 134 (1959).

[3] P. BERTHIER: Compt. Rend. Paris **238**, 263 (1954).

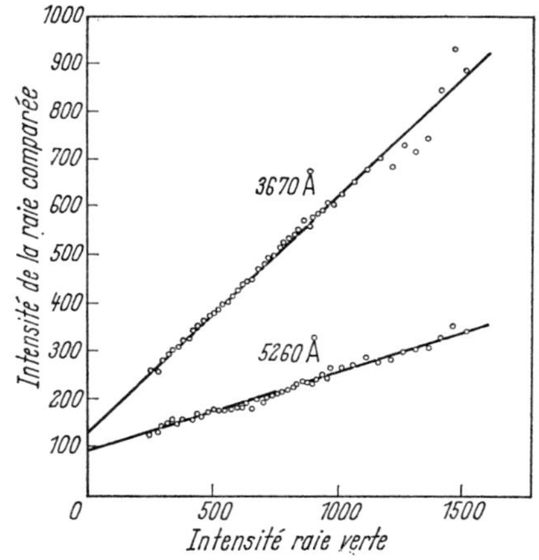


Fig. 61. Corrélations entre l'intensité de la raie verte, 557,7 nm = 5577 Å (abscisse) et—celle des bandes de Herzberg, 367 nm = 3670 Å,—celle du continuum, 526 nm = 5260 Å.

variations de l'absorption des radiations par la basse atmosphère étaient mesurées pendant le cours même des observations.

En ce qui concerne les bandes de OH, et la bande de $O_2$ (0,1) TARANOVA[4] a trouvé deux types de relations suivant que l'intensité de la bande $O_2$ est plus grande ou plus petite que 0,5 kR. Au-dessus de cette valeur, la corrélation est linéaire.

**27. Activite solaire.** Nous avons vu à la Sect. 17, à propos des variations dans le temps de l'intensité des différentes radiations, l'état de nos connaissances relativement à la période solaire undécennale. Nous n'y reviendrons pas.

Examinons ce qui se passe relativement à la période de 27 jours qui est celle de la rotation synodique du Soleil.

Lord RAYLEIGH et SPENCER JONES[1] n'avaient pas trouvé à ce sujet de résultat positif.

CABANNES, DUFAY et TCHENG[2] avaient en 1947, en considérant neuf couples de mesures dont la première est caractérisée par une forte intensité de la raie verte, trouvé six fois une répétition de la forte intensité 27 jours plus tard, soit dans 2/3 des cas. Par contre, aucune tendance à la récurrence ne semblait se manifester pour la raie rouge de OI ni pour la raie jaune de NaI.

J. CHRISTOPHE-GLAUME[3] a appliqué une méthode identique sur des données beaucoup plus nombreuses relatives à la raie verte (557,7 nm): 137 nuits, entre juillet 1956 et juin 1963. Le coefficient de corrélation n'est que de 0,041 et il n'y a non plus aucune tendance à la récurrence après un intervalle de 27 jours.

En ce qui concerne les bandes de OH, les auteurs soviétiques ont trouvé une variation périodique (période de 27 jours) pour leur intensité moyenne, que ce soit à Zvenigorod[4] ou à Jakutsk[5].

---

[4] O. G. TARANOVA: Poljarnye Sijanija i Svečenie nočnogo Neba (Aurorae and Airglow) No. 13 (1967) (Moskva).

[1] R. J. Lord RAYLEIGH et H. SPENCER JONES: Proc. Roy. Soc. (London), Ser. A **151**, 22 (1935).

[2] [8], p. 237.

[3] J. CHRISTOPHE-GLAUME: Ann. Géophys. **21**, 1 (1965).

[4] N. N. ŠEFOV: Sbornik **13**, 21 (1966).

[5] A. I. KUZMIN, P. A. KRIVOSKAPKIN, N. P. ČIRKOV et V. I. JARIN: Report to the XIII ISQY Assemblee, Berkeley (1963). — N. N. ŠEFOV: Poljarnye Sijanija i Svečeni e nočnogo Neba (Aurorae and Airglow) No. 37 (1967) (Moskva).

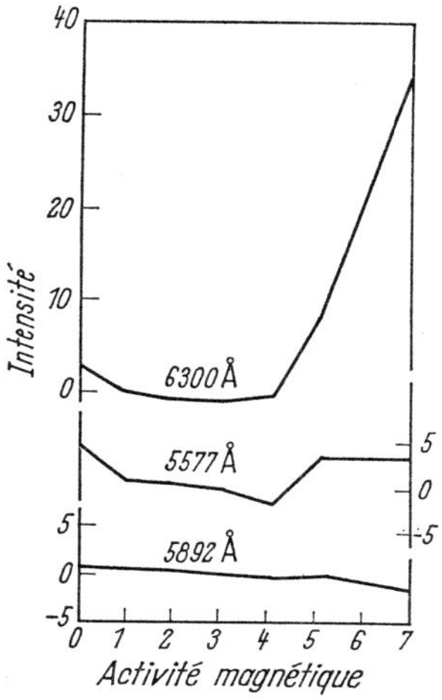


Fig. 62. Relation de l'intensité des trois principales raies: 630 nm = 6300 Å, 557,7 nm = 5577 Å et 589,2 nm = 5892 Å avec l'activité magnétique $K_p$.

**28. Activite Magnetique.** Lord RAYLEIGH et SPENCER JONES[1], avaient déjà signalé un renforcement de la luminance du ciel nocturne les jours magnétiquement perturbés, mais les données de l'observation n'avaient pas permis une conclusion très nette.

D. R. BARBER[2] a comparé la luminance de la raie verte, mesurée par photométrie visuelle à l'Observatoire Lick (Mont Hamilton, latitude 37° N) avec l'activité magnétique qu'il caractérise par le produit $H'S$, $H'$ étant l'ordonnée moyenne de la composante horizontale, $S$ l'amplitude de la variation diurne. Ces valeurs se rapportent à la période de 24 h précédant l'observation nocturne. Malheureusement cette comparaison ne s'étend que sur 4 mois. Pendant les deux premiers (août et septembre 1940) le coefficient de corrélation a été trouvé de +0,79 et pendant les deux suivants de +0,31.

Nous avons disposé par la suite de la comparaison effectuée par J. DUFAY et TCHENG MAO LIN[3] à l'Observatoire de Haute-Provence et portant sur 3 années. Il s'agit d'observations spectrographiques des 3 principales raies (raie rouge et raie verte de OI, raie jaune de NaI), c'est-à-dire que pour la mesure de luminance, il y a une intégration dans le temps. Les résultats sont représentés sur la Fig. 62 où l'ordonnée est l'excès de l'intensité de la raie sur la moyenne du mois en cours, l'abscisse étant l'activité magnétique, dans l'échelle française allant de 0 à 7.

Pour la raie verte et pour la raie jaune, aucune corrélation n'apparaît. Pour la raie rouge (630 nm) il en est de même tant que l'activité reste faible, inférieure à 4. Mais dès que se produit une perturbation (activité supérieure à 5) le coefficient de corrélation devient très grand. Il fallait donc conclure que seule l'intensité de la raie rouge apparait liée à l'activité magnétique et cela dans le cas seulement de perturbations nettement caractérisées. Dans ce dernier cas, on a une aurore rouge de basse latitude.

Cela a été confirmé en partie par le travail de ROACH qui d'après ses résultats de Californie (latitude géomagnétique 49° N) relatifs à la raie verte (novembre 1948 à décembre 1952) a trouvé un coefficient de corrélation négatif.

Il devait par la suite[4] reprendre cette question en considérant l'indice magnétique $K_p$ qui porte sur un intervalle de temps de 3 h et les luminances correspond-

[1] D. BARBIER: Compt. Rend. Paris **238**, 770 (1954); [*16*], p. 38.
[2] D. R. BARBER: Nature **148**, 88 (1941).
[3] J. DUFAY et TCHENG MAO LIN: Ann. Géophys. **3**, 153, 282 (1947).
[4] F. E. ROACH et M. H. REES: J. Geophys. Res. **65**, 1489 (1960).

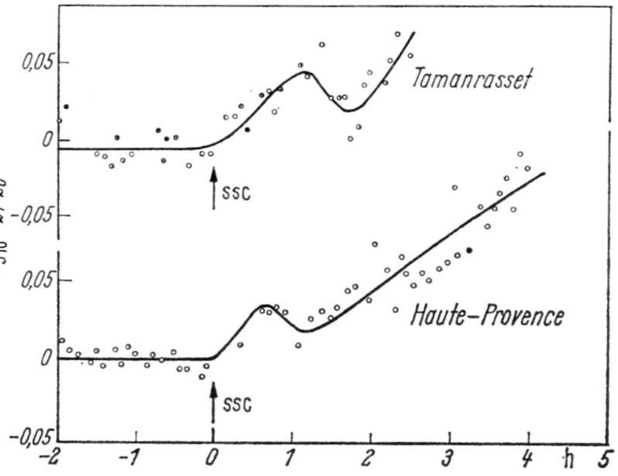


Fig. 63. Variation de $\log_{10} Q/Q_0$ en haute Provence et à Tamanrasset: $Q$ est l'intensité mesurée toutes les 5 min avant et après le début brusque (*SSC*), $Q_0$ celle à l'heure du début brusque. (Longneur d'onde 557,7 n.m)

antes. Pour la raie verte, à College, Alaska (latitude géomagnétique 64° 39′ N), son intensité augmente lorsque $K_p$ atteint la valeur 3, à Rapid City (latitude géomagnétique 53° N) pour $K_p = 5$, à Fritz Peak pour $K_p = 6$.

Aux latitudes géomagnétiques plus basses (Haute-Provence, (latitude géomagnétique 45° 48′ N), J. Christophe-Glaume[5] trouve sur plus de trois années de mesures une augmentation d'intensité pour $K_p$ supérieur à 7.

Ces résultats ont été retrouvés dans une étude récente par Rain[6] qui a en outre indiqué que les résultats sont plus nets si l'on subsitue à l'indice $K_p$ l'indice $K_n$ de l'hémisphère Nord tel que l'a calculé P. N. Mayaud[7].

J. Christophe-Glaume a également examiné l'effet des orages magnétiques à début brusque en Haute Provence (de 1956 à 1961) et à Tamanrasset (de 1957 à 1960). Pour cela elle a mesuré l'intensité de la raie verte, $Q$, dans la direction du pôle toutes les 5 min depuis 2 h avant le début brusque jusqu'à 4 h après; elle a construit les courbes $\log Q/Q_0$ où $Q_0$ est l'intensité de la raie verte à l'instant du début brusque, en prenant des précautions pour éliminer la variation diurne et les variations aléatoires ainsi que pour Tamanrasset l'arc intertropical.

La Fig. 63 représente ses résultats qui montrent un premier renforcement de la raie verte après le début brusque (45 et 60 min respectivement) suivi d'un second dont le maximum se produirait pendant le jour et n'est pas saisissable, car 24 h après le début brusque, l'intensité de la raie verte est revenue à sa valeur initiale. Le premier renforcement correspondrait à la phase initiale de l'orage et le second à sa phase principale.

Ceci confirme la corrélation bien établie[8] entre l'intensité de la raie verte et l'écart instantané de la composante horizontale du champ magnétique $\Delta\mathcal{H}$ avec sa valeur normale, l'intensité de la raie verte augmentant lorsque $\Delta\mathcal{H}$ devient de plus en plus négatif.

J. Christophe-Glaume ayant montré que l'intensité de la raie rouge (630 nm) n'est généralement pas modifiée au cours d'un orage magnétique à

[5] J. Christophe-Glaume: Ann. Géophys. **21**, 26 (1965).
[6] A. Rain: Thèse Paris 1972.
[7] P. N. Mayaud: Indices $K_u$, $K_s$ et $K_m$, Ed. du Centre National de la Recherche Scientifique (1968).
[8] J. W. McCaulley, F. E. Roach et S. Matsushita: J. Geophys. Res. **65**, 1499 (1960).

début brusque, il s'ensuit que le renforcement de la raie verte, qui se produit avec un retard d'autant plus grand que la latitude géomagnétique est plus basse, est dû à un phénomène peut-être auroral, mais différent de celui des aurores de basses latitudes, lesquelles sont essentiellement rouges.

**29. Relations avec l'ionosphère.** Depuis longtemps, elles ont été recherchées en vue d'expliquer l'émission lumineuse nocturne par la recombinaison des particules chargées de l'ionosphère[1].

$\alpha$) On avait dès les débuts pensé à une relation avec la *région E* et recherché si l'apparition de E sporadique correspondait à un renforcement de la luminance du ciel nocturne.

Cette dernière était mesurée[2] dans un très large intervalle spectral grâce à deux cellules photoélectriques (K hydruré et Cs/Ag). Quant à l'ionosphère, on disposait d'un émetteur à fréquence fixe sur 2,1 MHz et on notait si la réflexion avait lieu sur E ou sur F. Aucune relation nette ne fut trouvée.

Cependant, une vingtaine d'années plus tard, deux autres auteurs américains[3] devaient prouver l'existence d'une corrélation entre l'intensité de la raie verte et la région E nocturne.

$\beta$) On a cherché aussi des relations avec la *région F*.

S. K. Mitra[4] avait fait remarquer que si l'ionisation de la région F et l'intensité de la lumière nocturne varient avec le cycle solaire, on ne peut s'attendre à trouver une relation étroite pendant des temps relativement courts, l'ionisation de la région F étant perturbée au cours de la nuit par l'effet de contraction de l'atmosphère. Mais, si au cours d'une nuit, la densité d'ionisation de la région F varie d'une façon anormale, la luminance nocturne doit varier aussi d'une façon anormale. C'est effectivement ce qui avait été trouvé pendant la nuit du 15 au 16 février 1945 où les deux courbes présentent un parallélisme frappant. Malheureusement, l'intensité de la lueur nocturne avait été mesurée en lumière totale (photométrie photographique) et il s'agissait là d'un résultat isolé.

(i) Plusieurs suggestions ont été faites[5] pour relier l'intensité de la *raie verte* à différentes propriétés de la région F, mais si jusqu'à ces dernières années, elles étaient difficiles à accepter étant donnée l'altitude à laquelle est émise la raie verte de OI, aujourd'hui où la présence d'une seconde couche émissive d'altitude plus élevée n'est plus contestée, toute difficulté disparait.

A. Vassy et J. C. Jeannet *[34]* signalent des hétérogénéités accompagnées par la présence de F diffus ou de E sporadique. La luminance atteint parfois le double de la valeur normale et est de plus longue durée que la perturbation sur la région F.

(ii) Pour la *raie rouge* (630 nm) St-Amand[6] puis Barbier[7] ont apporté la preuve d'une bonne corrélation avec l'ionisation de la région F mais Barbier est allé beaucoup plus loin, en basant sur l'hypothèse de Bates et Massey, d'après laquelle la raie rouge est due à la recombinaison de l'ion $O_2^+$ avec un électron, une formule semi-empirique reliant l'intensité de la raie rouge $Q$ (exprimée en Rayleigh) en fonction de la hauteur virtuelle $h'$ et de la fréquence critique de la région F, $foF2$:

$$Q = C + K(foF2)^2 \exp\left(-\frac{h' - 200\ \text{km}}{H_{O_2}}\right). \tag{29.1}$$

[1] Voir K. Rawer et K. Suchy, cette Encyclopédie, tome 49/2, p. 1–546.
[2] Bradbury et Sumerlin: Ter. Magn. **45**, 19 (1940).
[3] J. W. McCaulley et W. S. Hough: J. Geophys. Res. **64**, 2307 (1959).
[4] S. K. Mitra: Nature **155**, 786 (1945).
[5] D. F. Martyn: J. Geophys. Res. **57**, 144 (1952).
[6] P. St-Amand: Ann. Géophys. **11**, 450 (1956).
[7] D. Barbier: Compt. Rend. **244**, 2077 (1957).

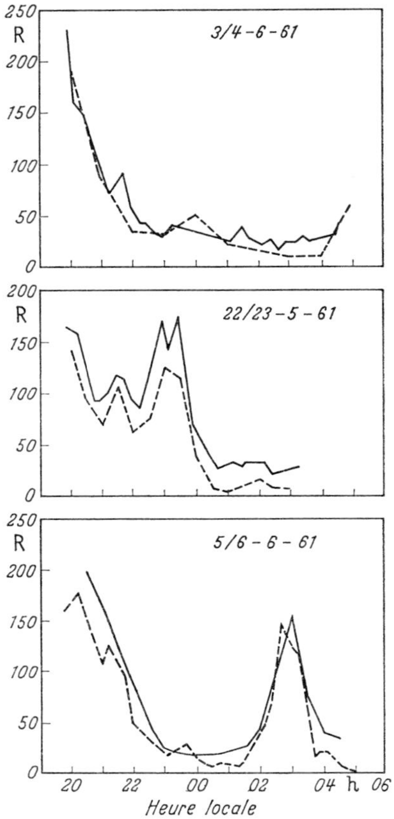


Fig. 64. Comparaison entre les intensités mesurées (trait plein) et les intensités calculées d'après les données ionosphériques (voir texte, trait pointillé). Longueur d'onde 630 nm; intensité en Rayleigh (ordonnée) en fonction de l'heure pour trois nuits de l'été 1961.

$C$ et $K$ sont des constantes (unités: R et R $MHz^{-2}$ respectivement), $H_{O_2}$ est la hauteur de référence de l'oxygène moléculaire.

En faisant $C=0$ dans cette formule, il a été possible de représenter les observations aux latitudes moyennes[8,9]. Cependant la détermination des deux valeurs de $K$ et de $H_{O_2}$ est assez incertaine, $foF2$ et $h'$ étant étroitement reliés.

A. et D. DELSEMME[10] ont pu déduire une valeur de $H$ très plausible pour une station équatoriale, tandis que BARBIER, ROACH et STEIGER[11] ont publié les premiers résultats de comparaisons en une station d'Hawai. La Fig. 64 empruntée à ce mémoire, montre un accord assez satisfaisant entre les données de l'observation (traits pleins) et les intensités calculées d'après les données ionosphériques (traits pointillés). Il a même été possible, à partir de la formule ci-dessus de prévoir l'intensité de la raie rouge à certaines stations. Cependant, si cette formule permet un bon accord entre les données photométriques et ionosphériques, les résultats

[8] D. BARBIER: Ann. Géophys. **15**, 179 (1959).

[9] M. HURUHATA, T. NAKAMURA, H. TANABE et T. TOHMATSU: Rep. Ionos. Space Res. Japan **13**, 283 (1959).

[10] A. DELSEMME et D. DELSEMME: Ann. Géophys. **16**, 507 (1960).

[11] D. BARBIER, F. E. ROACH et W. R. STEIGER: J. Res. **66**, D 145 (1962).

concernant la détermination de $H$ sont assez médiocres. Aussi préfère-t-on dans ce but la formule:

$$Q = C + K\,(foF2)^2\,(h' + H_{O_2})\,\exp\left(-\frac{h' - 200\ \text{km}}{H_{O_2}}\right) \tag{29.2}$$

qui est théoriquement mieux justifiée[12, 13].

PETERSON et VANZANDT[14] ont effectué des comparaisons analogues à Lima, en utilisant un sondeur à diffusion incohérente et ont obtenu un excellent accord; leur formule tient compte du coefficient de désactivation et permet donc d'en obtenir une valeur approchée.

Enfin G. WEILL et J. CHRISTOPHE-GLAUME[15] ont montré que la raie verte (520 nm) de NI parait liée aux perturbations ionosphériques itinérantes de la région F[1].

On sait que l'ionosphère présente un curieux phénomène appelé anomalie équatoriale (le maximum de densité électronique est à environ 15° de l'équateur géomagnétique) dû à des phénomènes dynamiques[1]. Or de récentes observations photométriques traduisent l'effet de cette anomalie[16].

On a recherché des corrélations avec le contenu total d'électrons de l'ionosphère, donnée nouvelle acquise grâce aux satellites-balises; pour la raie verte 5577 A, RAIN[17] disposait de trop peu de mesures pour conclure et en outre l'émission basse masque l'émission de la couche élevée; mais pour la raie rouge 630 nm, BROWN et STEIGER[18] ont montré une bonne corrélation entre les "sursauts" d'intensité observés pour la luminescence nocturne et le contenu total d'électrons mesuré à Hawai, les sursauts correspondant aux décroissances rapides du contenu total (par suite de recombinaisons); ainsi la luminance est liée aux variations du contenu total plus qu'au contenu total lui-même. Ceci est confirmé par la présence de fluctuations de l'intensité de la raie rouge 630 nm pendant les périodes de forte scintillation ionosphérique[19].

**30. Rayonnement cosmique.** GALBRAITH a recherché s'il n'y avait pas une relation entre les rayons cosmiques et la luminescence nocturne. Pour cela il a placé un multiplicateur d'électrons au foyer d'un miroir dirigé vers le zénith; le multiplicateur était relié à un oscillographe cathodique. D'autre part soixante compteurs de Geiger-Muller étaient disposés sur un carré de 180 m de côté en vue de l'enregistrement des grandes gerbes. Il est apparu qu'une grande partie du temps, des impulsions lumineuses enregistrées provenant du ciel nocturne coincidaient dans le temps avec de grandes gerbes de rayons cosmiques. On avait été amené à rechercher une telle corrélation parce qu'en 1948, BLACKETT[1] avait suggéré qu'une faible fraction de la lumière du ciel nocturne pouvait provenir de l'effet ČERENKOV qui consiste en l'émission d'un rayonnement continu lorsque des rayons cosmiques ou des électrons rapides traversent une matière transparente telle que l'air.

Une étude plus approfondie a été entreprise par GALBRAITH et JELLEY[2, 3] au Pic du Midi. En étudiant la polarisation, la couleur et la direction de la lumière

[12] D. BARBIER: Planet. Space Sci. **10**, 29 (1963).
[13] D. BARBIER et J. GLAUME: Planet. Space Sci. **9**, 133 (1962).
[14] V. L. PETERSON et T. E. VANZANDT: Planet. Space Sci. **17**, 1725 (1969).
[15] G. WEILL et J. CHRISTOPHE-GLAUME: Compt. Rend. Paris **264**, 1286 (1967).
[16] A. AWAJOBI: J. Atmosph. Terr. Phys. **27**, 1309 (1965).
[17] A. RAIN: Thèse Paris 1972.
[18] W. E. BROWN et W. R. STEIGER: Planet. Space Sci. **20**, 11 (1972).
[19] H. MULLANEY, M. D. PAPAGIANNIS et J. F. NOXON: Planet. Space Sci. **20**, 41 (1972).
[1] [6], p. 34.
[2] W. GALBRAITH et J. V. JELLEY: Nature **171**, 349 (1953); — J. Atmosph. Terr. Phys. **6**, 250, 304 (1955).
[3] J. W. JELLEY: Planet. Space Sci. **1**, 105 (1959).

émise, en même temps que les rayons cosmiques, ces auteurs sont en mesure d'affirmer qu'une partie au moins des lueurs enregistrées est due à l'effet ČERENKOV.

**31. Marée lunaire.** Un effet de marée lunaire ayant été mis en évidence sur l'ionosphère, on pouvait se demander s'il ne s'en présentait pas également avec la luminescence nocturne.

En effet, dès 1939 APPLETON et WEEKES[1] trouvaient en Angleterre que la hauteur apparente de la région E présente un maximum environ 45 min avant le passage de la Lune au méridien. L'amplitude de la variation semi-diurne *d'altitude* était de l'ordre de 1 km.

D'autres observations ont montré que l'heure du maximum dépendait de la latitude du lieu et qu'un effet se produisait également sur E sporadique.[2]

Le premier, LISZKA[3] a utilisé pour la lueur nocturne d'anciennes données d'ELVEY et ROACH, de BARBIER, DUFAY et WILLIAMS et trouvé qu'au moment de la nouvelle Lune, le maximum d'*intensité* se produit une heure après minuit local, plus tôt avant la nouvelle Lune et plus tard après.

Puis des auteurs japonais[4] ont utilisé les données de 6 stations réparties dans le monde pendant l'AGI et la CGI (juillet 1957 à décembre 1959). Il résulte de leur analyse que la composante semi-diurne de l'intensité moyenne (mesurée en Rayleighs) de la *raie verte* (557,7 nm), due à l'effet lunaire, pour l'ensemble des six stations, est représentée par:

$$\frac{J(t)}{\mathrm{R}} = 270 + 9{,}1 \sin\left(2 \cdot \left(15^\circ \frac{t}{\mathrm{h}}\right) - 81^\circ\right) \tag{31.1}$$

où $t$ est le temps lunaire compté à partir du passage inférieur de la Lune. A chaque station, l'amplitude de la variation est de l'ordre de 10 R, le minimum d'intensité se produit à 00 h, temps lunaire. A la suite de certaines hypothèses, ils déduisent une variation d'altitude de la couche émissive dont l'amplitude serait seulement de l'ordre de 0,13 à 0,18 km.

J. GLAUME[5] a repris cette étude à l'aide de données s'étendant d'août 1953 à novembre 1961. Retenant parmi les nuits sans nuage et sans Lune celles où l'intensité de la raie verte présentait un maximum unique (132 nuits sur 374), elle construit un diagramme traduisant l'heure (en temps universel) de ce maximum en fonction de la phase de la Lune. Le coefficient de corrélation calculé n'est que de 0,148 et la méthode utilisée par LISZKA ne permet pas de déceler un effet de marée lunaire.

Traitant d'autre part ses données (11310 mesures) par deux méthodes différentes d'analyse, J. GLAUME conclut qu'aucun effet de marée n'est décelé à l'Observatoire de Haute-Provence; par contre, pour Tamanrasset la possibilité d'un tel effet ne peut être exclue.

Enfin, T. W. DAVIDSON[6] a examiné les écarts entre les intensités horaires de la raie verte chaque nuit et les intensités moyennes mensuelles. De son étude, il résulte que l'erreur probable est comparable à l'amplitude de la marée. Sans exclure la possibilité d'un effet de marée lunaire sur l'intensité de la raie verte, il ne peut non plus être mis en évidence avec certitude.

[1] E. V. APPLETON et K. WEEKES: Proc. Roy. Soc. (London), Ser. A **171**, 171 (1939).
[2] Voir S. MATSUSHITA, cette Encyclopédie, tome 49/2, p. 547—602.
[3] L. LISZKA: Acta Physica Polonica **15**, 305 (1956).
[4] T. NAGATA, T. TOHMATSU et E. KANEDA: Rep. Ion. Res. Japan **15**, 253 (1961).
[5] J. GLAUME: Compt. Rend. Paris **254**, 3399 (1962).
[6] T. W. DAVIDSON: Planet. Space Sci. **11**, 1133 (1963).

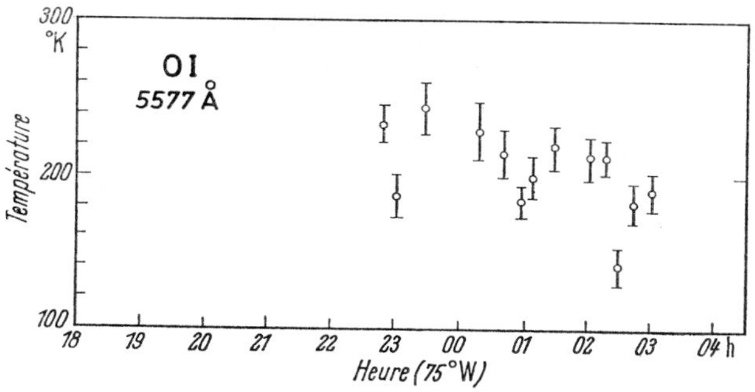


Fig. 70. Variation de la température déduite de la raie verte 557,7 nm de OI au cours d'une nuit [origine: A.F.C.R.L.].

une incertitude. Ce sont pour la raie verte ceux de: WARK et STONE[1], ARMSTRONG [*16*], KARANDIKAR [*16*] pour lesquels on peut donner 200 ± 50 K.

Les résultats postérieurs, plus précis, sont contenus dans le Tableau 17.

Tableau 17. *Températures déduites de mesures interférométriques.*

| Raie | Auteur | Température K |
|---|---|---|
| 557,7 nm (OI) | ARMSTRONG[2] | 180...220 |
| | WARK[3] | 180 ± 15 |
| | PERRIN[4] | 175...235 |
| | HERNANDEZ et TURTLE[5] | 150...260 |
| 630 nm (OI) | CABANNES et DUFAY [16] | 500 |
| | WARK[3] | 980 ± 120 |

La Fig. 69 due à G. HERNANDEZ est un histogramme traduisant la distribution des fréquences de la température qui apparaît pour Bedford (Mass) centrée autour de 210 K, mais pouvant aller couramment de 150 à 300 K.

La Fig. 70, du même auteur donne une idée de la façon dont varient les températures au cours d'une même nuit. Il s'agit là d'une nuit choisie comme moyenne au point de vue des écarts réels d'une mesure à l'autre, l'imprécision étant traduite par le trait vertical.

En ce qui concerne la raie rouge 630 nm de OI, on dispose seulement de deux déterminations assez différentes: celles de CABANNES et DUFAY et celle de WARK. Leur différence entre elles peut provenir d'une différence dans la phase du cycle solaire undécennal, laquelle est manifeste dans la région F de l'ionosphère.

Quant à la différence de température entre celle donnée par la raie verte et celle donnée par la raie rouge, elle traduit une différence d'altitude.

**41. Determination de la température par l'étude de la structure de rotation.** En combinant la théorie quantique des bandes de rotation avec la loi de distribution

[1] D. WARK et J. STONE: Nature **175**, 254 (1955).
[2] E. B. ARMSTRONG: J. Atmospheric Sci. **13**, 205 (1959).
[3] D. Q. WARK: Astrophys. J. **131**, 491 (1960).
[4] M. PERRIN: Compt. Rend. Paris **250**, 2406 (1960).
[5] G. J. HERNANDEZ et J. P. TURTLE: Planet. Space Sci. **13**, 901 (1965).

de MAXWELL de l'énergie de rotation, on trouve, pour un type donné de molécule, comment varie en fonction de la température la distribution de l'intensité à travers une branche. En d'autres termes, l'intensité d'une raie dépend du nombre quantique de rotation et de la température.

En pratique, la durée de vie aux niveaux excités est de $10^{-2}$ s et à l'altitude de 90 km, la fréquence des chocs est de $1{,}9 \cdot 10^4\ \mathrm{s}^{-1}$, ce qui suppose une moyenne de 200 chocs avant que la molécule rayonne.

α) On peut donc conclure à l'existence d'un *équilibre thermique entre les niveaux de rotation*: les températures de rotation sont les températures cinétiques.

L'intensité d'une raie de rotation est donnée par:

$$I = C \cdot i(J') \exp(-F(J')/kT) \tag{41.1}$$

où $J'$ est le nombre quantique de rotation du niveau supérieur, $i(J')$ le facteur intensité, $C$ une constante, $F(J')$ l'énergie de rotation au niveau supérieur.

On a souvent utilisé pour cette dernière valeur celle donnée par l'expression

$$F(J') = BJ'(J'+1) \tag{41.2}$$

où $B$ est la constante de rotation; mais pour les bandes de OH, WALLACE[1] a montré que cette expression n'est pas précise et conduit pour la branche P à une surévaluation de la température de 8%.

β) Mais toutes les bandes ne sont pas aussi facilement résolubles en raies que les bandes OH. Il faut alors pour obtenir la température déterminer un profil synthétique. On le fait pour différentes températures et on compare avec le profil expérimental.

C'est ainsi qu'on a procédé pour les *bandes de l'oxygène* dont nous trouverons les résultats groupés dans le Tableau 18.

Tableau 18. *Température de rotation déduite des bandes de l'oxygène.*

| Nature des bandes | Auteurs | Température/K |
|---|---|---|
| Atmosphérique | MEINEL[2] | 160 |
| | J. et M. DUFAY[3] | 130 |
| | WALLACE et CHAMBERLAIN[4] | 183 ± 7 |
| HERZBERG | SWINGS[5] | 150 |
| | BARBIER[6] | 170...220 |
| | CHAMBERLAIN[7] | 200 |

γ) Pour les *bandes de OH*, la complète résolution a permis l'obtention de résultats plus précis, qui ont mis en évidence des variations systématiques sur lesquelles nous allons revenir.

L'ensemble des résultats est contenu dans le Tableau 19.

[1] L. WALLACE: J. Geophys. Res. **65**, 921 (1960).
[2] A. B. MEINEL: Astrophys. J. **112**, 464 (1950).
[3] J. DUFAY et M. DUFAY: Compt. Rend. Paris **232**, 426 (1951).
[4] L. WALLACE et J. W. CHAMBERLAIN: Planet. Space Sci. **2**, 60 (1959).
[5] P. SWINGS: Astrophys. J. **97**, 72 (1943).
[6] D. BARBIER: Ann. Astrophys. **10**, 141 (1947).
[7] J. W. CHAMBERLAIN: Astrophys. J. **121**, 277 (1955).

Tableau 19. *Températures de rotation déduites des bandes de OH.*

| Auteurs | Lutitude | Température/K |
|---|---|---|
| MEINEL[8] | 42,6° | 240 ± 5 |
| CABANNES, J. et M. DUFAY[9] | 45° | 185 ± 46 |
| J. et M. DUFAY[3] | 45° | 242 ± 7 |
| CHAMBERLAIN et OLIVER[10] | 76,6° | 300 |
| GUSH et VALLANCE-JONES[11] | 52,1° | 200 ± 20 |
| MIRONOV, PROKUDINA et ŠEFOV[12] | 55,7° | 213 ± 20 |
| | 68,6° | 282 ± 20 |
| PROKUDINA[13] | 55,7° | 222 ± 20 |
| | 68,3° | 280...460 |
| FEDOROVA[14] | 40,4° | 216 ± 15 |
| ŠUYSKAJA[15] | 60,2° | 250 ± 10 |
| M. DUFAY[16] | 45° | 231 |
| KVIFTE[17] | 59,7° | 215 ± 8 |
| BLACKWELL, INGHAM et RUNDLE[18] | −16,3 | 294 |
| MCPHERSON et VALLANCE-JONES[19] | +52,1° | 216 ± 27 |
| | 58,8° | 227 |
| | 74,7° | 274 ± 35 |

ŠEFOV et JARIN[20] ont donné une liste assez voisine de celle du tableau ci-dessus emprunté à J. W. CHAMBERLAIN [*20*]. D'après ce tableau, on peut construire un graphique (Fig. 71) qui donne une idée très nette de l'important effet dû à la latitude qui a été découvert par CHAMBERLAIN et OLIVER[10] en 1953 et fort bien étudié par les auteurs soviétiques.

Il est regrettable que l'on dispose d'une seule détermination pour une latitude équatoriale (16,3° S), car il importe de savoir si vraiment la température se relève à l'équateur de la même manière que dans les régions polaires.

Les déterminations de température n'étant pas accompagnées d'une estimation de l'altitude, on peut se demander si l'effet de latitude est dû à une variation effective de température à l'altitude admise de 70 km ou s'il s'agit d'un déplacement en altitude de la couche émissive. Les mesures de température effectuées à bord de fusées sont en faveur de la première hypothèse.

δ) On a mis également en évidence une *variation annuelle* de la température. Elle est relativement faible aux latitudes moyennes. Ainsi WALLACE[21] à l'Observatoire Yerkes (latitude 42° 34′ N) trouve deux maxima l'un en février-mars, l'autre moins prononcé en août-septembre, avec une amplitude d'une vingtaine

[8] A. B. MEINEL: Astrophys. J. **112**, 120 (1950).
[9] J. CABANNES, J. DUFAY et M. DUFAY: Compt. Rend. Paris **230**, 1233 (1950).
[10] J. W. CHAMBERLAIN et N. J. OLIVER: Phys. Rev. **90**, 1118 (1953).
[11] H. P. GUSH et A. VALLANCE JONES: J. Atmospheric Terr. Phys. **7**, 285 (1955).
[12] A. V. MIRONOV, V. S. PROKUDINA et N. N. ŠEFOV: Ann. Géophys. **14**, 364 (1958).
[13] V. S. PROKUDINA: Izv. Akad. Nauk SSSR, Ser. Geofiz. **125**, No. 4, 629 (1959).
[14] N. I. FEDOROVA: Izv. Akad. Nauk SSSR, Ser. Geofiz. **125**, No. 6, 535 (1959).
[15] F. K. ŠUYSKAJA: Poljarnye Sijanija i cvečenie nočnogo Neba (Aurorae and Airglow) No. 1, 45 (1959) (Moskva).
[16] M. DUFAY: Ann. Géophys. **15**, 134 (1959).
[17] G. KVIFTE: J. Atmospheric Terr. Phys. **16**, 252 (1959).
[18] D. E. BLACKWELL, M. F. INGHAM et H. RUNDLE: Astrophys. J. **131**, 15 (1960).
[19] D. H. MCPHERSON et A. VALLANCE-JONES: J. Atmospheric Terr. Phys. **17**, 302 (1960).
[20] N. N. ŠEFOV et V. I. JARIN: Poljarnye Sijanija i cvečenie nočnogo Neba (Aurorae and Airglow) Nr. 5, 25 (1961) (Moskva).
[21] L. WALLACE: J. Atmospheric Terr. Phys. **20**, 85 (1961).

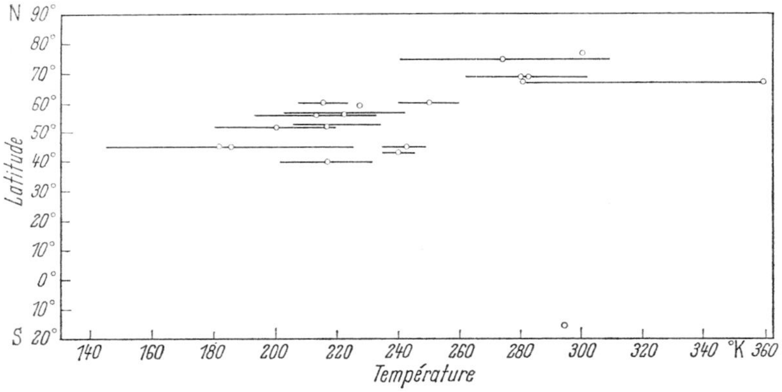


Fig. 71. **Différentes observations de la température déduite des bandes de OH—en fonction de la latitude.**

de degrés. Si pour une latitude de 55,7° KRASSOVSKIJ et ses collaborateurs[22] trouvent une faible variation annuelle, à Jakutsk (latitude 62° N) l'amplitude dépasse 60 K. A ABAŠUMANI (latitude 41° 45′) FIŠKOVA[23] observe aussi une amplitude plus grande que 50 K.

ε) Si aux latitudes inférieures à 60°, il ne semble pas devoir exister de *corrélation entre l'intensité des bandes de OH et la température*[24,25], à 62° une telle corrélation se manifeste clairement pour une variation de température de 250 K[26].

Ceci peut être rapproché de la constatation analogue faite au sujet de la variation annuelle et pourrait être dû à un mécanisme d'émission différent. Il faut aussi signaler la corrélation trouvée par HURUHATA[27] entre l'intensité de l'émission des bandes de OH et l'altitude où la pression atmosphérique est de 10 mbar.

Si sur la figure précédente les traits horizontaux traduisent la précision des mesures, il y a une mesure à 68,3° de latitude N pour laquelle la température va de 280 à 460 K. KRASSOVSKIJ[28] donne pour Zvenigorod (latitude 55,7° N) des valeurs allant de 200 à 400 K et indique des variations de plusieurs dizaines de degrés d'un jour à l'autre. Ces *variations d'un jour à l'autre* sont donc des phénomènes réels et peuvent être dus soit à des variations d'altitude, soit à des déplacements de grandes masses d'air, ou encore à une origine corpusculaire, ŠEFOV et JARIN[29,30] ayant trouvé entre Zvenigorod et Jakust une excellente corrélation entre les variations de température mesurées au même instant aux altitudes correspondant à 15 et à 50 mbar.

[22] V. I. KRASSOVSKIJ, N. N. ŠEFOV et V. I. JARIN: J. Atmospheric Terr. Phys. **21**, 46 (1961).
[23] L. M. FIŠKOVA: Poljarnye Sijanija i vcčenie nočnogo Neba (Aurorae and Airglow) No. 9, 5 (1962) (Moskva).
[24] Z. v. KARJAGINA: Poljarnye Sijanija i cvečenie nočnogo Neba (Aurorae and Airglow) Nr. 8, 5 (1962) (Moskva).
[25] N. N. ŠEFOV: Poljarnye Sijanija i cvečenie nočnogo Neba (Aurorae and Airglow) Nr. 5, 18 (1961) (Moskva).
[26] V. I. JARIN: Poljarnye Sijanija i cvečenie nočnogo Neba (Aurorae and Airglow) No. 5, 10 (1961) (Moskva).
[27] M. HURUHATA: J. Geophys. Res. **70**, 4927 (1965).
[28] V. I. KRASSOVSKIJ: Planet. Space Sci. **8**, 125 (1961).
[29] N. N. ŠEFOV et V. I. JARIN: Poljarnye Sijanija i cvečenie nočnogo Neba (Aurorae and Airglow) No. 9, 19 (1962) (Moskva).
[30] N. N. ŠEFOV: Sbornik **13**, 21 (1966).

Les auteurs soviétiques trouvent pour la température déduite des bandes de OH une *périodicité* de 27 jours (Soleil) et une autre de 29,5 jours (Lune). Il y a 2 minimums, le plus profond à la Pleine Lune, le moins profond à la Nouvelle Lune, et deux maximums, au Premier et au Dernier Quartier.

Signalons pour terminer une relation très nette et de la température de rotation et de l'intensité moyenne des bandes de OH avec l'existence des nuages nocturnes lumineux.

**42. Perturbations artificielles de la lueur nocturne.** On a tenté à plusieurs reprises, grâce aux fusées, de perturber artificiellement la lueur nocturne. On a commencé d'abord par perturber les phénomènes crépusculaires par des diffusions d'alcalins, mais nous les laisserons systématiquement de côté.

α) Nous retiendrons du *projet Firefly* (1960) réalisé à la base d'Eglin en Floride (latitude 30° N) les seules expériences effectuées de nuit[1]; elles sont contenues dans le Tableau 20.

Tableau 20. *Expériences nocturnes du projet Firefly.*

| Nom de l'expérience | Poids/kg | Date | Heure (CST) | Altitude/km (rayon solaire rasant) | Altitude/km (de l'éjection) |
|---|---|---|---|---|---|
| Cathy | 18 | 29. 7. 60 | 0233 | 500 | 93 |
| Betsy | 18 | 8. 8. 60 | 0417 | 123 | 109 |
| Arny | 18 | 28. 7. 60 | 0233 | 500 | 111 |
| Ruthy | 18 | 1. 8. 60 | 0232 | 500 | 113 |
| Gerta | 18 | 6. 8. 60 | 0303 | 500 | 138 |
| Arlene | 18 | 15. 8. 60 | 1946 | 260 | 104 |
| Mavis | 3 | 29. 7. 60 | 0416 | 100 | 67 |

Les cinq premières éjections consistaient en un nuage ponctuel dû à un mélange d'Aluminium, de nitrate de Césium et d'explosif. On réalisait ainsi en altitude, dans un plasma à 3500 K, un mélange de 10 kg d'oxyde d'Aluminium finement divisé, 300 mole de gaz inertes (CO, etc.), 30 mole de vapeur de Cs avec traces de Na et une faible partie d'ions Cs et d'électrons libres.

Le nuage s'étend sous forme d'un cercle lumineux qui dans les deux premières secondes atteint un diamètre de 2 km avec une coloration orange due aux traces de Na. Cette coloration disparaît après 10 s, faisant place à une cercle blanc dans lequel un trou central se développe entre 30 et 300 s pendant que le diamètre atteint 6 km. Pour l'éjection à l'altitude la plus élevée (140 km), par suite de la diffusion plus rapide, aucun trou ne se présente.

La luminosité est visible pendant quelques minutes. La vitesse de diffusion a été trouvée de 4 km $s^{-1}$; il est possible d'en déduire la densité de l'air. De la déformation du nuage lumineux enregistrée par photographie, on peut atteindre facilement la vitesse et la direction du vent.

On a également étudié la réflectivité pour les ondes électromagnétiques de haute fréquence (26 MHz) et montré qu'on obtenait sur le nuage ainsi créé, des réflexions pendant plus de 1000 s dues à l'ionisation artificielle.

β) M. Perrin et A. Vassy[2] ont mis en évidence la *perturbation* que subissent les *atomes neutres d'oxygène* de l'atmosphère lorsqu'on éjecte au crépuscule un mélange d'alcalins (Na + K) dans la partie encore éclairée par le Soleil. 90 min après l'éjection et le rayon rasant solaire dépassant 700 km, les franges de la

[1] N. W. Rosenberg et J. F. Paulson [*21*], p. 331.

[2] M. Perrin et A. Vassy: Compt. Rend. Paris **250**, 1741 (1960).

raie verte OI enregistrées avec un interféromètre PEROT-FABRY, étaient complètement déformées et présentaient un profil asymétrique. C'est seulement 3 h après l'éjection qu'elles avaient repris leur profil normal. Ces observations ont été reprises par JEANNET[3], l'éjection ayant eu lieu au milieu de la nuit (0020 TU) et le corps éjecté étant du triméthylaluminium. L'interféromètre utilisé était le même, mais l'intensité de la radiation 557,7 nm était suivie en même temps au photomètre. Ce dernier instrument a montré le renforcement de la raie et l'interféromètre a confirmé l'observation d'un phénomène analogue à celui de mars 1960. De la discussion des deux expériences, on peut conclure que l'excitation des atomes d'oxygène est:

— soit masquée pendant un temps assez long (environ 1 h le 5 novembre 1964 et 1 h 30 le 2 mars 1960) par un fond continu d'intensité décroissante dans le temps;

— soit fortement perturbée, en admettant que la raie OI 557,7 nm est considérablement élargie par une température cinétique très élevée, d'au moins 900 K alors qu'on trouve couramment 170 K avec le même appareil.

On a aussi en 1956 éjecté en altitude de l'oxyde nitrique NO. Il s'agissait de 9 kg de NO gazeux éjecté en pleine nuit (01 47 MST) à l'altitude de 106 km[4]. Une lueur apparut immédiatement dont la magnitude visuelle fut évaluée à $-2$. Pendant une dizaine de minutes, elle s'étendit jusqu'à 3 ou 4 fois le diamètre apparent de la Lune en diminuant d'intensité. La couleur passa du jaune rougeâtre au gris argenté, le spectre était continu.

Les réactions mises en jeu étaient les suivantes:

$$NO + O \longrightarrow NO_2 + h\nu \quad \text{(continuum)}, \tag{42.1}$$

$$NO_2 + O \longrightarrow NO + O_2^*, \tag{42.2}$$

$$O_2^* \longrightarrow O_2 + h\nu \quad \text{(bandes atmosphériques)}, \tag{42.3}$$

$$NO + N \longrightarrow N_2 + O \quad \text{ou} \quad O(^1D). \tag{42.4}$$

Cela démontra la présence à 106 km d'altitude d'oxygène atomique et d'azote atomique, permit de calculer les vitesses des réactions ci-dessus ainsi que la vitesse et la direction du vent. Par le coefficient de diffusion, on pouvait aussi atteindre la densité de l'air.

$\gamma$) Enfin, plus récemment[5], on a stimulé artificiellement l'intensité des *bandes de OH* par une éjection d'ozone autour d'une altitude de 70 km. Une faible luminosité fut observée; le spectrographe enregistra notamment la bande 9–3 à 626 nm, suivant la réaction (37.1) et vint renforcer cette possibilité de réaction qui est ainsi plus en faveur que la réaction (37.3).

$\delta$) On a pensé également à perturber la lueur nocturne, non pas *in situ* à l'aide de fusées, mais en rayonnant des *ondes radioélectriques* de fréquence convenable. C'était l'idée lancée par V. A. BAILEY dès 1937 qui voulait faire appel aux effets de résonnance susceptibles d'être engendrés en rayonnant sur la fréquence gyroscopique[6].

Si l'intensité de telles ondes devenait suffisante, la vitesse moyenne d'agitation des électrons augmenterait jusqu'à ce que, par suite des chocs avec les atomes

[3] J. C. JEANNET: Compt. Rend. Paris **260**, 635 (1964).
[4] J. PRESSMAN et L. M. ASCHENBRAND [*17*], p. 235.
[5] A. E. POTTER, JR., et C. S. STOKES: Nasa Technical Note D. 2972 (1965).
[6] See K. RAWER et K. SUCHY, cette Encyclopédie, tome 49/2, Sect. 48.

et molécules, l'état d'excitation de ces dernières particules aboutisse à un rayonnement de lumière.

A la suite d'expériences de laboratoire de H. A. Wilson et D. M. Myers, V. A. Bailey[7] a montré par le calcul qu'une lueur visible peut être produite dans la haute atmosphère à une altitude comprise entre 70 et 96 km, par l'emploi d'antennes rayonnant une puissance de 500 kW. En portant cette puissance à $2 \cdot 10^6$ kW, il pense que l'on aurait alors une lueur suffisante pour permettre l'éclairage des routes sur une étendue de 10000 km² (éclairement de 0,22 lx, équivalent à celui de la Pleine Lune au zénith). La luminance du ciel serait alors de 50 cd $m^{-2}$.

L'évidence expérimentale de cet effet de résonnance fut apporté par une série d'expériences effectuées par Cutolo[8] depuis 1946. Il trouva que l'effet est plus intense que celui prévu théoriquement par Bailey et obtint des résultats avec une puissance de seulement 500 W qui le conduisirent à un brevet d'invention. Ces recherches ont fait l'objet d'efforts dans beaucoup de pays, notamment de la part de celui qui en est à l'origine, V. A. Bailey[9,10].

En Mai 1970, des expériences furent renouvelées par une équipe de Boulder[11]. On observe une élévation de la température électronique de 30%; ceci entraîne une augmentation d'intensité variant de 40 à 110% de l'émission infrarouge 1,27 µm pendant les périodes de fonctionnement de l'émetteur[12]; par contre, l'émission de 630 nm (OI) décroît pendant la même période[13]. D'autres expériences seraient évidemment utiles.

**43. Conclusion; terminologie.** Cette revue assez schématisée et par suite assez incomplète de l'importante question de la lumière du ciel nocturne met en relief un développement extraordinairement rapide au cours des trente dernières années. C'est le privilège des auteurs d'en avoir vécu les étapes essentielles et d'avoir assisté au recul impressionnant des frontières de notre connaissance. Nous avons tenté d'en montrer tous les aspects, jusqu'aux possibilités d'applications pratiques à l'éclairage de grandes étendues.

Cet exposé est dédié à la mémoire du regretté Daniel Barbier (1907–1965) avec qui l'un de nous a collaboré entre 1932 et 1937, qui a consacré sa vie à l'étude de la luminescence nocturne et qui aurait dû se charger de cette rédaction s'il n'était prématurément disparu.

Il nous est agréable de remercier un autre spécialiste éminent F. E. Roach qui nous a fourni une abondante documentation, en partie non encore publiée.

Nous voudrions terminer en soulevant un point de terminologie. Avec la langue anglaise, il n'existe aucune difficulté. A la suite d'une suggestion d'Otto Struve, C. T. Elvey[1] a introduit le terme général *airglow* pour désigner le rayonnement émis par la haute atmosphère, autre que celui dû à l'aurore polaire. On précise, s'il s'agit de l'émission nocturne en utilisant le terme *nightglow*, *twilightglow* pour l'émission crépusculaire et *dayglow* pour l'émission diurne.

En français, contrairement à l'anglais, le terme d'aurore polaire consacré par un long usage n'est pas satisfaisant car il ne s'agit point d'un phénomène analogue au lever du Soleil. Aussi A. Dauvillier[2] avait-il proposé le terme de «lumière électrique atmosphérique». Mais comme l'écrivait l'un de nous en 1956[3] «l'expression lumière électrique évoque dans notre

[7] V. A. Bailey: Phil. Mag. **23**, 929 (1937); **26**, 425 (1938).
[8] M. Cutolo: Nature **166**, 98 (1950); — Nuovo Cimento **9**, 687 (1952); — USA Patent Office, Patent Serial Nr. 701, 493. 9 Dec. 1957.
[9] V. A. Bailey, R. A. Smith et F. H. Hilberd: Nature **169**, 911 (1952).
[10] V. A. Bailey: J. Atmospheric Terr. Phys. **14**, 299 (1959).
[11] W. F. Utlaut: J. Geophys. Res. **75**, 6402 (1970).
[12] W. F. J. Evans, E. J. Llewellyn, J. C. Haslett et L. R. Megill: J. Geophys. Res. **75**, 6425 (1970).
[13] A. A. Biondi, D. P. Sipler et R. D. Hake, Jr.: J. Geophys. Res. **75**, 6421 (1970).
[1] C. T. Elvey: Astrophys. J. **111**, 432 (1950).
[2] A. Dauvillier: Rev. Gen. Elec. **31**, Nr. mars et avril (1932).
[3] E. Vassy [*15*], Chap. I. Les aurores polaires, p. 61.

esprit, peut-être plus pour très longtemps encore, l'idée de la lumière produite par incandescence, et il vaudrait mieux alors parler de luminescence atmosphèrique, si ce terme ne devait prêter à confusion avec la lumière du ciel nocturne d'origine atmosphérique».

Le mot luminescence est plus précis puisqu'il indique que la lumière est émise sous l'effet d'une excitation qui peut être d'origine lumineuse, thermique, etc. ...

D. BARBIER a fréquemment utilisé pour traduire nightglow le terme de luminescence nocturne, mais ce que nous appelons vulgairement aurore polaire est aussi un phénomène de luminescence nocturne. C'est pourquoi nous avons introduit le terme de lueur atmosphérique nocturne pour spécifier qu'il s'agissait de l'émission nocturne permanente et qui n'était que la simple traduction de nightglow. LITTRE définit lueur comme une lumière qui n'a pas son plein éclat et le LAROUSSE L3 donne: clarté affaiblie ou éphémère. Evidemment le terme de lueur atmosphérique nocturne est-il long, surtout comparé à nightglow, c'est pourquoi nous avons utilisé fréquemment l'expression «lueur nocturne». Les organisations géophysiques internationales et surtout l'usage décideront.

La langue allemande, connaît moins ces difficultés. Toutefois la traduction verbale de «nightglow» parait inadmissible. On dit plutôt «Nachthimmelsleuchten» on simplement «Nachtleuchten».

## K. Lueur crépusculaire et diurne.

L'atmosphère terrestre est aussi le siège d'émissions diurnes et crépusculaires. On qualifie de crépusculaires les émissions qui se produisent lorsque les couches émettrices sont encore éclairées par le Soleil, dont les rayons arrivent par en-dessous après avoir traversé les basses couches de l'atmosphère déjà dans l'ombre, c'est-à-dire pendant toute la durée du crépuscule astronomique; pour les émissions diurnes, les couches émettrices sont également éclairées, mais le rayonnement solaire incident est bien entendu moins oblique, et vient par dessus. On conçoit que ces émissions soient différentes des émissions nocturnes, une importante source d'excitation étant l'émission par résonance qui fait défaut la nuit, et par ailleurs l'état d'ionisation de la haute atmosphère est différent le jour et la nuit.

Les phénomènes crépusculaires ont été étudiés les premiers, car les émissions diurnes, masquées par la lumière solaire diffusée, n'ont pu être étudiées que grâce à des techniques récentes; ces nouvelles techniques sont de deux sortes: amélioration des moyens optiques, et possibilité de faire les mesures au-dessus de la basse atmosphère diffusante grâce aux fusées, satellites et ballons de haute altitude.

C'est dans les années 1933 à 1938 que furent découverts les premiers phénomènes crépusculaires. En 1933, SLIPHER[1] observa ce qu'il a appelé un éclair auroral, c'est-à-dire une brève émission des bandes négatives de $N_2^+$ (391,4 nm, 427,8 nm etc. ...) au moment où le Soleil éclaire les couches situées au-dessus de 90 km. En 1936, GARRIGUE[2] au Pic du Midi constatait une variation rapide de la raie rouge 630 nm pendant le crépuscule. En 1937, BERNARD[3] découvrit le même phénomène, mais sur le doublet jaune du sodium 589/589,6 nm.

A la suite de ces travaux, de nombreuses études furent développées dont nous résumerons les principaux résultats. Ce qui fait l'intérêt de ces observations, c'est que leur variation dans le temps n'est pas une décroissance régulière jusqu'au niveau de l'émission nocturne, et de plus les phénomènes sont souvent différents au lever et au coucher du Soleil.

**44. Longueurs d'onde et identifications des émissions crépusculaires.** On a étudié les raies et bandes suivantes:

[1] V. M. SLIPHER: Monthly Notices Roy. Astron. Soc. **93**, 657 (1933).
[2] H. GARRIGUE: Compt. Rend. Paris **202**, 1807 (1936).
[3] R. BERNARD: Compt. Rend. Paris **206**, 448 (1938).

α) *Oxygène*: Raie rouge 630 nm de l'oxygène atomique, observée par GARRIGUE[2] pour la première fois;

— raie verte 557,7 nm, observée par J. et M. DUFAY[4];

— bandes atmosphériques $b^1\Sigma_g^+ \rightarrow X^3\Sigma_g^-$ de la molécule neutre; la bande 0–1 dont l'origine est à 864,5 nm a été identifiée par MEINEL[5] en 1951;

— bandes du système atmosphérique infrarouge de la même molécule $a^1\Delta_g \rightarrow X^3\Sigma_g^-$. La bande 0–1 à 1,58 μm a été découverte par VALLANCE-JONES et HARRISON[6] en 1955;

— raie 436,8 nm de OI, raie permise $3\,^3S_0 - 4\,^3P$, découverte par TINSLEY[7] en 1970.

Parmi ces émissions, seules les trois premières existent dans la luminescence nocturne.

β) *Azote*: Bandes de SLIPHER ou bandes négatives de l'azote dues à $N_2^+$, transitions $B^2\Sigma_u^+ \rightarrow X^2\Sigma_g^+$ dont SLIPHER[1] le premier découvrit la présence; ces raies sont caractéristiques de l'aurore; les longueurs d'onde observées par J. et M. DUFAY[8] sont données dans le Tableau 21:

Tableau 21. *Bandes négatives de l'azote.*

| Transition | 0–0 | 0–1 | 0–2 | 1–1 | 1–2 | 1–3 | 2–3 | |
|---|---|---|---|---|---|---|---|---|
| Longueur | 391,4 | 427,8 | 470,9 | 388,4 | 423,7 | 465,2 | 419,9 | nm |
| d'onde | 3914 | 4278 | 4709 | 3884 | 4237 | 4652 | 4199 | Å |

Ces bandes ne s'observent pas dans la luminescence nocturne:

— une raie à 519,9 nm a été découverte par COURTES[9] et identifiée au doublet interdit 519,8/520 nm ($^4S - ^2D$), absente elle aussi pendant la nuit.

γ) *Sodium*: Le spectre crépusculaire montre aussi, dans l'émission du doublet D, 589/589,6 nm du sodium, de remarquables phénomènes longuement étudiés après leur découverte par BERNARD[3].

δ) *Molécule OH*: BERTHIER[10] a découvert en 1953 le renforcement crépusculaire des bandes de OH (bandes de MEINEL) du proche infrarouge; il s'agit des bandes de rotation-vibration; on les observe principalement vers les longueurs d'onde 834,1 nm, 882,4 nm, 937,3 et 1044 nm. Bien entendu, ces bandes existent dans le ciel nocturne.

ε) *Constituants mineurs*: (i) Raies d'origine métallique.

(ii) Les raies H et K du calcium ionisé (393,4/396,8 nm) découvertes en 1956 par VALLANCE-JONES[11] ont été ensuite étudiées par divers auteurs, entre autres M. DUFAY[12].

(iii) La raie de résonance 670,8 nm du Lithium a été vue pour la première fois par DELAUNAY et WEILL[13] en 1958 en Terre Adélie.

[4] J. et M. DUFAY: Compt. Rend. Paris **226**, 1208 (1948).
[5] A. B. MEINEL: Rep. Prog. Physics **14**, 121 (1951).
[6] A. VALLANCE-JONES et A. W. HARRISON: J. Atmospheric Terr. Phys. **13**, 45 (1958).
[7] B. A. TINSLEY: J. Geophys. Res. **75**, 3932 (1970).
[8] J. et M. DUFAY: Compt Rend. Paris **224**, 1834 (1947).
[9] G. COURTES: Compt. Rend. Paris **231**, 62 (1950).
[10] P. BERTHIER: Compt. Rend. Paris **236**, 1808 (1953).
[11] A. VALLANCE-JONES: Nature **178**, 276, (1956).
[12] M. DUFAY: Ann. Géophys. **14**, 391 (1958).
[13] J. DELAUNAY et G. WEILL: Compt. Rend. Paris **247**, 806 (1958).

$\zeta$) *Hydrogène*: A partir de mesures en fusées, MOOS et FASTIE[14] ont mesuré une émission crépusculaire de la raie de résonance Lyman alpha ($L_\alpha$ à 121,6 nm) dont les résultats ont une valeur raisonnable, mais paraissent difficiles à interpréter. La même expérience a détecté la raie de l'oxygène 130,4 nm avec une très faible intensité.

$\eta$) *Spectre continu*: L'existence d'un continuum ne paraît pas établie avec certitude.

$\vartheta$) Enfin, nous signalerons seulement pour mémoire les raies métalliques dont l'*émission* a été provoquée *artificiellement* par la dispersion de substances convenables dans la haute atmosphère. L'intérêt de ces expériences pour notre connaissance de la haute atmosphère est indiscutable, mais ces émissions ne font pas partie du spectre de la luminescence crépusculaire naturelle[15].

$\iota$) *Intensités*: Les éléments les plus intenses du spectre sont les bandes infrarouges de l'oxygène, les raies rouge et verte de l'oxygène, les raies D du sodium et les bandes négatives de l'azote qui ont respectivement des intensités de l'ordre de 20000 R, 800 R, 2000 R et 1000 R; ces chiffres sont de grossières approximations ne tenant pas compte des variations et concernent le début du crépuscule. Viennent ensuite les raies H et K du calcium qui peuvent atteindre 150 R, le doublet 519,9 nm de l'azote qui aurait une intensité de 10 R, la raie du lithium qui pourrait aussi atteindre 150 R pour de courtes périodes mais est couramment d'environ 40 R.

**45. Variations dans le temps des émissions crépusculaires.** Nous avons vu que si certaines des raies crépusculaires n'existent pas dans les émissions nocturnes, d'autres sont observées également la nuit. L'intérêt des phénomènes crépusculaires, c'est leur variation dans le temps au cours du crépuscule, et aussi leur variation annuelle; en général, l'émission crépusculaire est un renforcement de l'émission nocturne, mais chaque élément du spectre possède sa variation propre. Certaines raies ne s'observent pas tous les jours. Nous allons les examiner individuellement, du moins celles qui ont fait l'objet d'études détaillées.

$\alpha$) *Raies rouges*. Remarquons d'abord que l'intensité de l'émission est plus grande le soir que le matin dans un rapport qui varie avec la saison (ELVEY et FARNSWORTH[1], BERTHIER[2], ROBLEY[3]); au début du crépuscule du soir, l'intensité est de 500 à 1000 R, soit plus de 20 fois la valeur nocturne; la courbe de la variation en fonction de la dépression solaire peut se schématiser selon la Fig. 72; cependant, il arrive que l'intensité passe par un maximum tout au début. On observe que la décroissance devient beaucoup plus lente pour les dépressions solaires plus grandes que 15°. Cette décroissance lente et qui persiste plusieurs heures est souvent appelée renforcement post-crépusculaire; il existe aussi un renforcement pré-crépusculaire le matin. Pour d'autres auteurs, seuls ces phénomènes méritent le nom d'effet crépusculaire, car ils ne peuvent pas résulter d'une action directe du rayonnement solaire. Ces renforcements ont une importante variation saisonnière, ils sont intenses en hiver et tendent à s'annuler au solstice d'été. BARBIER[4] a également montré qu'ils dépendent du cycle solaire, l'effet crépusculaire devenant très faible au moment des minimums d'activité solaire.

---

[14] H. W. MOOS et W. G. FASTIE: J. Geophys. Res. **72**, 5165 (1967).

[15] N. W. ROSENBERG, D. COLOMB et E. F. ALLEN, Jr.: J. Geophys. Res. **68**, 5895 (1963). Voir aussi la contribution de S. BAUER au tome 49/5 de cette Encyclopédie.

[1] C. T. ELVEY et A. H. FARNSWORTH: Astrophys. J. **96**, 451 (1942).

[2] P. BERTHIER: Compt. Rend. Paris **236**, 1593 (1953).

[3] R. ROBLEY: Ann. Géophys. **16**, 335 (1960).

[4] D. BARBIER: Ann. Géophys. **15**, 179 (1959).

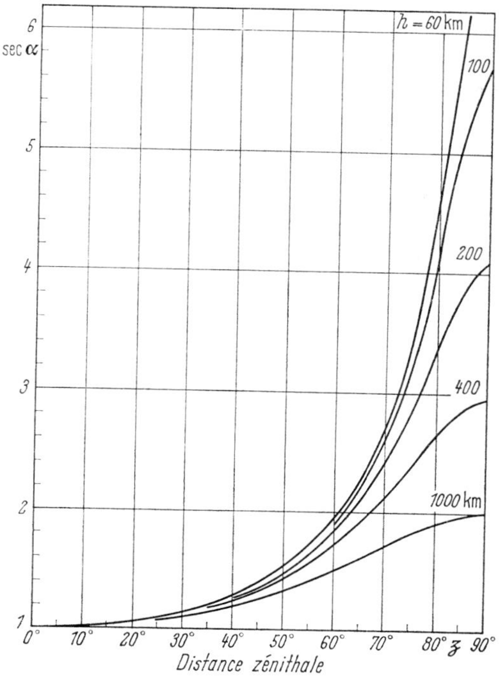


Fig. 72. Valeurs de sec α en fonction de la distance zénithale ȝ pour quelques altitudes de la couche émissive.

Dans le même travail, il a indiqué comment le phénomène se développe du nord au sud au cours de la nuit.

L'explication de ce renforcement ne paraît pas avoir reçu jusqu'ici de solution entièrement satisfaisante; CHAMBERLAIN[5] a proposé une théorie faisant intervenir la recombinaison dissociative de $O_2^+$, théorie qui présente des aspects toujours valables. Divers auteurs (COLE[6], DEEHR[7]) ont montré que les photo-électrons provenant du point magnétiquement conjugué peuvent jouer un rôle; des mesures interférométriques de NICHOL[8] n'ont pas permis de lever les doutes. Sans doute faut-il conclure comme BARBIER[4] en 1959 que le phénomène est complexe et que plusieurs causes distinctes sont mises en jeu.

β) *Raie verte.* La raie verte a été longuement étudiée par J. et M. DUFAY[9]. L'effet crépusculaire est difficile à saisir car il dure peu de temps (pour des dépressions solaires entre 12 et 16°), et l'intensité est seulement le double de l'intensité nocturne. Ces auteurs ont suggéré que l'excitation de la raie verte est due à un effet de fluorescence sous l'influence de la radiation solaire 297,2 nm. Dans ces conditions, on comprend que le rayonnement 297,2 nm étant arrêté par l'atmosphère lorsque le soleil est très bas au-dessous de l'horizon, l'effet crépusculaire cesse avant la fin du crépuscule astronomique. Les observations faites par MEGILL, JAMNICK et CRUZ[10] ont montré une nette variation saison-

[5] J. W. CHAMBERLAIN: Astrophys. J. **127**, 54 (1958).
[6] K. D. COLE: Ann. Géophys. **21**, 156 (1965).
[7] G. S. DEEHR: Ann. Géophys. **25**, 867 (1969).
[8] D. G. NICHOL: Planet. Space Sci. **18**, 1335 (1970).
[9] J. et M. DUFAY: Compt. Rend. Paris **226**, 1208 (1948).
[10] L. R. MEGILL, P. M. JAMNICK et J. E. CRUZ: J. Atmospheric Terr. Phys. **18**, 309 (1960).

nière, l'effet s'observant en automne et en hiver presque exclusivement; cependant les observations de DUFAY[9] ont été faites d'avril à octobre. Il y a aussi un effet de latitude, les basses latitudes étant peu favorables à l'observation du renforcement crépusculaire.

Une certaine corrélation entre les renforcements des raies verte et rouge a été décelée par DEEHR[7].

$\gamma$) *Bandes atmosphériques.* Les bandes atmosphériques dues à la molécule $O_2$ à l'état $^1\Delta_g$ et en particulier la bande (0, 1) 1,58 μm et la bande (0, 0) à 1,27 μm ont été étudiées par VALLANCE-JONES et ses collaborateurs[11-13]. Ils ont observé, pour la bande 1,58 μm, la loi de décroissance avec la dépression solaire et montré qu'elle n'est pas compatible avec l'hypothèse d'une émission de phosphorescence excitée directement par absorption du rayonnement solaire. Les auteurs suggèrent que les molécules $O_2$ sont produites par des réactions faisant intervenir l'ozone, dont la photolyse dans la bande de HARTLEY donne directement $O_2$ à l'état $^1\Delta_g$. Une variation saisonnière avec minimum très net en été a été observée, mais elle est encore inexpliquée.

La bande 0, 0 à 1,27 μm, fortement réabsorbée par l'oxygène de l'atmosphère, a pu être étudiée à partir de ballons plafonnant à 30 km. L'émission est beaucoup plus intense au crépuscule du soir qu'au crépuscule du matin.

$\delta$) *Bandes de Slipher de l'azote.* En contraste avec les raies rouge et jaune qui s'observent régulièrement, les bandes de SLIPHER apparaissent de façon irrégulière, et leur intensité est liée à l'activité magnétique. La durée d'émission est très courte (c'est pourquoi SLIPHER a appelé ce phénomène «auroral flash»); elle correspond à l'éclairement des couches au-dessus de 90 km environ, comme l'ont montré J. et M. DUFAY[14]. L'explication la plus vraisemblable de leur émission est celle d'une résonance optique par les molécules $N_2^+$ créées par rayonnement corpusculaire ou ultraviolet plus court que 91 nm. Rappelons que ces bandes sont caractéristiques de l'aurore polaire, et sont particulièrement intenses dans les aurores éclairées par le Soleil. Leur étude reprise par HUNTEN et ses collaborateurs[15] ont montré que 391,4 nm est toujours présente, mais avec une variation annuelle très nette pour le crépuscule du soir.

$\varepsilon$) *Raie 519,9 nm de N atomique.* Découverte par COURTES[16], cette raie a été étudiée ensuite par M. DUFAY[17]. Cette raie est observable pour des dépressions solaires supérieures à 12°, et disparaît pendant la nuit. Plus faible le matin, elle est moins fréquente en hiver.

$\zeta$) *Doublet D du sodium.* Quelques observateurs avaient signalé dès 1929 une raie à 589,3 nm. Mais c'est en 1937 que R. BERNARD[18] a identifié avec certitude l'émission de ce doublet dans le spectre du ciel crépusculaire; ces raies ont fait ensuite l'objet de très nombreuses observations que nous ne pouvons pas toutes citer.

La Fig. 73 indique schématiquement, d'après des données de GUILINO et PAETZOLD[19], la variation avec la dépression solaire. On a constaté une variation

---

[11] A. VALLANCE-JONES et A. W. HARRISON: J. Atmospheric Terr. Phys. **13**, 45 (1958).
[12] A. VALLANCE-JONES et R. L. GATTINGER: Planet. Space Sci. **11**, 961 (1963).
[13] W. F. J. EVANS, E. J. LLEWELLYN et A. VALLANCE-JONES: Planet. Space Sci. **17**, 933 (1969).
[14] J. et M. DUFAY: Compt. Rend. Paris **224**, 1834 (1947).
[15] A. L. BROADFOOT et D. M. HUNTEN: Planet. Space Sci. **14**, 1303 (1966).
[16] G. COURTES: Compt. Rend. Paris **231**, 62 (1950).
[17] M. DUFAY: Compt. Rend. Paris **236**, 2160 (1953).
[18] R. BERNARD: Compt. Rend. Paris **206**, 448 (1938).
[19] G. GUILINO et H. K. PAETZOLD: J. Atmospheric Terr. Phys. **27**, 451 (1965).

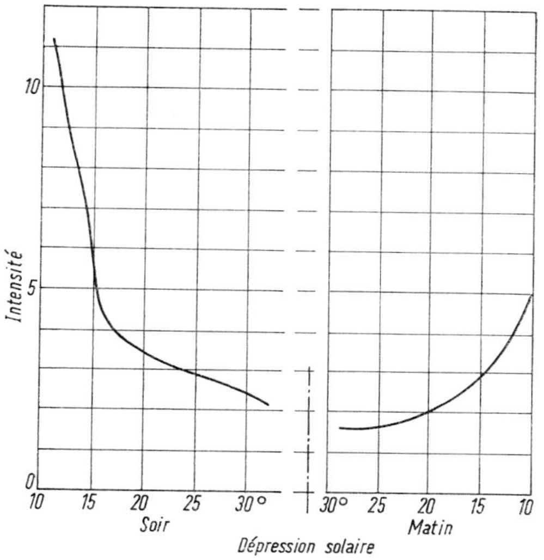


Fig. 73. Variation de l'intensite des raies rouges au **crépuscule** en fonction de la dépression solaire.

annuelle analogue à celle de l'émission nocturne, c'est-à-dire que la raie est intense en hiver et faible en été; ceci a été vérifié grâce à des mesures faites dans l'hémisphère Sud, par exemple celles de HUNTEN *et al.*[20].

$\eta$) *Raie du Lithium 6708 A.* SULLIVAN[21], au cours d'une étude systématique, a pu mettre en évidence une variation saisonnière très voisine de celle du doublet du sodium, ainsi qu'une corrélation avec les averses de météorites.

$\vartheta$) Bandes de OH. MOREELS, EVANS, BLAMONT et VALLANCE-JONES[22] ont mesuré la variation d'intensité au crépuscule des bandes à 2,0 $\mu$m; on observe une décroissance entre 0 et 4° de dépression solaire, suivie d'une rapide remontée jusqu'à 6°.

**46. Altitudes d'émissions.** Les altitudes des couches émissives dépendent non seulement de la présence des éléments émetteurs mais aussi de leur état d'excitation et du processus d'émission; en cela, nous pouvons trouver des altitudes différant des altitudes d'émission nocturne. L'émission la mieux étudiée est celle du sodium.

$\alpha$) *Doublet de Na.* Dans ce cas, il faut tenir compte de l'absorption par la couche-écran constituée par l'ozone atmosphérique, sans oublier que la répartition verticale de cet élément est variable. Après diverses fluctuations, il semble qu'on puisse accepter une altitude de concentration maximale de 85 ... 90 km, avec une épaisseur d'environ 15 km, suivant les résultats de HUNTEN et SHEPHERD[1] et de BLAMONT, DONAHUE et WEBER[2]. Nous noterons cependant que

[20] D. M. HUNTEN, A. VALLANCE JONES, C. D. ELLYETT et E. C. LAUGHLAN: J. Atmospheric Terr. Phys. **26**, 67 (1964).
[21] H. M. SULLIVAN: Ann. Géophys. **26**, 161 (1970).
[22] G. MOREELS, W. F. J. EVANS, J. E. BLAMONT et A. VALLANCE-JONES: Planet. Space Sci. **18**, 637 (1970).
[1] D. M. HUNTEN et G. G. SHEPHERD: J. Atmospheric Terr. Phys. **5**, 57 (1954).
[2] J. BLAMONT, T. M. DONAHUE et W. WEBER: Ann. Géophys. **14**, 282 (1958).

GUILINO et PAETZOLD[3] ont trouvé occasionnellement une deuxième couche à 64 km, et que HUNTEN et autres[4], dans l'hémisphère Sud, ont trouvé une altitude moyenne plus élevée (91 km).

$\beta$) *Bandes de* $N_2^+$. Etudiées par J. DUFAY et M. DUFAY, ces bandes posent un problème plus difficile que pour le sodium car la couche écran n'est pas bien définie faute de connaître exactement le rayonnement ionisant responsable. Les bandes sont émises entre les altitudes 90 et 125 km, mais l'altitude minimale peut descendre à 70 km.

Toutefois, des mesures de BROADFOOT et HUNTEN[5] ont indiqué des altitudes variant entre 235 et 350 km.

$\gamma$) *Raies rouges de l'oxygène.* Le calcul repose nécessairement sur une hypothèse concernant le mécanisme. Une tentative faite par ROBLEY[6] a donné des résultats difficiles à interpréter.

$\delta$) *Lithium.* L'altitude varie avec la saison entre 95 km au printemps et 90 km en automne (SULLIVAN[7]).

**47. Interprétation en vue des conditions atmosphériques.**

$\alpha$) *Polarisation et largeur des raies.* Ces travaux ont été effectués principalement par KASTLER[1] et par BRICARD, KASTLER et ROBLEY[2,3] pour la raie D du sodium. On a trouvé une faible largeur de raie, indiquant une température de 240 K et une faible polarisation de 9%. Ces résultats sont nettement en faveur d'une excitation due à la diffusion par résonance.

Cependant, sur une longue série de mesures confirmant ce résultat dans l'ensemble, BARBER[4] a observé des cas de polarisation plus importante au cours de périodes suivant une éruption chromosphérique intense; l'explication de ces renforcements de polarisation est encore inconnue.

$\beta$) *Application à la connaissance de l'atmosphère.* Nous ne nous étendrons pas sur ce sujet, car ce qui a été dit à propos du ciel nocturne est évidemment valable, mais une complication se présente; comme il ne s'agit pas uniquement d'émissions dues à l'état de la particule émettrice, mais aussi d'excitation par résonance, il y a lieu de faire la part des divers mécanismes.

Or les mécanismes d'excitation ne sont pas toujours simples. Bien entendu, une partie importante est due à une excitation par résonance ou par fluorescence par le rayonnement solaire. Si l'excitation des raies du sodium semble purement due à une résonance optique, il n'en est pas de même pour d'autres raies où nous avons vu qu'il existe une émission postcrépusculaire renforcée. Dans les deux cas, il se pose un important problème, celui de la couche écran; on conçoit donc que l'on puisse encore discuter sur les parts respectives de la fluorescence ou d'une excitation due à des réactions chimiques ou photochimiques de la haute atmosphère.

Enfin pour comprendre comment les études des effets crépusculaires peuvent servir à la connaissance de l'atmosphère, nous ne rappelerons que le cas le plus étudié et le mieux connu, celui du sodium; l'étude de la brillance de la raie cré-

[3] G. GUILINO et H. K. PAETZOLD: J. Atmospheric Terr. Phys. **27**, 451 (1965).
[4] D. M. HUNTEN, A. VALLANCE JONES, C. D. ELLYETT et E. C. LAUGHLAN: J. Atmospheric Terr. Phys. **26**, 67 (1964).
[5] A. L. BROADFOOT et D. M. HUNTEN: Planet. Space Sci. **14**, 1303 (1966).
[6] R. ROBLEY: Compt. Rend. Paris **243**, 2120 (1956).
[7] H. M. SULLIVAN: Ann. Géophys. **26**, 161 (1970).
[1] A. KASTLER: Compt. Rend. Paris **210**, 530 (1940).
[2] J. BRICARD, A. KASTLER et R. ROBLEY: Compt. Rend. Paris **228**, 1601 (1949).
[3] J. BRICARD et A. KASTLER: Ann. Géophys. **1**, 53 (1944).
[4] D. R. BARBER: J. Atmospheric Terr. Phys. **10**, 172 (1957).

pusculaire du sodium, moyennant des corrections maintenant bien au point, permet de connaître les variations de l'abondance du sodium de la haute atmosphère.

γ) Comme on le pense, et dans le but d'étudier cette atmosphère dans des circonstances définies, les émissions crépusculaires ont aussi fait l'objet de *perturbations artificielles*, en particulier celles des éléments métalliques.[5, 6, 7].

**48. Lueur diurne.** Nos connaissances sur les émissions diurnes de l'atmosphère sont d'acquisition récente; elles datent des dix dernières années; elles ont été permises par les fusées qui sont susceptibles de faire les mesures «in situ» et sans être gênées par la diffusion de la lumière solaire dans la basse atmosphère.

Bien entendu, on retrouvera dans les émissions diurnes toutes les émissions crépusculaires; mais on peut prévoir d'en observer d'autres.

Bien que récentes, les études sur les émissions diurnes sont nombreuses; nous ne prétendons nullement en donner une liste exhaustive.

Nous noterons que, avant les fusées, lors d'éclipses, TANABE a tenté d'obtenir le spectre de la lueur diurne[1].

Une intéressante étude a été faite par BLAMONT et DONAHUE[2] en utilisant une cuve à vapeur de sodium. Ce premier travail avait montré que l'émission est d'environ 30 kR, correspondant à une abondance supérieure à celles mesurées au crépuscule.

Puis NOXON et GOODIE[3], avec un dispositif optique annulant la lumière polarisée diffusée par l'atmosphère, ont pu observer les raies 630 et 636,4 nm de OI; le rapport des intensités des deux raies était correct et l'intensité de 630 fut trouvée de l'ordre de 30 kR.

Par la suite, on fit des mesures en ballons emportés à haute altitude. Ainsi WALLACE[4] réussit en 1963 à mesurer une émission de la raie 630 nm, mais il obtint des valeurs inférieures à celles de NOXON[5]; l'écart pouvait s'expliquer par les difficultés expérimentales ou par une activité magnétique. La méthode fut utilisée par les mêmes auteurs plus tard.

En utilisant des fusées, on obtient évidemment une répartition verticale de l'intensité émise. Les résultats, bien que se plaçant toujours dans les mêmes ordres de grandeur, présentent cependant assez d'écarts pour que les conséquences théoriques que l'on peut en déduire diffèrent notablement.

Résumons ces résultats:

α) *Oxygène.* (i) La *raie verte* 557,7 nm est faible, moins de 2 kR, ce qui est normal, son émission nocturne étant due à une lente réaction d'origine photochimique. WALLACE et NIDEY[6] sont à peu près d'accord, sur cette valeur maximale de 2 kR, avec les observations de NOXON[5] les jours calmes. Des mesures plus récentes de JARRETT et HOEY[7] ont donné des valeurs élevées de 50 à 100 kR dans des conditions laissant supposer qu'il s'agissait d'une aurore polaire de jour.

(ii) Les *raies rouges* 630/636,4 nm, un peu plus brillantes, ont fait l'objet de plusieurs mesures outre celles déjà citées de NOXON et GOODIE[3]; WALLACE et

---

[5] E. MANRING et J. F. BEDINGER: J. Geophys. Res. **62**, 170 (1957).
[6] J. E. BLAMONT: Compt. Rend. **249**, 1248 (1959).
[7] O. HARANG et W. STOFFREGEN: Planet. Space Sci. **17**, 261 (1969).
[1] H. TANABE et T. THOMATSU: Rep. Ionos. Space Res. Japan **13** (1959).
[2] J. E. BLAMONT et T. M. DONAHUE: J. Geophys. Res. **66**, 1407 (1961).
[3] J. F. NOXON et R. M. GOODIE: J. Atmospheric Sci. **19**, 342 (1962).
[4] L. WALLACE: J. Geophys. Res. **68**, 1559 (1963).
[5] J. F. NOXON: J. Atmospheric Terr. Phys. **25**, 637 (1963).
[6] L. WALLACE et R. A. NIDEY: J. Geophys. Res. **69**, 471 (1964).
[7] A. H. JARRETT et M. J. HOEY: Planet. Space Sci. **15**, 591 (1967).

NIDEY[6] ne les observent pas, ce qui donnerait une valeur plus petite que 2 kR. Une nouvelle série de mesures de NOXON[8] montra une importante variation journalière de 630 nm allant de 5 à 50 kR, les valeurs élevées correspondant à la présence d'une région F diffuse. JARRETT et HOEY[9] obtiennent des valeurs de 40 à 50 kR. Les mesures en fusées nous donnent la variation avec l'altitude; on verra sur la Fig. 74 les mesures de ZIPF et FASTIE[10] et celle de NAGATA, TOHMATSU et OGAWA[11]. Un intéressant travail de DALGARNO et WALKER[12] montre comment ces données peuvent être utilisées à l'étude des réactions de la haute atmosphère et les difficultés qui existent pour trouver une interprétation raisonnable. D'ailleurs, des mesures lors d'une éclipse de MOORE et NAGARAJA RAO[13] ont confirmé la complexité du problème.

(iii) Les bandes atmosphériques sont beaucoup plus importantes et leur émission affecte des altitudes beaucoup plus basses; que ce soient les bandes de la série $a^1\Delta \rightarrow X^3\Sigma$ à 1,58 et 1,27 μm ou celles de la série $b^1\Sigma \rightarrow X^3\Sigma$ à 762 et 864,5 nm, elles présentent un maximum vers 50 km. Mesurées par WALLACE et HUNTEN[14] et par WALLACE et BROADFOOT[15], ces bandes ont une intensité de 10 kR pour 864,5 nm et 300 kR vers 60 km pour 762 nm. La bande à 1,58 μm fut observée en 1962 par NOXON et MARKHAM[16] lors d'une éclipse et ils ont trouvé pour la valeur avant l'éclipse 20 MR. Des mesures récentes de EVANS, LLEWELLYN et VALLANCE-JONES[17] ont donné 22 MR. La variation avec l'altitude a été déterminée par HUNTEN et les précédents auteurs[18]; on montre que pour toutes les bandes dites «atmosphériques» de l'oxygène, l'émission diurne est principalement due à la photodissociation de l'ozone. A ce sujet, il est intéressant de noter un petit maximum secondaire observé[18] à 80 km pour la bande 1,27 μm.

(iv) Dans l'*ultraviolet*, FASTIE et ses collaborateurs[19,20] ont effectué à bord de fusées la mesure de l'émission de la raie 130,4 nm de OI; l'intensité décroît exponentiellement de 300 R vers 250 km jusque vers 600 km où elle n'est plus mesurable.

HICKS et CHUBB[21], avec un photomètre embarqué à bord du satellite Ogo 4, ont confirmé cette valeur. Enfin à bord du même satellite, MEIER[22] a également observé la raie 130,4 nm et montré que l'intensité décroît au-dessus des poles éclairés; il interprète cette diminution par une déficience des photoélectrons excitateurs.

*β*) *Azote.* Les bandes de $N_2^+$ à 391,4 nm, 423,7 nm, 427,8 et 470,9 nm ont été observées par WALLACE et NIDEY[6] et mesurées par ZIPF et FASTIE[19]; ces derniers auteurs ont mesuré l'intensité totale en fonction de l'altitude; elle passe de 7 kR

[8] J. F. NOXON: J. Geophys. Res. **69**, 3245 (1964).
[9] A. H. JARRETT et M. J. HOEY: Planet. Space Sci. **11**, 1251 (1963).
[10] E. C. ZIPF et W. G. FASTIE: J. Geophys. Res. **68**, 6208 (1963).
[11] T. NAGATA, T. TOHMATSU et T. OGAWA: Planet. Space Sci. **13**, 1273 (1965).
[12] A. DALGARNO et J. C. G. WALKER: J. Atmospheric Sci. **21**, 463 (1964).
[13] J. G. MOORE et C. R. NAGARAJA RAO: Ann. Géophys. **23**, 197 (1967).
[14] L. WALLACE et D. M. HUNTEN: J. Geophys. Res. **73**, 4813 (1968).
[15] L. WALLACE et A. L. BROADFOOT: Planet. Space Sci. **17**, 975 (1969).
[16] J. F. NOXON et T. P. MARKHAM: J. Géophys. Res. **68**, 6059 (1963).
[17] W. F. J. EVANS, E. J. LLEWELLYN et A. VALLANCE-JONES: Planet. Space Sci. **17**, 933 (1969).
[18] W. F. J. EVANS, D. M. HUNTEN, E. J. LLEWELLYN et A. VALLANCE-JONES: J. Geophys. Res. **73**, 2885 (1968).
[19] E. C. ZIPF et W. G. FASTIE: J. Geophys. Res. **69**, 2357 (1964).
[20] W. G. FASTIE: Planet. Space Sci. **16**, 929 (1968).
[21] G. T. HICKS et T. A. CHUBB: J. Geophys. Res. **75**, 6233 (1970).
[22] R. R. MEIER: J. Geophys. Res. **75**, 6218 (1970).

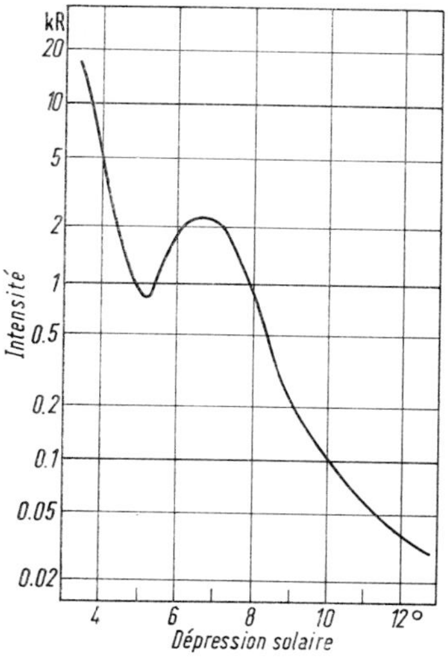


Fig. 74.

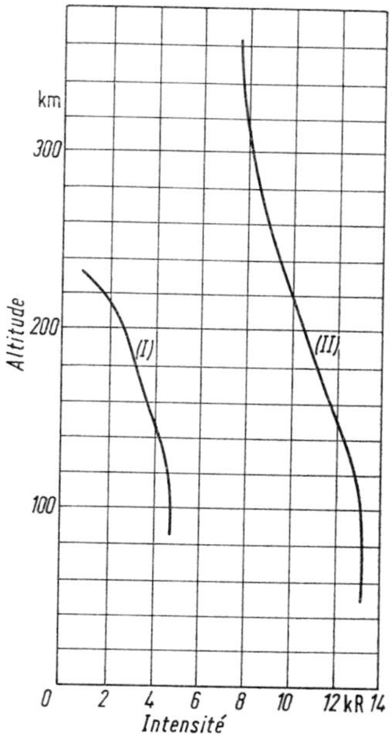


Fig. 75.

Fig. 74. Variation de l'intensité des raies D au crépuscule (ordonnée: intensité en unites arbitraires).

Fig. 75. Variations avec l'altitude de l'émission diurne de la raie 630 nm. [I ZIPF et FASTIE; II NAGATA, TOHMATSU et OGAWA].

à 90 km à 5,4 kR à 220 km pour la raie 391,4 nm, la plus intense, ce qui place la plus grande partie des ions $N_2^+$ au-dessus de 220 km.

Ces auteurs[6] ont observé également, mais très faiblement, une raie à 518,8 nm qu'ils ont identifiée avec la raie 519,8/520 nm de NI ($^4S - ^2D$).

Dans l'infrarouge WALLACE et BROADFOOT[15] ont trouvé de faibles émissions attribuées soit à $N_2^+$ (bandes de MEINEL) soit à $N_2$ (1er groupe positif).

Enfin DOERING, FASTIE et FELDMAN[23] ont observé en fusées l'émission de la bande (0, 0) de $N_2$ (2e groupe positif) à 337,1 nm entre 120 et 240 km, avec un maximum à 155 km; l'émission totale est 230 R.

*γ) Sodium.* C'est une des émissions les plus intenses du ciel diurne, comme l'ont montré les premières mesures déjà citées de BLAMONT et DONAHUE[2]. Dans un travail plus récent[24], ces mêmes auteurs ont montré qu'il existe une variation saisonnière, l'intensité passant de 22 kR en Juin à 12 kR en Décembre, pour l'Observatoire de Haute Provence; ils ont aussi montré qu'il y a une importante variation diurne des atomes de sodium libres dans la mésosphère, dont le mécanisme n'est pas complètement éclairci. La répartition verticale a été mesurée par HUNTEN et WALLACE[25]; après corrections, le taux d'émission en volume montre un maximum important entre 90 et 95 km, pour devenir nul au-dessus de

[23] J. P. DOERING, W. G. FASTIE et P. D. FELDMAN: J. Geophys. Res. **75**, 4787 (1970).
[24] M. GADSEN, J. E. BLAMONT et T. M. DONAHUE: J. Geophys. Res. **71**, 5047 (1966).
[25] D. M. HUNTEN et L. WALLACE: J. Geophys. Res. **72**, 69 (1967).

100 ... 105 km, résultat confirmé pareils mesure en fusées de SILVERMAN et coopérateurs[26].

*δ) Autres émissions.* On a observé à plusieurs reprises la raie $L_\alpha$ (121,6 nm) de l'hydrogène; le travail de FASTIE[20] montre que l'intensité varie entre 7,5 et 7 kR entre 600 et 900 km d'altitude. GRADER, HILL et SEWARD[27] ont pu également déceler une émission X qu'ils attribuent aux raies $K_\alpha$ de l'azote et de l'oxygène excitées par fluorescence par les rayons X solaires. ANDERSON[28] a observé la raie 306,4 nm de OH.

*ε)* Nous voyons que malgré la nouveauté de ces recherches, la lueur diurne, du moins pour ce qui concerne les raies intenses, est assez bien connue, malheureusement pas encore suffisamment pour résoudre les problèmes que pose notre haute atmosphère, puisque l'on n'est pas encore en mesure de définir les mécanismes, ou plutôt la part des différents mécanismes, de ces émissions.

Pour résumer très brièvement, les émissions peuvent avoir pour *origine* les processus suivants: fluorescence et résonance sous l'influence du rayonnement solaire; recombinaison dissociative d'ions moléculaires; photodissociation; et bien que le rayonnement solaire soit intense, il semble que des réactions purement chimiques et les chocs avec des électrons rapides ne soient pas à exclure. On a même fait appel à des mouvements d'origine thermique pour expliquer par exemple le renforcement des raies du sodium par rapport à l'émission crépusculaire. Ces problèmes ont été traités en détails par GATTINGER et VALLANCE JONES[29] et par WALLACE et MCELROY[30]. Les premiers auteurs ont en particulier montré que le mécanisme de dissociation de l'ozone est capable d'expliquer les observations diurnes et crépusculaires, rejoignant là les conclusions de EVANS, HUNTEN, LLEWELLYN et VALLANCE-JONES[18].

Le récent travail de P. RIGAUD[31] a complété le schéma en montrant comment les éléments mineurs ozone et oxydes d'azote NO et $NO_2$ expliquent les variations importantes qui se produisent pendant quelques minutes au lever du Soleil; on sait qu'au même moment du lever des phénomènes siégeant dans l'ionosphère ont été depuis longtemps observés sans trouver d'interprétation satisfaisante.

C'est donc dans ce domaine de la mesure de l'ozone de la mésosphère qu'il serait utile de faire des mesures, couplées si possible avec d'autres mesures: émissions diurnes et crépusculaires, températures électroniques, densités ioniques, etc. ....

## Annexe.

En ce qui concerne les calculs géométriques il est important de connaître la hauteur (ou la dépression) du soleil, $\mathfrak{z}$, ainsi que l'altitude considérée, $h$. Le Tableau 22 donne sec $\alpha$ ou $\alpha$ est l'angle dèfini Sect. 18.

On a tracé quelques courbes représentant $1/\cos\alpha \equiv \sec\alpha$ en fonction de la distance zénithale pour quelques valeurs de l'altitude h de la couche émissive (Fig. 72). Cette figure montre que la méthode de VAN RHIJN n'est sensible que pour des distances zénithales supérieures à 65°. Mais quand on va vers les grandes distances zénithales, l'imprécision des corrections dues à l'absorption et à la diffusion augmente: il faut procéder à une optimisation.

---

[26] M. AHMED, S. M. SILVERMAN et J. W. F. LLOYD: Plan. Space Sc. **18**, 1666 (1970).
[27] R. J. GRADER, R. W. HILL et F. D. SEWARD: J. Geophys. Res. **73**, 7149 (1968).
[28] J. G. ANDERSON: J. Géophys. Res. **75**, 7820 (1971).
[29] R. L. GATTINGER et A. VALLANCE JONES: Planet. Space Sci. **14**, 1 (1966).
[30] L. WALLACE et M. B. MCELROY: Planet. Space Sci. **14**, 677 (1966).
[31] P. RIGAUD: Thèse Paris 1973.

Tableau 22. *Valeurs de sec α (Fig. 39) pour différentes valeurs de la distance zénithale ȝ et pour differentes valeurs de l'altitude h.*

| ȝ/° | h/km | | | | | | | | | | | |
|---|---|---|---|---|---|---|---|---|---|---|---|---|
| | 60 | 80 | 100 | 125 | 150 | 175 | 200 | 250 | 300 | 350 | 400 | 1 000 |
| 0 | 1,0000 | 1,0000 | 1,0000 | 1,0000 | 1,0000 | 1,0000 | 1,000 | 1,000 | 1,000 | 1,000 | 1,000 | 1,000 |
| 5 | 1,0037 | 1,0037 | 1,0037 | 1,0036 | 1,0036 | 1,0036 | 1,004 | 1,004 | 1,003 | 1,003 | 1,003 | 1,003 |
| 10 | 1,0151 | 1,0150 | 1,0149 | 1,0148 | 1,0147 | 1,0145 | 1,014 | 1,014 | 1,014 | 1,014 | 1,014 | 1,011 |
| 15 | 1,0345 | 1,0343 | 1,0341 | 1,0338 | 1,0335 | 1,0333 | 1,033 | 1,033 | 1,032 | 1,032 | 1,031 | 1,026 |
| 20 | 1,0628 | 1,0624 | 1,0620 | 1,0615 | 1,0609 | 1,0604 | 1,060 | 1,059 | 1,058 | 1,057 | 1,056 | 1,047 |
| 25 | 1,1011 | 1,1004 | 1,0997 | 1,0988 | 1,0979 | 1,0971 | 1,096 | 1,095 | 1,093 | 1,090 | 1,090 | 1,074 |
| 30 | 1,1511 | 1,1499 | 1,1488 | 1,1474 | 1,1460 | 1,1446 | 1,143 | 1,141 | 1,138 | 1,136 | 1,133 | 1,109 |
| 35 | 1,2152 | 1,2134 | 1,2116 | 1,2095 | 1,2073 | 1,2052 | 1,203 | 1,199 | 1,195 | 1,192 | 1,188 | 1,152 |
| 40 | 1,2969 | 1,2942 | 1,2915 | 1,2882 | 1,2849 | 1,2818 | 1,279 | 1,273 | 1,267 | 1,261 | 1,256 | 1,203 |
| 45 | 1,4012 | 1,3971 | 1,3930 | 1,3880 | 1,3831 | 1,3783 | 1,374 | 1,365 | 1,356 | 1,348 | 1,340 | 1,263 |
| 50 | 1,5356 | 1,5291 | 1,5229 | 1,5152 | 1,5077 | 1,5005 | 1,493 | 1,480 | 1,467 | 1,454 | 1,443 | 1,334 |
| 55 | 1,7113 | 1,7012 | 1,6913 | 1,6793 | 1,6678 | 1,6566 | 1,646 | 1,625 | 1,606 | 1,587 | 1,570 | 1,416 |
| 60 | 1,9465 | 1,9299 | 1,9138 | 1,8946 | 1,8761 | 1,8583 | 1,841 | 1,809 | 1,779 | 1,751 | 1,725 | 1,508 |
| 65 | 2,2711 | 2,2425 | 2,2151 | 2,1826 | 2,1518 | 2,1226 | 2,095 | 2,004 | 1,997 | 1,954 | 1,915 | 1,609 |
| 70 | 2,7381 | 2,6846 | 2,6347 | 2,5765 | 2,5227 | 2,4726 | 2,426 | 2,341 | 2,267 | 2,200 | 2,141 | 1,714 |
| 75 | 3,4438 | 3,3336 | 3,2342 | 3,1227 | 3,0231 | 2,9335 | 2,852 | 2,710 | 2,590 | 2,487 | 2,398 | 1,816 |
| 80 | 4,5565 | 4,3009 | 4,0860 | 3,8599 | 3,6697 | 3,5068 | 3,365 | 3,130 | 2,943 | 2,789 | 2,660 | 1,905 |
| 85 | 5,1985 | 5,5852 | 5,1278 | 4,6921 | 4,3550 | 4,0842 | 3,861 | 3,511 | 3,247 | 3,039 | 2,870 | 1,966 |
| 90 | 7,3378 | 6,3695 | 5,7103 | 5,1222 | 4,6893 | 4,3539 | 4,084 | 3,672 | 3,372 | 3,040 | 2,953 | 1,988 |

## Bibliographie.


[*1*] Dufay, J.: Recherches sur la lumière du ciel nocturne. Bull. Obs. Lyon **10**, 1 (1928).

[*2*] Fabry, Ch., J. Dufay et J. Cojan: Etude de la lumière du fond du ciel nocturne. Paris: Revue d'Optique 1934.

[*3*] Dejardin, G.: The light of the night sky. Rev. Mod. Phys. **8**, 1 (1936).

[*4*] Elvey, C. T.: Light of the night sky. Rev. Mod. Phys. **14**, 140 (1942).

[*5*] Götz, F. W. P.: Das Nachthimmelslicht. In: Handbuch der Geophysik, Bd. VIII, S. 415. Berlin: Borntraeger 1942–1961.

[*6*] Emission Spectra of Night Sky and Aurorae. Reports of the Gassiot Committee. London: The Physical Society 1948.

[*7*] Rudeaux, L., et G. de Vaucouleurs: Astronomie. Paris: Larousse 1948.

[*8*] Relations entre les phénomènes solaires et géophysiques. Colloque, Lyon 1947. Paris: CNRS 1949.

[*9*] Swings, P.: The Spectra of the Night Sky and the Aurora. In: The Atmospheres of the Earth and Planets (G. P. Kuiper, ed.), Chap. VI, p. 159. Chicago 1949.

[*10*] Meinel, A. B.: The spectrum of the airglow and aurora. Rep. Progr. Phys. **14**, 121 (1951).

[*11*] Mitra, S. K.: Lights from the Night Sky, Chap. X, in: The Upper Atmosphere, p. 485. Calcutta: The Royal Society of Bengal 1952.

[*12*] Swings, P., and A. B. Meinel: The Spectra of the Night Sky and the Aurora. In: The Atmospheres of the Earth and Planets (G. P. Kuiper, éd.), 2nd éd., Chap. VI, p. 159. Chicago 1952.

[*13*] L'étude optique de l'atmosphère terrestre. Colloque de Liège 1951. Mém. Soc. Roy. Sci. Liège **4**, 12 (1952).

[*14*] Chamberlain, J. W., and A. B. Meinel: Emission Spectra of Twilight, Night Sky and Aurorae. In: The Earth as a Planet (G. P. Kuiper, ed.), Chap. XI, p. 154. Chicago 1954.

[*15*] Vassy, E.: Physique de l'atmosphère. Tome I. Phénomènes d'émission. Chap. 2, La lumière du ciel nocturne, p. 169. Paris: Gauthier-Villars 1956.

[*16*] Armstrong, E. B., and A. Dalgarno (éd.): The Airglow and Aurorae. (Colloque de Belfast 1955.) London: Pergamon Press 1956.

[*17*] Zelikoff, M. (éd.): The Threshold of Space. London: Pergamon Press 1957.

[*18*] Roach, F. E.: The night airglow. Proc. Inst. Radio Engrs. (N. Y.) **47**, 267 (1959).

[*19*] Bates, D. R.: The Airglow. In Physics of the Upper Atmosphere (J. A. Ratcliffe, éd.) Chap. V, p. 219. New York: Academic Press 1960.

[20] Chamberlain, J. W.: Physics of the Aurora and Airglow. New York and London: Academic Press 1961.
[21] [Stanford Res. Inst.]: Chemical Reactions in the Lower and Upper Atmosphere. New York: Interscience 1961.
[22] Barbier, D.: Introduction à l'étude de la luminescence atmosphérique et de l'aurore polaire. In: Geophysics (Les Houches 1962). New York and London: Gordon and Breach 1962.
[23] IQSY Instruction Manual, No. 5. Airglow. London: IQSY Secretariat 1963.
[24] Theoretical Interpretation of upper atmosphere emissions. (IAU-symposium 1962). London and New York: Pergamon Press, see Planet. Space Sci. **10** (1963).
[25] Roach, F. E.: The Nightlow. In: Advances in Electronics, Vol. 18. New York: Academic Press 1963.
[26] Airglow Calibration Symposium. AFCRL Cambridge, Mass. G. J. Hernandez and A. L. Carrigan, éd. (1964) AFCRL 65-114.
[27] Roach, F. E.: The light of the night sky: Astronomical, interplanetary and geophysical. Space Sci. Rev. **3**, 512–540 (1964). Dordrecht, Hollande: Reidel.
[28] Barbier, D.: Airglow. In Research in Geophysics (I. H. Odishaw, éd.) Cambridge (Mass.): M.I.T. Press 1964, pp. 401–422.
[29] Second International Symposium on Equatorial Aeronomy (F. de Mendoca, éd.). Sao Paulo, Brésil 1965.
[30] Silverman, S. M., G. J. Hernandez, A. L. Carrigan and T. P. Markham: Airglow and Aurorae, Chap. 13, in: Handbook of Geophysics and Space Environments. Off. of Aerospace Research. A.F.C.R.L., U.S. Air Force (1965).
[31] F. E. Roach and K. D. Cole: Middle and low latitude atmospheric emissions and the ionosphere. N.B.S. Report 8824, Boulder, Colorado (1965).
[32] International Symposium on Aeronomy, UGGI, Cambridge, Mass. 1965. publ. in Ann. Geophys. **22**, No. 2 (1966).
[33] Aurores et ciel nocturne, A.G.I. Participation française, Sér. IV, Fasc. 2 (G. Weill éd.) Paris: CNRS 1966.
[34] Spread, F., and P. Newman (éd.): Agardograph 95. Copenhague 1964 Technivision, Maidenhead, England (1967).
[35] Advanced Study Institute on Aurora and Airglow (B. M. McCormac, éd.). New York: Reinhold 1967.
[36] Roach, F. E.: Draft Report. Commission de la luminescence du ciel U.A.I. Reports on Astronomy (Perek, éd.), p. 411. Dordrecht: Reidel Publ. Co. (1967).
[37] Handbuch der Physik (Hrsg. S. Flügge), Bd. XLI/1: Geophysik III/1. Berlin-Heidelberg-New York: Springer 1967.

# Dynamic Structure of the Stratosphere and Mesosphere.

By

WILLIS L. WEBB.

With 43 Figures.

## A. Introduction.

**1. Meteorological rocket network.** Meteorological rocket network synoptic exploration of the "Stratospheric Circulation" of the 25 ... 80 km altitude region has acquired a decade of data which are available for description of this middle atmospheric region. These data provide the information required to evaluate theoretical assumptions relative to the upper atmosphere which have evolved in the absence of significant amounts of data. Progress of this synoptic exploration has been documented [*3, 4*], showing attainment of $10^4$ stratospheric circulation wind profiles by 1968 and illustrating a wealth of new scientific knowledge which has come out of this observational system (see Table 1). The middle atmosphere can no longer be considered a steady, calm, quiescent region; the stratospheric circulation is clearly a turbulent fluid with a myriad collection of detail structures ranging over a broad spectrum which has yet to be completely delineated.

Success of the Meteorological Rocket Network (MRN) effort has resulted from the marked improvements in measurement sensitivity which have been achieved. Vertical resolutions which were formerly of the order of km were reduced to hektometer scales in the 55 ... 25 km altitude range through use of wind, temperature and ozone sensors developed for deployment from small meteorological rocket systems at apogee of their flight. Horizontal dimensions of synoptic weather systems in the stratospheric circulation which can be analyzed from MRN data have been reduced to scales of the order of 1000 km over portions of the Earth, with disturbances of continental size detectable over most of the globe.

**2. Stratospheric circulation.**[1]

α) One of the most striking general features of the stratospheric circulation is the "*monsoonal*" *character* of the annual variation. A relatively short summer season of four to five months duration exhibits easterly winds with a low latitude stratopause maximum of approximately 50 m s$^{-1}$ in July and a maximum of nearly 100 m s$^{-1}$ and noctilucent clouds at the high latitude mesopause (around 80 km). This is in strong contrast to a long, dry, winter westerly wind regime where presolstice stratopause winds of more than 100 m s$^{-1}$ are observed in mid-latitudes. This highly asymmetric annual distribution of the stratospheric circulation structure is further complicated by extension of orographic effects into the upper atmosphere culminating in the dramatic "winter storm period" which

[1] Wind directions are indicated according to the meteorological use, i.e. the direction from which the wind arrives. Unfortunately, for ionospheric drifts the opposite nomenclature is in current use. Distinguish "easterly" (meteorological) from "eastward" (ionospheric use).

Table 1. *MRN stations which reported data between October 1959 and February 1969. (MRN data are available from World Data Center A.)*

| Station name | Latitude | Longitude |
|---|---|---|
| Antigua AAFB, B.W.I. | 17° 09′ N | 61° 47′ W |
| Ascension Island, AFB | 7° 59′ S | 14° 25′ W |
| Arenosillo, Spain | 37° 06′ N | 6° 44′ W |
| Barking Sands (Kauai), Hawaii | 22° 02′ N | 159° 47′ W |
| Cape Kennedy, Florida | 28° 27′ N | 80° 32′ W |
| Carnavon, West Australia | 24° 53′ S | 113° 40′ E |
| Chamical, Argentina | 30° 22′ S | 66° 17′ W |
| Eglin Air Force Base, Florida | 30° 23′ N | 86° 42′ W |
| Eleuthera Island AFB | 25° 16′ N | 76° 19′ W |
| Eniwetok, Marshall Islands | 11° 26′ N | 162° 23′ E |
| Fort Churchill, Canada | 58° 44′ N | 93° 49′ W |
| Fort Greely, Alaska | 64° 00′ N | 145° 44′ W |
| Fort Sherman, Canal Zone | 9° 20′ N | 79° 59′ W |
| Gan, Maldive Island | 41′ S | 73° 09′ E |
| Grand Turk Island AAFB | 21° 26′ N | 71° 09′ W |
| Green River, Utah | 38° 56′ N | 110° 04′ W |
| Harp, Seawell, West Indies | 13° 06′ N | 59° 37′ W |
| Heiss Island, USSR | 80° 37′ N | 58° 03′ E |
| Highwater Test Range, Canada | 45° 01′ N | 72° 27′ W |
| Holloman AFB, New Mexico | 32° 51′ N | 106° 06′ W |
| Kindley AFB, Bermuda | 32° 21′ N | 64° 39′ W |
| Mar Chiquita, Argentina | 37° 45′ S | 57° 25′ W |
| McMurdo Sound, Antarctica | 77° 53′ S | 166° 44′ E |
| Natal, Brazil | 5° 55′ N | 35° 10′ W |
| Point Barrow, Alaska | 71° 21′ N | 156° 59′ W |
| Point Mugu, California | 34° 07′ N | 119° 07′ W |
| San Nicolas Island, California | 33° 14′ N | 110° 25′ W |
| Primrose Lake, Alberta, Canada | 54° 45′ N | 110° 03′ W |
| San Salvador Island AAFB | 24° 07′ N | 74° 27′ W |
| Tartagal, Argentina | 22° 46′ S | 63° 49′ W |
| Thule AB, Greenland | 76° 33′ N | 68° 49′ W |
| Thumba, India (Trivandrum) | 8° 30′ N | 76° 52′ E |
| Tonopah Test Range, Nevada | 38° 00′ N | 116° 30′ W |
| Uchinoura, Japan | 31° 15′ N | 131° 05′ E |
| USAMC, Kwajalein, Marshall Islands | 8° 44′ N | 167° 44′ E |
| Vandenberg, AFB, California | 34° 40′ N | 120° 36′ W |
| Wallops Island, Virginia | 37° 50′ N | 75° 29′ W |
| West Geirinish, Scotland | 57° 21′ N | 7° 22′ W |
| White Sands Missile Range, N.M. | 32° 23′ N | 106° 29′ W |
| Woomera, South Australia | 30° 56′ S | 136° 31′ E |
| Yuma Proving Ground, Arizona | 32° 52′ N | 114° 19′ W |
| Zurf, White Sands Missile Range, N.M. | 33° 46′ N | 106° 36′ W |

begins immediately before solstice time. Dynamic processes effectively disrupt the winter circumpolar circulation, and easterly winds appear at low latitudes of the winter hemisphere during the winter storm period. Occasionally the extreme "explosive warming" phenomenon introduces summer-like conditions over much of the midwinter hemisphere at the stratopause level.

Temperature increases of more than 80 °C in less than a week have been observed in the 35 ... 40 km altitude region at high latitudes in midwinter, with the most likely source of heat for these temperature rises being adiabatic compression resulting from vertical downward motions. These most obvious dynamical modes of upper atmospheric structure control provide for marked drying of the upper atmosphere and include an almost complete filling of the cold polar low pressure cell, with easterly winds locally dominating the stratospheric region for short periods during midwinter.

$\beta$) The large scale circulation features mentioned above are matched by a prolific *small scale structure* in the wind, temperature and ozone vertical profiles of the stratospheric circulation. The vertical profiles are generally not smooth, and soundings obtained over small space and time intervals show significant detail structure. At this point in the exploration, the source of these small features appears to be principally wave and eddy motions. In addition to the obvious impact of these phenomena on diffusion transport in the upper atmosphere, it is now clear that the inhomogeneous ionosphere which previously had been observed electrically is a typical characteristic of the structure of the upper atmosphere. The energy sources and sinks for these perturbations and the modes of interaction between the neutral and electrical components of the atmosphere are principal items of present research interest.

$\gamma$) *Diurnal variations* in the stratospheric circulation have been found to be much greater than had been expected theoretically. Stratopause diurnal temperature variations are observed to be in the 10 ... 20 °C range and corresponding diurnal wind variations of 10 ... 30 m $s^{-1}$ are observed. These variations can hardly be considered to be small perturbations in the stratospheric circulation, and any such assumptions can be expected to introduce significant error into theoretically derived results. There is evidence that the stratopause thermal tides exert a controlling influence on the dynamic structure of the mesosphere through introduction of organized hemispheric circulation systems.

$\delta$) *Clouds* are important indicators of the dynamic structure of an atmospheric system. Nacreous clouds at the stratonull base (around 25 km) and noctilucent clouds at the mesopause (around 80 km) top of the stratospheric circulation offer important evidence of the dynamic processes which control that region. The very low temperatures required for condensation to occur appear to result from dynamic effects of upward motion and/or variable eddy diffusion transport in the stratospheric wind field. The global structure of the circulation systems which produce these conditions are thus visually indicated by the presence of these clouds. A global synoptic network for observation of noctilucent clouds is currently in operation.

$\varepsilon$) There is evidence that the stratospheric circulation interacts with the tropospheric circulation below and the ionospheric circulation above. The *interactions* probably include mass exchange in some cases (such as the winter storm period) but more generally likely include internal viscous forces produced by wave and eddy propagation of energy and by charged particle drag. These effects are indicated by strong orographic influences which are observed in the stratospheric circulation and by common neutral-electrical events in the upper atmosphere.

**3. Future developments.** Synoptic exploration of the stratospheric circulation has now reached the point at which it is possible to consider the dynamics of the entire atmosphere. Deviations from the quiescent conditions are indicated by these MRN data to be significant for the introduction of serious error in theoretical deductions of the physical, chemical and electrical structures and relevant processes of the upper atmosphere. These considerations, in turn, point out the error involved in segregating individual physical processes. This compartmentalization of atmospheric structure is indicated to introduce serious error in our understanding of the global atmospheric structure. The principal virtue of the MRN synoptic exploration of the stratospheric circulation then appears to be the new unification of atmospheric knowledge which these data require.

Information available in the MRN data in each of the above categories is indicated by the summaries presented in the following sections. It is obvious from these data that we are still in the exploratory phase of a synoptic investigation of the stratospheric circulation, and new facets of the atmospheric dynamical system are very likely to be uncovered through continued investigation over an adequate time interval. It is apparent that detailed understanding of the Earth's atmosphere will generally require adequate observational data rather than the use of standard atmosphere concepts which have been employed in the past.[1]

The most obvious failing of the MRN data in providing a comprehensive picture of the structure of the stratospheric circulation is the lack of data in the upper mesosphere and in certain rather large voids in the global distribution of MRN observations. Incorporations of new measuring techniques, such as meteor trail radar observations of the wind and density structures in the 80 ... 110 km altitude region,[2] will be required before the basic data on the stratospheric circulation can be considered complete. While the MRN data has already provided some insight into the physical mechanisms which control interaction between the neutral and electrical atmospheres, specific parallel measurements of the relevant neutral and electrical dynamics are required before the details of this interaction can be understood.

Unification of the neutral and electrical atmospheres into a composite system will remove the last major barrier from a mature consideration of the dynamics of the entire atmospheric system. The brief summary of available MRN data presented on the following pages should be considered in the light of a total atmospheric system, and not as an independent segment. Only then can the full value of the data be realized, and only then can the full import of the beautifully complex atmospheric dynamical system be conceived.

## B. Structure.

### I. Ozonospheric structure.

**4. Ozone measurements.** The formation, destruction and equilibrium concentration of ozone in the atmosphere is a complex function of numerious physical processes. Theoretical estimates of ozone structure have principally concerned photochemical equilibrium[1-4] [*2*], which in essence implies a static atmosphere. This assumption has long been known to be in significant error in the lower ozonosphere (below 25 km altitude) where reaction rates are slow, and transport mechanisms are fast. Data of high resolution (about 100 m) and accuracy (estimated to be $\pm 10\%$) have now been obtained with meteorological rocket sensors,

[1] Of course, for describing global features standard atmospheres continue to be of interest. The development during the last decade goes, however, towards more differentiation. This is particularly so with the COSPAR International Reference Atmosphere (CIRA) [latest ed. 1972]. See also contribution by M. ROEMER in vol. 49/6 of this Encyclopedia.

[2] A. A. BARNES: Meteor Trail Radars. In: Stratospheric Circulation, pp. 575–598, edit. by W. L. WEBB. New York: Academic Press, Inc. 1969.

Sect. 4:

[1] R. A. CRAIG: The Observations and Photochemistry of Atmospheric Ozone and their Meteorological Significance. Meteorological Monographs, 1, 2. Boston: American Meteorological Society 1950.

[2] H. K. PAETZOLD: Geofisica Pura e Applicata **24**, 1–26 (1953).

[3] C. LEOVY: J. Atmos. Sci. **21**, 3, 238–248 (1964).

[4] A. P. MITRA: Photochemistry of Ozone. In: Stratospheric Circulation, pp. 263–306, edit. by W. L. WEBB. New York: Academic Press, Inc. 1969.

and it is clear that transport processes are of importance to well above the stratopause.

REGENER'S chemiluminescent ozone sampling technique has been adapted for use with the Arcas sounding rocket[5-7] to sample the ozone structure of the upper portion of the ozonosphere. Measurements are obtained on a parachute platform after expulsion from the rocket near 70 km altitude. Flow of ozone-rich ambient air across the sensing surface is controlled by refilling of the sample bottle which is emptied during rocket ascent. Examples of typical summer and winter vertical ozone profiles over White Sands Missile Range observed with this system are illustrated by the curves in Fig. 1 and of a spring profile over Fort Greely in Fig. 2.

These data indicate stratopause ozone concentrations which are significantly greater than those calculated by LEOVY.[3] A diurnal series of four soundings conducted at White Sands Missile Range on 25 ... 26 May 1970 indicates (Fig. 3) that the 50 km ozone concentration varies significantly diurnally, with a late afternoon minimum which is near LEOVY'S calculated value, but with significantly higher values at other times.

## 5. Comparison with theory.

α) *Heating of the stratopause* region is usually calculated following the method fashioned by CHAPMAN.[1] The "Elias-Chapman layer"[2] is a static atmosphere concept which is based on the relation

$$I = I_0 \exp(-nA \sec\chi) \tag{5.1}$$

where $I_0$ is the 200–300 nm flux outside the atmosphere, $n$ is the number of absorbing particles per unit area above the level of interest, $A$ is the cross section of the absorbing molecules and $\chi$ is the incident angle (solar zenith angle). Of great importance in Eq. (5.1) is the zenith angle dependence, which indicates that the altitude of maximum penetration into a homogeneous atmosphere will be at the subsolar point. Maximum heating of the ozonosphere will then be found at higher altitudes near the sunrise and sunset lines and at high latitudes, unless compensating effects are produced by variations in absorber concentrations [3].

β) LEOVY[3] has used almost order of magnitude underestimates of high latitude wintertime ozone concentration to calculate the heating provided by solar ultraviolet radiation in the ozonosphere. Coupled with heat loss estimates, these data were used to calculate a diurnal heat variation of 4.5 °C at the stratopause in equatorial regions. LEOVY indicates that the broad spectrum of radiant energy involved in ozone absorption (around 200–300 nm) modifies the Chapman layer model, Eq. (5.1), to produce a diurnal heating curve which is more nearly a step function with a maximum at 1800 LMT and a minimum at 0600 LMT. As will be discussed in Chap. C.I, theory and experiment do not agree here, with experimental determination of the stratopause heat wave yielding roughly 15 °C amplitude, maximum near 1400 LMT and minimum near sunrise. Key seasonal differences are found in summer at White Sands Missile Range and Fort Greely (see Fig. 8, p. 130) where observed monthly mean stratopause temperatures for July are 270 K and 281 K, respectively, where LEOVY

[5] J. S. RANDHAWA: Nature **213**, 53–54 (1967).
[6] J. S. RANDHAWA: J. Geophys. Res. **73**, 2, 493–495 (1968).
[7] J. S. RANDHAWA: Chemiluminescent Ozone Measurements. In: Stratospheric Circulation, pp. 175–182, edit. by W. L. WEBB. New York: Academic Press, Inc. 1969.

Sect. 5:

[1] S. CHAPMAN: Photochemical Processes in the Upper Atmosphere and Resultant Composition. In: Compendium of Meteorology, pp. 262–274, edit. by T. F. MALONE. Boston: American Meteorological Society 1951.
[2] The very first reference is G. J. ELIAS: Tydschr. Nederl. Radio Gen. **2**, 1–14 (1923); CHAPMAN'S first publication is: Mem. Roy. Meteor. Soc. **3**, 103–125 (1930).
[3] C. LEOVY: J. Atmos. Sci. **21**, 3, 238–248 (1964).

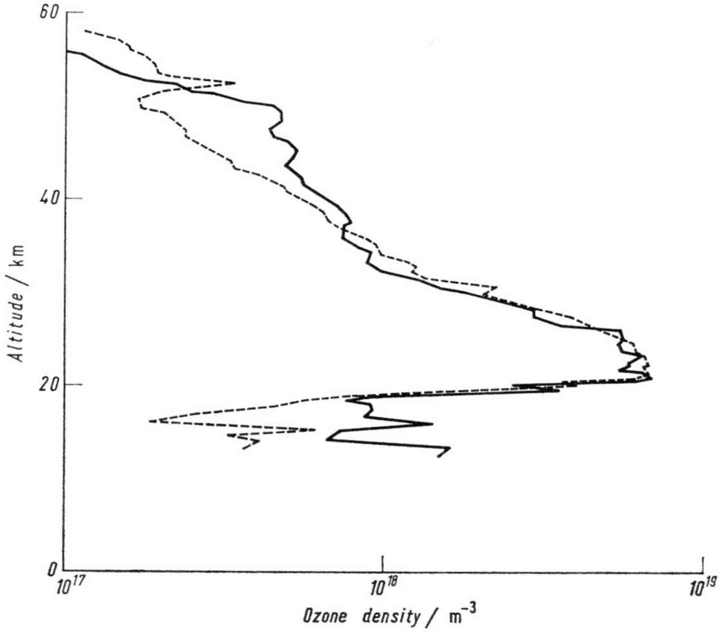


Fig. 1. Ozone profiles observed over White Sands Missile Range at 1705 LMT on 8 January 1968 (solid curve) and 0428 LMT on 17 July 1968 (dashed curve).

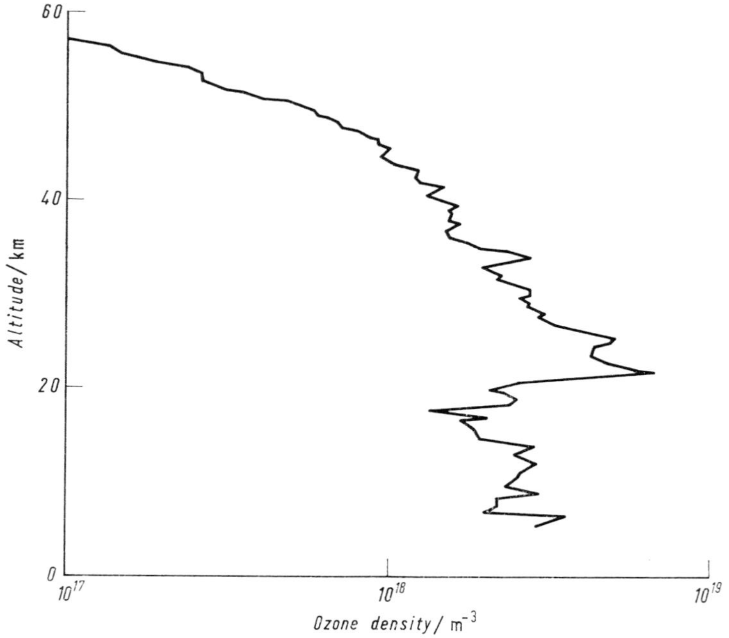


Fig. 2. Ozone profile observed over Fort Greely at 1200 LMT on 6 April 1969.

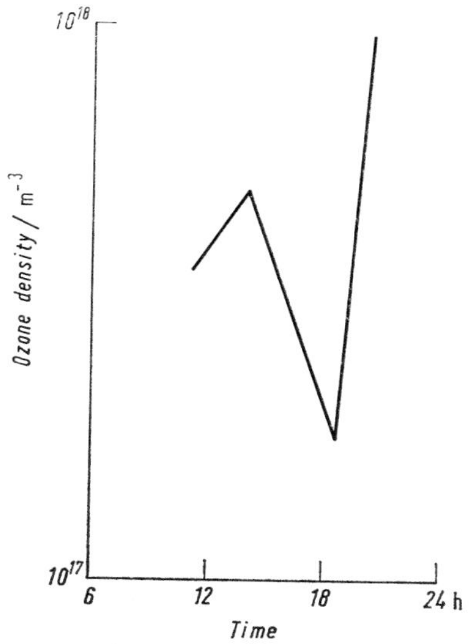


Fig. 3. Diurnal variation of the 50 km ozone concentration over White Sands Missile Range on 25/26 May 1970.

derived 294 K and 302 K respectively. More significant are the wintertime high latitude differences between the 262 K observed in November at Fort Greely and 230 K calculated for that location. These differences may well be principally centered in the neglect of dynamic heat transport, although all aspects of the problem deserve reconsideration in light of these highly significant findings.

γ) Of great importance is the *small-scale structure* which is apparent in these data. Similar features are observed in the wind and temperature profiles, and it appears probable that all of these small scale features are produced by vertical motions associated with turbulent eddies or waves, or some combination of these processes. In either case, the ambient transport coefficient (see Fig. 6, p. 127) will be enhanced significantly above the molecular diffusion value. Measurements of the eddy transport coefficients of the upper atmosphere have provided additional evidence of a turbulent upper atmosphere (see Chap. B.II), and introduction of significant values of eddy transport into photochemical calculations by HESSTVEDT[4-6] has provided a new insight into the structure of the upper atmosphere.

HESSTVEDT's results for the case when limited eddy transport (transport coefficient $K_e \approx 10^2\ m^2\ s^{-1}$ at 80 km) is incorporated are illustrated in Fig. 4. Significant differences in the photochemical structure of the upper atmosphere are obtained through consideration of the real atmosphere, and it is to be expected that significant improvements in agreement between ozonospheric theoretical and experimental results would be derived if the theoretical models were more realistic.

[4] E. HESSTVEDT: Geophysica Norvegica **27**, 4, 1–35 (1968).

[5] E. HESSTVEDT: The Effect of Vertical Eddy Transport on the Composition of the Mesosphere and Lower Thermosphere. In: Stratospheric Circulation, pp. 308–316, edit. by W. L. WEBB. New York: Academic Press, Inc. 1969.

[6] E. HESSTVEDT: The Physics of Nacreous and Noctilucent Clouds. In: Stratospheric Circulation, pp. 209–217, edit. by W. L. WEBB. New York: Academic Press, Inc. 1969.

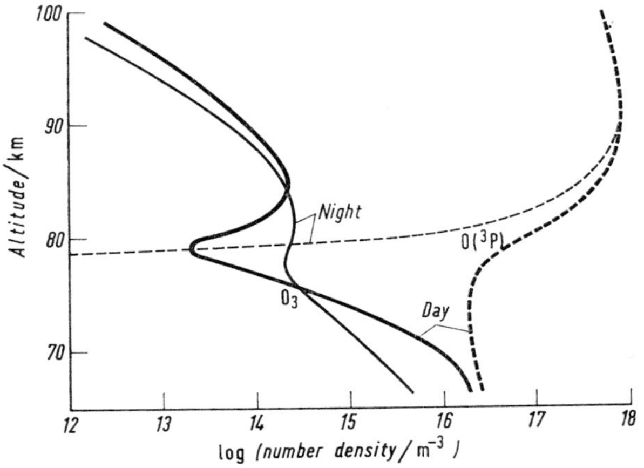


Fig. 4. Daytime (heavy curves) and midnight (light curves) number densities of atomic oxygen and ozone (HESSTVEDT, 1969[5]) in an atmospheric model where vertical eddy transport is considered (courtesy of Academic Press, Inc.).

These new data on the ozone structure of the middle portion of the stratospheric circulation indicate that previous theoretical estimates of the structure of the upper ozonosphere are inadequate for current studies of the upper atmosphere. Incorporation of reasonable values of eddy transport and ambient temperature may help to remove some of the discrepancy, although the overall complexity which the MRN data shows to exist in the stratospheric circulation indicates that the crude simplifications which have been made in the past are totally inadequate. It is essential that the composition and physical structure of the stratospheric circulation region be determined experimentally before realistic theoretical models can be devised. Efforts along these lines are currently underway, employing cryogenic samplers, electrical measurements and various techniques for establishing the eddy transport structure of the stratospheric circulation.

## II. Detailed structure.

### 6. Small scale features.

α) Sensitive sensors of small meteorological rocket systems[1] have provided knowledge of a large amount of *detail structure* in the stratospheric circulation. The 25 ... 80 km altitude region is not uniform, but is permeated with a broad spectrum of small scale features which are obvious in all measurements of adequate sensitivity. The energy sources, physical characteristics and sinks of these small features are not clearly known at this time, although the general structure which has been observed is serving to guide the search for the physical mechanisms which produce this most interesting structure.

The MRN data indicate that the small scale features of the stratospheric circulation have their origin in variations in the wind field. Such fluctuations

[1] H.N. BALLARD: A Guide to Stratospheric Temperature and Wind Mesurements. Committee on Space Research Technique Manual Series, Secretariat, 51 Boulevard de Montmorency, F-75016 Paris, France 1967.

could equally well be the result of a propagating gravity wave or a turbulent eddy. It appears likely that both processes would occur in the upper atmosphere, with the wave mode dominating in the lower and the more stable regions of the stratospheric circulation. If this concept should prove to be correct it is probable that principal energy sources for generation of this detail structure are in the troposphere where relatively large amounts of turbulent energy are available, with principal sinks in the high atmosphere where sound physical reasoning indicates that such motions should be severely damped by viscous effects in the large wind shears which will develop.

It is important to realize that the observed detail structure implies a non-negligible viscosity for the stratospheric circulation. Momentum, heat and minor constituents will be transported by these small scale motions and the atmospheric structure which results will be altered from that derived from the classical assumption of a static atmosphere. It is in bringing to light the importance of dynamic processes in establishing the structure of the upper atmosphere that the synoptic MRN has made its greatest scientific contribution.

β) *Examples* of the type of detail structure data which are obtained are illustrated by the zonal wind profiles presented in Fig. 5.

These data were obtained with the highly symmetrical Robin sphere sensor[2] tracked with an FPS-16 radar. Similar detail features are also observed in the wind, temperature and ozone concentration profiles of the stratospheric circulation when they are obtained with any sensitive measuring system.

Data obtained from Arcas Robin soundings in 11 cases on 10 May 1961 and 16 cases on 12 October 1962 at Eglin Air Force Base (30° 23′ N, 86° 42′ W) have been analyzed.[3,4] These analysis showed that the sizes and intensities of these small scale features increase with altitude, all values averaging greater in summer than in winter, with an interesting amount of small scale structure in the 50 ... 60 km region in winter. The sizes roughly double from several hektometers at 30 km to near 2 km at 60 km. It is most interesting to note that these data agree well with those derived for the lower ionosphere (80 ... 110 km) from meteor trail radar observations[5] and with the hundred meter vertical scales characteristic of many perturbations in the lower atmosphere.

γ) Horizontal *scales* of these small features of the stratospheric circulation have been inspected in the above data[3,4] and for larger scales.[6] Vertical-horizontal ratios derived for the stratospheric circulation region range between 60 and 400 while those derived for the lower ionosphere[5,7] are a few tens. It is undoubtedly true that these very limited data are inadequate, constrained by the limitations of the observational systems and by particular observational instances, so that they do not present a comprehensive picture. These data do indicate, however, that the detail structure of the stratospheric circulation is far from isotropic.

There is adequate physical reason to expect the amplitude of both gravity waves and turbulent eddies to vary in scale inversely with ambient density. Available data then allows either explanation and, as is usual in the atmosphere, both phenomenon probably play active roles.

[2] J. B. Wright: The Robin Falling Sphere. In: Stratospheric Circulation, pp. 115–140, edit. by W. L. Webb. New York: Academic Press, Inc. 1969.

[3] W. L. Webb: Scale of Stratospheric Detail Structure. In: Space Research V, pp. 997–1007, edit. by P. Muller. Amsterdam: North-Holland Publishing Company 1965.

[4] R. E. Newell, J. R. Mahoney, and R. W. Lenhard: Quart. J. Roy. Meteorol. Soc. **92**, 41–54 (1966).

[5] J. S. Greenhow and E. L. Neufeld: J. Geophys. Res. **64**, 2129–2133 (1959).

[6] A. E. Cole and A. J. Kantor: Small Scale Variations in Stratospheric and Mesospheric Wind. In: Stratospheric Circulation, pp. 453–468, edit. by W. L. Webb. New York: Academic Press, Inc. 1969.

[7] C. O. Hines: Can. J. Phys. **34**, 1441–1481 (1960).

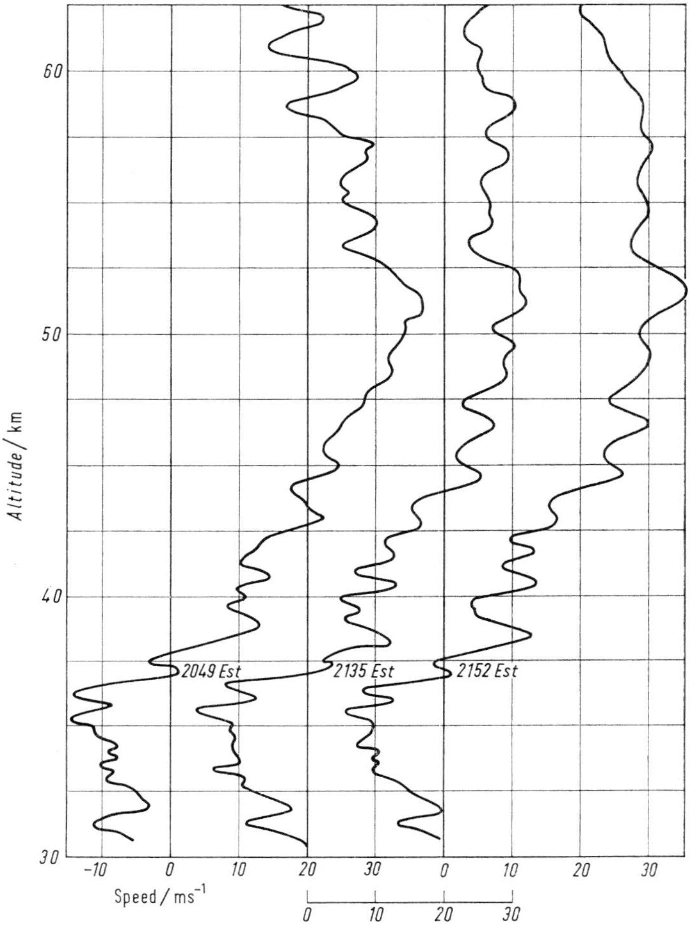


Fig. 5. Zonal wind profiles observed with the Robin sphere and FPS-16 radars at Eglin Air Force Base, Florida on 12 October 1962 (courtesy of the North-Holland Publishing Company, Amsterdam).

**7. Thermal transport.** A most important result of the knowledge that the upper atmosphere is permeated with small scale features is the fact that transport properties will be enhanced. Molecular diffusion is very slow in the lower atmosphere, with molecular transport coefficients, $K_m$, of the order indicated by the solid curve of Fig. 6. If the detail features observed in the stratospheric circulation represent turbulent eddies the diffusion transport will be maximized. Eddy diffusion transport coefficients, $K_e$, are indicated by available experimental data to be of the order illustrated by the model profile (dashed curve) of Fig. 6.

Using the following expressions for the thermal flux, $F$:

$$F_m = -K_m \varrho c_p \frac{\partial T}{\partial h}, \tag{7.1}$$

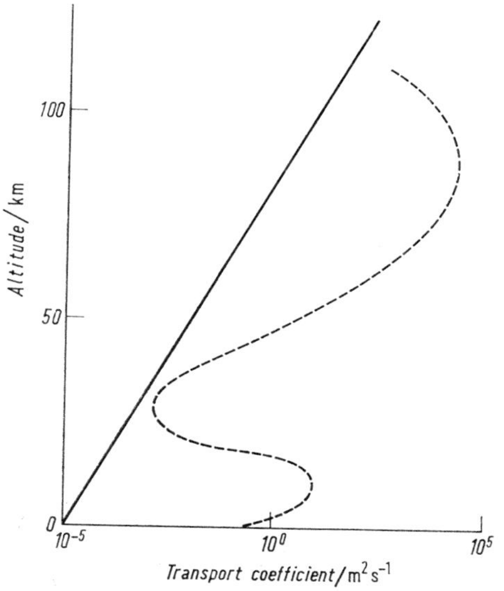


Fig. 6. Model profiles of atmospheric molecular (solid curve) and eddy (dashed curve) transport coefficients based on LETTAU (1951)[1] in the neutral atmosphere and BOOKER (1956)[2] in the ionosphere (courtesy of the American Astronautical Society).

for molecular transport where $\varrho$ is the air density, $c_p$ is the specific heat at constant pressure, $T$ is temperature, $h$ is height, and for eddy transport where $\Gamma$ is the adiabatic lapse rate, we can calculate the transport heat flux with altitude:

$$F_e = -K_e\, \varrho\, c_p \left(\Gamma + \frac{\partial T}{\partial h}\right). \tag{7.2}$$

These calculations, properly differentiated, provide the solid curves illustrated in Fig. 7 which indicate that the downward flux of eddy transported heat is greater than the solar, chemical and electrical heating of the mesosphere and the lower thermosphere.

## 8. Eddy viscosity.

α) The equation of motion in NAVIER-STOKES form may be written

$$\boldsymbol{a} = 2\boldsymbol{V} \times \boldsymbol{\Omega} + \boldsymbol{g} - \frac{1}{\varrho} \nabla p + K_e \nabla^2 v + \boldsymbol{F}, \tag{8.1}$$

where $\boldsymbol{a}$ is acceleration, $\boldsymbol{V}$ is velocity, $\boldsymbol{\Omega}$ is the Earth's rotation, $p$ is pressure and $\boldsymbol{F}$ includes other frictional forces. The $K_e \nabla^2 v$ term in Eq. (8.1) specifies that momentum will be transported by eddy stresses in any gradient so that the wind shear will be diminished. This will be true in general, but will be especially important in small scale phenomenon such as waves and eddies where the gradients may be large.

It has been the general practice to neglect the viscous effects of eddy transport in solving the atmospheric equation of motion except in the surface boundary layer.[1,2] The prolific

[1] H. LETTAU: Diffusion in the Upper Atmosphere. Compendium of Meteorology (edit. by T. F. MALONE), pp. 320–333. Boston: American Meteorological Society 1951.

[2] H. G. BOOKER: J. Geophys. Res. **64**, 673–705 (1956).

[1] J. HOLMBOE, G. E. FORSYTHE, and W. GUSTIN: Dynamic Meteorology. New York: John Wiley & Sons, Inc. 1952.

[2] F. A. BERRY, JR., E. GOLLAY, and N. R. BEERS: Handbook of Meteorology. New York: McGraw-Hill Book Company 1945.

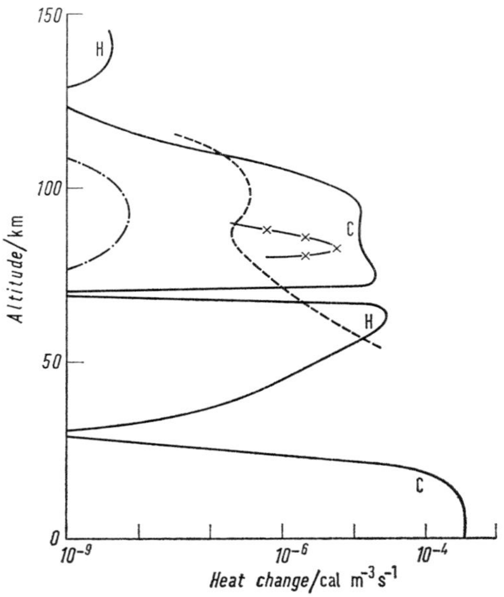


Fig. 7. Divergence (*C*) and convergence (*H*) of vertical eddy transported heat (solid curve), along with the estimated solar radiant (dashed curve) values of JOHNSON and WILKINS (1965)[3], chemical (dash-cross curve) values of KELLOGG (1961)[4] and electrical (dash-dot curve) heat inputs (courtesty of the American Astronautical Society).

literature in this latter field is well indicated by the presentations of LUMLEY and PANOFSKY[5] and of SUTTON.[6] The large values of $K_e$ indicated by Fig. 6 to be present in the upper atmosphere indicates that neglect of eddy viscous effects cannot generally be justified in the stratospheric circulation.

β) Realization that *viscous effects* are significant in the upper atmosphere removes much of the surprise from experimental discoveries of unsuspected circulation systems in the equatorial and polar boundaries (biennial and semi-annual variations, winter storm period, etc.). The small scale structure discussed here and the synoptic scale structure discussed in Chaps. B. III and C are near opposite ends of the scale, and there is strong evidence in the MRN data that a complete spectrum of structural features exist.

It has been fashionable to consider those data which do not fit the preconcieved standard atmosphere structure to be in error. The principal lesson of the synoptic MRN data is that the most significant physical processes which work to shape the structure of the atmosphere are lost in this approach.

The warning that the exploration is not complete is implicite in the MRN data. We will be in for more surprises if we accept the current picture of eddy transport as an adequate representation of the actual atmospheric structure. Resolution of sensing systems must be improved to detect the very important small scale end of the spectrum and the distribution of MRN observations must be calculated to delineate the nature and structure of synoptic circulation systems which operate in the stratospheric circulation. There is today no basis for assuming that there

[3] F. S. JOHNSON and E. M. WILKINS: J. Geophys. Res. **70**, 1281–1284, 4063 (1965).

[4] W. W. KELLOG: J. Meteorol. **18**, 3, 373–381 (1961).

[5] J. L. LUMLEY an H. A. PANOFSKY: The Structure of Atmospheric Turbulence. New York: John Wiley & Sons, Inc. 1964.

[6] O. G. SUTTON: Micrometeorology. New York: McGraw-Hill Book Company Inc. 1953.

exists an adequate knowledge of the physical processes which determine the structure of the upper atmosphere.

## III. General thermal structure.

**9. Observations.** A temperature measuring system employing* 10 mil bead thermistors suspended on 4 m diameter parachutes after deployment from small rocket systems has proved to be an efficient tool for exploration of the stratospheric circulation region. Analysis of the physics of this measuring system[1,2] has indicated an accuracy of $\pm 2$ °C over the 25 ... 55 km altitude region. The data obtained by the MRN offer the first opportunity to look at the synoptic structure of the stratospheric circulation temperature field and provide a new wealth of information on upper atmospheric structure.

A total of 5740 temperature soundings obtained principally in the northern hemisphere had been published in the MRN data reports by the end of 1968. While these data are adequate for a first look at the general thermal structure of the stratospheric circulation, it is clear from the data that many synoptic aspects of the stratospheric circulation are not yet adequately sampled. Continued expansion of the MRN is required before the thermal processes which drive the stratospheric circulation can be understood in detail. It should be noted that the MRN observational program is for near-noon soundings, which means that there is a diurnal bias in all of the MRN data. The diurnal temperature variation (see Sect. 5) will then modify the temperature structure presented here.

It is generally assumed that the temperature structure of the stratospheric region is the result of ozone (see Chap. B.I) absorption of solar ultraviolet energy in the 200–300 nm band.[3,4] While the temperature structure of the ozonosphere exhibits some of the overall characteristics of a static Chapman layer, it is evident from the complex structure of the MRN data that dynamic processes play important roles. These special features include organized circulation systems and eddy transport mechanisms extending over a wide range of scale sizes and intensities. The concept of radiational control of a static atmosphere appears to be totally inadequate in determining the observed thermal structure. It is only with the addition of complex dynamic processes that a satisfying picture of the stratospheric circulation thermal structure can be obtained.

**10. Mean vertical profiles.** To illustrate the stratospheric circulation temperature data now available, the mean vertical temperature structures for White Sands Missile Range (32° 23′ N, 106° 29′ W), Fort Greely (64° N, 145° 44′ W) and Wallops Island (37° 50′ N, 75° 29′ W) for the months of July and November, based on data acquired during the period 1961 through 1968, are illustrated in Figs. 8 and 9, respectively. These smoothed curves illustrate the general negative lapse rate of the upper stratosphere, the relatively warm stratopause and the positive lapse rate of the lower mesosphere. In addition, they indicate the wide annual range of temperature observed at high latitudes, and they clearly demonstrate the relative height variation with latitude of the stratopause level (see [3], Fig. 4.1).

* 1 mil is .0254 mm.

1 H. N. Ballard: A Guide to Stratospheric Temperature and Wind Measurements. Committee on Space Research Technique Manual Series, Secretariat Costar, 51 Boulevard de Montmorency, F-75016 Paris, France 1967.

2 H. N. Ballard and B. Rofe: Thermistor Measurement of Temperature in the 30–65 km Atmospheric Region. In: Stratospheric Circulation, pp. 141–166, edit. by W. L. Webb. New York: Academic Press, Inc. 1969.

3 R. A. Craig: The Observations and Photochemistry of Atmospheric Ozone and their Meteorological Significance. Meteorological Monographs, 1, 2. Boston: American Meteorological Society 1950.

4 C. Leovy: J. Atmos. Sci. **21**, 3, 238–248 (1964).

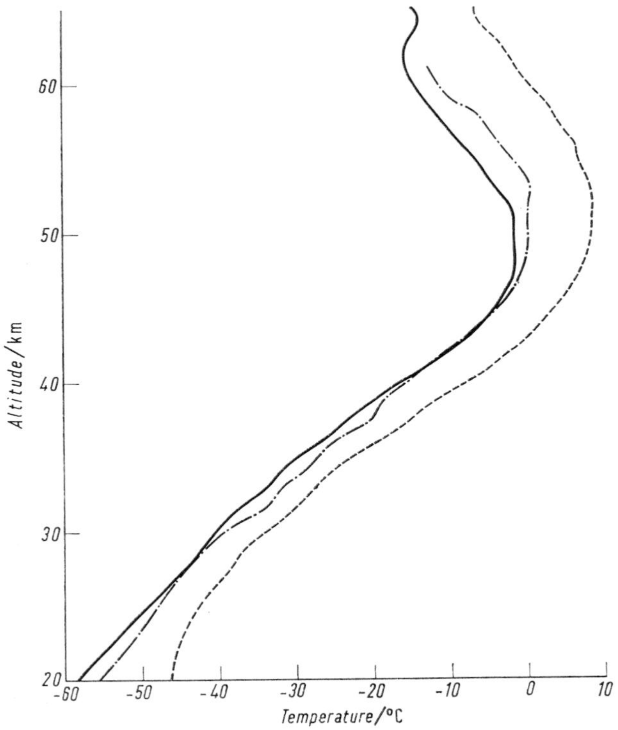


Fig. 8. Mean July noon vertical temperature profiles for White Sands Missile Range (solid curve), Fort Greely (dashed curve) and Wallops Island (dash-dot curve) for the period 1961 ... 1968.

The White Sands Missile Range data (solid curves) are based, in the July case, on a maximum of 55 soundings at 31 km altitude, decreasing to 39 at 60 km and 13 at 65 km. The July data exhibit standard deviations increasing from 2.7 °C at 20 km to 10.1 °C at 63 km. In November (Fig. 9) the data sample was 58 soundings at 29 km, decreasing to 40 at 56 km, 32 at 60 km and 5 at 65 km. Detailed structure is the rule in both sets of data, with numerous features of several °C amplitude and vertical dimensions in the 100 m to a few km range which are important characteristics of each profile.

Fort Greely mean vertical temperature profiles (dashed curves) for July and November indicate significantly greater annual variability at this high latitude (64° N) than does the lower midlatitude (32° N) profile of White Sands Missile Range. Summers are almost 10 °C warmer at all altitudes observed at Fort Greely and are very stable, with the standard deviations among approximately 20 data points per level ranging from 1.3 °C near the stratonull to 4.0 °C at the stratopause level. In winter the Fort Greely profile shows lower temperatures than the low latitude stations above the stratonull level (about 27 km), with a maximum difference of almost 20 °C in these mean data in the 45 km region. This pronounced latitudinal difference disappears in the lower mesosphere near 60 km. Wintertime temperature profiles over Fort Greely exhibit more than twice the variability of the summer data, with the standard deviations of 3.5 °C at 20 km, 10.6 °C at 40 km and 11.9 °C at 60 km. These data include 36 soundings at 27 km, decreasing to 9 at 60 km.

Wallops Island temperature profiles (dash-dot curves) in Figs. 8 and 9 are much like those observed at White Sands Missile Range, with certain altitude regions slightly warmer in summer and slightly cooler in winter, as would be expected from static solar heating considerations. The summer (July) curve is based on 13 samples over much of the altitude range, decreasing to 8 at 55 km and 3 at 60 km. Standard deviations in these data range from 1.1 to 4.0 °C, indicating the same strong summer stability at this location as that observed at

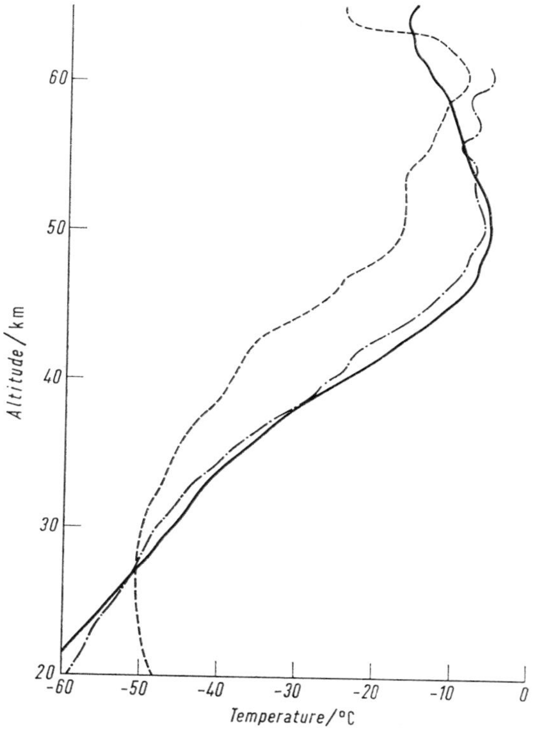


Fig. 9. Mean November noon vertical temperature profiles for White Sands Missile Range (solid curve), Fort Greely (dashed curve) and Wallops Island (dash-dot curve) for the period 1961 ... 1968.

White Sands Missile Range and Fort Greely. In winter the temperature structure at Wallops Island is also more variable, with roughly twice the standard deviation in a similar data sample.

**11. 45 ... 55 km mean annual temperature structure.** These points are illustrated in more detail by the curves of Fig. 10 which indicate the annual progress of monthly mean temperatures of the 45 ... 55 km region from White Sands Missile Range (solid curve), Fort Greely (dashed curve) and Wallops Island (dash-dot curve). Clearly, the large meridional temperature gradients which drive the general stratospheric circulation are to be found at high latitudes. Fort Greely has an annual range of the order of 30 °C, with the summer season high temperature rather symmetrical about the summer solstice. White Sands Missile Range particularly, and Wallops Island to some extent, have their seasonal maximum temperature earlier, well ahead of the peak in the summer heating period.

The winter season is more complex, with the symmetry broken by a distinct warming period (the winter storm period) during midwinter, centered on December. This "winter storm period"[1] is a regular feature of the wintertime stratopause region, with the "explosive warming"[2,3] adding to the intensity of this phenom-

[1] W. L. Webb: J. Atmos. Sci. **21**, 6, 582–591 (1964).
[2] R. Scherhag: Die explosionsartigen Stratosphärenerwärmungen des Spätwinters 1951/52. Berichte d. Deutschen Wetterdienstes US-Zone No. 38, Berlin 1952.
[3] W. L. Webb: Structure of the Stratosphere and Mesosphere. New York: Academic Press, Inc. 1966.

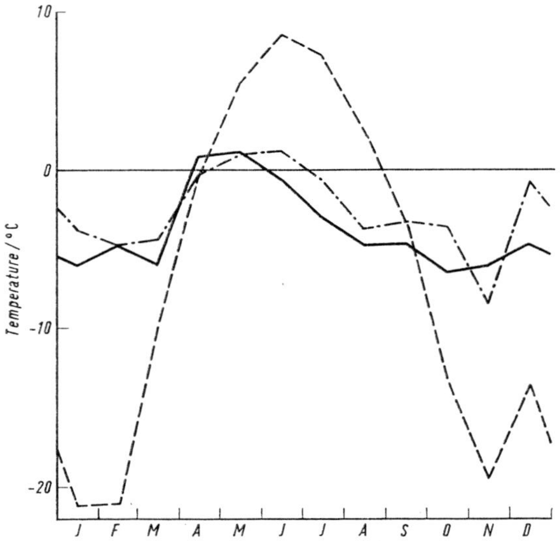


Fig. 10. Monthly mean noon temperatures in the 45 ... 55 km region for White Sands Missile Range (solid curve), Fort Greely (dashed curve) and Wallops Island (dash-dot curve) for the period 1961 ... 1968.

enon during certain years.[4-16] The winter storm period has its maximum general impact on the stratospheric circulation beneath the stratopause in polar regions where there is almost a complete absence of radiative heating. There have been a variety of suggestions relative to the source of energy for this highly significant event, the most likely appearing to be compressional heating of a downflow circulation system. In any case, the winter storm period is characterized by a weakening of the hemispheric cold low-pressure system which develops early in the winter season.

[4] B. H. WILLIAMS and B. T. MIERS: Synoptic Events of the Upper Stratospheric Warming of December 1967–January 1968. In: Stratospheric Circulation, pp. 483–518, edit. by W. L. WEBB. New York: Academic Press, Inc. 1969.

[5] F. G. FINGER and S. TEWELES: J. Appl. Meteorol. **3**, 1, 1–15 (1964).

[6] P. R. JULIAN and K. B. LABITZKE: J. Atmos. Sci. **22**, 3, 597–610 (1965).

[7] K. B. LABITZKE: J. Appl. Meteorol. **4**, 2, 91–99 (1965).

[8] B. KRIESTER: Stratospheric Warmings. In: K. RAWER (ed.), Winds and Turbulence in Stratosphere, Mesosphere and Exosphere, pp. 81–122. Amsterdam: North-Holland Publ. Co. 1968. (Many examples with pressure/temperature maps.)

[9] J. E. MORRIS and B. T. MIERS: J. Geophys. Res. **69**, 3, 201–214 (1964).

[10] J. S. BELROSE: Nature **214**, 660–664 (1967).

[11] I. HIROTA and Io. SATO: J. Meteorol. Soc. Japan **47**, 5, 390–402 (1969).

[12] T. MATSUNA and I. HIROTA: J. Meteorol. Soc. Japan, Ser. 11, **44**, 122–128 (1966).

[13] R. S. QUIROZ: Monthly Weather Rev. **97**, 9, 541–552 (1969).

[14] H. VOLLAND and G. WARNECKE: Stratospheric Mesospheric Coupling During Stratospheric Warmings. NASA Technical Report X-621-68-369. Goddard Space Flight Center, Greenbelt, Maryland, 1968.

[15] D. S. WATTS: Transport Processes during Stratospheric Warming and Cooling Processes. Technical Report, Contract AT (11-1)-1340, Colorado State University, Fort Collins, Colorado, 1968.

[16] B. H. WILLIAMS: Monthly Weather Rev. **96**, 549–558 (1968).

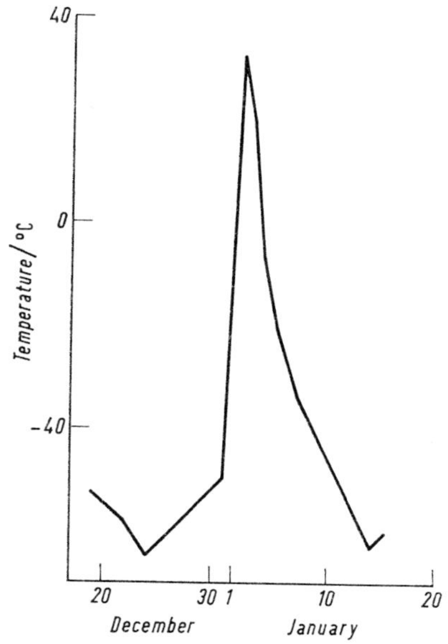


Fig. 11. 40 km altitude temperature data over Fort Churchill during the explosive warming event of January 1970 (courtesy of Air Weather Service).

**12. 1970 explosive warming.** A prime objective of the MRN temperature measuring effort has been the delineation of the thermal structure of the winter storm period in general and the exceptional explosive warmings in particular. The latest explosive warming case was observed in January 1970 in the Fort Churchill area.[1] The observations are illustrated by the Fort Churchill 40 km temperature data obtained between 19 December 1969 and 15 January 1970 which are presented in Fig. 11. The temperature increased by more than 90 °C over the entire warming period to provide the strongest explosive warming case which has thus far been directly measured. There is no real assurance that this observed temperature variation represents the maximum which occurred during this particular event.

The winter storm period is a very unstable interval in the stratospheric circulation. Temperature variations of a few tens °C over a few days time are common characteristics, at least of northern hemispheric winters. These variations are produced by slight shifts in shape and position of the wintertime circumpolar low-pressure system. Explosive warmings involve the breakdown of this hemispheric low-pressure system, and are generally designated as occurring only when temperature increases at some location exceeds 50 °C [*3*].

**13. Dynamic thermal control.**

α) There are theoretical reasons for expecting a semiannual variation in stratopause temperature and altitude in equatorial regions [*3*]. In the absence of *dynamic effects* this variation would be symmetrical. Observations show that

[1] A. R. Hull, W. I. Christensen, and E. E. Fisher: Stratospheric Warming over the Northern Hemisphere in December 1969–January 1970. US Airforce 6th Weather Wing, Internal Report, 1971.

a ridge of high pressure (warm air) appears in low latitudes of the winter hemisphere, a structure which must result from dynamic processes.

An even more obvious case of dynamic control of the temperature structure of the stratospheric circulation is found near the polar boundary where the lowest temperatures observed in the atmosphere are found. Temperatures below 150 K have been reported near 80 km at high latitudes at the height of the summer season. MRN data have indicated (see Chap. C.I) that this cold air is really located in a ring around the summer pole at about 60° latitude. The dynamic processes which are involved very likely include upward motions (adiabatic cooling) and eddy transport (downward heat transport) in the stratospheric tidal jet (see Chap. C.II).

β) There is real reason to attribute the positive lapse rate of the mesosphere to *eddy transport* mechanisms, with this process being most intense where ozonospheric heating is a maximum. The cold mesopause is, from this viewpoint, to be attributed to the fact that, in a gravity field, eddy transport in a layer serves to cool the top of the layer and heat the base of the layer. This is well illustrated by calculations of heat transport (using the vertical eddy transport coefficient ($K_e$) profile presented in Fig. 6, p. 127) from Eq. (7.2).

These curves indicate that above 130 km and between 60 km and 110 km the downward flux of heat by eddy transport may exceed all of the solar heat deposited above those levels. Differentiation of these curves yields the curves of Fig. 7 (p. 128), which show that differential eddy transport of heat downward in the atmosphere provides for strong local cooling and heating which in certain regions dominates the thermal structure. Above about 130 km this heat flow will be a conduction current from the solar wind. In the mesosphere the intensified eddy transport (see Fig. 6, p. 127) will contribute toward cooling of the upper layers and heating of the lower layers. It seems probable at this point that the observed gross diurnal temperature variation of the stratopause (discussed in Chap. C.II) is in part the result of the additional heat supplied by eddy diffusion heat generating and transporting mechanisms.

γ) *Winter polar regions,* where solar radiant heating is weak, are quite warm in mesopause regions. This is interpreted to mean subsiding motions occur in that region to provide heat through adiabatic compression. Mass continuity considerations would require such a downward flow at some point on the globe if the postulated upward motions of the stratospheric tidal jet occur. Conversely, if the heating required to keep the winter polar mesopause temperatures high is the result of downward motion, it is necessary that there be upward motion somewhere, i.e., the summer polar region. As is pointed out in Chap. C.I, there is evidence in the meteor trail wind observations of such a summer — to — winter-hemisphere flow in the lower thermosphere.

δ) The thermal structure of the *stratospheric circulation* may then be considered to result basically from solar radiational heating through ozone absorption of ultraviolet energy, although locally the thermal structure may be controlled by turbulent eddy transport of heat downward and special global circulation systems. It is also probable that additional heat is transported upward from the tropospheric circulation by body waves before they are absorbed in the upper atmosphere. We are just now acquiring sufficient data to conduct adequate studies of the importance of these various mechanisms.

# C. Motions.

## I. The stratospheric circulation.

### 14. Mean vertical wind structure.

α) The "*stratospheric circulation*" is defined as that circulation system which occupies the altitude region generally defined (on a thermal basis) as the upper stratosphere and the mesosphere (approximately 25 ... 80 km altitude). Solar radiation is assumed to provide the basic energy input to drive this circulation system; however, even the first synoptic looks at the stratospheric circulation indicated a complex structure which was clearly of dynamical origin. The synoptic MRN has offered, for the first time, the data required to investigate the synoptic processes which shape the structure of the stratospheric circulation. More than 13000 wind profiles were obtained in this cooperative network during the first decade of operation, and some of the findings which this data sample have made possible are presented here.

Separating the tropospheric and the stratospheric circulations at a midlatitude altitude of approximately 25 km is the "*stratonull*" *surface* [3]. Winds at this level are generally light and are occasionally easterly during the wintertime when both tropospheric and stratospheric circulations are strong westerly. In summer there is usually an increase in the zonal wind lapse rate at the stratonull level.

A dominant feature of the stratospheric circulation is the strong *monsoonal character* which is obvious in the zonal winds.

β) This characteristic is well illustrated by the monthly mean zonal wind profiles obtained for *MRN data* reports for *July and November* for White Sands Missile Range (32° 23′ N, 106° 29′ W), Wallops Island (37° 50′ N, 75° 29′ W) and Fort Greely (64° N, 145° 44′ W) which as presented in Figs. 12 and 13.

The White Sands Missile Range summer (solid curves) zonal profile includes data collected during July of the years 1961 ... 1968, based on a maximum of 167 data points at the 30 km level, decreasing to 43 samples at 65 km. Standard deviations in these data ranged from 4.0 m s$^{-1}$ at 25 km to 7.5 m s$^{-1}$ at 50 km and 25.8 m s$^{-1}$ at 65 km altitude. An easterly thermal wind is evident up to an altitude of 62 km. Above that level, a westerly thermal wind indicates a negative meridional temperature gradient at low latitudes in the upper mesosphere during the summer season.

Summer easterlies in the stratospheric circulation are somewhat lighter over Wallops Island during July than those observed over White Sands Missile Range. The Wallops Island profile for July (dash-dot curve) is based on data collected during the period 1961 ... 1968, with a maximum of 64 samples at 38 km altitude, decreasing to 11 at 60 km. Standard deviations in these data ranged from 2.1 m s$^{-1}$ at 25 km to 8.3 m s$^{-1}$ at 50 km, to 14.7 m s$^{-1}$ at 50 km, and 27.5 m s$^{-1}$ at 58 km.

At the auroral zone latitude of Fort Greely the summer easterly circulation indicated by these data is significantly weaker than that of lower latitudes throughout the stratosphere and lower mesosphere. The July mean curve presented in Fig. 12 is based on data collected during the period 1961 ... 1968, with a maximum of 82 samples at 40 km altitude, decreasing to 51 at 60 km, 12 at 63 km and 2 at 65 km. Standard deviations in these data ranged from 2.4 m s$^{-1}$ at 25 km to 8.3 m s$^{-1}$ at 60 km. It is important to note that these sparse data include an increasing easterly wind at the highest levels, which indicates warmer air toward the pole in arctic regions during the summer season.

Westerly wind structure of the winter season in the stratospheric circulation is characterized by increasing westerly winds with height up to the lower mesosphere during the early part of the winter season. Mean November winds for White Sands Missile Range are illustrated by the solid curve in Fig. 13. These data are based on soundings obtained during 1961 ... 1968, with a maximum of 156 data points at 33 km altitude, decreasing to 90 at 60 km and 26 at 65 km. Standard deviations in these data range from 9.3 m s$^{-1}$ at 25 km to 20.6 m s$^{-1}$ at 50 km, diminishing to 17.4 m s$^{-1}$ at 60 km and increasing to 24.0 m s$^{-1}$ at 65 km altitude. Additional small amounts of data have been obtained over White Sands Missile Range during the winter season which show that the zonal winds of the stratospheric circulation diminish to the 20 ... 40 m s$^{-1}$ range in the 70 ... 80 km altitude region.

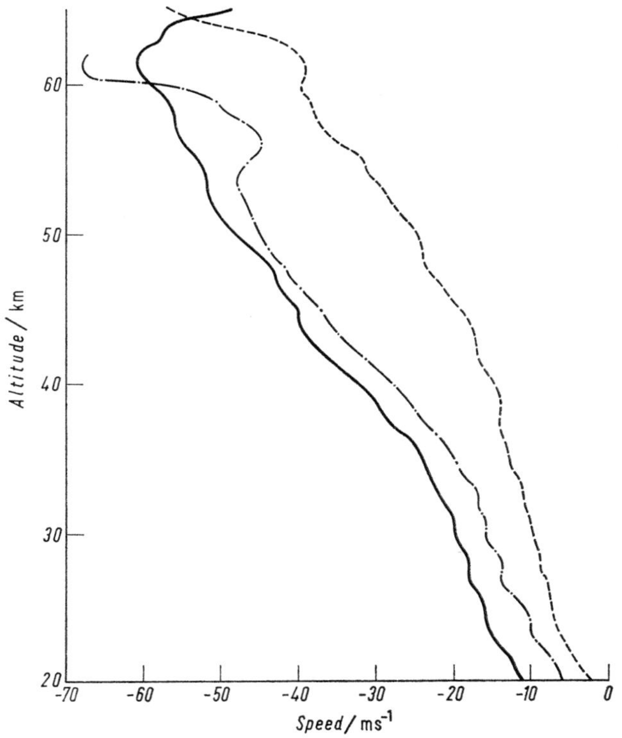


Fig. 12. Mean July zonal wind profiles derived from MRN data observed during 1961 ... 1968 at White Sands Missile Range (solid curve), Fort Greely (dashed curve) and Wallops Island (dash-dot curve).

Wallops Island MRN data exhibit the strongest zonal winds, with a mean November profile ranging from 10 m s$^{-1}$ near the stratonull to almost 100 m s$^{-1}$ in the lower mesosphere. This profile (dash-dot curve of Fig. 13) is based on a maximum of 54 data points at 40 km altitude decreasing to 10 soundings at 60 km altitude obtained during the 1961 ... 1968 period. Standard deviations in these data ranged from 9.6 m s$^{-1}$ at 25 km to 23.0 m s$^{-1}$ at 54 km.

Winter westerly winds over high latitude Fort Greely (64° N) are significantly lighter than at the lower-latitude stations. Mean November data for Fort Greely (dashed curve of Fig. 13) show peak values of less than 30 m s$^{-1}$ near 50 km altitude, with easterly thermal winds beginning in the lower mesosphere; the zonal wind profile thus changes to easterly at 65 km, with a few data indicating easterly winds of more than 30 m s$^{-1}$ at 70 km. The Fort Greely mean profile is based on data obtained during 1961 ... 1968, with a maximum of 81 soundings at 30 km decreasing to 20 at 59 km and to 2 at 65 km. Standard deviations in these data range from 9.8 m s$^{-1}$ at 25 km altitude to 21.0 m s$^{-1}$ at 50 km and 12.8 m s$^{-1}$ at 65 km.

$\gamma$) *Meridional components of the stratospheric circulation* in summer over White Sands Missile Range, Fort Greely and Wallops Island are illustrated by the mean July profiles for the 1961 ... 1968 period in Fig. 14. These curves indicate a persistent southerly component in the flow increasing with altitude to roughly 5 m s$^{-1}$ at the stratopause level. Consideration of the mean maps for this region produced by the late RICHARD SCHERHAG at the Free University of Berlin indicates that the stratospheric circulation is highly symmetric during the summer

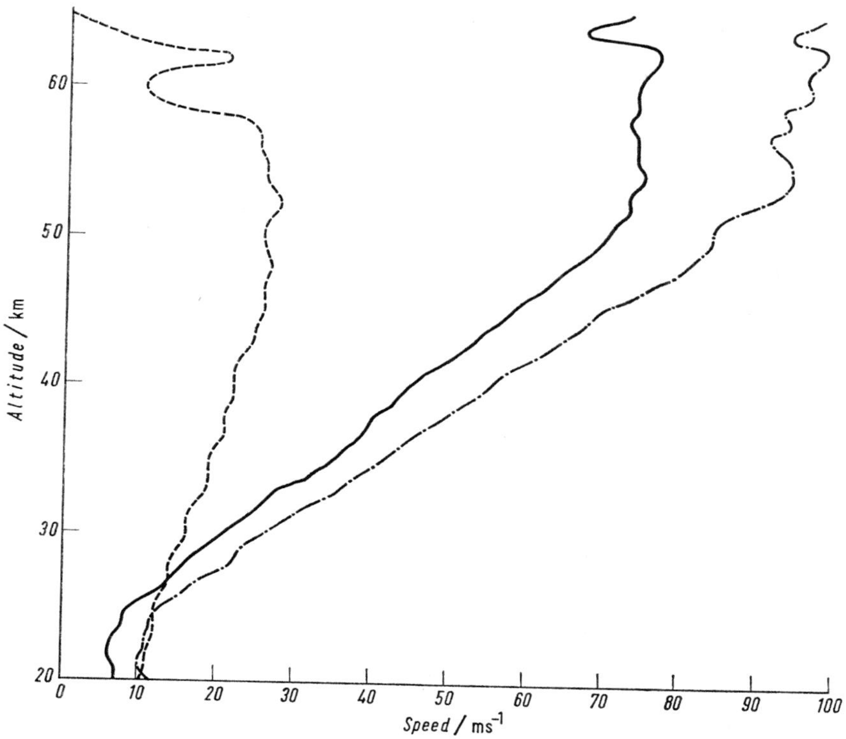


Fig. 13. Mean November zonal wind profiles derived from MRN data observed during 1961 ... 1968 at White Sands Missile Range (solid curve), Fort Greely (dashed curve) and Wallops Island (dash-dot curve).

season; these meridional components have been interpreted as resulting from a diurnal variation in the stratospheric wind field. There is in fact a strong bias in all MRN observations toward a near local noon observation time. These considerations would then indicate that the mean meridional speed of the stratopause diurnal tides is roughly 5 m $s^{-1}$ near local noon over the latitude range from 30° to 65° N.

Inspection of the winter meridional flow presented in Fig. 15 indicates a very different situation. Here, the mean November winds are shown to be from the South at the low-latitude stations and from the North at Fort Greely. There is then a seasonal reversal of the meridional component of the stratospheric circulation at high latitudes of the northern hemisphere.

**15. Winter storm period.** The explanation for this complex wintertime structure has been found to rest in a highly asymmetric configuration of the circumpolar vortex, particularly during the middle of the winter season. As is illustrated by the special case presented in Fig. 16, a trough extends equatorward in the vicinity of North America, and an extensive region of low pressure occupies the Eurasian region. This is firmly characteristic of the stratospheric circulation, with many large rapid variations during what has been termed the "winter storm period"

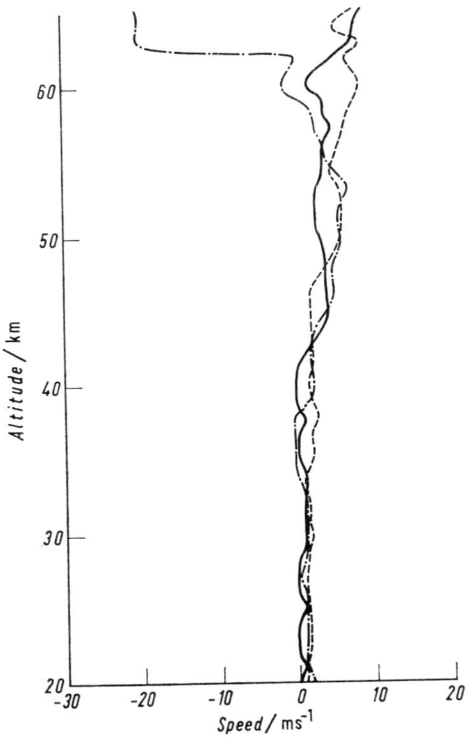


Fig. 14. Mean July meridional wind profiles derived from MRN data observed during 1961 ... 1968 at White Sands Missile Range (solid curve). Fort Greely (dashed curve) and Wallops Island (dash-dot curve).

altering the day-to-day configuration but with the mean positions of the low pressure centers remaining essentially constant.[1,2]

It is obvious that the easterlies of low latitudes in Fig. 16 are associated with the easterly circulation of the summer (southern) hemisphere; the deep incursion of summer easterlies into high latitudes of the winter hemisphere is clearly an energy exchange process which involves eddy transport from the hot summer hemisphere to the cold winter hemisphere. Such a meridional circulation system necessarily involves return flow paths which, if these data are representative, would include downward motions in winter high latitudes and upward motions in summer high latitudes. The "explosive warmings", first observed over Berlin by RICHARD SCHERHAG[3] in 1951 ... 1952[4-14], which exhibited temperature in-

[1] A. AZCARRAGA and L. S. MUNIOSGUREN: Meteorological Rockets in Spain. In: Stratopheric Circulation, pp. 519–527, edit. by W. L. WEBB. New York: Academic Press, Inc. 1969.

[2] S. S. GAIGEROV, YU. P. KOSKELKOV, D. A. TARASENKO, and E. G. SHVIDKOVSKY: Properties of the Atmosphere up to 80 km. [4], 323–338 (1969).

[3] R. SCHERHAG: Die explosionsartigen Stratosphärenerwärmungen des Spätwinters 1951/52. Berichte d. Deutschen Wetterdienstes US-Zone No. 38, Berlin 1952.

[4] F. G. FINGER and S. TEWELES: J. Appl. Meteorol. **3**, 1, 1–15 (1964).

[5] J. E. MORRIS and B. T. MIERS: J. Geophys. Res. **69**, 3, 201–214 (1964).

[6] P. R. JULIAN and K. B. LABITZKE: J. Atmos. Sci. **22**, 3, 597–610 (1965).

[7] K. B. LABITZKE: J. Appl. Meteorol. **4**, 2, 91–99 (1965).

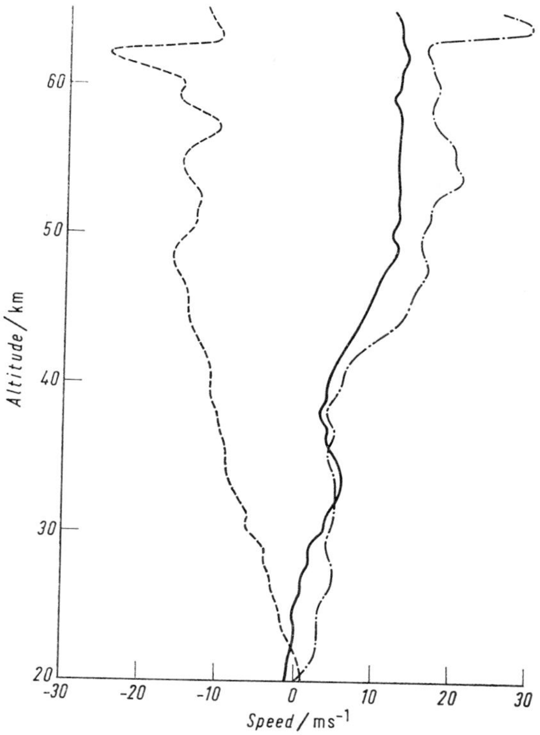


Fig. 15. Mean November meridional wind profiles derived from MRN data observed during 1961 ... 1968 at White Sands Missile Range (solid curve), Fort Greely (dashed curve) and Wallops Island (dash-dot curve).

creases of the order of 80 °C near 35 km altitude, would then appear to be a part of this circulation system, with an indicated return flow path in the tropospheric circulation.

**16. Stratospheric circulation index.** One of the more informative ways of analyzing the MRN data is to employ an index to represent the synoptic character of each sounding. This technique removes the small scale details from the data and provides a manageable set of data for synoptic study. Such an index is the

---

[8] J. S. Belrose: Nature **214**, 660–664 (1967).

[9] H. Volland and G. Warnecke: Stratospheric Mesospheric Coupling During Stratospheric Warmings. NASA Technical Report X-621-68-369. Goddard Space Flight Center, Greenbelt, Maryland, 1968.

[10] B. Kriester: Stratospheric Warmings. In: K. Rawer (ed.), Winds and Turbulence in Stratosphere, Mesosphere and Exosphere, p. 81–122. Amsterdam: North-Holland Publ. Co. 1968. (Many examples with pressure/temperature maps.)

[11] D. S. Watts: Transport Processes during Stratospheric Warmings and Cooling Processes. Technical Report, Contract AT (11-1)-1340, Colorado State University, Fort Collins, Colorado, 1968.

[12] B. H. Williams: Monthly Weather Rev. **96**, 549–558 (1968).

[13] I. Hirota and Io. Sato: J. Meteorol. Soc. Japan **47**, 5, 390–402 (1969).

[14] R. S. Quiroz: Monthly Weather Rev. **97**, 9, 541–552 (1969).

SCI (*S*tratospheric *C*irculation *I*ndex) employed by WEBB.[1] The SCI is equal with the numerical value of the mean wind in the 45 ... 55 km altitude region as derived from each sounding presented for zonal and meridional components in m s$^{-1}$.

Examples of the type of data available for White Sands Missile Range are indicated by the individual zonal and meridional SCI values presented for 1968, 1969 and 1970 in Figs. 17 ... 19. These curves should be compared with those for 1960 ... 1964 which were published in [*3*].

**17. SCI means for White Sands Missile Range.** The MRN data thus for collected at White Sands Missile Range are then illustrated by ten-day means of the zonal SCI in Fig. 20 and the meridional SCI in Fig. 21.

These data involve 1878 soundings which indicate annual average zonal flows of 11.1 m s$^{-1}$ and meridional flows of 7.8 m s$^{-1}$. The later value can be attributed, at least in part, to the diurnal bias in the observational schedule which places most of the data in the diurnal period in which tidal winds are flowing away from the equator.

α) The zonal SCI presented by the solid curve of Fig. 20 illustrates the well known *monsoonal character* of the stratospheric circulation. Easterly winds begin at the stratopause over White Sands Missile Range just before 1 May, build up rather smoothly to a peak of almost 50 m s$^{-1}$ in mid-July and decrease to zero near equinox time about 20 September. Observed extremes (dashed curves) and standard deviations (dash-dot curve) indicate that the summer stratospheric circulation is a very stable feature of the monsoon. It is of interest to note that this mean zonal SCI curve is not altogether symmetrical, but that there is an indentation in the latter part of July which appears to have significance.

Buildup of winter westerlies is rapid after the fall equinox with 50 m s$^{-1}$ winds the rule within a month and mean values near 80 m s$^{-1}$ attained by early December. This strong westerly flow is characterized by an increase in the standard deviation, with maximum values of 36 m s$^{-1}$ in these data. This is to be compared with average values of 6 or 7 m s$^{-1}$ in the summer season.

β) The most obvious feature of the wintertime zonal SCI over White Sands Missile Range is the strong perturbation introduced in midwinter by the *winter storm period*. In mid-December the zonal SCI decreases by a factor of two in these mean data, reaching a minimum of 36 m s$^{-1}$ in early January. The zonal winds recover to about 50 m s$^{-1}$ during the latter part of the winter season. It should be noted that the midsummer perturbation of the zonal circulation mentioned earlier is exactly six months displaced in time from the winter storm period and thus is assumed to be the summer hemisphere stratopause manifestation of the winter storm period perturbation which is so obvious in the winter hemisphere.

This major disruption of the global stratospheric circulation is an invariant feature, although the character of the event is highly variable from year to year. In the more extreme cases, the local winds become easterly for a few days time, although the dates on which these extreme events occur are so random (within the winter storm period) that they generally serve only to reduce the values of those means. There is evidence that White Sands Missile Range may not be entirely representative of the northern hemisphere longitudinal distribution of this phenomenon, with locations along the eastern margins of continental regions exhibiting a greater variation [*3*].[1]

γ) Another *perturbation* of the stratospheric circulation which has great significance is the marked change in the rate of westerly wind increase to be noted in

[1] W. L. WEBB: J. Atmos. Sci. **21**, 6, 582–591 (1964).

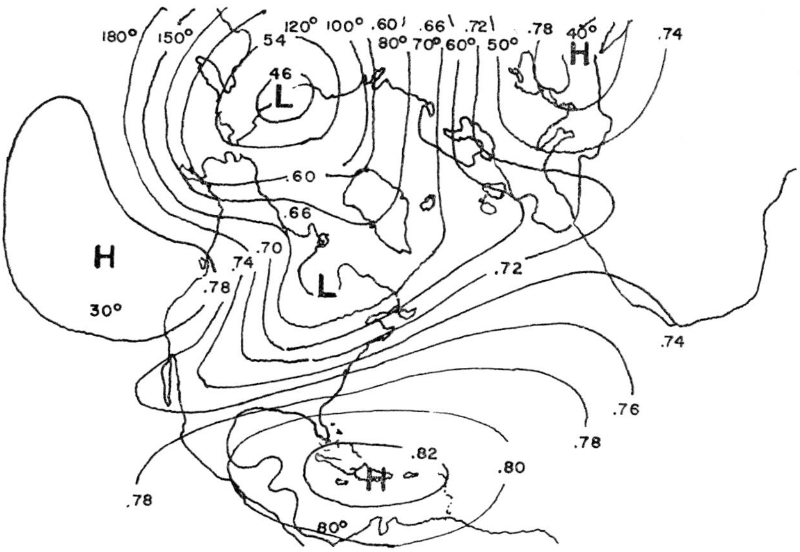


Fig. 16. Northern Hemisphere 50 km chart for 2 January 1968 (furnished by B. H. WILLIAMS, Atmospheric Sciences Laboratory).

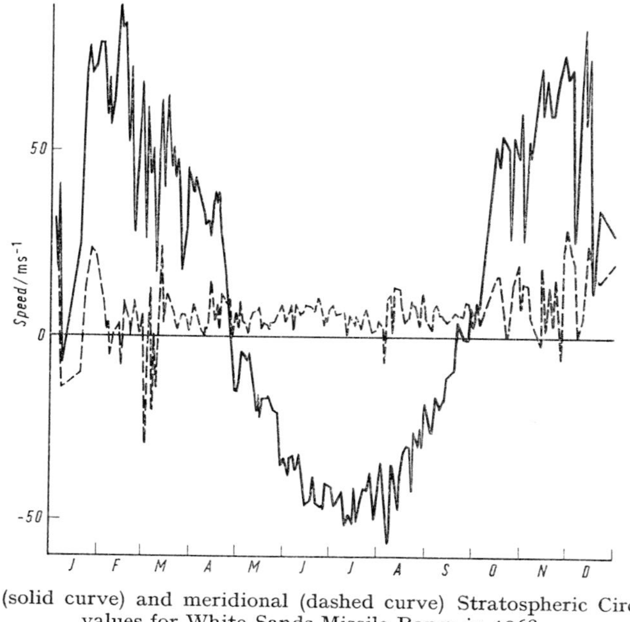


Fig. 17. Zonal (solid curve) and meridional (dashed curve) Stratospheric Circulation Index values for White Sands Missile Range in 1968.

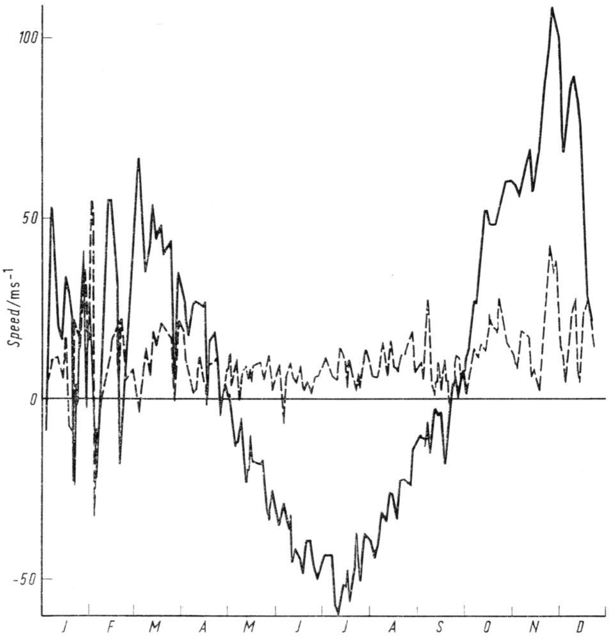


Fig. 18. Zonal (solid curve) and meridional (dashed curve) Stratospheric Circulation Index values for White Sands Missile Range in 1969.

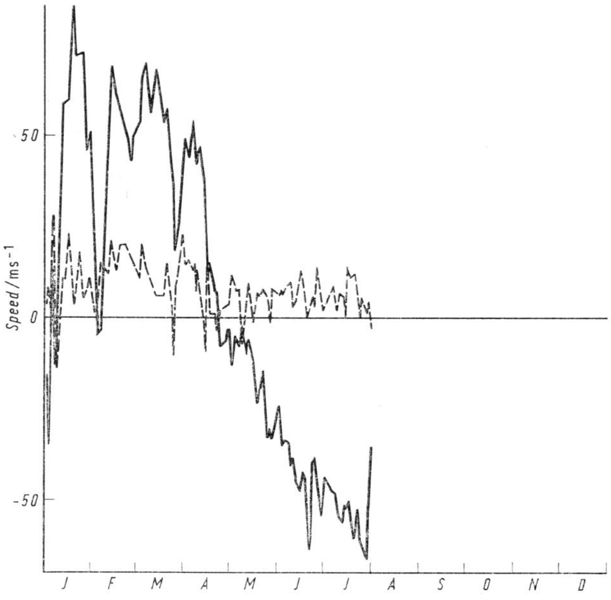


Fig. 19. Zonal (solid curve) and meridional (dashed curve) Stratospheric Circulation Index values for White Sands Missile Range in 1970.

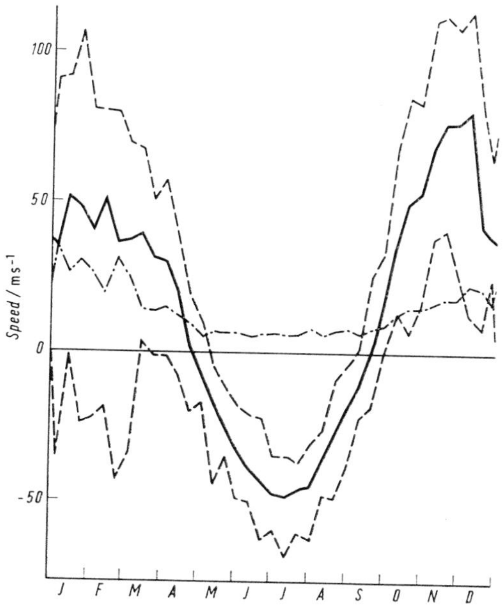


Fig. 20. Ten-day means (solid curve) of all zonal Stratospheric Circulation Index (45 ... 55 km mean) data obtained at White Sands Missile Range through 29 June 1970. Extreme values record and standard deviations are indicated by dashed curves and the dash-dot curve, respectively.

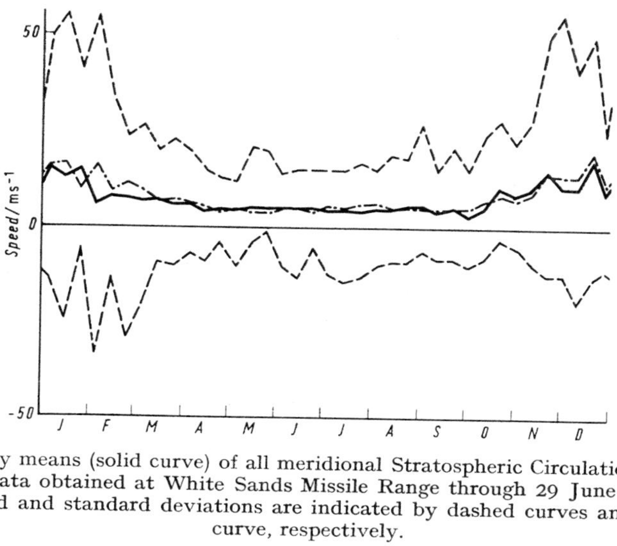


Fig. 21. Ten-day means (solid curve) of all meridional Stratospheric Circulation Index (45 ... 55 km mean) data obtained at White Sands Missile Range through 29 June 1970. Extreme values of record and standard deviations are indicated by dashed curves and the dash-dot curve, respectively.

Fig. 20 in *late October*. This event, which is slightly variable in date of occurence (see Figs. 17 ... 19), represents a major reorganization of the wintertime hemispheric circulation. Westerly winds over White Sands Missile Range generally decrease by more than 10 m s$^{-1}$ over periods of a few days (also see Fig. 4.4 of [3]), and then in early November begin their strong increase of the early winter period. A comparison change of less intensity (6 months apart) in late April indicates that these perturbations are similar to the winter storm period, also produced by a global phenomenon.

δ) The winter *season* is characterized by a strong variability over White Sands Missile Range, both on a short term basis within a year and from year to year. Maximum westerly winds are observed in the early winter season, with an observed maximum in these data of 114 m s$^{-1}$ in early December. Maximum easterly wind of the summer season in these data is −64 m s$^{-1}$ in July, giving an overall range of extreme observed values of 178 m s$^{-1}$ for the zonal SCI over White Sands Missile Range. The overall range of ten day mean values of the zonal SCI period of record is 128.3 m s$^{-1}$.

ε) *Meridional winds* over White Sands Missile Range are generally light. As is illustrated by the solid curve in Fig. 21, there is a general southerly flow at the stratopause of roughly 5 m s$^{-1}$ in summer, increasing to more than 10 m s$^{-1}$ in winter. Extreme values of 61 m s$^{-1}$ from the South and −33 m s$^{-1}$ from the North have been observed. These large wintertime variations in meridional flow are associated with fluctuations in position of the North American trough of the stratopause illustrated in Fig. 16 (on p. 141) to the East or West of White Sands Missile Range. Oscillations of this trough have a period of a few days, with extreme oscillation occasionally culminating in the explosive warming disruption of the entire system.

**18. SCI means for Fort Greely.** Zonal and meridional SCI data for Fort Greely are presented in Figs. 22 and 23 respectively.

These curves were obtained from a data sample of 828 soundings obtained during the period 6 November 1963 to 29 June 1970. Those data yield annual zonal and meridional means of 0.6 m s$^{-1}$ and −4.4 m s$^{-1}$, respectively. The total westerly component is thus significantly smaller than the 11.1 m s$^{-1}$ obtained at White Sands Missile Range and the direction of the annual meridional component is reversed to the north at Fort Greely.

α) Strong north winds of the Fort Greely stratopause winter are indicated by charts of the type illustrated in Fig. 16 (on p. 141) to be the result of *orographic effects*. A persistent wintertime high-pressure system in the Pacific Ocean forces the circulation far northward in that region where is sweeps toward low latitudes along the western margin of North America. As is indicated by the extreme northerly wind value of −146 m s$^{-1}$ and the mean for that time interval of only −39 m s$^{-1}$, these are intense circulation systems which generally occur over short time intervals.

β) Comparison of the Fort Greely and White Sands Missile Range data shows that the monsoonal reversals in the zonal flow occur earlier at Fort Greely, with the spring reversal occurring early in April and the fall reversal occurring late in August. Peak mean easterlies of summer are weaker (−28.4 m s$^{-1}$) at Fort Greely and the perturbation noted in the White Sands Missile Range midsummer is more pronounced at Fort Greely, appearing clearly in both zonal and meridional components.

The zonal circulation at Fort Greely reaches near maximum winter values of 29.5 m s$^{-1}$ by the time reversal occurs at White Sands Missile Range and, after the equinox perturbation discussed above, remains at a relatively low intensity.

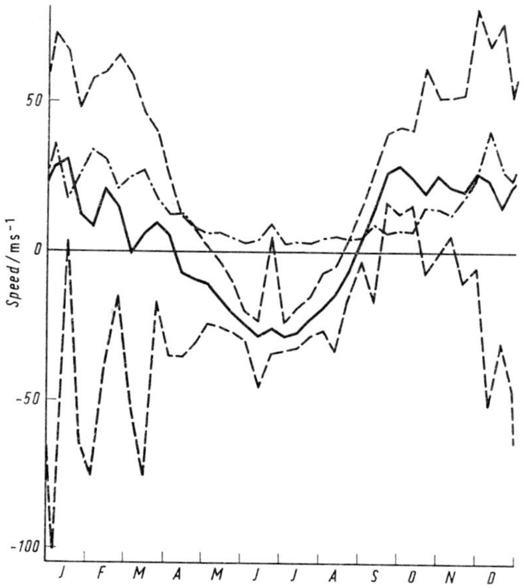


Fig. 22. Ten-day means (solid curve) of the zonal Stratospheric Circulation Index (45 ... 55 km mean) obtained at Fort Greely during the period 6 November 1963 to 29 June 1970. Extreme values of record and standard deviations are indicated by the dashed curves and dash-dot curve, respectively.

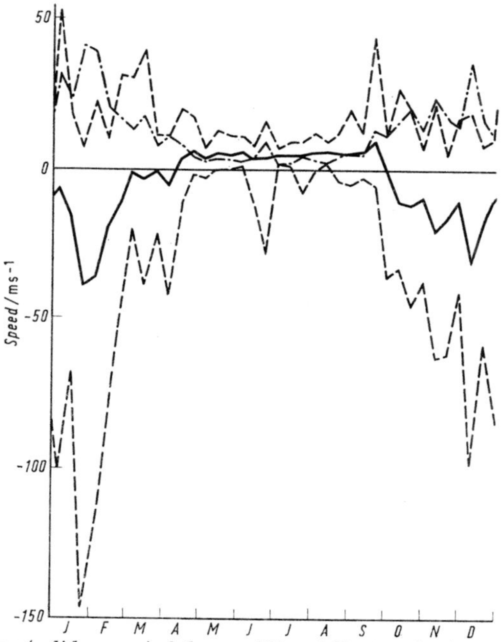


Fig. 23. Ten-day means (solid curve )of the meridional Stratospheric Circulation Index (45 ... 55 km mean) obtained at Fort Greely during the period 6 November 1963 to 29 June 1970. Extreme values of record and standard deviations are indicated by dashed curves and the dash-dot curve, respectively.

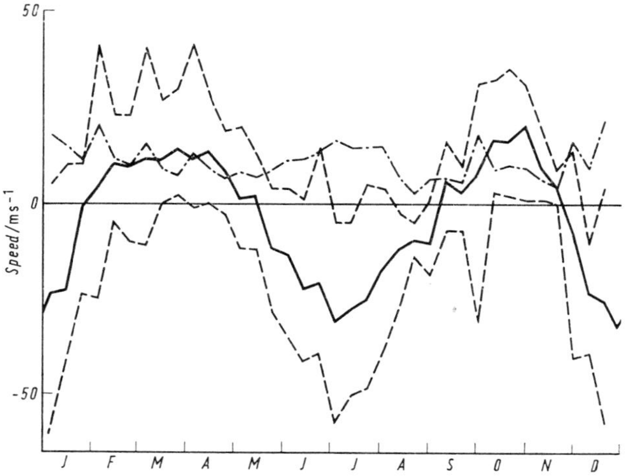


Fig. 24. Ten-day means (solid curves) of all zonal Stratospheric Circulation Index (45 ... 55 km mean) values obtained at Fort Sherman, Panama, during the period 3 September 1966 to 3 April 1970. Extreme values of record and standard deviations are indicated by dashed curves and the dash-dot curve, respectively.

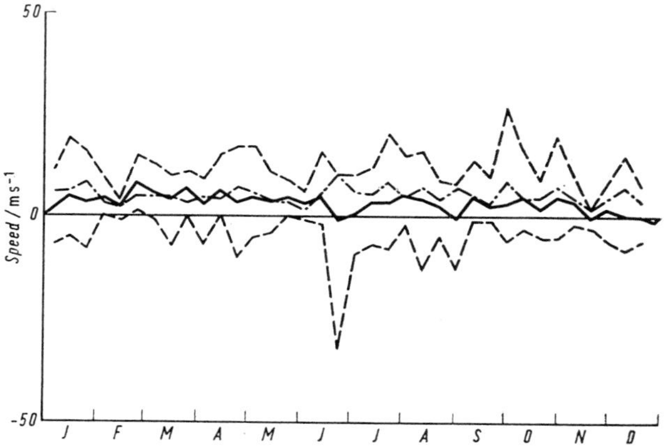


Fig. 25. Ten-day means (solid curve) of all meridional Stratospheric Circulation Index (45 ... 55 km mean) values obtained at Fort Sherman, Panama, during the period 3 September 1966 to 3 April 1970. Extreme values of record and standard deviations are indicated by dashed curves and the dash-dot curve, respectively.

Of particular interest in the Fort Greely data is the appearance or regular perturbations even in these averages of several years data. These perturbations exhibit a period of approximately one month. These variations are probably associated with periodic intrusions of the Pacific high pressure systems into higher latitudes.

## 19. SCI means for Panama.

α) Even more striking differences in the stratospheric circulation are found in the Panama (9° 20′ N, 79° 59′ W) SCI data illustrated for the zonal and meridional components in Figs. 24 and 25. Here the zonal winds exhibit a well defined *semiannual variation* with westerlies near solstice times. That is, equatorial regions become a part of the summer hemisphere easterly circulation during the winter storm periods. These data would then indicate that, at the stratopause level, the "winter storm period" exhibits maximum mean intensity of circulation variation in the winter hemisphere, is quite strong in tropical regions and rather weak in the summer hemisphere, although it is stronger again in summer high latitudes. This configuration could mean that the 45 ... 55 km altitude region does not provide the best overall sampling level for the global phenomenon.

The Panama curves are made up of a total of 384 soundings obtained between 3 September 1946 and 3 April 1970. An annual range of the 10 day mean zonal wind speeds of 52.1 m $s^{-1}$ is slightly less than the 59.3 m $s^{-1}$ observed at Fort Greely and much less than the 128.3 m $s^{-1}$ observed at White Sands Missile Range. Mean zonal wind speed for all of the data is $-4.3$ m $s^{-1}$ (from the East) and mean meridional wind speed for all of the data is 3.5 m $s^{-1}$ (from the South).

β) It is most interesting to note that the Panama mean *meridional wind* speed becomes slightly northerly during the southern hemisphere winter storm period (late June). The extreme values of 32 m $s^{-1}$ imply that for short periods this flow toward the equator is quite strong. These data indicate, then, that the winter storm period includes flow from the summer to the winter hemisphere. It seems likely that these data may be underestimates of the effect, and that data at higher altitudes might show even greater hemispheric interaction. As a matter of fact, Kochanski's analysis[1] of meteor trail winds in the 90 ... 100 km region indicates a well-defined annual variation of the meridional winds directed toward the winter pole at about 10 m $s^{-1}$ at solstice times.

**20. Hemispheric similarities.** These data, along with similar data from other MRN stations, have been used under assumptions of hemispheric similarity to develop models of the latitudinal structure of the stratospheric circulation during the winter storm period.

Such a model for the southern hemisphere winter was first published by Webb[1] as is illustrated in Fig. 26. In light of the small amount of MRN data available for the southern hemisphere, this model is based principally on the assumption that the hemispheric circulations are similar and that the northern hemisphere data are representative of conditions in the southern hemisphere.

α) The curves of Fig. 26 point out clearly the sequence of events which occur during the *winter storm period*. Summer easterlies push across the equator just after mid-May as the winter westerlies build up to their maximum speed in midlatitudes. As the summer easterly circulation penetrates deeper into the winter hemisphere, the winter westerly circulation wanes until in mid July the winter-time circumpolar low has shrunk to high latitudes and summer easterlies cover much of the globe. If the hemispheric similarity assumption holds, this process is repeated six months later in the opposite direction.

The degree of hemispheric similarity of the stratospheric circulation is illustrated by the individual SCI data points for Chamical, Argentina (30° 22′ S, 66° 17′ W) and Mar Chiquita, Argentina (37° 45′ S, 57° 25′ W) which are plotted in Fig. 27. The Chamical data indicate a winter storm period in the southern hemisphere of much the same character as that observed at White Sands Missile Range. The Mar Chiquite data, on the other hand, indicate stronger winter westerlies than are generally observed at Wallops Island (37° 50′ N, 75° 24′ W), although not in excess of the maximum values which have been observed at Wallops Island, and in the winter storm period is not obvious in these few data.

[1] A. Kochanski: J. Geophys. Res. **68**, 213–226 (1963).
[1] W. L. Webb: J. Atmos. Sci. **21**, 6, 582–591 (1964).

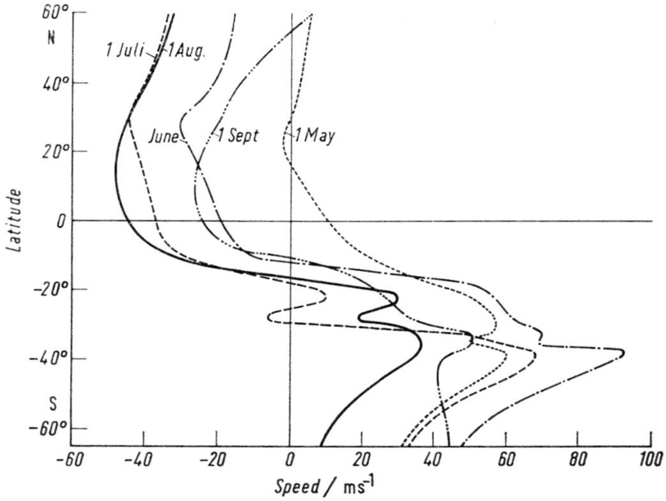


Fig. 26. Zonal SCI distribution with latitude during the winter storm period after WEBB (1964)[2]. (Courtesy American Meterological Society).

$\beta$) *Meridional winds* at both stations are northerly, in general, and are of about the values observed in the northern hemisphere (5 ... 10 m s$^{-1}$) during the stable summer period. Northerly winds at Mar Chiquita are strong in the winter, similar to the strong southerly winds observed at White Sands Missile Range and Wallops Island. While at a higher latitude than these northern hemisphere stations, Mar Chiquita occupies a geographic location similar in other respects to these two northern hemisphere stations. These data would indicate that the 50 km circulation of the southern hemisphere experiences strong perturbations as a result of the South American continent, which are analogous to those imposed by North America on the SCI of the northern hemisphere (see Fig. 16 on p. 141). That is, there appears to be a *winter trough* extending toward the equator over South America.

It is probable, however, that this trough over South America is less extensive than its North American counterpart because of the lack of extensive land masses at high latitudes in the southern hemisphere. The lack of explosive warming event observations in the southern hemisphere would indicate that these events are at least of very different character from those in the northern hemisphere with which we are familiar. A small amount of data obtained at McMurdo[3] indicates the absence of a strong midwinter perturbation in the polar region circulation. If these inferences should prove to be correct, it is likely that the southern hemisphere does have a winter storm period comparable to the northern hemisphere model in low and middle latitudes, but that total disruptions of the circumpolar low pressure system are less likely and perhaps even totally absent. It must be remembered that explosive warming do not occur during all winters in the northern hemisphere.

$\gamma$) It is most interesting to note the very large perturbation in the Mar Chiquita data in the spring of 1968. This event is slightly ahead (approximately

[2] W. L. WEBB: J. Geophys. Res. **70**, 18, 4463–4475 (1965).

[3] R. A. ROTOLANTE and A. M. PARRA: J. Geophys. Res. **70**, 749–756 (1965).

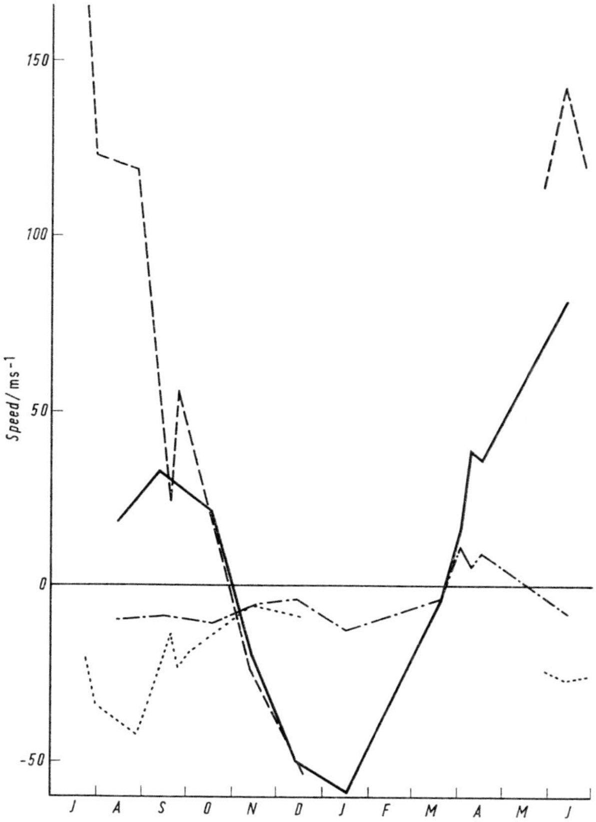


Fig. 27. Zonal and meridional Stratospheric Circulation Index data for Chamical for 16 August 1967 to 17 April 1968 (solid and dash-dot curves) and for Mar Chiquita for 29 May to 18 December 1968 (dashed and dash-short dash curves).

2 weeks) of the similar events in the northern hemisphere (see Figs. 20, 22 and 24) and thus could indicate that these perturbations are initiated in high latitudes of the hemisphere which is entering the summer season. Similarly, the fall equinox event appears to have been captured in the Chamical data about two weeks after the reversal, a month ahead of the similar event in the northern hemisphere.

These *equinoctial events* have been hypothesized to be on the dates on which the stratospheric thermal tidal circulation systems switch from the summer to winter (and vice versa) modes of operation [*3*]. In the summer mode the tidal circulation encircles the pole and supplements the general easterly circulation, while in winter the zonal segment is westerly in high latitudes of the sunlit hemisphere.

$\delta$) Special studies of the high latitude *upper mesospheric summer circulation*[4] have shown that the easterly thermal winds which characterize the lower and middle stratospheric circulation at all latitudes extend to the vicinity of the mesopause and possibly beyond. These data are interpreted to mean that the cold meso-

[4] J. E. Morris and M. D. Kays: J. Geophys. Res. *74*, 427–434 (1969).

pause is not centered at the summer pole, but is in a ring around the pole in the 60 ... 70 degree latitude region. The upper mesosphere, above approximately 65 km, appears to be characterized by westerly thermal winds in low and middle latitudes and by easterly thermal winds in high latitudes. Such structure could hardly be radiative in origin. The dynamic system which has the proper configuration for producing this result is the summer diurnal tidal circulation system. This point will be discussed in more detail in Chap. C.II, and was first discussed by WEBB [3].

An overall look at the MRN stratospheric circulation data indicates that, on a global scale, the action is oriented along a surface which is low (30 ... 40 km) in the winter hemisphere and high (near 80 km) in the summer hemisphere. These high latitude centers of intense synoptic activity are characterized by the winter storm period at the low end and noctilucent cloud occurrences at the high end of this intense solstice time activity. At the same time the semiannual easterlies appear in the 50 km equatorial region with their attendant cross equatorial flow from the summer to the winter hemisphere. There can be little doubt that these phenomenon are simply elements in a composite global system which we see separately only because of our limited observational spectrum.

ε) There is ample evidence that the scale of synoptic events which occur in the *winter hemisphere* of the stratospheric circulation is larger than those which occur in the summer hemisphere, with wintertime poleward bound warm waves which are somewhat analogous to the equatorward bound cold waves of tropospheric meteorology. The data indicates, however, that the summer hemisphere is the site of intense eddy transport of smaller scale which may well equal or exceed the total transport of the winter hemisphere.

It is essential, then, that the MRN observational system include wind data acquisition to the 80 km level, particularly in middle and high latitudes of the summer hemisphere. Such a conclusion is based on the limited stratospheric circulation data now available, and the acquisition of that additional data would undoubtedly open our view to new aspects of upper atmospheric structure which would require further expansion of the atmospheric observational system.

Acceptance of the atmosphere as a unified system which must be considered as a whole is becoming the only tenable approach for the atmospheric scientist.

## II. Stratopause thermal tides.

### 21. Discovery of the stratopause diurnal heat wave.

α) *Diurnal variations* in the stratopause wind and temperature fields were first clearly observed over White Sands Missile Range on 7 ... 9 February 1964 by MIERS[1] in a unique series of meteorological rocket firings[2,3]. These observations pointed toward stratopause diurnal temperature and wind variations of roughly 15 °C and a few tens of m $s^{-1}$ respectively. Maximum and minimum temperatures were observed to occur about 14 h LMT and shortly before sunrise respectively, with apparent zonal temperature gradients during the morning hours roughly double the afternoon and nighttime values. The stratopause heating function is thus made up of a strong basic diurnal oscillation plus higher harmonics of less amplitude.

These data are of great interest since theoretical considerations have forecast stratopause diurnal temperature variations with a range of approximately 4.5 °C

[1] B. T. MIERS: Bull. Am. Meteorol. Soc. **45**, 12, 751–752 (1964).
[2] B. T. MIERS: J. Atmos. Sci. **22**, 4, 382–387 (1965).
[3] N. J. BEYERS and B. T. MIERS: J. Atmos. Sci. **22**, 3, 262–266 (1965).

with maximum and minimum at 18 and 06 h LMT, respectively[4,5]. Diurnal wind oscillations (using LEOVY's heating function) have been calculated to be of roughly the observed stratopause wind field.[6–8] The theoretical studies have been based on static type assumptions, considering the diurnal heat pulse to be a minor perturbation of symmetrical structure and the atmospheric response to be without absorption or nonlinear characteristics. Since the diurnal fluctuations indicated by the observed data are generally several precent of the mean values and the eddy transport of the stratospheric circulation (see Chap. B.II) is by no means negligible, it is no surprise that there should develop major disagreements between theoretical results based on these small perturbation assumptions and the observed structure.

The scheduling of the Meterological Rocket Network observations has always been principally controlled by local influences. The fact that short period regular variations might bias the data sample was considered, along with possible location biasing effects. Consideration of Figs. 14 (p. 138), 20 (p. 143), 21 and 22 indicates that there is indeed a bias, with winds from the South at about 5 m s$^{-1}$ in the 50 km region at the three stations presented during the stable summer season. The same is true of all of the available northern hemisphere data, and southern hemisphere data have been shown to have a similar bias, with winds from the North in that case.[9]

*β*) These data support the concept of *hemispheric tidal systems* which are characterized by winds directed away from the equator during the morning and back toward the equator during the afternoon and evening. In addition, the invariance of this poleward flow through equinox times indicates that the diurnal wind variation, while extremely complex in structure, remains essentially unchanged through those periods.

Following LENHARD's study[10] of short term wind variations using the Robin sphere sensor at hourly intervals at Eglin Air Force Base on 9 ... 10 May 1961, there have been a series of studies of the diurnal wind and temperature fields of the stratospheric circulation through use of meteorological rocket systems.[11–13] The principal cases are listed in Table 2.

The stratospheric circulation has been found to be markedly nonuniform. Individual temperature data points exhibit a large amount of scatter as a result of small scale features which have amplitudes approaching that of the observed diurnal variations. It is necessary, as was the case with wind data, to use mean values to obtain reasonably systematic results. For diurnal studies of the atmospheric circulation temperature variation, it has been found desirable to use the 45 ... 55 km average from each sounding. This factor is simply a measure of the thermodynamic component of the stratospheric circulation structure directly analogous to the wind component SCI values used in the circulation analysis in Chap. C.I.

## 22. Temperature structure of the heat wave.

*α*) *Temperate and low latitudes.* A model distribution of this mean diurnal 45 ... 55 km temperature SCI structure over White Sands Missile Range is illustrated in Fig. 28.

---

[4] C. LEOVY: J. Atmos. Sci. **21**, 3, 238–248 (1964).

[5] R. A. CRAIG: The Observations and Photochemistry of Atmospheric Ozone and their Meteorological Significance. Meteorological Monographs, 1, 2. Boston: American Meteorological Society 1950.

[6] R. S. LINDZEN: J. Atmos. Sci. **22**, 5, 469–478 (1965).

[7] R. S. LINDZEN: Monthly Weather Rev. **94**, 5, 295–301 (1966).

[8] R. S. LINDZEN: Quart. J. Roy. Meteorol. Soc. **93**, 18–42 (1967).

[9] W. L. WEBB and T. M. TABANERA: Planetary Space Sci. **16**, 1011–1017 (1968).

[10] R. W. LENHARD, JR.: J. Geophys. Res. **68**, 1, 227–234 (1963).

[11] N. J. BEYERS and B. T. MIERS: J. Atmos. Sci. **25**, 1, 155–159 (1968).

[12] N. J. BEYERS, B. T. MIERS, and R. J. REED: J. Atmos. Sci. **23**, 3, 325–333 (1966).

[13] N. J. BEYERS, B. T. MIERS, and E. P. AVARA: The Diurnal Tide Near the Stratopause over White Sands Missile Range, New Mexico. Atmospheric Sciences Laboratory, US Army Electronics Command, White Sands Missile Range, New Mexico, ECOM 5180, 1968.

Table 2. *Diurnal wind and temperature studies of the stratospheric circulation observed with meteorological rocket systems.*

| Location | Dates |
|---|---|
| White Sands Missile Range | 7 ... 8 February 1964 |
| White Sands Missile Range | 21 ... 22 November 1964 |
| White Sands Missile Range | 30 June—2 July 1965 |
| White Sands Missile Range | 9 ... 11 October 1965 |
| Ascension Island | 11 ... 13 April 1966 |
| Ascension Island | 24 ... 25 October 1968 |
| Cape Kennedy | 24 ... 25 October 1968 |
| Fort Churchill | 24 ... 25 October 1968 |
| Thule | 24 ... 25 October 1968 |

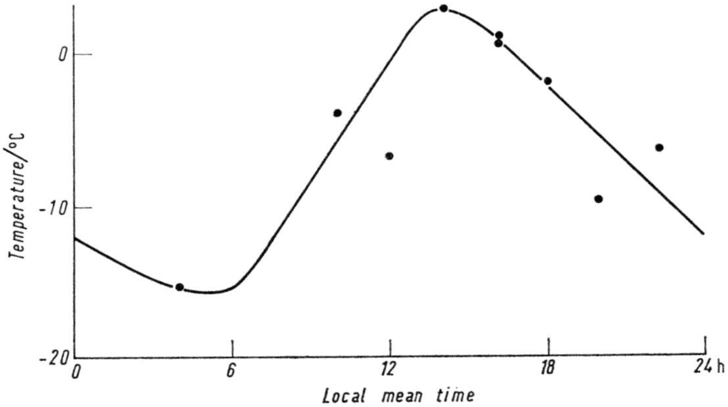


Fig. 28. Model diurnal temperature variations of the 45 ... 55 km region over White Sands Missile Range, based on nine data points obtained on 7 February 1964.

This curve is based on the data points plotted in the same figure which were obtained during a series of nine Arcas rocket firings using the Delta temperature measuring system and an FPS-16 radar for tracking of the wind sensing parachutes. These data indicate a mean stratopause diurnal temperature variation over White Sands Missile Range of well over 15 °C, with a maximum near 14 h LMT and a minimum near sunrise.

Fourier analysis of the model stratopause temperature curve of Fig. 28 was carried out with the results illustrated in Table 3. These data indicate that most of the oscillatory energy is in the diurnal component, with an amplitude of 8.6 °C and a maximum at 14 h 45 min LMT. The semidiurnal wave has an amplitude of 1.52 °C and a first maximum just after midnight. The semidiurnal is smaller than the diurnal wave by approximately a factor of five, and the remainder of the harmonics have insignificant amounts of energy.

A similar series of twelve Arcas rocket firings was conducted at Ascension Island on 12 April 1966. The Arcasonde temperature measuring system was used with an FPS-16 radar wind measurement.

A model diurnal temperature variation in the 45 ... 55 km region for this location is presented in Fig. 29, along with the SCI temperature measured data points. These data indicate an equatorial variation of approximately 11 °C, with a maximum near 10 h LMT and a minimum near 21 h LMT. This apparent difference between the White Sands Missile Range and Ascension Island diurnal

Table 3. *Frequency components present in the model 24 h stratopause temperature curve for White Sands Missile Range illustrated in Fig. 28. Phase is the time of the first maximum. It is given in to an accuracy of $\frac{1}{100}$ h.*

| Wave number | Amplitude/°C | Phase/h |
|---|---|---|
| 1 | 8.60 | 14.75 |
| 2 | 1.52 | 1.89 |
| 3 | 0.13 | 5.35 |
| 4 | 0.37 | 5.31 |
| 5 | 0.13 | 2.23 |
| 6 | 0.11 | 3.64 |
| 7 | 0.11 | 0.99 |
| 8 | 0.05 | 2.75 |
| 9 | 0.07 | 1.54 |
| 10 | 0.07 | 0.43 |
| 11 | 0.06 | 0.26 |
| 12 | 0.01 | 1.50 |

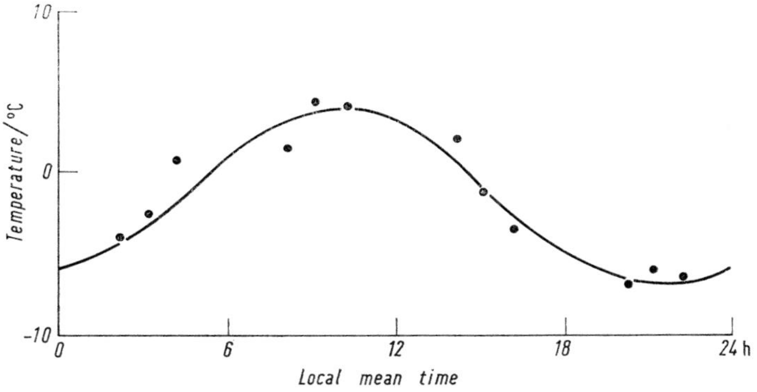


Fig. 29. Model diurnal temperature variation of the 45 ... 55 km region over Ascension Island, based on twelve data points obtained on 12 April 1966.

variations cannot be ascribed to solar input variations and would appear to be most likely a result of dynamic processes associated with special circulation systems in the equatorial boundary of the stratopause region.

*β) High latitude.* Seven soundings were obtained at Fort Churchill on 25 October 1968 with the Arcas rocket system using the Arcasonde temperature measuring system and FPS-16 radar track of the parachute for wind measurement. These data are illustrated in Fig. 30 along with a model diurnal temperature variation curve for the stratopause region based on those data. These data indicate a stratopause diurnal temperature variation over Fort Churchill of roughly 12 °C, with a maximum near noon.

Six data points obtained at Thule on 25 October plus two evening soundings obtained on 24 October 1968 were used to construct the model stratopause diurnal temperature variation curve illustrated in Fig. 31. These data were obtained with the Arcasonde temperature measuring system and a modified 538 radar system. The data presented here are very different from the White Sands Missile Range, Ascension Island and Fort Churchill cases, and it is quite possible that the unusual shape is due to combining the two days data in this rather variable period of the year. In any case, these data indicate an approximate 15 °C diurnal variation, with maximum near noon and minimum during the evening hours. If these data should prove to be representative, it is highly probable that certain features of the curve result from dynamic processes.

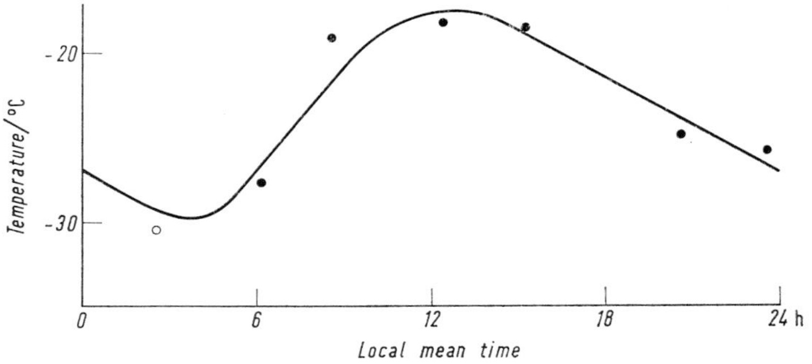


Fig. 30. Model diurnal temperature variation of the 45 ... 55 km region over Fort Churchill, based on seven data points obtained on 25 October 1968.

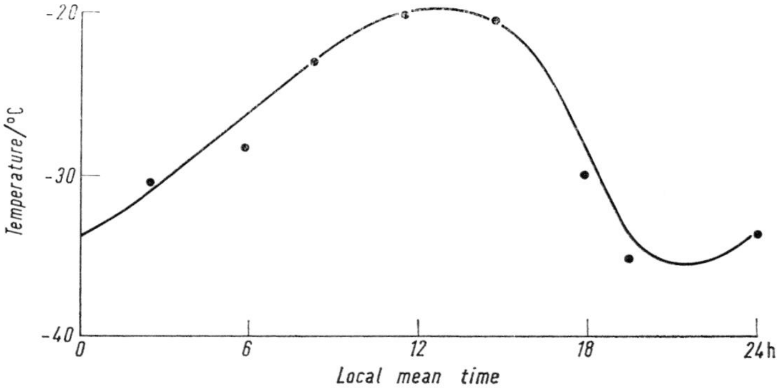


Fig. 31. Model diurnal temperature variation of the 45 ... 55 km region over Thule, based on six data points obtained on 25 October 1968 and on two data points (squares) obtained on 24 October 1968.

$\gamma$) The models of diurnal temperature structure presented in Figs. 28 ... 31 have been used to derive the global configuration of the *diurnal heat wave at northern hemisphere* summer solstice time as is illustrated in Fig. 32. The heat wave falls short of winter polar regions and extends into the high pressure region of the summer pole. Tidal circulations associated with this propagating ridge of high pressure (of roughly 0.75 km amplitude if hydrostatic conditions hold) will be governed by a positive longitudinal temperature gradient during morning hours, reversing to negative after passage of the crest of the heat wave at approximately 14 h LMT.

$\gamma$) In the *meridional* case there will be a positive latitudinal temperature gradient associated with the heat wave in the summer hemisphere, reversing to a negative gradient in the winter hemisphere. These gradients are of the same sign as the general hemispheric temperature gradients in winter and summer hemispheres. The diurnal heat wave amplitude will be zero at the summer pole. Assuming that the static assumptions of the thermal wind relation are reasonably valid, the summer hemisphere tidal circulation system produced by the diurnal heat wave will be forced to circle the polar region as easterly winds on the night-

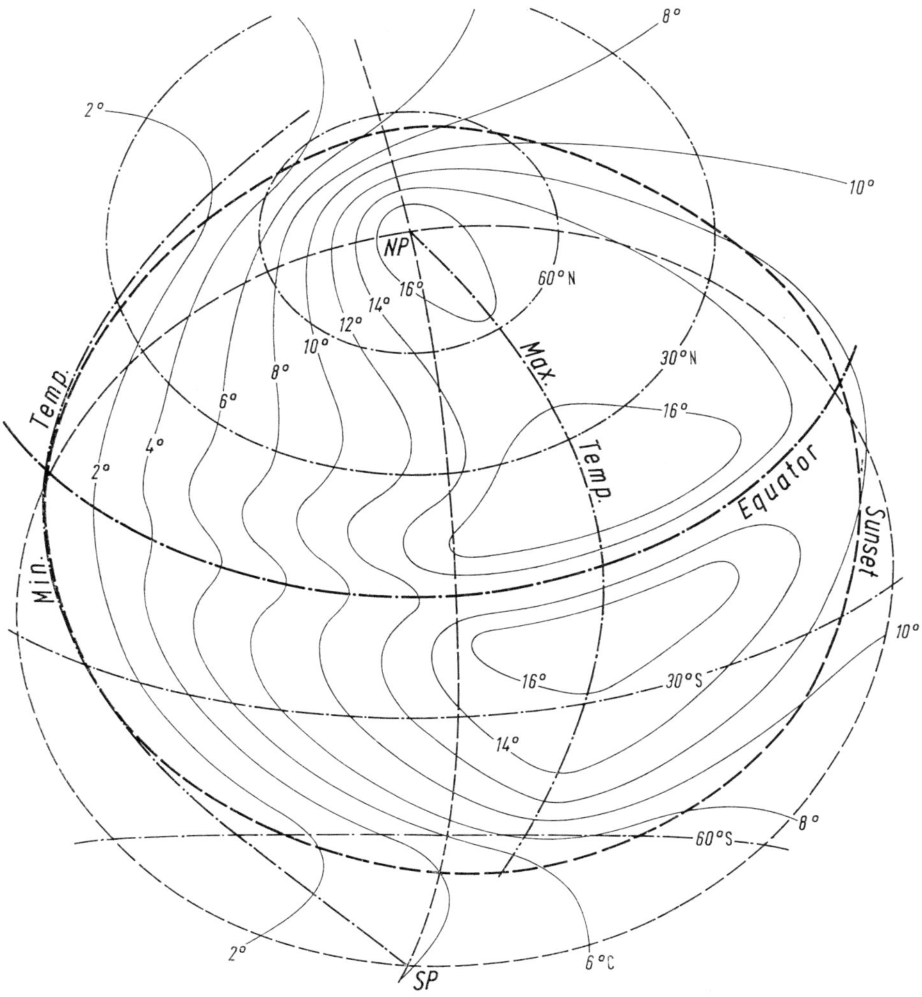


Fig. 32. Model temperature (°C) structure of the stratopause diurnal heat wave at summer solstice in the northern hemisphere.

time side in what has been termed the "*stratospheric tidal jet*" [3]. In the winter hemisphere, the latitudinal temperature gradient is sharply negative at high latitudes in the sunlit hemisphere. At that location, then, the tidally produced winds should be westerly and thus reenforce the general midlatitude stratopause westerly maximum in the circulation of the winter hemisphere. It is interesting to note that both circulation systems show maximum values at these locations.

**23. Meridional component of the stratopause thermal tides.** Using the meridional SCI value obtained during the series of firings listed in Table 2 it is possible to develop a model of the stratopause (45 ... 55 km) wind field associated with the diurnal variation. It must be remembered that the systematic thermal tides operate in an inhomogeneous envirnoment which has variations of other scales with amplitudes of the order of the diurnal variation. Since the data are quite limited, it is necessary in designing the models to use selectively those days during which the tides passed the observation point in an undisturbed fashion.

Model diurnal meridional wind variations of the stratopause for White Sands Missile Range, Ascension Island, Fort Churchill and Thule are illustrated in Fig. 33a–d. These models reflect the daytime poleward flow which had been inferred from the observational bias problems discussed in Chap. C.I. Ascension Island data indicate a southward flow during the day, as would be expected at its 8° S location. Diurnal variations of roughly 20 m s$^{-1}$ of the meridional wind are indicated by these data for all locations, except for a smaller value of approximately 15 m s$^{-1}$ at Thule.

These results illustrate the hemispheric circulation systems which are generated by the diurnal heat wave as it sweeps around the Earth at the stratopause level. Using the equilibrium assumptions (which will obviously involve errors in this variable situation) implicit in the thermal wind relation,

$$f\boldsymbol{V}\times\boldsymbol{\Omega} = -\frac{1}{p}\nabla p, \quad \text{where } f = 2\Omega\sin\varphi, \tag{23.1}$$

we can derive a coherent pattern of the tidal circulation system which will be formed by the stratopause heat wave. This circulat ion pattern is illustrated in the global model of the stratopause tidal wind field presented in Fig. 34.

**24. Zonal component of the stratopause thermal tides.** It is clear that passage of the heat wave will affect on the zonal winds. Again using hydrostatic assumptions, the diurnal amplitude of motion of the pressure surfaces immediately above the stratopause should be of the order of 10%. This change of altitude of the general circulation in the geopotential field will result in a deceleration of westerly winds as the heat wave approaches during the morning and an acceleration as the pressure decreases during the late afternoon and evening. These effects are well represented by the model zonal wind variations presented in Fig. 35a ... d. A strong slowing of the westerly zonal winds is indicated with approach of the heat wave in all of these data except for Ascension Island, where the variation is very weak. It is to be expected that the summer easterly zonal circulation would exhibit an opposite response to passage of the heat wave.

The zonal wind field of the stratospheric circulation is then modified at all locations by the presence of the diurnal thermal tidal circulations. This modification takes the form of an enhancement of high latitude upper mesospheric easterly winds of summer and an enhancement of stratopause high latitude westerlies of winter. In addition, the adjustment of the tidal circulation between these different hemispheric modes is reflected by marked fluctuations in the stratospheric circulation at all locations during the equinox period.

**25. Theoretical results.**

α) Theoretical studies of tides in the atmosphere had their start in 1799 with the *classical work* by LAPLACE.[1] His basic tidal equation is used today (in his notation):

$$\frac{d}{d\mu}\frac{1-\mu^2}{f^2-\mu^2}\frac{d\theta_n}{d\mu} - \frac{1}{f^2-\mu^2}\frac{s}{f}\frac{f^2+\mu^2}{f^2-\mu^2} + \frac{s^2}{1-\mu^2}\theta_n + \frac{4a^2\Omega^2}{gh_n}\theta_n = 0, \tag{25.1}$$

where $\mu = \cos\theta$, $\theta$ is colatitude, $f = \omega/2\Omega$, $\omega$ is radial frequency, $\Omega$ is Earth's rotation rate, $s$ is wave number and $g$ is gravity. It was surmised by LAPLACE

[1] P. S. LAPLACE: Mécanique Céleste. Paris (a), 2 (iv), 294–298 (1799).

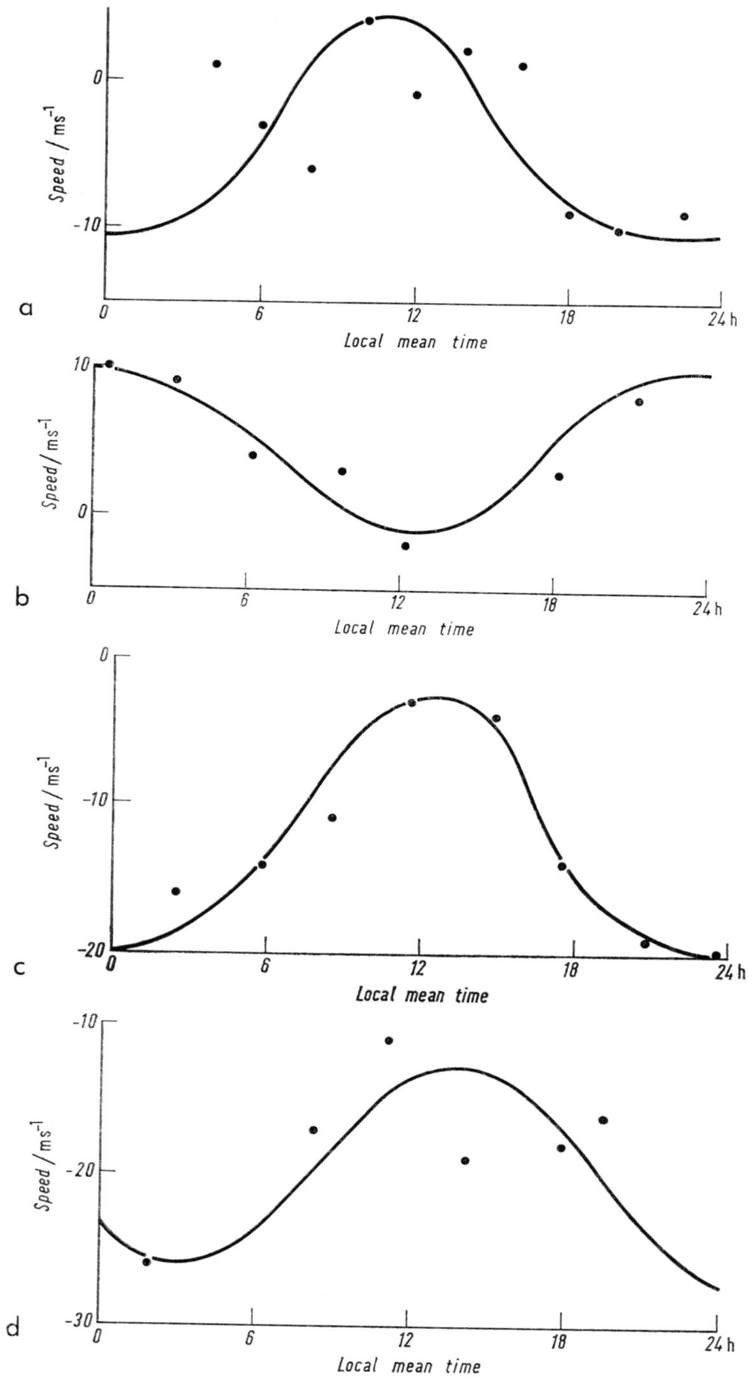


Fig. 33. a Model diurnal meridional wind variations of the 45 ... 55 km region over White Sands Missile Range, based on ten data points obtained on 7 October 1964. b Model diurnal meridional wind variation of the 45 ... 55 km region over Ascension Island, based on seven data points obtained on 25 October 1968. c Model diurnal meridional wind variation of the 45 ... 55 km region over Fort Churchill, based on eight data points obtained on 24 October 1968. d Model diurnal meridional wind variation of the 45 ... 55 km region over Thule, based on six data points obtained on 24 October 1968.

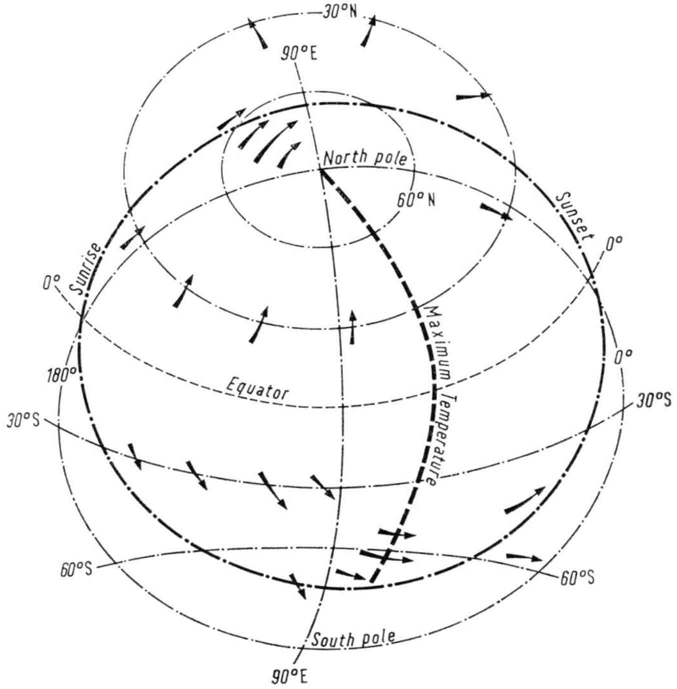


Fig. 34. Model diurnal wind field generated by the stratopause heat wave at summer solstice in the northern hemisphere. (Courtesy of Gordon and Breach Science Publishers, Inc., New York).

very early that atmospheric tides were principally of thermal origin, in marked contrast to gravitationally generated oceanic tides. Most of the subsequent theoretical effort has been devoted to exploring details of tidal mechanics in order to obtain some agreement between theory and observation. The most difficult point to be reconciled was the observational fact that a semidiurnal sealevel pressure variation in equatorial regions is the dominant atmospheric tidal type of observational manifestation available.[2] Attempts to justify the semidiurnal tidal effects being greater than the diurnal effect have centered on resonance effects which, after long suffering inspection, have generally been abandoned.[3] There has been little interest among theoreticians in the possibility that their basic assumptions of a static nonviscous fluid with only radiant heating and cooling might be at fault.

$\beta$) As is clearly pointed out by SIEBERT[4] in his excellent summary and extension of the art of atmospheric tidal studies, the extreme complexities of the

[2] J. BARTELS: Gezeitenschwingungen der Atmosphäre. Handbuch der Experimentalphysik, Bd. 25, S. 163–210. Leipzig: Akad. Verlagsges. 1928. This Encyclopedia, vol. 48, 734–774 (1957).

[3] W. KERTZ: This Encyclopedia, Vol. 48, 928–981 (1957).

[4] M. SIEBERT: Atmospheric Tides. In: Advances in Geophysics, pp. 105–182, edit. by H. E. LANDSBERG and J. VAN MIEGHEM. New York: Academic Press, Inc. 1961.

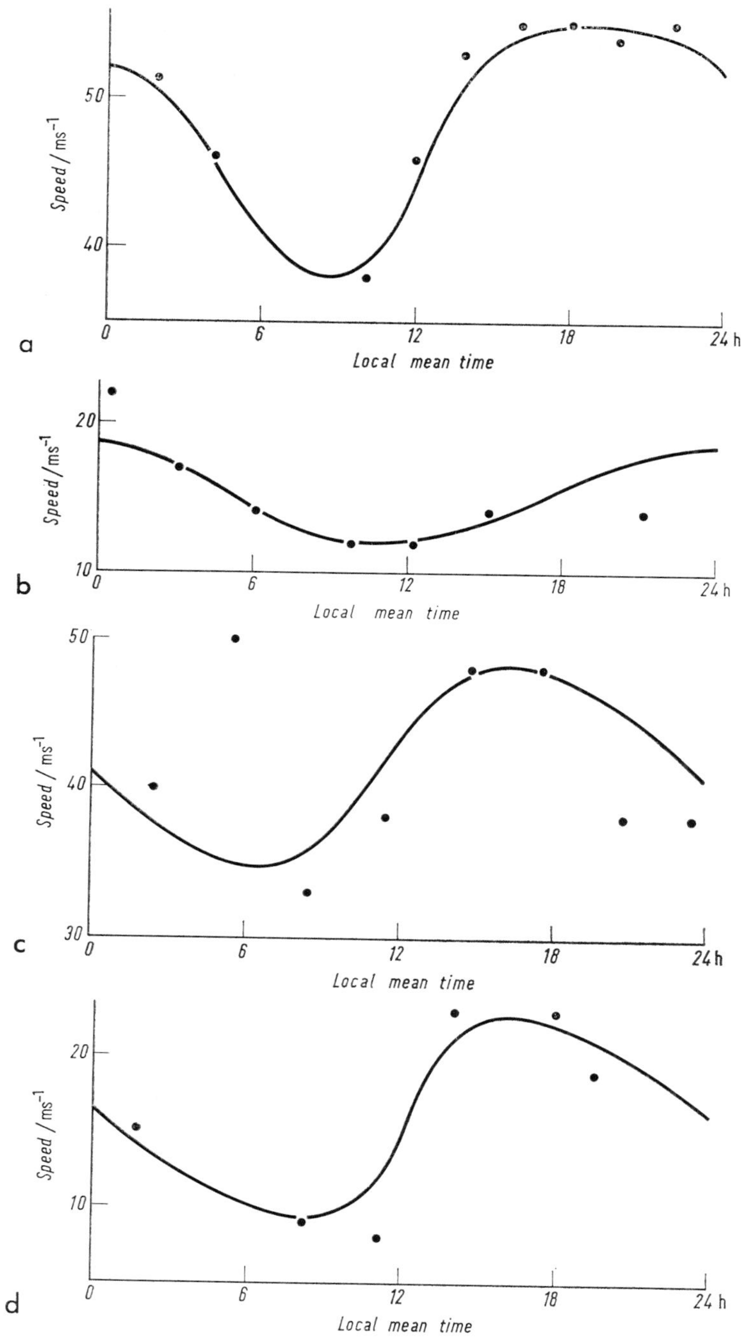


Fig. 35. a Model diurnal zonal wind variation of the 45 ... 55 km region over White Sands Missile Range, based on nine data points obtained on 7 February 1964. b Model diurnal zonal wind variation of he 45 ... 55 km region over Ascension Island, based on seven data points obtained on 25 October 1968. c Model diurnal zonal wind variation of the 45 ... 55 km region over Fort Churchill, based on eight data points obtained on 24 October 1968. d Model diurnal zonal wind variation of the 45 ... 55 km region over Thule, based on six data points obtained on 24 October 1968.

actual situation require that *simplifying assumptions* be employed before progress can be made. The usual static equilibrium assumptions have been employed; consideration of the circulation systems which are already apparent in the MRN data (see Chap. C.I) and the observed small scale structure (Chap. B.II), which indicates intense Eddy transport, brings into question the justification for such gross assumptions. The fact is, that while sophistication of the tidal calculations has been increased over the years, the results achieved have failed to provide a theoretical atmospheric tidal structure which can be reconciled with the observational data.

$\gamma$) The latest attempts at theoretical approximations of the atmospheric tides have centered around improvements in the *mathematical aspects* of the model by LINDZEN[5] and KATO.[6] All dissipative processes (viscosity, electrodynamic and radiative) are ignored, and it is assumed that the tidal perturbations are small. Roughness of the Earth and inhomogeneities in the stratospheric circulation are assumed to have no impact on the thermal tides.

LINDZEN[5,7] has claimed observational support for the derived thermal tidal results through comparisons with MRN *wind data* (see Figs. 11 ... 14 in ref. )[5]. No similar comparisons of the derived and observed *temperature variations* were presented, and the entire matter is dispensed with by CHAPMAN and LINDZEN[8] by the statement "Much controversy was stimulated by the large claimed daily temperature variation, and it now appears that the changes were largely due to radiation errors (HYSON, 1968)[9]" and later "Thus the consideration of details of the heating and of the seasonal variations seems unwarranted at present, ...". This marked lack of interest in the MRN temperature data perhaps results from the fact that there is strong overall disagreement between observations of the stratopause diurnal temperature field and the diurnal structure predicted from the tidal theory as well as that predicted from static radiational equilibrium.

### 26. Disagreement between theoretical and observational results.

$\alpha$) This disagreement is well illustrated by the curves presented in Fig. 36. For *comparison* purposes, the model stratopause diurnal temperature variation inferred from MRN temperature data for White Sands Missile Range is reproduced from Fig. 28 (on p. 152) by the solid curve for comparison purposes. The dashed curve illustrates the stratopause temperature variation employed for tidal theory for 30° latitude by LINDZEN[1] (see Figs. 18 and 19 there).

The 1.4 °C amplitude and 1600 LMT time of maximum indicated by theory for White Sands Missile Range is markedly different from the observed structure (see Figs. 28, 32 (p. 155) and 36). The agreement is even poorer when the global distribution is considered, with theory predicting 1.1 °C amplitude with maximum at 1800 LMT for Fort Churchill (see Fig. 30 on p. 154) and 0.6 °C amplitude with maximum at 1800 LMT for Thule (see Fig. 31 on p. 154). One of the reasons for this disagreement is immediately obvious when the ozonosphere heating function (dashed curve) used by LINDZEN is inspected. This input heating function for the ozonospheric region[1] is based on that derived by LEOVY[2], which is in turn based on the same static equilibrium assumptions which have characterized the tidal studies.

[5] R. S. LINDZEN: Monthly Weather Rev. **94**, 5, 295–301 (1966).
[6] S. KATO: J. Geophys. Res. **71**, 3201–3209 (1966).
[7] R. S. LINDZEN: Quart. J. Roy. Meteorol. Soc. **93**, 18–42 (1967).
[8] S. CHAPMAN and R. S. LINDZEN: Atmospheric Tides. Dordrecht-Holland: D. Reidel Publishing Company 1970. (See in particular p. 55 and p. 126.)
[9] P. HYSON: J. Appl. Meteorol. **7**, 908–918 (1968).
[1] R. S. LINDZEN: Quart. J. Roy. Meteorol. Soc. **93**, 18–42 (1967).
[2] C. LEOVY: J. Atmos. Sci. **21**, 3, 238–248 (1964).

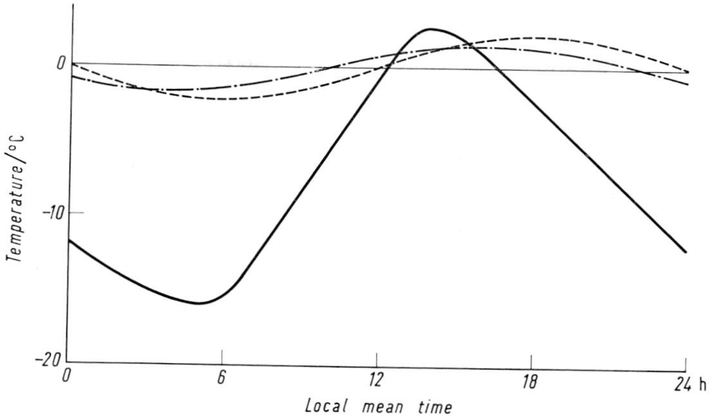


Fig. 36. Observed 45 ... 55 km diurnal temperature variations over White Sands Missile Range (solid curve, see Fig. 28), calculated curve (dashed curve) by LEOVY (1964)[2] based on radiation equilibrium and calculated curve (dash-dot curve) based on tidal theory by LINDZEN (1967)[1].

This failure of tidal theory to describe the observed temperature field of the stratospheric circulation region should be considered reason enough to question the basic assumptions which have been made in application of the theory. The astonishing thing is that such a crude theoretical treatment should have been interpreted to question the validity of a large segment of experimental data.

$\beta$) MRN observation of the stratopause *thermal tides* indicates that they represent a *major perturbation* on the physical structure of the middle and upper atmosphere. In addition to the symmetrical "oscillations" which have been considered in tidal theory, the MRN data indicate the presence of hemispheric and smaller scale tidal circulation systems which exert a profound influence on the thermal and dynamic structure of the mesosphere and lower thermosphere. On the global scale these circulation systems appear to include the stratospheric tidal jet with vertical motion across the mesopause and nighttime auroral zone region produces intense cooling [*3*] followed by meridional flow to the winter polar regions[3] and subsequent heating to provide the warm air observed in that region during that period when it is devoid of solar radiant heat.

$\gamma$) Of even greater import are the possible dynamic consequences of the strong *divergence and convergence of* the stratopause horizontal *wind field* relative to inducing vertical motion in the mesospheric and lower thermospheric region near the equatorial boundary between the hemispheric tidal circulations.[4] The MRN data indicates that more than 7% of the mass in the 40 ... 60 km altitude range between 30° N and 30° S is transported out of that region during the morning hours as the heat wave approaches, with a similar return flow during the afternoon and nighttime hours. Possible vertical motions associated with the convergence required by this observed divergence indicate (see Chap. D.II) that the stratopause thermal tidal circulations are effectively coupled to the electrical structure of dynamo currents in the 100 km altitude region.

[3] A. KOCHANSKI: J. Geophys. Res. **68**, 213–226 (1963).
[4] WEBB, W. L.: Rev. Geophys. **4**, 363–375 (1966).

The observed highly variable structure of the stratopause thermal tides along with the indicated circulation system, indicates that the thermal tide is the effective agent for maintaining the atmosphere in a relatively homogeneous composition state to the 100 km altitude. The impact of this strong eddy transport structure and intense circulation structure on the electrical and chemical structures of the atmosphere is just beginning to be realized.

It is important to note that in all cases our sensors and analysis techniques serve to provide a highly smoothed picture of the ozonospheric thermal tides; in fact, they are probably far more inhomogeneous than has been inferred here.

δ) There are strong physical reasons for considering the stratopause thermal tides more than an order of magnitude more intense than any *gravitationally induced oscillations* of that region. The fact that some oscillatory energy is found in many atmospheric data near the frequencies of lunar and solar gravitational inputs (as well as at many other frequencies) cannot be regarded as significant in light of the gross asymmetric perturbation imposed on the stratospheric circulation by the stratopause diurnal heat wave. The observations do not mean, of course, that tidal type motions produced by other generating mechanisms (such as gravitational, electrical, etc.) are insignificant in other regions of the atmosphere.

Discovery of the stratopause thermal tides clearly marked a turning point in our knowledge of the structure of the upper atmosphere. This major perturbation specifies that *above 40 km the crude static approximations can no longer be applied* with confidence. The stratopause thermal tides introduce significant complexity into the upper atmosphere, and serve to reduce the concept of a quiescent, unimportant and uninteresting region to the status of a myth.

## III. Upper atmospheric clouds.

### 27. Significance of stratospheric circulation clouds.

α) Cloud formations are always of prime interest to the atmospheric scientist.[1] *Vertical motion* is a general requirement for any sustained cloud formation to counteract gravitational sedimentation of the cloud particles; the efficiency of upward motion in inducing cooling and condensation makes regions of such motion highly favorable for cloud formation. Two types of clouds are observed in the stratospheric circulation (25 ... 80 km), with *nacreous clouds* found at the base (stratonull) in winter high latitudes and *noctilucent clouds* found at the top (mesopause) at high latitudes in summer (Fig. 37).

These locations and times correspond to the coldest points in the 25 km and 80 km altitude regions of the atmosphere. As has been discussed in Chaps. B.III and C.I, these cold regions almost surely result from the cooling associated with vertical motions and the strong eddy transport of heat downward in the gravity field in the tropospheric and mesospheric regions.

β) These factors point toward condensation (or possibly sublimation) of gaseous constituents of the ambient air as the principal source of the observed *particulates*. It is still true, however, that an adequate influx of meteorite material exists to supply the observed particulates if the dynamic structure is favorable for their accumulation.

It is obvious that the direct approach to a solution of this problem of particulate sources is to sample the composition of these clouds. This has been attempted,[2]

---

[1] E. Hesstvedt: The Effect of Vertical Eddy Transport on the Composition of the Mesosphere and Lower Thermosphere. In: Stratospheric Circulation, pp. 308–316, edit. by W. L. Webb. New York: Academic Press, Inc. 1969.

[2] R. S. Skrivanek: Rocket Sampling of Noctilucent Clouds. In: Stratospheric Circulation, pp. 219–239, edit. by W. L. Webb. New York: Academic Press, Inc. 1969.

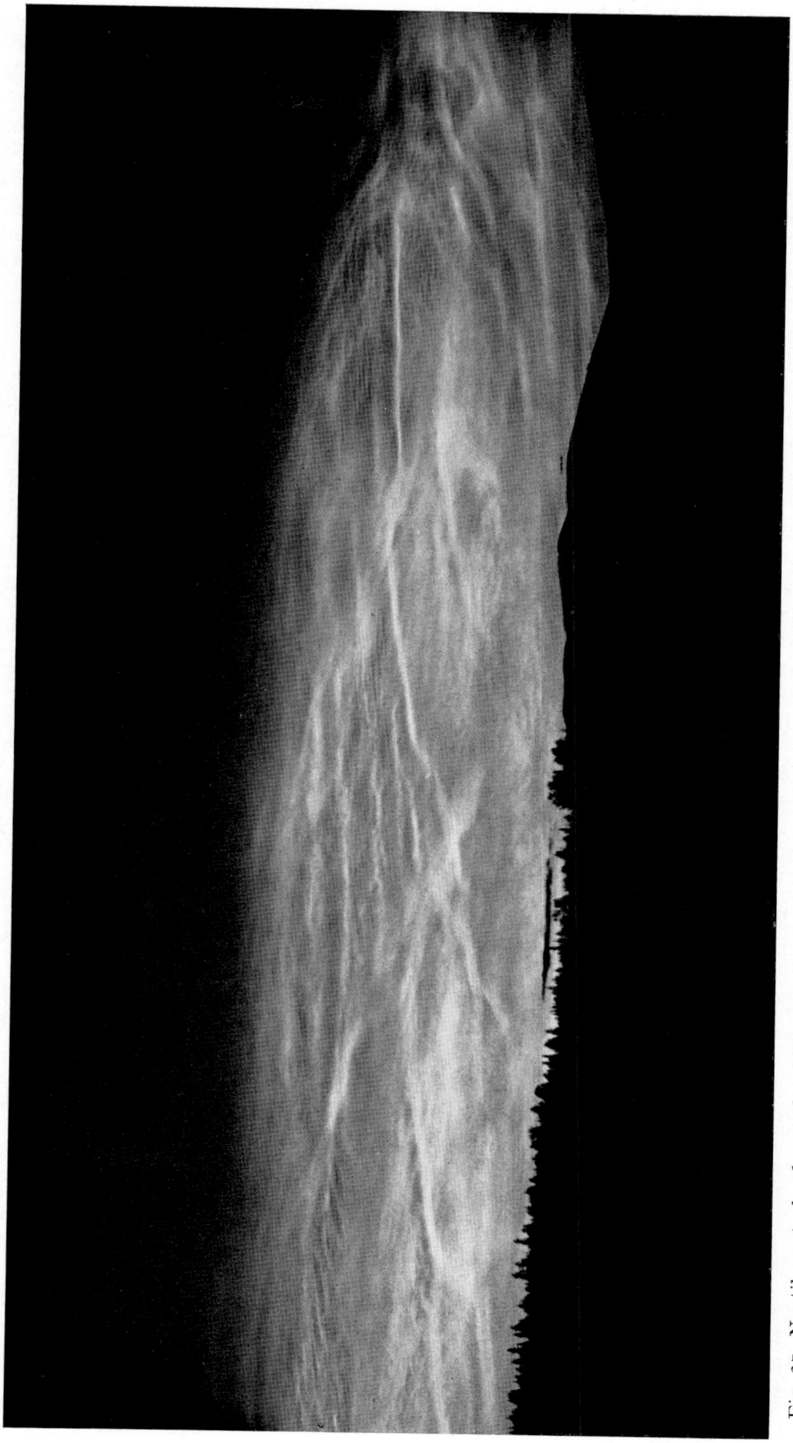

Fig. 37. Noctilucent clouds north of Watson Lake, Canada at 2320 LT on 1 August 1965. (Photograph courtesy of B. Fogle of the National Center for Atmospheric Research.)

with results which provide for the inference that the noctilucent clouds are made up of condensate on solid nuclei. Difficulties in the sampling technique leave room for significant error, so that today the question of the composition of both nacreous and noctilucent clouds must be considered open.

Part of the reason for scepticism relative to condensation playing a major role in noctilucent cloud formation has centered around the very dry condition to be expected at 80 km as a result of photodissociation processes. These results were derived from static considerations, however, and HESSTVEDT's work on incorporating eddy transport into the calculations[1] has shown that significant amounts of water vapor are present as a result of upward eddy diffusion transport. At the same time, it has become clear that the actual temperature of the mesopause region may locally be far lower than had been supposed or observed as a result of downward transport of heat by this same eddy mixing.

It is also important to note that water vapor is a minor constituent in the mesopause region of the atmosphere and that other minor constituents and nucleating materials are present. It is possible that the condensate is not pure water, but some solution for which condensation is more probable. In addition, the strong electrical properties of this region of the atmosphere may enter significantly into the condensation process.

$\gamma$) A most important result of noctilucent cloud observation is the detail *structure* which is observed in these clouds.[3] In most cases these clouds are characterized by the presence of a prolific wave structure, with waves of various sizes and shapes moving in various directions. These data argue strongly for the condensation process in light of the short time constants involved, and they provide strong support for the validity of the detailed structure which is observed by all measuring techniques of adequate sensitivity in the upper atmosphere.

Upper atmospheric clouds provide a most important means of observing the dynamics of the upper atmosphere. Their occurrences and structure indicate that the upper atmospheric structure is controlled by dynamic processes and that static assumptions are inadequate for delineating the structure of the upper atmosphere.

**28. Nacreous clouds.** Nacreous clouds have a strong lenticular characteristic, indicating that they are associated with body waves of the mountain lee wave variety.[1] They are associated with strong tropospheric circulation systems in mountainous regions, and the formation process is assumed to be adiabatic cooling of ambient air to below condensation temperatures as it flows through the upper portion of the standing wave. Adiabatic expansion produces temperatures in the $-80$ °C and lower range at the peak of the wave, with the particulates forming in the upwind portion of the cloud and evaporating in the trailing edge of the cloud. The cloud particles have a short lifetime, of the order of seconds or minutes, according to the wind speed.

From the dynamic point of view the occurrence of these clouds infers the presence of strong interaction between the tropospheric and stratospheric circulation systems. Such lee waves, particularly when condensation heating introduces additional non-linearities, indicate abnormally large values (see Fig. 7 on p. 128) of eddy transport coefficient for the stratonull region. In addition, comparison with other sources of information of the dynamic structure of the polar winter vortex indicates that these clouds occur during the periods of intense synoptic

[3] B. HAURWITZ and B. FOGLE: Deep.-Sea Res. **16**, 85–95 (1969).

[1] E. HESSTVEDT: Tellus **14**, 297–300 (1962).

activity in the troposphere and during the winter storm period of the stratospheric circulation.

Particulates in nacreous clouds are indicated by optical scattering observations to be in the 1 ... 2 micron radius range. These data indicate that the condensation and evaporation processes are complex, with the probability that ice and water particles co-exist in the cloud. In this case water droplets would dominate in the leading portion of the cloud and ice particles would dominate in the trailing edge.

**29. Noctilucent clouds.** Noctilucent clouds, on the other hand, occur in an atmospheric region which at first appeared to exhibit (from other sources of data) a relative minimum in detail structure[1-4].

It seems likely that this conclusion resulted from resolution problems in the available observational systems, with the probability indicated by the MRN data of intensive eddy transport by small scale motions of dimensions less than the resolution of the measuring systems.

The MRN data indicate the presence of global and hemispheric synoptic circulation systems which introduce major perturbations into the static atmosphere which is usually assumed to exist. Noctilucent clouds themselves provide the most convincing evidence for a highly inhomogeneous upper atmospheric structure, with wave patterns a dominate feature of the structure of these clouds.[5]

Observations of noctilucent clouds indicate the presence of locally intense and general cooling and vertical transport, requirements imposed by observed inhomogeneity and stability of the clouds in the gravity field over significant periods of time. Low temperatures, of the order of 140 K, which can easily be obtained in the atmosphere through upward motions (adiabatic expansion) or intense eddy diffusion (adiabatic transport), appear to be indicated by the clouds for the mesopause region.

Comparisons of the occurrences of noctilucent clouds and development of the stratospheric summer easterly circulations have indicated that these phenomena are directly related.[6] Such data are illustrated in Fig. 42. Since development of stratospheric tidal circulations have been shown to have an important impact on the general circulation the thermal tidal circulations are assumed to be a direct dynamic source of the expansion and transport which produces the clouds. This concept is supported by the congruent diurnal location of the stratospheric tidal jet (Chap. C.II) and noctilucent cloud occurrences.

The above considerations indicate that observations of clouds in the upper atmosphere are a very important means of understanding the physical structure of the stratospheric circulation. It is interesting to note that during recent years there has been a general reduction in intensity of noctilucent cloud occurrences and intensities[7]. Such a change could result from a reduction in concentration of those atmospheric elements which form the clouds, or it could equally well result from a reduction of intensity of the large scale circulation systems and eddy diffusion characteristics of the stratospheric circulation. Determination of the causes of such changes will form a most interesting part of future exploration of the stratospheric circulation.

---

[1] B. Fogle and B. Haurwitz: Space Sci. Rev. **6**, 279–340 (1966).
[2] B. Fogle: Meteorol. Mag. **97**, 193–204 (1968).
[3] A. D. Christie: Noctilucent Clouds in North America. In: Stratospheric Circulation, pp. 241–258, edit. by W. L. Webb. New York: Academic Press, Inc. 1969a.
[4] A. D. Christie: J. Atmos. Sci. **26**, 1, 168–176 (1969b).
[5] B. Haurwitz and B. Fogle: Deep Sea Research *16*, 85–95 (1969).
[6] W. L. Webb: Morphology of Noctilucent Clouds. J. Geophys. Res. **70**, 4463–4475 (1965).
[7] B. Fogle and B. Haurwitz: Space Science Rev. *6*, 279–340 (1966).

# D. Other features.

## I. Atmospheric acoustical structure.

### 30. Speed of sound.

α) The *speed of sound* in an atmospheric gas is an important physical parameter which is required for an adequate description of the processes which will determine the structure of that gas.[1] The speed $c$ is given by the relation

$$c=\sqrt{\gamma RT}, \tag{30.1}$$

where $\gamma$ is the ratio of specific heats, $R$ is the specific gas constant and $T$ is the temperature. In the atmosphere it is common to use values of $\gamma$ and $R$ for dry air and use the virtual temperature $T_v$ to account for the water vapor effect to obtain the relation

$$c=20.06\sqrt{\frac{T_v}{\mathrm{K}}}\ \mathrm{m\,s^{-1}}. \tag{30.2}$$

These data can be used to obtain the speed of a sound wave relative to the medium, and with the wave equation

$$\boldsymbol{a}=c^2\,\nabla^2 p \tag{30.3}$$

provide for calculation of the propagation path relative to the medium ($\boldsymbol{a}$ being the displacement and $p$ the pressure).

β) In the atmosphere the *medium* is *in motion* so that the velocity $\boldsymbol{v}_c$ of a horizontally traveling pressure perturbation along an altitude plane relative to the ground is the sum of the component speed indicated by Eq. (30.2) and the vector wind $\boldsymbol{u}$ as indicated by relation

$$\boldsymbol{v}_c=\boldsymbol{u}+\boldsymbol{c}. \tag{30.4}$$

This means that the speed of sound relative to a fixed coordinate system is *not isotropic*. In general the winds observed in the atmosphere are largely horizontal, with vertical components becoming significant only in convective circulation systems. Thus, incorporation of the wind vector distorts the sonic field, elongating it in the direction of the wind. In the stratospheric circulation the principal effect is in the zonal direction, with generally a lesser effect in the meridional direction and the least in the vertical direction. It is common to ignore the vertical component of the wind (since it is not adequately measured) and use the results of Eq. (30.2) for that component.

The *horizontal components* are highly variable with season, however, as is illustrated by the zonal data presented in Fig. 38. Clearly, then, the calculation of propagation of sound waves over great distances requires a direct knowledge of these speed-of-sound profiles. Ducting characteristics of the lower atmosphere are also variable with direction, being noticeably improved in the down-wind direction. The wave guide action of this acoustic ducting region is given in incremental form by SNELL's law

$$\frac{\sin\varphi}{\sin\varphi'}=\frac{v_c}{v_c'} \tag{30.5}$$

where $\varphi$ and $\varphi'$ are the incident and exit angles of the wave front and $v_c$ and $v_c'$ are the normal components of the vector velocities in the two medias.

[1] W. L. WEBB and K. R. JENKINS: J. Acoust. Soc. Am. **34**, 2, 193–211 (1962).

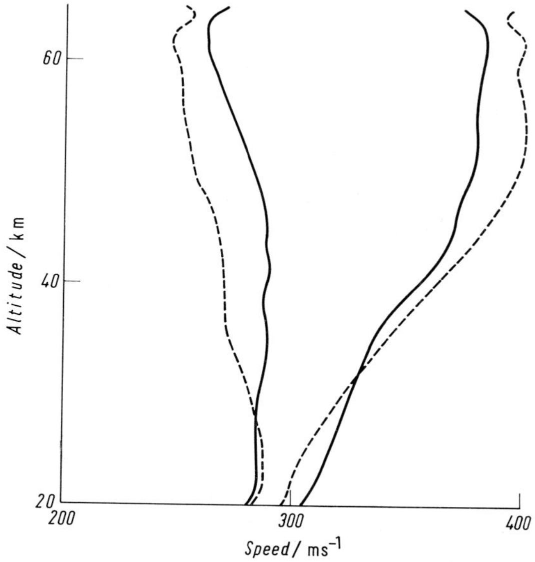


Fig. 38. Zonal speed of sound profiles relative to an Earth-bound axis in the stratospheric circulation at White Sands Missile Range for July (solid curves) and November (dashed curves), based on the data presented in Figs. 8 and 9 and Figs. 12 and 13.

**31. Detail acoustic structure.** It is important to note that the mean data used here are not realistic, but that there are many detail features (subducts) which scatter and distort the propagating wave. These inhomogeneities provide for some interesting effects on aircraft flight characteristics[1] as is indicated in the relation for the total lift of a vehicle

$$L = C_L \varrho A v^2, \tag{31.1}$$

where $\varrho$ is air density, $C_L$ is a lift coefficient, $A$ is a characteristic area of the vehicle and $v$ is the vehicle speed relative to the medium. Aircraft turbulence, which is generally defined as uncontrolled motions of the vehicle, is commonly ascribed to variations in the wind field.

Increases in wind speed and/or upward flow generally cause an increase in lift, while the opposite changes produce a decrease in lift. At low aircraft speeds (below a Mach-number $M = 0.75$) these effects are the principal causes of turbulent activity since the lift coefficient is relatively constant with speed. As is illustrated in Fig. 39, typically the lift (and drag) coefficient does vary with Mach number, which in turn varies with $v$ and with the local speed of sound, $c$. Thus, variations in temperature and/or composition can induce turbulent motions into the vehicle.

It is clear that the above processes will be very different if the perturbations are eddies or waves. In the case of waves, two aircraft passing through the same region at the same speed on different headings could experience very different turbulent structures. The same could be true in an eddy field if the eddy structure were not isotropic. In either case, the perturbation dimensions and the aircraft speed are critical parameters since small inhomogeneities simply place stress on the airframe while large-scale variations are controlled out by the pilot. In general, an input perturbation at about 1 Hz is the most difficult to handle.

**32. Gravity waves.** From the atmospheric physics point of view, the speed of sound is a most important parameter,[1] as is illustrated in the dispersion relation

[1] W. L. Webb: J. Appl. Meteorol. **2**, 4, 286–291 (1963).

[1] W. L. Jones: Atmospheric Internal Gravity Waves and Tides. In: Stratospheric Circulation, pp. 469–482, edit. by W. L. Webb. New York: Academic Press, Inc. 1969. See also the following contribution in this volume by the same author.

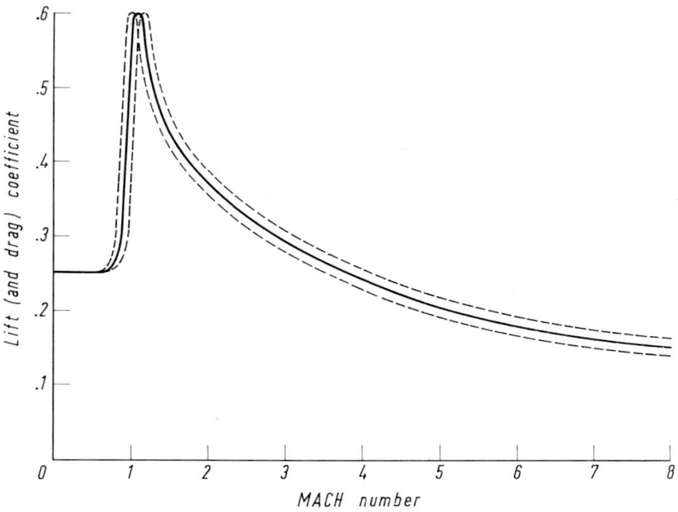


Fig. 39. A typical lift coefficient curve for a high speed aircraft. The dashed curves indicate the distributions which would be employed if a $\pm 10\%$ variation were introduced into the Mach number.

for acoustical internal gravity waves

$$\omega^2 - \omega_a^2 - c^2 (k_x^2 + k_z^2) + \frac{c^2 k_x^2 \omega_g^2}{\omega^2} = 0, \tag{32.1}$$

where $\omega$ is the wave frequency, $\omega_a$ is the acoustic cut-off frequency, $c$ is the speed of sound, $k_x$ and $k_z$ are the horizontal and vertical wave numbers, and $\omega_g$ is the Brunt-Vaisala frequency,

$$\omega_g = \frac{g\sqrt{\gamma - 1}}{c}. \tag{32.2}$$

Internal gravity waves have the rather interesting physical property of conservatively transporting energy from the lower portions of the atmosphere and depositing it in the upper portions. This is accomplished through disruption of the organized waves as a result of excessive wind shears produced by a $1/\varrho$ increase in wave amplitude as it moves into the thin upper air. This mechanism has been postulated[2] as the source of mesospheric detailed structure. As was indicated in Chap. B.II, it seems very probable that the detailed structure observed in the upper atmosphere is generated by propagating waves in the lower portion of the stratospheric circulation and by the dissipation of those waves in the upper portion.

The *acoustic structure of the atmosphere* offers to be one of the most important characteristics of this very complex environment. The generation, propagation and dissipation of body waves in the atmospheric fluid can exert a controlling influence on the physical structure which dynamic, chemical and electrical processes produce in the atmosphere. The MRN data has served to extend our knowledge of the atmospheric acoustical structure sufficiently for a first general look at the wave guided processes which may occur and has provided a base for

[2] R. R. HODGES, JR.: J. Geophys. Res. **74**, 16, 4087–4090 (1969).

# Linear Internal Gravity Waves in the Atmosphere.

By

WALTER L. JONES.

With 7 Figures.

## 1. Introduction.

α) Hydrodynamic waves involve a process of *energy exchange* between the kinetic energy of wave motion and some form of stored or potential energy. In sound waves, for example, energy is stored in compression. In water waves potential energy is stored if fluid is lifted against the force of gravity. If the fluid has a density which varies with height, storage may be accomplished internally: a given volume of more dense fluid may be lifted above a horizontal surface, while elsewhere an equal volume of less dense fluid is lowered beneath the surface. Wave motions dominated by this type of energy process are known as internal gravity waves.

β) *Historically*, atmospheric internal gravity waves have been known in several guises for many years. In 1799 LAPLACE[1] predicted that the atmosphere should show solar and lunar tides. These tides were confirmed by a number of investigators in the 1800's. RAYLEIGH'S[2] analysis of waves in stratified incompressible fluids and LAMB'S[3] extension of this work to compressible fluids demonstrated clearly the role of internal gravitational potential energy in tides as well as in waves of smaller scale.

Tidal theory was advanced by TAYLOR,[4] BARTELS,[5] PEKERIS,[6] and WEEKES and WILKES.[7] These authors were strongly concerned with the idea that the atmosphere might have a natural resonance close to the solar semidiurnal tidal mode, thus accounting for its relatively large amplitude. PEKERIS in an excellent paper[6] drew inferences about the thermal structure of the upper atmosphere to deduce such a resonance.[8] More recent observations, however, indicate a rather different thermal structure, and resonances must be relegated to a minor role in the tides. Normal forcing through absorption of sunlight by water vapor and ozone now appears to be the major driving mechanism for the solar tide.[9,10]

Other phenomena attracting early attention were the air waves emanating from catastrophic sources such as the Krakatao volcano eruption of 1883 and the Siberian meteorite impact of 1908. These explosions generated acoustic and

[1] P. S. LAPLACE: Mechanique Céleste. Paris 1799.
[2] Lord RAYLEIGH: Phil. Mag. **29**, 173 (1890).
[3] H. LAMB: Proc. Roy. Soc. (London), Ser. A **84**, 551 (1910).
[4] G. I. TAYLOR: Proc. Roy. Soc. (London), Ser. A **126**, 169 (1929).
[5] J. BARTELS: Abhandl. Preuss. Met. Inst. **8** (1927).
[6] C. L. PEKERIS: Proc. Roy. Soc. (London), Ser. A **158**, 650 (1937).
[7] K. WEEKES and M. V. WILKES: Proc. Roy. Soc. (London), Ser. A **192**, 80 (1947).
[8] A summary of resonance tidal theory can be found in W. KERTZ: This Encyclopedia, Vol. 48, 1957, [*1*].
[9] M. SIEBERT [*2*].
[10] R. S. LINDZEN: Quart. J. Roy. Meteorol. Soc. **93**, 18 (1967).

internal gravity waves which were confined to atmospheric ducts or waveguides and which could thus circle the Earth. The theory for such waves was investigated by TAYLOR[11] and SIEBERT.[9] More recently, nuclear explosions have produced similar ducted waves of both acoustic and internal gravity wave types. Theory and observations have been examined by a large number of authors and this work has been reviewed by DONN and SHAW[12] and by YEH and LIU.[13]

The wavelike behavior of air flowing over mountains and the resultant lee wave cloud formations have long been recognized. These became of great interest to glider pilots, especially in Europe during the 1920's and 1930's. Observational studies were made, for example, by KOSCHMIEDER,[14] KUETTNER,[15] MANLEY,[16] and FÖRCHTGOTT.[17] More recently, an extensive project was carried out over the Sierra Nevadas in California. The theory of lee waves has been developed by many investigators and comprehensively reviewed by QUENEY.[18] Again an important role is played by ducted resonant wave modes, which may appear as lee waves downstream from a mountain.

Ground-based pressure measurements have shown both acoustic and internal gravity waves propagating away from tropospheric storms. It may also be that part of the fine structure of tropospheric winds and temperature measurements carefully averaged out of meteorological soundings is of gravity wave origin.

$\gamma$) One of the important characteristics of acoustic and internal gravity waves propagating vertically is that their amplitudes increase more or less inversely as the square root of the density. Disturbances that are relatively small in the troposphere may become quite large in the *mesosphere* and *thermosphere*, and it is logical to expect such waves to play an important role at such heights. MARTYN[19] proposed that traveling ionospheric disturbances observed in the 1940's might be acoustic or internal gravity waves travelling in ducts at high altitudes. Wind observations obtained by tracking meteor trails photographically or by radar, or obtained by rocket injection of artificial clouds all show considerable evidence of wave motion. Tidal wind components may reach 100 m/s at lower latitudes. There are also disturbances with vertical scales of $\sim$10 km, lateral scales of $\sim$100 km, time scales of hours, and wind velocities of tens of meters per second. HINES[20] pointed out that such disturbances qualitatively agree with the theory of small scale internal gravity waves. The regular undulations often observed in noctilucent clouds also fit this explanation.

It has been suggested that gravity or acoustic waves may transport energy from the lower to the upper atmosphere, at least on occasion providing a significant amount of heating.[21,22,23] Probably of greater importance such waves, especially

[11] G. I. TAYLOR: Proc. Roy. Soc. (London), Ser. A **156**, 318 (1936).

[12] W. L. DONN and D. M. SHAW: Rev. Geophys. **5**, 53 (1967).

[13] K. C. YEH and C. H. LIU: Rev. Geophys. Space Phys. **10**, 631 (1972).

[14] H. KOSCHMIEDER: Beitr. Phys. Frei. Atmos. **9**, 176 (1921); — Z. Flugtechnik und Motorluftschiffahrt **15**, 236 (1925).

[15] J. KUETTNER: Beitr. Phys. Frei. Atmos. **25**, 251 (1939).

[16] G. MANLEY: Quart. J. Roy. Meteorol. Soc. **71**, 197 (1945).

[17] J. FÖRCHTGOTT: Bull. Meteorol. Czech. **3**, 49 (1949).

[18] P. QUENEY: Technical Note **34**. Geneva : World Meteorological Organization 1960.

[19] D. F. MARTYN: Proc. Roy. Soc. (London), Ser. A **201**, 216 (1950).

[20] C. O. HINES: Can. J. Phys. **38**, 1441 (1960); — Quart. J. Roy. Meteorol. Soc. **89**, 1 (1963).

[21] G. S. GOLITSYN: Izv. Akad. Nauk. SSSR, Ser. Geofiz. No. 7, 1092 (1961).

[22] C. O. HINES: J. Geophys. Res. **70**, 177 (1965).

[23] J. KLOSTERMEYER: J. Atmos. Terr. Phys. **35**, 2267 (1973).

tides, may provide a systematic transport of momentum to the upper atmosphere, thus influencing the large scale circulations at these heights.[24]

If the atmosphere has a mean wind, it will modify internal gravity waves, an effect quite important to mountain waves. If the mean wind has sufficient shear, it can overcome the stabilizing influence of the density stratification and produce unstable modes of oscillation. The mathematical development is formally that of internal gravity waves, except that solutions with complex frequency or phase speed are sought.

δ) *Limitations.* Each individual area of internal gravity wave research has tended to produce its own approaches, nomenclature, and to focus on particular aspects of wave behavior. A review must necessarily synthesize a common approach and ignore some of the more highly specialized aspects.

The emphasis here is on a straightforward mathematical treatment of internal gravity waves, without detailed discussion of specific applications. Only the linear theory of internal gravity waves is presented, and this only in terms of time periodic oscillations. Initial value problems such as waves radiating from an impulsive source and problems of waves in a time-varying mean flow are thus ignored. The mean atmospheric structure is in general taken to be a function of height only, in recognition of the effects atmospheric stratification has on large scale structure. As a consequence, the horizontal behavior of internal gravity waves may be considered periodic in some proper sense. This allows separation of horizontal and vertical components of the wave equations and results in considerable simplification of the problem. For the most part, idealized non-dissipative fluids are considered and hydromagnetic effects are ignored.

ε) *Abstract.* Chaps. A through D deal with solutions to the homogeneous wave equation. Chap. A develops the linear wave equation for gravitationally stratified fluids without mean motion. Horizontal and vertical wave equations are separated, and the important approximations used to modify and simplify these equations are introduced. Chap. B applies these results to an isothermal compressible atmosphere, where analytical solutions are readily obtained. Physical characteristics are thus readily presented and qualitatively related to those of waves in more complicated atmospheric structures. In Chap. C, vertically varying mean winds are introduced. Chap. D deals with approximate methods for solution of the vertical wave equation when temperature or wind structure varies spatially. The vertical wave equation is in general too complicated to solve analytically.

The complete solution of a wave problem requires not only the solutions to the homogeneous wave equation, but also the introduction of appropriate boundary, forcing, and dissipation mechanisms. The effects of homogeneous boundary conditions are treated in Chap. E. Such boundary conditions imposed on the homogeneous wave solutions define free modes of oscillation of the atmosphere, oscillations which may exist without periodic forcing. These modes play important roles in the response to transient sources and to inhomogeneous boundary forcing. Chap. F treats the generation of waves by an inhomogeneous lower boundary, that is, the mountain wave problem. Chap. G summarizes what is known about generation of internal gravity waves by inhomogeneous forcing mechanisms and about wave dissipation. Chap. H considers the transport of energy and momentum by such waves.

# A. The linear wave equations in an atmosphere at rest.

## I. General considerations.

**2. Basic equations.** In deriving internal gravity, acoustic, and rotational or Rossby wave modes, one begins with an appropriate set of governing equations: the equations of motion and conservation of mass, an equation of state, and the

[24] C. O. Hines: Space Res. **12**, 1157 (1972).

first law of thermodynamics. A perturbation scheme is introduced, leading to a set of linear partial differential equations. The temporal derivatives are accounted for by assuming a periodic time behavior, and the method of separation of variables leads to a horizontal and a vertical equation, both involving a separation coefficient, $k_h^2$.

α) A number of *approximations* may be introduced both to simplify the equations and to filter out unwanted types of waves. Certain of these approximations influence the lateral equation. These include the assumption of planar geometry, rotation, the beta-plane approximation, and a rotating spherical configuration. Other assumptions, including incompressibility, hydrostaticity, and the BOUSSINESQ-approximation, alter the vertical wave equation. Assumptions from both classes may be introduced to isolate one particular type of wave and to produce the simplest equations consistent with accuracy for the scale and frequency of the waves in question.

β) As a *basic model*, the atmosphere is assumed to be a compressible perfect gas with no viscous or conductive losses and no energy coupling to external sources. Wave processes are thus adiabatic. The governing equations are then the equation of motion,

$$\frac{D\boldsymbol{v}}{Dt} + 2\boldsymbol{\Omega}\times\boldsymbol{v} = -\frac{1}{\varrho}\nabla p + \boldsymbol{g}, \tag{2.1}$$

the equation of mass continuity,

$$\frac{D\varrho}{Dt} + \varrho\nabla\cdot\boldsymbol{v} = 0, \tag{2.2}$$

and the adiabatic law,

$$\frac{Dp}{Dt} = c^2\frac{D\varrho}{Dt}, \tag{2.3}$$

where $D/Dt$ is "substantial differentiation",

$$\frac{D}{Dt} = \frac{\partial}{\partial t} + \boldsymbol{v}\cdot\nabla, \tag{2.4}$$

and

$$c^2 = \frac{\gamma p}{\varrho}. \tag{2.5}$$

Standard nomenclature is used with $t$ time, $\boldsymbol{v}$ velocity, $\omega$ wave pulsation, $\varrho$ density, $p$ pressure, $\boldsymbol{g}$ acceleration of gravity, $c$ sound velocity, $\gamma$ ratio of specific heats. $\boldsymbol{\Omega}$ is the rotation vector of Earth. The adiabatic law is derivable from the perfect gas law and the first law of thermodynamics. The usual assumption is made that only the vertical component of the rotation vector $\boldsymbol{\Omega}$ is significant.

γ) The normal *linearization* procedure is to employ a stokesian expansion,

$$\begin{aligned} \varrho &= \varrho_0 + \varrho_1 + \varrho_2 + \cdots, \\ p &= p_0 + p_1 + p_2 + \cdots, \\ \boldsymbol{v} &= \boldsymbol{v}_0 + \boldsymbol{v}_1 + \boldsymbol{v}_2 + \cdots, \end{aligned} \tag{2.6}$$

where terms are of successively higher order in some small parameter. If these expansions are substituted in the governing equations, the zero and first order equations yield linear wave solutions.

It is assumed that the zero order terms do not vary in time or in the horizontal directions, and for the moment that $\boldsymbol{v}_0 = 0$. The zero order equations yield

$$\frac{dp_0}{dz} = -g\varrho_0, \tag{2.7}$$

the hydrostatic equation.

As usual in meteorology we use cartesian coordinates, $x, y, z$ ($z^0$ vertical), and corresponding velocity components $u, v, w$.

The first order equations are

$$\frac{\partial \boldsymbol{v}_1}{\partial t}+2\boldsymbol{\Omega}\times\boldsymbol{v}_1=-\frac{1}{\varrho_0}\nabla p_1+\boldsymbol{g}\frac{\varrho_1}{\varrho_0}, \tag{2.8}$$

$$\frac{\partial \varrho_1}{\partial t}+w_1\frac{\mathrm{d}\varrho_0}{\mathrm{d}z}+\varrho_0\chi_1=0, \tag{2.9}$$

$$\frac{\partial p_1}{\partial t}+w_1\frac{\mathrm{d}p_0}{\mathrm{d}z}=c_0^2\left(\frac{\partial \varrho_1}{\partial t}+w_1\frac{\mathrm{d}\varrho_0}{\mathrm{d}z}\right), \tag{2.10}$$

where $\chi$ means the divergence of the velocity field,

$$\chi_1=\nabla\cdot\boldsymbol{v}_1, \tag{2.11}$$

and

$$c_0^2=\frac{\gamma p_0}{\varrho_0}. \tag{2.12}$$

All perturbation quantities are taken to have a temporal variation of the form $e^{-i\omega t}$. The horizontal velocities appear only in the horizontal components of Eq. (2.8) and in Eq. (2.11) and may be eliminated by differentiation and substitution. In general, the result is

$$\chi_1-\frac{\partial w_1}{\partial z}=\frac{i}{\omega}\,\mathrm{F}\left(\frac{p_1}{\varrho_0}\right), \tag{2.13}$$

where F is a differential operator including $\boldsymbol{\Omega}$, $\omega$, and horizontal derivatives.*

$\delta$) A *separation of variables* may be made at this point. Since none of the coefficients of Eqs. (2.8), (2.9) and (2.10) depends on lateral position, one may assume that

$$\mathrm{F}\left(\frac{p_1}{\varrho_0}\right)=k_{\mathrm{h}}^2\frac{p_1}{\varrho_0}, \tag{2.14}$$

where $k_{\mathrm{h}}^2$ is a separation coefficient with dimensions of an inverse distance squared. $k_{\mathrm{h}}$ may be thought of as an effective horizontal wave number. Eq. (2.14) is influenced by the assumed geometry and must satisfy any lateral boundary conditions.

From Eqs. (2.7) and (2.12)

$$\frac{\mathrm{d}\varrho_0}{\mathrm{d}z}=-\frac{\varrho_0}{c_0^2}\left(\gamma g+\frac{\mathrm{d}c_0^2}{\mathrm{d}z}\right). \tag{2.15}$$

If Eq. (2.14) is substituted into Eq. (2.13) and (2.15) into Eq. (2.7) the horizontal parts are separated and the remaining governing equations are

$$-i\omega w_1=-\frac{i}{\varrho_0}\frac{\partial p_1}{\partial z}-g\frac{\varrho_1}{\varrho_0}, \tag{2.16}$$

$$-i\omega\varrho_1-\frac{\varrho_0}{c_0^2}\left(\gamma g+\frac{\mathrm{d}c_0^2}{\mathrm{d}z}\right)w_1+\varrho_0\chi_1=0, \tag{2.17}$$

$$-i\omega p_1-\varrho_0 g w_1=-\varrho_0 c_0^2\chi_1, \tag{2.18}$$

$$\chi_1-\frac{\mathrm{d}w_1}{\mathrm{d}z}=\frac{i k_{\mathrm{h}}^2}{\omega}\frac{p_1}{\varrho_0}. \tag{2.19}$$

* F contains two differentiations in the horizontal plane, see Eqs. (4.5) and (5.4), such that the operator has $\mathrm{m}^{-2}$ for SI-unit.

ε) Successive differentiation and elimination of $w_1$, $\varrho_1$, and $p_1$ yield a *vertical wave equation*

$$\frac{\partial^2 \chi_1}{\partial z^2} - \left(\frac{\gamma g}{c_0^2} + \frac{1}{c_0^2}\frac{d c_0^2}{d z}\right)\frac{\partial \chi_1}{\partial z} + \left\{\frac{\omega^2}{c_0^2} - k_h^2\left[1 - \frac{g}{\omega^2}\left(\frac{(\gamma-1)\, g}{c_0^2} - \frac{1}{c_0^2}\frac{d c_0^2}{d z}\right)\right]\right\}\chi_1 = 0. \tag{2.20}$$

Eq. (2.20) describes the vertical behavior of linear wave solutions. These solutions must satisfy any vertical boundary conditions. In general, the coefficients of this equation are not constant, and only in certain particular cases, notably isothermal or constant temperature gradient atmospheres, are analytical solutions obtainable. The isothermal case is discussed in Chap. B.

The other perturbation quantities are related to $\chi_1$.

$$(\omega^4 - g^2 k_h^2)\, w_1 = -\omega^2 c_0^2 \frac{\partial \chi_1}{\partial z} - g(\gamma\omega^2 - c_0^2 k_h^2)\,\chi_1, \tag{2.21}$$

$$\frac{p_1}{\varrho_0} = \frac{i g w_1}{\omega} - \frac{i c_0^2 \chi_1}{\omega}, \tag{2.22}$$

$$\frac{\varrho_1}{\varrho_0} = \frac{i}{\omega}\left(\frac{\gamma g}{c_0^2} + \frac{1}{c_0^2}\frac{d c_0^2}{d z}\right) w_1 - \frac{i\chi_1}{\omega}, \tag{2.23}$$

$$\frac{T_1}{T_0} = -\frac{i}{\omega c_0^2}\frac{d c_0^2}{d z} w_1 - \frac{i(\gamma-1)}{\omega}\chi_1. \tag{2.24}$$

$T$ being the temperature at level $z$.

The horizontal velocities may be described in terms of $p_1/\varrho_0$, the relationships depending on the geometrical approximations chosen.

## II. Approximations in the horizontal wave equation.

**3. Cartesian geometry.** The simplest assumption one can make is that the geometry is cartesian and non-rotating. The horizontal components of the horizontal wave equation become

$$-i\omega u_1 = -\frac{\partial}{\partial x}\left(\frac{p_1}{\varrho_0}\right), \tag{3.1}$$

$$-i\omega v_1 = -\frac{\partial}{\partial y}\left(\frac{p_1}{\varrho_0}\right). \tag{3.2}$$

When substituted into Eq. (2.13), these components yield

$$\chi_1 - \frac{\partial w_1}{\partial z} = -\frac{i}{\omega}\left(\frac{\partial^2}{\partial x^2} + \frac{\partial^2}{\partial y^2}\right)\left(\frac{p_1}{\varrho_0}\right), \tag{3.3}$$

so that

$$\mathrm{F} = -\left(\frac{\partial^2}{\partial x^2} + \frac{\partial^2}{\partial y^2}\right) = k_h^2. \tag{3.4}$$

Solutions may, for example, take the form

$$\exp[i(k_x x + k_y y)], \tag{3.5}$$

with

$$k_x^2 + k_y^2 = k_h^2. \tag{3.6}$$

That is, wave solutions are periodic in the horizontal. The association of $k_h$ with a horizontal wave number is direct in this case.

**4. Rotating Cartesian geometry.** If the geometry is planar and rotating about the vertical with angular velocity $\Omega$, the horizontal equations of motion are

$$-i\omega u_1 - 2\Omega v_1 = -\frac{\partial}{\partial x}\left(\frac{p_1}{\varrho_0}\right), \tag{4.1}$$

$$-i\omega v_1 + 2\Omega u_1 = -\frac{\partial}{\partial y}\left(\frac{p_1}{\varrho_0}\right). \tag{4.2}$$

It follows that

$$(\omega^2 - 4\Omega^2)\, u_1 = \left(-i\omega\frac{\partial}{\partial x} + 2\Omega\frac{\partial}{\partial y}\right)\left(\frac{p_1}{\varrho_0}\right), \tag{4.3}$$

$$(\omega^2 - 4\Omega^2)\, v_1 = \left(-2\Omega\frac{\partial}{\partial x} - i\omega\frac{\partial}{\partial y}\right)\left(\frac{p_1}{\varrho_0}\right), \tag{4.4}$$

and

$$\mathrm{F} = -\frac{\omega^2}{\omega^2 - 4\Omega^2}\left(\frac{\partial^2}{\partial x^2} + \frac{\partial^2}{\partial y^2}\right) = -\frac{f^2}{(f^2-1)}\left(\frac{\partial^2}{\partial x^2} + \frac{\partial^2}{\partial y^2}\right), \tag{4.5}$$

where $f$ is the dimensionless frequency ratio.

$$f = \frac{\omega}{2\Omega}. \tag{4.6}$$

Solutions may again be periodic in the horizontal except that

$$k_x^2 + k_y^2 = \frac{(f^2-1)}{f^2}\, k_\mathrm{h}^2. \tag{4.7}$$

The separation coefficient is modified if the wave frequency, $\omega/2\pi$, is comparable to or smaller than the Coriolis frequency, $2\Omega/2\pi$.

**5. Rotating sphere.** This geometry is required in the development of atmospheric tidal theory. If $\varphi$ is the latitude, $\lambda$ the longitude, $u$ and $v$ the eastward and northward velocity components, $R_\mathrm{E}$ the Earth's radius, and $\Omega$ the Earth's angular velocity, then

$$u_1 = \frac{-i}{R_\mathrm{E}\omega}\cdot\frac{f^2}{(f^2 - \sin^2\varphi)}\left[\frac{i}{f}\sin\varphi\frac{\partial}{\partial\varphi} + \frac{1}{\cos\varphi}\frac{\partial}{\partial\lambda}\right]\left(\frac{p_1}{\varrho_0}\right), \tag{5.1}$$

$$v_1 = \frac{-1}{R_\mathrm{E}\omega}\cdot\frac{f^2}{(f^2 - \sin^2\varphi)}\left[i\frac{\partial}{\partial\varphi} + \frac{\tan\varphi}{f}\frac{\partial}{\partial\lambda}\right]\left(\frac{p_1}{\varrho_0}\right), \tag{5.2}$$

where

$$f = \frac{\omega}{2\Omega}. \tag{5.3}$$

Taking the velocity divergence in spherical coordinates yields

$$\begin{aligned}\mathrm{F} = -\frac{f^2}{R_\mathrm{E}^2}\Bigg\{&\frac{1}{\cos\varphi}\frac{\partial}{\partial\varphi}\left[\frac{\cos\varphi}{(f^2-\sin^2\varphi)}\frac{\partial}{\partial\varphi}\right] \\ &+ \frac{1}{(f^2-\sin^2\varphi)}\left[-\frac{i}{f}\cdot\frac{(f^2+\sin^2\varphi)}{(f^2-\sin^2\varphi)}\frac{\partial}{\partial\lambda} + \frac{1}{\cos^2\varphi}\frac{\partial^2}{\partial\lambda^2}\right]\Bigg\}.\end{aligned} \tag{5.4}$$

The horizontal wave equation,

$$\mathrm{F}\left(\frac{p_1}{\varrho_0}\right) = k_\mathrm{h}^2\left(\frac{p_1}{\varrho_0}\right), \tag{5.5}$$

is essentially LAPLACE's tidal equation. Solutions take the form of Hough functions[1] and are discussed in the literature on atmospheric tides [*2*]. These are sets

[1] S. S. HOUGH: Phil. Trans. Roy. Soc. (London), Ser. A **189**, 201 (1897).

of discrete solutions with associated eigenvalues of $k_h^2$. The accepted separation coefficient in tidal theory is the equivalent depth, $h$, where

$$h = \frac{\omega^2}{g k_h^2}. \tag{5.6}$$

Where the parameter $k_h$ carries a connotation of a horizontal wave number, the physical significance of the equivalent depth is that the lateral structure of the oscillation is the same as that of a free mode of oscillation of a homogeneous incompressible ocean of depth h.

There are two kinds of Hough functions. Functions of the first kind provide both eastward and westward moving waves, and are associated with gravito-acoustic modes. The acoustic modes are normally filtered out by use of the hydrostatic approximation. Hough functions of the second kind have only westward moving waves and periods greater than half a day. These are the rotational modes.

**6. Beta plane.** The $\beta$-plane is a useful meteorological approximation allowing for the effects of a varying Coriolis parameter while still retaining the simplicity of a planar coordinate system.

α) In effect, in differentiating Eq. (4.1) with respect to $y$, variation of $2\Omega$ is included. Subsequently, this derivative,

$$\beta \equiv \frac{\partial}{\partial y}(2\Omega), \tag{6.1}$$

and $2\Omega$ are treated as constants. The influence of the Earth's curvature must also be accounted for in obtaining Eq. (2.14).

The $\beta$-plane approximation may also be obtained from the results for a rotating sphere by assuming $\varphi$ to be a constant in Eqs. (5.1), (5.2), and (5.3). Let the wave horizontal scales be small compared to $R_E$, so that

$$\frac{1}{R_E \cos\varphi}\frac{\partial}{\partial\lambda} \rightarrow \frac{\partial}{\partial x}, \tag{6.2}$$

$$\frac{1}{R_E}\frac{\partial}{\partial\varphi} \rightarrow \frac{\partial}{\partial y}. \tag{6.3}$$

Then

$$(\omega^2 - 4\Omega_v^2)\, u_1 = \left(-i\omega\frac{\partial}{\partial x} + 2\Omega_v\frac{\partial}{\partial y}\right)\left(\frac{p_1}{\varrho_0}\right), \tag{6.4}$$

$$(\omega^2 - 4\Omega_v^2)\, v_1 = \left(-2\Omega_v\frac{\partial}{\partial x} - i\omega\frac{\partial}{\partial y}\right)\left(\frac{p_1}{\varrho_0}\right), \tag{6.5}$$

and

$$\mathrm{F} = -\frac{f_v^2}{(f_v^2-1)}\left[\frac{\partial^2}{\partial x^2} + \frac{\partial^2}{\partial y^2} - \frac{i\beta}{2\Omega_v f_v}\cdot\frac{f_v^2+1}{f_v^2-1}\frac{\partial}{\partial x} + \frac{\beta}{\Omega}\frac{\partial}{\partial y}\right], \tag{6.6}$$

where

$$\Omega_v = \Omega\sin\varphi \tag{6.7}$$

is the local vertical component of the Earth's rotation and

$$f_v = \frac{\omega}{2\Omega_v}. \tag{6.8}$$

β) Certain points about Eq. (6.6) should be noticed. Since $\beta/2\Omega_v$ is of the order of $1/R_E$, if the scale of the wave is small compared to $R_E$ and if $f_v \gg 1$, the last two terms in brackets are small. At high frequencies, this equation approximates the rotating plane Eq. (4.5). If $f_v \ll 1$, the last terms in brackets of (6.6) may not be negligible. It adds another wave mode, the rotational mode, to the solutions. If $f_v \rightarrow 1$, the last terms are very large and Eq. (4.5) is a poor approximation. Thus, if the wave frequency is close to the local Coriolis frequency, neither the rotating plane nor the $\beta$-plane approximation is good.

## III. Approximations in the vertical wave equation.

Different approximations are systematically discussed in [8] in view of possible waves. In the following sections we discuss such approximations as are of particular interest in view of realistic cases depending on the wave frequency.

**7. Hydrostaticity.** If the wave frequency is sufficiently low, the vertical pressure gradient and gravitational forces are approximately in balance for the perturbation as well as zero order equations. Eq. (2.16) may then be written

$$\frac{\partial p_1}{\partial z} = -g\varrho_1. \tag{7.1}$$

The vertical wave equation then becomes

$$\frac{\partial^2 \chi_1}{\partial z^2} - \left(\frac{\gamma g}{c_0^2} + \frac{1}{c_0^2}\frac{\mathrm{d}c_0^2}{\mathrm{d}z}\right)\frac{\partial \chi_1}{\partial z} + \frac{g k_\mathrm{h}^2}{\omega^2}\left[\frac{(\gamma-1)g}{c_0^2} - \frac{1}{c_0^2}\frac{\mathrm{d}c_0^2}{\mathrm{d}z}\right]\chi_1 = 0, \tag{7.2}$$

and

$$w_1 = \left(\frac{\gamma\omega^2}{g k_\mathrm{h}^2} - \frac{c_0^2}{g}\right)\chi_1 + \frac{c_0^2\,\omega^2}{g^2 k_\mathrm{h}^2}\frac{\partial \chi_1}{\partial z}. \tag{7.3}$$

Other perturbation quantities are as given in Eq. (2.22) through (2.24).

Eqs. (2.20) and (2.21) approach Eqs. (7.2) and (7.3) in the limits

$$\omega^2 \ll k_\mathrm{h}^2\, c_0^2, \tag{7.4}$$

$$|\omega^2 - k_\mathrm{h}^2\, c^2| \ll \left|\frac{g k_\mathrm{h}^2}{\omega^2}\left[(\gamma-1)g - \frac{\mathrm{d}c^2}{\mathrm{d}z}\right]\right|. \tag{7.5}$$

**8. Incompressibility.** An incompressible stratified fluid can sustain gravitational and rotational waves, but not acoustic waves. The adiabatic law is replaced by the condition

$$\chi_1 = 0, \tag{8.1}$$

and Eqs. (2.16), (2.17), and (2.19) become

$$-i\,\omega\, w_1 = -\frac{i}{\varrho_0}\frac{\partial p_1}{\partial z} - g\frac{\varrho_1}{\varrho_0}, \tag{8.2}$$

$$-i\,\omega\,\varrho_1 + w_1\frac{\mathrm{d}\varrho_0}{\mathrm{d}z} = 0, \tag{8.3}$$

$$-\frac{\partial w_1}{\partial z} = \frac{i k_\mathrm{h}^2}{\omega}\frac{p_1}{\varrho_0}. \tag{8.4}$$

If $w_1$ is chosen as a dependent variable and if $p_1$ and $\varrho_1$ are eliminated, the resulting vertical wave equation is

$$\frac{\partial^2 w_1}{\partial z^2} + \frac{1}{\varrho_0}\frac{\mathrm{d}\varrho_0}{\mathrm{d}z}\frac{\partial w_1}{\partial z} - k_\mathrm{h}^2\left(1 + \frac{g}{\omega^2\varrho_0}\frac{\mathrm{d}\varrho_0}{\mathrm{d}z}\right)w_1 = 0. \tag{8.5}$$

Eq. (8.5) may be compared to the equation for an isothermal compressible atmosphere, which may be written

$$\frac{\partial^2 w_1}{\partial z^2} + \frac{1}{\varrho_0}\frac{\mathrm{d}\varrho_0}{\mathrm{d}z}\frac{\partial w_1}{\partial z} + \left[\frac{\omega^2}{c_0^2} - k_\mathrm{h}^2 - k_\mathrm{h}^2\frac{(\gamma-1)g}{\gamma\omega^2\varrho_0}\frac{\mathrm{d}\varrho_0}{\mathrm{d}z}\right]w_1 = 0. \tag{8.6}$$

An incompressible fluid with constant scale height thus models the internal gravity waves of an isothermal compressible atmosphere providing that $\omega^2 \ll c_0^2\, k_\mathrm{h}^2$ and that a suitable adjustment is made in the gravitational acceleration.

**9. Boussinesq approximation.** This approximation assumes not only that the fluid is incompressible, but also that density variations may be ignored except insofar as they influence buoyancy. Thus, in Eqs. (2.16) through (2.19), $\chi_1$ is taken to be zero, and $\varrho_0$ is taken to be constant except where explicitly differentiated. Elimination of $\varrho_1$ and $p_1$ then yields

$$\frac{\partial^2 w_1}{\partial z^2} - k_h^2 \left(1 + \frac{g}{\omega^2 \varrho_0} \frac{d\varrho_0}{dz}\right) w_1 = 0. \tag{9.1}$$

**10. Summary.** The rotating sphere, perfect gas model is the most complete. For small scale waves of frequency greater than the local Coriolis frequency, a rotating plane or, more simply, a non-rotating plane may be used. For small scale waves of low frequency, i.e., the rotational modes, the Beta-plane is suitable. To filter out acoustic waves, the hydrostatic or incompressible approximations may be used. For waves of small vertical scale and of interest only locally in height, the BOUSSINESQ-approximation is valid.

# B. The isothermal atmosphere.

## I. Generalities.

**11. Basic relations.**

α) If the mean density of the model atmosphere varies exponentially with height, the vertical wave equation has *constant coefficients*, and wave solutions show simple exponential or sinusoidal variations with height. This density structure is a property of an isothermal atmosphere in which

$$\frac{dc_0^2}{dz} = 0. \tag{11.1}$$

The vertical wave equation becomes

$$\frac{\partial^2 \chi_1}{\partial z^2} - \frac{\gamma g}{c_0^2} \frac{\partial \chi_1}{\partial z} + \left\{\frac{\omega^2}{c_0^2} + k_h^2 \left[\frac{(\gamma-1) g^2}{\omega^2 c_0^2} - 1\right]\right\} \chi_1 = 0. \tag{11.2}$$

β) Eq. (11.2) may be written in *canonical form* by making the substitution

$$\chi_1 = X_1 \varrho_0^{-\frac{1}{2}}. \tag{11.3}$$

Since

$$\varrho_0 = \varrho_0(0) \exp\left(-\frac{\gamma g z}{c_0^2}\right), \tag{11.4}$$

$$\chi_1 = X_1 \varrho_0^{-\frac{1}{2}}(0) \exp\left(+\frac{\gamma g z}{2c_0^2}\right). \tag{11.5}$$

Eq. (11.2) then becomes

$$\frac{\partial^2 X_1}{\partial z^2} + \left[\frac{\omega^2 - \omega_a^2}{c_0^2} - k_h^2 + \frac{k_h^2 \omega_g^2}{\omega^2}\right] X_1 = 0, \tag{11.6}$$

where

$$\omega_a^2 \equiv \frac{\gamma^2 g^2}{4 c_0^2} \tag{11.7}$$

is the acoustic cut-off frequency, and

$$\omega_g^2 \equiv \frac{(\gamma-1) g^2}{c_0^2} \tag{11.8}$$

is the Brunt-Väisälä frequency.

γ) *Solutions* are of the form

$$X_1 \propto \exp(\pm i k_z z), \tag{11.9}$$

where

$$k_z^2 = \frac{\omega^2 - \omega_a^2}{c_0^2} - k_h^2 + \frac{k_h^2\,\omega_g^2}{\omega^2}, \tag{11.10}$$

the dispersion equation for the waves. If two of the parameters $\omega$, $k_h$, $k_z$ are specified, they determine the third.

If the field variables

$$(U_1, V_1, W_1) \equiv (u_1, v_1, w_1) \cdot \varrho_0^{\frac{1}{2}}, \tag{11.11}$$

$$(P_1, R_1) = (p_1, \varrho_1) \cdot \varrho^{-\frac{1}{2}}_0 \tag{11.12}$$

are introduced, Eqs. (2.21) through (2.23) may be rewritten

$$(\omega^4 - g^2 k_h^2)\, W_1 = \left(g\, c_0^2 k_h^2 + i\, k_z c_0^2\, \omega^2 - \frac{\gamma g \omega^2}{2}\right) X_1, \tag{11.13}$$

$$P_1 = \frac{i g}{\omega} W_1 - \frac{i c_0^2}{\omega} X_1, \tag{11.14}$$

$$R_1 = \frac{i \gamma g}{\omega c_0^2} W_1 - \frac{i X_1}{\omega}. \tag{11.15}$$

$\delta$) The dispersion equation can be presented graphically on a *diagnostic diagram* [*1*]. Fig. 1 shows a plot of curves of constant $k_z$ on an $\omega$, $k_h$ domain. There are three domains in such a plot. One domain lies above the asymptotic limits $\omega = \omega_a$, $\omega = c_0\, k_h$, has real values of $k_z$, and in the limits of large $\omega$ represents waves which behave as simple *sound waves*. A second region, with real $k_z$ and thus vertically periodic solutions, lies below the asymptotic limits

$$\omega = \omega_g, \qquad \omega = \omega_g\, k_h\, c_0/\omega_a.$$

This is the *internal gravity wave* domain. The intermediate region has solutions with imaginary values of $k_z$, so that wave solutions either grow or decay with height. These are known as evanescent solutions and correspond to waves being vertically reflected.

## II. Limiting characteristics of waves.

**12. High frequencies.** Consider the case of cartesian geometry, so that waves are of the form

$$\exp[i\,(k_x\, x + k_y\, y + k_z\, z - \omega t)]. \tag{12.1}$$

In the limits $\omega^2 \gg \omega_a^2$, $\omega^2 \gg (k_x^2 + k_y^2)\, c^2$ the dispersion equation may be written approximately as

$$k^2 \equiv k_x^2 + k_y^2 + k_z^2 = \frac{\omega^2}{c^2}, \tag{12.2}$$

which is the equation for sound waves in a homogeneous atmosphere.

Eqs. (11.14) and (11.15) become approximately

$$P_1 \simeq -\frac{i c_0^2}{\omega} X_1, \tag{12.3}$$

$$R_1 = -\frac{i}{\omega} X_1. \tag{12.4}$$

That is, the advective contributions to fluctuations in pressure and density become negligible in comparison with the compressive contributions. The perturbation field variable wind vector is

$$\boldsymbol{V}_1 \cong \frac{i \boldsymbol{k} c_0^2}{\omega^2} X_1 = \frac{\boldsymbol{k}}{\omega} P_1. \tag{12.5}$$

The motions are parallel to the wave vector so that the wave is longitudinal, and the time average $\boldsymbol{V}_1 P_1$ is also oriented along the wave vector so that the wave energy flux (see Chap. H) is in the direction of phase propagation.

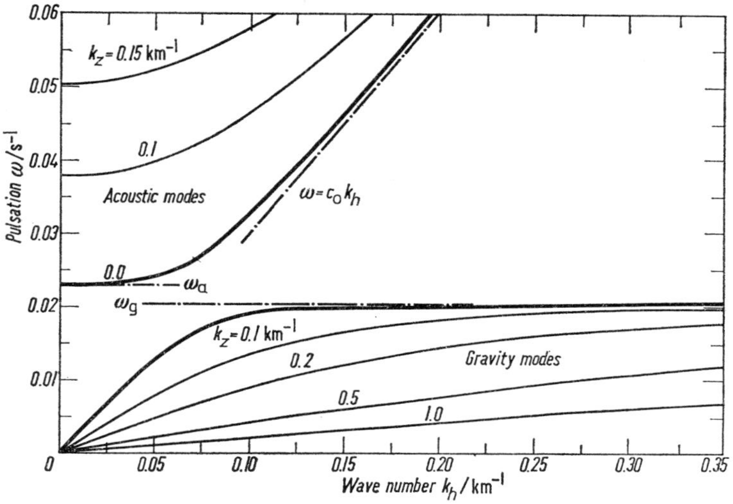


Fig. 1. Diagnostic diagram for gravito-acoustic wave modes in an isothermal atmosphere with sound speed $c_0 = 300$ m/s, gravitational acceleration $g = 9.8$ m/s$^2$, and ratio of specific heats $\gamma = 1.4$. Curves of constant vertical wave number $k_z$ in km$^{-1}$ are shown as functions of horizontal wave number $k_h \equiv k_x$ and wave pulsation $\omega$.

**13. Internal gravity waves.** In the limits

$$\omega^2 \ll \omega_g^2, \qquad \omega^2 \ll \omega_g^2\, k_h^2\, c_0^2/\omega_a^2$$

the dispersion equation, Eq. (11.10), may be written approximately as

$$k_z^2 \cong \frac{k_h^2\, \omega_g^2}{\omega^2}. \tag{13.1}$$

Eqs. (2.22), (3.1), and (3.2) for the perturbations yield the following important relationships:

$$P_1 \cong -\frac{\omega_g^2}{\omega k_z} W_1, \tag{13.2}$$

$$U_1 \cong -\frac{\omega_g^2}{\omega^2} \frac{k_x}{k_z} W_1, \tag{13.3}$$

$$V_1 \cong -\frac{\omega_g^2}{\omega^2} \frac{k_y}{k_z} W_1. \tag{13.4}$$

Particle motions are essentially straight line oscillations normal to the wave propagation vector $\boldsymbol{k}$. If $\omega$ and $k_z$ are of the same sign, so that the wave phase is moving upward, $P_1$ and $W_1$ are out of phase, implying downward wave energy transport.[1] Internal gravity waves of low frequency are thus essentially transverse oscillations.

**14. Phase, trace, and group velocities.**

α) *Definitions.* Several velocities are associated with a wave. The *phase*

[1] The opposite condition is more frequent in the upper atmosphere. There, $\omega$ and $k_z$ mostly have opposite sign, the wave phase is moving downward but energy transport is upward.

*velocity* is the velocity with which a point of constant phase moves taken normal to a surface of constant phase. It is

$$\boldsymbol{c}_{\mathrm{p}}=\frac{\boldsymbol{k}\omega}{|\boldsymbol{k}|^2}. \tag{14.1}$$

The *trace velocity* is the velocity with which a point of constant phase moves along a prescribed axis. If one considers the $\boldsymbol{i}$ direction,

$$c_{\mathrm{T}\boldsymbol{i}}=\frac{\omega}{k_{\boldsymbol{i}}}. \tag{14.2}$$

The *group velocity* is the velocity with which a wave packet travels and can be shown to be

$$\boldsymbol{c}_{\mathrm{g}}=\frac{\partial\omega}{\partial\boldsymbol{k}}. \tag{14.3}$$

Differentiating the dispersion equation, Eq. (11.10), yields

$$c_{\mathrm{g}x}=\frac{c_0^2 k_x}{\omega}\cdot\left(1-\frac{\omega_{\mathrm{g}}^2}{\omega^2}\right)\Big/\left(1-\frac{c_0^2 k_{\mathrm{h}}^2\omega_{\mathrm{g}}^2}{\omega^4}\right) \tag{14.4}$$

and a similar expression for the $y$ component of $c_g$.

In the vertical direction,

$$c_{\mathrm{g}z}=\frac{c_0^2 k_z}{\omega}\left(1-\frac{c_0^2 k_{\mathrm{h}}^2\omega_{\mathrm{g}}^2}{\omega^4}\right)^{-1}. \tag{14.5}$$

β) For modes well in the *acoustic domain*, Eqs. (14.4) and (14.5) reduce to

$$c_{\mathrm{g}x}=\frac{c_0^2 k_x}{\omega}, \tag{14.6}$$

$$c_{\mathrm{g}z}=\frac{c_0^2 k_z}{\omega}, \tag{14.7}$$

or,

$$\boldsymbol{c}_{\mathrm{g}}\cong\frac{c_0^2\boldsymbol{k}}{\omega}\cong\frac{c_0\boldsymbol{k}}{|\boldsymbol{k}|}. \tag{14.8}$$

The group velocity thus equals the sound velocity and travels in the same direction as the phase.

γ) For *gravity modes*, i.e. at low frequencies and horizontal trace velocities small compared to $c$,

$$c_{\mathrm{g}x}\cong\frac{\omega k_x}{k_{\mathrm{h}}^2}, \tag{14.9}$$

$$c_{\mathrm{g}z}=-\frac{\omega}{k_z}. \tag{14.10}$$

The horizontal component of group velocity is approximately equal to the horizontal trace velocity, while the vertical component of group velocity is nearly equal to *minus* the vertical trace velocity. Group and phase velocities thus have oppositely directed vertical components. The significance of group velocity to wave energy propagation is discussed in Chap. H.

## III. Special modes.

**15. Lamb waves.** Certain wave modes have special characteristics. The Lamb wave [*3, 4*], with

$$\omega=\pm k_{\mathrm{h}}\,c_0,$$

is an *evanescent mode.* The horizontal trace velocity in a non-rotating cartesian coordinante system equals the speed of sound. Under this constraint, the dispersion equation, Eq. (11.10), becomes

$$k_z^2 = \frac{\omega_g^2 - \omega_a^2}{c_0^2} = -\frac{(\gamma-2)^2}{4}\frac{g^2}{c_0^4}, \tag{15.1}$$

so that $X_1$ has the vertical structure

$$\exp\left[\pm\frac{(2-\gamma)\,g z}{2c_0^2}\right]. \tag{15.2}$$

If one takes the mode which decays with height, assuming $\gamma < 2$,

$$k_z = \frac{i(2-\gamma)\,g}{2c_0^2}. \tag{15.3}$$

If Eq. (15.3) is substituted into Eq. (11.13), the result is $W_1 = 0$ everywhere.

This mode is of special interest since it automatically satisfies the boundary condition of no vertical motion at a smooth solid lower boundary. Since $X_1$ decays exponentially with height, the mode will also meet the condition that $X_1$ vanish at infinity. Hence the Lamb wave is a free mode of oscillation for a semi-infinite isothermal atmosphere.

**16. Non-divergent waves.** The solution $X_1 = 0$ is not necessarily a trivial solution to Eq. (2.20). In this case, Eqs. (2.21) through (2.24) become

$$-i\omega w_1 = -\frac{1}{\varrho_0}\frac{\partial p_1}{\partial z} - g\frac{\varrho_1}{\varrho_0}, \tag{16.1}$$

$$-i\omega\varrho_1 + w_1\frac{\partial\varrho_0}{\partial z} = 0, \tag{16.2}$$

$$-i\omega p_1 - \varrho_0 g w_1 = 0, \tag{16.3}$$

$$-\frac{d w_1}{d z} = \frac{i k_h^2}{\omega}\frac{p_1}{\varrho_0}. \tag{16.4}$$

One may eliminate $p_1$ and $\varrho_1$ thus obtaining

$$\frac{\partial w_1}{\partial z} = \frac{\omega^2}{g} w_1, \tag{16.5}$$

$$\frac{\partial w_1}{\partial z} = \frac{k_h^2 g}{\omega^2} w_1. \tag{16.6}$$

Eqs. (16.5) and (16.6) may be satisfied simultaneously if $k_h^2 g^2 = \omega^4$. In this case the solutions are

$$w_1 = \exp(k_x z)\exp[i(k_x x - \omega t)], \tag{16.7}$$

$$u_1 = i\exp(k_h z)\exp[i(k_x x - \omega t)]. \tag{16.8}$$

Note that since there is no divergence, compressibility does not enter and the solution is equally valid for an incompressible atmosphere. Also the results, derived for a general density profile, do not depend on isothermality. The wave motions take the form of deep waves. LOVE[1] has shown such waves to be a solution for incompressible fluids of arbitrary vertical density structure, and WHITNEY[2] has recognized the extension to compressible atmospheres.

[1] A. E. H. LOVE: Proc. London Math. Soc. **22**, 307 (1891).
[2] C. WHITNEY: Smithsonian Contrib. Astrophys. **2**, 365 (1958).

Since

$$\frac{\mathrm{D}p_1}{\mathrm{D}t}=0, \tag{16.9}$$

the non-divergent mode satisfies a free surface boundary condition. Such a boundary condition is not apt to be important terrestrially, but might be approximated at the base of the solar corona. A related mode may also be found in numerical models with deep atmospheres and a free upper surface.

## C. Internal gravity waves in fluids with mean flow.

### 17. Governing equations.

α) If there is a mean or *zero order flow*, particularly one which varies spatially, the linear wave equations take on an added complexity. The influence of such a flow varies as the ratio of its velocity to the phase and group velocities of the wave. For acoustic and fast-moving gravity waves, the effects are small, usually a gradual refraction of the wave. Slowly moving internal gravity waves may be more profoundly affected, especially if the mean fluid velocity approaches the trace velocity.

Acoustic waves in shearing winds are usually treated by ray-tracing techniques, described in Chap. D. Internal gravity waves of small vertical and horizontal scale may be treated similarly, but with somewhat less accuracy.[1,2,3] Full wave solutions for gravity waves can be illustrated most simply and adequately using a planar incompressible model. This formulation has been known for a good many years, not in terms of wave propagation characteristics, but in terms of the KELVIN-HELMHOLTZ instability problem[4].

β) If $\boldsymbol{v}_0 \neq 0$, the governing *linear equations* are

$$\frac{\partial \boldsymbol{v}_1}{\partial t}+(\boldsymbol{v}_0\cdot\nabla)\,\boldsymbol{v}_1+(\boldsymbol{v}_1\cdot\nabla)\,\boldsymbol{v}_0=-\frac{1}{\varrho_0}\nabla p_1+\boldsymbol{g}\frac{\varrho_1}{\varrho_0}, \tag{17.1}$$

$$\frac{\partial \varrho_1}{\partial t}+(\boldsymbol{v}_0\cdot\nabla)\,\varrho_1+w_1\frac{\partial \varrho_0}{\partial z}=0, \tag{17.2}$$

$$\nabla\cdot\boldsymbol{v}_1=0. \tag{17.3}$$

The problem is further simplified if only the horizontal components of the zero order wind are assumed to be non-zero and they are taken to be functions of $z$ only. The coefficients of Eqs. (17.1) through (17.3) are then functions of $z$ only and a waveform

$$\varphi=\varphi(z)\exp[i(k_x x+k_y y-\omega t)] \tag{17.4}$$

may be assumed for the perturbation quantities. If this form is substituted in the linearized equations, the results are

$$-i\omega' u_1+w_1\frac{\mathrm{d}u_0}{\mathrm{d}z}=-ik_x\frac{p_1}{\varrho_0}, \tag{17.5}$$

$$-i\omega' v_1+w_1\frac{\mathrm{d}v_0}{\mathrm{d}z}=-ik_y\frac{p_1}{\varrho_0}, \tag{17.6}$$

---

[1] W. L. JONES: J. Geophys. Res. **74**, 2028 (1969).

[2] T. M. GEORGES, in: Effects of Atmospheric Acoustic Gravity Waves on Electromagnetic Wave Propagation, Conf. Proc., Vol. 115, p. 21, AGARD. London: Harford House 1972.

[3] S. H. FRANCIS: J. Geophys. Res. **77**, 4221 (1972).

[4] For reviews, see S. CHANDRASEKHAR [5], 1961.

$$-i\,\omega' w_1 = -\frac{1}{\varrho_0}\frac{\partial p_1}{\partial z} - g\frac{\varrho_1}{\varrho_0}, \tag{17.7}$$

$$-i\,\omega' \varrho_1 + w_1 \frac{\partial \varrho_0}{\partial z} = 0, \tag{17.8}$$

$$i\,k_x u_1 + i\,k_y v_1 + \frac{\partial w_1}{\partial z} = 0, \tag{17.9}$$

where

$$\omega' = \omega - k_x u_0 - k_y v_0 \tag{17.10}$$

is the so-called "*intrinsic frequency*". This is the wave frequency observed in a frame of reference moving with the local velocity $(u_0, v_0)$. Even though $\omega$ is assumed constant, $\omega'$ is a function of $z$.

$\gamma$) Successive elimination of $u_1$, $v_1$, $\varrho_1$, and $p_1$ yields a *vertical wave equation:*

$$\frac{\partial^2 w_1}{\partial z^2} + \frac{1}{\varrho_0}\frac{\mathrm{d}\varrho_0}{\mathrm{d}z}\frac{\partial w_1}{\partial z} - \left[(k_x^2+k_y^2)\left(1+\frac{g}{\omega'^2\varrho_0}\frac{\mathrm{d}\varrho_0}{\mathrm{d}z}\right) + \frac{1}{\omega'\varrho_0}\frac{\mathrm{d}}{\mathrm{d}z}\left(\varrho_0\frac{\mathrm{d}\omega'}{\mathrm{d}z}\right)\right] w_1 = 0. \tag{17.11}$$

In canonical form, Eq. (17.11) becomes

$$\frac{\partial^2 W_1}{\partial z^2} - \left[\frac{1}{4\varrho_0^2}\left(\frac{\mathrm{d}\varrho_0}{\mathrm{d}z}\right)^2 + (k_x^2+k_y^2)\left(1+\frac{g}{\omega'^2\varrho_0}\frac{\mathrm{d}\varrho_0}{\mathrm{d}z}\right) + \frac{1}{\omega'\varrho_0}\frac{\mathrm{d}}{\mathrm{d}z}\left(\varrho_0\frac{\mathrm{d}\omega'}{\mathrm{d}z}\right)\right] W_1 = 0. \tag{17.12}$$

Eqs. (17.11) and (17.12) can produce the same type of reflection and ducting phenomena through variation in $u_0$ and $v_0$ as are produced by vertical temperature variation. An important new phenomenon occurs if at some level $\omega'=0$. The vertical wave equation is then singular.

### 18. Waves in a linear shear flow.

$\alpha$) *Simplifying assumptions.* To *simplify* the mathematics, assume that $v_0=0$ and $u_0$ increases linearly with $z$. Let the origin be chosen so that $\omega'=0$ at $z=0$. Thus,

$$\omega' = -k_x z \frac{\mathrm{d}u_0}{\mathrm{d}z}. \tag{18.1}$$

Also let the density vary exponentially with height, so that

$$\frac{1}{\varrho_0}\frac{\mathrm{d}\varrho_0}{\mathrm{d}z} = -\frac{1}{H}, \tag{18.2}$$

$H$ being a scale height relative to density. Then Eq. (17.12) may be written

$$\frac{\partial^2 W_1}{\partial z^2} + \left[\frac{\mathcal{R}_\mathrm{i}(k_x^2+k_y^2)}{k_x^2 z^2} + \frac{1}{Hz} - \left(\frac{1}{4H^2} + k_x^2 + k_y^2\right)\right] W_1 = 0, \tag{18.3}$$

where

$$\mathcal{R}_\mathrm{i} = -\frac{g}{\varrho_0}\frac{\mathrm{d}\varrho_0}{\mathrm{d}z}\Big/\left(\frac{\mathrm{d}u_0}{\mathrm{d}z}\right)^2 \tag{18.4}$$

is the gradient Richardson number. With the additional transformations

$$\zeta \equiv \left(\frac{1}{H^2} + 4k_x^2 + 4k_z^2\right)^{\frac{1}{2}} z, \tag{18.5}$$

$$j \equiv \frac{1}{H}\left(\frac{1}{H^2} + 4k_x^2 + 4k_z^2\right)^{-\frac{1}{2}}, \tag{18.6}$$

$$\mathcal{R}_\mathrm{i}' = \frac{k_x^2 + k_y^2\mathcal{R}_\mathrm{i}}{k_x^2}, \tag{18.7}$$

Eq. (18.3) becomes WHITTAKER's equation[1]:

$$\frac{\partial^2 W_1}{\partial \zeta^2}+\left[-\frac{1}{4}+\frac{j}{\zeta}+\frac{\mathcal{R}_i'}{\zeta^2}\right]W_1=0. \tag{18.8}$$

$\beta$) The *solutions* to Eq. (18.8) take the form of Whittaker functions:

$$\begin{aligned}\mathrm{M}_{j,m}(\zeta)=\zeta^{\frac{1}{2}+m}\,\mathrm{e}^{-\zeta/2}\Big[1&+\frac{(\frac{1}{2}+m-j)}{(2m+1)}\cdot\frac{\zeta}{1!}\\&+\frac{(\frac{3}{2}+m-j)(\frac{1}{2}+m-j)}{(2m+2)(2m+1)}\,\frac{\zeta^2}{2!}+\cdots\Big],\end{aligned} \tag{18.9}$$

where

$$m=\pm\left(\tfrac{1}{4}-\mathcal{R}_i'\right)^{\frac{1}{2}}. \tag{18.10}$$

If the modified Richardson number, $\mathcal{R}_i'$, is greater than $\frac{1}{4}$, then near the origin solutions to Eq. (18.8) behave as

$$\zeta^{\frac{1}{2}\pm i\mu}=\zeta^{\frac{1}{2}}\exp(\pm i\mu\ln\zeta), \tag{18.11}$$

where

$$\mu=\left(\mathcal{R}_i'-\tfrac{1}{4}\right)^{\frac{1}{2}}. \tag{18.12}$$

That is, the solutions for $W_1$ have an amplitude which decays as $\zeta^{\frac{1}{2}}$ and are oscillatory with ever decreasing wavelength as the origin is approached. It can also be shown that $u_1$ varies as $\zeta^{-\frac{1}{2}\pm i\mu}$ and thus approaches infinite amplitude and wave number as the origin is approached.

Whittaker functions are multivalued functions of complex $\zeta$, and in continuing a solution through the singularity it is necessary to choose a particular branch. The choice has been discussed by BOOKER and BRETHERTON[2] and by MILES.[3] From initial value arguments they conclude that for $\zeta<0$,

$$\zeta=|\zeta|\,\mathrm{e}^{-i\pi}. \tag{18.13}$$

and hence

$$\zeta^{\frac{1}{2}+i\mu}=-i\,\mathrm{e}^{\pm\mu\pi}|\zeta|^{\frac{1}{2}}\exp(\pm i\mu\ln|\zeta|). \tag{18.14}$$

$\gamma$) *Discussion.* There is both a change in amplitude and phase of a solution in passing through the singularity. BOOKER and BRETHERTON show that at large Richardson numbers very little of the wave is transmitted through a critical level and very little of the incident wave is reflected. The solution to this seeming paradox is provided in part by BRETHERTON's[4] analysis of wave packets at very large Richardson numbers. Such packets approach a *critical layer* asymptotically with ever decerasing group velocity. If a source of wave energy is turned on at some initial time, these packets accumulate at the critical level. The steady-state solution considered here is an asymptotic solution with infinite energy content, which can be approached only after infinite time. At any finite time there is a transient solution, concentrated at the critical level, which has been neglected.

Physically, the very great gradients of perturbation quantities that develop near the critical level enhance all wave dissipation processes. HAZEL[5] has considered the effects of viscosity and conductivity on a Boussinesq model and shown the wave to be dissipated near the critical level, with behavior far from this level approaching the inviscid solutions. It is also possible that a finite wave may become unstable near the critical level, generating turbulence.

---

[1] W. E. WHITTAKER and G. N. WATSON: Modern Analysis, Chap. XVI. Cambridge: University Press 1927.

[2] J. R. BOOKER and F. P. BRETHERTON: J. Fluid Mech. **27**, 513 (1967).

[3] J. W. MILES: J. Fluid Mech. **10**, 496 (1961).

[4] F. P. BRETHERTON: Quart. J. Roy. Meteorol. Soc. **92**, 466 (1966).

[5] P. HAZEL: J. Fluid Mech. **30**, 775 (1967).

A rotating planar geometry has been considered by JONES.[6] Near the critical level, $\omega'$ is comparable to $\Omega$ and the wave is altered. Far from the critical layer, however, the solutions approach those of the non-rotating system. DICKINSON[7] has considered the critical layer behavior of rotational modes, which are also attenuated at the critical level.

JONES[8] has applied ray-tracing techniques to internal gravity waves in the case of uniform shear with horizontal as well as vertical components. A critical layer which may be inclined and where $\omega' \neq 0$ exists in such cases.

## D. Approximate techniques for solving the wave equations.

**19. Layered models.** As previously mentioned, the vertical wave equations do not generally have simple analytic solutions if the mean temperature or wind varies vertically. One approach has been to approximate the atmosphere by a series of layers within which it is isothermal and has constant wind velocity. This approach has been widely used in studies of wave ducting and free modes of oscillation of the Earth's atmosphere.

α) Within each layer the *coefficients* of the vertical wave equation are *constant*, and for given $\omega$ and $k_h$, two sinusoidal or exponential solutions can be found. At each interface two boundary conditions must be met. For $n$ layers, $(2n-2)$ coupled algebraic equations arise from these conditions, and the addition of two external boundary conditions completes a set of $2n$ coupled homogeneous equations. For a fixed $k_h$, for example, there is a set of eigenvalues of $\omega$ for which the secular determinant of this set of equations is zero. These are the free modes of the atmosphere, as discussed in Chap. E.

PIERCE[1] has shown that in the limit of infinitely small layer thicknesses this approach yields increasingly accurate solutions. No explicit criterion for layer size exists, but VINCENT[2] has found that if the layer size is greater than about $\frac{1}{6}$ of a wavelength, significant errors appear. These are principally the result of constructive and destructive interference of reflections at discrete interfaces. Multilayer analysis is also discussed by HINES[3] and by TOLSTOY[4].

It is also possible to assume *linear* temperature or wind *profiles* in each layer and obtain analytic solutions of a more complicated nature. This increases the mathematical complexity of each layer, but reduces the number of layers required.

β) The *interface boundary conditions* are first that vertical displacements on either side of the oscillating interface be equal, and second that the pressure be continuous across the interface to avoid infinite pressure gradients. If $\zeta_1^+$ and $\zeta_1^-$ are the vertical perturbation displacements of fluid particles at the top and bottom of the interface,

$$\frac{D\zeta_1^\pm}{Dt} = -i\omega'\zeta_1^\pm = w_1^\pm. \tag{19.1}$$

Thus, $w_1/\omega'$ must be continuous across the interface.

Similarly, if $p_1^+$ and $p_1^-$ are the pressures above and below the interface and are equal, then

$$\begin{aligned}\frac{Dp_1^\pm}{Dt} &= -i\omega' p_1^\pm = -\varrho_0 c_0^2 \chi_1^\pm \\ &= \gamma p_0 \chi_1^\pm.\end{aligned} \tag{19.2}$$

As $p_0$ is necessarily continuous, the quantity $\chi_1/\omega'$ must also be continuous across the interface.

---

[6] W. L. JONES: J. Fluid Mech. **30**, 439 (1967).

[7] R. E. DICKINSON: J. Atmos. Sci. **25**, 984 (1968).

[8] W. L. JONES: J. Geophys. Res. **74**, 2028 (1969).

[1] A. D. PIERCE: Radio Sci. **1**, 265 (1966).

[2] R. VINCENT: To be published in J. Geophys. Res.

[3] C. O. HINES: J. Geophys. Res. **18**, 265 (1973).

[4] I. TOLSTOY: [9], Chap. 4.

**20. Geometrical optics.** If the scale of a wave is small compared to the scale over which its propagation characteristics change appreciably, the geometrical optics (WKBJ) approximation may be employed.[1] Let the vertical wave equation be written

$$\frac{\partial^2 X_1}{\partial z^2} + k_z^2(z)\, X_1 = 0, \tag{20.1}$$

where $k_z^2(z)$ is appropriate to the model being considered. If a planar geometry is involved, one may write

$$X_1 \propto \exp(i\,\Phi(z)) \cdot \exp[i(k_x\, x + k_y\, y - \omega t)]. \tag{20.2}$$

Eq. (20.1) then becomes

$$\left[-\left(\frac{d\Phi}{dz}\right)^2 + i\,\frac{d^2\Phi}{dz^2} + k_z^2(z)\right] X_1 = 0. \tag{20.3}$$

If

$$\left|\frac{d^2\Phi}{dz^2}\right| \ll \left|\frac{d\Phi}{dz}\right|^2, \tag{20.4}$$

then

$$\frac{d\Phi}{dz} \cong k_z \tag{20.5}$$

and

$$X_1 \cong \exp(i \int dz\, k_x) \cdot \exp[i(k_x\, x + k_y\, y - \omega t)]. \tag{20.6}$$

When the geometrical optics approximation is valid, it describes the *local* behavior of the wave, and Eqs. (2.21) through (2.24), (3.1) and (3.2) describe the *local* relationships among perturbation quantities. Condition Eq. (20.4) may be written

$$\left|\frac{dk_z}{dz}\right| \ll |k_z|^2. \tag{20.7}$$

If the solution is to be extended over a large height range, the errors may tend to be cumulative. An improved approximation may be made through the use of a conservation theorem discussed in Chap. H.

In the vicinity of a level at which $k_z^2 = 0$, the inequality Eq. (20.7) does not hold, and the geometrical optics approximation breaks down. Frobenius power series expansions for $X_1$ may be made about such a level and matched to the geometrical optics approximation some distance away. The same technique may be used near singularities in $k_z^2$.

**21. Ray tracing.** The concept of the group velocity of a wave packet is strictly valid only in a medium in which the wave propagation characteristics are uniform. To the extent that the geometrical optics approximation is valid, the concept of group velocity may be applied to a medium with slowly varying characteristics. A wave packet is then considered to move with a local group velocity which varies with position and time. The wave number and possibly the frequency of the wave packet also vary as it moves. A ray traces the path of the wave packet.

The Eikonal equations for a ray in a three-dimensional temporally varying field have been developed by LANDAU and LIFŠITZ [6], WHITHAM,[1] and WEINBERG.[2] A local dispersion equation may be obtained from the canonical form of

[1] See C. ECKART: [3], 1960.

[1] G. B. WHITHAM: J. Fluid Mech. **9**, 347 (1960); — Commun. Pure Appl. Math. **14**, 675 (1961); — J. Fluid Mech. **22**, 273 (1965).

[2] J. WEINBERG: Phys. Rev. **126**, 1899 (1962).

the vertical wave equation by taking

$$\frac{\partial^2}{\partial z^2} = -k_z^2. \tag{21.1}$$

The dispersion equation has the general form

$$G(\omega, \boldsymbol{k}, \boldsymbol{x}, t) = 0, \tag{21.2}$$

allowing for possible slow variation of the zero order quantities with time. If a new parameter $\tau$ is introduced, then the Eikonal equations take the form

$$\begin{aligned} \frac{\mathrm{d}\boldsymbol{x}}{\mathrm{d}\tau} &= \frac{\partial G}{\partial \boldsymbol{k}}, & \frac{\mathrm{d}\boldsymbol{k}}{\mathrm{d}\tau} &= -\frac{\partial G}{\partial \boldsymbol{x}}, \\ \frac{\mathrm{d}t}{\mathrm{d}\tau} &= -\frac{\partial G}{\partial \omega}, & \frac{\partial \omega}{\partial \tau} &= \frac{\partial G}{\partial t}. \end{aligned} \tag{21.3}$$

Eqs. (21.3) describe the variation of position, wave number, elapsed time, and frequency for a wave packet. If the initial values of $\boldsymbol{x}$, $\boldsymbol{k}$, $\omega$, and $t$ are provided, these equations may in principle be solved simultaneously to determine the position and characteristics of the wave packet.

## E. Wave reflection and ducting.

Chaps. A through D dealt with periodic solutions to the homogeneous wave equations. Such unforced solutions must also satisfy appropriate boundary conditions if they are to represent free or normal mode solutions for the atmosphere. For example, the constraints on spherical solutions that they be periodic around a latitude circle and finite at the poles allow only discrete values of the separation coefficient $k_\mathrm{h}^2$ for a given frequency $\omega$. These values correspond to the various modal solutions to the Laplace tidal equation.

**22. Boundary conditions and modes.** Similarly, vertical boundary conditions impose constraints on the possible choices of $k_\mathrm{h}^2$ and $\omega$. For example, consider an isothermal atmosphere bounded at $z=0$ and $z=z_0$ by solid horizontal surfaces so that $w_1=0$ at each surface. Then $z_0$ must be an integral number of vertical half wavelengths:

$$z_0\, k_z = n\,\pi, \qquad n = 1, 2, 3, \ldots. \tag{22.1}$$

If Eq. (22.1) is substituted into the dispersion equation, Eq. (11.10), the normal modes must meet the condition

$$\frac{n^2\pi^2}{z_0^2} = \frac{\omega^2 - \omega_\mathrm{a}^2}{c_0^2} - k_\mathrm{h}^2\left(1 - \frac{\omega_\mathrm{g}^2}{\omega^2}\right). \tag{22.2}$$

For any value of $n$ and $k_\mathrm{h}^2$, there are two values of $\omega^2$ corresponding to acoustic and gravitational modes. One may draw first, second, and higher order acoustic modes on a diagnostic diagram; the normal modes correspond to curves of constant $k_z$ for this simple model. If there are also lateral boundary conditions, the normal modes appear as points rather than as curves on the diagnostic diagram, since only specified values of $k_\mathrm{h}$ are allowed.

For shorter wavelengths where $k_\mathrm{h} \cong k_x$, the more common method of presenting the normal modes is to plot the wave horizontal phase speed versus period. Fig. 2 shows such a plot, where $z_0 = 100$ km, $c_0 = 300$ m/s, and $g = 9.8$ m/s$^2$.

In this simplified model, the Lamb wave (Chap. B) also constitutes a free or normal mode, as $w_1 = 0$ everywhere and hence at the boundaries. This is an evanescent rather than an internal gravity or acoustic mode and is referred to as the fundamental mode.

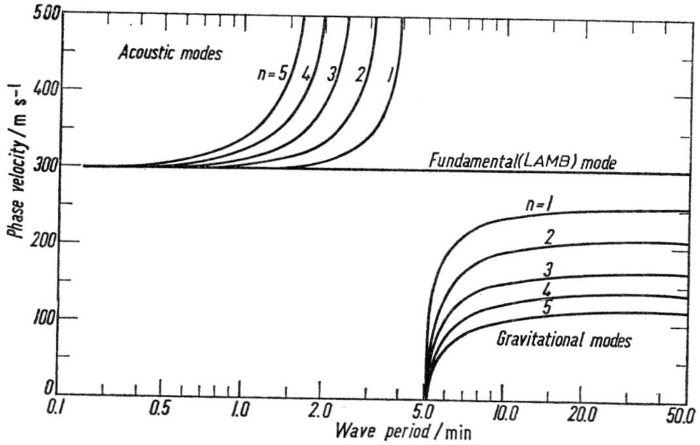


Fig. 2. Phase velocities of normal modes in an artificial model. The atmosphere is taken to be isothermal with sound speed $c_0 = 300$ m/s, and to be bounded at heights of zero and 100 km by rigid surfaces. The gravitational acceleration $g = 9.8$ m/s², and the ratio of specific heat $\gamma = 1.4$. Only the first five modes of both gravitational and acoustic modes are shown (mode number $n$).

The normal modes are basically waves traveling in a duct. They transport no energy or momentum vertically, but do transport these quantities horizontally. If the geometry is rectilinear and nonrotating, for example, one may set $k_h = k_x$ by rotation of coordinates. By differentiation of Eq. (22.2), one may then obtain the horizontal group velocity

$$c_{gx} = \left(\frac{\partial \omega}{\partial k_z}\right)_{h=\text{const.}}. \tag{22.3}$$

The group velocities are plotted in Fig. 3 for this simple model.

### 23. Thermal and wind ducts.

α) *Ducts* may also be formed by variation in the vertical temperature and wind structure. A region of wave propagation is contained between two evanescent regions, or between one evanescent region and the ground. Thermal ducts for sound waves are formed by the tropopause and mesopause temperature minima. Jet streams may also provide ducts for internal gravity wave modes.

Realistic wave duct models have been investigated by a number of authors. KELVIN[1] suggested in 1882 that the large magnitude of the semidiurnal tide might indicate the presence of a free mode of oscillation at a period of nearly 12 h. The early development of the theory of the semidiurnal tide centered on prediction of this resonance. There is a resonance as 12 h for an equivalent depth, $h$, of about 10 km, and, depending on the temperature profile, perhaps one at about 8 km. These resonances do not strongly reinforce the predominant semidiurnal tidal mode, which has an equivalent depth of somewhat less than 9 km.

The ducting of shorter scale waves governs the propagation of disturbances from sources such as volcanic and man-made explosions, and may also determine the character of traveling ionospheric disturbances. These oscillations typically have periods of minutes, and may be either acoustic or gravity wave modes.

[1] Lord KELVIN: Proc. Roy. Soc. Edinburgh **11**, 396 (1890).

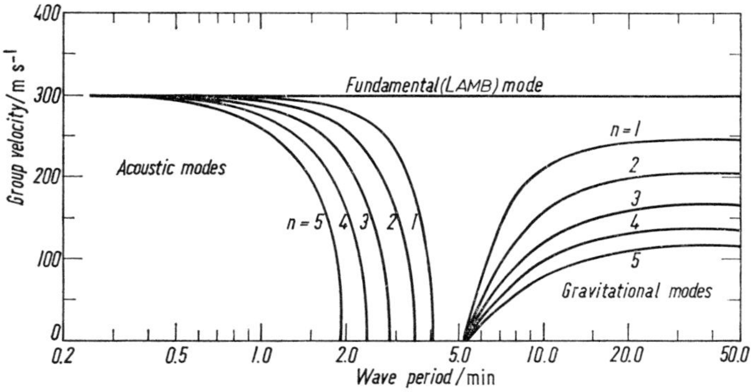


Fig. 3. Group velocities corresponding to the normal modes of oscillation shown in Fig. 2.

$\beta$) The theory for an atmosphere with no mean motion has been developed by many authors. Representative studies[2–16] are cited below; more complete bibliographies are given by DONN and SHAW[17] and by FRANCIS[18]. In [11, 12] and [19] the properties of the fully ducted modes were computed and some effects of the upper boundary condition examined. The nomenclature has suffered from some confusion; that of Francis will be used here. Part of the difficulty stems from the fact that as one follows a simple mode of oscillation over a wide frequency range, the physical factors governing its behaviour and the heights at which these factors are found can vary widely. Thus a single mode may be represented by different idealized models at different frequencies.

$\gamma$) Interface or boundary waves represent an idealization of waves which can exist in regions of abrupt changes in temperature or wind. Suppose that one has a thin layer of stably stratified incompressible fluid interposed between two homogeneous semi-infinite layers. The central layer can sustain propagating internal gravity waves, which are evanescent in the outer layers. For a given value of $k_h$, there will be a series of ducted modes, with increasing vertical structure and decreasing frequency.

[2] J. P. FRIEDMAN: J. Geophys. Res. **71**, 1033 (1966).

[3] JU. L. GAZARIN: Akustičeskij žurnal Akad. Nauk SSSR. Engl. transl.: Soviet Phys.-Acoust. **7**, 17 (1961).

[4] D. G. HARKRIDER: J. Geophys. Res. **69**, 5295 (1964).

[5] C. O. HINES and C. A. REDDY: J. Geophys. Res. **72**, 1015 (1967).

[6] J. N. HUNT, R. PALMER, and W. PENNEY: Phil. Trans. Roy. Soc. (London), Ser. A **252**, 275 (1952).

[7] C. L. PEKERIS: Phys. Rev. **73**, 145 (1948).

[8] A. D. PIERCE: J. Acoust. Soc. Am. **37**, 19 (1965).

[9] M. L. V. PITTEWAY and C. O. HINES: Can. J. Phys. **43**, 2222 (1965).

[10] R. L. PFEFFER: J. Atmos. Sci. **19**, 251 (1962).

[11] R. L. PFEFFER and J. ZARICHNY: Geofis. Pura Appl. **55**, 175 (1963).

[12] F. PRESS and D. HARKRIDER: J. Geophys. Res. **67**, 3889 (1962).

[13] R. S. SCORER: Proc. Roy. Soc. (London), Ser. A **201**, 137 (1950).

[14] H. SOLBERG: Astrophys. Norvegica **2**, 123 (1936).

[15] I. TOLSTOY: J. Acoust. Soc. Am. **28**, 1182 (1955).

[16] V. H. WESTON: Can. J. Phys. **40**, 446 (1962).

[17] W. L. DONN and D. M. SHAW: Rev. Geophys. **5**, 53 (1967).

[18] S. H. FRANCIS: J. Geophys. Res. **78**, 2278 (1973).

[19] D. G. HARKRIDER und F. J. WELLS, in: T. M. GEORGES (ed.): Acoustic-Gravity Waves in the Atmosphere. Washington D.C.: Govt. Printing Office 1968.

If one keeps the density difference across this layer constant, but lets its thickness tend to zero, the frequencies of all but the gravest mode also tend to zero. In the limit of a discontinuity, there is one mode of oscillation, the degenerate lowest order mode, with a frequency given by

$$\omega^2 = \frac{(1-\alpha)}{(1+\alpha)} g k_{\mathrm{h}} \tag{23.1}$$

where $\alpha$ is the ratio of the upper to lower density. A more complicated expression for compressible atmospheres is developed by YEH and LIU.[20]

The relatively abrupt change in temperature between the mesophere and thermosphere suggests that one ducted mode should look like a boundary or interface wave of this type. One should keep in mind that the discontinuity is not

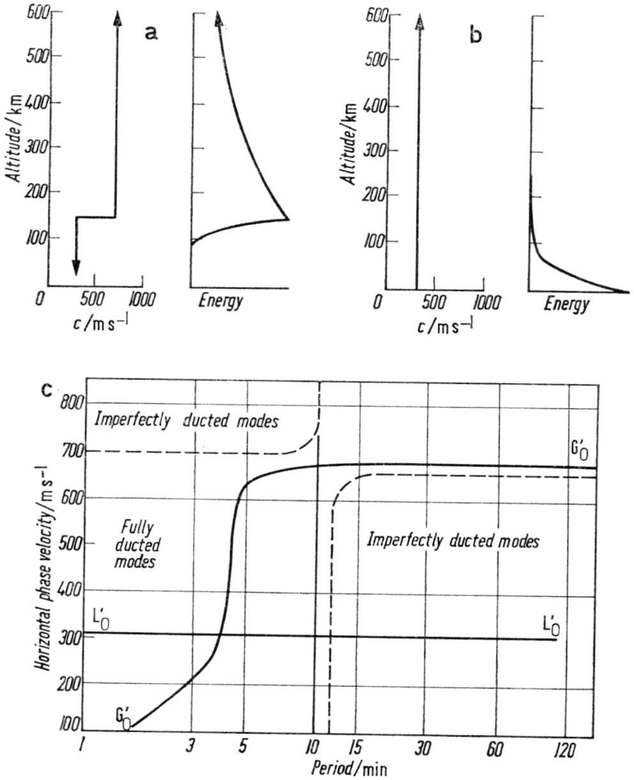


Fig. 4a—c. Lamb and interface modes for simple atmospheric models [sound velocity as function of height: left in diagrams (a) and (b)]. Right hand diagrams show kinetic energy. (a) Upper atmospheric gravity mode: interface $G_0'$ mode for a two layer atmosphere. Energy is concentrated above 100 km, and the influence of the bottom boundary is important. At long periods, the mode approximates a Lamb mode in the upper half space. (b) Surface Lamb mode $L_0'$ in an isothermal atmosphere. Energy is concentrated below 100 km, and the presence of a sound speed discontinuity at 150 km would have little effect. (c) Dispersion curves: phase velocities of the different typical modes. The temperature profile of (a) will also trap acoustic and gravitational modes; imperfectly ducting regions allow waves to propagate to infinity (Francis[18]).

[20] K. C. YEH and C. H. LIU: Rev. Geophys. Space Phys. **10**, 631 (1972).

real, that there is an infinite series of internal gravity wave modes ducted on the thermocline, and that this mode is qualitatively merely the gravest of these modes. Quantitatively the relative sharpness of the atmospheric temperature and density gradient rather sets this mode apart from the others.

The interface mode for a two layer atmospheric model is shown as $G_0'$ in Fig. 4. At short periods the mode behaves rather like Eq. (23.1); that is compressibility is not a major factor.

At long periods the mode behaves like a Lamb wave, (Sect. 15) concentrated in the upper half space, and moving at the sound speed of that region. If one imagined the density ratio to become infinite at the discontinuity, the lower fluid would look like a solid bottom boundary.

$\delta$) If one now places a bottom boundary on the model at a distance of several scale heights from the interface, a second mode exists. This is the Lamb mode, shown as $L_0'$ of Fig. 4. The Lamb mode propagates at the velocity of sound in the lower portion of the atmosphere, and its energy is concentrated at this position.

The two idealized modes intersect. Careful analysis shows that these modes actually behave as the F and $L_0$ modes of Fig. 6. The F mode is thus a low level Lamb wave at short periods, and an interface wave tending toward an upper level Lamb wave at long periods. Conversely the $L_0$ mode is an interface wave at short periods and at low level Lamb wave at long periods.

$\varepsilon$) The two-layer model with bottom can support *other ducted modes*. *Acoustic waves* are trapped in relatively cold layers with low sound speeds. In the upper layer the horizontal trace velocity of these waves is less than sound speed, and in the lower layer, greater. The modes are evanescent in the upper layer, and are reflected both there and at the ground.

The actual atmosphere shows two temperature minima, at the tropopause and at the mesopause (Fig. 5). Each of these provides an acoustic duct, wave modes are largely confined to one duct or the other, but on occasion may interact and exchange ducts, as do the F and $L_0$ modes, and the gravity modes also interact with the F mode. Acoustic modes are shown as A modes on Fig. 6 below.

Acoustic modes have been extensively investigated in connection with nuclear explosions, rocket firings, and natural catastrophes. Ground bases observations of waves in the lower duct also show acoustic modes generated by storms and other natural causes.

In the two-layer model, the Brunt-frequency $\omega_g$ is lower in the upper space, and *internal gravity waves* may be ducted between the ground and the upper space. Again in the real atmosphere there are two height regions with low $\omega_g$ that favour ducting of internal gravity waves. These regions with low temperatures which are increasing with height are the middle stratosphere and the lower thermosphere. Modes ducted in the lower regions are known as L modes, and those associated with the upper regions as G modes. The L modes are sufficiently close to the ground to involve the bottom condition. Again, mode interchange occurs.

FRANCIS[18] gives the following description of his findings:

"The solution of the boundary value problem for each frequency $\omega/2\pi$ yields a series of complex horizontal wave numbers $k_x$, one of each mode. These wave numbers are used in Fig. 6 to plot mode dispersion curves showing the dependence of the horizontal phase velocity $\omega/\mathrm{Re}(k_x)$ on the period $(2\pi/\omega)$. These curves fall into several categories: a fundamental mode F, a series of long-period gravity modes $G_1$, a series of short-period acoustic modes $A_1$, and a further series of long-period lower atmospheric modes $L_1$.

The nearly vertical dotted line in Fig. 6, which intersects the horizontal axis at a representative upper atmospheric Brunt-Väisälä period (about 17 min), separates the diagram into

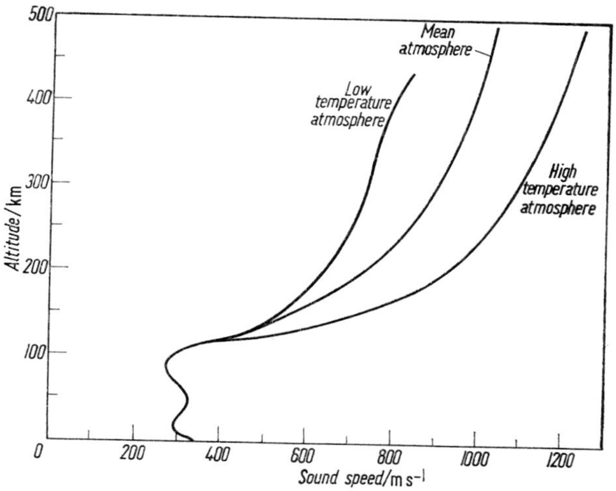


Fig. 5. Sound speed as a function of height for three atmospheric models as used by FRANCIS[18]. The "mean atmosphere" used as a computational model for Fig. 6 corresponds to the ARDC 1959 atmosphere from 0 to 30 km, the CIRA 1965 "mean atmosphere" from 30 to 300 km and to CIRA 1965 model 5 (08 h) above 300 km. The other two models, also obtained from CIRA 1965, differ above 120 km where the "low temperature" atmosphere follows model 1 (02 h), and "high temperature" atmosphere model 10 (14 h).

two regions; if the atmosphere were dissipationless, the modes to the left of this line would be fully ducted, whereas those to the right would be imperfectly ducted.

Similarities between the real modes and the simplified modes (Fig. 4) exist not only in the dispersion curves, but also in the physical properties of the modes. The top line of graphs in Fig. 7 shows a time-averaged kinetic energy density versus altitude for the F mode above 5 min and for the $L_0$ mode at 4.5 min. As with the $G_0'$ mode of Fig. 4a, the kinetic energy resides primarily in the upper atmosphere at long periods, but a shorter periods where the velocity of the mode is less, the kinetic energy is redistributed to lower altitudes where the sound speed is less.

These considerations suggest that, from the point of view of the physical mechanism causing mode ducting, a more natural way to order the modes would be in terms of pseudo-modes that are dependent on a single ducting mechanism. This concept has also been found useful by [11, 12] and [19]. The dispersion curves of these pseudomodes in a real atmosphere are merely slight distorsions of the curves of Fig. 6."

ζ) The *upper boundary condition* for numerical models of atmosphere ducts has been a considerable problem. Conditions that have been used include (1) a rigid upper boundary, (2) a free surface, and (3) a simple, usually isothermal, atmosphere above a certain level in which analytical evanescent solutions can be found and used to establish boundary conditions effectively at infinity. If a wave mode is evanescent and sufficiently attenuated at the boundary height, the solutions are insensitive to the type of condition. Wave modes which extend to great heights are sensitive to the boundary condition assumed; it is difficult to justify any of the above conditions on theoretical grounds.

The rigid boundary and free surface reflect all waves, and in a dissipationless model lead to conservation of wave energy. The isothermal top also allows solutions where waves can propagate outward to infinity, presumably to some region were they are dissipated without reflection. A duct may be bounded by an imperfect barrier, a region of finite thickness through which wave energy may leak in a manner analogous to quantum mechanical tunnelling.[2] If this leakage is

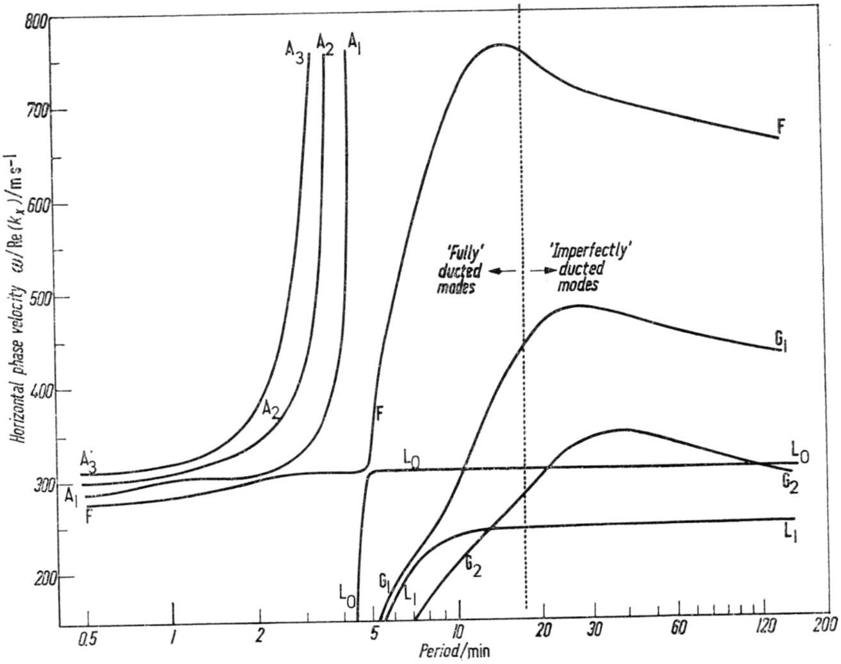


Fig. 6. Modes of oscillation for the "mean atmosphere" of Fig. 5. A identifies acoustic modes G, upper atmosphere internal gravity modes, and L middle atmosphere internal gravity modes (FRANCIS[18]).

small, an imperfectly ducted mode may exist with a wave that attenuates slowly in time or space. Such a mode might produce observable effects in the upper ionosphere, the region of leakage, although the wave propagation characteristics would be determined at lower heights.

If dissipation is included in the model, (Sect. 26) a ducted mode will also attenuate in time or space. Normally dissipation is strongest in the upper regions of the atmosphere, in this case models of ducted modes show a net upward flow of energy to the region of dissipation. Strong dissipation acts to make the model independent of the assumed upper boundary condition.

## F. The generation and dissipation of waves.

So far only solutions to the homogeneous wave equations have been considered and only for non-dissipating media. However, forced wave solutions, requiring both sources and sinks, also exist. Unfortunately, the analysis of sources and sinks is not well developed, in part because of their complexity, and in part through lack of knowledge of the physical mechanisms involved.

### 24. Wave sources.

α) Several general types of sources arise in *linear wave theory*. The mean state of the atmosphere may be unstable, either through a superadiabatic thermal lapse rate or excessive wind shears. In either case the wave equations in conjunction

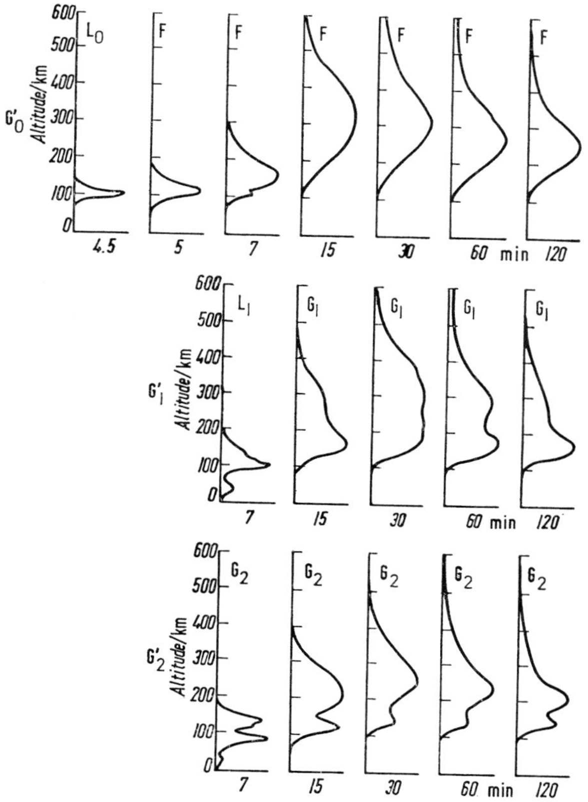


Fig. 7. Kinetic energy density (in arbitrary units) as a function of altitude for the gravity pseudomodes $G'_1$ at various periods. The graphs in each row are for a single pseudomode (indicated at the left) and in general involve graphs taken from two or more actual modes (indicated on each graph). The graphs in each column are for a single period (given in min below each graph).

with appropriate boundary conditions may yield eigensolutions with complex $\omega$ and exponential time growth. These unstable solutions may be local in character, but may also be quite wavelike in that propagation of energy into stable regions plays an important role. Ultimately, of course, nonlinear processes limit the growth of such disturbances.

Likely physical sources for these instabilities include the boundary layer near the ground, regions of high shear such as the jet stream, and zones of strong shearing and unstable lapse rate produced at mesospheric heights by tidal and other waves. A detailed study of such instabilities is beyond the scope of this study; the reader is referred to reviews by ELIASSEN and KLEINSCHMIDT [7] and CHANDRASEKHAR [5].

Inhomogeneous boundary conditions, such as a corrugated ground, can give rise to forced wave solutions. These are treated within the limitations of linear theory in Chap. G.

External heating and momentum sources may be available to drive waves. On a more or less steady basis, solar or infrared radiation may be absorbed by water vapor, ozone, or other atmospheric constituents, with either the radiation or constituents non-uniformly distributed. This is the principal mechanism for driving atmospheric tides. Momentum sources include magnetodynamic forces, for example, in aurorae. More transient sources include nuclear and volcanic catastrophes, which are generally treated more readily from an initial value rather than a steady oscillation viewpoint.

$\beta$) Generation of waves by *nonlinear processes*, as for example by turbulence, is a more complex problem. Under rather strong limitations, some headway has been made. If the interactions are reasonably weak so that the waves generated are a secondary effect and do not alter the driving mechanism, and *if* the statistical characteristics of the driving mechanism are known, then the statistics of generated waves may be obtained. The wave spectrum will also be influenced by the existence of resonant modes of oscillation.

LIGHTHILL[1] and PROUDMAN[2] have developed a theory for the generation of sound waves by isotropic turbulence. They regard the nonlinear terms as known forcing sources of momentum, heat, and mass and treat the equations as inhomogeneous linear equations. UNNO[3] and STEIN[4] have extended this theory to internal gravity waves; however, the assumptions of isotropic turbulence and negligible reaction of the wave on the turbulence spectrum are questionable, as STEIN has pointed out. A major question for both internal gravity wave and turbulence theory is whether the generation of internal gravity waves provides a significant energy loss at the large scale end of atmospheric turbulence spectra.

## 25. The inhomogeneous equations.

$\alpha$) Let $\boldsymbol{F}$ be a force per unit mass acting on the fluid, $J$ be a rate of heat addition per unit mass, and $Q$ be a rate of mass addition per unit mass. The *linearized governing equations* for a non-rotating system become

$$\frac{\partial \boldsymbol{v}_1}{\partial t} = -\frac{1}{\varrho_0}\nabla p_1 + \boldsymbol{g}\frac{\varrho_1}{\varrho_0} + \boldsymbol{F}_1, \tag{25.1}$$

$$\frac{\partial \varrho_1}{\partial t} + w_1\frac{\partial \varrho_0}{\partial z} + \varrho_0\chi_1 = \varrho_0 Q_1, \tag{25.2}$$

$$\frac{\partial p_1}{\partial t} + w_1\frac{\partial p_0}{\partial z} = c_0^2\left(\frac{\partial \varrho_1}{\partial t} + w_1\frac{\partial \varrho_0}{\partial z}\right) + (\gamma-1)\,\varrho_0 J_1, \tag{25.3}$$

$$\chi_1 = \nabla\cdot\boldsymbol{v}_1. \tag{25.4}$$

These equations may be treated as were Eqs. (2.8) through (2.11) in Chap. A to yield the same horizontal wave equation, Eq. (2.14), and a vertical equation

$$\frac{\partial^2 \psi_1}{\partial z^2} - \left[\frac{\gamma g}{c_0^2} + \frac{1}{c_0^2}\frac{\mathrm{d}c_0^2}{\mathrm{d}z}\right]\frac{\partial \psi_1}{\partial z} + \left[\frac{\omega^2}{c_0^2} - \frac{k_\mathrm{h}^2}{\omega^2}\left(\frac{(\gamma-1)\,g^2}{c_0^2} + \frac{g}{c_0^2}\frac{\mathrm{d}c_0^2}{\mathrm{d}z}\right)\right]\psi_1 = S_1, \tag{25.5}$$

where

$$\psi_1 = \chi_1 - Q_1 - \frac{(\gamma-1)\,J_1}{c_0^2} \tag{25.6}$$

and

$$S_1 = \left(\frac{g^2 k_\mathrm{h}^2}{\omega^2} - \omega^2\right)\frac{(\gamma-1)\,J_1}{c_0^4} + \frac{i\omega}{c_0^2}\nabla\cdot\boldsymbol{F}_1 + \frac{i\boldsymbol{g}}{\omega c_0^2}\cdot\nabla\times\nabla\times\boldsymbol{F}_1 + \frac{\omega^2}{c_0^2}Q_1 - \frac{g}{c_0^2}\frac{\partial Q_1}{\partial z}. \tag{25.7}$$

In this type of solution, $S$ is taken to be a mode corresponding to an eigensolution of the horizontal wave equation with eigenvalue $k_\mathrm{h}^2$.

[1] M. J. LIGHTHILL: Proc. Roy. Soc. (London), Ser. A **211**, 564 (1951); — Phil. Trans. Roy. Soc. (London), Ser. A **252**, 397 (1960).

[2] I. PROUDMAN: Proc. Roy. Soc. (London), Ser. A **214**, 119 (1952).

[3] W. UNNO: Trans. I.A.U., Vol. XII B. New York: Academic Press 1964.

[4] R. F. STEIN: Solar Phys. **2**, 385 (1967).

β) If as in tidal theory the force is derivable from a *potential*, $\Phi$,

$$\boldsymbol{F}_1 = \nabla \Phi, \tag{25.8}$$

then $\nabla \times \boldsymbol{F}_1 = 0$. Since the tidal potential varies only slowly spatially,

$$\nabla \cdot \boldsymbol{F}_1 = \nabla^2 \Phi \tag{25.9}$$

is a small term, and in the development of tidal theory it is ignored. For low period gravity waves $g^2 k_h^2 \gg \omega^4$, so that

$$S_1 \cong \frac{(\gamma - 1)\, g^2 k_h^2}{\omega^2 c_0^4} J_1, \tag{25.10}$$

which is essentially the thermal forcing term derived by SIEBERT [2].

## 26. Dissipative processes.

α) A number of *attenuating processes* exist which may serve as sinks for wave energy. These include molecular and eddy viscosity, thermal diffusivity, radiative energy losses, magnetodynamic drag, and internal relaxation processes within the gas. Formally, these effects can be introduced into the wave equations by relating resultant values of $\boldsymbol{F}_1$, $J_1$ and possibly $Q_1$ to the wave perturbations and ultimately to $\psi_1$, leading to more complicated but homogeneous wave equations.

Two types of difficulties appear. First, the order of the vertical wave equation is often increased. If viscosity and thermal diffusivity are added, the resulting equation is of the sixth order. Temperature-dependent radiative losses do not increase the order if the radiation absorption path length is long compared to the wave scale; but if photons travel a distance small compared to a wavelength, radiation behaves much like thermal diffusivity. Magnetodynamic drag also depends on higher derivatives of the velocity field and thus raises the order of the equations. The higher order equations indicate the presence of other types of waves, such as viscous, thermal, or Alfvén waves.

Second, the coefficients of the resulting equations are generally not constant, even in an isothermal atmosphere. Kinematic viscosity, thermal diffusivity, and Alfven velocity all vary inversely as density and increase greatly as one goes from the low to the high atmosphere. Electrical conductivity varies even more rapidly. Except for specialized cases, only approximate solutions to the wave equations can be obtained.

β) Most dissipative effects are important only in the *upper atmosphere*. If one could be certain that they resulted in wave absorption without reflection, it would be adequate in many cases to assume model tops below the dissipation levels and impose a radiative boundary condition. However, as a wave moves vertically through a varying complex "refractive index," it may be partially reflected as well as absorbed.

HINES[1] and PITTEWAY and HINES[2] have considered the effect of small dissipation, starting with an inviscid solution and deriving a correction for dissipation. MIDGELEY and LIEMOHN[3] have used the layered approximation numerically with constant kinematic viscosity and thermal diffusivity in each layer and also filtering techniques to remove spurious dissipative modes. YANOWITCH[4] and GOLITSYN and ROMANOVA[5] have considered vertically propagating acoustic waves, and YANOWITCH[6] has analyzed internal gravity waves in an incompressible fluid. LINDZEN[7] and LINDZEN and BLAKE[8], have made extensive use of numerical models with dissipation, while FRANCIS[9] has considered the horizontal attenuation of ducted acoustic and gravity waves.

---

[1] C. O. HINES: J. Geophys. Res. **70**, 177 (1965).
[2] M. L. V. PITTEWAY and C. O. HINES: Can. J. Phys. **43**, 2222 (1965).
[3] J. E. MIDGELEY and H. B. LIEMOHN: J. Geophys. Res. **71**, 3729 (1966).
[4] M. YANOWITCH: Can. J. Phys. **45**, 2003 (1967).
[5] G. S. GOLITSYN and N. N. ROMANOVA: Izv. Atmos. Oceanic Phys. **4**, 118 (1968).
[6] M. YANOWITCH: J. Fluid Mech. **29**, 209 (1967).
[7] R. S. LINDZEN: Geophys. Fluid Dyn. **1**, 303 (1970); — Geophys. Fluid Dyn. **2**, 89 (1971).
[8] R. S. LINDZEN and D. BLAKE: Geophys. Fluid Dyn. **2**, 31 (1971).
[9] S. H. FRANCIS: J. Geophys. Res. **78**, 2278 (1973).

The conclusion drawn from these studies is that a wave moving upward into regions of increasing dissipation is normally dissipated, not reflected. An exception occurs if the vertical wavelength is large compared to the atmospheric scale height $H$. The reflection coefficient is of the order of $\exp(-|k_z| H)$. Another important exception occurs if the wave is transformed without large dissipation into an evanescent magnetodynamic wave. In this case the wave is largely reflected.

LINDZEN [8] has considered the effect of radiative losses on atmospheric tides and has shown them to be significant at mesospheric heights. Molecular dissipation becomes important at mesospheric to thermospheric heights, depending on wavelength and frequency.

$\gamma$) Turbulent dissipation may occur at much *lower heights*. There may in fact be a problem theoretically as well as observationally in distinguishing between an ensemble of small scale gravity waves interacting nonlinearly and large scale turbulence modified by the effects of buoyancy. It is also possible that a wave will reach such an amplitude that it creates unstable lapse rates and generates turbulence which feeds upon it.

## G. Linear theory of mountain waves.

**27. Orographic forcing.** For the sake of simplicity, only two-dimensional mountains will be considered, with no $y$-dependence, and the mean wind will be taken to be $u_0(z)$ only. Extension to three dimensions is formally straightforward but very laborious. The Earth's rotation and sphericity will be neglected, implying the assumption that the atmosphere flows over barriers small compared to the Earth's radius in periods short compared to a day. The theory applies to mountains or ridges, but not to major mountain ranges.

$\alpha$) Initially, consider a *bottom boundary* which is *sinusoidally corrugated* in the $x$-direction, with height amplitude $\zeta_g$ about $z=0$ and wave number $k_x$. A disturbance will be forced by the boundary with frequency $\omega=0$ and intrinsic frequency $\omega' = -k_x u_0(z)$. The vertical displacement perturbation may be written

$$\zeta(z) = A\zeta_a(z) + B\zeta_b(z), \tag{27.1}$$

where $\zeta_a(z)$ and $\zeta_b(z)$ correspond to solutions for the vertical wave equation, and $A$ and $B$ are integration constants to be determined by boundary conditions.

At $z\to\infty$, either the boundedness of wave amplitude or the radiation boundary condition provides one interrelation between $A$ and $B$, so that one may write

$$\zeta(z) = C\zeta_c(z), \tag{27.2}$$

where $C$ is a single arbitrary constant and $\zeta_c(z)$ is a solution to the wave equations which meets the upper boundary condition. At the bottom boundary, $\zeta(0)=\zeta_g$, so that

$$\zeta(z) = \zeta_g\,\zeta_c(z)/\zeta_c(0). \tag{27.3}$$

If the upper boundary condition is evanescent for a particular value of $k_x$, there will be no vertical flux. If a radiative boundary condition applies, there will be energy and momentum transfer and hence a tilt to the waves.

$\beta$) If the bottom *boundary condition* is *not periodic*, but $\zeta_g=\zeta_g(x)$, in general, a Fourier transform, $\tilde{\zeta}(k_x)$, may be taken:

$$\tilde{\zeta}_b(k_x) = \int_{-\infty}^{\infty} \mathrm{d}x\,\zeta_b(x)\exp(-i\,k_x\,x). \tag{27.4}$$

In $k_x$, $z$ space, the vertical displacement is described by

$$\tilde{\zeta}(k_x, z) = \frac{\tilde{\zeta}_g(k_x)\,\tilde{\zeta}_c(k_x, z)}{\tilde{\zeta}_c(k_x, 0)}. \tag{27.5}$$

If this vertical displacement is retransformed to $x$, $z$ space,

$$\begin{aligned}\zeta(x, z) &= \frac{1}{2\pi}\int_{-\infty}^{\infty} \mathrm{d}k\,\tilde{\zeta}(k_x, z)\exp(i k_x x)\\ &= \frac{1}{2\pi}\int_{-\infty}^{\infty} \mathrm{d}k\,\frac{\tilde{\zeta}_g(k_x)\,\tilde{\zeta}_c(k_x, z)\exp(i k_x x)}{\tilde{\zeta}_c(k_x, 0)}.\end{aligned} \tag{27.6}$$

Before Eq. (27.6) can be solved, both $\tilde{\zeta}_g(k_x)$ and $\tilde{\zeta}_c(k_x, z)$ must be obtained. In general, approximations are used for both.

γ) One shape very frequently used for a mountain is the "*bell shape*"[1-3]

$$\zeta_g(x) = \frac{a^2 b}{b^2 + x^2}. \tag{27.7}$$

Here $b$ is a measure of mountain width, and $a$ is a measure of height. The Fourier transform is simply

$$\tilde{\zeta}_g(k_x) = a^2 \exp(-|k_x b|). \tag{27.8}$$

Analytic solutions for $\zeta_c$ are usually obtained by the use of layered models, as described in Chap. D. The wind profile within each layer need not be constant, providing it varies in such a way as to produce a vertical wave equation with constant coefficients.

### 28. Isothermal atmosphere with uniform motion.

α) Some physical insight may be obtained by considering an isothermal atmosphere with a *uniform mean wind*, $u_0$. In this case, the vertical displacement as described by Eq. (27.5) is obtained with

$$\tilde{\zeta}_c(k_x, z) \propto \exp\left[\left(\frac{\gamma g}{2c_0^2} + i k_z\right) z\right], \tag{28.1}$$

where

$$k_z^2 = \frac{k_x^2 u_0^2 - \omega_a^2}{c_0^2} - k_x^2 + \frac{\omega_g^2}{u_0^2} \tag{28.2}$$

$$\omega_a \equiv \frac{\gamma g}{2 c_0}\ [11.7] \text{ and } \omega_g \equiv \frac{g}{c_0}\sqrt{\gamma - 1}\ [11.8].$$

If $u_0^2 \ll c_0^2$,

$$k_z^2 \cong k_s^2 - k_x^2, \tag{28.3}$$

where

$$k_s^2 = \left(\frac{\omega_g^2}{u_0^2} - \frac{\omega_a^2}{c_0^2}\right) \cong \frac{\omega_g^2}{u_0^2}. \tag{28.4}$$

If $k_x^2 < k_s^2$, $k_z$ is real and must be of the same sign as $k_x$ in order to meet the radiation boundary condition. If $k_x^2 > k_s^2$, $k_z$ is imaginary and the positive root must be taken in order that the evanescent wave be bounded at infinity. Eq. (27.6) becomes

$$\zeta(x, z) = \frac{a^2 \exp\left(\frac{\gamma g z}{2c_0^2}\right)}{\pi}\int_0^{\infty} \exp[i(k_x x + k_z z) - k_x b]\,\mathrm{d}k_x. \tag{28.5}$$

---

[1] P. Queney: Bull. Am. Meteorol. Soc. **29**, 16 (1948).
[2] R. S. Scorer: Quart. J. Roy. Meteorol. Soc. **75**, 41 (1949).
[3] J. Zierep: Ber. Deut. Wetterdienstes **35**, 85 (1952).

The integration may be made over the range $0 \leqq k_x < \infty$ since the integrand is symmetric.

$\beta$) If $b$ is small so that $k_s b \ll 1$, then over most of the range of integration

$$k_z \cong i k_x \left(1 - \frac{u_0^2}{c_0^2}\right) \cong i k_x \tag{28.6}$$

and hence

$$\zeta(x, z) \cong a^2 \exp\left(\frac{\gamma g z}{2 c_0^2}\right) \cdot \frac{z + b}{x^2 + (z + b)^2}\,. \tag{28.7}$$

Flow over a *small mountain* is essentially a potential flow over a small obstacle and is symmetric.

$\gamma$) If $k_s b \gg 1$, then in the range where $\exp(-k_s b)$ is not small,

$$k_z \cong k_s \tag{28.8}$$

and

$$\zeta_c(x, z) \simeq a^2 \exp\left(\frac{\gamma g z}{2 c_0^2}\right) \cdot \frac{(b \cos k_s z - x \sin k_s z)}{(b^2 + x^2)}\,. \tag{28.9}$$

A *large mountain* produces disturbances which propagate almost vertically, as might be deduced from the ray-tracing equations (21.3), which in this case become

$$\frac{\mathrm{d}x}{\mathrm{d}t} = \frac{-u_0 (\omega_g^2 - k_x^2 u_0^2)}{(\omega_g^2 - k_x^7 u_0^4 / c_0^2)} + u_0 \cong \frac{k_x^2 u_0^3}{\omega_g^2}\,, \tag{28.10}$$

where

$$\omega_g \equiv \frac{g}{c_0} \sqrt{\gamma - 1} \quad [11.8]$$

while

$$\frac{\mathrm{d}z}{\mathrm{d}t} \cong \frac{k_x u_0^2}{\omega_g} \gg \frac{\mathrm{d}x}{\mathrm{d}t}\,. \tag{28.11}$$

$\delta$) A mountain of intermediate size generates a spectrum of internal gravity waves whose horizontal group velocity is of the same sign as $u_0$ and not small. The resulting wavelike disturbances are found further downstream at greater heights.[1]

**29. Lee waves.** If thermal or wind structure is introduced, free modes may be ducted between the ground and upper levels of the atmosphere. If there is such a mode frequency the mountains excite a resonant oscillation. Let the wavelength of this mode be $k_x = k_r$. Then there is a mathematical singularity in the integrand of Eq. (27.6) since $\zeta_c(0)$ goes to zero at $k = k_r$.

The effect of this singularity may be evaluated by CAUCHY's integrand formula if a closed path of integration in the complex $k_x$-plane can be properly defined. If $x$ is positive, a path of integration must be closed in the upper half plane to keep the disturbance finite as $x \to \infty$. Similarly, if $x$ is negative, closure must be made in the lower half plane.

Arguments of several types may be put forth to determine whether the integration path passes above or below $k_r$ in the complex plane. A heuristic argument may lead to some physical insight. Consider a free mode subject to a small amount of dissipation. Such a mode would be expected to be attenuated in the direction of its horizontal group velocity. If the horizontal group velocity is positive (as is the case with ducted internal gravity waves and positive $u_0(z)$), this corresponds to a free mode with a slightly positive imaginary part to $k_r$. Thus, the integration

[1] P. QUENEY: Techn. Note **34**. Geneva: World Meteorological Organization, 1960.

path must pass beneath $k_r$[1,2]. This conclusion can also be reached more rigorously by considering the initial value problem and asymptotoc wave behavior.[3,4]

The closed integration path encompasses the singularity when $x > 0$, and the contribution of the singularity may be evaluated by CAUCHY'S theorem in terms of the residue of the singularity:

$$\zeta_{\text{res}}(x, z) = \frac{i\tilde{\zeta}_{\text{b}}(k_{\text{r}}) \exp(i k_{\text{r}} x) \tilde{\zeta}_{\text{c}}(k_{\text{r}}, z)}{\frac{\text{d}}{\text{d}k} \tilde{\zeta}_{\text{c}}(k_{\text{r}}, 0)} . \tag{29.1}$$

These singular disturbances appear downstream from the mountain and are known as *lee waves*. They are horizontally periodic and confined to a vertical duct. It is possible that more than one such free mode may exist and that the lee wave may consist of a number of superimposed waves.

It is also possible that a "leaky duct" mode may exist, with a corresponding complex resonant wave number. Such a mode will behave much like a free mode, except that it attenuates with downstream distance. Physically, of course, there is a continuous spectrum of possibilities from fully ducted lee waves through leaky modes to modes suffering only mild reflection as they are transmitted upwards.

**30. Summary.** The *flow over a mountain* can thus be divided into three parts:

— There is an evanescent portion close to the mountain, particularly in the case of smaller mountains or individual features.

— Vertically propagating internal gravity waves exist at larger horizontal scales, and tend to be the dominant part of the atmospheric response at high levels.

— To the lee of a mountain there may be resonant waves if the temperature and wind profiles produce appropriate wave ducts.

Under stronger wind conditions the hydrodynamic equations are nonlinear, and the results of linear theory are inapplicable. Most notable of the nonlinear effects are rotors, closed circulation loops which develop commonly to the lee of a disturbance.

## H. Wave energy and momentum.

### 31. Concept of wave energy.

α) Consider the total *energy density* per unit volume, $\mathscr{E}_{\text{t}}$, of the fluid. One may write an equation for the local rate of change of this energy by suitable manipulations of the hydrodynamic equations. Since total energy is conserved, the equation takes the form

$$\frac{\partial \mathscr{E}_{\text{t}}}{\partial t} + \nabla \cdot \mathscr{F} = 0, \tag{31.1}$$

where $\mathscr{F}$ is the total energy flux. In the presence of a wave, one would like to assign a portion of $\mathscr{E}_{\text{t}}$ and $\mathscr{F}$ to the wave.

Let Stokesian expansions of relevant parameters be substituted in expressions for energy density and flux, and a mean over a cycle or wavelength be taken. Means of first order terms disappear and means of second order terms are the first to be associated with the wave. Unfortunately, these include not only means of products of first order terms, but also of second order terms. To obtain the

[1] G. LYRA: Z. Angew. Math. Mech. **23**, 1 (1943).

[2] P. QUENEY: Misc. Rept. No. 23. Chicago: Chicago University Press 1947.

[3] E. HØILAND: Geophys. Publikasjoner **18**, 1 (1953).

[4] E. PALM: Astrophys. Norvegica **5** (1953).

second order mean energy density and flux it is formally necessary to solve *both* first and second order perturbation equations with appropriate boundary conditions; the first order wave solution alone is not adequate. A similar problem arises when considering momentum density and momentum flux.

$\beta$) As ELIASSEN and PALM[1] and ECKART [3] have pointed out, this problem can be circumvented by *defining* a mean second order quantity having the dimensions of energy density but involving only products of first order perturbations. This quantity will be referred to as the *wave energy density*, $\mathscr{E}_w$. The tendency equation for $\mathscr{E}_w$ takes the form

$$\frac{\partial \mathscr{E}_w}{\partial t} + \nabla \cdot \mathscr{F}_w = \mathscr{S}_w, \tag{31.2}$$

where $\mathscr{F}_w$ is a wave energy flux defined in terms of first order products. Since $\mathscr{E}_w$, unlike total energy, is not conserved, there may be source terms, $\mathscr{S}_w$.

The concept of wave energy density is useful in studying wave behavior, especially when approximate methods for wave solutions which do not yield amplitudes are employed. If $\mathscr{F}_w$ can be related to $\mathscr{E}_w$ and if $\mathscr{S}_w$ is known, $\mathscr{E}_w$ can be obtained as a function of space and time, and wave amplitudes can be approximated. It should be noted, however, that there may be a difference between transport of wave energy and transport of energy by a wave.

## 32. Conservation of wave energy and action.

$\alpha$) The *wave energy density* for internal gravity waves in an inviscid compressible adiabatic medium may be defined as

$$\mathscr{E}_w = \frac{1}{2}\left(\varrho_0 \overline{\boldsymbol{v}_1 \cdot \boldsymbol{v}_1} + \frac{\overline{p_1 p_2}}{\varrho_0 c_1^2} + \overline{\varrho_0 \zeta_1 \zeta_1 \omega_g^2}\right), \tag{32.1}$$

where an overbar denotes an average per cycle or wavelength. The terms on the right are, respectively, the perturbation kinetic energy, elastic energy, and potential energy.

If $\boldsymbol{v}_0 = 0$ throughout the fluid, then the hydrodynamic equations may be manipulated to yield

$$\frac{\partial \mathscr{E}_w}{\partial t} + \nabla \cdot (\overline{p_1 \boldsymbol{v}_1}) = 0. \tag{32.2}$$

It can also be shown that

$$\overline{p_1 \boldsymbol{v}_1} = \boldsymbol{c}_g \mathscr{E}, \tag{32.3}$$

where

$$\boldsymbol{c}_g = \frac{\partial \omega}{\partial \boldsymbol{k}} \tag{32.4}$$

is the wave group velocity. Dissipative factors, and external perturbation sources of heat, mass, and momentum would appear as forcing terms on the right-hand side of Eq. (32.2). In the absence of such forcing terms wave energy is conserved in a wave packet. That is, if the wave energy is integrated in a volume whose bounding surface is moving with the group velocity, this integral does not change with time.

$\beta$) If, however, the mean state is moving with *spatially varying velocity and/or* has *time dependent characteristics*, there are additional source terms involving these variations. BRETHERTON and GARRETT[1] have shown by means of variational

[1] A. ELIASSEN and E. PALM: Geofys. Publikasjoner **22**, 1 (1961).

[1] F. P. BRETHERTON and E. J. R. GARRETT: Proc. Roy. Soc. (London), Ser. A **302**, 529 (1968).

principles that the wave action, or wave energy density divided by intrinsic frequency, is conserved for a wave packet. That is,

$$\frac{\partial}{\partial t}\left(\frac{\mathscr{E}_{\mathrm{w}}}{\omega'}\right)+\nabla\cdot\boldsymbol{c}_{\mathrm{g}}\frac{\mathscr{E}_{\mathrm{w}}}{\omega'}=0. \tag{32.5}$$

Eq. (32.5) may be rewritten as

$$\frac{\partial\mathscr{E}_{\mathrm{w}}}{\partial t}+\nabla\cdot\boldsymbol{c}_{\mathrm{g}}\mathscr{E}_{\mathrm{w}}=\frac{\mathscr{E}_{\mathrm{w}}}{\omega'}\frac{\mathrm{d}\omega'}{\mathrm{d}t}, \tag{32.6}$$

where

$$\frac{\mathrm{d}}{\mathrm{d}t}=\frac{\partial}{\partial t}+\boldsymbol{c}_{\mathrm{g}}\cdot\nabla. \tag{32.7}$$

However, within the limitations of the geometrical optics or raytracing approximation

$$\frac{\mathrm{d}\omega'}{\mathrm{d}t}=-\boldsymbol{k}\cdot(\boldsymbol{c}_{\mathrm{g}}'\cdot\nabla)\cdot\boldsymbol{v}_0, \tag{32.8}$$

which reads in components (while applying the summation rule):

$$\frac{\mathrm{d}\omega'}{\mathrm{d}t}=-k_i\,c_{\mathrm{g}j}'\frac{\partial v_{0i}}{\partial x_j}, \tag{32.8a}$$

where $c_{gj}'$ is the $j$-component of

$$\boldsymbol{c}_{\mathrm{g}}'=\boldsymbol{c}_{\mathrm{g}}-\boldsymbol{v}_0, \tag{32.9}$$

the *intrinsic group velocity*, or group velocity relative to the fluid. Hence Eq. (31.2) may be written

$$\frac{\partial\mathscr{E}_{\mathrm{w}}}{\partial t}+\nabla\cdot\boldsymbol{c}_{\mathrm{g}}\mathscr{E}_{\mathrm{w}}=(\mathsf{T}\cdot\nabla)\cdot\boldsymbol{v}_0=T_{ij}\frac{\partial v_{0i}}{\partial x_j}, \tag{32.10}$$

where $\mathsf{T}$ is an interaction stress tensor

$$\mathsf{T}=-\frac{\mathscr{E}_{\mathrm{w}}}{\omega'}\boldsymbol{k}\,\boldsymbol{c}_{\mathrm{g}}', \tag{32.11}$$

with components

$$T_{ij}=-\frac{k_i c_{gj}'\mathscr{E}_{\mathrm{w}}}{\omega'}. \tag{32.11a}$$

If Eq. (32.5) is integrated over a volume, the left-hand side is the rate of change of the integral of $\mathscr{E}_{\mathrm{w}}/\omega'$ as the volume moves with the group velocity. This integral may be interpreted as the wave action of a wave packet and it is conserved. Similarly, the integral of Eq. (3.10) provides the rate of change of wave energy in a packet. This is not conserved, but is changed by interaction of the stress tensor with the mean flow.

If dissipative processes are included, there will be an additional loss term, $-Q$ on the right-hand side of Eq. (32.10).

### 33. Hamilton's principle and wave conservation laws.

α) There is an alternate approach to wave conservation properties, based on HAMILTON's *Variational Principle*. This approach has been wide use in classical and quantum field theory and in relativity, but has not been widely applied to fluid dynamics. It leads not only to the conservation of energy and wave action, but also linear and angular momentum. Applications to fluid waves have been made by STURROCK,[1] WHITHAM,[2] HAYES,[3] DEWAR,[4] and JONES,[5] among others.

[1] P. A. STURROCK: Phys. Rev. **121**, 18 (1961).
[2] G. B. WHITHAM: J. Fluid Mech. **22**, 273 (1965).
[3] W. D. HAYES: Proc. Roy. Soc. (London), Ser. A **320**, 187 (1970).
[4] R. L. DEWAR: Phys. Fluids **13**, 2710 (1970).
[5] W. L. JONES: Rev. Geophys. Space Phys. **9**, 917 (1971).

The theory assumes the existence of a Lagrangian density, $\mathscr{L}$, which is a function of the dependent variables $\xi^i$ and their first derivatives, and the independent variables $x^j$, which include spatial coordinates $x^a$ and $x^0=t$, time. Action is the integral of $\mathscr{L}$ taken over space and time, and HAMILTON's principle states that the variation of action is zero. By taking different forms of variation, one can derive the following equations.

$\beta$) *Euler-Lagrange equations:*

$$\frac{\mathrm{d}}{\mathrm{d}x^j}\frac{\partial \mathscr{L}}{\partial \xi^i_{,j}}=\frac{\mathrm{d}}{\mathrm{d}t}\frac{\partial \mathscr{L}}{\partial \xi^i_{,t}}+\frac{\mathrm{d}}{\mathrm{d}x^a}\frac{\partial \mathscr{L}}{\partial \xi^i_{,a}}=\frac{\partial \mathscr{L}}{\partial \xi^i}. \tag{33.1}$$

These are the equations of motion for the system, one equation for each value of the index. For simplification we use in the following two Sections a symbolic writing for the derivatives after space coordinates, viz.

$$\xi^i_{,a}\equiv\frac{\partial \xi^i}{\partial x^a}. \tag{33.2}$$

Also, we use the summation rule i.e. repeated indices are summed over from 0 through 3.

The remaining equations can be derived from the Euler-Lagrange equations, as well as from variational principles.

$\gamma$) *Energy-momentum, (stress-energy) tensor.* Define the tensor $\boldsymbol{T}$ with components

$$T_{jk}=\xi^i_{,j}\frac{\partial \mathscr{L}}{\partial \xi^i_{,k}}-\delta_{jk}\mathscr{L}. \tag{33.3}$$

The indices $j$, $k$ refer to both space and time, and $\delta_{jk}$ is the Kronecker $\delta$ symbol,

$$\delta_{jk}=\begin{cases}1, & j=k\\ 0, & j\neq k.\end{cases} \tag{33.4}$$

Then

$$\frac{\mathrm{d}}{\mathrm{d}x^k}T_{jk}=-\frac{\partial \mathscr{L}}{\partial x^j}, \tag{33.5}$$

where the differentiation on the right hand side is of explicit dependence of $\mathscr{L}$ on $x^j$, not of the dependence of the $\xi^i$ and their derivatives. If $\mathscr{L}$ is independent of $x^j$, Eq. (33.5) is a conservation equation. Providing either the flux terms go to zero at the boundary or vanish sufficiently rapidly at infinity then the space integral over a density associated with a conserved quantity, $T_{j0}$ is constant:

$$\frac{\mathrm{d}}{\mathrm{d}t}\int T_{j0}\,\mathrm{d}^3x=0. \tag{33.6}$$

If $j=0$, this quantity is identified with energy. If $j$ corresponds to a spatial direction, $-T_{j0}$ is identified with a momentum density, and if $k$ is also spatial, $T_{jk}$ is equivalent to the stress tensor, Eq. (32.11).

$\delta$) *Wave action.* Some, but not all Lagrangian densities can be written in terms of the $\xi^i$ and their complex conjugates, $\xi^{i*}$ as well as the derivatives of these quantities. For such Lagrangians invariance of $\mathscr{L}$ under gauge transformations of the second kind,[6] leads to the equation

$$\frac{\mathrm{d}}{\mathrm{d}x^n}J_j=0, \tag{33.7}$$

[6] E. J. SALATAN and A. H. CROMER: Theoretical Mechanics, Chap. 8. New York: Wiley and Sons (1971).

where

$$J_j \equiv -i\left(\xi^i \frac{\partial \mathcal{L}}{\partial \xi^i_{,j}} - \xi^{i*} \frac{\partial \mathcal{L}}{\partial \xi^{i*}_{,j}}\right). \tag{33.7a}$$

The density $J_j$ has several interpretations in different branches of physics. In quantum electrodynamics this conservation property is associated with electric charge. Applied to SCHRÖDINGER's equation, it can be interpreted as conservation of particle number. In linear wave theory it yields the wave density of Eq. (32.5).

ε) *Angular momentum.* If the $\xi^i$ are vector components associated with its direction, and if the Lagrangian density is invariant under rotation from the $i$- to the $j$-axis, then

$$\frac{\mathrm{d}}{\mathrm{d}x^a} M_{ija} = 0, \tag{33.8}$$

where

$$M_{ija} \equiv x^i T_{ja} - x^j T_{ia} + S_{ija}, \tag{33.8a}$$

$$S_{ija} = \mathrm{I}_{klij} \xi^k \frac{\partial \mathcal{L}}{\partial \xi^l_{,a}}, \tag{33.8b}$$

$$\mathrm{I}_{klij} \equiv \delta_{kl}\,\delta_{ij} - \delta_{kj}\,\delta_{li}. \tag{33.8c}$$

$M_{ij0}$ is the angular momentum density. It consists of two parts, the moment of linear momentum density given by the first two terms on the right of Eq. (33.7a) and the intrinsic angular momentum density or spin density given by the third term.

All of the preceding flux equations may be derived from the Euler-Lagrange equations, as well as by specific forms of variation and HAMILTON's principle.

### 34. Conservation properties for linear internal gravity and acoustic waves.

α) HAYES[1] has derived a quadratic Lagrangian density which yields the linearized equations of motion for acoustic and internal gravity waves. The $\xi^i$ are vector components of particle displacements from their mean positions. Like in Sect. 33 the summation rule is applied. (After the definition Eq. (33.2), $\xi^s_{,s}$ means a four-dimensional divergence.)

$$\mathcal{L} = \frac{1}{2}\varrho(\mathrm{D}\xi^r)^2 - \frac{1}{2\varrho c^2}\left(\varrho c^2 \xi^s_{,s} + \xi^r \frac{\partial p}{\partial x^r}\right)^2 - \frac{1}{2}\varrho V_{rs}\xi^r\xi^s. \tag{34.1}$$

Where $p$, $\varrho$, and $c$ are respectively the mean pressure, density, and sound speed,

$$\varrho V_{rs} = \frac{\partial^2 p}{\partial x^r\,\partial x^s} - \frac{1}{\varrho c^2}\frac{\partial p}{\partial x^r}\frac{\partial p}{\partial x^s} + \varrho\frac{\partial^2 \Phi}{\partial x^r\,\partial x^s}, \tag{34.2}$$

and $\Phi$ is the gravitational potential. The operator

$$\mathrm{D} \equiv \frac{\partial}{\partial t} + U^s \frac{\partial}{\partial x^s}, \tag{34.3}$$

$\boldsymbol{U}$ being the mean flow velocity vector with $s$-component $U^s$, summation going from 1 to 3.

β) *Wave energy.* From Eq. (33.3) and Eq. (34.1), the averaged wave energy density is

$$\overline{T_{00}} = \overline{\frac{1}{2}\varrho \mathrm{D}\xi^r \mathrm{D}\xi^r} + \frac{1}{2\varrho c^2}\overline{p_1^2} + \frac{1}{2}\varrho V_{zz}\overline{\xi^z\xi^z} - U^s\overline{T_{s0}}, \tag{34.4}$$

[1] W. D. HAYES: Proc. Roy. Soc. (London) Ser. A **320**, 187 (1970).

where

$$p_1 = -\xi^z \frac{\partial p}{\partial z} - \varrho c^2 \xi^s_{,s} \tag{34.4a}$$

is the linear pressure perturbation. $p$, $\varrho$, and $\Phi$ have been assumed to vary in the $z$-direction only.

In the absence of a mean flow velocity, Eq. (34.4) is the equivalent of Eq. (32.1). However, in the pressure of a mean flow, there is an additional component, the final term of Eq. (34.4) which is the product of wave momentum density and mean flow velocity. This component was proposed by HINES and REDDY.[2]

One can understand this component of the energy of a wave packet by considering the analogy of a bullet fired at a large moving target. If the target is moving slowly, most of the energy of the bullet will be given up as heat. If the target is receding at almost the bullet's speed, then after impact most of the bullet's energy will appear as kinetic energy of the bullet plus target. If the target moves toward the bullet, heating can exceed the bullet energy, but kinetic energy of mean motion is reduced.

The absorption of a wave packet can produce two kinds of energy change in the mean flow, heating through dissipation, and changes in mean flow kinetic energy through absorption of momentum. The energy density of Eq. (32.1) is associated with the first, but that of Eq. (34.4) with the sum. Either energy may be used, so long as it is understood. The advantage of the total wave energy density is that if the mean state is time-invariant,

$$\frac{\partial \mathscr{L}}{\partial t} \equiv \frac{\partial \mathscr{L}}{\partial x_0} = 0, \tag{34.5}$$

and total wave energy is conserved.

In the above example Eq. (34.5) holds if the mean state quantities are independent of time. As a wave packet moves through a spatially varying mean flow the fraction of its wave energy available for dissipation may change. In a time varying mean flow the total wave energy varies: the wave acts as though it contributes to both the mean momentum and specific heat of the system: the latter is analogous to the contribution of phonons to the specific heat of crystals.

The total wave energy density is not invariant under a Galilean transformation to a moving coordinate system; similarly the kinetic energy of a bullet is not Galilean-invariant.

The wave energy flux in the $r$-direction,

$$\begin{aligned} S_r \equiv \overline{T_{0r}} &= \overline{\xi^s_{,t} \frac{\partial \mathscr{L}}{\partial \xi^s_{,r}}} \\ &= \overline{p_1 \mathrm{D}\xi^s} + U^r \overline{T_{00}} + U^p \overline{T_{pr}}. \end{aligned} \tag{34.6}$$

The first term is the usual pressure-velocity correlation, work done by the wave. The second term is simply the advection of wave energy by the fluid, and the third is the work done by the wave stress tensor on a moving fluid.

$\gamma$) *Wave momentum density* is

$$-\overline{T_{s0}} = \overline{\xi^r_{,s} \frac{\partial \mathscr{L}}{\partial \xi^r_{,t}}} = \overline{\varrho \xi^r_{,s} \mathrm{D}\xi^s}, \tag{34.7}$$

and wave momentum flux is

$$\begin{aligned} -\overline{T_{rs}} &= -\overline{\xi^p_{,s} \frac{\partial \mathscr{L}}{\partial \xi^p_{,s}}} + \overline{\delta_{rs} \mathscr{L}} \\ &= \overline{\xi^r_{,s} p_1} + \delta_{rs} \mathscr{L} - U^s \overline{T_{r0}}. \end{aligned} \tag{34.8}$$

The fluid dynamicist thinks of momentum as the product of mass density and fluid velocity. Similarly he relates momentum flux to the Reynolds stress, mass

[2] C. O. HINES and C. A. REDDY: J. Geophys. Res. 72, 1015 (1967).

density multiplied by the correlation of perturbation velocities: Eqs. (34.7) and (34.8) contain not only these factors but others; still further terms are introduced if one considers a rotating system.

These additional terms have led to considerable debate as to the significance of wave momentum. Wave momentum flux is relatively easier to interpret than is wave momentum density. Consider a surface of unit area in the undisturbed fluid, and let this surface move with the fluid. As the surface stretches and rotates, the pressure at the surface and the magnitude and direction of the pressure force on this surface fluctuate: the correlation of pressure fluctuations at the surface with the surface distortions gives rise to a net second order force on the surface, represented by the first two terms on the right of Eq. (34.8). The final term represents advection by the mean flow.

It may be sounder to refer to the impulse associated with a wave packet, rather than its momentum, to distinguish its capacity to produce momentum change as it passes across a surface of fluid from a correlation of velocity and mass density. The difference is not surprising when one recalls that a photon transfers momentum on absorption or reflection, but the correlation of mass and velocity for electromagnetic fields is rather tenuous.

If the mean state variables are independent of the $r$-coordinate, then the $r$-component of wave momentum or wave impulse is conserved; the right hand side of Eq. (33.5) is zero. Generally these quantities vary only slowly in the horizontal in the Earth's atmosphere, and horizintal momentum is largely conserved. Vertical wave momentum is conserved only in an isothermal atmosphere with no vertical wind shear.

Waves generated in the lower atmosphere have been postulated as sources of both energy and momentum for the thermosphere. Wave inputs of momentum at stratospheric and mesospheric heights have also been suggested as causes for long term cyclic changes in equatorial circulation and for sudden warmings in polar regions. In particular the momentum transported by the atmospheric tides would seem to be a major input to any mesospheric model, as the fluxes are both large and systematic. Similarly orographically produced small scale waves could produce circulation changes in the upper atmosphere by systematic injection of momentum.

δ) *Wave action.* The Lagrangian density, Eq. (34.1) may equally well be written

$$\begin{aligned}\mathscr{L} = \varrho \mathrm{D}\xi^r \mathrm{D}\xi^{r*} - \frac{1}{\varrho c^2}\left(\varrho c^2 \xi^s_{,s} + \xi^r \frac{\partial p}{\partial x^r}\right)\left(\varrho c^2 \xi^{s*}_{,s} + \xi^{r*} \frac{\partial p}{\partial r}\right)\\ - \tfrac{1}{2}\varrho V_{rs}(\xi^r \xi^{s*} + \xi^{r*}\xi^s).\end{aligned} \tag{34.9}$$

The Euler-Lagrange equations are then

$$\frac{\partial}{\partial x^j}\frac{\partial \mathscr{L}}{\partial \xi^{r*}_{,j}} = \frac{\partial \mathscr{L}}{\partial \xi^{r*}} \tag{34.10}$$

and

$$\frac{\partial}{\partial x^j}\frac{\partial \mathscr{L}}{\partial \xi^{r}_{,j}} = \frac{\partial \mathscr{L}}{\partial \xi^{r}} \tag{34.10a}$$

and are equivalent to Eq. (33.1) and its complex conjugate. The wave action Eq. (33.7) then contains a wave action density,

$$J_0 = -i[\xi^r \mathrm{D}\xi^{r*} - \xi^{r*}\mathrm{D}\xi^r], \tag{34.11}$$

and flux

$$J_r = -i\left[\xi^r\left(\varrho c^2 \xi^{s*}_{,s} + \xi^{s*}\frac{\partial p}{\partial x^s}\right) - \xi^{r*}\left(\varrho c^2 \xi^s_{,s} + \xi^s \frac{\partial p}{\partial x^s}\right)\right]. \tag{34.11a}$$

The usefulness of wave action arises from the fact that it is conserved irregardless of time and space variations of the mean state. (On the other hand, wave action is not necessarily conserved in non-linear systems.)

If a wave is periodic in space and time, so that we may introduce a frequency $f=\omega/2\pi$ and wave vector $\boldsymbol{k}$ with components $k^r$, then

$$\overline{T_{0k}}=\omega J_k, \tag{34.12}$$

$$-T_{rk}=k^r J_k. \tag{34.12a}$$

The total wave energy of a wave packet equals its frequency times its wave action, while momentum equals wave number times wave action.

This corresponds to the quantum mechanical photon whose energy and momentum are $\omega h$ and $\boldsymbol{k}h$, respectively (PLANCK's $h$). Wave action is invariant under Galilean transformation.

ε) *Wave angular momentum* has not been investigated extensively. Wave spin density for Eq. (34.1) is

$$S_{ij0}=\varrho(\xi^i \mathrm{D}\xi^k-\xi^k \mathrm{D}\xi^i). \tag{34.13}$$

That is to say, spin density exists when particles describe elliptical orbits. The transport of spin by fluid waves is analogous to the spin transport of polarized light.

The existence of wave spin does answer one objection to the asymmetry of the wave stress tensor, Eq. (34.8). In normal materials, stress tensors are symmetric; however polar materials with spin properties do not hold to this role.

ζ) Secondary flows, and pressure and density fluctuations may be set up by the transient behaviour of a wave, or by its refraction, reflection, or absorption. These are the *second order terms* of Eq. (2.6). Whether these should be considered as a part of the wave or as a reaction to the wave is a moot point. Aside from the point of whether and how to include them in energy and momentum budgets, there may be occasions when they produce substantial changes in the mean state, modifying the propagation characteristics of the wave that create them.

## General references.

[1] KERTZ, W.: This Encyclopedia, Vol. 48, pp. 928–981. 1957.
[2] SIEBERT, M., in: H. E. LANDSBERG and J. VAN MIEGHEN (eds.): Advances in Geophysics, Vol. 7. London: Academic Press 1961.
[3] ECKART, C.: Hydrodynamics of Oceans and Atmospheres. New York: Pergamon Press 1960.
[4] LAMB, H.: Hydrodynamics. New York: Dover Publ. 1932.
[5] CHANDRASEKAR, S.: Hydrodynamic and Hydromagnetic. Oxford: Oxford Univ. Press 1961.
[6] LANDAU, L. D., i E. M. LIFŠIC: Elektrodinamika splošnyh sred. Moskva 1957. [English translation: L. D. LANDAU and E. M. LIFSHITZ: Fluid Mechanics. Reading (Mass.): Addison and Wesley 1959.]
[7] ELIASSEN, A., and E. KLEINSCHMIDT: This Encyclopedia, Vol. 48, 1957.
[8] GILLE, J. C., in: K. RAWER (ed.): Winds and Turbulence in Stratosphere, Mesosphere and Ionosphere. Amsterdam: North-Holland Publ. Comp. 1968.
[9] TOLSTOY, I.: Wave Propagation. New York: McGraw-Hill 1973.

# Wave-Like Phenomena in the Near-Earth Plasma and Interactions with Man-Made Bodies.

By

JA. L. AL'PERT.

With 89 Figures.

## Introduction.

Since the first artificial Earth satellites were launched, two new fields have attracted much attention in present-day plasma physics. Both are related to artificial orbiting bodies, i.e. space probes, whose motion carries them through the near-Earth and interplanetary plasma. One of these fields concerns the interaction of moving bodies with natural plasma; the other is associated with the excitation of oscillations and waves in such plasma, particularly as a result of interactions with incident particle fluxes.

The launching of artificial bodies into near-Earth and interplanetary space has produced a situation similar to that which developed in the mechanics of continua (dense media) after the invention of flying machines. Just as the development of aviation stimulated studies into the *aerodynamics of the flow of a compressible gas around solid bodies*, satellites in near-Earth and interplanetary space called for studies about the *kinetics of plasma flow around solid bodies*. The motion of a body moving in a plasma, unlike the motion of an aircraft, is not seriously influenced by such effects. Frictional forces upon artificial satellites and space probes in plasma are very small. However, the phenomena are, firstly, of considerable interest *per se* and some of them are of importance for plasma physics in general. Secondly, studies of such effects play a great part in the design and interpretation of space experiments, since space vehicles may be used as laboratories for studying the properties of the environment.[1]

Some direct laboratory-type measurements in the near-Earth and interplanetary plasma have permitted direct studies of wave processes occurring in it. This opens up the possibility of using space as a laboratory, allowing experiments to be made which are difficult or impossible in a terrestrial laboratory. This new possibility is also of general importance for plasma physics. Under laboratory conditions we cannot produce plasma with such a wide range of physical parameters, so that not all phenomena predicted theoretically can be studied in the laboratory. The analysis of the results of experiments in space vehicles is an effective method of diagnosing the plasma. The basic plasma parameters can be determined precisely when measured results can be reconciled with theoretical data, for instance, when the type of the waves, the character of their excitation, etc. are known. When wave processes are studied by means of instruments mounted on moving bodies (satellites and probes), the waves and oscillations of the plasma observed in their vicinity can be attributed to interaction of the body

[1] See the contribution by S. J. BAUER in Vol. 49/6 of this Encyclopedia.

with the plasma, to the influence of the inhomogeneous ionized cloud and the electric field formed around it. Plasma oscillations can also be excited by fluxes of particles (for instance, electrons) or electromagnetic waves (radio waves) emitted from the moving body.

Thus, the two aspects of modern plasma physics mentioned above are in many respects correlated. They are also related in that the same theoretical methods are used for problem-solving. In most cases it is mainly the kinetic theory of plasma that is used for this purpose.

In the problems under review we are chiefly concerned with a highly rarefied magnetized plasma. The particles have path lengths much greater than the typical size of the body and very often much greater than the wavelengths of the observed oscillations. The corresponding equations are written in the phase space of the particles. The problems to be solved are essentially different from those of hydrodynamics and are more complicated. Their main peculiarity lies in the need to account for the influence of electric and magnetic fields. The theory requires three new length–size parameters: the Debye radius $\lambda_D$, and the Larmor radii $r_{B_i}$, and $r_{B_e}$ of ions and electrons. The character of a plasma flow past a solid body, as well as the spectra and types of waves and oscillations expected in it, become more diversified due to the nonisothermality of the plasma ($T_e \neq T_i$). The diversity of the expected wave processes is also due to inhomogeneities of varying size always observed in the plasma and which in their turn seem to be caused by the waves excited in the plasma.

Theoretical problems involving flow past bodies and the instability of the plasma and types of waves excited in it often are essentially nonlinear in the present stage of development of the theory concerning that part of near-Earth plasma physics which is of interest to us in the present context. Most effects described by the linear theory have already been well studied theoretically and in many respects experimentally. This is undoubtedly a significant achievement in these new fields of experimental physics and has been gained rather quickly during the past decade.

However, the further development of the theory calls for the solution of *nonlinear problems*. Here, each step forward demands much effort. Although some problems of this type can be solved with the aid of electronic computers, there has so far been little progress in studying nonlinear problems. So many factors affect the phenomena under investigation that it is often difficult to distinguish the main factor determining a particular experimental effect. Many experimental data have no clear theoretical explanation. Yet the general state of the art in the fields of plasma physics under review is in some respects quite advanced and conveys a fine, consistent picture. Some experimental and theoretical results are elegant and illustrate the richness of this field of physics and the opportunities it provides for studies of natural phenomena and for diagnosis of the plasma surrounding the Earth.

The present paper describes the basic results obtained to date in these fields. The author has combined in a single review the phenomena concerning plasma flow past a body and the wave processes taking place in it, since often there is an inner correlation (still scarcely known) between them. Subsequent sections contain general equations and basic formulae describing the problems under review. A classification of the phenomena under study is given. In some cases experimental results are compared with theoretical data to reveal the unity between theory and experiment. In the chapter on the phenomena occurring around the body some results of laboratory experiments are included, since appropriate measurements in the near-Earth plasma are still scarce.

The need to give a concise, succinct exposition compels the author to omit some interesting results, in particular theoretical ones, and in some cases to outline the data in a schematic form; however, the extensive references will enable the reader to study problems of interest to him in more detail.

## A. Properties and parameters of the near-Earth and interplanetary plasma. Basic equations.

### 1. General remarks.

α) *Characteristic cases to be considered.* The phenomena treated here have been observed mainly within a *range of altitude* extending from 200 to 300 km, the region of maximum ionization of the terrestrial ionosphere, up to tens of thousands of kilometers of height above the Earth's surface. Some use is also made of experimental data obtained in interplanetary space and in the solar wind at distances of about $10^6$ km from the Earth. The perigees of most satellites are at the lower boundary of this region. Most observations have been carried out with satellites at altitudes of 1000 to 2000 km or somewhat higher. Experiments have been performed less often at higher altitudes and in the transitional region from the ionosphere to the magnetosphere, which begins at altitudes of 15000 to 20000 km, i.e. at geocentric distances[0] of 3 ... 4 $R_E$. This range is the upper boundary of the outer ionosphere and is often called the plasmapause. The outer limit of the transitional region of the near-Earth plasma into the interplanetary medium on the dayside of the Earth is at about 80000 to 120000 km from the Earth, i.e. 13 ... 16 $R_E$. This region includes the magnetosphere and magnetosheath. The upper boundary of the magnetosphere, the so-called magnetopause, is at geocentric distances of about 60000 to 80000 km, i.e. 10 ... 13 $R_E$ in the direction towards the Sun. Observations in all these regions and in the interplanetary space at greater distances from the Earth are also rare, being conducted particularly when space probes are launched to the planets of the solar system. For this reason, information about the properties of the natural plasma, as inferred from direct measurements made from bodies moving in it, is characterized by great nonuniformity for different plasma regions. It is natural, therefore, that modern concepts of the phenomena of interest to us here are much influenced by studies of waves recorded on the Earth's surface and excited in the near-Earth plasma, and by laboratory investigations of the flow of plasma past bodies.

The properties of the natural plasma vary within a very wide range, and in some cases the type of physical phenomena seen in the different regions also varies. However, the same phenomena have been observed both at the lower boundary of the plasma and in its outlying regions; for instance, similar types of waves are excited but with very different frequencies. Hence, in considering the phenomena of interest to us it is useful to apply some classifying principles: 1. the natural plasma is divided into zones in which physical processes of the same type can be expected to occur; 2. the extensive frequency range of wave phenomena is apportioned, not by a quantitative principle as often done in the literature, but on the basis of the physical type of the wave processes excited. In this chapter an approach is outlined which can establish a physical basis for these principles.

β) Let us now illustrate this problem by a few examples.

Plasma flow past a body creates radical change in the effects observed in the neighbourhood of the body, depending on the body's velocity $\boldsymbol{v}_0$ or the velocity $\boldsymbol{v}$

[0] $R_E = 6370$ km = mean radius of Earth.

of external particle fluxes incident on it. It may be recalled that the maximum velocity of bodies artificially launched into the plasma falls within the range 8 ... 10 km/s, i.e. $v_0 \sim 10^4$ m/s, near the Earth and $v_0 \sim 2 \ldots 5 \cdot 10^3$ m s$^{-1}$ at greater distances from it. In the plasma region under review the average thermal velocity of electrons falls within the range[1]

$$V_{T_e} = \sqrt{2kT_e/m_e} \simeq 2 \ldots 20 \cdot 10^5 \text{ m s}^{-1}$$

(see Tables 1 and 2 in Sect. 2), i.e. $V_{T_e} \gg v_0$. Therefore, relative to electrons, the body can be regarded as quasi-quiescent. However, relative to the average thermal velocity of ions, which is in the range[1]

$$V_{T_i} = \sqrt{2kT_i/m_i} \simeq 1 \ldots 10 \cdot 10^3 \text{ m s}^{-1},$$

increasing with increasing distance from the Earth, satellites move initially in some parts of the ionosphere at a supersonic velocity ($v_0 \gg V_{T_i}$). In the intermediate zone $v_0 \sim V_{T_i}$ and beyond, there are regions where the body can be regarded as quasi-quiescent ($v_0 <$ or $\ll V_{T_i}$). Thus, the character of the plasma disturbance near a body may vary considerably in different zones. It should be noted that, because of neglect of the simple fact that in the interplanetary plasma $v_0 \ll V_{T_i}$, some early experiments with rockets gave erroneous values for its concentration.

In studies of plasma flow past a body it is expedient to consider three regions:

*Zone I, the zone of supersonic motion of the body* ($v_0 \gg V_{T_i}$), which extends to an altitude $z$ of about 1000 to 2000 km.

*Zone II, the intermediate zone* ($v_0 \sim V_{T_i}$), which covers the outer regions of the ionosphere: 2000 km $< z < 3 \ldots 5\, R_E$ ($R_E$ radius of the Earth);

*Zone III, the zone where the body is quasi-quiescent* ($v_0 \ll V_{T_i}$), which embraces mainly the interplanetary medium, $z > 10 \ldots 15\, R_E$, and the solar wind.

Note that relative to corpuscular fluxes, e.g. the solar wind incident on the Earth with a velocity of 300 to 500 km s$^{-1}$, the motion of artificial bodies and planets should be considered in most cases as supersonic.

However, the character of a plasma disturbance in the neighbourhood of moving bodies is not determined by the value $v_0/V_{T_i}$ alone. Also of importance are[2] the linear size of the body $a_0$, the ratio of $a_0$ to the Debye radius $\lambda_D = (\varepsilon_0 k T/\text{u} q^2 N_e)^{\frac{1}{2}}$ and the Larmor radii of ions $r_{B_i} = V_{T_i}/\omega_{B_i}$ and electrons $r_{B_e} = V_{T_e}/\omega_{B_e}$. ($\omega_{B_i} = (q/m_i)\,(B_\oplus/c_0\sqrt{\varepsilon_0\mu_0})$ and $\omega_{B_e} = (q/m_e)\,(B_\oplus/c_0\sqrt{\varepsilon_0\mu_0})$ are the ion and electron gyrofrequencies, $N_e$ is the number density of electrons, $B_\oplus$ is the Earth's magnetic field.) When $a_0 \gg \lambda_D$, we have a *large body*. The equations to be solved in this case are most complicated. They require due consideration of the boundary conditions on the surface of the body—the properties of its surface (see Sect. 6). The phenomena around a large body differ in some respects from the effects in the neighbourhood of a *small body*, the socalled point body, for which $a_0 \ll \lambda_D$. In the latter case the problem can be reduced to the analysis of the motion of a point charge in plasma. In zone I artificial bodies are usually large ($a_0 \gg \lambda_D$) while in zone II initially

[1] The definition being arbitrary to some extent we take $\frac{1}{2}m\,V_T^2 = kT$ while GINZBURG and RUHADZE (this Encyclopedia, Vol. 49/4, pp. 395–560) have $m\,V_T^2 = kT$. In the following we often use the energetic measure of temperature, $\vartheta_{e,i} = kT_{e,i}$ (same definition as used by GINZBURG and RUHADZE).

[2] $\text{u} = 1$ in rationalized systems of units, thus in SI units; $\text{u} = 4\pi$ in non-rationalized systems of units (e.g. Gauss-units). See "Introductory Remarks" on p. 1.

$a_0 \sim \lambda_D$. However, $a_0$ gradually becomes smaller than $\lambda_D$, and in zone III artificial bodies are often small ($a_0 \ll \lambda_D$).

Since the ratios $a_0/r_{B_i}$ and $a_0/r_{B_e}$ are different in the different plasma zones (especially the first one), the degree of difficulty of the theoretical problems to be solved, and the phenomena occuring in the neighbourhood of the body change very considerably. In all zones usually $a_0 \ll r_{B_i}$. However, for the electrons in zones I, II and III $a_0 \gg r_{B_e}$, $a_0 \sim r_{B_e}$ and $a_0 \ll r_{B_e}$, respectively. Cases where the characteristic parameters are commensurable, i.e. $v_0 \sim V_{T_i}$, $a_0 \sim \lambda_D$ and $a_0 \sim r_{B_i}$, are the most difficult.

$\gamma$) As regards *wave processes and resonances* taking place in the near-Earth and interplanetary plasma, the *division into zones* requires a somewhat different approach.

The conditions under which a wave is excited in a plasma, the character of its instability, and the spectra of its oscillations essentially vary according to the degree of magnetization. This depends on the ratio of the energy density of the external magnetic field $B_0^2/2u\mu_0$ to the density of the gas-kinetic energy of the charged particles $Nk(T_e+T_i)$, which in turn depends on the conditions

$$\left(\frac{V_A}{V_s}\right)^2 \gg 1, \quad \left(\frac{V_A}{V_s}\right)^2 \sim 1, \quad \left(\frac{V_A}{V_s}\right)^2 \ll 1. \tag{1.1}$$

These conditions determine the following characteristics of the excited plasma waves[3]:

$$\lambda^2 = \left(\frac{V_p}{\omega}\right)^2 \gg, \sim, \ll \begin{cases} r_{B_e}^2 \\ r_{B_i}^2 \end{cases}. \tag{1.2}$$

In formulae (1.1) and (1.2)

$$V_A = \frac{B_0}{\sqrt{u\mu_0\varrho}} = c_0 \frac{\omega_{B_i}}{\omega_{N_i}} \tag{1.3}$$

is the ALFVÉN velocity, $\varrho = \sum m_h N_h$ the density and

$$V_s = \sqrt{\frac{kT_e}{m_i}} \equiv \sqrt{\frac{\vartheta_e}{m_i}} \tag{1.4}$$

is the nonisothermal sound velocity, $V_p$ and $\lambda$ are phase velocity and wavelength of plasma oscillations, and

$$\omega_{N_i} = \sqrt{uq^2 N_i/\varepsilon_0 m_i} \tag{1.5}$$

is the ion plasma (Langmuir) pulsation. One has also

$$\omega_{N_e} = \sqrt{uq^2 N_e/\varepsilon_0 m_e} \tag{1.6}$$

as the electron plasma pulsation.

It may readily be seen from the tables in Sect. 2 that throughout the regions of interest to us the plasma is highly magnetized $V_A \gg V_s$, $\lambda \gg r_{B_e}, r_{B_i}$. Therefore, some wave phenomena in the near-Earth plasma are of universal character. The fact that their frequencies range over several orders of magnitude is due, not to differences of kind in physical conditions in the plasma, but rather to variations in the values of its parameters. For instance, in various experiments the excitation of ion-cyclotron waves is observed at low altitudes $z \sim 300 \ldots 400$ km where the gyrofrequency $f_{B_i} = \omega_{B_i}/2\pi$ is about $500 \ldots 600$ Hz, and at distances[4] of $25 \ldots 30$ Mm from the Earth where $f_{B_i}$ is about or less than 1 Hz. Or again, the excitation of Langmuir oscillations of electrons was recorded at an altitude $z$ of about 1000 km where $f_{N_e}=$

---

[3] The notations used are not always identic with those used in the author's own books but are adapted to those used in relevant contributions to this Encyclopedia (K. RAWER and K. SUCHY, Vol. 49/2, pp. 1–546; V. L. GINZBURG and A. A. RUHADZE, Vol. 49/4, pp. 395–560).

[4] 1 Mm $= 10^6$ m $= 10^3$ km; 1 Gm $= 10^9$ m $= 10^6$ km.

Table 1. *Basic parameters of the near-Earth*
Magnetic field energy density $\mathscr{E}_B = B_0^2/2u\mu_0$.

| Zones | $z$ | $N/\text{m}^{-3}$ | $B_0/\text{G}_s$ | $T_e/\text{K}$ |
|---|---|---|---|---|
| | | *Outer ionosphere* | | |
| Zone I | 300 km | $10^{12}$ | $4.5 \cdot 10^{-1}$ | $1.5 \cdot 10^3$ |
| $v_0 \gg V_T$ | 500 km | $2 \cdot 10^{11}$ | $3.7 \cdot 10^{-1}$ | $2 \cdot 10^3$ |
| $\mathscr{E}_B \gg N k T \equiv N\vartheta$ | 2000 km | $4 \cdot 10^{10}$ | $2.2 \cdot 10^{-1}$ | $3 \cdot 10^3$ |
| Zone II | | | | |
| $v_0 \sim V_{T_i}$ | $\sim R_E$ | $5 \cdot 10^9$ | $10^{-1}$ | $6 \cdot 10^3$ |
| $\mathscr{E}_B \gg N k T \equiv N\vartheta$ | $3.5\ R_E$ | $(5 \dots 100) \cdot 10^6$ | $10^{-2}$ | $6 \cdot 10^4$ |
| | | *Magnetosheath* | | |
| Zone III | $10 \dots 16\ R_E$ | $(5 \dots 10) \cdot 10^6$ | $5 \cdot 10^{-4}$ | $10^5$ |
| $v_0 \ll V_{T_i}$ | Interplan. medium | $(1 \dots 5) \cdot 10^6$ | $5 \cdot 10^{-5}$ | $2 \cdot 10^5$ |
| $\mathscr{E}_B \geqq N k T \equiv N\vartheta$ | Solar wind | $(5 \dots 70) \cdot 10^6$ | $(8 \dots 20) \cdot 10^{-5}$ | $(1 \dots 2) \cdot 10^5$ |

Table 2. *Basic parameters of the near-Earth*
Cyclotron radius $r_{B_e} = V_{T_e}/2\pi f_{B_e}$, $r_{B_i} = V_{T_i}/2\pi f_{B_i}$. $f_l$ lower hybrid resonance frequency. DEBYE

| Zones | $z$ | $2\pi r_{B_e}/\text{m}$ | $2\pi r_{B_i}/\text{m}$ | $f_{N_e}/\text{Hz}$ |
|---|---|---|---|---|
| | | *Outer ionosphere* | | |
| Zone I | 300 km | 0.15 | 25 | $9 \cdot 10^6$ |
| | 500 km | 0.25 | 35 | $4 \cdot 10^6$ |
| | 2000 km | 0.5 | 25 | $2 \cdot 10^6$ |
| Zone II | $\sim R_E$ | 2 | 60 | $6 \cdot 10^5$ |
| | $3.5\ R_E$ | 40 | $2 \cdot 10^3$ | $5 \cdot 10^4$ |
| | | *Magnetosheath* | | |
| Zone III | $10 \dots 16\ R_E$ | $10^3$ | $4 \cdot 10^4$ | $3 \cdot 10^4$ |
| | Interplan. medium | $2 \cdot 10^4$ | $5 \cdot 10^3$ | $2 \cdot 10^4$ |
| | Solar wind | — | — | $2 \dots 7 \cdot 10^4$ |

*Note:* See text for other designations.
With usual sizes $a_0$ of satellites and space probes one has:

in Zone I: $a_0 \begin{cases} \gg \lambda_D, \\ \gg r_{B_e} \\ \ll r_{B_i} \end{cases}$ in Zone II: $a_0 \begin{cases} \lesssim \lambda_D, \\ \lesssim r_{B_e} \\ \ll r_{B_i} \end{cases}$

$\omega_{N_e}/2\pi \gtrsim 2 \dots 3 \cdot 10^6$ Hz, and at distances of $\sim 1$ GM $= 10^6$ km from the Earth in the solar wind where $f_{N_e} \gtrsim 1 \dots 2 \cdot 10^4$ Hz. The frequency of the lower hybrid resonance during passage through the near-Earth plasma varies even more, namely, by a factor of $10^4$. Therefore, wave processes as a function of frequency can be characterized by the type of physical phenomena by which they are caused, i.e. making use of the characteristic frequencies of various processes. Such a classification is given below.

**2. Basic parameters of the near-Earth and the interplanetary plasma.** All values characterizing the plasma regions under review are subject to great variability, depending on time and coordinates in a fixed height range. The single

*and the interplanetary plasma.*

See text for other designations.

| $\nu_{ei}/s^{-1}$ | $N\,k\,T/J\ m^{-3}$ | $\mathscr{E}_B/J\ m^{-3}$ | $V_{T_e}/m\ s^{-1}$ | $V_{T_i}/m\ s^{-1}$ | $f_{B_e}/Hz$ | $f_{B_i}/Hz$ |
|---|---|---|---|---|---|---|
| $3\cdot10^3$ | $2\cdot10^{-8}$ | $8\cdot10^{-4}$ | $2\cdot10^5$ | $10^3$ | $1.2\cdot10^6$ | 40 |
| $3\cdot10^2$ | $5\cdot10^{-9}$ | $5\cdot10^{-4}$ | $2.5\cdot10^5$ | $1.4\cdot10^3$ | $10^6$ | 40 |
| 10 | $2\cdot10^{-9}$ | $2\cdot10^{-4}$ | $3\cdot10^5$ | $8\cdot10^3$ | $6\cdot10^5$ | 330 |
| 1 | $4\cdot10^{-10}$ | $4\cdot10^{-5}$ | $6\cdot10^5$ | $10^4$ | $3\cdot10^5$ | 160 |
| 1 | $10^{-10}$ | $4\cdot10^{-7}$ | $1.3\cdot10^6$ | $3\cdot10^4$ | $3\cdot10^4$ | 16 |
| 1 | $10^{-11}$ | $10^{-9}$ | $1.8\cdot10^6$ | $4\cdot10^4$ | $1.4\cdot10^3$ | 1 |
| 1 | $8\cdot10^{-12}$ | $10^{-11}$ | $2.5\cdot10^6$ | $5\cdot10^4$ | $1.4\cdot10^2$ | 0.1 |
| — | — | — | — | — | $1\ldots6\cdot10^2$ | $0.7\ldots3\cdot10^{-1}$ |

*and the interplanetary plasma.*

radius $\lambda_D = V_{T_e}/\sqrt{2}\,\omega_{N_e}$. ALFVÉN refractive index $n_A = \omega_{N_i}/\omega_{B_i}$, ALFVÉN velocity $V_A = c_0/n_A$.

| $f_{N_i}/Hz$ | $f_l/Hz$ | $2\pi\lambda_D/m$ | $n_A$ | $V_A/m\ s^{-1}$ |
|---|---|---|---|---|
| $5\cdot10^4$ | $7\cdot10^3$ | 0.01 | $2.2\cdot10^3$ | $2.5\cdot10^5$ |
| $2\cdot10^4$ | $6\cdot10^3$ | 0.04 | $5\cdot10^2$ | $6\cdot10^5$ |
| $5\cdot10^4$ | $1.4\cdot10^4$ | 0.10 | $1.5\cdot10^2$ | $2\cdot10^6$ |
| $1.5\cdot10^4$ | $7\cdot10^3$ | 0.7 | $10^2$ | $3\cdot10^6$ |
| $10^3$ | $7\cdot10^2$ | 20 | $6\cdot10^2$ | $5\cdot10^5$ |
| $2\cdot10^2$ | $4\cdot10$ | 40 | $2\cdot10^2$ | $1.5\cdot10^6$ |
| $10^2$ | 4 | 100 | $10^3$ | $3\cdot10^5$ |
| $4.7\ldots14\cdot10^2$ | — | — | — | — |

in Zone III: $a_0 \begin{cases} \ll \lambda_D. \\ \ll r_{B_e} \\ \ll r_{B_i} \end{cases}$

exception is the Earth's magnetic field and all values associated with it, with relative variations that are much smaller up to distances of several 10 Mm from the Earth. For instance, the electron concentration $N_e$ at altitudes $z \simeq 300\ldots400$ km can vary from day to night and with latitude and longitude by a factor of about 10. The electron temperature $T_e$ varies by a factor of approximately 5 ... 6. At the same altitudes the relative variation of the magnetic field $B_{\male}$ is only of the order of $10^{-3}\ldots10^{-4}$. In the interplanetary medium the range of variations of the magnetic field rises steeply, while the concentration of charged particles at great distances from the Earth (in the interplanetary medium) seems to be less variable.

In the solar wind, however, large variations are observed in particle concentration and in magnetic field. In the transitional region from the ionosphere into the magnetosphere, i.e. at the plasmapause, $N_e$ is very unstable, especially at altitudes of 18 ... 25 Mm, and can vary from case to case by a factor of about 100. There are some unconfirmed data suggesting that this situation is found up to altitudes of about 50 ... 60 Mm.

Hence, an accurate analysis of the various phenomena discussed below with the aim of reconciling experiment and theory, is feasible only where the experiment covers a wide complex of measurements, including the determination of the main plasma parameters. The availability of satellites or space probes makes it possible in principle to implement such research programmes. Experiments of this kind have been performed and some of the data are discussed below. Such complex experiments are, however, still rare and in many cases estimates and calculations have to be made by averaging plasma parameters obtained under different conditions. The data given in Tables 1 and 2 are for altitudes representing most zones of the near-Earth and interplanetary plasma. These data are close to the maximum values observed in different conditions.

### 3. Basic equations and properties of the plasma.

α) The *dispersion equation* describing the properties of a magnetized plasma in linear approximation is usually written

$$A n^4 + B n^2 + C = 0, \tag{3.1}$$

where

$$n = \mu + i\chi = \frac{c_0}{V_p} + i\chi \tag{3.2}$$

is the complex refractive index, $\mu$ is its real part determining the phase velocity $V_p$ of the waves, and $\chi$ is their spatial damping factor (SILIN and RUHADZE [*1*]; STIX [*2*]; AHIEZER *et al.* [*3*]; GINZBURG and RUHADZE [*4*]).

Considering plasma processes in time, it is most convenient to use a complex frequency[1]

$$\tilde{\omega} = \omega + i\gamma. \tag{3.3}$$

According to whether $\gamma$ is positive or negative, the amplitude of the plasma oscillations increases or decreases. For harmonic waves we choose here the form[2] $e^{-i\tilde{\omega}t}$. Therefore $\gamma < 0$ means attenuation and $\gamma > 0$ means growing oscillations. We call $\gamma$ the growth increment of the oscillations and $-\gamma$ the damping decrement, respectively. The spatial damping factor $\chi$ is linked with the temporal damping decrement by the simple relation

$$\gamma = -\frac{\omega}{c_0}\,\frac{d\omega}{dk}\,\chi, \tag{3.4}$$

where $k = \frac{\omega}{c_0}\, n$ is the real part of the wave number (vector).[3]

[1] For detailed discussion see V. L. GINZBURG and A. A. RUHADZE [*4*], Sect. 17 $\gamma$. [Error on p. 443, line 9 from bottom: damping provokes positive imaginary part in $n$ and negative one in $\gamma$, see our Eq. (3.4).] See also L. D. LANDAU, Ž. Eksperim. i Teor. Fiz. (JETP) **16**, 574 (1946) where, however, the other sign is taken.

[2] The sign of $i$ (which can be chosen arbitrarily) is taken in agreement with [*4*] and general use in preceding volumes of this Encyclopedia. A harmonic wave reads exp $(-i\,\omega t + i\boldsymbol{k}\cdot\boldsymbol{r})$, see [*4*] Eq. (17.4).

[3] The wave number $k = |\boldsymbol{k}|$ should not be confounded with the BOLTZMANN constant $\boldsymbol{k}$.

The values $A$, $B$ and $C$ in (1.5) depend on the components of the plasma dielectric permeability tensor

$$\mathsf{E} = \begin{pmatrix} \varepsilon_{11} & \varepsilon_{12} & \varepsilon_{13} \\ \varepsilon_{21} & \varepsilon_{22} & \varepsilon_{23} \\ \varepsilon_{31} & \varepsilon_{32} & \varepsilon_{33} \end{pmatrix}. \tag{3.5}$$

That is,

$$\begin{aligned} A &= \varepsilon_{11} \sin^2\Theta + 2\varepsilon_{13} \sin\Theta \cos\Theta + \varepsilon_{33} \cos^2\Theta, \\ B &= -[\varepsilon_{11}\varepsilon_{33} + (\varepsilon_{22}\varepsilon_{33} + \varepsilon_{23}^2)\cos^2\Theta - \varepsilon_{13}^2 \\ &\quad + (\varepsilon_{11}\varepsilon_{22} + \varepsilon_{12}^2)\sin^2\Theta - 2(\varepsilon_{12}\varepsilon_{23} - \varepsilon_{13}\varepsilon_{22})\cos\Theta\sin\Theta], \\ C &= \varepsilon_{33}(\varepsilon_{11}\varepsilon_{22} + \varepsilon_{12}^2) + \varepsilon_{11}\varepsilon_{23}^2 + 2\varepsilon_{12}\varepsilon_{13}\varepsilon_{23} - \varepsilon_{22}\varepsilon_{13}^2, \end{aligned} \tag{3.6}$$

where $\Theta$ is the angle between the wave vector $\boldsymbol{k}$ and the vector of the external magnetic field $\boldsymbol{B}_{\dot{0}}$. The values $\varepsilon_{lm}$ must be determined from a self-consistent solution of the linearized kinetic and MAXWELL's (or POISSON's) equations, under the given conditions of the problem.

$\beta$) For plasma consisting of two kinds of particles (electrons e and one kind of ions i), with statistical distribution functions[4] $f_e$, $f_i$ we obtain in the non-stationary case the following system of kinetic equations

$$\begin{aligned} &\frac{\partial f_i}{\partial t} + \boldsymbol{v}_p \cdot \frac{\partial f_i}{\partial \boldsymbol{r}} + \frac{q}{m_i} \boldsymbol{E} \cdot \frac{\partial f_i}{\partial \boldsymbol{v}} + \frac{q}{m_i} \left( (\boldsymbol{v}_p + \boldsymbol{v}) \times \frac{\boldsymbol{B}_{\dot{0}}}{c_0 \sqrt{\varepsilon_0 \mu_0}} \right) \cdot \frac{\partial f_i}{\partial \boldsymbol{v}} = 0, \\ &\frac{\partial f_e}{\partial t} + \boldsymbol{v}_p \cdot \frac{\partial f_e}{\partial \boldsymbol{r}} - \frac{q}{m_e} \boldsymbol{E} \cdot \frac{\partial f_e}{\partial \boldsymbol{v}} - \frac{q}{m_e} \left( (\boldsymbol{v}_p + \boldsymbol{v}) \times \frac{\boldsymbol{B}_{\dot{0}}}{c_0 \sqrt{\varepsilon_0 \mu_0}} \right) \cdot \frac{\partial f_e}{\partial \boldsymbol{v}} = 0. \end{aligned} \tag{3.7}$$

For a moving body, the POISSON equation is[5]

$$\Delta \Phi = -\frac{\mathrm{u}}{\varepsilon_0} q [\int f_i d^3v - \int f_e d^3v], \qquad \boldsymbol{E} = -\operatorname{grad} \Phi \equiv -\frac{\partial \Phi}{\partial \boldsymbol{r}}. \tag{3.8}$$

In Eqs. (3.7) and (3.8) $t$ is time, $\boldsymbol{r}$ is a vector determining the position of the particle, $\boldsymbol{v}$ is a velocity vector, $\Phi$ and $\boldsymbol{E}$ are the potential and the electric field, and $f_e(\boldsymbol{r}, \boldsymbol{v}, t)$ and $f_i(\boldsymbol{r}, \boldsymbol{v}, t)$ are the distribution functions of electrons and ions which in the general case depend on the spatial coordinates, velocity, and time. The plasma is supposed to have the ordered velocity $\boldsymbol{v}_p$ with respect to the observation point. In the case of a body moving in a quiescent plasma, $\boldsymbol{v}_p = \boldsymbol{v}_0$, where $\boldsymbol{v}_0$ is the body's velocity. If, however, $\boldsymbol{v}_p$ is the velocity of a particle flux incident on the plasma, then the equations must include components describing distribution functions of the fluxes, which must be considered as external sources affecting the plasma.

Depending on conditions, various tensor elements are obtained which in turn describe the phenomena observed in the plasma, in particular, oscillation spectra. Concrete problems involve the formulation of a well-defined plasma state, for instance, the temperature of its components, boundary conditions (on the surface of moving bodies) and the character of external influences (external electric fields, incident waves, incident fluxes). In addition, problems on flow around a solid body (AL'PERT, GUREVIČ and PITAJEVSKIJ [5]) require the insertion of the collision integrals $\frac{\delta f_e}{\delta t}$ and $\frac{\delta f_i}{\delta t}$ on the right-hand side of (3.7). This allows for the influence of collisions between particles on distribution functions. In some cases the influence of collisions may be neglected, but, for instance, when scattering of radio waves from the trail of a moving body is being studied, collisions are fundamental to the argument

[4] See K. RAWER and K. SUCHY, this Encyclopedia, Vol. 49/2, Sect. 2, p. 7, see also V. L. GINZBURG and A. A. RUHADZE, Vol. 49/4, Sect. 8, pp. 418–420 (where, however, a momentum space is considered while we have here a velocity space).

[5] $\mathrm{u} = 1$ in rationalized systems of units, but $4\pi$ in non-rationalized systems. See "Introductory Remarks" on p. 1.

since they improve the conditions at the solution of the problem—otherwise solutions may diverge [5]. The type of phenomena produced is determined by these conditions. Some cases of this kind, studied experimentally and theoretically, are outlined in Sect. 11.

$\gamma$) Now let us continue our discussion of the general *properties of plasma and its parameters*. In undisturbed regions of a plasma the distribution functions $f_e$ and $f_i$ are Maxwellian and depend only on the particle velocities. For example, at distances well removed from a moving body, where the plasma is very slightly disturbed,

$$\begin{aligned} f_i^M &= N_{0i}\left(\frac{m_i}{2\pi k T_i}\right)^{\frac{3}{2}} \exp\left(-\frac{m_i(\boldsymbol{v}_p+\boldsymbol{v})^2}{2kT_i}\right) \equiv N_{0i}\left(\frac{m_i}{2\pi\vartheta_i}\right)^{\frac{3}{2}} \exp\left(-\frac{m_i(\boldsymbol{v}_p+\boldsymbol{v})^2}{2\vartheta_i}\right), \\ f_e^M &= N_{0e}\left(\frac{m_e}{2\pi k T_e}\right)^{\frac{3}{2}} \exp\left(-\frac{m_e(\boldsymbol{v}_p+\boldsymbol{v})^2}{2kT_e}\right) \equiv N_{0e}\left(\frac{m_e}{2\pi\vartheta_e}\right)^{\frac{3}{2}} \exp\left(-\frac{m_e(\boldsymbol{v}_p+\boldsymbol{v})^2}{2\vartheta_e}\right), \end{aligned} \tag{3.9}$$

$N_{0e}$ and $N_{0i}$ being the undisturbed electron and ion concentrations, and $T_e = T_i$ in the case of thermal equilibrium.

It must be emphasized here that thermal equilibrium is a rare exeption not alone for laboratory plasmas but also for natural plasmas in space. External energy sources like solar ultraviolet and X-ray radiation, or corpuscular radiation tend to provoke deviations from equilibrium distribution for the component that primarily is reached by the energy flux, heating it at the same time. Therefore $T_e > T_i$ is much more common than $T_e = T_i$.

In disturbed regions of the plasma the particle concentrations are determined by the integrals

$$N_i(\boldsymbol{r}, t) = \int f_i(\boldsymbol{r}, \boldsymbol{v}, t)\, d^3v, \qquad N_e(\boldsymbol{r}, t) = \int f_e(\boldsymbol{r}, \boldsymbol{v}, t)\, d^3v. \tag{3.10}$$

It should be noted that for problems of flow around a moving body the dependence of all values on time vanishes $\left(\frac{\partial f}{\partial t} = 0\right)$ in a coordinate system connected with the moving body, such that the problem becomes stationary. This must be so, provided there is no ordered motion of the plasma, i.e. $\boldsymbol{v}_p = 0$ in Eq. (3.9). However, if there are streams of particles (electron or ion beams) having, for instance, Maxwellian distributions, we must use Eq. (3.9) which takes account of these "external sources", introducing concentrations $N$ and velocities $\boldsymbol{v}_p$ of the beams. It should be noted that for $\boldsymbol{v}_p = 0$ the Maxwellian distribution function is characterized by $\frac{\partial f_0}{\partial \boldsymbol{v}} = 0$ for $v = 0$, and for $\boldsymbol{v}_p \neq 0$ by $\frac{\partial f_0}{\partial \boldsymbol{v}} < 0$ over the whole velocity range, $|\boldsymbol{v}| \equiv v > 0$.

It can be shown that a plasma in equilibrium state has $\gamma < 0$ in Eq. (3.3), i.e. the plasma oscillations attenuate and wave excitation cannot take place. LANDAU[1] has shown for the general case of an arbitrary distribution function that[2]

$$\gamma \sim \frac{\partial f}{\partial \boldsymbol{v}}. \tag{3.11}$$

Hence, if $\frac{\partial f}{\partial \boldsymbol{v}} < 0$, $\gamma < 0$ and one has attenuation.

However, unstable conditions may be found with distribution functions for which in a certain velocity range $\frac{\partial f}{\partial \boldsymbol{v}} > 0$. This occurs, for instance, when a beam is incident on the plasma and in a certain range of $v$, the particle velocities exceed the thermal velocities $\boldsymbol{V}_{e,i}$. In this velocity range the distribution function has an ascending branch with a derivative $\frac{\partial f}{\partial \boldsymbol{v}} > 0$, hence $\gamma > 0$. Under these conditions plasma oscillations increase and resonance excitation of waves must occur. This is the so-called *beam instability* of a plasma.

δ) There is a circumstance which essentially simplifies the solution of some types of problems in the near-Earth and interplanetary plasma, for instance, the problem of *flow around artificial bodies* moving through the plasma with velocity $\boldsymbol{v}_0 \ll \boldsymbol{V}_e$. One may thus assume that the electrons are distributed according to a generalized Maxwellian law, taking account of an electrostatic field with potential $\Phi$, the MAXWELL-BOLTZMANN law

$$f_e = f_e(\boldsymbol{v}') = N_{0e}\left(\frac{m_e}{2\pi\vartheta_e}\right)^{\frac{3}{2}} \exp\left[\frac{q\Phi}{\vartheta_e} - \frac{m_e(\boldsymbol{v}_0 + \boldsymbol{v}')^2}{2\vartheta_e}\right]. \tag{3.12}$$

Hence, the second equation in Eqs. (3.7) vanishes, and the POISSON equation, Eq. (3.8), becomes simply

$$\Delta\Phi = -\frac{\mathrm{u}}{\varepsilon_0} q\left\{\int f_i \,\mathrm{d}^3 v - N_{0e} \cdot \exp\frac{q\Phi}{\vartheta_e}\right\}. \tag{3.13}$$

In Eqs. (3.7), (3.8) and (3.13) the potential $\Phi$ depends on $\boldsymbol{r}$ and $t$ for a non-stationary problem, $\Phi = \Phi(\boldsymbol{r}, t)$, and $\Phi = \Phi(\boldsymbol{r})$ for a stationary problem $\left(\text{for which } \frac{\partial f}{\partial t} = 0 \text{ in Eq. (3.7)}\right)$.

ε) Another interesting case of application of the kinetic theory concerns the conditions occurring in the presence of ordered as well as unordered particle velocities. In these cases the wave phenomena are characterized by spatial and frequency dispersion. *Frequency dispersion* expresses the fact that different physical parameters of the phenomena described depend on the frequency $f$ ($\omega = 2\pi f$ is the angular frequency). Hence the plasma state at a given moment of time depends on the sequence of processes which have already taken place. One might say that this is a manifestation of *temporal inertia* in a plasma. *Spatial dispersion* expresses the fact that various parameters depend on the wave vector $\boldsymbol{k}$. Hence, the plasma state at a given point in space depends on the phenomena occurring in its neighbourhood, in principle, anywhere in the plasma. This is the *spatial inertia* of the plasma, and it is associated with a transfer of "action" from one point to another. Therefore, the elements of the dielectricity tensor are functions of frequency and wave vector and can be written[6]

$$\varepsilon_{lm}(\omega, \boldsymbol{k}) = \varepsilon_0 \delta_{lm} + i\frac{\mathrm{u}}{\omega}\sigma_{lm}(\omega, \boldsymbol{k}). \tag{3.14}$$

The $\sigma_{lm}$ are the tensor elements of the complex conductivity of the plasma; they depend on the dielectric susceptibility of particles of different kinds and can be determined by resolving Eqs. (3.7) and (3.8); the $\delta_{lm}$ are KRONECKER symbols: $\delta_{lm} = 1$ if $l = m$, and 0 otherwise.

In a similar way the complex refractive indices, Eq. (3.2) and wave frequencies Eq. (3.3) should be written as

$$\begin{aligned} \tilde{n}(\omega, \boldsymbol{k}) &= n(\omega, \boldsymbol{k}) + i\chi(\omega, \boldsymbol{k}), \\ \tilde{\omega}(\boldsymbol{k}) &= \omega(\boldsymbol{k}) + i\gamma(\boldsymbol{k}). \end{aligned} \tag{3.15}$$

Therefore, dispersion equations are often written, not in the form of Eq. (3.1), but in the generalized form

$$\mathrm{F}(\omega, \boldsymbol{k}) = 0 \quad \text{or} \quad \omega = \omega(\boldsymbol{k}), \tag{3.16}$$

which is not only more convenient for writing but sometimes facilitates the understanding of the investigated phenomena.

[6] See V. L. GINZBURG and A. A. RUHADZE, this Encyclopedia, Vol. 49/4, Sect. 1, p. 397, in particular Eq. (1.11).

ζ) Another general fundamental plasma parameter, its dielectric permeability, is of great importance in the problems of interest to us. The integrals determining the permittivity (dielectric permeability) tensor always have singular points. In general these determine resonance conditions, namely the conditions under which the strongest interaction of particles with the field of plasma waves takes place. These conditions apply to both electrons and ions and have the following form:

$$\begin{aligned} \omega &= \boldsymbol{k}\cdot\boldsymbol{v}_{\|}, \\ \omega &= \boldsymbol{k}\cdot\boldsymbol{v}_{\|}+s\omega_{B_e}, \\ \omega &= \boldsymbol{k}\cdot\boldsymbol{v}_{\|}-s\omega_{B_i}. \end{aligned} \tag{3.17}$$

If $\Theta$ is the angle between $\boldsymbol{k}$ and $\boldsymbol{B}_{\male}$, then $\boldsymbol{k}\cdot\boldsymbol{v}_{\|}=kv_{\|}\cos\Theta$. $s=1, 2, 3, \ldots$, $v_{\|}$ is the particle average velocity component along $B_{\male}$. It should be added that, if particle velocities are close to the velocity of light, $c_0$, one must take account of relativistic effects; then in Eqs. (3.17) $\omega_{B_e}$ and $\omega_{B_i}\equiv\Omega_B$ are to be replaced by $\omega_{B_{e,i}}\sqrt{1-(v'_{e,i}/c_0)^2}$ where $v'_{e,i}$ is the particle's full velocity.

The first of the Eqs. (3.17) describes the Čerenkov-Vavilov effect and determines the conditions of the so-called Čerenkov damping, or conversely, excitation of plasma oscillations. If the phase velocity of waves $\omega/k$, is greater than the longitudinal component of the particle velocity, $\boldsymbol{v}_{\|}$, the oscillations are attenuated, i.e. the particles receive more energy from the field than they impart to it. The reverse, the so-called Čerenkov excitation, takes place in the case $\omega/k<v_{\|}$ when the particles receive less energy from the waves than they impart to them. It is clear that the condition $\omega=kv_{\|}\cos\Theta$ can be met only if $\cos\Theta>0$. This means that Čerenkov radiation occurs in the direction in which the particle is moving.

For $s\neq 0$, the two other Eqs. (3.17) describe gyroresonance excitation or attenuation of waves according to whether the phase velocity of the wave is greater or smaller than the velocity of the particle. The physical sense of the terms $kv_{\|}$ in Eq. (3.17) is that they specify Doppler shifts of the excited oscillations. When $s>0$, the Doppler effect is normal; in this case the phase velocity $V_p$ of the wave is greater than $v_{\|}$. When $s<0$, the Doppler effect is anomalous and the phase velocity $V_p$ is lower than $v_{\|}$. It can be readily observed that, depending on the sign of $s$, the gyroresonance condition can be satisfied with $\cos\Theta>0$ and $s<0$ or with $\cos\Theta<0$ and $s>0$. In the first case $\Theta<\pi/2$, i.e. the emission of the particle is directed toward its motion, which corresponds to the anomalous Doppler effect as in the case of Čerenkov radiation. In the second case $\Theta>\pi/2$, i.e. the direction of the emission is opposite to the direction of the particle motion; this corresponds to the normal Doppler effect.

η) A very important property of a hot ("*kinetic*") plasma is *attenuation* which occurs, even if collisions are quite negligible, i.e. in a collisionless plasma with collision frequency $\nu=0$. Plasma oscillations are attenuated due to their interaction with the particles. This kind of attenuation is called Landau *damping* ($\gamma<0$). According to the mechanisms discussed in Subsect. ζ above, one may distinguish Čerenkov and gyroresonance or Larmor damping. Presence or absence of Landau *damping* is the most important difference between hot and so-called *cold* plasma, i.e. a plasma in which interaction between waves and the thermal motion of the particles is not taken into account. However, cold plasma theory admits resonance phenomena as such. The relevant theory is based upon a quasi-hydrodynamic approximation or the so-called microfield equations.[7]

[7] See V. L. Ginzburg and A. A. Ruhdaze, this Encyclopedia, Vol. 49/4, Sects. 9/10, pp. 420–422; [4].

**4. Refractive indices and resonances of a cold plasma. Classification of waves.**

α) If the influence of the thermal motion of the particles is totally neglected ($T = 0 = \vartheta$), and if particle fluxes are absent, the permittivity as described by the dielectric permeability tensor has its simplest form, because there is no spatial dispersion such that the tensor elements depend only on the frequency. For a multicomponent plasma consisting of electrons and ions of several kinds, if further collisions are neglected, we have[1]

$$\begin{aligned} \varepsilon_{11} &= \varepsilon_{22} = \varepsilon_1 = 1 - \frac{\omega_{N\mathrm{e}}^2}{\omega^2 - \omega_{B\mathrm{e}}^2} - \sum_{\mathrm{h}} \frac{\Omega_{N\mathrm{h}}^2}{\omega^2 - \Omega_{B\mathrm{h}}^2}, \\ \varepsilon_{12} &= i\,\varepsilon_2 = i\left(\frac{\omega_{N\mathrm{e}}^2 \omega_{B\mathrm{e}}}{\omega(\omega^2 - \omega_{B\mathrm{e}}^2)} - \sum_{\mathrm{h}} \frac{\Omega_{N\mathrm{h}}^2 \Omega_{B\mathrm{h}}}{\omega(\omega^2 - \Omega_{B\mathrm{h}}^2)}\right), \\ \varepsilon_{33} &= \varepsilon_3 = 1 - \frac{\omega_{N\mathrm{e}}^2}{\omega^2} - \sum_{\mathrm{h}} \frac{\Omega_{N\mathrm{h}}^2}{\omega^2}, \end{aligned} \tag{4.1}$$

where characteristic pulsations referring to ions are designated by $\Omega_{..} \equiv \omega_{.\,\mathrm{i}}$. (We may in the following therefore simply write $\omega_N$ instead of $\omega_{N\mathrm{e}}$, and $\omega_B$ instead of $\omega_{B\mathrm{e}}$.)

The indices h on the right-hand sides refer to ions of different kinds. In order to take account of collisions between electrons and ions only, one may simply use a substitution in the expressions for plasma (or LANGMUIR) frequencies and gyrofrequencies

$$\begin{aligned} \omega_N &\equiv \omega_{N\mathrm{e}} = \frac{\mathrm{u}}{\varepsilon_0}\,\frac{N_\mathrm{e} q^2}{m_\mathrm{e}}, & \Omega_{N\mathrm{h}} &\equiv \omega_{N\mathrm{ih}} = \frac{\mathrm{u}}{\varepsilon_0}\,\frac{N_\mathrm{h} q_\mathrm{h}^2}{m_\mathrm{h}}, \\ \omega_B &\equiv \omega_{B\mathrm{e}} = \frac{q}{m_\mathrm{e}}\left(\frac{B_\circ^+}{c_0\sqrt{\varepsilon_0\mu_0}}\right), & \Omega_{B\mathrm{h}} &\equiv \omega_{B\mathrm{ih}} = \frac{q}{m_\mathrm{h}}\left(\frac{B_\circ^+}{c_0\sqrt{\varepsilon_0\mu_0}}\right). \end{aligned} \tag{4.2}$$

namely in the frequency range $w^2 \ll w_B\,\Omega_{B_\mathrm{i}}$ replace the particle masses by

$$m_\mathrm{e}\left(1 + i\,\frac{\nu_{\mathrm{e\,i}}}{\omega}\right) \quad \text{and} \quad m_\mathrm{h}\left(1 + i\,\frac{\nu_{\mathrm{h\,i}}}{\omega}\right), \quad \text{respectively.} \tag{4.3}$$

Here $\nu_{\mathrm{e\,i}}$ is the collision frequency between electrons and ions of all kinds and $\nu_{\mathrm{h\,i}}$ are the collision frequencies between ions of different kinds.[2] It follows from the dispersion equation, Eq. (3.1), that

$$n_{1,2}^2 = \frac{-B \pm \sqrt{B^2 - 4AC}}{2A}, \tag{4.4}$$

where for a cold plasma

$$\begin{aligned} A &= \varepsilon_1 \sin^2\Theta + \varepsilon_3 \cos^2\Theta, \\ B &= -\varepsilon_1 \varepsilon_{13}(1 + \cos^2\Theta) - (\varepsilon_1^2 - \varepsilon_2^2)\sin^2\Theta, \\ C &= \varepsilon_3(\varepsilon_1^2 - \varepsilon_2^2). \end{aligned} \tag{4.5}$$

β) Let us note here that most of the phenomena which are of interest to us can be described with the assumption of a *two-component plasma* consisting of electrons and, for example, protons. Therefore, except for cases when the multi-

[1] Different from [4] the (dimensionless) *relative* dielectric permeability is designated as $\varepsilon_{ik}$. The true permittivity (SI-dimension $\mathrm{CV^{-1}\,m^{-1}}$) is obtained by multiplying by $\varepsilon_0$.

[2] This approximation is usually derived with an uncritical definition of collision frequencies. More detailed discussion can be found in K. RAWER and K. SUCHY, this Encyclopedia, Vol. 49/2, Sect. 3. See also Vol. 49/4, "Introductory Remarks" by K. RAWER and the contribution by K. SUCHY in Vol. 49/6.

component character of the plasma plays a major role (such phenomena will be indicated below), we may use this simplification. Particularly condensed equations are obtained for the whole frequency range in the two *limit cases* $\Theta=0$ and $\Theta=\frac{1}{2}\pi$. Taking into account that $\gamma_0\equiv m_e/m_i\ll 1$, when $\Theta=0$ one has

$$\begin{aligned}
\tilde{n}_{1\,2}^2&=1-\frac{\omega_N^2}{(\omega\pm\omega_B)(\omega\mp\Omega_B)+i\nu\omega}=1-\frac{X_e}{(1\pm Y_e)(1\mp Y_i)+iZ},\\
(n^2-\chi^2)_{1,2}&=1-\frac{\omega_N^2(\omega\pm\omega_B)(\omega\mp\Omega_B)}{(\omega\pm\omega_B)^2(\omega\mp\Omega_B)^2+\nu^2\omega^2},\\
(2n\chi)_{1,2}&=\omega_N^2\nu\omega/[(\omega\pm\omega_B)^2(\omega\mp\Omega_B)^2+\nu^2\omega^2]
\end{aligned}\tag{4.6}$$

and for $\Theta=\pi/2$

$$\begin{aligned}
\tilde{n}_1^2&=1-\frac{\omega_N^2}{\omega^2+i\nu\omega}=1-\frac{X_e}{1+iZ}\\
\tilde{n}_2^2&=1-\frac{\omega_N^2}{\omega^2-\Omega_B\omega+i\nu\omega-\omega^2\omega_B^2/(\omega^2-\omega_N^2-\Omega_B\omega_B+i\nu\omega)}\\
&=1-\frac{X_e}{1-Y_i+iZ-Y_e^2/(1-X_e-Y_i+iZ)}.
\end{aligned}\tag{4.7}$$

In Eqs. (4.6) and (4.7) the collisions between electrons and neutral particles are also taken into account, i.e. $\nu=\nu_{ei}+\nu_{en}$; in the condensed expressions we use the well-known abbreviations (for electrons h=e and ions h=i)

$$X_h=\omega_{N_h}^2/\omega^2,\qquad Y_h=\omega_{B_h}/\omega\quad\text{and}\quad Z=\nu/\omega.$$

The *quasi-longitudinal approximation* is used to account for the guiding of electromagnetic waves along the Earth's magnetic field lines and "wave trapping" in the so-called "magneto-field" channels. For the electron low frequency (LF) waves (see below), i.e. for frequencies

$$\Omega_B,\Omega_N,\omega_l\ll\omega\lesssim\omega_B$$

($\omega_l$ is the lower hybrid frequency, see Eq. (4.8), the quasi-longitudinal condition is

$$\frac{\sin^2\Theta}{2\cos\Theta}\ll\left|\frac{\omega^2-\omega_N^2+i\nu\omega}{\omega\omega_B}\right|=\left|\frac{1-X_e+iZ}{Y_e}\right|$$

and we have then for the complex refractive index $\tilde{n}$

$$\tilde{n}_{1\,2}^2=1-\frac{\omega_N^2}{\omega(\omega\pm\omega_B\cos\Theta+i\nu)}=1-\frac{X_e}{1+Y_{e\|}+iZ}.\tag{4.6a}$$

In the extremely low frequency (ELF) range $\omega^2\ll\omega_B\Omega_B\sim\omega_l^2$ the quasi-longitudinal condition

$$\frac{\sin^2\Theta}{2\cos\Theta}\ll\frac{\omega}{\Omega_B}\left|\frac{\Omega_N^2-i\gamma_0\nu\omega}{\omega^2-\Omega_N^2-\Omega_B^2-i\gamma_0\nu\omega}\right|$$

leads to the formula $\left(\gamma_0=\frac{m_e}{m_i}\right)$

$$\tilde{n}_{1\,2}^2=1+\frac{\Omega_N^2(\Omega_N^2+\Omega_B^2\sin^2\Theta-i\gamma_0\nu\omega)}{\Omega_N^2\Omega_B\cos\Theta(\Omega_B\cos\Theta\mp\omega)-\gamma_0^2\nu^2\omega^2-i\gamma_0\nu\omega(\Omega_N^2+\Omega_B^2\sin^2\Theta\mp\omega\Omega_B\cos\Theta)}.\tag{4.6b}$$

When $\Omega_B^2\ll\Omega_N^2$ and $\gamma_0\nu\omega\ll\Omega_N^2$, which often happens to be true in the near Earth plasma, Eq. (4.6b) is reduced to a condensed form similar to Eq. (4.6a):

$$\tilde{n}_{1\,2}^2=\frac{\Omega_N^2}{\Omega_B\cos\Theta(\Omega_B\cos\Theta\mp\omega)-i\gamma_0\nu\omega}.\tag{4.6c}$$

For *arbitrary values of $\Theta$*, i.e. when the quasi-longitudinal condition does not hold, instead of Eq. (4.6c) whe have the following rather simple formula for the refractive index:

$$\tilde{n}_{12}^2 = \frac{2\Omega_N^2}{\Omega_B^2\left(1+\cos^2\Theta \mp \sqrt{\sin^4\Theta + 4\frac{\omega^2}{\Omega_B^2}\cos^2\Theta}\right) - 2i\gamma_0\nu\omega}. \tag{4.6d}$$

From Eq. (4.6d) it follows for $\omega \simeq \Omega_B$

$$\tilde{n}_1^2 = \frac{\Omega_N^2(1+\cos^2\Theta)}{2\Omega_B(\Omega_B-\omega)\cos^2\Theta - i\gamma_0\nu\omega(1+\cos^2\Theta)}, \qquad \tilde{n}_2^2 = \frac{\Omega_N^2}{\Omega_B^2(1+\cos^2\Theta) - i\gamma_0\nu\omega}, \tag{4.6e}$$

and for $\frac{\omega}{\Omega_B} \ll 1$, when $\frac{\sin^4\Theta}{4\cos^2\Theta} \gg \frac{\omega^2}{\Omega_B^2}$ (the angle $\Theta > 0$)

$$\tilde{n}_1^2 = \frac{\Omega_N^2}{\Omega_B^2\cos^2\Theta - i\gamma_0\nu\omega}, \qquad \tilde{n}_2^2 = \frac{\Omega_N^2}{\Omega_B^2 - i\gamma_0\nu\omega}. \tag{4.6f}$$

In a collisionless plasma ($\nu=0$) one finds the following condensed expressions for the limit cases of Eqs. (4.6) and (4.7) respectively:
for $\Theta=0$:

$$n_{12}^2 = \frac{\omega^2 \mp \omega\omega_B - \Omega_B\omega_B - \omega_N^2}{(\omega\pm\omega_B)(\omega\pm\Omega_B)} \tag{4.6A}$$

and for $\Theta=\pi/2$:

$$n_1^2 = 1 - \frac{\omega_N^2}{\omega^2}, \qquad n_2^2 = \frac{(\omega^2-\omega_-^2)(\omega^2-\omega_+^2)}{(\omega^2-\omega_l^2)(\omega^2-\omega_T^2)}, \tag{4.7A}$$

where $\omega_-$ and $\omega_+$ are roots of the equation

$$\omega_\mp^2 \mp \omega_\mp\omega_B - \Omega_B\omega_B - \omega_N^2 = 0. \tag{4.6B}$$

Eq. (4.6B) determines the zeros of the refractive index, see the numerator of Eq. (4.6A), while $\omega_l$ and $\omega_T$ in Eq. (4.7A) are the so-called *lower and higher hybrid frequencies* (see below)

$$\omega_l^2 = \Omega_B\omega_B\left(1+\frac{\omega_B^2}{\omega_N^2}\right)^{-1} \quad \text{or} \quad \frac{1}{\omega_l^2} = \frac{1}{\Omega_B\,\omega_B} + \frac{1}{\Omega_N^2}; \qquad \omega_T^2 = \omega_B^2 + \omega_N^2. \tag{4.8}$$

$\gamma$) It should be noted that Eqs. (4.1) and (4.5) have a wider *range of applicability* than for a cold plasma only. These equations can be used if the conditions

$$\begin{gathered}\left(\frac{k_\perp V_{T_e}}{\omega_B}\right)^2 = \left(\frac{r_{B_e}}{\Lambda_{\perp e}}\right)^2 \ll 1, \qquad \left(\frac{k_\perp V_{T_i}}{\Omega_B}\right)^2 = \left(\frac{r_{B_i}}{\Lambda_{\perp i}}\right)^2 \ll 1 \\ \left(\frac{\omega - s\omega_B}{k_\parallel V_{T_e}}\right) = \left(1 - s\frac{\omega_B}{\omega}\right)\frac{V_{p\parallel e}}{V_{T_e}} \gg 1, \qquad \left(1 - \frac{s\Omega_B}{\omega}\right)\frac{V_{p\parallel i}}{V_{T_i}} \gg 1\end{gathered} \tag{4.5a}$$

are satisfied, with $s=0, \pm 1, \pm 2$. The indices $\parallel$ and $\perp$ identify the components of the wave vector $\boldsymbol{k}$ parallel to and normal to the magnetic field $\boldsymbol{B}_0$. The corresponding wavelengths are $\Lambda_\parallel$ and $\Lambda_\perp$, $V_{p\parallel e}$ and $V_{p\parallel i}$ being the parallel components of the phase velocities for electron and ion waves, respectively. These conditions evidently show that a cold plasma approximation is suitable when the wavelengths of low-frequency and high-frequency oscillations are much larger than the LARMOR radii of ions and electrons, respectively, and the phase velocities of the waves are much faster than the thermal velocities of these particles. This approximation does not apply in the regions close to gyroresonances $\omega \sim \Omega_B$, $2\Omega_B$, $\omega_B$ and $2\omega_B$.

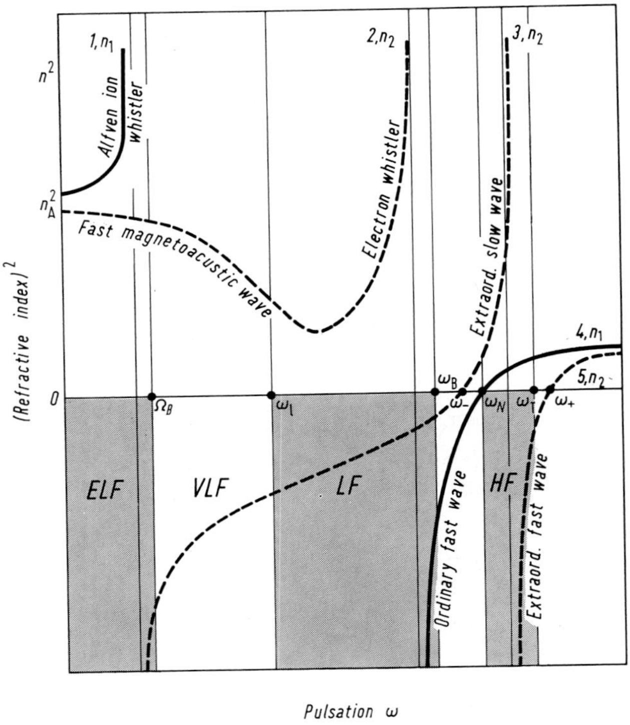


Fig. 1. Five branches of $n^2(\omega)$ in a two-component cold plasma.

Since there is no spatial dispersion in a cold plasma, and since the values $A$, $B$, and $C$ do not depend on the wave number, the dispersion relation, Eq. (4.4) is a fourth-order algebraic equation with respect to $n$. It determines two values $n_{1,2}^2(\omega,\Theta)$, representing two types of elliptically polarized waves, the "ordinary" one $(n_1)$, and the "extraordinary" one $(n_2)$, having different phase velocities and polarization signs. The "ordinary" wave has the same sense of rotation of the electric vector as the positive ions orbiting around the magnetic field, while the "extraordinary" wave has the opposite sense of rotation.[3] Both waves are transverse and refer to a so-called Lorentz plasma in which motions of ions are neglected. However, in a two-component cold plasma this equation has five branches of both types of transverse waves—two branches $n_1(\omega,\Theta)$ and three branches $n_2(\omega,\Theta)$. The corresponding functions $n_{1,2}^2(\omega)$ and $\omega_{1,2}(k)$ are schematically illustrated in Figs. 1 and 2. We shall later describe the common properties of these curves to allow them to be identified with the terminology used in the literature, indicate the names of waves of different types, and introduce a classification by considering the relevant frequency ranges.

δ) First, however, we intend to note an important *resonance property* of the dispersion relation, Eq. (4.6). It may be seen that $n^2$ goes to infinity when $A$

[3] R. W. Larenz has introduced a better nomenclature replacing "ordinary" by "ionic" and "extraordinary" by "electronic". See K. Rawer and K. Suchy, this Encyclopedia, Vol. 46/2, Sect. 7 δ, p. 49.

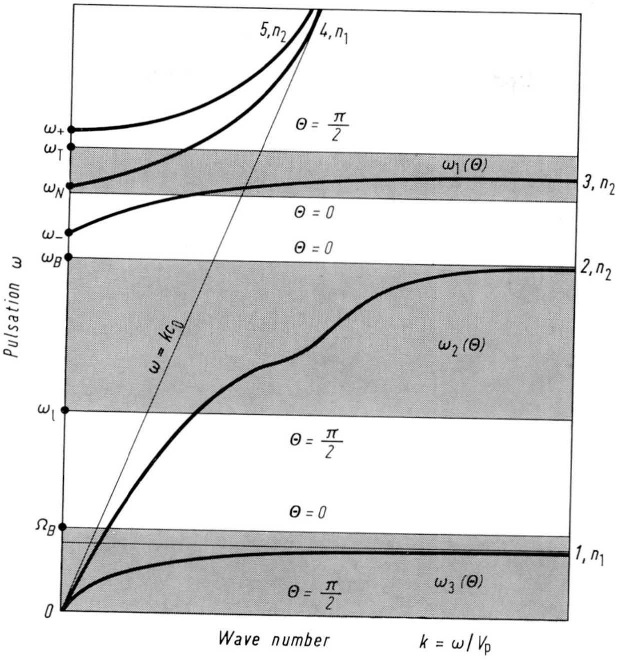


Fig. 2. Five branches of $\omega$ $(i)$ in a two-component cold plasma.

approaches zero. One finds for this transition to the limit

$$n_1^2 = \frac{C}{B}, \qquad n_2^2 = -\frac{B}{A}.$$

Since $B \neq 0$, only the "extraordinary" ("electronic") refractive index $n_2$ goes to infinity.

However, when spatial dispersion is accounted for each pole is replaced by a high but finite maximum. Apparent "attenuation" at a pole must be interpreted in terms of mode-coupling with a longitudinal mode. [4,5]

The condition $A \to 0$ leads to the equation

$$1 - \frac{\omega_N^2 \cos^2\Theta}{\omega^2} - \frac{\omega_N^2 \sin^2\Theta}{\omega^2 - \omega_B^2} - \frac{\Omega_N^2 \cos^2\Theta}{\omega^2} - \frac{\Omega_N^2 \sin^2\Theta}{\omega^2 - \Omega_B^2} = 0. \tag{4.9}$$

This is a third-degree equation in respect of $\omega^2$. It determines three branches $\omega(\Theta)$ describing the cold plasma resonance conditions of *longitudinal plasma oscillations* (i.e. oscillating along the wave vector direction).

Since this approximation admits no spatial dispersion, the group velocity is zero, $\frac{d\omega}{dk} = 0$, so that strictly speaking, resonance excitation of true longitudinal waves is impossible in a cold plasma because the oscillations cannot leave the region where they are excited.

The three resonance branches $\omega_1(\Theta)$, $\omega_2(\Theta)$ and $\omega_3(\Theta)$ are given schematically in Fig. 3.

(i) One of these branches, $\omega_1(\Theta)$, may be called the high-frequency (HF) branch. It depends little on the influence of ions since the electron parameters

[4] See K. Rawer and K. Suchy, this Encyclopedia, Vol. 49/2, Sect. 8 $\beta$, p. 61.
[5] K. Rawer and K. Suchy: Ann. Physik **3**, 155–170 (1959), § 4.

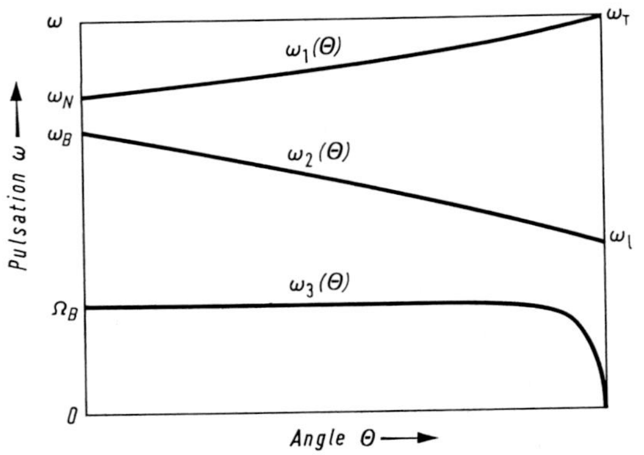


Fig. 3. Three resonance branches $\omega$ ($\Theta$) in a two component cold plasma.

$\omega_N$ and $\omega_B$ are always large against the ion parameters $\Omega_N$ and $\Omega_B$. This branch is described by the equation:

$$\omega_1^2(\Theta) = \tfrac{1}{2}\left[(\omega_N^2 + \omega_B^2) + \sqrt{(\omega^2 + \omega_B^2)^2 - 4\omega_N^2\omega_B^2\cos^2\Theta}\right]. \tag{4.10}$$

If $\omega_N > \omega_B$, which in our case is nearly always so (see Tables 1 and 2 in Sect. 2), $\omega_1(\Theta)$ varies within the limits

$$\begin{aligned} \omega_1(\Theta) &= \omega_N && \text{when } \Theta = 0, \\ \omega_2(\Theta) &= \omega_\mathrm{T} = \sqrt{\omega_N^2 + \omega_B^2} && \text{when } \Theta = \frac{\pi}{2}, \end{aligned} \tag{4.11}$$

where $\omega_\mathrm{T}$ is the *upper hybrid frequency*.

(ii) Two other resonance branches appear when the influence of ions is taken into account, namely

$$\omega_{2,3}^2(\Theta) = \frac{\omega_B^2}{2(\omega_N^2 + \omega_B^2)}\Big[(\omega_N^2\cos^2\Theta + \Omega_N^2 + \Omega_B^2) \pm \sqrt{(\omega_N^2\cos^2\Theta + \Omega_N^2 + \Omega_B^2)^2 - 4\,\frac{\omega_N^2 + \omega_B^2}{\omega_B^2}\,(\Omega_B^2\omega_N^2\cos^2\Theta)}\Big]. \tag{4.12}$$

The branch $\omega_2(\Theta)$ may be called the low-frequency (LF) branch. It lies between the limits:

$$\begin{aligned} \omega_2(\Theta) &= \omega_B && \text{when } \Theta = 0 \\ \omega_2(\Theta) &= \omega_1; \quad \frac{1}{\omega_1^2} = \frac{1}{\omega_B\Omega_B} + \frac{1}{\Omega_N^2}, && \text{when } \Theta = \frac{\pi}{2}, \end{aligned} \tag{4.13}$$

where $\omega_l$ is the *lower hybrid frequency*. The third branch is an *extreme low frequency* (ELF) *branch*. It lies between the limits:

$$\begin{aligned} \omega_3(\Theta) &= \Omega_B && \text{when } \Theta = 0 \\ \omega_3(\Theta) &\approx \frac{\Omega_B\cos\Theta}{\sqrt{\dfrac{\Omega_B^2 + \Omega_N^2}{\omega_N^2}}} = 0 && \text{when } \Theta = \frac{\pi}{2}. \end{aligned} \tag{4.14}$$

An important conclusion can be drawn from these data: there are two frequency ranges in a cold plasma where no resonances occur:

1. between the ion gyrofrequency, $\Omega_B \equiv \omega_{B_i}$, and the lower hybrid frequency $\omega_1 \equiv ((\Omega_B \omega_B)^{-1} + \Omega_N^{-2})^{-\frac{1}{2}}$. As we shall see below, plasma waves may be excited in this frequency range in a nonisothermal plasma where $T_e \gg T_i$. This range may be called the very low frequency (VLF) range. (Let us note that in this VLF frequency range, i.e. for $\Omega_B < \omega \lesssim \omega_1$, very interesting effects can be observed when ions of different kinds are present, namely: wave trapping in plasma, wave cutoff, complicated types of wave trajectories, etc. These effects are dealt with in Chap. III.)

2. there are no resonances in a cold plasma in the frequency range adjacent to that of HF oscillations, between $\omega_B$ and $\omega_N$. Here, however, resonances are possible when spatial dispersion is taken account of.

ε) Let us now briefly describe the *five branches of the dispersion relation.* These are illustrated by diagrams of $n^2(\omega, \Theta)$ and $\omega(\boldsymbol{k}, \Theta)$ in Figs. 1 and 2, representing the general properties of five types of waves which can propagate in a cold plasma. Some formulae are also given below and in Chap. III which account for spatial dispersion.

(i) Branches ⟨1⟩ in Figs. 1 and 2 correspond to the root $n_1^2$ of Eq. (4.4). This is an "ordinary" or "ionic" wave. It is cut off at the ion gyrofrequency[6], $\Omega_B \equiv \omega_{B_i}$. When $\omega$ approaches $\Omega_B$, the refractive index $n_1^2$ goes to infinity; when $\omega$ is greater than $\Omega_B$ the wave is severely attenuated. The cutoff is of a purely "kinetic" nature and is associated with ion-cyclotron resonance. When $\omega \approx \Omega_B$, this wave is called the ion-whistler wave (see Chap. III). When $\omega \ll \Omega_B$, branch ⟨1⟩ describes the so-called ALFVÉN wave

$$\omega = \frac{k V_A \cos\Theta}{\sqrt{1 + (V_A/c_0)^2}}; \quad n_{10} = \frac{n_A}{(1 - \omega/\Omega_B)\cos\Theta}; \quad \chi_{10} = \frac{n_{10}}{2} \frac{\nu\omega}{\omega_B(\Omega_B - \omega)}; \qquad n_A = \frac{\Omega_N}{\Omega_B}; \quad V_A = \frac{c_0}{n_A}. \tag{4.15}$$

$n_A$ is the ALFVÉN refractive index, see Eq. (1.3), and $\chi_{10}$ is the corresponding coefficient of collisional damping. Near $\omega \approx \Omega_B$, we have the cyclotron wave[7]

$$n_{10}^2 \approx \frac{n_A^2}{1 - \dfrac{\omega}{\Omega_B}} \frac{1 + \cos^2\Theta}{2\cos^2\Theta}. \tag{4.15a}$$

The general equation for $n_{1\,2}^2$ in the frequency range under consideration [up to $\omega \gtrsim \omega_1$, see Eq. (4.8)] can be written

$$(n_{1,2}^2)_0 = \frac{1}{2\cos^2\Theta}\left[\varepsilon_1(1 + \cos^2\Theta) \pm \sqrt{\varepsilon_1^2(1 + \cos^2\Theta - 4(\varepsilon_1^2 - \varepsilon_2^2)\cos^2\Theta}\right], \tag{4.16}$$

where

$$\varepsilon_1 = \frac{\Omega_N^2}{\omega^2 - \omega_B^2}, \qquad \varepsilon_2 = -\frac{\omega\Omega_N^2}{\Omega_B(\omega^2 - \Omega_B^2)}. \tag{4.17}$$

With an arbitrary value of $\Theta$ the dispersion equation is rather complicated, and we do not give details here. But when $\Theta = 0$, it has a simple form which applies in the frequency ranges of the branches ⟨1⟩ and ⟨2⟩, i.e. up to $\omega_B$, namely

$$\mathrm{F}(\omega, k)_{12} = c_0^2 k^2 - \omega^2 + \frac{\omega_N^2 \omega}{\omega \pm \omega_B} + \frac{\Omega_N^2 \omega}{\omega \mp \Omega_B} = 0. \tag{4.18}$$

The frequency range of branch ⟨1⟩ corresponds to the ELF region of resonances $\omega_3(\Theta)$ described by Eqs. (4.12) and (4.14) (see Fig. 3).

[6] Strictly speaking, $\Omega_B$ is a pulsation and $\Omega_B/2\pi$ the corresponding frequency. In the following we often use the word "frequency" without distinction.

[7] Here and below the last (lower) index$_0$ identifies the zero order or "cold plasma" approximation.

(ii) Branch $\langle 2\rangle$ in Figs. 1 and 2 describes waves in the frequency range $0 \leqq \omega \leqq \omega_B$. These are *the "extraordinary"* or *"electronic" waves* described by the refractive index $n_2$. They are cut off by electron-cyclotron resonance at the gyrofrequency $\omega_B$, under the influence of spatial dispersion. This branch, as can be seen, covers three frequency ranges: ELF, VLF and LF waves. However, in a cold plasma, there is only one resonance, namely the LF branch $\omega_2(\Theta)$ (see Fig. 3). When $\omega \ll \Omega_B$, this electron wave is the so-called *fast magneto-acoustic* or *modified* ALFVÉN *wave*:

$$\omega = \frac{k V_A}{\sqrt{1 + \left(\frac{V_A}{c_0}\right)^2}}, \qquad n_{20} = \frac{n_A}{1 + \frac{\omega}{\Omega_B}}, \qquad \chi_{20} = \frac{n_{20}}{2} \frac{\nu\omega}{\omega_B(\omega + \Omega_B)}. \tag{4.19}$$

In the frequency range $\omega_B \gtrsim \omega > \omega_{hk}$, where $\omega_{hk}$ are the so-called *"cross-over frequencies"* associated with the multi-component character of the plasma and the presence of several kinds of ions h, k [see below Eq. (4.22) and Fig. 4], branch $\langle 2\rangle$ describes what we may call *electron whistler waves,* though the term "whistler" is usually reserved for the LF range $\omega_l < \omega \lesssim \omega_B$ since the expression is employed without taking into account the influence of ions, namely in conjunction with the equations

$$n_{20}^2 = \frac{\omega_N^2}{\omega(\omega_B \cos\Theta - \omega)}, \qquad \chi_{20} = \frac{n_{20}}{2} \frac{\nu}{(\omega_B \cos\Theta - \omega)}. \tag{4.20}$$

The damping factor $\chi_{20}$ is of importance in the near-Earth plasma only at altitudes $z \lesssim 2000 \ldots 3000$ km. At greater altitudes this wave is affected mainly by collisionless damping (see Chap. III). The general expression for $n_2^2$ of the "electronic" wave $\langle 2\rangle$ is described, like wave $\langle 1\rangle$, by Eq. (4.16).

(iii) The other three branches $\langle 3\rangle$, $\langle 4\rangle$ and $\langle 5\rangle$ (two "extraordinary" waves and one "ordinary" wave) are HF waves. They have positive values $n^2 > 0$ only when $\omega > \omega_-$. Their characteristic frequencies $\omega_-$, $\omega_N$, $\omega_+$ [see Eq. (4.6b)] are shown in Figs. 1 and 2 at the zeros of $n_2^2$ in branches $\langle 3\rangle$, $\langle 5\rangle$ and of $n_1^2$ in branch $\langle 4\rangle$. The frequency range within which these waves can propagate in a plasma ($n^2 > 0$) lies within the limits $\omega_-$ and $\infty$ and includes the narrow region of HF resonances $\omega_1(\Theta)$ of a cold plasma [see Fig. 3, and Eqs. (4.10) and (4.11)].

ζ) To conclude this section, let us consider how the *multicomponent character* of the plasma influences the behaviour of waves of different kinds. This influence plays a big role in the ionosphere, for instance at altitudes of about 600 ... 1000 km, where the main constituents are protons ($H^+$), oxygen ($O^+$) and helium ($He^+$) ions. The presence of several kinds of ions leads, firstly, to a corresponding increase in the number of the ion "ordinary wave" branches of type $\langle 1\rangle$. Consequently, the same number of ion-cyclotron resonances is observed (see Fig. 4a). Hence, the number of lower hybrid frequencies, $\omega_l$, also increases (see Fig. 4b). However, the hybrid frequency corresponding to the resonance branch $\omega_2(\Theta)$ (see Fig. 3) depends on the effective mass $m_{\text{eff}}$ of all the ions, where $\frac{1}{m_{\text{eff}}} = \sum_h \frac{\alpha_h}{m_h}$ and the $\alpha_h$ are the relative concentrations of ions of kind h, i.e. $\sum_h \alpha_h = 1$. In this case the lower hybrid frequency is written as

$$\frac{1}{\omega_{l1}^2} \frac{m_e}{m_{\text{eff}}} = \frac{1}{\omega_B^2} + \frac{1}{\omega_N^2}. \tag{4.21}$$

The other lower hybrid resonance frequencies are combined multiple ion frequencies. For example for a plasma with two positive ion components 1 and 2 one has

$$\omega_{12} = \sqrt{\Omega_{B1}\Omega_{B2}} \left(\frac{\alpha_1 m_{i1} + \alpha_2 m_{i2}}{\alpha_2 m_{i1} + \alpha_1 m_{i2}}\right)^{\frac{1}{2}}, \tag{4.21a}$$

and by a "spatial" damping coefficient describing the attenuation with distance at a given time as given by the imaginary part of the refractive index

$$\chi_e = \sqrt{\frac{\pi}{8}}\,\frac{e^{-\frac{3}{2}}}{3}\,\frac{c_0}{\omega_N \lambda_D}\,\frac{1}{(k\lambda_D)^4}\exp\left(-\frac{1}{2(k\lambda_D)^2}\right). \tag{5.6}$$

Eq. (5.3) also shows that the frequency of these waves is very close to the plasma frequency. Their refractive index and phase velocity are equal to

$$n_3^2 = \frac{\omega^2-\omega_N^2}{\omega^2}\,\frac{1}{3/2\beta_e^2}, \qquad V_p = \sqrt{\frac{3}{2}}\sqrt{\frac{\omega^2}{\omega^2-\omega_N^2}}\,V_{T_e} \gg V_{T_e} \tag{5.7}$$

respectively. Despite the fact that $\frac{\omega^2-\omega_N^2}{\omega^2} \ll 1$ in the near-Earth plasma and in the interplanetary plasma as well, $n_3^2$ can assume very large values due to the smallness of $\beta_e^2$, which varies at different distances from the Earth's surface within the approximate limits $10^{-7}$ to $10^{-5}$.

$\beta$) *Electron-acoustic waves.* As shown above, weakly attenuated LANGMUIR waves occur only over a very narrow frequency range around the plasma frequency. This is due to the smallness of the electron thermal velocity $V_{T_e}$ as compared with the phase velocity $V_p$. However, a wider spectrum of longitudinal high-frequency, more attenuated plasma waves due to the motion of electrons, and within a certain frequency range due also to the motion of ions, can be excited in a plasma if the ion thermal velocity is small as compared with the wave phase velocity:

$$V_p \gg V_{T_i}, \qquad \text{so that } \omega \gg k V_{T_i}. \tag{5.8}$$

The dispersion equation of these electron-acoustic waves in an isotropic plasma can for a Maxwellian distribution be written as [2]

$$\omega^2 = \Omega_N^2 + 2\omega_N^2\alpha_e^2[2\alpha_e \mathrm{I}(\alpha_e) - 1], \tag{5.9}$$

where $\alpha_e$ is the ratio of phase velocity to the characteristic thermal velocity of the electrons:

$$\alpha_e \equiv \frac{V_p}{V_{T_e}} = \frac{\omega}{k V_{T_e}}. \tag{5.10}$$

$\mathrm{I}(\alpha_e)$ is defined by

$$\mathrm{I}(x) = e^{-x^2}\int_0^x dt \exp(t^2). \tag{5.11}$$

The integral in Eq. (5.11) is identic with the complex error function. $\mathrm{I}(x)$ can be developed for $x \gg 1$:

$$\mathrm{I}(x) \approx \frac{1}{2x} + \frac{1}{2\cdot 2x^3} + \frac{1\cdot 3}{2\cdot 2\cdot 2x^5} + \frac{1\cdot 3\cdot 5}{2\cdot 2\cdot 2\cdot 2x^7} + \cdots. \tag{5.12a}$$

In this case the electron-acoustic waves are just the LANGMUIR waves.

For $x \ll 1$:

$$\mathrm{I}(x) \simeq x - \frac{2x^3}{3\cdot 1} + \frac{2\cdot 2x^5}{5\cdot 3\cdot 1} - \frac{2\cdot 2\cdot 2\cdot x^7}{7\cdot 5\cdot 3\cdot 1} + \cdots. \tag{5.12b}$$

The spectrum of these waves in an isotropic plasma has two branches. If $\omega > \omega_N$, these have a point of intersection at

$$\omega^2 = \omega_M^2 \equiv \Omega_N^2 + 1.29\omega_N^2. \tag{5.13}$$

At this point

$$V_p \simeq 1.5\, V_{T_e}. \tag{5.14}$$

When $\omega < \omega_M$, namely in the frequency range

$$\Omega_N \leqq \omega \leqq \omega_M \tag{5.15}$$

there is a branch of *slow electron-acoustic waves*. It is cut off when

$$V_p = 0.924\, V_{T_e} \tag{5.16}$$

at the frequency $\Omega_N$. The branch of *fast electron acoustic waves* lies in the range

$$\omega_M^2 < \omega^2 \leqq \Omega_N^2 + 1.647\,\omega_N^2; \tag{5.17}$$

its phase velocity variation in this range is described by $\alpha_e$, going from 1.502 up to very large values. No detailed theoretical analysis of the properties of these waves has yet been made, especially for a magneto-active plasma.

γ) *Ion-acoustic waves.* Let us now consider weakly attenuated waves in a nonisothermal plasma, $T_e \gg T_i$, with phase velocities lying in the intermediate region between ion and electron thermal velocities. The spectra of these waves have been well studied in their theoretical aspects, both in an isotropic plasma and in a magnetized plasma, under the condition

$$V_{T_i} \ll \frac{V_p}{\cos\Theta} \ll V_{T_e}. \tag{5.18}$$

(i) In the isotropic case ($B_{\mathring{0}} = 0$, $\cos\Theta = 1$) the dispersion equation of these waves is ($V_s$ being the non-isothermal sound velocity, see Eq. (5.21) below)

$$\omega = \omega_{10}^2 = \frac{k^2 V_s^2}{1 + (k\lambda_D)^2} = \frac{\Omega_N^2}{1 + (k\lambda_D)^{-2}}, \tag{5.19}$$

and the waves are called electrostatic or LANGMUIR-TONKS waves. Indices $_{10}$ are used for distinction from the corresponding two branches of waves in a magneto-active plasma. In the limit case, when the condition

$$(k\lambda_D)^2 = \left(\frac{\lambda_D}{\Lambda}\right)^2 \ll 1 \tag{5.20}$$

is satisfied, i.e. when the waves are long enough,

$$\omega = k V_s, \qquad \text{with } V_s = \sqrt{\mathsf{k} T_e/m_i} = \sqrt{\vartheta_e/m_i} \tag{5.21}$$

the nonisothermal sound velocity. Eq. (5.21) is similar to that of acoustic waves in a neutral gas. Therefore, the waves described by Eqs. (5.19) and (5.21) are called *ion-acoustic waves*. It should be noted also that when $(k\lambda_D)^2 \gg 1$ follows

$$\omega_{10} \to \Omega_N, \tag{5.22}$$

i.e. $\omega_{10}$ no longer depends on the wave vector $k$, and low-frequency LANGMUIR *ion oscillations* appear.

(ii) In a magnetized plasma a more involved dispersion equation must be used to describe waves that are similar to the above ones but, of course, anisotropic in nature:

$$\begin{aligned}\frac{1}{\omega^2} + \frac{\tan^2\Theta}{\omega^2 + \Omega_B^2} &= \frac{1}{\cos^2\Theta}\left(\frac{1}{k^2 V_s^2} + \frac{1}{\Omega_N^2}\right) = \frac{1}{\cos^2\Theta}\left(\frac{1 + (k\lambda_D)^2}{k^2 V_s^2}\right) \\ &= \frac{1}{\cos^2\Theta}\left(\frac{1 + (k\lambda_D)^{-2}}{\Omega_N^2}\right).\end{aligned} \tag{5.23}$$

than $|\boldsymbol{v}_1|$ because of absorption of particle energy at the surface. Full accommodation of the particles means that they are fully *absorbed* by the surface, giving

$$A_{\mathrm{i}}\,\delta(\mathrm{S}) = 0 \qquad \text{for } \boldsymbol{r}\cdot\boldsymbol{v} > 0,$$

and

$$A_{\mathrm{i}}\,\delta(\mathrm{S}) = \frac{\boldsymbol{r}\cdot\boldsymbol{v}_0}{|\boldsymbol{r}|}\, f_{\mathrm{i}}(\boldsymbol{r},\boldsymbol{v})\,\delta(|\boldsymbol{r}| - \varrho_0) \qquad \text{for } \boldsymbol{r}\cdot\boldsymbol{v} < 0, \tag{6.4}$$

respectively.

$\gamma$) *"Production" of particles.* In the plasma around the body there appear continuously particles which have been produced at the surface by *evaporation* and *erosion* (caused by particle or meteorite bombardment). The "production" of particles may also be affected by electron and ion photoemission and other processes. Neutral atoms or molecules ejected from the surface are ionized but only to a very small extent.

According to different estimates, in the media of interest to us the *ionization time* constant is approximately

$$\tau_{\mathrm{i}} \approx 10^7\ \mathrm{s}$$

and the velocity of (thermal) particle outflow from the body with surface (kinetic) temperature $\vartheta_{\mathrm{S}}$

$$\bar{v}_{\mathrm{h}} = \sqrt{\frac{2\vartheta_{\mathrm{Sh}}}{m_{\mathrm{h}}}} \sim 100\ \mathrm{m\ s^{-1}}$$

(the index h refers to the particle). Evaporated particles initially recede slowly from the body and acquire the thermal velocity of the environment only at large distance, after which they quickly diffuse. The time for removal of a particle from the surface to a distance of, say, 1 m is then of the order of

$$\tau_{\mathrm{h}} \sim 10^{-2}\ \mathrm{s}.$$

Since the removal time is small against the ionization time constant, the ratio of charged particle concentration $N_{\mathrm{h}}$ to neutral particle concentration of the same kind, $n_{\mathrm{h}}$ is negligibly small:

$$\frac{N_{\mathrm{h}}}{n_{\mathrm{h}}} \sim \frac{\tau_{\mathrm{h}}}{\tau_{\mathrm{i}}} \sim 10^{-9}.$$

Measurements on artificial Earth satellites have shown that near the body itself the concentration of "produced" neutral particles $n_{\mathrm{h}}$ can be quite high. Therefore, in plasma regions where $n_{\mathrm{h}} \gg n_0$, i.e. where the natural neutral particle concentration $n_0$ is negligible, the produced particles can play a significant role in the processes taking place around the body. This circumstance should not be overlooked in cases where different experimental data are considered.

For instance, McKeown [6] measured the loss of gold particles from a gold plate placed normal to the incident flow. In a series of such experiments covering the height range 216 ... 810 km he found flux values $(\overline{n\boldsymbol{v}})_{\mathrm{h}}$ in the limits

$$10^{11} \ldots 10^{14}\ \mathrm{m^{-2}\,s^{-1}}.$$

From these experiments an evaporation rate of the order of $5\cdot10^{-6}$ (gold atoms per particle of the incident flux) has been determined. For other metals (aluminium, zinc, iron, magnesium, lithium) with surface temperatures between 100 K and 1000 K, evaporation fluxes $(\overline{n\boldsymbol{v}})_{\mathrm{h}}$ of $10^{14} \ldots 10^{18}\ \mathrm{m^{-2}\,s^{-1}}$ have been observed.

In vacuo evaporation rates of polymers, nylon, sulphides, and vinyl chloride may be as high as $3\cdot10^{-9}$ of the weight of matter per s. With the above estimates one may obtain from this value a maximum estimate of density near the body of

$$n_{\mathrm{h}} \approx \frac{(\overline{n\boldsymbol{v}})_{\mathrm{h}}}{v_{\mathrm{h}}} \sim 10^{9} \ldots 10^{16}\ \mathrm{m^{-3}}.$$

$\delta$) *The body potential.* The problem of the potential of a body moving through the near-Earth plasma is of great importance. In some experiments knowledge of the body potential $\Phi_0$ (against plasma potential at some distance) is decisive and determines the accuracy of plasma measurements. On the other hand, as noted above, the body potential affects the character of the plasma flow around the body itself, particularly in the near zone. At the same time, there are not enough results of measurements of $\Phi_0$, and precise theoretical calculations of the body potential are hardly possible because of the complexity of the geometric and electric structure of the body surface and the lack of any initial data about its interaction with particle fluxes and emissions.

An estimate of $\Phi_0$ may be obtained as follows. At any point on a slightly conducting surface the potential can be determined from the ratio of electrons and ions absorbed by the surface per unit time. Since $V_{T_e} \gg V_{T_i}$, more electrons than ions hit the surface at the beginning of exposure, so that the body must take a negative charge. Let us assume that electrons and (singly charged) ions are incident on the body and that $N_e \approx N_i$ and $T_e \approx T_i$. At an arbitrary point in the plasma the ratio of negative to positive fluxes would naturally be

$$\frac{J_e}{J_i} \sim \frac{V_{T_e}}{V_{T_i}} \gg 1 .$$

In order to reduce this ratio to unity at the surface and for fluxes normal to it, the incident electron flux must be decreased by the electric field. This means that the body must gather negative charges, so that the field repulses electrons and accelerates ions.

(i) Let us first consider the case of a body at rest. We write the electron flux density at the surface S

$$J_{eS} = J_{e0} \exp\left[+\frac{q\Phi_S}{\vartheta}\right], \tag{6.5}$$

where $J_{e0} = N V_{T_e}/2\sqrt{\pi}$ corresponds to the undisturbed electron flux, i.e. when $\Phi_S = 0$, and $\vartheta \equiv kT$. The ion flux depends on the potential in a more complicated way. However, in the limit case for the most probable values of $\Phi_S$ it can be assumed that $J_{iS}$ is equal to the undisturbed ion flux $J_{i0}$:

$$J_{iS} \approx J_{i0} \approx \frac{N V_{T_i}}{2\sqrt{\pi}} . \tag{6.6}$$

Assuming now the coefficients of reflection of ions and electrons from the body to be $\varrho_i$ and $\varrho_e$, respectively, $\Phi_S$ can be determined from the equation

$$J_{iS}(1-\varrho_i) = J_{eS}(1-\varrho_e) \tag{6.7}$$

or using Eqs. (6.5) and (6.6), we obtain

$$|\Phi_S| = \frac{\vartheta}{q} \ln\left[\frac{V_{T_e}}{V_{T_i}} \frac{(1-\varrho_e)}{(1-\varrho_i)}\right]. \tag{6.8}$$

With the data of our Tables 1 and 2, it follows for a fully absorbing ($\varrho_i$ and $\varrho_e \ll 1$) body, at rest in the plasma ($V_{T_i} \gg v_0$), that $\Phi_S$ is of the order of 1 ... 2 V.

(ii) For a rapidly moving body ($v_0 \gg V_{T_i}$), when determining the potential of the frontal surface the ion flux must be taken as

$$J_i \approx N v_0 \cos\alpha \tag{6.9}$$

where $\alpha$ is the angle of attack to the surface. Whereas the usual speeds $v_0$ of satellites are large against $V_{T_i}$, they remain small against $V_{T_e}$, i.e. the satellite has supersonic speed only against the ions in the plasma. Thus no change in the above reasoning is needed for electrons, so that we finally find (with $\cos\alpha \sim 1$)

$$|\Phi_S| = \frac{\vartheta}{q} \ln\left[\frac{V_{T_e}}{v_0} \frac{1-\varrho_e}{1-\varrho_i}\right] \approx 0.5 \ldots 1 \text{ V}. \tag{6.10}$$

Downstream of the body it is difficult to calculate $\Phi_S$ because of the lack of simple and exact expressions for the particle fluxes in this region. The potential of a metallic body must be constant, hence the potential $\Phi_S$ will be valid over the whole surface and must be obtained by a flux computation over front and rear-side.[1] For a dielectric body with an inhomogeneous surface, however, the potential must vary considerably from point to point because of the variation in coefficients of reflection, the efficiency of various emission processes, etc. On the rearside of the surface the (negative) potential must increase because in the "shadow" region the ion flux must be small as compared with the electron flux ($V_{T_e} \gg v_0 \gg V_{T_i}$).

(iii) In various experiments values of $\Phi_0$ were observed[2] which considerably exceed those estimated with the aid of Eqs. (6.8) and (6.10).

For instance, in the experiments described in [2] the potential of the space-craft (i.e. of those parts where the probe measurements were made) reached $-12 \ldots 14$ V. Maybe the above remarks explain these results.

Usually such experiments are conducted on satellites which have a complicated geometric and electric structure, and whose surfaces have rather "sharp" projections where conducting regions alternate with dielectric ones, etc. Therefore, in some parts of the body surface there can be charge accumulation and a considerable increase of the potential $|\Phi_S|$.[3]

The author of[4] supposed that large negative values of $\Phi_S$ are due the presence on the spacecraft of exposed connections at large positive potentials (e.g. power supply wiring) which collect large electron currents resulting in an overall negative charge on the spacecraft. It is seen that a knowledge of the distribution of $\Phi_S$ over the body surface is of great importance, particularly for correct interpretation of the results of various probe-type measurements.

Let us mention here a very interesting experiment conducted on the two-body system Gemini/Agena in which various properties of the trail of the body in the ionosphere were studied.[5] Values of the order of $-0.5$ V were obtained for $\Phi_0$ in these experiments, which agrees well with the estimate of Eq. (6.10). The same good agreement was obtained earlier when dealing with Explorer XXXI.[6,7]

**7. Group velocity.** For analyzing various cases of wave propagation or excitation, and for interpreting certain processes around a body moving in a plasma, the notion of group velocity is important. The group velocity $V_g$ of a wavepacket is defined as the propagation velocity of its envelope and the velocity of its energy flux; it is given by

$$\boldsymbol{V}_g = \frac{\partial\omega}{\partial\boldsymbol{k}}. \tag{7.1}$$

---

[1] A detailed computation taking account of the thermal velocity distribution may be found for example in K. Rawer, contribution (pp. 385–399) in: J. Aarons (ed.): Radio Astronomical and Satellite Studies of the Atmosphere. Amsterdam: North-Holland Publ. Co. 1963. See also K. Rawer and K. Suchy, this Encyclopedia, Vol. 49/2, Sect. 56 ζ, p. 480.

[2] G. W. Sharp, W. B. Hanson, and D. D. McKiblin: Missiles Space Company Symposium, Cospar 1963.

[3] Ja. L. Al'pert: Space Sci. Rev. **4**, 374 (1965).

[4] E. C. Whipple: NASA Report, X-615-65-296. Washington D. C.: NASA. June 1965.

[5] B. E. Troy, D. B. Medved, and U. Samir: J. Astr. Sci. **18**, 173 (1970).

[6] U. Samir, and G. L. Wrenn: Planet. Space Sci. **17**, 693 (1969).

[7] U. Samir: Israel J. Technol. **10**, 179 (1972).

Let us consider the main properties of the group velocity over the entire frequency range of interest to us.

α) In the general case of electro-magnetic waves the *velocity of* the *energy flux* in a dispersive medium is equal to

$$\boldsymbol{V}_{\mathscr{E}} = \bar{\boldsymbol{S}}/\overline{W} \quad \text{with } \bar{\boldsymbol{S}} = \frac{1}{2}\,\frac{c_0\sqrt{\varepsilon_0\mu_0}}{\mathrm{u}}\,\boldsymbol{E}\times\boldsymbol{H} = \frac{c_0\sqrt{\varepsilon_0\mu_0}}{2}\,\boldsymbol{E}\times\boldsymbol{B}/\mathrm{u}\,\mu_0, \tag{7.2}$$

$\bar{\boldsymbol{S}}$ being the mean POYNTING vector, i.e. the energy flux averaged over the wave period, and $\overline{W}$ the (volume) average of the energy density of the wave packet. The *wave field* is characterized by the *amplitudes* $\boldsymbol{E}$ and $\boldsymbol{H}$ or $\boldsymbol{B}$.

In dispersive nonabsorbing media, anisotropic and isotropic as well, the energy flux velocity coincides exactly with the group velocity

$$\boldsymbol{V}_{\mathscr{E}} = \boldsymbol{V}_{\mathrm{g}} = \frac{\partial\omega}{\partial\boldsymbol{k}}. \tag{7.3}$$

Eq. (7.3) is not valid in absorbing media. For these cases Eq. (7.2) must be used to compute $\boldsymbol{V}_{\mathscr{E}}$ which is often difficult.

β) In cartesian coordinates $x, y, z$ with $z^0$ in the direction of $B_{\male}$ the modulus of the group velocity vector can be written [2, 7][1]

$$|\boldsymbol{V}_{\mathrm{g}}| = \left|\frac{\partial\omega}{\partial\boldsymbol{k}}\right| = \frac{\partial\omega}{\partial k_x}\beta_1 + \frac{\partial\omega}{\partial k_y}\beta_2 + \frac{\partial\omega}{\partial k_z}\beta_3, \tag{7.4}$$

where $\beta_1 = \sin\Theta$, $\beta_2$ and $\beta_3 = \cos\Theta$ are the angular components of $\boldsymbol{k}^0$, the unit vector in the direction of $\boldsymbol{k}$ ($\boldsymbol{k}^0 \equiv \boldsymbol{k}/|\boldsymbol{k}|$). In a collisionless plasma $\boldsymbol{V}_{\mathrm{g}}$ lies in the plane ($\boldsymbol{k}, \boldsymbol{B}_{\male}$). Therefore, it can for simplicity be assumed that $\beta_3 = 0$. It follows finally that

$$\begin{aligned}
|\boldsymbol{V}_{\mathrm{g}}| &= \frac{c_0}{\left(n+\omega\dfrac{\partial n}{\partial\omega}\right)}\,\frac{1}{\cos\psi} = \frac{c_0}{n_{\mathrm{g}}}\sqrt{1+\tan^2\psi}\,,\\
\tan\psi &= \frac{\sin\Theta}{n}\,\frac{\partial n}{\partial\cos\Theta},\\
\tan\alpha &= \tan(\Theta-\psi) = \frac{\partial\omega}{\partial k_x} : \frac{\partial\omega}{\partial k_z} = \frac{\operatorname{tg}\Theta\,\dfrac{\partial(n\cos\Theta)}{\partial\cos\Theta}}{\dfrac{\partial(n\cos\Theta)}{\partial\cos\Theta} - \dfrac{1}{\cos\Theta}\,\dfrac{\partial n}{\partial\cos\Theta}}
\end{aligned} \tag{7.5}$$

where $\psi$ and $\alpha$ are the angles between the group velocity vector $\boldsymbol{V}_{\mathrm{g}}$ on one side and the wave vector $\boldsymbol{k}$ and the terrestrial magnetic field $\boldsymbol{B}_{\male}$, respectively, on the other, i.e.

$$\cos\psi = \boldsymbol{k}\cdot\boldsymbol{V}_{\mathrm{g}}/|\boldsymbol{k}|\,|\boldsymbol{V}_{\mathrm{g}}| \quad\text{and}\quad \cos\alpha = \boldsymbol{V}_{\mathrm{g}}\cdot\boldsymbol{B}_{\male}/|\boldsymbol{V}_{\mathrm{g}}|\,|\boldsymbol{B}_{\male}|.$$

Let us note that

$$\begin{aligned}
\cos\psi &= \left(\sqrt{1+\frac{\sin^2\Theta}{n^2}\left(\frac{\partial n}{\partial\cos\Theta}\right)^2}\right)^{-1},\\
\left(n+\omega\frac{\partial n}{\partial\omega}\right) &= \frac{\partial(\omega n)}{\partial\omega} = n_{\mathrm{g}}
\end{aligned} \tag{7.6}$$

where $n_{\mathrm{g}}$ is usually called the group refractive index.

γ) *HF waves.* To determine the group velocity modulus $\boldsymbol{V}_{\mathrm{g}}$ and angles $\psi$ and $\alpha$ for transverse electromagnetic waves in the high-frequency range $\omega > \omega_B$ (branches ⟨3⟩, ⟨4⟩ and ⟨5⟩ in Fig. 1), one may use the general dispersion relation

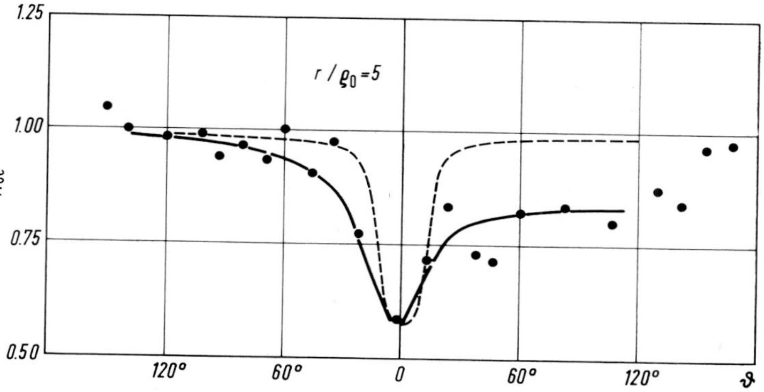


Fig. 10. Angular variation of $N_e(\vartheta, r)/N_{e0}$. Experimental data (dots, solid line – ARIEL-1), theoretical data (dashed line).

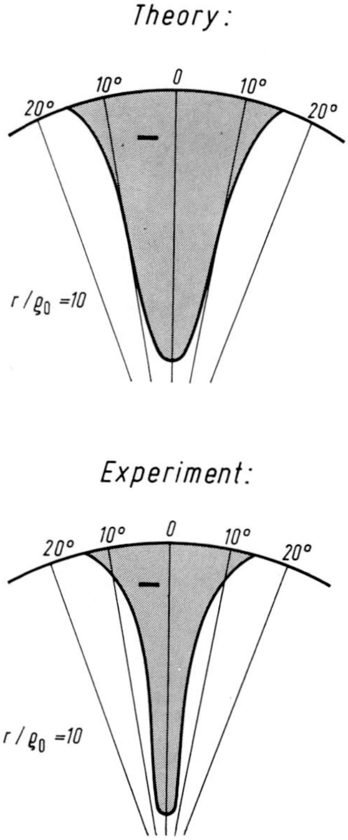


Fig. 11.

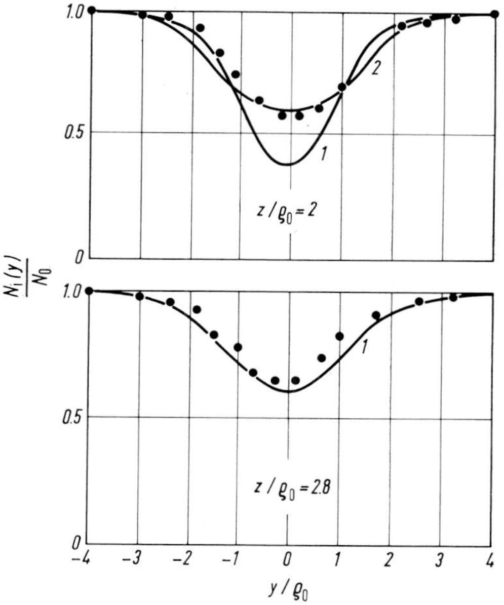


Fig. 12.

Fig. 11. Angular variation of $\delta N_i(r, \vartheta)$. Laboratory measurements and one theoretical curve.

Fig. 12. Variation of $N_i\left(\frac{y}{\varrho_0}, z=\text{const}\right)$. Laboratory measurements (dots), theoretical data (solid lines).

The results of laboratory measurements[6] of the angular dependency $\delta N_i(z,\vartheta) = (N_i(z,\vartheta) - N_0)/N_0$, when $\varphi_0 = 0$, and the corresponding theoretical[1] curve of $\delta N_n(z,\vartheta)$ as given in Fig. 11 also agree rather well.

Let us explain the representation of angular dependencies used in Fig. 11, since we shall use it again later. The arc-shaped line corresponds to the zero level $\delta N = 0$. Above the arc the values of $\delta N > 0(+)$ are given, below the arc the values of $\delta N < 0(-)$ are plotted, both as function of $\vartheta$. The angle $\vartheta$ is determined from the $-\boldsymbol{v}_0$ direction, i.e. from the "wake" axis.

As noted above, a more exact quantitative comparison of the results of laboratory experiments and theoretical calculations is given in [6]. We shall frequently refer to the results of this paper. Fig. 12 gives curves $N_i(y, z = \text{const})/N_0$ taken from [7]. Measurements were conducted in a magnetized plasma with the ion flux incident on a disc (the $y$ axis is perpendicular to the $z$ axis and lies in the plane of the disc). Similar measurements were carried out[8] with an ion stream incident on a plate, a semiplane and a cylinder. Paper[8] also compares the experimental data with the results of theoretical calculations as performed in [7]. The curves in Fig. 12 correspond to the experimental conditions when $v_0/V_{T_i} = 2$ and $r_{B_i}/\varrho_0 = 1.5$. The curve identified by $\langle 1 \rangle$ has been computed by the neutral approximation, curve $\langle 2 \rangle$ taking into account the electric field (the dots indicate the measured results). It is seen that, when $z/\varrho_0 = 2$, the neutral approximation poorly describes the experimental results in the shadow field of the body, $y/\varrho_0 = \pm 1$; already at a distance of $z/\varrho_0 = 2.8$ the agreement is good for all values of $y$. According to these experiments, the neutral approximation is suitable up to $z/\varrho_0 = 4 \ldots 5$; after that the influence of the magnetic field begins to be felt. However, together with the magnetic field, the influence of the electric field need not be taken into account until $z/\varrho_0 \approx 18 \ldots 20$, i.e. when $z/\varrho_0 \gtrsim 9 \ldots 10\ (v_0/V_{T_i})$.

**10. Influence of the external magnetic field.** In the presence of an external magnetic field $\boldsymbol{B}_{\oplus}$ the particles precess around the vector $\boldsymbol{B}_{\oplus}$ and their trajectories become more complicated. However, the influence of the magnetic field manifests itself only at distances $z \gtrsim r_{B_i}(v_0/V_{T_i})$ as will be seen from the further exposition.

α) For a body of circular section *moving along the magnetic field* ($\boldsymbol{v}_0 \| \boldsymbol{B}_{\oplus}$) on the $z$ axis behind the body ($\vartheta = 0$), neglecting the influence of the body potential, the electric field and collisions, the ion concentration is well described by the expression[1]

$$\frac{N_i(z,0)}{N_0} \simeq \exp\left[-\frac{\varrho_0^2}{4 r_B^2 \cdot \sin^2\left(2\pi \frac{z}{2\Lambda_z}\right)}\right]. \tag{10.1}$$

It is evident that the concentration varies periodically along the $z$ axis with a spatial period

$$\Lambda_z = 2\pi \varrho_{B_i} \frac{v_0}{V_{T_i}} = 2\pi \frac{v_0}{\Omega_{B_i}}. \tag{10.2}$$

In the particular case $\boldsymbol{v}_0 \| \boldsymbol{B}_{\oplus}$, which we consider here in the collisionless case, the disturbance $\delta N_i$ does not decrease with distance. When $r_{B_i} \leqq \varrho_0$, the ions make helical orbits around $\boldsymbol{B}_{\oplus}$ as axis so that the rarefied region in the trail of the body is not filled with particles and is of cylindrical shape. Taking account of collisions, the oscillatory character of the trail gradually begins to be obscured, its structure becomes quasi-periodic and the trail itself vanishes at distances of

[6] W. A. Clyden and C. V. H. Urdle [13], 1717 (1967).

[7] I. A. Bogaščenko, A. V. Gurevič, R. A. Salimov, i Ju. I. Eidel'man: Ž. Eksperim. i Teor. Fiz. (JETP) **59**, 1540 (1970).

[8] V. T. Astrelin, I. A. Bogaščenko, N. S. Bučel'nikova, and Ju. I. Eidel'man: Preprint of the Nuclear Physics Institute, 17–70, 1971; 9–72, 1972, JTP **42**, 1715 (1972).

the order of the free-path length of the particles. It can also readily be seen that when

$$\frac{z}{2\Lambda_z} = \frac{z}{2r_{B_i}a_0} \ll 1, \qquad \sin\frac{2\pi z}{2\Lambda_z} \approx \frac{z}{2r_{B_i}a_0}. \tag{10.3}$$

It follows that

$$\delta N_i \approx \frac{\varrho_0 a_0^2}{z^2} = \frac{S_0 a_0^2}{\pi z^2}. \tag{10.4}$$

Thus, in the near zone an ion concentration disturbance decreases as $z^{-2}$ and the influence of the magnetic field vanishes, hence the expression for the neutral approximation is valid, while Eq. (10.4) coincides with Eq. (9.4). This circumstance was mentioned above.

$\beta$) When a body moves *perpendicular to the magnetic field* ($\boldsymbol{v}_0 \perp \boldsymbol{B}_\circ$) the formulae for a square plate are more straightforward. Since there is no axial symmetry in this case, the formulae for round plates are very complicated. Along the $z$ axis ($\vartheta = 0$) for a plate of cross-section $S_0 = 4\varrho_x \times \varrho_y$ one has [*10*][1]

$$\frac{N_i(z,0)}{N_0} = \exp\left[1 - \Phi\left(\frac{a_0\varrho_x}{z}\right)\Phi\left(\frac{\varrho_y}{2r_{B_i}}\,\frac{1}{\sin\frac{z}{2a_0 r_{B_i}}}\right)\right], \tag{10.5}$$

with[0]

$$\Phi(\alpha) = \frac{2}{\sqrt{\pi}}\int_0^\alpha \mathrm{d}t\, e^{-t^2}, \tag{10.6}$$

the error (or probability) function. We see that also when $\boldsymbol{v}_0 \perp \boldsymbol{B}_\circ$ the disturbance of the ion concentration has a periodic structure. However, unlike the parallel case, the ion density disturbance decreases with distance even without collisions, although more slowly than in the neutral approximation, namely, on average as $z^{-1}$. For comparison, Fig. 13 gives the variation of $\delta N_i$ as described by expressions (9.3), (10.1) and (10.5).

The quasi-periodic structure of the body trail was first predicted theoretically[1] and then observed.[2] However, in the experiments mentioned above[3] a quantitative comparison of theoretical calculations with measured results was given for the

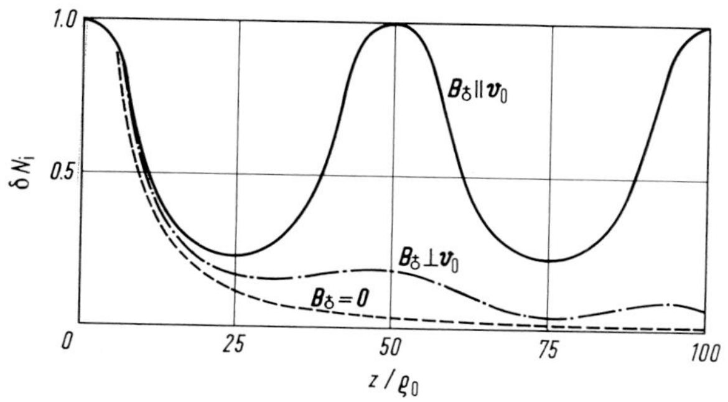


Fig. 13. Ratio $N_i(z,0)/N_{i0}$ as function of $z/\varrho_0$ in a magnetized plasma.

[0] JAHNKE-EMDE-LÖSCH: Tables of higher functions (7th ed.). Stuttgart: Teubner 1966, p. 26.

[1] A. V. GUREVIČ: Tr. IZMIRAN **17** (27), 173 (1960); Iskusstvennye Sputniki Zemli (Artificial Earth Satellites) **7**, 101 (1961).

[2] P. J. BARRET: Phys. Rev. Letters **13**, 742 (1964).

[3] I. A. BOGAŠČENKO, A. V. GUREVIČ, R. A. SALIMOV, i JU. I. EIDELMAN: Preprint of the Nuclear Physics Institute Ž. Eksperim. i Teor. Fiz. (JETP) **1970**, 15–70.

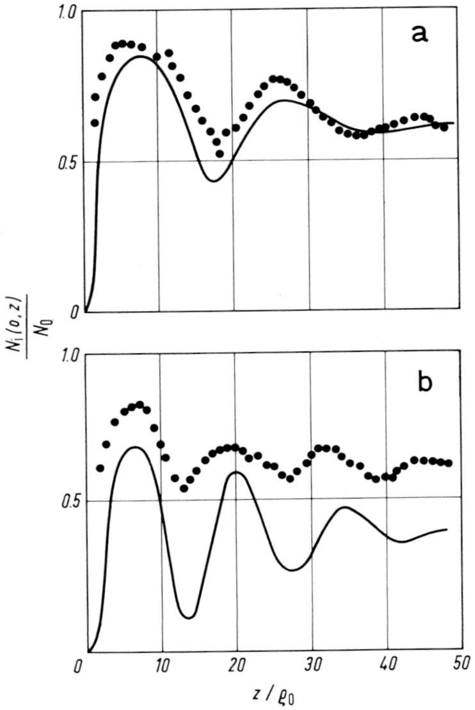


Fig. 14a and b. Experimental (dots) and theoretical (solid lines) values of $N_i(z, 0)/N_{i0}$ as function of $z/\varrho_0$.

first time with due regard to the influence of collisions on the ion temperature. Results of two series of measurements are given in Fig. 14 for $v_0/V_{T_i} \simeq 2$ and 2.6 and $r_{B_i} = 4$ and 2 mm, respectively. In the upper part of Fig. 14 there is full agreement between experiment (dots) and theory (solid lines); in the lower part, corresponding to measurements with a magnetic field about twice as large, the periodicity of the trail agrees well with the theory, but the experimental values of $N_i(0, z)$ are greater than the theoretical ones. This feature is well confirmed in the experiments. The disagreement between theory and experiment increases with the value of $\varrho_0/r_{B_i}$. The authors of [3] believe that since, in the magnetic field, the ion concentration along the $z$ axis rises due to the impact of the electric field,[4,5], it is necessary to include the influence of the electric field in theoretical calculations, at least above a certain value of $B_{\circlearrowleft}$. With the growth of $\varrho_0/r_{B_i}$, the body trail becomes more rarefied and the role of the electric field increases.

## II. Electric fields in the disturbed vicinity.

### 11. Influence of electric fields in general.

α) Around a body moving through a plasma, due to the difference in the *motion* trajectories of *ions and electrons*, there appear an electric field $\boldsymbol{E}(r, \vartheta)$ and

[4] L. P. PITAJEVSKIJ: Geomagnetism i Aeronomija (Geomagnetism and Aeronomy) **1**, 194 (1961).
[5] V. V. VAS'KOV: Ž. Eksperim. i Teor. Fiz. (JETP) **50**, 1124 (1966).

a space charge in the surrounding plasma, i.e. $N_e \neq N_i$ around the body. The *body charge* also produces an electric field and it is this source which in some cases determines the structure of a plasma disturbance. The electric field is particularly great in the DEBYE screening region; also, in the far zone where the plasma is quasi-neutral ($N_e \approx N_i$) but less disturbed, the relative influence of the field increases. As we shall see below, this makes the angular variation of $N(z, \vartheta)$ more complicated than near the body. Moreover, at a sufficient distance from the body, the role of the external magnetic field also increases, whereas close behind the body in the maximum rarefaction zone the disturbance structure becomes simpler and in some cases $\delta N(z, \vartheta)$ is well described by the neutral approximation. The character of the plasma disturbance is also much influenced by the relative size of the body combined with the influence of the electric field, $\varrho_0/\lambda_D$. With decreasing size, the relative influence of the potential increases, and effects appear near the body similar to those which occur with large potential at greater distances from a large body. The nonisothermality of the plasma also plays a large role in these phenomena.

$\beta$) In the literature terms of gas dynamics are often used to describe the occurrences in the plasma near rapidly moving bodies. For instance, the trail behind the body is called a MACH cone. However, unlike the MACH cone, which is a hydrodynamic phenomenon in a dense gas and has sharp boundaries, the trail or "wake" in a plasma is kinetic and essentially depends on the influence of the electric field, so that the analogy is purely formal. The boundaries of the "wake" are not sharp but depend on the attenuation of ion-acoustic waves. In some cases the trail has a multi-lobe structure, with successive regions of particle rarefaction and condensation. Thus, in both its nature and its structure, the trail of a body moving in a plasma differs considerably from the MACH cone. Another feature of gas dynamics is the emergence of shock waves in front of the body, whereas this is not seen in a plasma. Therefore we consider this use of hydrodynamic terminology inexpedient and physically unjustified. To call the trail of a body moving in plasma a MACH cone can lead to confusion in the physical understanding of phenomena of different types.

$\gamma$) Before proceeding to a more detailed description of the phenomena discussed in this section, let us indicate a few *basic features*:

(1) Close to the body surface, under the influence of the electric field, the charged particle concentration is much higher than expected from the neutral approximation. However, the angular variation $N(z, \vartheta)$ agrees qualitatively with that for neutral particles, $N_n(z, \vartheta)$.

(2) Under certain conditions (see below) charged particle focusing occurs behind the body. For example, in the far zone, the region of maximum rarefaction lies on a conical surface with an opening angle

$$\vartheta_m = \arc\sin \frac{V_{T_i}}{v_0} \quad \text{or} \quad \arc\sin \frac{V_s}{v_0}$$

$\left(\text{with } V_s = \sqrt{\frac{k T_e}{m_i}} \text{ the nonisothermal sound velocity}\right)$.

(3) In certain cases focusing around the body axis becomes so strong that the concentration $N_i(z, \vartheta)$ in a certain range of angles $\Delta\vartheta$ exceeds the concentration of the undisturbed plasma $N_0$, i.e. $\delta N > 0$, and a condensation region of charged particles appears.

(4) Particle focusing as indicated in (2) and (3) is due to the influence of the body potential and the nonisothermality of the plasma; these effects increase

for small bodies. It has been established in various experiments that $\delta N > 0$ when the body potential $\varphi_0$ becomes of the order of $-1$ to $-2$ V.

(5) At distances sufficiently far from the body two condensation regions may appear behind the body, not around its axis, but sidewards. In this case one or three rarefaction regions are observed.

(6) The above effects are possible both in the presence and in the absence of an external magnetic field $B_{\stackrel{+}{\circ}}$. By the influence of the magnetic field the plasma disturbance in the far zone is smoothed out. It becomes asymmetrical relative to the axis of rotation if the angle $\Theta$ between the velocity vector $\boldsymbol{v}_0$ and $\boldsymbol{B}_{\stackrel{+}{\circ}}$ is unequal $\pi/2$.

**12. Influence of electric fields in the near zone.** Theoretical expressions taking account of the influence of the electric field are very complicated and generally expressed by means of integrals. Hence, problems can be resolved only by numerical analysis. In some cases numerical solutions of the differential equations and POISSON equation are used and results are represented graphically. For some specific cases fairly simple formulae can be obtained, and the experimental and theoretical results are directly comparable, provided the experimental conditions correspond to the limitations of the theory.

α) For a very long, circular cylinder of radius $\varrho_0 \gg \lambda_D$ which moves in the direction normal to its axis through an isothermal plasma, in the region close to the surface of the cylinder, the value of the disturbed concentration assumes a rather simple form [*11*]:

$$\begin{aligned}\frac{N(r,\vartheta)}{N_0} = A\left(\frac{T_e}{T_i}\right)\Big\{&\exp\left[-\frac{v_0}{V_s}\left(\pi-\vartheta-\arcsin\frac{\varrho_0}{r}\right)-\frac{1}{2}\left(\pi-\vartheta-\arcsin\frac{\varrho_0}{r}\right)^2\right] \\ &+\alpha_1\exp\left[-\frac{v_0}{V_s}\left(\pi-\vartheta+\arcsin\frac{\varrho_0}{r}\right)-\frac{1}{2}\left(\pi-\vartheta+\arcsin\frac{\varrho_0}{r}\right)^2\right],\end{aligned} \tag{12.1}$$

where $A\left(\frac{T_e}{T_i}\right) = 0.7 \ldots 0.4$ for $T_e/T_i$ varying between 1 and large values. $\alpha_1$ equals either 1 or 0 according to whether the angle $\vartheta$ between the radius vector and the $-\boldsymbol{v}_0$ direction, is greater or less $\left(\frac{\pi}{2}-\arcsin\frac{\varrho_0}{r}\right)$, i.e. whether the observation point lies outside or inside the shadow of the cylinder, as formed by the tangents to its cross-section parallel to the velocity vector $v_0$.

On the axis ($\vartheta = 0$) behind a round disc $\varrho_0 \gg \lambda_D$ (see [*11*]):

$$\begin{aligned}\frac{N(z,0)}{N_0} = A\left(\frac{T_e}{T_i}\right)\frac{\sqrt{2\pi}\,\varrho_0}{\sqrt{r^2+\varrho_0^2}}\left(\frac{T_e}{T_i}\right)\Big\{&\frac{v_0}{V_s}+\frac{z}{\varrho_0} \\ &+\arctan\left(\frac{\varrho_0}{z}\right)\Big\}.\exp\left[-\frac{v_0}{V_s}\arctan\frac{\varrho_0}{z}-\frac{1}{2}\arctan^2\frac{\varrho_0}{z}\right],\end{aligned} \tag{12.2}$$

where $A\left(\frac{T_e}{T_i}\right)$ varies within the same limits as above.

β) Simple expressions are valid also for weakly charged small ($\varrho_0 \ll \lambda_D$) bodies in an isothermal plasma; strictly speaking for negative point charges if the following conditions are satisfied:

$$b \equiv \frac{|q\varphi_0|}{kT}\,\frac{\varrho_0}{\lambda_D}\,\frac{V_{T_i}}{v_0} \ll 1, \qquad \frac{|q\varphi_0|}{kT} \lesssim \frac{v_0}{V_{T_i}}. \tag{12.3}$$

In this case[1] at distances $\frac{r}{\lambda_D} \ll$ or $\lesssim \frac{v_0}{V_{T_i}}$ the ion density disturbance is

$$\delta N_i(r) = \frac{N_i(r,\vartheta)-N_0}{N_0} = \frac{|q\varphi_0|}{kT}\,\frac{\varrho_0}{r}\,\mathrm{F}\left(\frac{v_0}{V_{T_i}}\sin\vartheta\right), \tag{12.4}$$

[1] A. P. DUBOVOIJ: Ž. Eksperim. i Teor. Fiz. (JETP) **63**, 951 (1972).

and asymptotically behind the b

$$F\left(\frac{v_0}{V_{T_i}}, \sin\vartheta\right) = -2.2\left\{\mathrm{Im}\left[\left(\frac{v_0}{V_{T_i}}\sin\vartheta\right)^2 + 0.6 + 0.87i\right]^{-\frac{3}{2}}\right\}. \tag{12.5}$$

The field inside the DEBYE screening region ($r \ll \lambda_D$) is of COULOMB type, i.e.

$$\varphi(r) = -|\varphi_0|\,\frac{\varrho_0}{r}. \tag{12.6}$$

Hence, the disturbance of electron concentration is

$$\delta N_e(r) = -\frac{q|\varphi_0|}{k T_e}\,\frac{\varrho_0}{r}. \tag{12.7}$$

At larger distances, namely when $z \gtrsim \lambda_D$,

$$\delta N_e(r) = -\frac{q\,\varphi(r)}{k T_e} \quad \text{and} \quad \varphi(r) = -|\varphi_0|\,\frac{\varrho_0}{r}\,e^{-r/\lambda_D}. \tag{12.8}$$

$\gamma$) Relative *plasma densities* as calculated [*11*] by Eq. (12.2) are shown in Fig. 15, and are compared with *measured results* [see Sect. 9$\delta$] of electron fluxes at the surface of satellite Ariel 1, which was of nearly spherical shape.[2–4] For the calculations an average value of $\frac{v_0}{V_{T_i}}$ has been chosen, in keeping with experimental conditions. The dashed part of the theoretical curve corresponds to the angular interval $\vartheta = \pm 60°$ where the theoretical expression is less certain. The agreement between theory and experiment is fair. The minimum value for $\vartheta = 0$ of $N_e/N_0$ happens to be about $10^{-2}$, which is in close agreement with the theoretical results and exceeds by approximately three orders of magnitude the value of $N_n/N_0$ expected under these conditions from the neutral approximation,

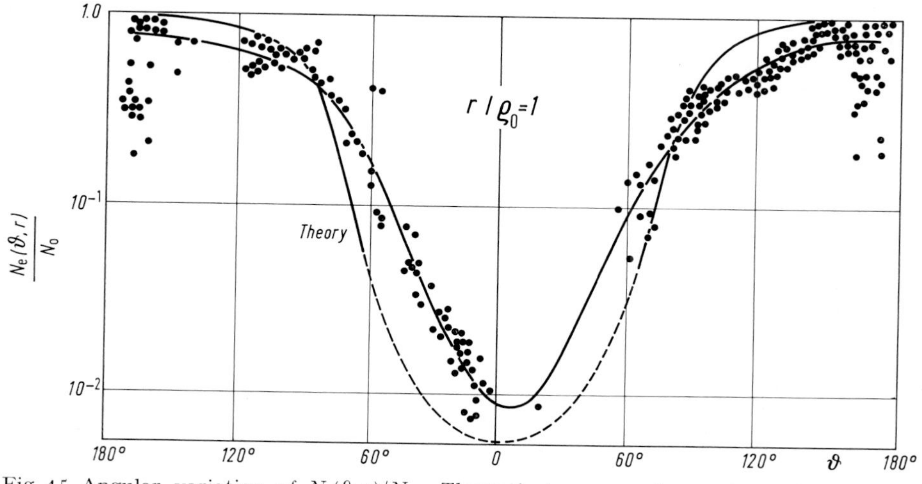


Fig. 15. Angular variation of $N_e(\vartheta, r)/N_{e0}$. Theoretical curve and experimental data (dots, ARIEL-1).

[2] R. L. BOWEN, L. F. BOYD, C. L. HENDERSON, and A. P. WILLMORE: Proc. Roy. Soc. London, Ser. A **281**, 514 (1964).

[3] U. SAMIR and A. P. WILLMORE: Planet. Space Sci. **13**, 285 (1965).

[4] C. L. HENDERSON and U. SAMIR: Planet. Space Sci. **15**, 1499 (1967).

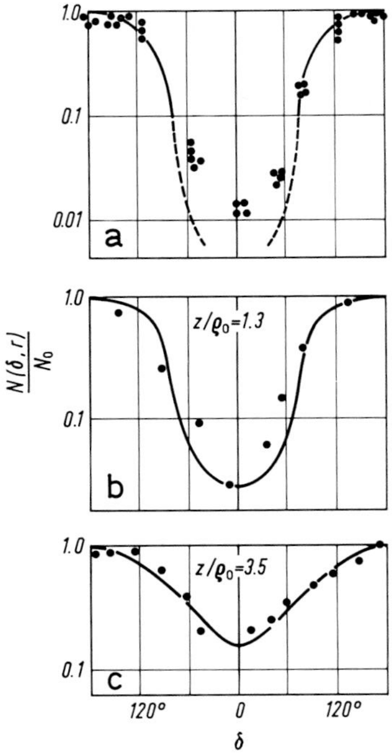


Fig. 16a–c. Angular variation of $N_e(\vartheta, r)/N_{e0}$. Experimental data (dots, EXPLORER-31),

which is of the order of $10^{-5}$. This is where the important influence of the electric field near the body manifests itself.

Fig. 16 gives similar results deduced from data obtained experimentally on the satellite Explorer 31,[5] an octahedral parallelepiped shaped rather like a cylinder, compared with theoretical calculations [*11*]. The upper part of the figure corresponds to conditions when the measured electron concentration was close to the ion concentration, since ions of only one kind were predominant in the ionosphere (oxygen ions $O^+$), and $a_0 \equiv \frac{v_0}{V_{T_i}} \simeq \frac{v_0}{V_{T_i}[O_I^+]} \simeq 5$. In this case, Eq. (12.1) is valid. Again, there is good agreement between experiment and theory, as found in Fig. 15. In the same experiments, however, under conditions when protons $H^+$ with $a_0 \simeq \frac{v_0}{V_{T_i}[H^+]} \simeq 1.2$, prevailed in the ionosphere, the ion concentration was four times lower than during the measurements presented in the upper part of Fig. 16 (when the relative $O^+$ content amounted to 99%). If the $H^+$ content prevails, the influence of the electric field on the ion motion is much smaller due to the reduction of $a_0$ and can be neglected at the boundary of maximum rarefaction where $N_e \sim N_i$. In [*11*] this boundary is characterized by the angle $\vartheta_m$ under which it is seen from the point where the probe is situated. For the above experiments the authors of [*11*] chose $\vartheta_m \simeq 45°$, a value used in many experiments. They also recommended that when the relative value of protons exceeded 30%, under the above conditions, the following approximate expression

[5] U. SAMIR and G. L. WRENN: Planet. Space Sci. **17**, 693 (1969).

obtained from a "neutral approximation" be used to determine the plasma concentration near the body:

$$\begin{aligned}\frac{N(\vartheta)}{N_0} \simeq \left\{\frac{N[\mathrm{O}^+]}{N_0} + 1 + \Phi\left[\frac{v_0}{V_{T_\mathrm{i}}[\mathrm{O}^+]} - \cos\vartheta_\mathrm{m}\cos\vartheta\right]\right\} \\ + \left\{\frac{\mathrm{N}[\mathrm{H}^+]}{N_0} + 1 + \Phi\left[\frac{v_0}{V_{T_\mathrm{i}}[\mathrm{H}^+]} - \cos\vartheta_\mathrm{m}\cos\vartheta\right]\right\},\end{aligned} \tag{12.9}$$

where $\Phi$ is the probability function—see Eq. (10.6). The lower part of Fig. 16 shows two sets of measured results (dots) compared with theoretical curves calculated according to Eq. (12.9) for values of $N[\mathrm{H}^+]/N_0$ equal to 0.23 and 0.94 at distances $z/\varrho_0 \approx 1.3$ and 3.5 (from the centre of the body). There is good agreement, even at a rather large distance from the body, when protons prevailed and $v_0/V_{T_i}[\mathrm{H}^+] \simeq 1.2$.

The influence of the electric field on the ion motion in a multicomponent plasma has been studied recently.[6] It has been shown in [6] that Eq. (12.9) of the quasineutral approximation is in a good agreement with the results of these theoretical calculations.

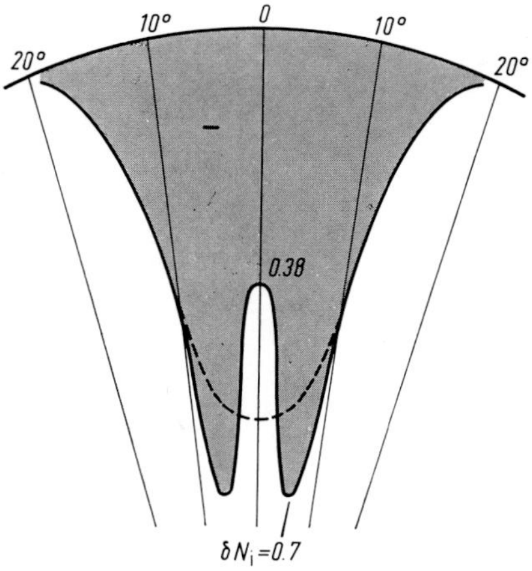


Fig. 17. Theoretical angular variation of $\delta N_\mathrm{i}(\vartheta)$. ($\varrho_0/\lambda_\mathrm{D} \gg 1$, $v_0/V_{T_\mathrm{i}} = 8$; $T_\mathrm{e}/T_\mathrm{i} = 4$ solid line, $T_\mathrm{e}/T_\mathrm{i} = 1$ dashed line).

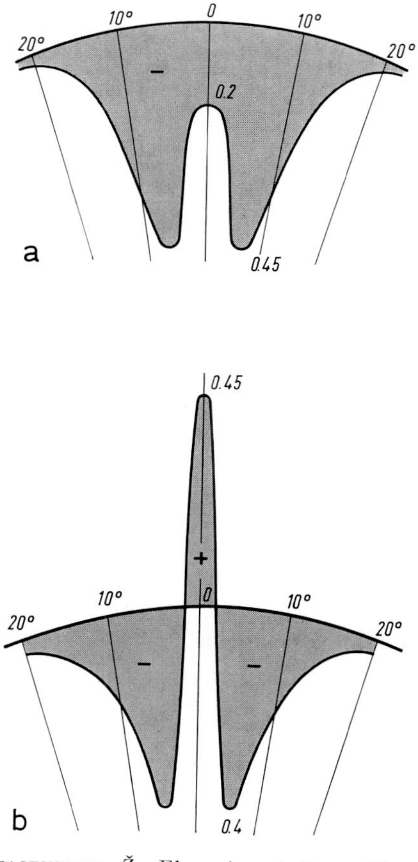


Fig. 18a and b. Laboratory measurements of $\delta N_\mathrm{i}(\vartheta)$ for $v_0/V_\mathrm{s} \simeq 1$. (a) $\varrho_0/\lambda_\mathrm{D} \simeq 30$, $z/\varrho_0 = 7.3$, $T_\mathrm{e}/T_\mathrm{i} \simeq 5$; (b) $\varrho_0/\lambda_\mathrm{D} \simeq 10$, $z/\varrho_0 = 6.8$, $T_\mathrm{e}/T_\mathrm{i} = 5$.

[6] A. V. Gurevič, L. V. Parijskaja, i L. P. Pitajevskij: Ž. Eksperim. i Teor. Fiz. (JETP) **63**, 516 (1972).

δ) In the near zone in a nonisothermal plasma moving away from the body surface, the *effect of focusing* of particles *around the wake axis* gradually increases. Disturbance densities $\delta N_i(\vartheta)$ for $T_e/T_i = 4$ and $r/\varrho_0 = 4.5$ as shown in Fig. 17 have been computed theoretically with data of [*11*]. It follows from Fig. 17 that on the wake axis ($\vartheta = 0$) the ion rarefaction is approximately half that off from the body axis (the dashed curve is for $T_e = T_i$). The experimental values of $\delta N_i(\vartheta)$, plotted in the upper part of Fig. 18 from data given in [7], illustrate the same effect and agree at least qualitatively with the theoretical curve of Fig. 17. According to estimates made in [8], the temperature ratio $T_e/T_i$ was at least 5 in these measurements. In the lower part of Fig. 18 an angular dependence $\delta N_i(z, \vartheta)$

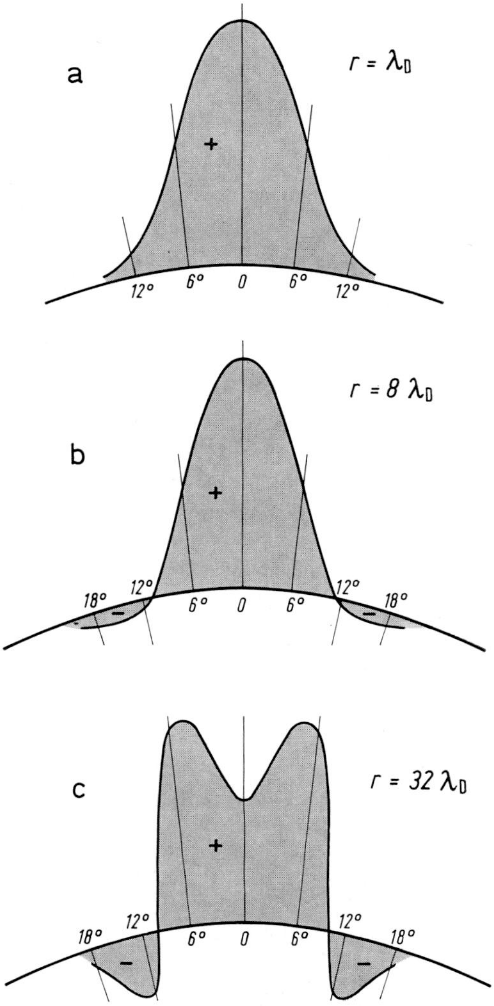


Fig. 19a–c. Theoretical angular variation of $\vartheta\, N_i(\vartheta)$ for small bodies at different distances. ($\varrho_0/\lambda_D \ll 1$, $v_0/V_s = 8$).

[7] V. V. SKVORTSOV, i L. V. NOSAČEV: Kosm. Issled. (Cosmic Research) **6**, 228 (1968).
[8] N. I. BUD'KO: Thesis, Moscow 1967.

is plotted [7], which shows that the particle focusing was so strong that near the axis of the body $\delta N_i > 0$, i.e. the concentration of ions was greater in the disturbed zone than in the undisturbed: $N_i(z, \vartheta) > N_0$. In earlier experiments values $\delta N_i > 0$ had already been observed,[9,10] an effect which was theoretically predicted.[11] However, it is apparent from Fig. 18 that the data presented in its upper and lower parts differ only in that the relative size of the body $\varrho_0/\lambda_D$ in the second case was one third that of the first case. The body potential in both series of measurements was very small, about $10^{-2} \ldots 10^{-3}$ V, so perhaps the relative reduction in the body size accounts for the higher focusing effect in these experiments. It has been shown theoretically that for very small bodies ($\varrho_0 \ll \lambda_D$) the focusing effect is enhanced. For instance, for a small body at distances $z \sim \lambda_D$ there is no zone of rarefaction at all ($\delta N > 0$). A rarefaction region appears gradually with increasing distance and becomes considerable only at great distances from the body[1] (see Fig. 19 and next section).

The angular variation of $\delta N_i(z, \vartheta)$ behind a sphere of size $\varrho_0/\lambda_D = 14$ or 1.8 has been experimentally determined in recent years.[12] In these experiments the

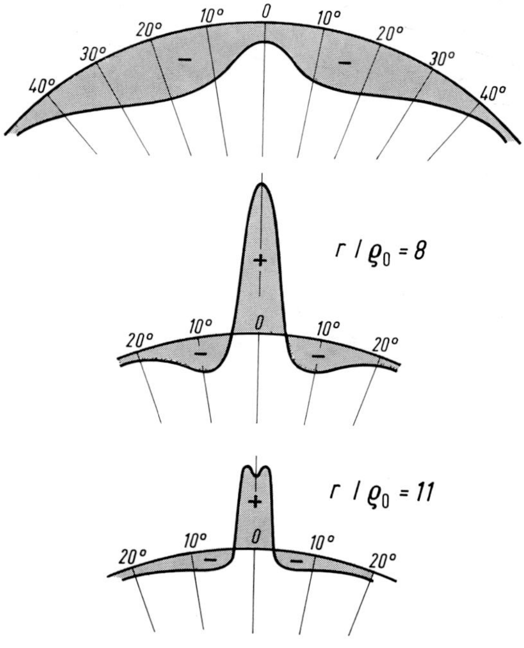


Fig. 20.

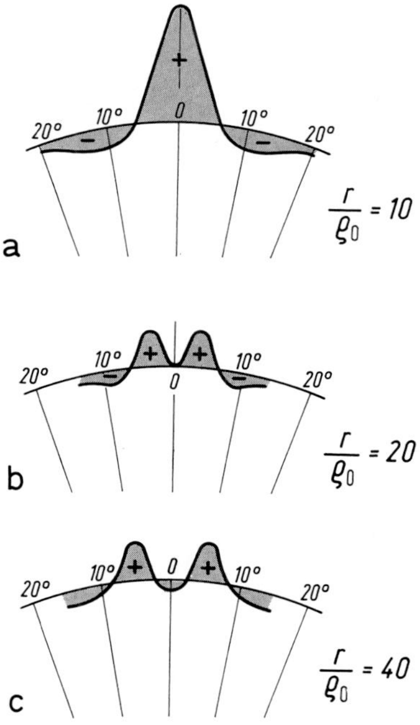


Fig. 21 a–c.

Fig. 20. Angular variation of $\delta N_i(r, \vartheta)$ (laboratory measurements, $\varrho_0/\lambda_D = 14$, $T_e \gg T_i$, $v_0/V_s = 10.5$, $q\,\varphi_0/\vartheta = -3.5$).

Fig. 21 a–c. Angular variation of $\delta N_i(r, \vartheta)$. Laboratory measurements at three distances $r$. ($\varrho_0/\lambda_D = 1.8$, $T_e \gg T_i$, $v_0/V_s = 8$, $q\,\varphi_0/\vartheta = -3.5$).

[9] W. A. Clyden and C. V. Hurdle: [13], 1717 (1967).

[10] D. F. Hall, R. F. Kemp, and J. M. Sellen: Amer. Inst. Astronaut. Aeronaut. J. (AIAI J.) 2, 1032 (1964).

[11] A. M. Moskalenko: Geomagnetism i Aeronomija (Geomagnetism and Aeronomy) 4, 261, 509 (1964).

[12] S. D. Hester and A. A. Sonin: Amer. Inst. Astronaut. Aeronaut. J. (AIAI J.) 8, 1090 (1970).

body potential was only a fraction of 1 V. Some results of these measurements are given in Figs. 20 and 21. They show that positive ion focusing ($\delta N_i > 0$) is observed at distances $r/\varrho_0 \sim v_0/V_s$ from the body (as in Fig. 19). When $r/\varrho_0 > v_0/V_s$, the angular dependency becomes complicated but closely resembles the corresponding theoretical variations (to be discussed in the next section for large distance from the body: $r/\varrho_0 \gg v_0/V_{T_i}$ or $\gg v_0/V_s$).

This focusing effect naturally leads to a complicated distribution of the electric field in the plasma. The results of calculations of an electric field behind a large body ($\varrho_0/\lambda_D = 50$) are shown in Fig. 22 by lines of equal potential given in conventional units. They were obtained from a self-consistent solution of the kinetic

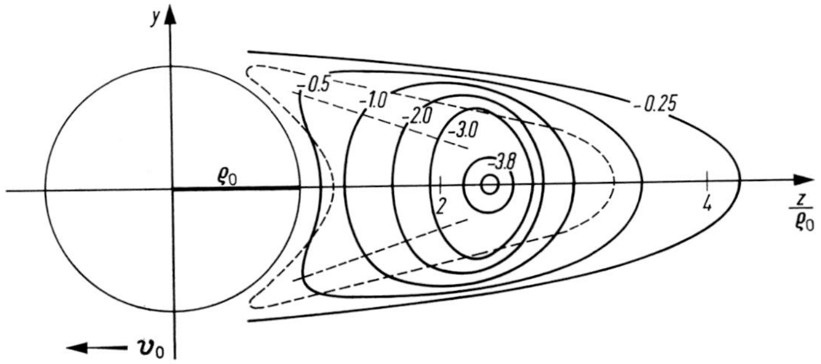


Fig. 22. Lines of equal potential (in V) downstream of a large body. ($\varrho_0/\lambda_D = 50$).

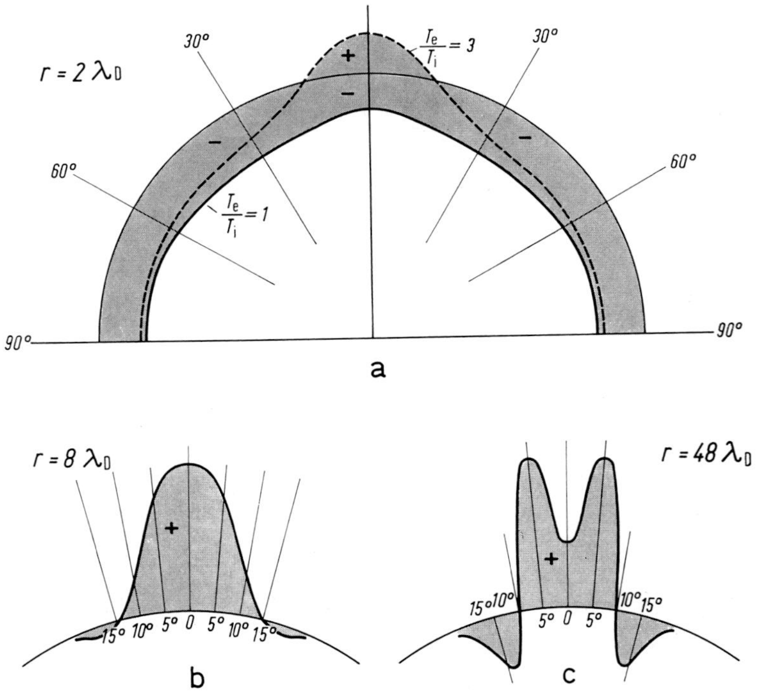


Fig. 23. Angular variation of the potential $\varphi(r, \vartheta)$ at three distances $r$. ($\varrho_0 \ll \lambda_D$).

equation and the Poisson equation.[13] The plasma potential has a maximum near the $z$ axis at $z/\varrho_0 \simeq 2.5$. The dashes denote equipotential lines calculated with the approximate equations given in [5] and have no peculiarities. Near a small body ($\varrho_0 \ll \lambda_D$), however, the angular variation of the potential $\varphi(r, \vartheta)$ also has peculiarities (Fig. 23). In a nonisothermal plasma near the $z$ axis behind the body the plasma potential is positive even in the near zone[1] (see the curve $r = 2\lambda_D$ in Fig. 23).

**13. Influence of electric fields in the far zone** ($z \gg \varrho_0 v_0/V_{T_i}$). There are at present no results of detailed calculations and experiments which would make it possible to give definite figures for the far zone. Theoretically this is due to the necessity of solving equations of a nonlinear type. The far zone is usually understood to mean distances $z \gg \varrho_0 (v_0/V_{T_i})$ or $z \gg \varrho_0 (v_0/V_s)$. However, as will be made clear below, effects obtained theoretically where these conditions are satisfied were observed experimentally at smaller distances $z \lesssim \varrho_0 (v_0/V_{T_i})$ (see Fig. 21). For small bodies ($\varrho_0 \ll \lambda_D$) they appear already at distances $z \sim 5 \ldots 7\lambda_D$. Thus, the division into zones is a convention. It depends very much on the relative size of the body $\varrho_0/\lambda_D$, the degree of deviation from isothermal conditions and the relative value of the body potential $\frac{q\varphi_0}{kT}$. The theoretical results given in this section were obtained, however, when the above condition was satisfied, so that this inequality requires further study.

α) If the body is large, the main peculiarity of the angular distribution of the concentration in the far zone is *electron and ion focusing* near the "wake" axis behind the body[1,2] (see Fig. 24). The angular variation for different values of $v_0/V_{T_i}$ is shown for vanishing magnetic field ($B_\oplus = 0$) for a sphere[3] (Fig. 25a) and for a cylinder[3,4] (Fig. 25b). Fig. 25c was obtained by including a magnetic field and assuming $v_0/V_{T_i} = 8$, and taking different values of the angle $\Theta_0$ between $B_\oplus$ and $v_0$.[4] The magnetic field weakens particle focusing and makes the distribution asymmetric with respect to the direction of the vector $\boldsymbol{v}_0$. The results given in Figs. 24 and 25 were obtained for uncharged bodies ($\varphi_0 = 0$). The influence of the potential of the bodies is in general negligibly small when $|\varphi_0| \ll \left(\frac{\varrho_0}{\lambda_D}\right)^{\frac{4}{3}} \frac{kT}{q}$.

β) *Analytically*, for a *sphere* $\varrho_0 \gg \lambda_D$ the disturbance in particle concentration in an isothermal plasma is equal to

$$\delta N(r) = -\frac{\varrho_0^2}{r^2}\left(\frac{v_0}{V_{T_i}}\right)^2 \mathrm{B}_0\left(\vartheta, \frac{v_0}{V_{T_i}}\right). \tag{13.1}$$

It is seen that in the far zone $\delta N(z)$ decreases as $r^{-2}$, being inversely proportional to the square of the distance from the body. For determining the function $\mathrm{B}_0\left(\vartheta, \frac{v_0}{V_{T_i}}\right)$, the graph of the universal function $\mathrm{F}_0\left(\frac{v_0}{V_{T_i}} \sin\vartheta\right)$ may be used (Fig. 26) where[2,5]

$$\mathrm{B}_0\left(\vartheta, \frac{v_0}{V_{T_i}}\right) = \cos\vartheta \cdot \mathrm{F}_0\left(\frac{v_0}{V_{T_i}} \sin\vartheta\right). \tag{13.2}$$

For a nonisothermal plasma the universal function $\mathrm{F}_0$ also depends on the ratio $T_e/T_i$ and cannot therefore be shown on a single graph. Fig. 26 gives the universal

[13] V. C. Liu and H. Jew: [13], 1703 (1967).

[1] Ju. M. Pančenko i L. I. Pitajevskij: Geomagnetism i Aeronomija (Geomagnetism and Aeronomy) **4**, 256 (1964).

[2] N. I. Bud'ko: Ž. Eksperim. i Teor. Fiz. (JETP) **57**, 687 (1969).

[3] Ju. M. Pančenko: [16], 254 (1965).

[4] V. V. Vas'kov: Ž. Eksperim. i Teor. Fiz. (JETP) **50**, 1124 (1966).

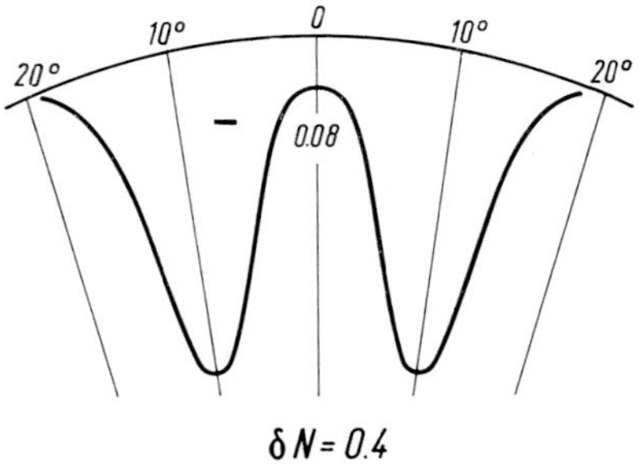


Fig. 24. Angular variation of $\delta N_i$ in the far zone ($\varrho_0 \gg \lambda_D$).

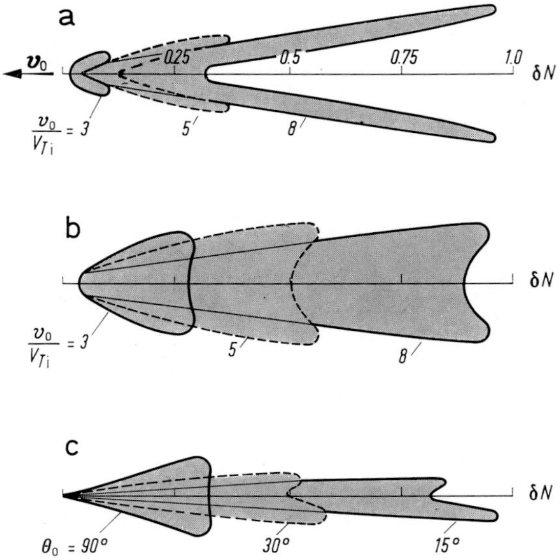


Fig. 25a–c. Angular variation of $\delta N_i$ in the far zone ($\varrho_0 \gg \lambda_D$): (a) sphere, $B_{\oplus} = 0$; (b) cylinder, $B_{\oplus} = 0$; (c) sphere $B_{\oplus} \neq 0$, different angles.

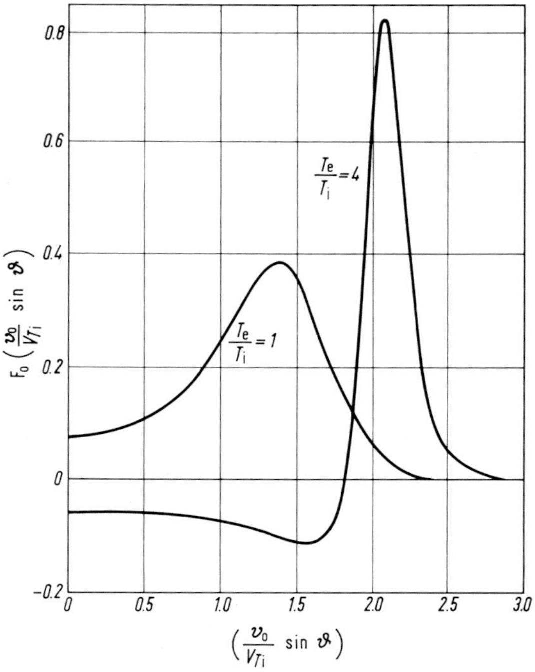


Fig. 26. Graph of the universal function $F_0(v_0 \sin\vartheta/V_{T_i})$ determining $\delta N(r)$ in the case of a sphere. ($v_0/V_T = 8$, $\varrho_0 \gg \lambda_D$).

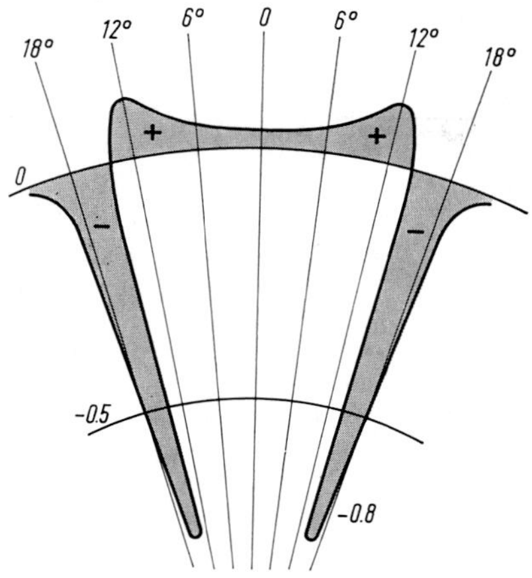


Fig. 27.

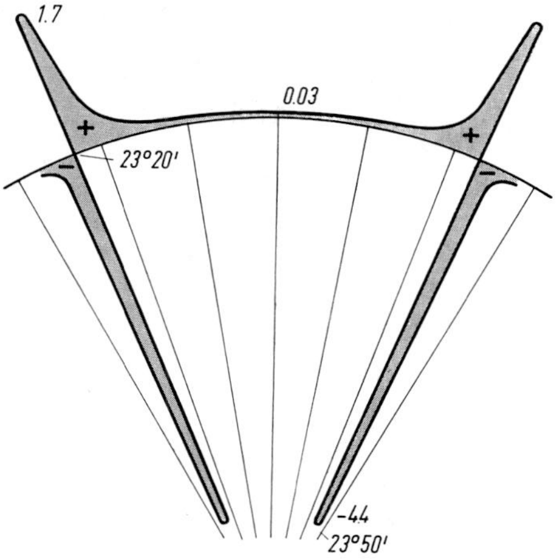


Fig. 28.

Fig. 27. Angular variation of $\delta N(\vartheta)$. $(T_e/T_i = 4,\ v_0/V_{T_i} = 8,\ \varrho_0 \gg \lambda_D)$.

Fig. 28. Angular variation of $\delta N(\vartheta)$. $(T_e/T_i = 32,\ v_0/V_{T_i} = 8,\ \varrho_0 \gg \lambda_D)$.

function for $T_e/T_i = 4$. With the aid of this function the angular dependency of the disturbance $\delta N(\vartheta)$ is determined in Fig. 27. As seen from Figs. 26 and 27 and results of[5], focusing is intensified around the direction of motion as a typical peculiarity of a nonisothermal plasma in the far zone. This leads to the formation of a region of positive values of $\delta N(\vartheta)$, beginning with $T_e/T_i = 1.76$. As $T_e/T_i$ increases the disturbance structure develops narrowly directed lobes (see Fig. 28) which resemble the phenomenon known as "shock wave". However, further studies of this problem are needed.

It should be noted here that, when $T_e/T_i$ falls below unity, the influence of the electric field declines. When $T_e/T_i \lesssim 0.23$, the maximum rarefaction is already established on the axis behind the body as for neutral particles, and when $T_e/T_i \to 0$, the expression for $\delta N$ turns into the neutral approximation expression.

$\gamma$) The trail of a *cylindrical body of infinite length* with a diameter (perpendicular to $\boldsymbol{v}_0$) of $2\varrho_0$ is described by [*16*][5]

$$\delta N(r) = -\frac{2\varrho_0}{r}\frac{v_0}{V_{T_i}} \mathrm{B}_{\parallel}\left(\frac{v_0}{V_{T_i}}\sin\vartheta\right). \tag{13.3}$$

Unlike the case of a sphere, in which in the far zone $\delta N(r)$ varies as $r^{-2}$, we have for a cylinder $\delta N(r) \sim r^{-1}$. The function $\mathrm{B}_{\parallel}\left(\frac{v_0}{V_{T_i}}\sin\vartheta\right)$ is shown[5] for $T_e/T_i = 1$ and 4 in Fig. 29. A cylinder, as is evident from Fig. 29, forms a rarefied trail in the whole angular range ($\delta N < 0$, $\mathrm{B}_{\parallel} > 0$) also when $T_e/T_i = 4$. This is because the trail of a cylinder of infinite length is filled with particles only from the two lateral surfaces.

Near a cylinder of finite length in a nonisothermal plasma a condensation region seems to appear, as it does near a sphere. Appropriate calculations have not been carried out so far. In this case the problem becomes two-dimensional and it is difficult to take into consideration the boundary conditions.

[5] N. I. Bud'ko: Thesis for Cand. Sci. Degree, Moscow 1967.

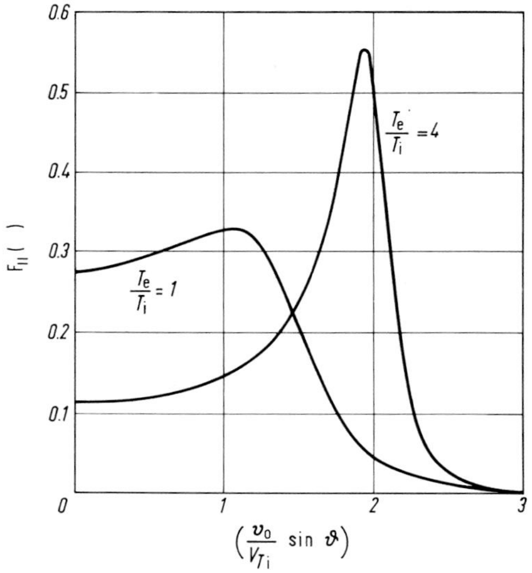


Fig. 29. Graph of the universal function $F_{\|}$ in the case of a cylinder. ($v_0/V_{T_i}=8$, $\varrho_0 \gg \lambda_D$).

$\delta$) Taking into account an *external magnetic field* ($B_{\circ}^{+} \neq 0$), the disturbed electron concentration in an isothermal plasma behind a large body with a cross section (normal to $\boldsymbol{v}_0$) of $\pi\varrho_0^2$ ($\varrho_0$ being the effective radius of the body) has also been determined[4]:

$$\delta N(r,\vartheta) = -\frac{\pi\varrho_0^2}{r\,r_{B_i}}\,\frac{v_0}{V_{T_i}}\,B_H\left(\vartheta,\Theta_0,\frac{v_0}{V_{T_i}}\right). \tag{13.4}$$

As for the cylinder trail, $\delta N(r,\vartheta)$ decreases with distance as $r^{-1}$ and

$$B_H\left(\vartheta,\Theta_0,\frac{v_0}{V_{T_i}}\right) = \frac{1}{\sin(\Theta_0-\vartheta)}\,F_H\left[\frac{v_0}{V_{T_i}}\,\frac{\sin\vartheta}{\sin(\Theta_0-\vartheta)}\right], \tag{13.5}$$

where $\Theta_0$ is the angle between the vectors $\boldsymbol{v}_0$ and $\boldsymbol{B}_{\circ}^{+}$. The universal function $F_H\left(\frac{v_0}{V_{T_i}}\,\frac{\sin\vartheta}{\sin\Theta_0\vartheta}\right)$ coincides with the universal function for the cylinder, $B_{\|}\left(\frac{v_0}{V_{T_i}}\sin\vartheta\right)$ in an isotropic plasma (see Fig. 29). Since the disturbance covers a small angular range only, it is possible to substitute $\sin\vartheta$ for $\vartheta$ in Eq. (13.5). It should further be noted that Eq. (13.5) is only valid when $\sin(\Theta_0-\vartheta) \geqq 0$. If $\sin(\Theta_0-\vartheta)<0$, we have $F_H\left(\frac{v_0\sin\vartheta}{V_{T_i}\sin\Theta_0\vartheta}\right) \equiv 0$.

In the presence of the magnetic field the trail of a long cylinder is described by the same universal function, namely:[4]

$$\delta N(r,\vartheta) = -\frac{2\varrho_0}{r}\,\frac{v_0}{V_{T_i}}\,F_H\left(\vartheta,\Theta_0,\frac{v_0}{V_{T_i}}\right), \tag{13.6}$$

where, as above (see Eq. (13.3)), $2\varrho_0$ is the length of the projection of the diameter of the cylinder on a plane normal to $\boldsymbol{v}_0$.

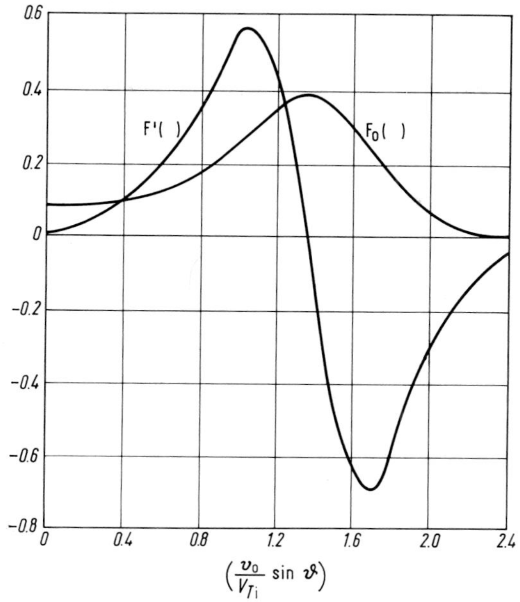


Fig. 30. Graphs of the universal functions $F_0(v_0 \sin\vartheta/V_{T_i})$ and $F_0'$.

ε) In the far zone, as mentioned above, the plasma is quasi-neutral. Therefore, the *plasma potential* is proportional to the electron concentration disturbance, i.e.

$$\varphi = \frac{k T_e}{q} \delta N. \tag{13.7}$$

For instance, for a sphere, using Eq. (13.1) we obtain for the radial and angular components of the electric field in an isothermal plasma the following expressions:

$$\begin{aligned} E_r &= -2 \frac{k T_e}{q} \left(\frac{v_0}{V_{T_i}}\right)^2 \frac{\varrho_0^2}{r^3} \mathrm{B}_0\left(\vartheta, \frac{v_0}{V_{T_i}}\right), \\ E_\vartheta &= \frac{k T_e}{q} \left(\frac{v_0}{V_{T_i}}\right)^2 \frac{\varrho_0^2}{r^3} \mathrm{B}_{0\vartheta}'\left(\vartheta, \frac{v_0}{V_{T_i}}\right), \end{aligned} \tag{13.8}$$

where the derivative with respect to $\vartheta$ is equal to

$$\mathrm{B}_{0\vartheta}'\left(\vartheta, \frac{v_0}{V_{T_i}}\right) = -\sin\vartheta\, \mathrm{F}_0\left(\frac{v_0}{V_{T_i}} \sin\vartheta\right) + \frac{v_0}{V_{T_i}} \cos^2\vartheta\, \mathrm{F}_0'\left(\frac{v_0}{V_{T_i}} \sin\vartheta\right). \tag{13.9}$$

The curves $\mathrm{F}_0$ and $\mathrm{F}_0'$ are given in Fig. 30 as functions of $\frac{v_0}{V_{T_i}} \sin\vartheta$. Fig. 31 presents the angular variation of the field components $E_r$, $E_\vartheta$, and the total field

$$E = \sqrt{E_r^2 + E_\vartheta^2}$$

plotted with the help of Fig. 30 for $(v_0/V_{T_i}) = 8$. Near the extreme points in Fig. 31 the values of the functions $\mathrm{B}_0\left(\vartheta, \frac{v_0}{V_{T_i}}\right)$ and $\mathrm{B}_{0\vartheta}'\left(\vartheta, \frac{v_0}{V_{T_i}}\right)$ are entered.[5] As is evident from Fig. 31, in the far zone in case of a large body the angular distribution of the electric field is rather complicated; the relevant diagram shows several lobes.

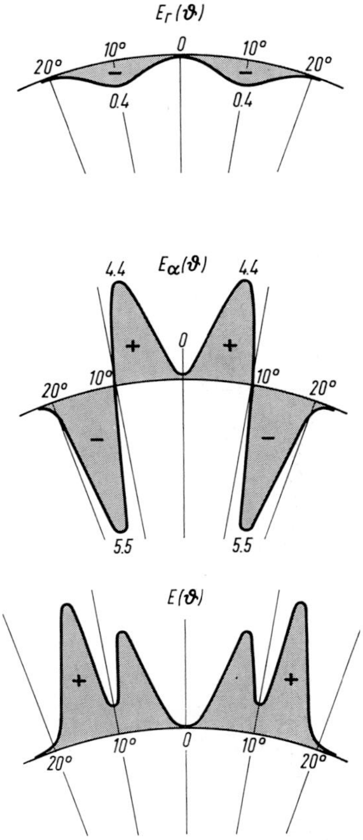


Fig. 31. Angular variation of the field components $E_r$, $E_\vartheta$ and $E=\sqrt{E_r^2+E_\vartheta^2}$.

ζ) The *far zone* of the trail *of a small body* (more precisely of a point charge) has been investigated in detail theoretically.[6–9] At large distances from the body the shape of the body, and also to some extent its size, play a minor role. Hence, these studies are of great interest because they can be compared with the results of various experiments. Appropriate calculations can also be performed keeping in mind the charge of the body (although it must be rather weak when the conditions of Eq. (12.3) are satisfied).

In the absence of a magnetic field the disturbed electron concentration in the far zone of a small body is described by the following expression:

$$\delta N=\frac{1}{4\pi}\left(\frac{v_0}{V_{T_i}}\right)^2 b^2\log_e\left(\frac{1}{b}\right)\frac{\lambda_D^2}{r^2}\left[2\pi\frac{r_b}{r}\,B_1\left(\frac{v_0}{V_{T_i}},\vartheta\right)+B_2\left(\frac{v_0}{V_{T_i}},\vartheta\right)\right], \quad (13.10)$$

[6] L. KRAUS and K. WATSON: Phys. Fluids **1**, 480 (1958).

[7] L. P. PITAJEVSKIJ i V. Z. KRESIN: Ž. Eksperim. i Teor. Fiz. (JETP) **40**, 271 (1961).

[8] N. I. BUD'KO: Geomagnetism i Aeronomija (Geomagnetism and Aeronomy) **6**, 1008 (1966).

[9] V. V. VAS'KOV: Geomagnetism i Aeronomija (Geomagnetism and Aeronomy) **6**, 1104 (1966).

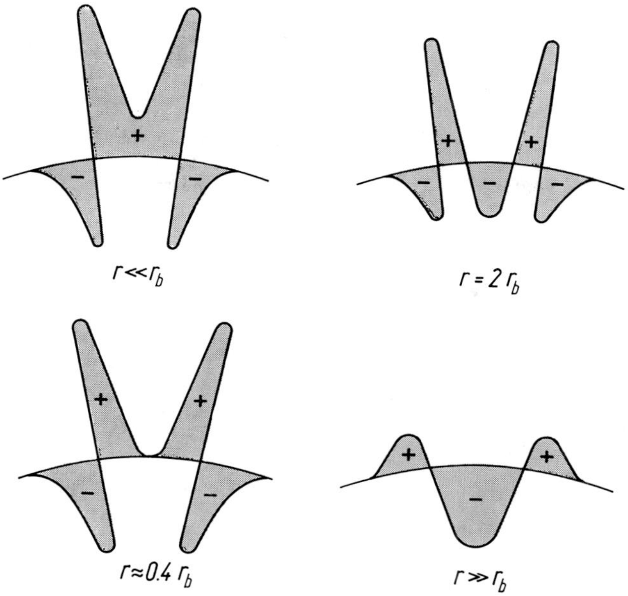


Fig. 32. Angular variation of $\delta N(r, \vartheta)$ in the far zone. ($B_{\odot}=0$, $v_0/V_{T\mathrm{i}}=8$).

where

$$b=\frac{q|\varphi_0|}{kT}\,\frac{\varrho_0}{\lambda_{\mathrm{D}}}\,\frac{V_{T\mathrm{i}}}{v_0}\ll 1$$

[see above Eq. (12.3)], the "typical radius" or "range"

$$r_b=4\,\frac{v_0}{V_{T\mathrm{i}}}\,\frac{\lambda_{\mathrm{D}}}{b\log_{\mathrm{e}}(1/b)} \tag{13.11}$$

and the character of the angular functions $\mathrm{B}_1\left(\frac{v_0}{V_{T\mathrm{i}}},\vartheta\right)$ and $\mathrm{B}_2\left(\frac{v_0}{V_{T\mathrm{i}}},\vartheta\right)$ at different distances from the body[8] are seen from Fig. 32. It follows from Eq. (13.9) that two zones are typical, at distances $r\ll r_b$ and $r\gg r_b$ in the trail. At distances much smaller than the typical distance $r_b$, the disturbance $\delta N$ decreases proportionally to $r^{-3}$ and in the farther zone as $r^{-2}$. With increasing distance, the angular structure of the disturbance is gradually deformed. As noted above, the most important peculiarities of angular variation computed for a point body have been observed[10] at relatively small distances from a weakly charged large body (see Figs. 21 and 22).

$\eta$) At *smaller distances* $r\ll r_b$, $\delta N$ decreases proportionally to $r^{-3}$; the disturbed electron concentration in a nonisothermal plasma is expressed analytically by the universal function $\mathrm{F}_0\left(\frac{v_0}{V_{T\mathrm{i}}}\sin\vartheta\right)$ and its derivative for a large body (see Figs. 26 and 29). One finds[5]

$$\begin{aligned}\delta N(r,\vartheta)=-\left(\frac{v_0}{V_{T\mathrm{i}}}\right)^2\frac{1}{\pi r^3 N_0}\,\frac{T_{\mathrm{e}}}{T_{\mathrm{e}}+T_{\mathrm{i}}}\Big[&(1-3\cos^2\vartheta)\,\mathrm{F}_0\left(\frac{v_0}{V_{T\mathrm{i}}}\sin\vartheta\right)\\ &-\frac{v_0}{V_{T\mathrm{i}}}\sin\vartheta\cos^2\vartheta\,\mathrm{F}_0'\left(\frac{v_0}{V_{T\mathrm{i}}}\sin\vartheta\right)\Big].\end{aligned} \tag{13.12}$$

[10] S. D. Hester and A. A. Sonin: Amer. Inst. Astronaut. Aeronaut. (AIAIJ) **8**, 1090 (1970).

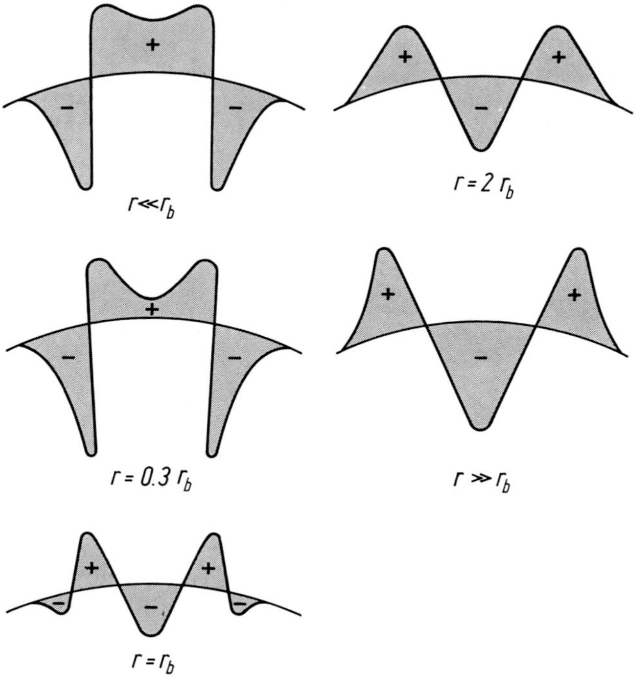


Fig. 33. Angular variation of $\delta N(r, \vartheta)$ in the far zone. ($B_{\oplus} \neq 0$, $v_0/V_{T\mathrm{i}} = 8$).

$\vartheta$) In a *magnetized plasma* the disturbed electron concentration averaged over the direction normal to the plane $(\boldsymbol{v}_0, \boldsymbol{B}_{\oplus})$ is equal to[9]

$$\delta N(r, \vartheta, \Theta_0) = \pi \left(\frac{v_0}{V_{T_\mathrm{i}}}\right)^2 b^2 \ln\left(\frac{1}{b}\right) \frac{\lambda_\mathrm{D}^2}{r_{B_\mathrm{i}} r} \left[\frac{r_b}{r} \mathrm{B}_{1\mathrm{H}}\left(\frac{v_0}{V_{T_\mathrm{i}}}, \vartheta, \Theta_0\right) + \mathrm{B}_{2\mathrm{H}}\left(\frac{v_0}{V_{T_\mathrm{i}}}, \vartheta, \Theta_0\right)\right]. \tag{13.13}$$

This equation has the same structure as Eq. (13.10). However, in the given case at distances $r \ll r_b$ the disturbance $\delta N$ decreases as $r^{-2}$, and when $r \gg r_b$ as $r^{-1}$. The corresponding angular variation of $\delta N$ at different distances from a body are shown in Fig. 33. Their peculiarities are less pronounced but resemble those for the angular variation of $\delta N(r, \vartheta)$ when $B_{\oplus} = 0$.

**14. Disturbed conditions in the vicinity of small bodies at rest.** As can be seen from Sect. 2, and Tables 1 and 2, satellites or space probes moving through the near-Earth plasma may have velocities $v_0$ which are comparable with the ion thermal velocity $V_{T_\mathrm{i}}$, sometimes even lower. Under these conditions the physical processes in the vicinity differ radically from those described above for $v_0 \gg V_{T_\mathrm{i}}$. If $v_0 < V_{T_\mathrm{i}}$, it is not the velocity of the body but its potential $\varphi_0$, the reflecting properties of its surface and, naturally, the magnetic field and the linear size of the body which are the decisive factors in these processes. In transitional cases, namely when $v_0 \sim V_{T_\mathrm{i}}$ or $v_0 > V_{T_\mathrm{i}}$, some phenomena are qualitatively similar to those which take place for large velocity, but, of course, quantitatively very different. Plasma diagnosis with the help of probes of different types is a particular subject and requires special consideration. This large field lies beyond the scope of the present paper,[1] but we intend to discuss briefly some results of theoretical studies.

For all ranges of velocity the theoretical investigations are most complete under the assumption that the linear size of the body is either large, $\varrho_0 \gg \lambda_D$, or small, $\varrho_0 \ll \lambda_D$. Since low velocity is involved here, the processes around a body at rest are of some interest.

α) *Small body* ($\varrho_0 \ll \lambda_D$, $v_0 = 0$). At velocities $v_0 \ll V_{T_i}$, namely when $v_0 = 0$, the character of the trajectories of charged particles, and, of course, the density distribution around the body, depend on the total energy

$$\mathscr{E}(\boldsymbol{r}) = \frac{m_i v^2}{2} + q\,\varphi(\boldsymbol{r}) \tag{14.1}$$

and on the sign of the potential. Here $v$ is the particle velocity as seen from the body, $\boldsymbol{r}$ is the distance from a conventionally chosen centre of the body, and $\varphi(\boldsymbol{r})$ is the electrostatic potential in its vicinity. Two kinds of particles must be distinguished: those with *closed* and those with *open orbits*. Particles having closed orbits near the body shall be called "*finite*" and particles in open orbits "*infinite*". Thus, the electron or ion concentration around a body can be separated into contributions stemming from both types of particles:

$$N(\boldsymbol{r}) = N_{fin}(\boldsymbol{r}) + N_{inf}(\boldsymbol{r}). \tag{14.2}$$

β) *Finite orbits* appear, for instance, in a Coulomb field if

$$\mathscr{E}(\boldsymbol{r}) < 0 \tag{14.3}$$

i.e. for an attracting potential of the body.

This case occurs with a positive potential for electrons and a negative one for ions. As mentioned in Sect. 6, in the near-Earth plasma the bodies generally acquire a negative potential, the finite particles being predominantly ions. However, finite orbits can appear only under the influence of collisions between particles—for particles moving around a body to be trapped, they must lose some of their energy. In the absence of collisions, attracted particles incident on the body are absorbed at the surface without reflection. Close to the body the finite particle concentration may rise considerably as particles gradually accumulate there. So in the quasi-stationary case:

$$N_{fin} = N_0 \exp \frac{|q\,\varphi(r)|}{k\,T} \tag{14.4}$$

if $|q\varphi| \gg kT$ and $N_{fin} \gg N_0$. For electrons attracted to a Coulomb centre, when they collide with neutral particles,[2] at distances $r > \varrho_0 \sqrt{m_i/m_e}$

$$\begin{aligned} N_{fin} &= \frac{4}{3\sqrt{\pi}} N_0 \left[\frac{|q\,\varphi(r)|}{k\,T_e}\right]^{\frac{3}{2}} \left[\frac{2}{5}\,\frac{|q\,\varphi(r)|}{k\,T_e} + 1\right], \\ \varphi(r) &= \frac{u\,Q_0}{\varepsilon_0 r} \end{aligned} \tag{14.5}$$

$Q_0$ being the charge of the Coulomb centre. It appears from Eq. (14.5) that if, for example, $|q\varphi| \sim 2kT$ the "finite particle" concentration is already considerably increased, namely: $N_{fin} \approx 4N_0$. As to "finite" particles colliding with

[1] See S. J. Bauer, this Encyclopedia, Vol. 49/6.
[2] A. V. Gurevič: Geomagnetism i Aeronomija (Geomagnetism and Aeronomy) **4**, No. 1, 3 (1964).

other than neutral particles, many involved computations are needed and have not yet been completed. This is due in particular to the need to take into account collisions between the particles themselves. Hence, we shall confine ourselves here to the above brief remarks. In the media of most interest to us, especially at rather large distances from the Earth where $v_0 \ll V_{T_i}$, the collision frequency is negligibly small and therefore the accumulation time of particles on finite orbits is very great.

$\gamma$) If the particle energy at the given point near the body, for instance in a COULOMB field, is

$$\mathscr{E}(\boldsymbol{r}) > 0 \tag{14.6}$$

the particles form unclosed, *infinite trajectories*. For the formation of "infinite" particles with density $N_{\text{inf}}(\boldsymbol{r})$ the field can be either *attracting* or *repulsing*. For example, for ions the field is attracting if the body potential is negative: $\varphi_0 < 0$. Let us call the corresponding infinite particle density $N^+_{\text{inf}}$. For electrons, when $\varphi_0 < 0$, the field is repulsing and the corresponding particle density is denoted by us as $N^-_{\text{inf}}$.

For the case of small bodies at rather small distances ($r \lesssim \lambda_D$) straightforward analytical formulae have been obtained for $N^+_{\text{inf}}$, namely [5]:[3]

$$\begin{aligned}\frac{N^+_{\text{inf}}}{N_0} &= \frac{x}{\pi}\left[1+\sqrt{1-\left(\frac{\varrho_0}{r}\right)}\right]+\frac{1}{2}\left[1-\Phi(\sqrt{x})\right]\exp(x)\\ &+\frac{1}{2}\sqrt{1-\left(\frac{\varrho_0}{r}\right)^2}\left[1-\Phi\left(\sqrt{\frac{xr}{(\varrho_0+r)}}\right)\right]\exp\left(\frac{xr}{(\varrho_0+r)}\right),\end{aligned} \tag{14.7}$$

where $x$ is a reduced (dimensionless) inverse distance:

$$x=\frac{|q\varphi_0|}{kT}\cdot\frac{\varrho_0}{r}, \qquad \varphi \ll \frac{kT}{q}\,\frac{\lambda_D}{\varrho}, \qquad \frac{\lambda_D}{\varrho_0} \gg 1 \tag{14.8}$$

and

$$\Phi(a)=\frac{2}{\sqrt{\pi}}\int_0^a du\, e^{-u^2} \tag{14.9}$$

is the probability integral. For a COULOMB centre ($\varrho_0 \to 0$) with charge $Q_0$ so that

$$\varphi(r)=\frac{u Q_0}{\varepsilon_0 r}=\varphi_0\frac{\varrho_0}{r}, \tag{14.10}$$

$$\frac{N^+_{\text{inf}}}{N_0}=2\sqrt{\frac{x}{\pi}}+\exp(x)\left[1-\Phi(\sqrt{x})\right]. \tag{14.11}$$

In plasma regions where the field energy is small against the thermal one ($|q\varphi(r)| \ll kT$), the concentration of attracted particles $N^+_{\text{inf}}$ is described by a simpler formula:

$$\frac{N^+_{\text{inf}}}{N_0}=1+\frac{|q\varphi(r)|}{kT}-\left(\frac{\varrho_0}{r}\right)^2\left[\frac{|q\varphi(r)|}{kT}+\frac{1}{2}\right]. \tag{14.12}$$

This formula with Eq. (14.7) is used when $|q\varphi(r)| < kT$ and the field is of COULOMB type in both cases.[2,3] The relative positive ion density $N^+_{\text{inf}}/N_0$ in the disturbed region is represented in Fig. 34 for $\lambda_D = 14\,\varrho_0$ and various values of the body potential $\varphi_0$. Near the body the concentration of attracted particles, $N^+_{\text{inf}}$,

[3] A. V. GUREVIČ: Geomagnetism i Aeronomija (Geomagnetism and Aeronomy) **3**, 1021 (1963).

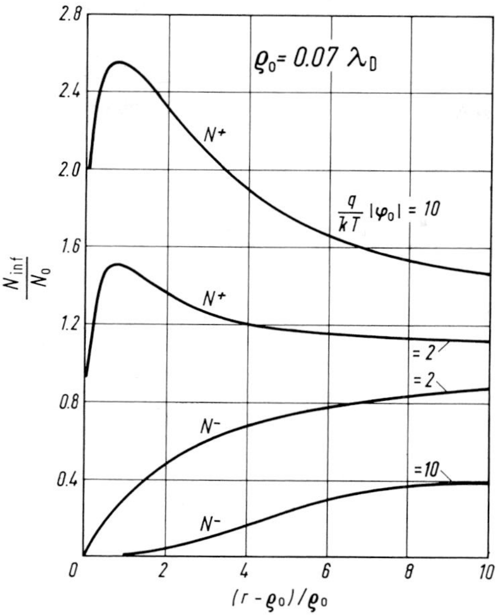


Fig. 34. Variation of $N^+_{inf}/N_0$ and $N^-_{inf}/N_0$ as function of $(r-\varrho_0)/\varrho_0$. ($\lambda_D = 14\,\varrho_0$).

rises considerably. For a Coulomb centre, $N^+_{inf}$ increases to a still greater degree. For instance, if $|q\varphi_0| \gg kT$, it follows from Eq. (14.11) that

$$\frac{N^+_{inf}}{N_0} \simeq \frac{2}{\sqrt{\pi}} \sqrt{\frac{|q\,\varphi(r)|}{kT}}$$

and, if $q\varphi_0 = 10\,kT$, then $N_{inf} = 4N_0$.

The potential $\varphi(r)$ outside the Coulomb zone can be described by rather complicated formulae which are not given here [5]. In the Debye screening zone $(r < \lambda_D)$ it is evident that $\varphi \propto r^{-1}$. If $\lambda_D < r \lesssim \lambda_D \log_e \left[\frac{\lambda_D}{\varrho_0} \frac{kT}{|q\varphi_0|}\right]$ the potential $\varphi(r)$ decreases exponentially; at larger distances, i.e. when $r > \lambda_D \log_e(\lambda_D/\varrho_0)\cdot(kT/|q\varphi_0|)$ one has $\varphi \propto r^{-2}$. Numerical results of $\varphi(r)$ for $|q\varphi_0| = (2 \text{ and } 3)\,kT$ when $\lambda_D = 14\,\varrho_0$ are given in Fig. 35.

The concentration of "infinite", repulsed particles is described by the formula [$\Phi$ being the error function, Eq. (14.9)]

$$\frac{N^-_{inf}}{N_0} = \frac{1}{2}\left\{1 + \Phi\left(\sqrt{\frac{r-\varrho_0}{\varrho_0}\,x}\right) + \sqrt{1-\left(\frac{\varrho_0}{r}\right)^2 x}\left[1 - \Phi\left(\sqrt{\frac{r^2}{\varrho_0(\varrho_0+r)}}\right)\right]\cdot \right. \\ \left. \cdot \exp\left[x\,\frac{\varrho_0}{\varrho_0+r}\right]\right\} \exp(-x) \tag{14.13}$$

and the approximation for small field influence

$$\frac{N^-_{inf}}{N_0} = \exp(-x), \tag{14.14}$$

respectively. Fig. 34 presents curves of $N^-_{inf}/N_0$ for two values of the body potential. Near the body surface $N^-_{inf} \ll N_0$ and up to distances of $1 \ldots 2\varrho_0$ the concentration of "infinite" repulsed particles, $N^-_{inf}$, is half that of the undisturbed particles $N_0$ or less.

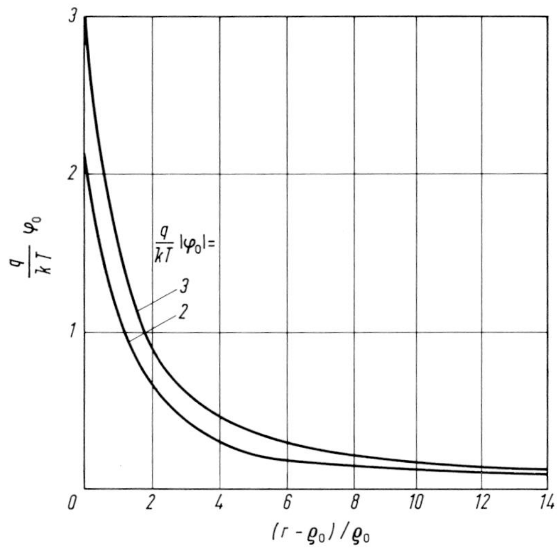


Fig. 35. Variation of $q\,\varphi(r)/\mathbf{k}\,T$ as function of $(r-\varrho_0)/\varrho_0$. ($\lambda_D = 14\,\varrho_0$).

**15. Disturbed conditions in the vicinity of large bodies at rest.** Due to strong DEBYE screening effects, a double sheath forms near the surface of a large body ($\varrho_0 \gg \lambda_D$) and this is an essential property of the plasma structure around such a body. The quasi-neutrality of the plasma is strongly violated in this layer.

α) For not too high potential of the body, namely if

$$|\varphi_0| \lesssim \frac{kT}{|q|}\left(\frac{\varrho_0}{\lambda_D}\right)^{\frac{4}{3}} \tag{15.1}$$

the boundary of the double sheath is found at $(r-\varrho_0) \sim \lambda_D$. The radius vector $r$ is counted, as everywhere above, from the centre of the body.

β) In the opposite case of "high potential" one has

$$|\varphi_0| \gg \frac{kT}{|q|}\,\frac{\varrho_0}{\lambda_D} \tag{15.2}$$

and the boundary of the double layer lies at $(r-\varrho_0) \sim \varrho_0$.

γ) The criteria in Eqs. (15.1) or (15.2) are adequate to determine *small or large body potential,* and the boundary of the near and far zones of a large body at rest or slowly moving. The particle concentration varies considerably on either side of this boundary. It is described by similar equations, but with different laws for $\varphi(\boldsymbol{r})$. For instance, the concentrations of "infinite", repulsed particles for $\varrho_0 \gg \lambda_D$, respectively, are equal to [5]:[1]

$$\frac{N_{\text{inf}}^{+}}{N_0} = \frac{1}{2}\left\{\exp(y)\left[1-\Phi(\sqrt{y}) + \frac{2}{\sqrt{\pi}}\sqrt{y}\right] + \sqrt{1-\left(\frac{\varrho_0}{r}\right)^2}\exp\left[\left(y\left(\frac{\varrho_0}{r}\right)^2 - y_1\right)\left(\frac{r^2}{\varrho_0^2 - r^2}\right)\right]\right\}, \tag{15.3}$$

$$\frac{N_{\text{inf}}^{-}}{N_0} = \frac{\exp(y)}{2}\left\{1+\Phi(\sqrt{y_0 - y}) + \sqrt{1-\left(\frac{\varrho_0}{r}\right)^2}\,x\left[1-\Phi\left(\sqrt{\frac{\varrho_0^2 y_0 - r^2 y}{r^2-\varrho_0^2}}\right)\right]\cdot \exp\left[\frac{\varrho_0^2 y_0 - r^2 y}{r^2 - \varrho_0^2}\right]\right\}, \tag{15.4}$$

[1] A. V. GUREVIČ: Geomagnetism i Aeronomija (Geomagnetism and Aeronomy) **3**, 1021 (1963).

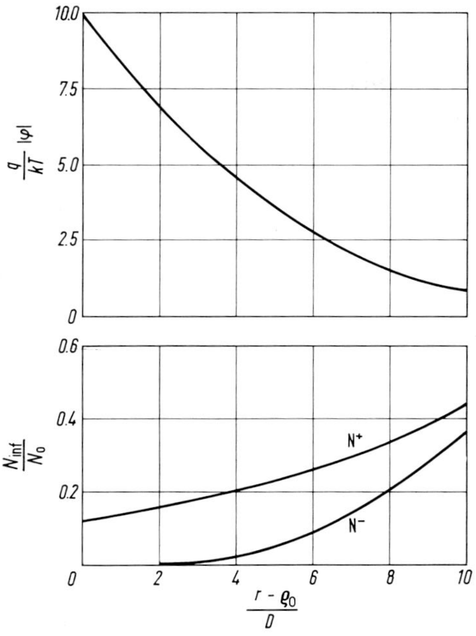


Fig. 36.

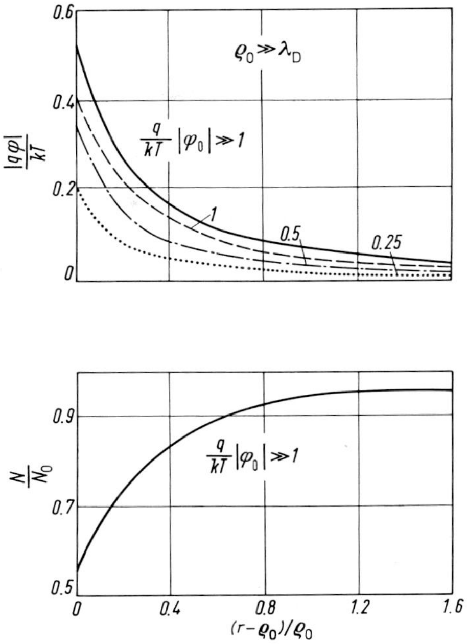


Fig. 37.

Fig. 36. Variation of $|q\,\varphi(r)|/\mathbf{k}\,T$ and of $N_{\mathrm{inf}}/N_0$ as function of $(r-\varrho_0)/\lambda_{\mathrm{D}}$. $\left(|\varphi_0| = \frac{10\,\mathbf{k}\,T}{q},\ \varrho_0 \gg \lambda_{\mathrm{D}}\right)$.

Fig. 37. Variation of $|q\,\varphi(r)|/\mathbf{k}\,T$ and of $N_{\mathrm{inf}}/N_0$ as function of $(r-\varphi_0)/\varrho_0$ in the near zone.

where $x$ is defined in Eq. (14.8), $\Phi$ by Eq. (10.6) and

$$y_0 = \frac{|q\,\varphi_0|}{\mathbf{k}\,T}; \qquad y_1(r) = \frac{|q\,\varphi_1(r)|}{\mathbf{k}\,T}; \qquad y(r) = \frac{|q\,\varphi(r)|}{\mathbf{k}\,T}. \tag{15.5}$$

$\varphi_1(r)$ being the potential on the double boundary layer, $T$ the temperature of the relevant particles.

The potential $\varphi(r)$ can be calculated only by numerical integration. The results of calculations of $\varphi(r)$ for $q\,\varphi_0/\mathbf{k}\,T = 10$, 1, 0.5 and 0.2 when $\varrho_0 \gg \lambda_{\mathrm{D}}$ in the zones near and far from the body are shown in Figs. 36 and 37, together with the relevant densities of "infinite" particles. The ends of the curves shown in Fig. 36 match rather well with the part near the origin of the curves $q\,\varrho_0/\mathbf{k}\,T$ shown in Fig. 37, i.e. on the double sheath boundary which in Fig. 37 coincides with $(r-\varrho_0)/\varrho_0 \approx 0$ when $\varrho_0 \gg \lambda_{\mathrm{D}}$. The density decrease, not only of repulsed "infinite" particles, is an important physical feature of the plasma structure around a large body. It is a consequence of a considerable increase in the velocity of the attracted particles due to the field in the double layer, and the conservation of flux. On the other hand, if the reflectivity of the surface is good, an increase may occur in the density of "infinite" particles near the body. This may be seen from Fig. 38 which presents the results of numerical calculations for almost ideal reflection with $\frac{|q\,\varphi_0|}{\mathbf{k}\,T} = 5$ and 10. It is seen from Fig. 38 that near the body $N_{\mathrm{inf}}^{+} > 10 \ldots 20\,N_0$. Such conditions are rare in experiments with space vehicles. However, we sometimes find intermediate cases, or occurrence of almost ideal

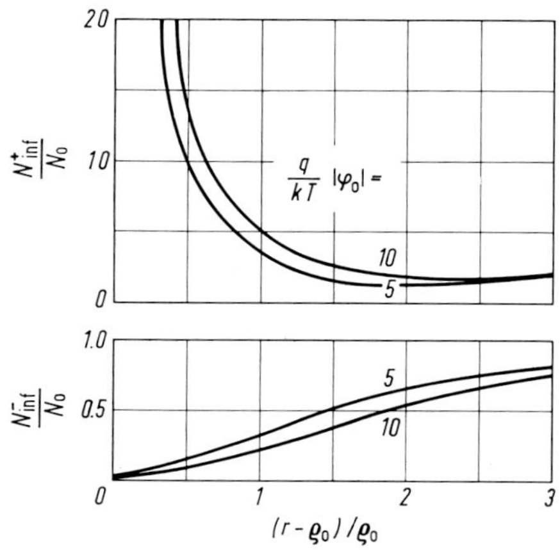


Fig. 38. The ratios $N^+_{\mathrm{inf}}/N_0$, $N^-_{\mathrm{inf}}/N_0$ in the case of ideal reflectivity of the body. ($\varrho_0 \gg \lambda_D$).

reflection of particles in limited areas of the surface of satellites or space probes of complicated structure. Such particular circumstances should be taken into account in analyzing the results of experiments.

**16. Disturbed conditions in the vicinity of slowly moving bodies.** The disturbance due to a body moving even at low velocity, differs radically from the case $v_0 = 0$, even at low body potential.

α) Let us consider first the phenomena around a small spherical body of radius $\varrho_0 \ll \lambda_D$, which have been thoroughly studied theoretically.[1,2] For small body potential

$$|\varphi_0| \ll \frac{kT}{|q|}\,\frac{\lambda_D}{\varrho_0} \tag{16.1}$$

the electric field remains weak, and it can be assumed that over the whole distance range it decreases according to a COULOMB law, since if $r \gtrsim \lambda_D$ the potential energy of charged particles is lower than the average kinetic energy of their thermal motion. This simplifies the calculations considerably. The concentration of attracted particles (i.e. of ions when $\varphi_0 < 0$) can be expressed in this case as

$$\frac{N(r,\vartheta)}{N_0} = \frac{N^+_{\mathrm{inf}}(r)}{N_0} + \frac{1}{\sqrt{\pi}}\,\frac{v_0}{V_{T_i}}\,\mathrm{f}\left(\frac{v_0}{V_{T_i}}, r, \vartheta, \varphi_0\right) \tag{16.2}$$

where $N^+_{\mathrm{inf}}(r)$ is the density distribution when $v_0 = 0$ (the corresponding formulae are given above in Sect. 14). The function $\mathrm{f}\left(\frac{v_0}{V_{T_i}}, r, \vartheta. \varphi_0\right)$ is obtained by "quadrature", i.e. it can be computed only by numerical integration. Results of such calculations for $v_0 \sim V_{T_i}$ and various values of $\varphi_0$ are given in Fig. 39.[2] The solid lines represent curves of constant relative density, $N(r,\vartheta)/N_0$, and the dashed lines curves $N^+_{\mathrm{inf}}(z)/N_0$ for a body at rest ($v_0 = 0$). The calculations are carried out for a body at the surface of which incident ions are fully neutralized. Therefore, when the body potential is small $\left(|\varphi_0| \sim 10^{-2}\frac{kT}{|q|}\right)$, the ion concentration (in both

[1] A. M. MOSKALENKO: Geomagnetism i Aeronomija (Geomagnetism and Aeronomy) **4**, 3 (1964).

[2] V. S. KNJAZJUK i A. M. MOSKALENKO: Geomagnetism i Aeronomija (Geomagnetism and Aeronomy) **6**, 997 (1966).

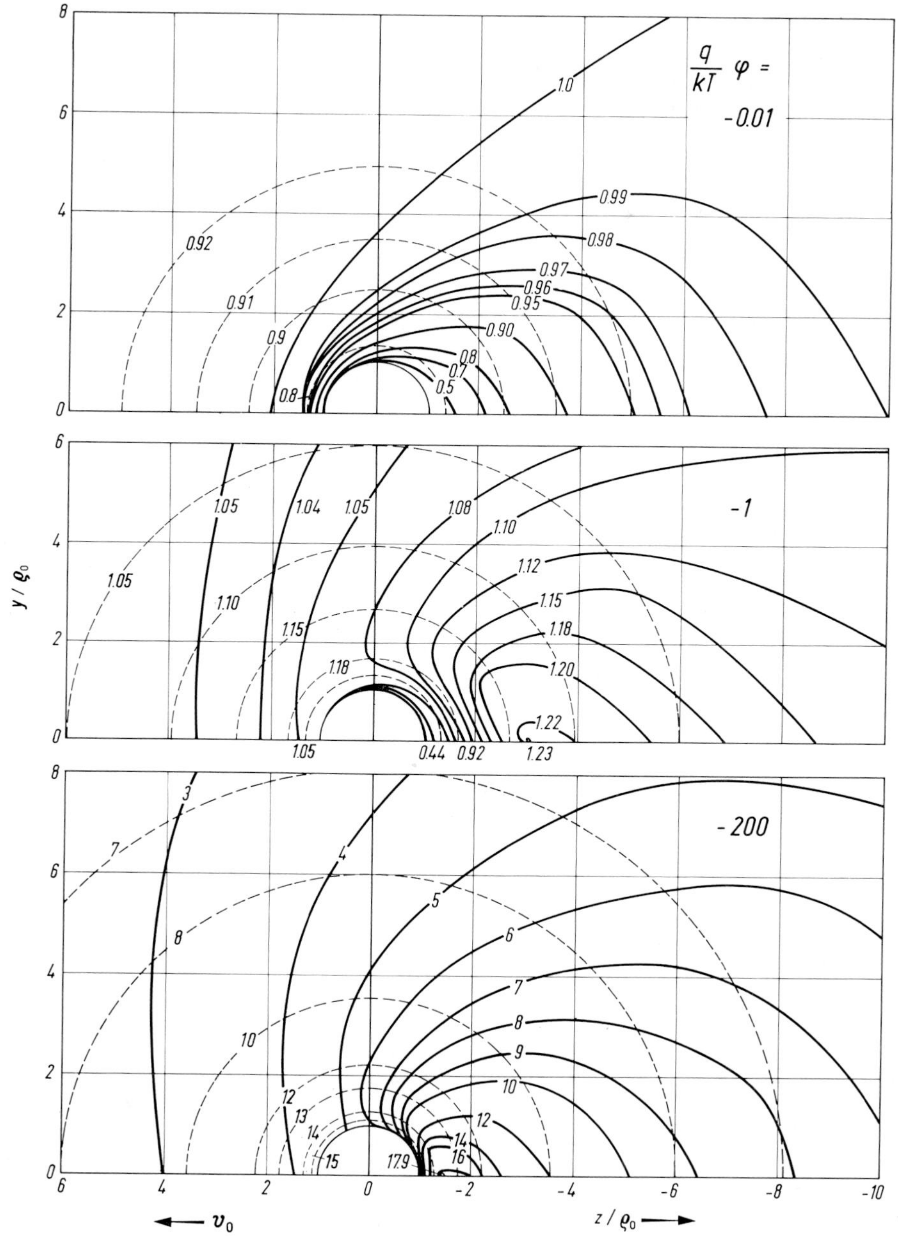


Fig. 39. A family of curves of constant $N(r, \vartheta)/N_0$ for different values of $\varphi_0$. Dashed lines for a body at rest. ($\varrho_0 \ll \lambda_D$, $v_0 \simeq V_{T_i}$)

cases $v_0 = 0$ and $v_0 = V_{T_i}$) is lower than the undisturbed particle concentration $N_0$. Behind the body near the "wake" axis a rarefaction region forms. Near the surface ($r/\varrho_0 \simeq 1$, $\vartheta = 0$) one finds $N(1, 0)/N_0 \simeq 8 \cdot 10^{-2}$. However, with the growth of the body potential, the plasma structure changes.

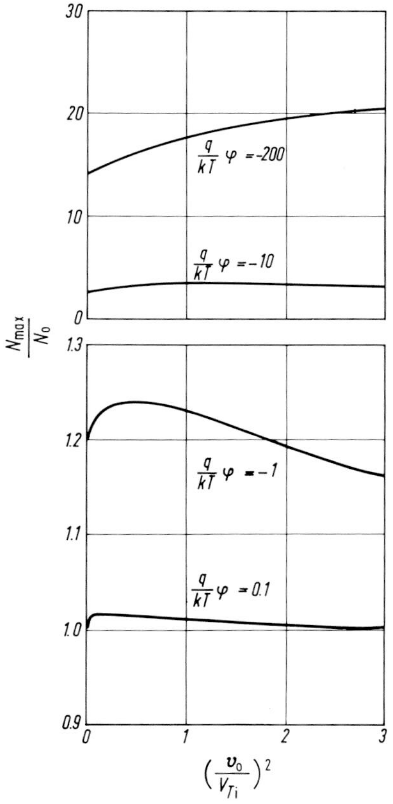


Fig. 40.

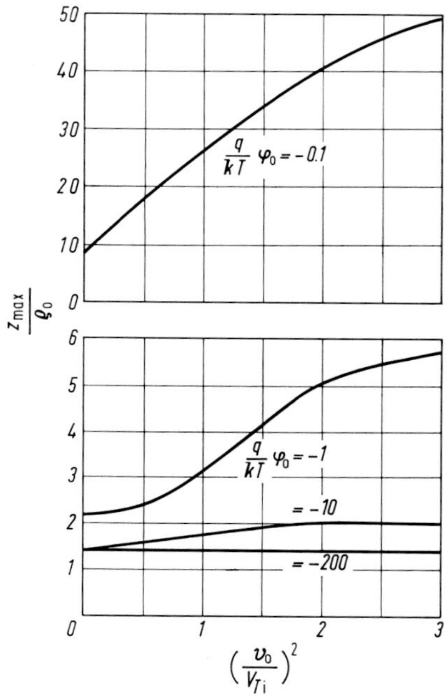


Fig. 41.

Fig. 40. Variation of $N_{max}/N_0$ as function of $(v_0/V_{T_i})^2$ downstream of a sphere. ($\varrho_0 \ll \lambda_D$, $v_0 \simeq V_{T_i}$).

Fig. 41. Variation of $z_{max}/\varrho_0$ as function of $(v_0/V_{T_i})^2$ downstream of a sphere. ($\varrho_0 \ll \lambda_D$. $v_0 \simeq V_{T_i}$).

For instance, already when $|\varphi_0| \approx kT/|q|$ (see Fig. 39), due to the influence of the electric field condensation of particles prevails: $N(r, \vartheta) > N_0$. The maximum focusing, i.e. the maximum value $N_{max}(r, \vartheta)$ occurs on the "wake" axis behind the body at a distance $z_{max}$ depending on the potential $\varphi_0$. If $\varphi_0 \simeq kT/q$, one finds $N_{max} \simeq 1.23\, N_0$ and $z_{max} \simeq 3\varrho_0$. However, close to the body surface with low values of $\varphi_0$ a small rarefaction region forms too. For instance, if $\varphi_0 \simeq kT/q$ when $z/\varrho_0 = 1$, one finds $N(1, 0) = 0.21\, N_0$. But with increasing body potential the rarefaction region gradually vanishes, particle condensation increases and the place of maximum density comes nearer to the body. When $\varphi_0 = 200\, kT/q$, $N_{max} = 17.9\, N_0$ and $z_{max} = 1.3\,\varrho_0$. On the other hand, with increasing velocity, the maximum $N_{max}$ recedes from the body surface because the rarefaction region expands (the "shadow" of the body becomes longer).

As for $v_0 \gg V_{T_i}$, two competing effects determine the structure of the disturbance around a slowly moving body: "shadowing" of particles behind the body, and "focusing" due to the electric field. In order to illustrate these effects we give in Figs. 40 and 41 results[2] for different values of $\frac{|q\varphi_0|}{kT}$.

$\beta$) For a large body ($\varrho_0 \gg \lambda_D$), theoretical calculations[3] have been completed for small velocities $v_0 \ll V_{T_i}$. Outside the DEBYE screening region ion and electron

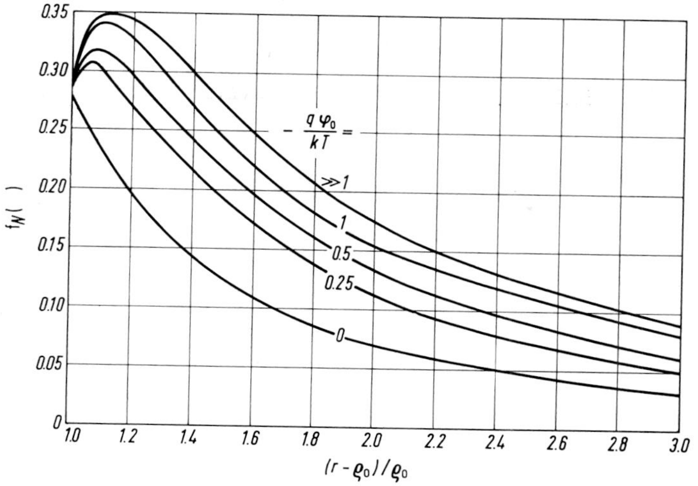


Fig. 42. Graphs of the function $f_N(r/\varrho_0, |q\varphi|/kT)$. ($\varrho_0 \ll \lambda_D$, $v_0 \simeq V_{T_i}$).

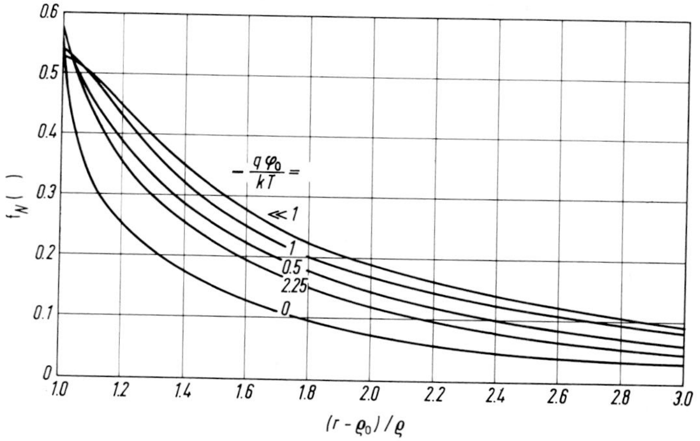


Fig. 43. Graphs of the function $f_\varphi(r/\varrho_0, |q\varphi|/kT)$. ($\varrho_0 \ll \lambda_D$, $v_0 \simeq V_{T_i}$).

concentrations and potential (for a negatively charged body) can be written as

$$\begin{aligned}
\frac{N_i(r,\vartheta)}{N_0} &= \frac{N_i(r)}{N_0} + \frac{v_0}{V_{T_i}} f_N\left(\frac{r}{\varrho_0}, \frac{|q\varphi_0|}{kT}\right)\cos\vartheta,\\
\frac{N_e(r,\vartheta)}{N_0} &= \frac{N_e(r)}{N_0} + \frac{v_0}{V_{T_i}} f_N\left(\frac{r}{\varrho_0}, \frac{|q\varphi_0|}{kT}\right)\cos\vartheta,\\
\varphi(r,\vartheta) &= \varphi(r) + \frac{v_0}{V_{T_i}}\frac{kT}{q} f_\varphi\left(\frac{r}{\varrho_0}, \frac{|q\varphi_0|}{kT}\right)\cos\vartheta,
\end{aligned} \tag{16.3}$$

where $N_i(r)$, $N_e(r)$ and $\varphi(r)$ are the magnitudes of these values when $v_0=0$. Graphs of the functions $f_N\left(\frac{r}{\varrho_0}, \frac{|q\varphi|}{kT}\right)$ and $f_\varphi\left(\frac{r}{\varrho_0}, \frac{|q\varphi|}{kT}\right)$ obtained by numerical methods are presented for different values of in Figs. 42 and 43.[3]

[3] A. M. Moskalenko: Ž. Eksperim. i Teor. Fiz. (JETP) **57**, 1790 (1969); Geomagnetism i Aeronomija (Geomagnetism and Aeronomy) **10**, 974 (1970).

## III. Scattering of radio waves from the trail of a rapidly moving body.

**17. General description of scattering.** As we have seen in Sect. 9, the trail of a rapidly moving body is an inhomogeneous "wake" or "cloud" extending behind it and which the body carries with it. The "wake" is described by a disturbance $\delta N(r)$ of the electron density and hence by a disturbance of the dielectric permeability of the plasma surrounding the body. As can be easily understood, since the extension of the trail is of the order of the particle free path, at larger distances the disturbance becomes extremely small. The mean free path, gradually increasing with altitude in the ionosphere due to the declining number of particle collisions, extends to hundreds of metres, several kilometers and more. Despite the fact that $\delta N(r)$ is small in the far zone of the trail which comprises the main part of its length, one would under certain conditions expect considerable scattering of electro-magnetic waves from this long, inhomogeneous cloud formed behind the body.

α) *First simple estimates* of this effect[1] showed that, if one takes into account the influence of the external (geomagnetic) field, the effective cross-section $\sigma$ of radio waves scattered from the trail may reach 100 m² and more and exceed the scattering cross-section of the body itself by several orders of magnitude. Further rigorous and detailed theoretical studies of this effect [*5*][2] confirmed that under certain conditions the scattering cross-section of the body trail may be of great importance. If the body moves below the electron density maximum in the ionosphere near the caustic, $\sigma$ can even be of the order of $10^4$ m² and more.[3,4] At the same time, up to the present there are no convincing results in the literature experimentally confirming this effect. In particular, as we shall see below, this is due to the fact that reflection occurs, and hence a lobe structure. The width of the main lobe is only of the order of fractions of a degree. Since the body is moving rapidly, the scattered field can be detected on the Earth's surface only with a duration of 1 s or less. Special, very precise experimental investigations of this effect are needed. We feel that the various reports in the literature [*17*][5] reporting large scattering cross-sections should not be taken for granted. Of course, there is no doubt that the effect of radio-wave scattering from the body trail is of great theoretical interest for studying the physics of the interaction of moving bodies with the plasma; it is also in some respects of practical interest. The results of some theoretical investigations of radio-wave scattering are briefly outlined below.

β) *Perturbation theory* can be used to calculated the scattering from the body trail, since the relative density effect, $\delta N(r)$, is quite small in that part of the trail which plays a role in radio-wave scattering. Following the calculation technique given in[6], the effective differential cross-section $d\sigma$ can be found. $d\sigma$ is the contribution to the effective cross section as obtained by considering scattering

[1] JA. L. AL'PERT: Uspehi Fiz. Nauk **71**, 369 (1960).

[2] JA. L. AL'PERT i L. P. PITAJEVSKIJ: Geomagnetism i Aeronomija (Geomagnetism and Aeronomy) **1**, 709 (1961).

[3] A. V. GUREVIČ i L. P. PITAJEVSKIJ: Geomagnetism i Aeronomija (Geomagnetism and Aeronomy) **6**, 842 (1966).

[4] V. V. VAS'KOV: Geomagnetism i Aeronomija (Geomagnetism and Aeronomy) **9**, 847 (1969).

[5] J. D. KRAUS, R. C. HIGGY, D. J. SCHERR, and W. R. CRONE: Nature **185**, 220 (1960).

[6] L. D. LANDAU i E. M. LIFŠIC: The Electrodynamics of Continua (Solid Media). Moscow: Gostechizdat 1959.

into the solid angle element $\mathrm{d}o$.

$$\mathrm{d}\sigma = \frac{|\boldsymbol{E}_s|^2}{|\boldsymbol{E}_0|^2} r^2 \mathrm{d}o = \frac{1}{16\pi^2}\left(\frac{\omega_N}{c_0}\right)^4 \frac{|\delta \tilde{N}_{\boldsymbol{q}}|}{N_0^2} \sin^2\psi \, \mathrm{d}o. \tag{17.1}$$

This value determines the backscattered energy into a solid angle of 1 sr, $|\boldsymbol{E}_0|$ being the electric field of the incident wave, and $|\boldsymbol{E}_s|$ the scattered electric field. $\psi$ is the angle between the electric field $\boldsymbol{E}_0$ of the incident wave and the wave vector $\boldsymbol{k}_s$ of the scattered wave, $\omega_N^2 = \frac{\mathrm{u}\, q^2 N}{\varepsilon_0 m_e}$ is the square of the plasma pulsation, and $\delta N_{\boldsymbol{q}}$ is a spatial FOURIER component of the disturbed electron concentration $\delta N(r)$. Thus, the differential scattering cross-section $\mathrm{d}\sigma$ is determined by the disturbed electron concentration in the $\boldsymbol{q}$ space, namely the dimensionless quantity

$$\delta \tilde{N}_{\boldsymbol{q}} = \int \mathrm{d}^3 r \, \delta N(r) \, \mathrm{e}^{-i\boldsymbol{q}\cdot\boldsymbol{r}}, \tag{17.2}$$

where

$$\boldsymbol{q} = \boldsymbol{k}_s - \boldsymbol{k}_0 \tag{17.3}$$

and $\boldsymbol{k}_s$ and $\boldsymbol{k}_0$ are the wave vectors of the scattered and incident waves, respectively. $\mathrm{d}o$ is a differential element of solid angle (with dimension sr).

An analytical solution of the stationary ($\partial f/\partial t = 0$) kinetic equations, Eq. (3.7) in the quasi-neutral approximation, assuming the MAXWELL-BOLTZMANN law, Eq. (3.12), allows one to obtain an expression for the disturbance $\delta \tilde{N}_{\boldsymbol{q}}$ [5].[7] This facilitates the computation of $\mathrm{d}\sigma$. For a sphere with radius $\varrho_0$ one computes the effective cross-section as

$$\mathrm{d}\sigma = \frac{1}{16}\left(\frac{\omega_N}{c_0}\right)^4 \frac{\varrho_0^4 v_0^2}{\Omega_{B_i}^2} \mathrm{F}(\tau, \zeta, \delta, \eta) \, |\mathrm{G}(q\varrho_0, \chi)|^2 \sin^2\psi \, \mathrm{d}o, \tag{17.4}$$

where $\chi$ is the angle between the vectors $\boldsymbol{q}$ and $\boldsymbol{v}_0$, F and G scattering functions*,

$$\begin{gathered} \tau = \frac{\boldsymbol{q}\cdot\boldsymbol{v}_0}{\Omega_{B_i}} \cos\chi = \frac{\boldsymbol{q}\cdot\boldsymbol{v}_0}{\Omega_{B_i}} (\cos\Theta_0 \sin\Theta_{\boldsymbol{q}} + \sin\Theta_0 \cos\Theta_{\boldsymbol{q}} \cos\varphi_{\boldsymbol{q}}), \\ \zeta = \frac{1}{4} \frac{V_{T_i}^2 |\boldsymbol{q}^2|}{\Omega_{B_i}^2} \sin^2\Theta_{\boldsymbol{q}}, \qquad \delta = \frac{1}{2} \frac{V_{T_i}^2 |\boldsymbol{q}^2|}{\Omega_{B_i}^2} \cos^2\Theta_{\boldsymbol{q}}, \qquad \eta = \frac{\nu_{ii}}{\Omega_{B_i}}. \end{gathered} \tag{17.5}$$

$\Theta_{\boldsymbol{q}}$ is the angle between $\boldsymbol{q}$ and the normal to $\boldsymbol{B}_♁$, $\varphi_{\boldsymbol{q}}$ is the angle between the planes $(\boldsymbol{q}, \boldsymbol{v}_0)$ and $(\boldsymbol{v}_0, \boldsymbol{B}_♁)$, $\Theta_0$ is the angle between $\boldsymbol{v}_0$ and $\boldsymbol{B}_♁$, and $\nu_{ii}$ is the effective collision frequency between ions.

## 18. The scattering functions.

α) Functions $\mathrm{F}(\tau, \zeta, \delta, \eta)$ and $\mathrm{G}(q\varrho_0, \chi)$ can be calculated only by numerical integration methods.[1] The function G varies smoothly and very slowly with the angle $\chi$. The maximum of $\mathrm{d}\sigma$ occurs at low values of $\chi$. Therefore it is allowed to replace $\mathrm{G}(q\varrho_0, \chi)$ by the relevant value for the argument $\chi = \pi/2$. Then

$$\mathrm{G}\left(q\varrho_0, \frac{\pi}{2}\right) = \left[\frac{\mathrm{J}_1(q\varrho_0)}{q\varrho_0}\right]^2, \tag{18.1}$$

where $\mathrm{J}_1(q\varrho_0)$ is the BESSEL function of first kind[2]

$$\mathrm{J}_1(x) = \frac{1}{2\pi}\int_{-\pi}^{+\pi} \mathrm{d}t \exp(i(x \sin t - t)) = \frac{x}{2}\sum_{m=0}^{\infty} \frac{(-1)^m x^{2m}}{2^{2m} m!(m+2)!}.$$

---

[7] L. P. PITAJEVSKIJ: Geomagnetism i Aeronomija (Geomagnetism and Aeronomy) **3**, 1036 (1963).

* Do not confound F with the plasma density disturbance functions of Subchapters I and II.

[1] JA. L. AL'PERT i L. P. PITAJEVSKIJ: Geomagnetism i Aeronomija (Geomagnetism and Aeronomy) **1**, 709 (1961).

[2] JAHNKE-EMDE-LÖSCH: Tables of higher Functions (7th ed.). Stuttgart: Teubner 1966, p. 134 and 145.

β) The basic properties of $d\sigma$ are determined by the function $F(\tau, \zeta, \delta, \eta)$. Therefore, we call it the *scattering function*. It depends on four parameters which in their turn depend on the velocity of the body $\boldsymbol{v}_0$ and its angle $\Theta_0$ with the Earth's magnetic field $\boldsymbol{B}_{\oplus}$, also on the ion thermal velocity $V_{T_i}$, the ion gyrofrequency $\Omega_{B_i}$, and the ion-ion collision frequency $\nu_{ii}$. The properties of the function $F(\tau, \zeta, \delta, \eta)$ are seen from the figures and Table 3 below; values have been calculated for three ionospheric altitudes, $z = 300$, 400 and 700 km, where the effect of scattering from the trail seems most pronounced. For a narrow region in the vicinity of the differential cross-section maxima (see below), the following approximate analytical formula has been obtained[3] instead of Eq. (17.4):

$$d\sigma = \frac{1}{16}\left(\frac{\omega_N}{c_0}\right)^4 \frac{\varrho_0^4 v_0^2}{\nu_{ii}^2} |P_n|^2 \, do, \tag{18.2}$$

where the function

$$P_n = \frac{\sqrt{\pi}}{a} \frac{W(d)\, e^{-\mu} I_n(\mu)}{2 + i\sqrt{\pi}\left[n \frac{\Omega_{B_i}}{a\nu_{ii}} + \left(d + \frac{i}{a}\right)\right] W(d)\, e^{-\mu} I_n(\mu)}, \tag{18.3}$$

and

$$W(d) = e^{-d^2}\left[1 + \frac{2i}{\sqrt{\pi}} \int_0^d dt\, e^{t^2}\right] \tag{18.4}$$

is the KRAMP function which is related with $I(x)$ of Eq. (5.11) by

$$W(x) = \exp(-x^2) + \frac{2i}{\sqrt{\pi}} I(x).$$

For $d \gg 1$, $W(d) \sim \frac{i}{d}$ one has in Eq. (18.3)

$$d = \left(\frac{b}{a} + \frac{i}{a}\right), \quad a = \frac{|\boldsymbol{q}_{\parallel}| V_{T_i}}{\nu_{ii}}, \quad b = \frac{(\boldsymbol{q} \cdot \boldsymbol{v}_0) - n\Omega_{B_i}}{\nu_{ii}}, \quad \mu = \frac{1}{2} |\boldsymbol{q}_{\perp}|^2 \frac{V_{T_i}^2}{\Omega_{B_i}^2}. \tag{18.5}$$

$n = 1, 2, \ldots$ identifies the order of the successive maxima of $d\sigma$. $|\boldsymbol{q}_{\parallel}|$ and $|\boldsymbol{q}_{\perp}|$ are the components of $\boldsymbol{q}$ parallel and normal with respect to $\boldsymbol{B}_{\oplus}$ and $I_n(d) > 0$ is the BESSEL function with imaginary argument. Eq. (18.3) is rather complicated but it does enable $d\sigma$ to be determined without numerical integration methods. However, a complete analysis of the properties of the scattering cross-section was made on the basis of investigations of the exact formula,[1] Eq. (17.4), a few numerical results will be given below.

γ) The main peculiarity of the scattering function $F(\tau, \zeta, \delta, \eta)$ is its oscillating, multi-lobe, *angular character* (Fig. 44). If $\Theta = 0$, i.e. if the body moves along the Earth's magnetic field $\boldsymbol{B}_{\oplus}$ (also where $\Theta_{\boldsymbol{q}} = 0$) the main maximum of the scattering function (i.e. the zero-order (0) maximum) corresponds to $\tau = 0$ [Eq. (17.5)] $\left(\chi = \frac{\pi}{2}\right)$; the secondary maxima (orders $\pm 1, 2 \ldots$) are situated symmetrically at both sides of it. This is evident from Fig. 44a, where curves are given for various values of the parameters $\zeta$ and $\sigma$ [Eq. (17.5)]. An analysis of the general properties of the scattering function shows that its main maximum has the largest values when $\Theta_0 = 0 = \Theta_{\boldsymbol{q}}$. If $\Theta_0 = 0$, the main maximum corresponds to "specular reflection" from the direction of the magnetic field $\boldsymbol{B}_{\oplus}$. This means that the bisector of the angle $(\boldsymbol{k}, \boldsymbol{k}_s)$, i.e. the vector $\boldsymbol{q}$, is perpendicular to $\boldsymbol{B}_{\oplus}$. Since $F(\Theta_{\boldsymbol{q}})$

[3] V. V. VAS'KOV: Kosm. Issled. (Cosmic Research) 7, 559 (1969).

In a magnetized plasma the formula for $\delta \tilde{N}_{\boldsymbol{q}}$ is similar to Eq. (22.2) for an isotropic plasma [5]. As when $B_{\ddot{o}}=0$, $\delta \tilde{N}_{\boldsymbol{q}}$ has a dispersion denominator whose behaviour is determined by the spectra of magneto-acoustic waves of various types. The wave nature of the disturbance when $|\boldsymbol{B}_{\ddot{o}}| \neq 0$ is naturally more complicated than in the isotropic case.[3]

**23. Interaction between electromagnetic waves and the wake of a body.** Under certain conditions various "resonances" can be observed in the inhomogeneous cloud moving with the body; these are due to interaction of the currents excited in it with the field of incident electromagnetic waves. Plasma oscillations emerging in the wake itself may also modulate the incident waves. In the body trail one can expect coherent excitation of simultaneous oscillations on certain frequencies satisfying different resonance conditions of the plasma; there are, for instance, frequencies in the vicinity of the higher and lower hybrid resonances. Due to such resonances the electric fields around the body assume a complicated structure.

α) *Relevant data* have been observed on satellites and have not so far been given an adequate theoretical explanation. They seem to be due to wave processes produced by interaction of the "wake" with the natural electromagnetic emission of the surrounding plasma.

Interesting data of this type, calling for further theoretical investigation, were obtained from the OGO 1 satellite.[1] Some features are correlated with the period of revolution of the body, or with the orientation of the trail relative to the vector of the external magnetic field $\boldsymbol{B}_{\ddot{o}}$; or again the velocity of the waves incident on the body agrees with the velocity of the body $\boldsymbol{v}_0$, etc. It should be stressed that this entire range of phenomena has not yet been adequately studied.[2,3]

β) Let us briefly describe here for the purpose of illustration one theoretically analyzed case of *"resonance" interaction* of the wave packet incident on the body trail, which seems to explain some experimental data.

It was shown[4,5] that if the "resonance" condition

$$\frac{d\omega}{d\boldsymbol{k}} = \boldsymbol{v}_0 \tag{23.1}$$

is satisfied (i.e. if the group velocity of the incident wave packet is equal to the body velocity and the vector $\boldsymbol{v}_0 \perp \boldsymbol{B}_{\ddot{o}}$ in the inhomogeneous trail) oscillations are excited which correspond to the resonance branch of oscillations in the vicinity of the lower hybrid frequency $\omega_1$ [see Eq. (4.13)]. Physically, the condition Eq. (23.1) means that the incident wave packet on the body moves together with the body trail, which itself contributes to the strong interaction. In fact, the incident wave packet polarizes the inhomogeneous cloud. Slow longitudinal waves are excited in it and the effect is long-lasting. These theoretical calculations were stimulated by some effects observed aboard the Alouette satellite [*18*].[6,7] Whistlers which were recorded on this satellite (see branch (a) in Fig. 50) excited plasma oscillations (branch (b) in Fig. 50) which were cut off on the lower hybrid frequency.

---

3 J. T. M. Schmitt: Laboratoire de Physique des Milieux ionisés. Ecole Politechnique, Paris 1972.

1 R. A. Helliwell: VLF Observations, Report to IAGA-Assembly at Moscow 1971.

2 A. V. Gurevič and L. P. Pitajevskij: Geomagnetism i Aeronomija (Geomagnetism and Aeronomy) **2**, 847 (1966).

3 Yu. S. Sajasov i L. A. Žižimov: Radiotehn. i Electron. **8**, 499 (1963).

4 N. I. Bud'ko: Thesis for Cand. Sci. Degree, Moscow 1969.

5 N. I. Bud'ko: Geomagnetism i Aeronomija (Geomagnetism and Aeronomy) **9**, 430 (1969).

6 D. J. McEwen and R. E. Barrington: Can. J. Phys. **45**, 13 (1967).

7 N. M. Brice, and R. L. Smith: J. Geophys. Res. **70**, 71 (1965).

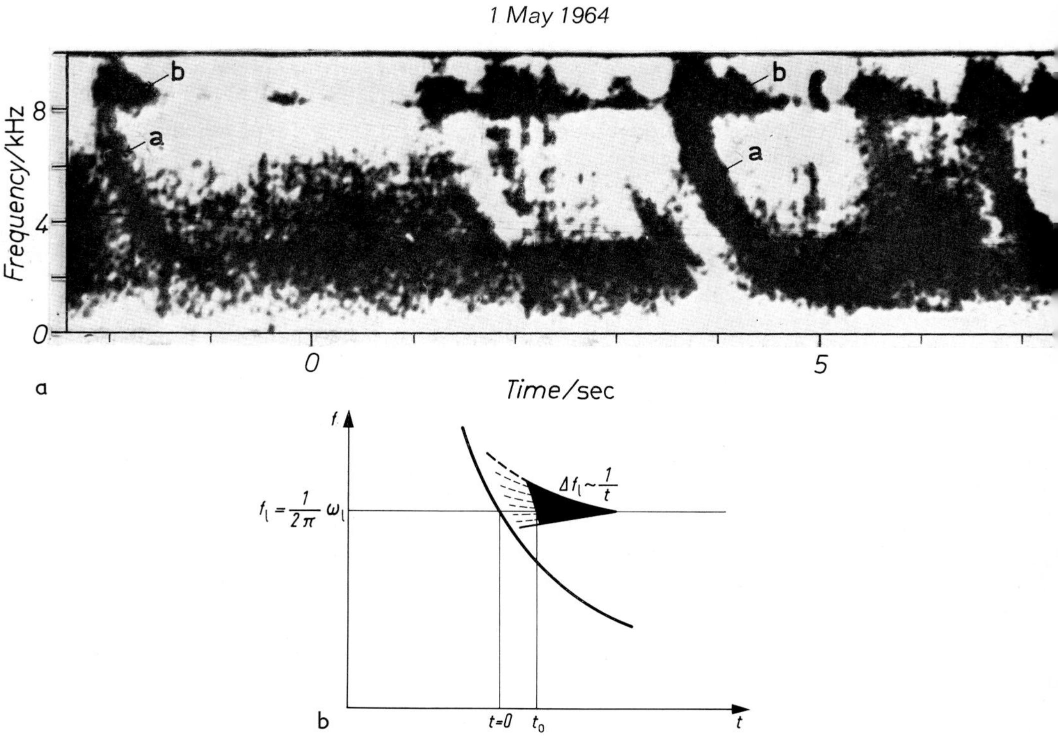


Fig. 50a and b. On top: Experimental frequency record $f(t)$ of lower hybrid resonance waves mark (b) stimulated by whistler (a). Below: Theoretical explanation by schematical diagram, same coordinates.

$\gamma$) *Theoretical calculations* of this effect[5] gave results schematically depicted in Fig. 50 (the lower part of the figure); they agree rather well with experimentally obtained time-dependent spectra of oscillations near the lower hybrid frequency. The theoretical results given in Fig. 50 correspond to time intervals

$$t \gg t_0 \sim \lambda_l / v_0 \tag{23.2}$$

for which simple formulae are obtained. $\lambda_l$ is the wavelength of the excited oscillations. The frequency range $\Delta f_l$ of this packet of waves and the relevant amplitude $E_l$ vary as a function of time as follows:

$$\Delta f_l \sim \frac{1}{t}, \qquad E_l \sim \frac{1}{t^{\frac{3}{2}}}. \tag{23.3}$$

With the experimental results presented in Fig. 50 from data of various measurements, one obtains $t_0 \approx 0.1$ s. However, no quantitative comparison of theoretical and experimental data could be made, since the publications[6,7] do not give the necessary data on the amplitude of the oscillations $E_l$, its dependence on time, the width of the packet $\Delta f_l$ of the excited waves, etc. At the same time it is evident that even this single case where the theory agrees with the experiment confirms the great interest in the theory of the effects described here.

**24. Emission from the wake and instability.** Summing up, we may note that near a body waves can be excited which are determined by the ion motion, since $V_{T_i} \ll v_0$. There is little attenuation of such oscillations, firstly, if their wavelength is shorter than the mean free path of the ions and, secondly, if the plasma is nonisothermal ($T_e \gg T_i$). Since the thermal electron velocity is usually $V_{T_i} \gg v_0$, and hence the phase velocity of expected electron waves will also be greater than $v_0$, more favourable and special conditions are required to excite electron waves than ion waves. However, "electron resonances" can be favoured, for instance, by radio-wave scattering on the inhomogeneous (quasi-periodic) structure of the body trail, by a favourable orientation of the vector $\boldsymbol{B}_{\circ}$ with respect to $\boldsymbol{v}_0$, i.e. by the influence of the external magnetic field, and other reasons.

Therefore, there are no sufficient reasons to neglect the possibility of their excitation. It should be noted that in the above-mentioned experiments on the satellites Gemini-Agena[1] and Explorer XXI[2] it was established that behind the body along its axis (along $\boldsymbol{v}_0$) the effective electron temperature $T_{eff}$ is higher by a factor of (1.5 ... 2) than $T_e$ of the undisturbed plasma. This fact is obviously connected with the violation of the maxwellian electron distribution in the vicinity of the body. But whatever the cause of this effect, it can provoke plasma instability and wave excitation near the body.

Conditions which contribute to the plasma instability and to an increase in disturbances near "resonances" of different types also prevail in the body trail. First, some instability is associated with the inhomogeneous distribution of concentration and temperature in the plasma surrounding a body; in the presence of the external magnetic field this can lead to rising oscillations of certain types. Second, close to the body the effective ion temperature $T_i \ll T_e$, [*5, 11*] is considerably lower than the electron temperature, so that two streams of particles form around the body, i.e. the plasma beam instability causes small deviations from the stationary state, which excite wave processes within the plasma. It seems, however, that in this case the increments are small under real conditions. In problems of this type a great and in some cases a decisive role can be played by the interaction between the body trail and the particle fluxes incident on it, e.g. solar corpuscular emissions. Once again it is important in this context to take account of the properties of the body surface when it is interacting with particle fluxes (see Sect. 5 above) and its potential $\varphi_0$ (see, for instance, [3]).

Some cases of plasma instability near moving bodies, in particular those depending on photoemission at their surface, have been considered in [4,5]. An interesting type of instability, which may also play part in the vicinity of moving bodies, is studied in [6]. This instability mechanism depends on the presence of different kinds of ions in the ionosphere, which induce an electric field behind the body. This accelerates the motion of light ions and may possibly excite ion-acoustic waves.

[1] B. E. Troy, D. B. Medved, and U. Samir: J. Astr. Sci. **18**, 173 (1970).

[2] U. Samir and G. L. Wrenn: Planet. Space Sci. **20**, 899 (1972).

[3] A. V. Gurevič: Geomagnetism i Aeronomija (Geomagnetism and Aeronomy) **4**, 247 (1964).

[4] V. V. Smirnova: Geomagnetism i Aeronomija (Geomagnetism and Aeronomy) **7**, 33 (1967).

[5] V. V. Smirnova: Ž. Tehn. Fiz. **39**, 49 (1969).

[6] A. V. Gurevič, L. V. Parijskaja, i L. P. Pitajevskij: Ž. Eksperim. i Teor. Fiz. (JETP) **63**, 516 (1972).

## C. Waves and oscillations in the near-Earth plasma and in the ionosphere.

### 25. Brief description of the results of various experiments.

α) Over the last few years wave processes taking place in the near-Earth plasma (ionosphere, plasmapause region, magnetosphere) as well as in the magnetosheath, in the interplanetary space and in the solar wind up to a million and more km from the Earth have been subjected to intense study. This has yielded many new experimental data and attempts at theoretical explanation. The state of this field of plasma physics is characterized by the importance of experimental results and the emphasis on improving measuring techniques. Theoretical calculations have made it possible to expand concepts both on the mechanisms of wave excitation in the plasma regions under review and on the propagation of waves of various types in the ionosphere, but many facts remain unexplained. This is partly because values characterizing the state of the plasma are not measured simultaneously with the spectra of the wave processes, and the experimental data are thus not adequate for a theoretical analysis. However, this situation has developed mainly because the explanation of some phenomena seems to lie outside the linear theory and because of the great complexity of the theoretical approach to a number of specific problems. Often the very formulation of the problem in theoretical terms presents difficulties.

The generalization of the very large amount of information reported in the literature involves at present great difficulties, and consideration of this wide and multifaceted field of investigation is far beyond the purpose and scope of this review. This chapter is intended to give the reader a brief but exact account of the state of the art regarding the investigation of wave processes in the vicinity of the Earth. Of course, this imposes definite *restrictions*.

*First*, there will be an outline of the basic experimental results showing which types of waves were observed over a wide frequency range in the near-Earth plasma. Some brief remarks of a theoretical nature will be made here.

*Second*, experimental data obtained directly in the plasma will be discussed, mainly measurements from satellites and space probes. However, no complete picture of the types of waves observed in the near-Earth plasma can be obtained without using ground-based observations. Hence, some data of this type will also be given below.

*Third*, we shall consider results of studies in the external ionosphere, i.e. at distances up to 4 ... 5 $R_R$ from the centre of the Earth, at the plasmapause, and in the magnetosphere at distances up to (10 ... 12) $R_R$. However, to give a comprehensive picture of the wave processes observed, it is necessary to include some facts which were recorded at much greater distances, namely, in the interplanetary space, in the solar wind, about 1 Gm (one million km) from the Earth.

β) The various experimental results discussed below are characterized by the following peculiarities:

1. From artificial Earth satellites and space probes plasma waves and oscillations have been observed *in all the resonance regions* predicted by the linear theory (see Fig. 3). These are a resonance branch adjacent to the gyroresonance of ions, a branch of oscillations between the lower hybrid frequency and the gyroresonance of electrons, LANGMUIR waves, and waves at the upper hybrid frequency. At the same time, longitudinal ion-acoustic (electrostatic, $\boldsymbol{E} \| \boldsymbol{k}_0$) waves (magneto-acoustic waves) are recorded which can exist only in a nonisothermal plasma (see Figs. 5 and 6), as well as multiple ion and electron gyroresonances [see Eqs. (5.30) and (5.31)].

2. An important and recurrent feature of the results of many experiments is that the waves received are often recorded as *transverse electromagnetic waves*, i.e. $\boldsymbol{k}_0 \perp \boldsymbol{E}, \boldsymbol{B}$ of the wave, and the data obtained conform to the ratio

$$\frac{|\boldsymbol{B}|}{|\boldsymbol{E}|} = \frac{n}{c_0} \tag{25.1}$$

linking the electric and magnetic components of transverse waves ($n$ is the refractive index of the wave, $c_0$ is the velocity of light in vacuum). Of their nature, these waves can be excited only as longitudinal waves, so that the electric component $\boldsymbol{E}$ must predominate. Their existence bears witness to the fact that in the near-Earth plasma the *transformation of longitudinal waves into transverse ones* takes place by mechanisms which have not so far been explained theoretically. This will be a very important task for future theoretical investigations, since ground-based observations record only transverse electromagnetic waves coming from the ionosphere. At the same time the appropriate electromagnetic oscillations are received in the frequency ranges where, in the near-Earth plasma, resonance branches of only longitudinal waves are excited.

3. Resonances are very active at the *lower hybrid frequency*. The lower hybrid frequency plays a big role in various effects occuring in the near-Earth plasma. At this frequency the "*cutoff*" of oscillations excited in the plasma is observed, also the "*reflection*" of waves propagating in it which are emitted by sources distant from the observation point. In the range between the lower hybrid and ion-cyclotron frequencies, *waves are trapped in the near-Earth plasma* since they can propagate at any angle to the magnetic field. This leads to complicated trajectories of VLF waves. The emergence of waves of these types is promoted also by the multicomponent ion composition at altitudes up to $z \sim 1\,000$ km. This explains why waves are observed aboard satellites which cannot be recorded on the Earth's surface, namely, subprotonospheric whistlers, magnetosphere-reflected (MR) whistlers, ν whistlers and other waves.

4. Many experiments record both wide- and narrow-band plasma oscillations whose *excitation mechanisms are unknown*. Some of the results of these experiments are described below. Of great interest here is the stable existence (for many minutes) of narrow-band longitudinal waves on the frequencies $\frac{3}{2}\,\omega_B, \ldots, \frac{s+1}{2}\,\omega_B$ ($s$ being an even number) predominantly in the vicinity of the magnetic equator. The excitation of double and triple resonance oscillations $2\omega_{\mathrm{T}}$ and $3\omega_{\mathrm{T}}$ ($\omega_{\mathrm{T}}$ is the upper hybrid pulsation) and double $2\omega_N$ resonance ($\omega_N$ is the plasma pulsation or Langmuir electron pulsation) was observed under the impact of radio wave pulses emitted from satellites. Plasma oscillations are recorded on combination frequencies $(\omega_{\mathrm{T}} - \omega_B)$, $(\omega_N - \omega_B)$ and also on various frequencies which cannot be simply identified with the characteristic resonance frequencies known from linear plasma theory.

γ) There are hundreds of papers describing wave processes in the near-Earth plasma and in the interplanetary plasma. An analysis of this literature shows the lack of clearcut terms and classification of various waves. This is partly due to the fact that their mechanisms and the altitude ranges of the sources of their excitation are unknown. For instance, waves whose frequencies are larger than the gyropulsation $\omega_B$ or the plasma pulsation $\omega_N$, observed at large distances from the Earth, are called in some papers very-low-frequency or low-frequency (VLF or LF) waves. But these must be classified here as high-frequency (HF) waves since they are accounted for by electron oscillations only. Yet other papers place in the VLF or LF class waves with the frequency $\omega < \omega_1$ ($\omega_1$ is the lower hybrid frequency) or with a frequency lying between $\omega_1$ and $\omega_B$, i.e. waves whose behaviour is essentially determined by ion oscillations. Only when $\omega \gg \omega_1$ and $\omega \to \omega_B$ does the role of ions gradually vanish. The term extra-low-frequency (ELF) waves is equally vaguely defined and is often applied to waves with the frequency $\omega > \Omega_B$ and even $\omega \gtrsim \omega_1$. In other papers waves with the frequency $\omega < \Omega_B$ are called ELF waves. In the Russian literature the term SLF (specially-low-frequency) waves has come into being but this, too, is used rather ambiguously.

δ) The following *classification of emissions* in the frequency ranges observed in the near-Earth plasma has been set up on the basis of detailed studies of abundant experimental data with the object of avoiding confusion. The author thinks the classification used above to describe the branches of resonance oscillations, Eqs. (4.10) through (4.14), is physically justifiable. The further exposition is given along the following lines:

ELF waves are waves in the frequency range $0 < \omega \lesssim \Omega_B \equiv \omega_{B_i}$

VLF waves are waves in the frequency range $\Omega_B \lesssim \omega \leqq \omega_1$,

LF waves are waves in the frequency range $\omega_1 < \omega \leqq \omega_B \equiv \omega_{B_e}$

HF waves are waves in the frequency range $\omega > \omega_B$.

Of course, any terminology or classification always has some conventional elements. Here it is also difficult and often even impossible in principle to draw a boundary between various classes of waves, especially waves whose mechanisms are associated with the plasma nonisothermality. In this case the boundary $\omega_1$ set between VLF and LF waves is indistinct since in this frequency range the LANGMUIR ion frequency $\Omega_N$ is the characteristic frequency and not the lower hybrid frequency $\omega_1$.

It stands to reason that the following sections will contain overlapping data, but the very fact of having a classification at all permits a more definite physical approach to the various experimental data and a more precise exposition of the results.

# I. Investigations of ELF waves.

## 26. ELF whistlers.

α) In order to have a consistent nomenclature, we include here in the ELF range only that range ($0 < \omega \leqq \Omega_B$) in which the frequency of the phenomena considered is lower than the proton gyrofrequency $\Omega_B[H^+]$. In the ionosphere, where various kinds of ions play a role, some phenomena are also caused by waves with frequencies between the gyroresonances of individual ions (see Fig. 4). The literature contains the least number of experimental data corresponding to this frequency range. A number of plasma oscillations, called ELF hiss or waves in publications, concern processes which were excited in plasma regions where their frequency was far above $\Omega_B[H^+]$. For instance, in [1] ELF noise, as the authors call it was recorded in the frequency range $f = 100 \ldots 800$ Hz mainly at distances $R \simeq 3.5\, R_E$ ($L \approx 6$) from the Earth and at the geomagnetic latitude $\Phi \sim 45°$, where $\Omega_B[H^+] \gtrsim 100$ Hz. Thus, the data observed in these experiments must refer to VLF waves since the corresponding frequency range lies in the region $\Omega_B < \omega < \omega_1$. Therefore, when such experimental results are used below, they are described in the appropriate section, i.e. some of the results of [1] are considered in Sect. 28.

β) *"Hydromagnetic whistlers"*.

(i) From the late sixties chains of discrete wave packets of magnetospheric origin with frequencies between a fraction of 1 Hz and a few Hz have been recorded on the Earth's surface.[2-4] At first they were called pearl-type micropulsations [20].[5] Subsequently it was realized that these wave packets propagate

[1] C. T. RUSSELL and R. E. HOLZER: J. Geophys. Res. **74**, 755 (1969).

[2] H. BENIOFF: J. Geophys. Res. **65**, 1413 (1960).

[3] V. A. TROITSKAJA: J. Geophys. Res. **66**, 5 (1961).

[4] T. SAITO: Sci. Rep. Tokyo Univ. **5**, (14), 81 (1962).

[5] See E. SELZER, this Encyclopedia, Vol. 49/4, 231–330 and many records shown in the annex, p. 331–394.

like electron whistlers, being guided along the Earth's magnetic lines of force and crossing the source position.[6] Hence, these signals were called hydromagnetic whistlers. They correspond to the ion branch turning into the ALFVÉN wave when $\omega \to 0$, but into the ion-cyclotron wave when $\omega \to \Omega_B$ [see Fig. 1 and Eqs. (4.15), (4.16), (4.22) and (7.14)]. Being reflected at magneto-conjugate points, these waves create a chain of discrete signals at the observation point. The temporal variation of the frequency of these wave packets $d\omega/dt$ is determined by their dispersion law, i.e. by $dn/d\omega$. The initially discovered kind of wave packets have a frequency which increases with time:[7–11] $d\omega/dt > 0$. Samples of sonagrams (frequency $\omega$ as a function of time of propagation $t$) of these wave packets are presented[12,13] in Figs. 51 and 52. The upper part of Figs. 51 shows sonagrams of rarely observed wave packets with an opposite sign of the time derivative $d\omega/dt < 0$. They correspond to the electron branch which, at the limit when $\omega \to 0$, goes over into the quick "modified ALFVÉN wave" and, when $\omega > \Omega_B$ and $\omega_1$, goes over into an electron whistler. See Fig. 1 and Eqs. (4.17), (4.21) and (7.14).

(ii) Figs. 51 and 52 have a number of peculiarities. Later experiments have established that these wave packets are excited predominantly at distances of $(5 \ldots 9)\, R_E$ from the Earth's centre where the electron and ion concentrations

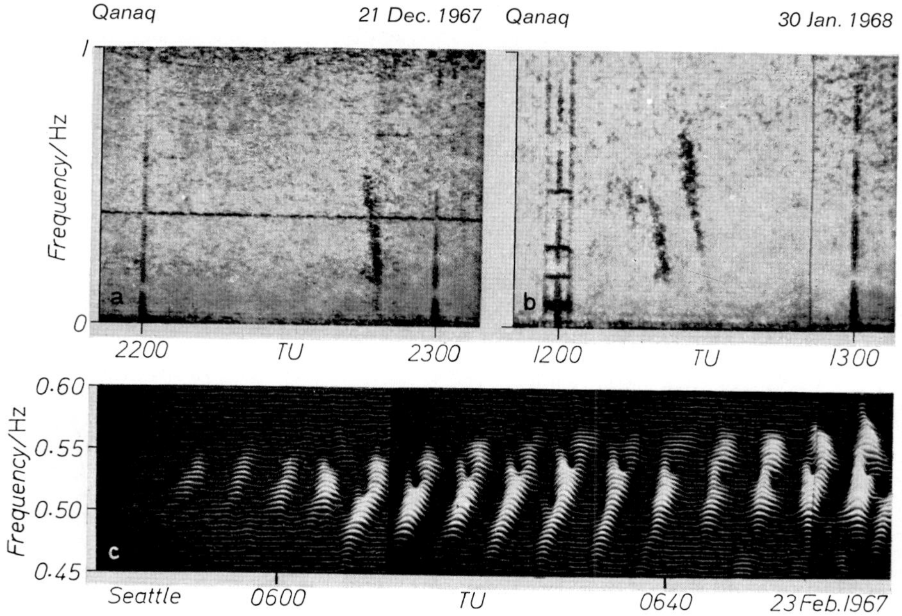


Fig. 51. Sonagrams of hydromagnetic whistlers ($d\omega/dt < 0$) and rarely observed "electron whistlers" ($d\omega/dt < 0$, upper part of the Figure).

[6] L. R. TEPLEY: J. Geophys. Res. **66**, 1651 (1961).
[7] L. R. TEPLEY and R. C. WENTWORTH: J. Geophys. Res. **67**, 3312 (1962).
[8] R. GENDRIN and R. STEFANT: Compt. Rend., Paris **255**, 752 (1962).
[9] J. S. MAINSTONE and R. W. MCNICOL: Proc. Ionosph. Conf., Physical Society, London 1962, p. 163.
[10] J. A. JACOBS and T. WATANABE: Plan. Space Sci. **11**, 869 (1963).
[11] H. W. CAMPBELL and O. STILNER: Radio Science. J. Res. N.B.S. **69**D, 1089 (1965).
[12] J. F. KENNEY and H. B. KNAFLICH: Ann. Géophys. **26**, 371 (1970).
[13] H. B. LIEMOHN: ELF Propagation and Emission in the Magnetosphere, in: G. M. BROWN, N. D. CLARENCE and M. J. RYCROFT (eds.): Progress in Radio Science 1966–1969, Vol. 1, Brussels: Union Radioscientifique Internationale 1970, pp. 189–206.

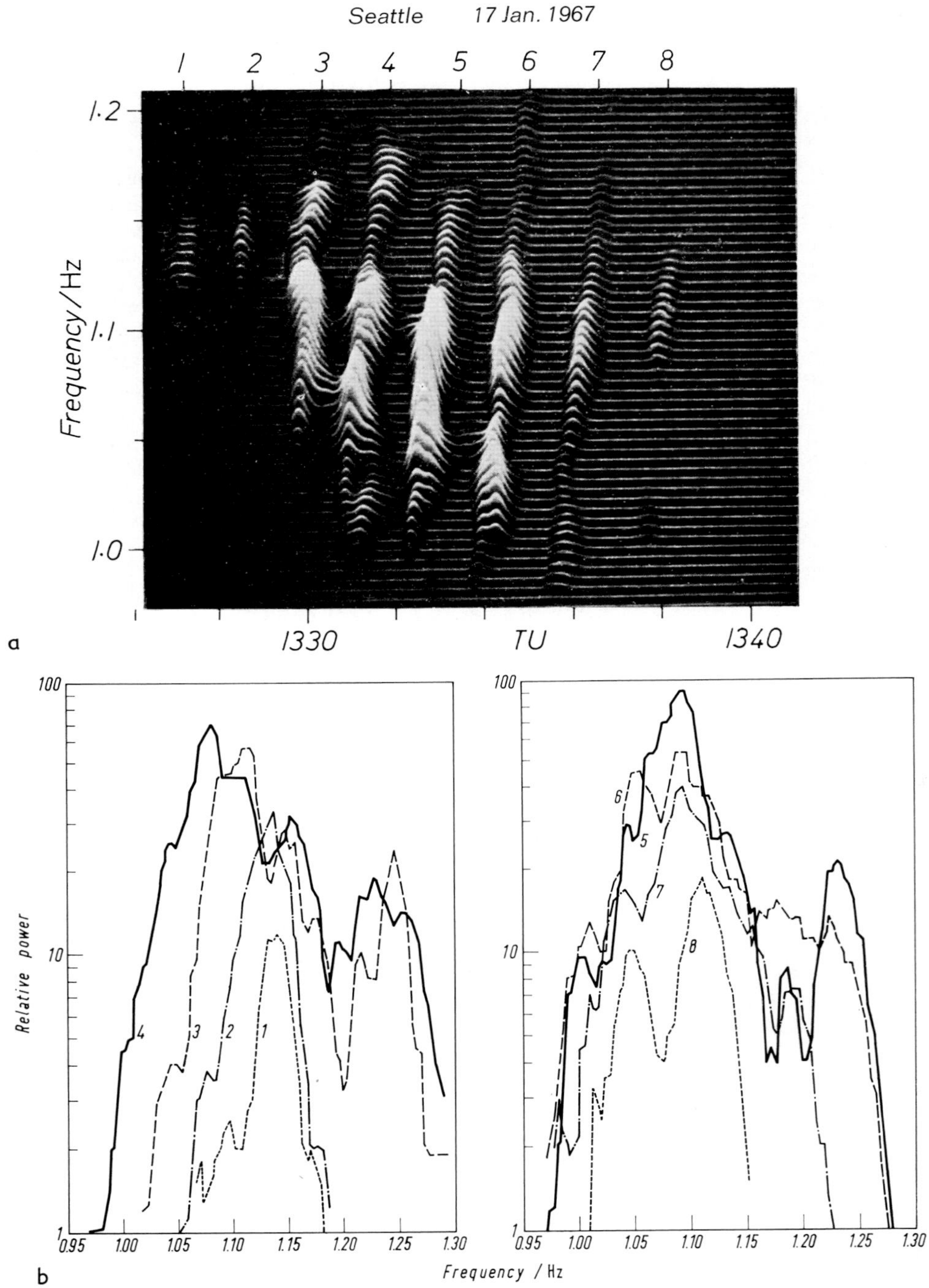


Fig. 52a and b. Sonagrams of hydromagnetic whistlers and their power spectra (below).

vary approximately[14,15] within the limits $5 \ldots 20 \cdot 10^6\,m^{-3}$ down to $10^5 \ldots 10^6\,m^{-3}$.* The results of many experiments led to the conclusion that they are apparently ion-cyclotron resonance waves excited as a result of the interaction with plasma of particle fluxes incident on the Earth [see Eq. (3.17)]. Such an excitation mechanism is in good agreement with corpuscular flux energies of $\mathscr{E} \lesssim 10$ keV.

As for the "electron" whistlers depicted in the upper part of Fig. 51, the mechanism of their excitation remains unclear, since the electron wave has no peculiarities in the corresponding frequency range ($\omega \sim \Omega_B$). Electron-cyclotron resonance, however, would have required quasi-relativistic electrons.

The above concepts on "ion-hydromagnetic whistlers" make the peculiarities of the sonagrams in Figs. 51 and 52 more understandable. They show an enhancement of signal amplitude with increasing number. Fig. 52 presents the frequency power spectra of eight successive "hydromagnetic whistlers". Their intensity grew from the 1st to the 5th signal, decreasing again to the 8th and last signal. It is supposed that during the passage of these signals through the apogees of their trajectories, not only the ion-cyclotron excitation mechanism but also the ion-cyclotron amplification mechanism is operative.[13]

(iii) Theoretical calculations of the group delay time

$$t(\omega) = \int \frac{ds}{V_g}$$

($ds$ is an element of the wave's path and $V_g$ is the group velocity—see Eq. (7.14)), and subsequent computation of the frequency time characteristics $\omega(t)$ of "hydromagnetic whistlers" apparently agree[16] [*19*] with experimental results but not all of them*. The corresponding theoretical analysis of measured results is used to diagnose the plasma regions where these signals are generated (see, for instance, [*14*, *15*]). Observations of "hydromagnetic whistlers" and "pearl-type micropulsations" are conducted on a wide network of stations.[17] We shall not dwell here on the properties of "hydromagnetic whistlers", referring the reader to the literature (see, for instance,[18] [*20*]).

"Hydromagnetic whistlers" are excited in plasma regions where particle collisions can be neglected. Like their exciting and amplifying mechanisms, some effects explaining their behaviour are of purely kinetic nature. The kinetic correction $\delta$ to their refractive index $n$ plays a minor role. Taking into account the ion thermal motion, one obtains

$$n_{1,2}^2 = n_0^2 (1+\delta) \tag{26.1}$$

where $n_0^2$ is determined by Eqs. (4.15), (4.17) of the wave branches (1) and (2), respectively, and

$$\delta = \frac{1}{2}\left(\frac{V_{T_i}}{c_0}\right)^2 \frac{\omega \Omega_N^2}{(\Omega_B - \omega)^3}, \tag{26.2}$$

if

$$\eta_{B_i} \equiv \frac{\Omega_B - \omega}{\omega} \, \frac{c_0}{n V_{T_i}} \gg 1 . \tag{26.3}$$

(For more general formulae, see [*3*] and [*7*].) In determining the ion concentration $N$ on the basis of the theoretical analysis of hydromagnetic whistlers, the author[14] has used the formula with the kinetic correction to account for the loss of charged

[14] J. F. Kenney, H. B. Knaflich, and H. B. Liemohn: J. Geophys. Res. **73**, 6737 (1968).

[15] Y. Higuchi and J. A. Jacobs: J. Geophys. Res. **75**, 7105 (1970).

[16] T. Obayashi: J. Geophys. Res. **70**, 1069 (1965).

[17] H. B. Liemohn: Tabulation of Rapid-Run geomagnetic Micropulsation Stations. Boeing Sci. Res. Lab., Document DI-82-1043, 1971.

[18] J. H. Pope: J. Geophys. Res. **69**, 399 (1964).

* Ja. L. Al'pert and D. S. Fligel': Planet. Space Sci. (in print) (1976).

particles from the cone in the region of their reflection. However, his results showed that the kinetic correlation does not much affect the ion density $N$. The spatial coefficient of cyclotron attenuation of these waves, when condition Eq. (26.3) is satisfied and when the angle $\Theta$ between the wave vector $\boldsymbol{k}_0$ and the magnetic field vector $\boldsymbol{B}_{\circlearrowleft}$ is zero, is

$$\chi_{B_i} = \frac{\sqrt{\pi}}{2} \frac{c_0}{V_{T_i}} \frac{\Omega_B(\Omega_T - \omega)}{\omega^2} \exp(-\eta_{B_i}^2). \tag{26.4}$$

$\chi$, of course, is the imaginary part of the refractive index for such waves.

When $\omega \to \Omega_B$, the value of $\chi_{B_i}$ rapidly grows until

$$\left(\frac{\Omega_B - \omega}{\omega}\right)^{\frac{3}{2}} \lesssim \frac{V_{T_i}}{V_A} \tag{26.5}$$

where $V_A$ is the ALFVÉN velocity $V_A = B_{\circlearrowleft}/\sqrt{u\mu_0\varrho}$ [1.3]

$$\chi_{B_i} \sim \frac{c_0}{\sqrt[3]{V_A^2 V_{T_i}}}. \tag{26.6}$$

(See for details [3], [7]).

$\gamma$) *Ion-cyclotron whistlers.* In the ionosphere the ion branch of ELF waves was directly observed for the first time on artificial Earth satellites in the vicinity of the proton gyroresonance.[19]

(i) Extremely-low-frequency waves emitted by a lightning discharge are the source of such a "*proton whistler*". On entering the ionosphere, these waves are split into ordinary and extraordinary components. One of these—the extraordinary wave—forms an electron whistler (see Fig. 1). This wave is guided along the Earth's magnetic field and is observed at the geomagnetically conjugate point or, being reflected in its vicinity, near the emission point, as a whistler. Its time-dependent frequency, $\omega(t)$, decreases with time, $d\omega/dt < 0$. Whistlers have been thoroughly studied and described, see for instance, [21, 22]. We shall briefly discuss them below, while describing VLF and LF waves only in connection with the consideration of some ionospheric phenomena. The second wave—an ion (ordinary) wave—can be observed directly only in the ionosphere above the source of this wave, since it is cut off at the ion gyrofrequency. The latter decreases with height since the magnetic field of Earth decreases with increasing height. Therefore, such a signal cannot reach the geomagnetically conjugate point and hence is not observed on the Earth's surface. One of the sonagrams of an ion-proton whistler, discovered for the first time on Injun 3, is shown in Fig. 53.[20] The same figure shows a short, fractional-hop whistler which due to the short propagation path from the Earth's surface to the satellite has only small dispersion. A proton whistler, on the contrary, strongly disperses while $\omega$ is approaching $\Omega_B[H^+]$ and usually lasts a few seconds. Subsequently helium whistlers were discovered, too,[21] see Fig. 54. Whistlers of the heavier ions ($O^+$, $N^+$ ...) have not so far been recorded. They cut off in the region of so excessively low frequencies (between about 1 and 10 Hz) that they are still outside the resolving power of current instrumentation.

It is, however, of interest that on the satellite Injun 5 three wistlers were recorded simultaneously: a proton whistler, a helium whistler and a third one which from its frequency seems to correspond to 8 atomic mass units.[22] Perhaps this is an ion whistler due to a doubly ionized oxygen atom, $O^{++}$, or to a singly ionized helium molecule, $He_2^+$.

---

19 R. L. SMITH, N. M. BRICE, J. KATSUFRAKIS, D. A. GURNETT, S. D. SHAWHAN, T. S. BELROSE, and R. E. BARRINGTON: Nature **204**, 274 (1964).

20 D. A. CURNETT and N. M. BRICE: J. Geophys. Res. **71**, 3639 (1966).

21 R. E. BARRINGTON, J. S. BELROSE, and W. E. MATHER: Nature **210**, 80 (1966).

22 D. A. GURNETT and R. RODRIGUEZ: J. Geophys. Res. **75**, 1342 (1970).

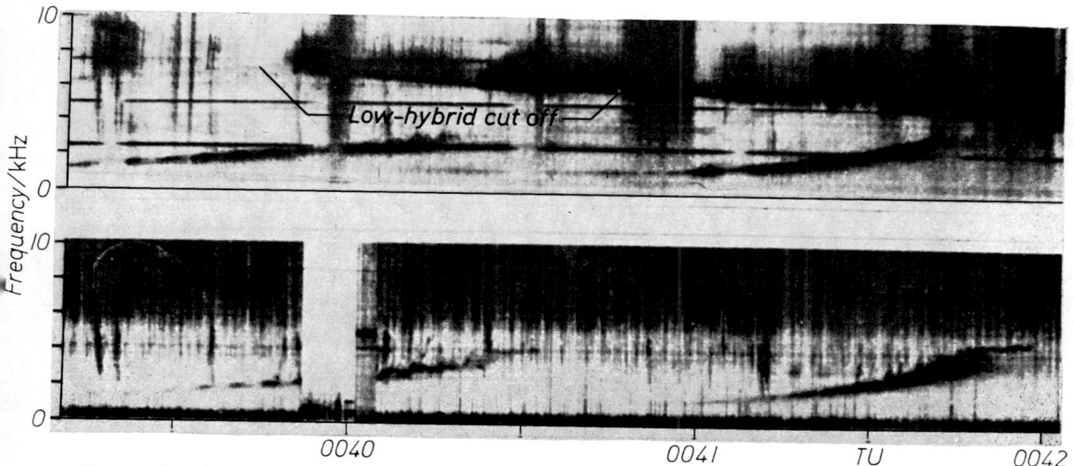


Fig. 66. Wideband VFL hiss cut off at the lower hybrid frequency (ALOUETTE, 23 Oct. 1963).

these measurements were used[3] to determine the effective mass of ions [$m_{\text{eff}}$ in Eq. (4.21)] and other parameters of the ionosphere. In addition, wide-band hiss emission was detected on Alouette I and was found to be cut off on the lower hybrid frequency.[4] This emission was recorded mainly on the electric antenna, i.e. it represented longitudinal waves ($\boldsymbol{k}_0 \| \boldsymbol{E}$). The spectrum of such waves[4] is shown in Fig. 66. It is evident that the emission is cut off at the frequency $\omega_1$, the value of which decreased with time from $f \approx 8$ kHz to $f \approx 5$ kHz as the satellite moved towards higher latitudes. Although the altitude was nearly invariable ($z \simeq 1000$ km), the value of the magnetic field $B_{\mathring{\circ}}$ and hence $\omega_1$ decreased. It is probable that the waves under review correspond to the resonance branch of the LF waves excited in a cold plasma (see Fig. 3). It is worth noting that in the lower part of Fig. 66 there are simultaneous records of hiss-type emission, usually observed on the Earth's surface, and two bands of emission of another type. However, the lower hybrid frequency emission is recorded only on satellites.

$\beta$) *Resonance effects* on the lower hybrid frequency have been detected in many experiments. Lower hybrid resonance waves were recorded[5] in the form of narrow-band emission, for instance, with the aid of an electric antenna on the satellite OGO 2 at altitudes of 413 ... 1512 km. In experiments on OGO 4 simultaneously with observations of VLF waves the ionic composition was determined by means of mass spectrometers.[6] This made it possible to compare the lower hybrid resonance frequency, which was obtained from the VLF wave spectra, with data of direct measurements of the plasma parameters [see Eq. (4.21)]. Although in most cases the results of determining $\omega_1$ by various methods were in reasonable agreement, some cases showed discrepancies. The authors feel they can explain this by assuming that the lower hybrid waves excited directly near the satellites were not always recorded.

At altitudes higher than those described above, narrow-band emission on the lower hybrid resonance frequency was recorded[7] on the satellite OGO 5 (perigee 291 km, apogee

[3] R. E. BARRINGTON, J. S. BELROSE, and C. L. NELMS: J. Geophys. Res. **70**, 1647 (1965).
[4] N. M. BRICE, and R. L. SMITH: J. Geophys. Res. **70**, 71 (1965).
[5] T. LAASPERE, M. G. MORGAN, and W. C. JOHNSON: J. Geophys. Res. **74**, 141 (1969).
[6] T. LAASPERE and H. A. TAYLOR: J. Geophys. Res. **75**, 97 (1970).
[7] F. L. SCARF, R. W. FREDERICKS, E. J. SMITH, A. M. A. FRANDSEN, and G. P. SERBU: J. Geophys. Res. **77**, 1776 (1972).

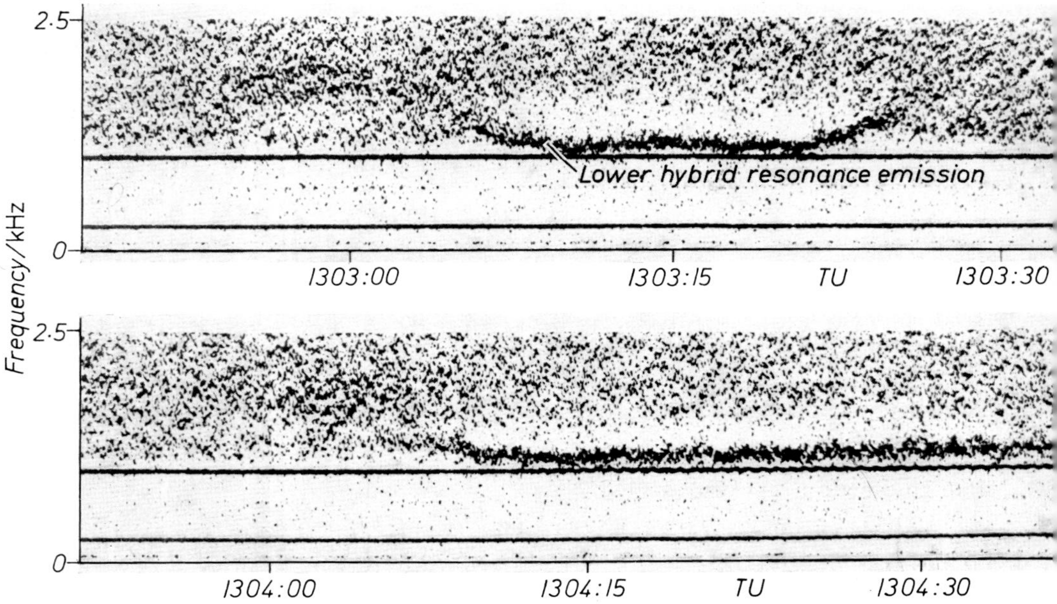


Fig. 67. Narrow-band emission on the lower hybrid (resonance) frequency (OGO-5, 5 May 1969).

147000 km $\simeq$ 23 $R_E$). Fig. 67 shows observations of such waves at a distance $R \simeq 2.55\ R_E$ [$z \simeq 16$ Mm ($1.6 \cdot 10^4$ km)]. The authors note particularly that these oscillations were noticeable only on the electric aerial. They did not appear on the magnetic aerial. The magnetic field $B_{\dot{0}}$ and the ion concentration $N^+$ were measured simultaneously on OGO 5. Therefore, the authors could compare the concentration $N$ obtained from $\omega_l$ by Eq. (4.13) with the directly measured value of $N^+$. For the case shown in Fig. 67 $N \simeq 5.9 \ldots 7.6 \cdot 10^7\ \mathrm{m}^{-3}$ was obtained from $\omega_l$, and from the direct measurements $N^+ \simeq 6.6 \ldots 8.8 \cdot 10^7\ \mathrm{m}^{-3}$. One can see very good agreement between these data. It should be noted that emission on lower hybrid resonance frequencies was observed also on satellites Injun 5 and OVO 3.

**30. VLF hiss. Saucer-shaped emissions.** In the outer ionosphere, as on the Earth's surface, wide-band hiss emission similar to white noise is recorded in the frequency range from a few to 10 kHz and over. In some cases the lower hybrid frequency at the observation point lies in the frequency range of the recorded emission. Since the region where these waves are excited is largely unknown, it is not clear which resonance branch they can be referred to. It is highly probable that this is often a resonance branch of LF waves, $\omega > \omega_l$ (see Fig. 4).

α) The most *systematic studies* of VLF hiss appear in [1-5]. The basic types of wave spectra recorded on the satellite Injun 5 are given in Figs. 68 and 69. In these experiments observations were conducted on magnetic and electric aerials and the direction of arrival of the emission was determined. The wave spectra shown in the upper part of Fig. 68 were observed most often in the polar zone. They are characterized by great changes of frequency range with time. This emission

[1] S. R. MOSIER and D. A. GURNETT: J. Geophys. Res. **74**, 5675 (1969).

[2] S. R. MOSIER: J. Geophys. Res. **76**, 1713 (1971); The University of Iowa, Document U. of Iowa **70**, 2.

[3] D. A. GURNETT, S. R. MOSIER, and R. R. ANDERSON: J. Geophys. Res. **76**, 3022 (1971).

[4] D. A. GURNETT and L. A. FRANK: J. Geophys. Res. **77**, 172 (1972).

[5] S. R. MOSIER and D. A. GURNETT: J. Geophys. Res. **77**, 1137 (1972).

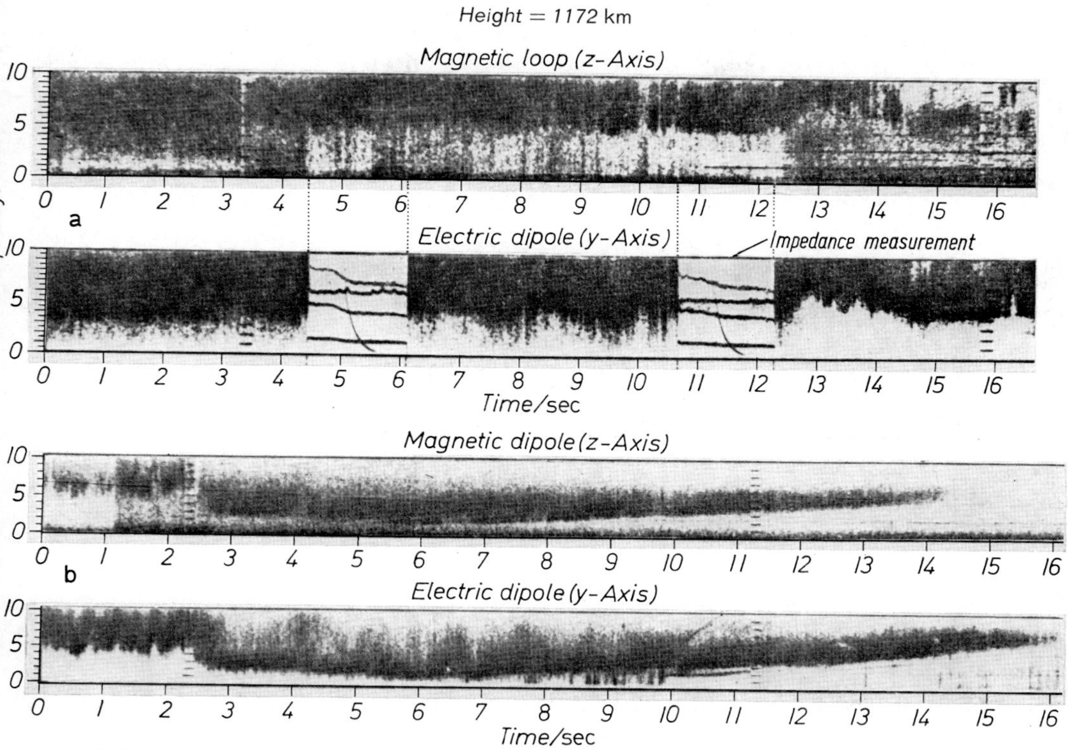


Fig. 68. VFL hiss in the polar zone, different antennas (INJUN-5, 24 Jan. 1969).

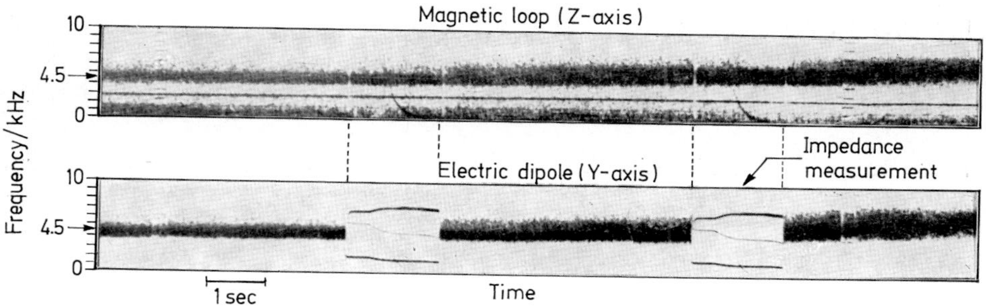


Fig. 69. VFL hiss in the middle latitudes, different antennas. (INJUN-5, 8 May 1969).

is cut off near $\omega_c$ towards lower frequencies; $\omega_c$ decreases with the geomagnetic latitude and has a minimum on a geomagnetic latitude of 70° (see Fig. 68). Fig. 69 illustrates another type, a narrow-band VLF hiss emission which is observed at middle latitudes outside the auroral zone.

$\beta$) The waves under consideration arrive at the recording antenna *from above and below*. No doubt some of them, if not all, are generated above the satellite since they have frequencies exceeding the lower hybrid frequency near the satellite and such waves cannot be reflected above the satellite. But radiation arriving from above could be reflected. However, it is also probable that some of these waves

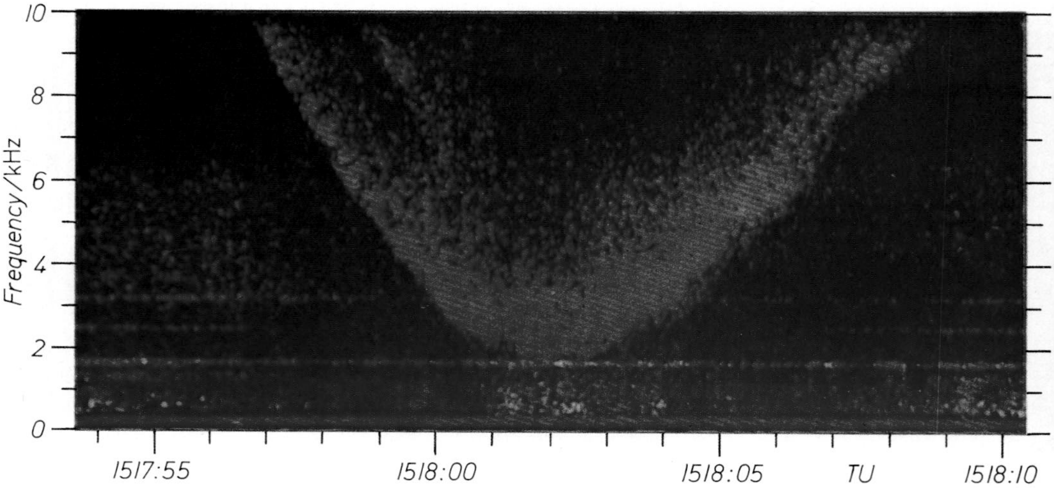


Fig. 70. Colour sonagram (see Fig. 59) of saucer-shaped emission (INJUN-5, 2 Jan. 1969).

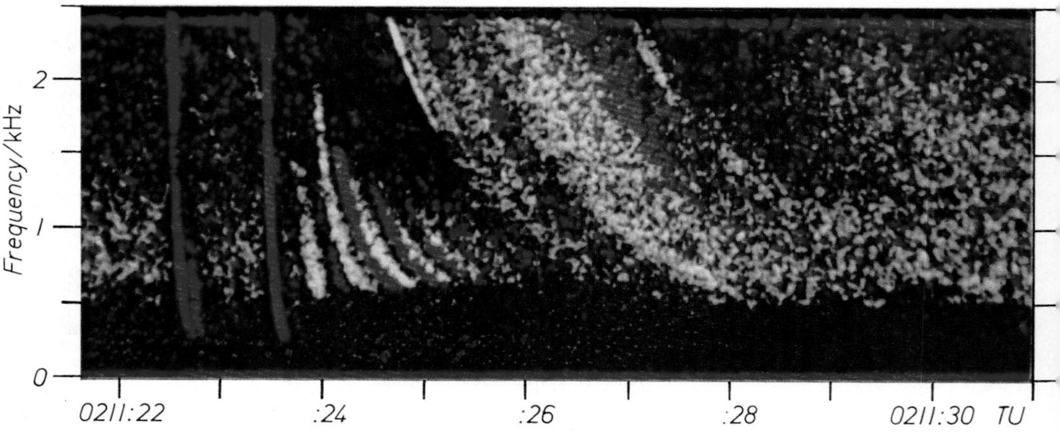


Fig. 71. Colour sonagram (see Fig. 59) of short hop subprotonospheric whistlers (INJUN-5, 6 Apr. 1969).

are excited below the satellite. At present there are no definite data in the literature concerning the position of the emission source. In this connection it is of interest to give in Fig. 70 a colour sonagram of a *saucer-shaped emission* detected by the authors of [1] which always reached the satellite from below and was generated below the observation point. The saucer-shaped packet of waves is explained[1] as an effect associated with the properties of propagation in the frequency range in which this signal was observed. Some of the waves of the packet are cut off outside the surface of a cone with its axis parallel to the magnetic field vector $\boldsymbol{B}_{\male}$, while the minimum frequency of the signal is equal to the lower hybrid frequency near the source.

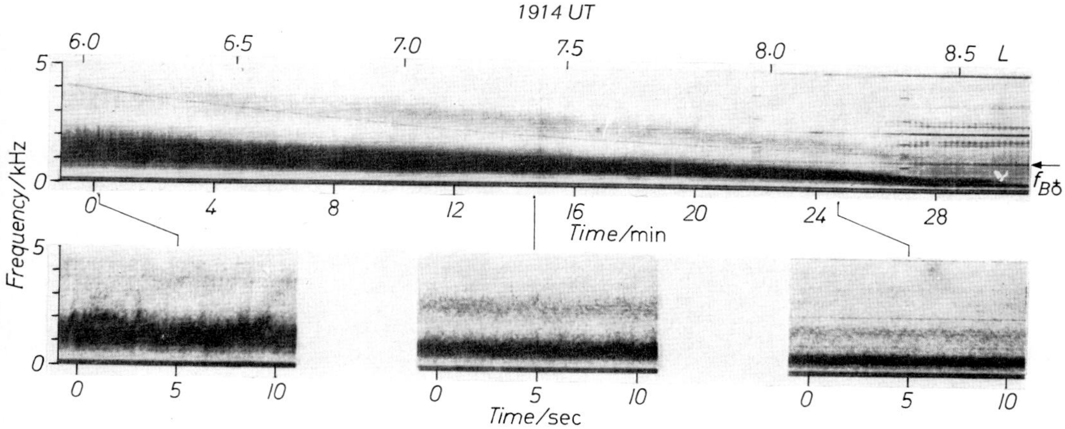


Fig. 80. LF hiss emissions. The upper cutoff frequency is proportional to $f_{B\delta}$ (OGO-1, 1 Oct. 1964).

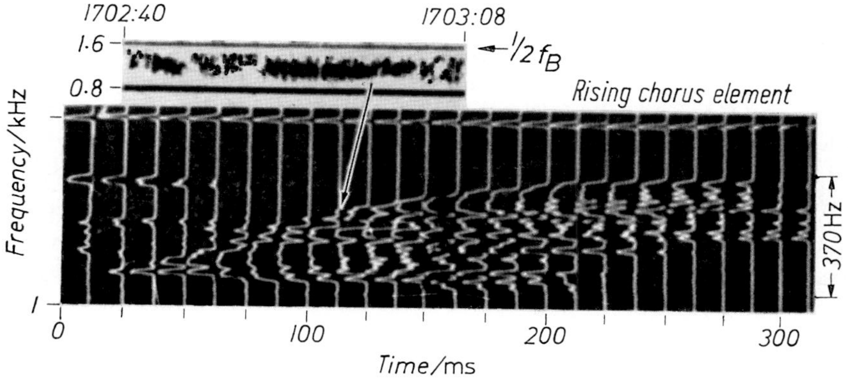


Fig. 81. Record of the fine structure of a chorus emission spectrum (OGO-5, 8 Jan. 1968).

evolution in time. The chorus spectrum, the authors conclude, consists of narrow-band modes with $\Delta f \approx 20 \ldots 30$ Hz and are frequency-modulated waves. No doubt, further investigations of the fine structure of the spectra will permit a deeper insight into the nature of the various waves observed in the near-Earth plasma.

It is worth noting that in experiments on OGO 1 two new types of emission were detected, a broad-band emission and a high-pass emission cutoff at a frequency of about 20 kHz. In the authors' opinion they are generated near the satellite. Here we shall not describe this emission, referring the reader to [3].

## IV. Investigations of HF waves ($\omega > \omega_B$).

In Sect. 25 we summarized the basic results and peculiarities of emission of the near-Earth plasma in the HF frequency range, according to satellite observations. Let us here illustrate these results by some examples.

Theoretically expected high-frequency resonances (see Figs. 3 and 4) and HF emissions which up till now have not found adequate theoretical interpretation

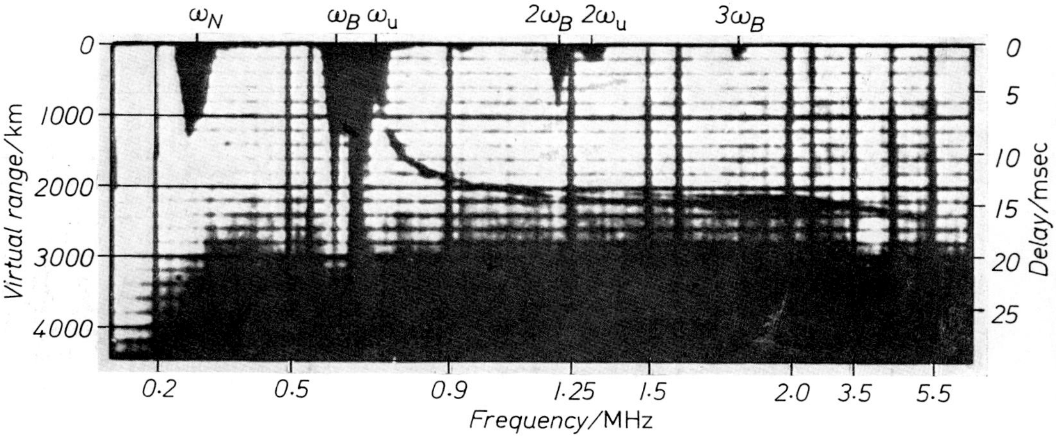


Fig. 82. Spikes recorded within a topside ionogram (ALOUETTE-2, 1966).

were obtained predominantly in experiments conducted in the following three regions of natural plasma: in the outer ionosphere in the altitude range 0.8 ... 3 Mm [800 ... 3000 km]; between the plasmapause and the upper boundary of the magnetosphere at distances of about 30 ... 50 Mm [30 ... 50 · $10^3$ km] from the centre of the Earth; and in the solar wind when the space vehicle reached distances of 100 ... 150 Mm [$10^5$ ... 1.5 · $10^5$ km] up to 1000 Mm from the Earth.[0]

From experiments in the outer ionosphere data have been obtained about plasma waves and oscillations excited also under the impact of radio pulses emitted from a satellite. In the magnetosphere and in the solar wind an emission was recorded which seemed to be generated mainly by fluxes of particles emitted by the Sun.

**34. Resonances observed in the outer ionosphere.** Data about resonances in the outer ionosphere in the altitude range of about 0.8 ... 3 Mm [800 ... 3000 km] were first obtained on the satellite Alouette [*18*].[1] This satellite carried a multi-frequency pulse radio station (ionosonde) which scanned a wide range of frequencies, emitting pulses (narrow wave packets, $\Delta\omega \ll \omega$) in the vicinity of the carrier frequency $\omega$ and simultaneously receiving on these frequencies waves reflected or generated in the ionosphere.[2] In these experiments plasma resonances corresponding to packets of plasma-generated oscillations were discovered in the ionosphere. They manifest themselves as time lag/frequency characteristics having the form of "spikes" with a variable lifetime depending on the type of resonance.

A characteristic record obtained on the satellite Alouette II is shown in Fig. 82.[3] The left-hand ordinate of the figure gives the so-called virtual height, as determined from the time lag $\Delta t$ by $\frac{1}{2}c_0\Delta t$, where $c_0$ is the electro-magnetic wave velocity in vacuo. The right-hand ordinate is the lag time of reflected waves or the lifetime of emitted waves. Along the abscissa in Fig. 82 are the frequencies scanned by the ionosonde during a short time interval. At the top are given the resonance frequencies ($\omega_B = 2\pi f_B$, $\omega_N = 2\pi f_N$, $2\omega_B$, etc.) on which resonance spikes were recorded. In the case shown in Fig. 82 gyroresonances to the third

[0] 1 Mm = $10^6 m$; 1000 Mm = 1 Gm = $10^9$m = $10^6$km.

[1] Proc. IEEE **57**, N 6 (1969).

[2] E. S. WARREN: Can. J. Phys. **40**, 1962 (1962). See also K. RAWER and K. SUCHY, this Encyclopedia, Vol. 49/4, Sect. 58.

[3] W. CALVERT and J. R. MCAFEE: Proc. IEEE **57**, 1089 (1969).

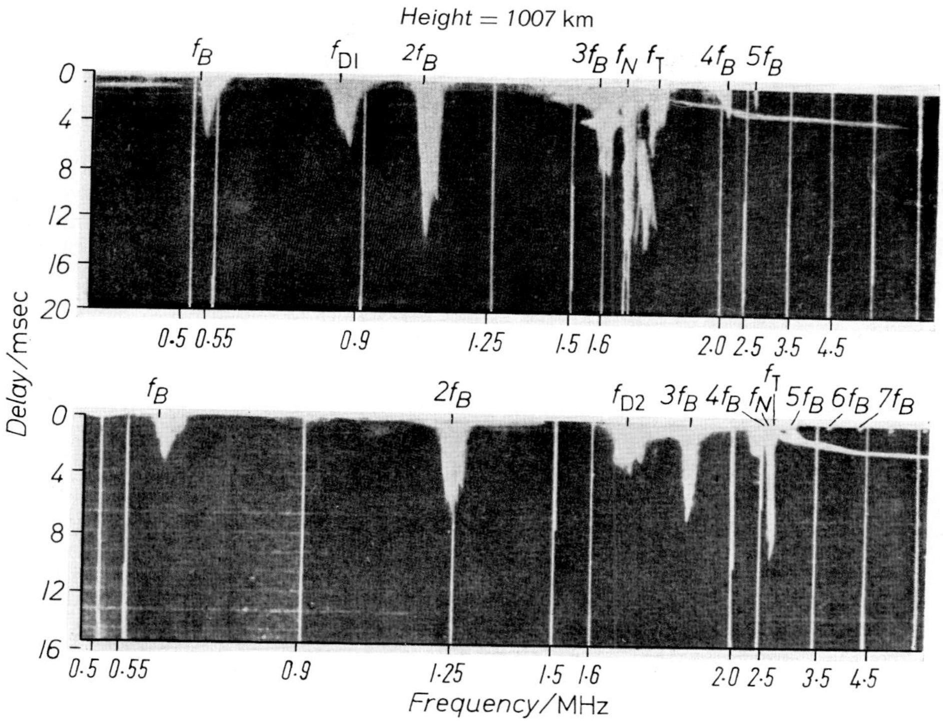


Fig. 83. "Diffuse type" spikes in a topside ionogram (ALOUETTE-2, 22 Apr. 1966).

multiplicity $f_B$, $2f_B$, $3f_B$, upper hybrid resonances $f_T = \omega_T/2\pi$, $2f_T$, and LANGMUIR waves $f_N = \omega_N/2\pi$ were recorded. In experiments on Alouette I gyroresonances $s \cdot f_B$ from $s=1$ to $s=16$ were recorded.[4] It has already been mentioned that semi-resonances $\frac{1}{2}f_B$, $\frac{1}{2}f_N$, $\frac{3}{2}f_N$ were observed in some experiments.[5] There have been cases[6] intermediate between the integral gyroresonances $sf_B$ and $(s+1)f_B$, the "diffuse type" resonances $f_{D1}$, $f_{D2}$ etc. They were called diffuse because these spikes are usually blurred;[5] they occupy a wide frequency range (see Fig. 83) and their central frequency does not always correspond exactly to the semi-integral values $\frac{1}{2}(s+1)f_B$. The analysis of a large number of measurements[6] showed that, if $\omega_N < 1.8\omega_B$, i.e. $f_N < 1.8 f_B$ (in the experiments described there were 900 such cases), there are no resonances of the type $f_{Ds}$. Conversely, when $\omega_N > 1.8\omega_B$, they are always observed. These diffuse-type resonances are recorded only up to $s=5$. In some cases the resonance region around $f_{Ds}$ is subdivided into two signals $f_{Ds}$, $f'_{Ds}$. In general, the diffuse resonance frequencies $f_{Ds}$ are found within the following limits:

$$
\begin{array}{llll}
\text{between } f_B \text{ and } 2f_B: & f_{D_1} \simeq (1.4 \ldots 1.85) f_B; & f'_{D_1} \simeq (1.7 \ldots 1.9) f_B; & \\
 & f_N \simeq (2.0 \ldots 3.7) f_B; & & \\
\text{between } 2f_B \text{ and } 3f_B: & f_{D_2} \simeq (2.4 \ldots 2.9) f_B; & f'_{D_2} \simeq (2.6 \ldots 3.0) f_B; & \\
 & f_N \simeq (3.4 \ldots 4.8) f_B; & & \\
\text{between } 3f_B \text{ and } 4f_B: & f_{D_3} \simeq (3.6 \ldots 3.9) f_B; & - & (34.1) \\
 & f_N \simeq (4.5 \ldots 5.8) f_B; & & \\
\text{between } 4f_B \text{ and } 5f_B: & f_{B_4} \simeq (4.5 \ldots 4.9) f_B; & - & \\
 & f_N \simeq (5.4 \ldots 6.7) f_B. & &
\end{array}
$$

[4] G. E. LOCKWOOD: Can. J. Phys. **43**, 291 (1965).
[5] G. L. NELMS and G. E. LOCKWOOD: Space Res. **7**, 604 (1966).
[6] H. OYA: J. Geophys. Res. **75**, 4279 (1970).

It is assumed that the resonances $f_{Ds}$ represent electrostatic waves[7] and are described by the formulae[8]

$$\frac{\omega_{Ds}}{\omega_B} = s + \frac{0.464}{s^2} \frac{\omega_N^2}{\omega_B^2}; \quad \frac{f_{Ds}}{f_B} = s + \frac{0.464}{s^2} \frac{f_N^2}{f_B^2}. \tag{34.2}$$

A theoretical analysis was given[3,9,10] of resonances stimulated by high-frequency fields produced near satellites by transmitting linear aerials. However, some effects observed in these experiments still remain unexplained, and no detailed and specific comparisons of theoretical and experimental results are given [*18*].

The main peculiarity of resonances in the outer ionosphere is their short lifetime, of the order of 5 ... 10 ms. In contrast, the emission in the near-Earth plasma considered in the next section was observed for 10 min and longer.

**35. HF waves in the near magnetosphere and in the solar wind.** Let us summarize here the most typical experimental results obtained in the HF frequency range.

α) On OGO 5 *narrow-band emissions* were discovered on frequencies $\frac{1}{2}(2s+1) f_B$ (up to $\frac{9}{2} f_B$), most often on the frequency $\frac{3}{2} f_B$; these were usually recorded continuously over many minutes.[1] These emissions were observed at distances of $R \simeq 30 \ldots 50$ Mm $[30 \ldots 50 \cdot 10^3$ km$]$ from the Earth, between the plasmapause and the magnetopause. An analysis of the experimental data showed that the

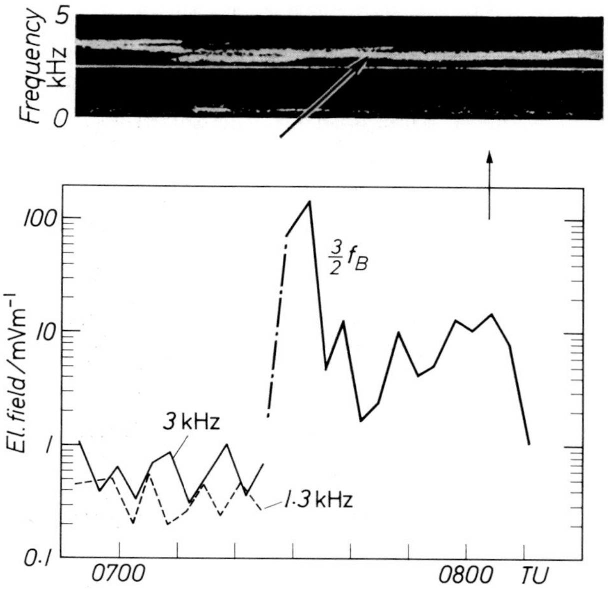


Fig. 84. Record (sonagram) of a narrow band emission on $\frac{3}{2} f_B$ (top) and corresponding field-strength variation (bottom).

[7] E. S. WARREN and E. L. HAGG: Nature **220**, 466 (1968).

[8] J. P. DOUGHERTY and J. J. MONAGHAN: Proc. Roy. Soc. **A289**, 214 (1965).

[9] J. A. FEJER and W. CALVERT: J. Geophys. Res. **69**, 5049 (1964).

[10] F. W. CRAWFORD, R. S. HARP, and T. D. MANTEI: J. Geophys. Res. **72**, 57 (1967).

[1] C. F. KENNEL, F. L. SCARF, R. W. FREDERICKS, J. H. MCGEHEE, and F. V. CORONITI: J. Geophys. Res. **75**, 6136 (1970).

[13] BRUNDIN, C. L. (ed.): Rarefied Gas Dynamics. New York: Academic Press 1967.
[14] SINGER, S. F. (ed.): Interaction of Space Vehicles with an Ionized Atmosphere. New York-London: Pergamon Press 1965.
[15] SAWCHUK, W.: Rarefied Gas Dynamics, vol. 2. New York: Academic Press 1963.
[16] PANČENKO, JA. M.: Issledovanija kosmičeskovo prostranstva (Space Exploration). Moskva: Nauka 1965.
[17] KRAUS, J. D.: Interaction of Space Vehicles with an Ionized Atmosphere (ed. S. F. SINGER). New York-London: Pergamon Press 1965.
[18] RAWER, K. (ed.): Waves and Resonances in Plasmas (Report on URSI-IAGA Symposium 1971 with contributions by M. P. BACHYNSKI, K. G. BALMAIN, L. B. FELSEN, K. W. GENTLE, T. W. JOHNSTON, I. KIMURA, R. W. LARENZ, D. B. MULDREW, M. PETIT, K. RAWER, A. A. RUHADZE, M. J. RYCROFT, K. SUCHY, P. E. VANDENPLAS, T. WATANABE and I. ŽELJAZKOV). Radio Sci. **7**, 769–887 (1972).
[19] HULTQVIST, B.: Space Sci. Rev. **5**, 599 (1966).
[20] TARTAGLIA, N. A.: Irregular Geomagnetic Micropulsations associated with Geomagnetic Bays in the Auroral Zone. Pittsburg: University of Pittsburg 1970.
[21] HELLIWELL, R. A.: Whistlers and Related Phenomena. Stanford/Calif.: Stanford University Press 1965.
[22] GENDRIN, R.: Encyclopedia of Physics (Handbuch der Physik), Vol. 49/3, p. 461.

# Some Characteristic Features of the Ionospheres of Near-Earth Planets.

By

K. I. Gringauz and T. K. Breus.

With 22 Figures.

**1. Introduction.** The atmosphere of a planet is largely responsible for the degree of influence solar radiation exerts on the planet's surface. It determines the type of interaction of the interplanetary medium with a planet and it is upon this that the physical characteristics of the circumplanetary space depend. The ionospheres of planets, being the substantial parts of their atmospheres, interact with these by the ionization-recombination cycle as well as by the dynamical processes of heat and mass transfer and by energy exchange between charged and neutral particles. It is very difficult to understand the heat balance in the atmospheres and their dynamics without knowing the structure of the ionospheres and the processes involved in their formation. In addition, this structure of the ionosphere determines the propagation of radio waves near the planet.

The first attempts to explore the vicinity of the planets of the terrestrial group (Mars and Venus) by space probes were made some time ago (Venera 1, 1961; Mars 1, 1962; Mariner 2, 1963).

From the beginning the ionospheric parameters were thought to be interesting planetary characteristics [*1*]. It was assumed intuitively that Venus, which has a dense atmosphere and is closer to the Sun than the Earth, would have a denser ionosphere than Earth, while Mars, which has a tenuous atmosphere and is farther from the Sun, would correspondingly have a less dense ionosphere.

Radioastronomy and radar investigations of Venus and determinations of the brightness temperatures of the Venusian radio emission at wavelengths between 4 mm and 40 cm led to the hypothesis that the electron density in the ionosphere of Venus could exceed the terrestrial ionospheric electron density[1-3] by a factor of about $10^3$.

Models of the Martian ionosphere have been extremely controversial. The lack of data on planetary atmospheres and magnetic fields, other than those obtained from indirect measurements, has, of course, been the main reason for the difficulties experienced in constructing models of the ionospheres of planets.

Measurements in the vicinity of the planets were carried out during the descent of the Soviet space probes Venera 4, 5 and 6 in the atmosphere of Venus, during the landing of Venera 7 on the surface of the planet, and also during experiments carried out on the American space probes Mariner 2, 4, 5, 6, 7 and 9 when they were passing relatively close to Mars and Venus. These measurements provided information about the density, temperature, pressure and composition

---

[1] D. E. Jones: Planet. Space Sci. **5**, 166 (1961).

[2] A. D. Danilov and S. P. Jatcenko: Kosmič. Issled. **22**, No. 2, 276 (1964).

[3] A. D. Danilov and S. P. Jatcenko: Dokl. Akad. Nauk SSSR **162**, 774 (1965).

of the neutral lower atmospheres, about the distribution of charged particles, density and temperature in the upper atmospheres, and about magnetic fields and plasma in the vicinity of the planets. On the basis of these data several tentative physical and aeronomical models have been constructed of the atmospheres and ionospheres but also models of the interaction of the solar wind with the planets.

Some interesting phenomena were observed. Thus the maxima of electron density in the ionospheres of Mars, Earth and Venus appear to be of the same order of magnitude. At lower heights, the neutral atmospheres of Mars and Venus (unlike the atmosphere of Earth) consist mainly of $CO_2$, the density of $N_2$ at upper heights is negligible and the density of O and CO is very small, though due to dissociation of $CO_2$ these components must be created at some altitude.

It was found that Venus has practically no intrinsic magnetic field determining environmental conditions or charged-particle dynamics in the vicinity of the planet. In spite of this a disturbance of the solar wind plasma was observed near Venus, similar to the bow shock near the Earth. It is, however, known that the Earth's bow shock is the result of the interaction of the solar wind with the magnetic field of the Earth. Most of the observed properties of the circumplanetary regions of Venus and Mars, their similarities with and differences from circumterrestrial space, were unexpected. Some of these observational results are still unexplained; to some degree the conclusions depend on assumptions made during the processing and interpretation of data and hence require further specification and verification.

For a better appreciation of the observed phenomena and their reliability, one should consider the results of direct measurements in the Venusian and Martian ionospheres, the methods used, and the models constructed on the basis of these results.

## I. Methods for investigating planetary ionospheres by means of spacecraft.

**2. General characteristics.** Both the ionospheres of planets and the plasma fluxes of the solar wind consist of particles of comparatively small energies ranging from fractions of an eV to several keV. Probes and radiomethods appear to be the most useful tools for investigating such plasmas.

The choice of method depends on the purpose of the experiment as well as on the conditions and technical difficulties likely to be encountered.

For instance, the use of the method of pulse sounding with the aid of an artificial orbiting ionospheric station at a sufficiently close distance (a method now widely used for exploring the terrestrial ionosphere) would permit systematic observations of space- and time-dependent variations in the electron density of the planetary ionosphere. However, this method involves great difficulties when used as the first stage of investigation. The station has to operate over a wide range of wavelengths since the critical frequencies of the relevant ionospheres are initially unknown, and this means that the weight of the receiving and transmitting equipment is even greater than for Earth-orbiting ionospheric stations and hence restricts other scientific measurements to be made on the same vehicle.

Using probe methods cuts down the weight of the instrumentation; probes are more easily combined with a whole set of other physical studies. Probes, installed aboard a spacecraft designed to penetrate into the planetary atmosphere and land on the planet's surface in theory enable the characteristics of the ionospheres to be measured *in situ* with high space and time resolution. Of course, the different probe methods, like the method of pulse sounding, require the presence of special instruments on the spacecraft.

The cheapest and simplest method is that of investigating the radio waves propagating between a space vehicle and Earth and passing through the atmosphere of the planet. Particularly during the radio-occultation of the spacecraft by the planet one obtains reliable data. This method does not require any special instrumentation: one may use radio waves emitted from the spacecraft for telemetry purposes or beacon transmission as currently used for radio location. However, when radio methods are used for investigation of planetary ionospheres they record only approximate and averaged properties of the medium and it is sometimes difficult to interpret the relevant results.

**3. Charged-particle traps.** Among the great variety of probes now in use for direct measurements in the vicinity of Earth and in the interplanetary space, ion traps were the first choice for investigating the planetary environment.

An ion trap consists of a system of several electrodes, mostly grids, and a collector. By setting one of the grids at different potentials (fixed, sweeping or alternating), one obtains a voltage/current characteristic which enables one to analyse the trapped charged particles. The particular method of analysis and the trap geometry (plane, spherical or hemispherical) depend on the experimental conditions, for example, on the capacity of the available telemetry channel, on the type of craft and its orientation, etc.

Traps with fixed potentials on the grids may be used for measuring the fluxes of charged particles with energies above some well-defined level given by the potential of one of the grids.

By varying the retarding potential at one of the grids it is possible to determine the energy distribution of the charged particles.

Hemispherical and plane charged-particle traps with fixed electrode potentials have been installed on several Soviet spacecrafts. For instance, the solar wind was recorded for the first time with such traps on Luna 2 and 3 in 1959 (GRINGAUZ *et al.*, 1960).[1] The same traps were used in exploring the plasmasphere, which is the extension of the Earth's ionosphere between altitudes of 1000 and 15000 to 20000 km.[1,2]

In order to measure the plasma characteristics of the ionosphere of Venus, and ionization in the vicinity of this planet hemispherical and plane ion traps were installed on Venera 4, 5 and 6. A sophisticated ion trap will be applied with the USA Viking mission to Mars in 1976.[3]

**4. Radio methods.**

α) The *radio-occultation method* was used in American space probes to study the charged (and neutral) particle density distribution in the atmospheres of Mars and Venus.

Fig. 1 is a diagram showing the principle of the method of radio-occultation of a spacecraft by a planet.

Frequency, phase and amplitude of the radio waves propagating through the atmosphere and ionosphere of the planet are influenced by the properties of the medium.[1] Changes in the amplitude of the radio signals are caused by focusing, defocusing and possibly by absorption of the radio waves in the atmosphere and ionosphere of planet and Earth.

[1] K. I. GRINGAUZ, V. V. BEZRUKIH, V. D. OZEROV, and R. E. RYBČINSKIJ: Dokl. Akad. Nauk SSSR **133**, No. 5, 1069 (1960).

[2] V. V. BEZRUKIH and K. I. GRINGAUZ: Issledovanija Kosmičeskogo prostranstva [Space Research], p. 394 (1965).

[3] A. O. NIER, W. B. HANSON, M. B. MCELROY, A. SEIFF and N. W. SPENCER: Icarus **16**, No. 1, 74 (1972).

[1] K. RAWER and K. SUCHY: This Encyclopedia, Vol. 49/2, Sects. 52—55.

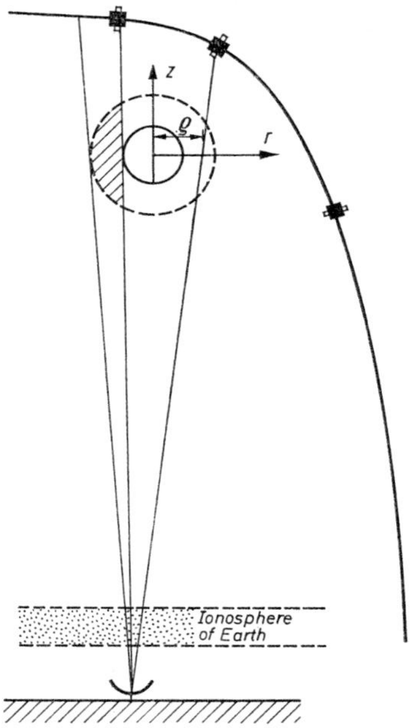


Fig. 1. Schematic representation of radio-occultation of a spacecraft by a planet. The $z$ axis passes through the centres of Earth and the planet; $\varrho$ is the distance from this axis to the radio beam [2].

When radio waves reach the atmosphere or ionosphere of the planet, their velocity of propagation changes relative to that recorded in the interplanetary medium (which is close to the velocity in vacuum) with other words, the refractive indices of neutral and ionized media differ from unity. The height gradient of the refractive index in the atmosphere and ionosphere produces a bending of the radio ray. According to the wavelength, these two phenomena may significantly influence the phase and group path. Unfortunately, the time-dependent variations of the refractive indices in the Earth's troposphere and ionosphere and in the interplanetary medium also influence the phase and group path. Thus the continuous increase of the phase path measured during the occultation of a spacecraft by a planetary atmosphere is partly due to the motion of the spacecraft in the planetary atmosphere and partly to changes in the refractive index along the propagation path of the radio waves.[2] We thus have one contribution due simply to the increasing distance between the spacecraft and the groundbased receiving point (which would take place if the refractive index along the entire path were unity) and another contribution due to changes in the refractive index in the Earth's ionosphere and in interplanetary space. If both contributions are subtracted from the measured total increase of the phase of the received radio waves, then the experiment will under certain assumptions yield the height profile of the refractive index in the planetary atmosphere. In the altitude range where the refractive index is less than unity it is possible to determine the dependence of electron density on altitude. In the lower part of the atmosphere of a planet the refractive index exceeds unity; this section of the refractive index profile can be used to determine the characteristics of the neutral atmosphere of the planet. For instance, when the composition of the neutral atmosphere is known, it is possible to calculate from this profile the neutral density profile in the lower atmosphere because the refractive index of a mixture of gases is equal to the sum of the refractive indices of all its components, and the contribution of each component is proportional to its density so that both density and temperature profiles can be derived.

$\beta$) Experiments using the radio-occultation of a spacecraft by a planet can be modified in various ways, as it is feasible to use radio waves on one frequency or on two or more frequencies.

The use of *one frequency* does not permit a clear separation between the contributions to the phase path of the neutral and charged particles which may be mutually compensating. One may obtain a reasonable solution by assuming that the lowest range of a planetary atmosphere contains no appreciable amount of charged particles, so that changes in the refractive index may be attributed to the neutral atmosphere. The total increase of the phase path in a planetary atmosphere and ionosphere may be written as indicated by FJELDBO *et al.*[2] These authors use a cylindrical coordinate system, with the zero point at the center of the planet, and the $z$-axis directed along the Earth-planet line (Fig. 1); they suppose further that outside the planetary atmosphere and ionosphere the refraction index is unity. The reliability of this assumption is illustrated by the experimental data shown in Fig. 2. The equation for the phase difference as compared with vacuum is:

$$\Delta\varphi(\varrho, f) = \frac{2\pi}{\lambda}\int_{-\infty}^{\infty}(\mu_{\mathrm{n}}-1)\,\mathrm{d}z + \frac{2\pi}{\lambda}\int_{-\infty}^{\infty}(\mu-1)\,\mathrm{d}z \tag{4.1}$$

where $\varrho$ is the height coordinate, $\lambda$ the wavelength in vacuum, $\mu_{\mathrm{n}}$ the refractive index in the neutral atmosphere and $\mu$ the refractive index in the ionosphere. If we assume that the frequency $f$ is much greater than the electron cyclotron frequency and the plasma frequency (and is also large compared with the frequency of collision of the electrons with neutral particles), then we may use the SELLMEIER equation[3]

$$\mu^2 = 1 - 0.806\cdot 10^{-10}\left(\frac{N_{\mathrm{e}}}{\mathrm{m}^{-3}}\right)\Big/\left(\frac{f}{\mathrm{MHz}}\right)^2$$

which may be approximated by (4.2)

$$\mu \approx 1 - 0.403\cdot 10^{-10}\,\frac{N_{\mathrm{e}}}{\mathrm{m}^{-3}}\Big/\left(\frac{f}{\mathrm{MHz}}\right)^2$$

It is assumed that in the lower atmosphere $\mu=1$ so that the profile with altitude $h$, namely $\mu_{\mathrm{n}}(h)$ can be determined unambiguously, whereas in the upper atmosphere $\mu_{\mathrm{n}}=1$ due to the low density; this allows the profile $\mu(h)$ and hence the profile $N_{\mathrm{e}}(h)$ to be determined. Plasma refraction can be ignored if

$$0.403\cdot 10^{-10}\,\frac{N_{\mathrm{e}}/\mathrm{m}^{-3}}{(f/\mathrm{MHz})^2} \ll 1\,.$$

The altitude profile of the refractive index can be obtained by inverting[4] the integral equation, Eq. (4.1). In order to do this, either one chooses a profile satisfying the measured increase of the phase path, or one replaces it by the sum

[2] G. FJELDBO, V. R. ESHLEMAN, O.K. GARIOTT, and E. L. SMITH: J. Geophys. Res. **70**, 15, 3701 (1965).

[3] K. RAWER and K. SUCHY: This Encyclopedia, Vol. 49/2, Sect. 6.

[4] K. RAWER and K. SUCHY: This Encyclopedia, Vol. 49/2, Sects. 30—32.

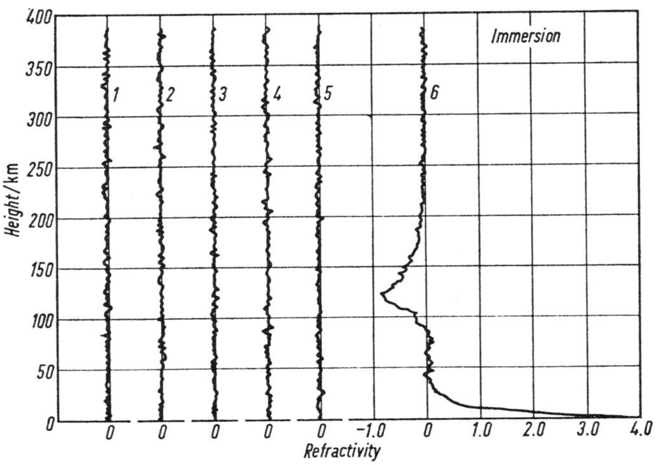


Fig. 2. Profiles of refractivity $\mathcal{N} \equiv (\mu - 1) \cdot 10^6$ recorded before the beginning of the occultation (*1, 2, 3, 4* and *5*) and during the immersion (*6*) of Mariner 4 into occultation by the atmosphere of Mars (the ordinate scales of curves *1* to *5* are arbitrary).[5]

of the increases in a finite number of layers, each of which is characterized by a constant refraction index. Both methods presuppose that the ionosphere and atmosphere are spherically symmetric. While with the first method the profile shape is assumed *a priori*, the second method yields a less arbitrary profile of the refractive index and consequently may reveal some features of the fine structure of the atmosphere.

$\gamma$) In an experiment where *two radio frequencies* are used the unambiguity due to the simultaneous influence of the neutral and charged particles is ruled out by the fact that the dispersive effect is different for neutral gas and plasma. The contribution of the ionosphere can be isolated by comparing a high and a low frequency. The higher frequency is usually a multiple of the low frequency ($f_2 = m f$); the relevant increase of phase path is then (with $\mu_n = 1$) given by[2]

$$\Delta\varphi(\varrho, m f) = \frac{2\pi m}{\lambda} \int_{-\infty}^{\infty} (\mu - 1)\, dz = -\frac{2\pi}{c_0} \frac{0.403 \cdot 10^{-4}\ \text{Hz}}{m\,(f/\text{MHz})} \int_{-\infty}^{\infty} \frac{N_e}{\text{m}^{-3}}\, dz. \qquad (4.3)$$

This equation may also be written as

$$\Delta\varphi = -\frac{0.844 \cdot 10^{-9}}{m\,(f/\text{MHz})} \int_{-\infty}^{+\infty} \frac{N_e}{\text{m}^{-3}} \frac{dz}{\text{km}}. \qquad (4.3\,\text{a})$$

The system of equations, Eqs. (4.1) and (4.3), allows us in principle to determine the two unknowns, $\mu_n$ and $N_e$. It is important to mention that multipath propagation is assumed to be negligible.

$\delta$) Such *experiments* can be performed by one of *two methods*: emission of radio waves from a spacecraft with reception on Earth; or triggered re-transmission of radio waves received in the spacecraft from a terrestrial station, usually with transposition of the frequency. In the second case the frequency of

[5] G. FJELDBO and V. R. ESHLEMAN: Planet. Space Sci. 16, No. 8, 1035 (1968).

the radio waves will be more stable, since it is determined by ground-based frequency standards and this improves the accuracy of phase measurements.

### 5. Analysis of radio data.

α) *Phase path measurements* have produced the greater part of the information concerning the structure of the Martian and Venusian atmospheres and ionospheres obtained from the experiments of Mariner 4, 5, 6, 7 and 9.

The electron density distribution may also be obtained from radio-wave absorption by fitting the observed amplitude data to the model. An often used model is the Chapman-layer[1] model, which has to be adapted to the maximum of the ionosphere. This procedure has to be used with caution when no additional information is available, because horizontal gradients of $N_e$ or any other irregularities can make the results ambiguous. For similar reasons measurements of the group delay of radio waves have also been shown to be not always reliable.

Let us now consider in more detail how the refractivity may be determined from phase data.

As stated above, values of $\Delta\varphi$ measured during the passage of the waves through the planet's atmosphere, contain a contribution due to the orbital increase in the distance of the spacecraft, variations in the Earth's ionosphere and that of the interplanetary medium, as well as influences due to the particular radio system (phase deviations of the reference signal, etc.). Before its occultation by the atmosphere the trajectory of the vehicle is calculated from Doppler measurements. Subsequently, when the occultation begins, the trajectory is extrapolated, (this can be done with high accuracy since the spacecraft moves ballistically). The phase path increase due to the increase of the vehicle's geometrical path (on the extrapolated trajectory) is calculated, usually with the assumption that the motion takes place in vacuum.

To take into account the influence [on the measured increase of the phase path during the occultation] of variations in the terrestrial ionosphere and the interplanetary medium, and the instability of the radio system, the following two procedures are employed.

β) Variations in the phase of the received radio waves are determined during suitably chosen time intervals *preceding the final measurement*, i.e. before the passage of radio waves through the planetary atmosphere; each of these intervals is chosen so as to be equal to the duration of the occultation. The observed variations are then averaged and subtracted from the phase variation measured during the subsequent occultation. The effects on the increase in the radio phase of the Earth's ionosphere and the interplanetary medium are generally much less than the effects produced by the planetary ionosphere and neutral atmosphere. The reason for this is clear if one bears in mind that during the occultation the change in the direction of the radio beam in the Earth's ionosphere is very small (see Fig. 1) and that only time variations of the integrated electron density in the Earth's ionosphere will have an appreciable effect. These variations are quite small compared with the variation of the electron density along the beam due to the influence of the planetary ionosphere, which produces (during the total period of final observation) a change corresponding to more than twice the integrated electron density in the planet's ionosphere (see Fig. 1).

Fig. 2 shows the refractivity profile $\mathcal{N} \equiv (\mu - 1)\, 10^6$ in the dayside atmosphere of Mars (profile 6) as obtained from the Doppler residual observed during the occultation of Mariner 4, and several other profiles of $\mathcal{N}$ obtained prior to the occultation (the scale along the $y$ axis is arbitrary and the data were obtained

[1] K. Rawer and K. Suchy: This Encyclopedia, Vol. 49/2, Eq. (9.26), p. 97.

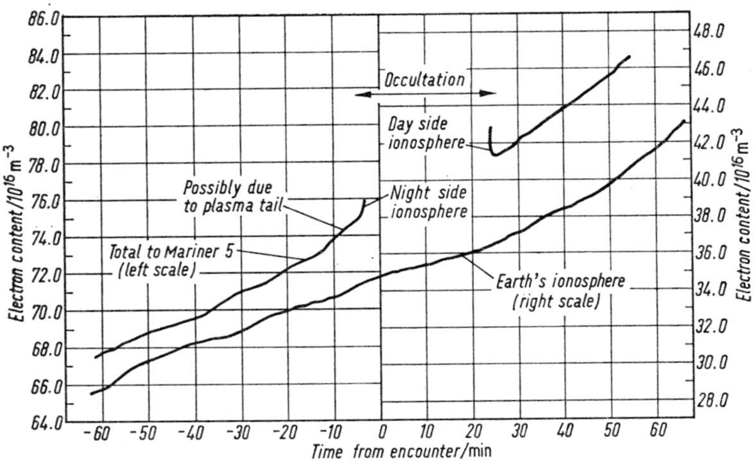


Fig. 3. Total electron content along the propagation path from Stanford to Mariner 5, and contribution by the Earth's ionosphere versus time from closest approach (periapsis).[3]

during equal time intervals).[2] These profiles clearly demonstrate how the refractivity deviates from unity when radio waves propagating from the Earth to the spacecraft reach the planetary atmosphere.

$\gamma$) By *linear extrapolation:* the point on Fig. 3 which corresponds to the instant when the measured electron content along the propagation path begins to increase, i.e. the beginning of the radio-occultation, is connected by a straight line to the point corresponding to the end of the radio-occultation. The total electron content corresponding to this straight line is taken as *the zero reference level*, and deviations from it are interpreted as due to the influence of the planetary atmosphere and ionosphere.[3]

The total electron content of the Earth's ionosphere was measured simultaneously by the authors of [3]; a geostationary satellite was used so as to exclude variations in the zero level due to the Earth's ionosphere. The lower curve in Fig. 3 represents the measured electron content of the Earth's ionosphere between the Application Technology Satellite ATS and Stanford (Cal., USA) at the time of the experiment.

**6. Difficulties and limitations of the different methods.**

$\alpha$) *Charged particle traps* are rather simple to build and have proved to be very reliable for determining plasma properties in situ. There are, however, some drawbacks, the most important being the following.

(i) As mentioned above and demonstrated earlier [*1*] traps with fixed potential do not permit one to determine the contribution to the measured collector current which is due to photoemission from the electrodes. One needs data from other experiments to find this contribution.

This peculiarity of traps is rather critical when measuring interplanetary

[2] G. FJELDBO and V. R. ESHLEMAN: Planet. Space Sci. **16**, No. 8, 1035 (1968).

[3] G. FJELDBO and V. R. ESHLEMAN: The Atmosphere of Venus as Studied with the Mariner 5 Dual Radio-frequency Occultation Experiment, Final Report, Part 1, Radio Sci. Lab. Stanford, Electronics Lab., Stanford Univ., California (SUSEZ 69-003), 1969.

plasma, but less so for ionospheric plasma because in the ionosphere the wanted current greatly exceeds the photocurrent.

(ii) For a correct determination of the ionospheric plasma properties by means of such a trap one further needs to know the electrical potential of the spacecraft relative to the surrounding plasma.

Charged particle traps using variable electrode potentials greatly reduce these difficulties.

$\beta$) The *radio-occultation method* also has a number of drawbacks. Thus, as previously noted, when only one frequency is used the contributions of the neutral and charged particles to the measured phase path variation cannot be clearly distinguished. There are also some general difficulties.

(i) When deriving the electron density profile by inverting Eq. (4.1) it is always assumed that the ionosphere is regularly stratified, i.e. spherically symmetric. Usually one supposes that it consists of a number of layers, each of constant refractivity. It is obvious that this assumption is not quite correct. For example, the 1967 maximum of the Venusian daytime electron density, obtained with Mariner spaceprobes by the Stanford Group, exceeds the maximum of the night-time density by a factor of approximately 15, and the thickness of the night-time ionosphere exceeds that of the dayside ionosphere by nearly 3000 km. Hence considerable horizontal gradients must exist in the Venusian ionosphere. With such data it is possible to evaluate roughly the deviation of the electron density distribution from the above assumption.

Assuming photochemical equilibrium, the variation of the maximum electron density $N_e$ with solar radiation intensity may be approximately represented by a cosine law; this is true at least for equatorial and middle latitudes where the occultation observations were made (30° N to 30° S). To a first approximation one thus obtains the following horizontal variation of electron density:

$$N_e(R, \varphi) = N_{e0}(R) + N_{e1}(R) \cos\varphi. \tag{6.1}$$

Here $\varphi$ is a "longitude" measured from the line Venus-Sun (Fig. 4).

$$N_{e0}(R) = \frac{N_{\text{day}} + N_{\text{night}}}{2}; \qquad N_{e1}(R) = \frac{N_{\text{day}} - N_{\text{night}}}{2\cos\alpha}$$

where $\alpha$ is the longitude at which the occultation occurs. Then the electron density difference between the point of entrance of the radio-beam to the ionosphere maximum region and the point of its exit from this region (see Fig. 4) is as follows:

$$\Delta N_e = N_{e1}(R)\,[\cos(\alpha+\varphi_0) - \cos(\alpha-\varphi_0)] = -2N_{e1}(R)\sin\alpha\sin\varphi_0. \tag{6.2}$$

Here $\varphi_0$ is the angle between the line connecting the center of the planet to the point where the radio ray contacts the lower boundary of the region under consideration and the line connecting the center of the planet to the point at which the beam enters (or leaves) the spherical layer which is considered.

$$\tan\varphi_0 = \frac{\sqrt{2Rh}}{R}, \tag{6.3}$$

$h$ being the height of the ionization maximum in the Venusian ionosphere (about 140 to 170 km). Consequently $\varphi_0 \sim 12$ to 13° and the change of electron density, $\Delta N_e$, in the layer is of the order of $6\cdot 10^{10}\,\text{m}^{-3}$ whereas $N_{e\,\text{day}} \approx 5\cdot 10^{11}\,\text{m}^{-3}$ and $N_{e\,\text{night}} \approx 10^{10}\,\text{m}^{-3}$. Thus the assumption of spherical symmetry produces an ambiguity concerning the maximum electron density as evaluated from data obtained during radio-occultation experiments.

Considerable fluctuations in radio-signal amplitude were observed during the experiment on Mariner 5, indicating the existence of great irregularities in the Venusian ionosphere. Since the horizontal gradients of $N_e$ were not taken into account when the observed radio-occultation data were interpreted, the magnitude of local electron density determined from integral measurements must be considered somewhat unreliable. Only where these gradients are negligible may the data be taken as accurate.

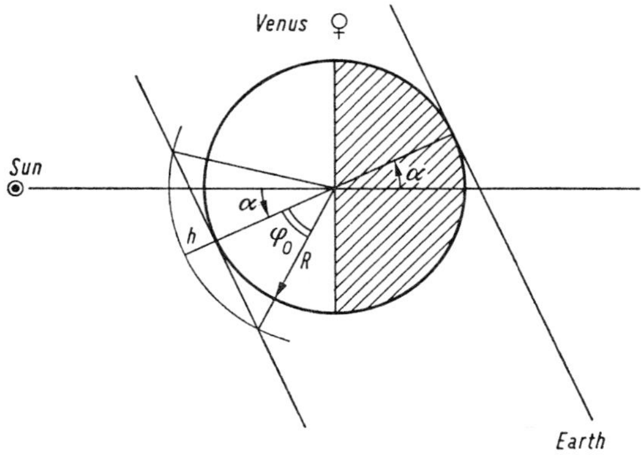


Fig. 4. Influence of lack of spherical symmetry of the ionosphere on the radio-occultation experiment (explains notations used in the text).

(ii) The possibility of multipath propagation, which may also provoke ambiguous results, was neglected in deriving the refractivity profile from phase measurements.

It is impossible to determine whether the observed amplitude fluctuations are related to horizontal irregularities or to a horizontal stratification of the ionosphere. Existing amplitude computations are based on ray theory, and this does not provide an accurate representation, particularly in regions where the scale of the structure of the ionosphere is small against the radio wavelength. The limitations of ray theory are particularly obvious at the caustics, where it predicts infinite signal amplitudes.

(iii) The electron density profile derived for the outer part of the ionosphere (above the maximum) is greatly influenced by the correctness of the determination of the zero reference level, i.e. the magnitude of the variations in electron content in the Earth's ionosphere and in the interplanetary medium during the radio-occultation. This uncertainty may provoke errors when determining the structure of the outermost planetary ionosphere.

(iv) The above difficulties might in principle be avoided by using radio-occultation of a planetary satellite, which provides much more data.

It is in principle possible to have two spacecraft on different trajectories near the planet: one to be used for radio-occultation measurements, and the other orbiting around the planet without occultation to provide data on the variations of electron density in the interplanetary space and the Earth's ionosphere. Such an experiment was planned in 1971 with two USA spacecraft for exploration of the Martian atmosphere but the launching of one of them (Mariner 8) was unsuccessful.

## II. Experimental results of the exploration of the ionospheres of Mars and Venus.

### 7. The ionosphere of Mars.

α) In July 1965 radio-occultation of Mariner 4 by the martian atmosphere was observed; thus for the first time it became possible to measure the properties of the atmosphere and ionosphere of this planet.[1, 2]

[1] A. J. KLIORE, D. L. CAIN, G. S. LEVY, V. R. ESHLEMAN, G. FJELDBO, and F. D. DRAKE: Science **149**, No. 3689, 1234 (1965).

[2] G. FJELDBO and V. R. ESHLEMAN: Planet. Space Sci. **16**, No. 8, 1035 (1968).

On 31 July 1969 Mariner 6 passed behind Mars and was followed on 5 August 1969 by Mariner 7 and their radio-occultations were observed.[3-5] Thus, four years after the first experiment, data concerning the neutral and ionized components of the martian atmosphere were again obtained for different solar activity and above another region of the planet's surface.

During these three experiments phase, amplitude and frequency variations of radio signals in the S-band (~2100 MHz) were measured and their propagation in the planetary atmosphere was studied. On the basis of the phase measurements atmospheric height profiles of refractivity, $\mathcal{N} \equiv (\mu - 1) \cdot 10^6$, were derived for night- and day-time conditions on Mars.

In November 1971 two artificial Mars satellites were launched: Mariner 9 (period of orbital revolution: 12.5 h; inclination of the orbit against the ecliptic plane: −65°; pericenter: about 1300 km; apocenter: about 17900 km), Mars 2 (period of orbital revolution: about 17 h; orbital inclination: about 40°; pericenter: about 1100 km; apocenter: about 28000 km). By means of these satellites measurements of the ionospheric parameters were also carried out viz. with a radio-occultation method in the S-band on Mariner-9[6,7] and with the Doppler shift method on the harmonic combination of 937.5 and 3750 MHz on Mars-2, Mars-4 and Mars-6[8,9]. Table 1 summarizes data concerning these experiments, their realization conditions and the results on martian ionosphere parameters.

*β*) A method has been described for obtaining *refractivity profiles* from phase measurements which takes into account phase variations due to the influence of the interplanetary medium, the Earth's ionosphere and the radiosystem (see Sect. 4 where the height profile of $\mathcal{N}$ in the atmosphere of Mars as derived from

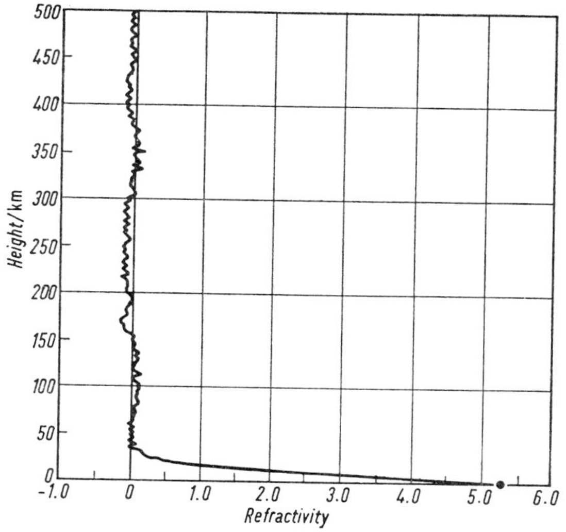


Fig. 5. Refractivity $[\mathcal{N} \equiv (\mu - 1) \cdot 10^6]$ profile obtained during the immersion of Mariner 6 on the nightside of the planet Mars.[3]

[3] G. Fjeldbo, A. J. Kliore, and B. L. Seidel: Radio Sci. 5, No. 2, 381 (1970).
[4] V. R. Eshleman: Science 5, No. 2, 325 (1970).
[5] A. J. Kliore, G. Fjeldbo, and B. L. Seidel: Science **166**, No. 3911, 1393 (1969).
[6] A. J. Kliore, G. Fjeldbo, B. L. Seidel, D. L. Cain, and J. M. Sykes: Icarus **17**, No. 12, 484 (1972).
[7] A. J. Kliore, G. Fjeldbo, B. L. Seidel, and M. J. Sykes: Science **175**, 313 (1972).
[8] M. A. Kolosov, N. A. Savich *et al.*: Radiotehnika i Elektronika **18**, No. 10, 2009 (1973).
[9] M. B. Vasiliev, A. S. Višlov *et al.*: Kosmič. Issled. **13**, 48 (1975).

Table 1. *Immersion, day.*

| Vehicle | Date | Location | Zenith angle | Local time | Season | Height of main maximum/km | Electron density, main maximum $N_e$/m$^{-3}$ | Height of 2nd maximum/km | Electron density, 2nd maximum $N_e$/m$^{-3}$ | Plasma scale $H$p height above main maximum/km | Temperature in the main maximum $T_p$/K |
|---|---|---|---|---|---|---|---|---|---|---|---|
| Mariner 4 | July 1975 | 50° S 177° E | 67° | 13 h | end of winter | 120 ± 5 | $(0.9 \pm 0.1) \times 10^{11}$ | 100 ± 5 | $2.5 \cdot 10^{10}$ | 20...25 | 250...300 (100% $CO_2^+$) |
| Mariner 6 | July 1969 | 4° N 5° W (equator) | 57° | 15 h 40 min | beginning of spring | 135 ± 5 | $(1.5 \div 1.7) \times 10^{11}$ | 110 ± 5 | $(6 \div 8) \times 10^{10}$ | 45 (at $h = 140$ ...250 km) | 400...500 (100% $CO_2^+$) |
| Mariner 7 | August 1969 | 58° N 30° E (middle latitude) | 56° | 14 h 20 min | beginning of spring | 135 ± 10 | $(1.5 \div 1.7) \times 10^{11}$ | | | 38.5 (av.) (at $h > 250$ km $H_p \div (70 \pm 25)$ % greater than at $h = 250$ km) | |
| | November 1971 | −40.8° ÷ 29.9° | 57...47° | 14...17 h | | 134...148 | $(1.5 \div 1.7) \times 10^{11}$ | 110 ± 5 | $(6 \div 7) \times 10^{10}$ | | |
| Mariner 9 (satellite) | May to June 1972 | 86° ÷ (−40°) | 0...17° | 4...5 h | spring in the Northern hemisphere | 135 ÷ 145 km ($x = 45...60°$) 125 ÷ 145 km ($x = 70...90°$) | $(1.3 \div 1.8) \cdot 10^{11}$ ($x = 45...60°$) $(0.4 \div 1.0) \cdot 10^{11}$ ($x = 70...90°$) | | | 39 (later between 30 and 50) | |
| Mars 2 (satellite) | December 1972 | | | | | 138 | $1.5 \cdot 10^{11}$ | | | 37 (at $h = 150$ ...210 km) 54 (at $h = 210$ ...310 km) | |

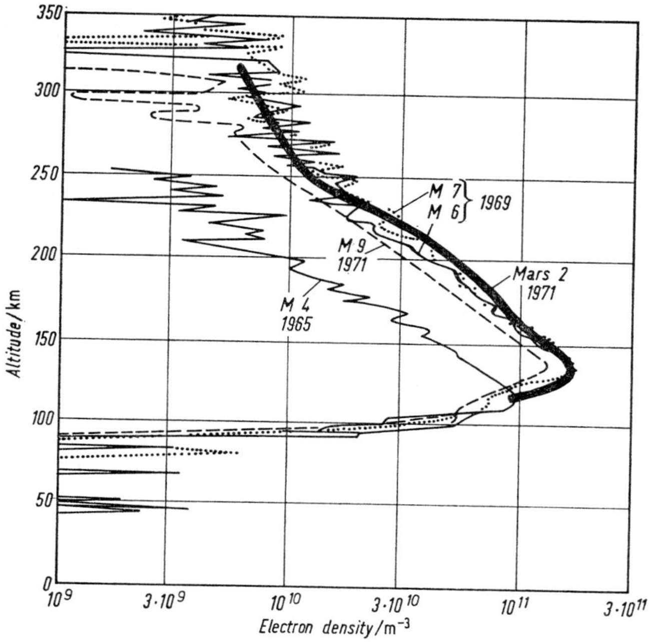


Fig. 6. The Martian ionosphere as observed during the Mariner 4, 6 and 7 missions and with the Mars-2 occultation experiment.[10]

Mariner 4 data is shown in Fig. 2). Fig. 5 represents the $\mathcal{N}$ profile in the night-time atmosphere of Mars plotted from Mariner 6 data.[3]

Obviously the night-time Martian ionosphere could not be detected from the refractivity profiles as well as it was during the experiments on Mariner 4 and Mariner 7. S-band observations are not sensitive enough for measuring the night-time ionosphere of Mars. Apparently the electron density[3] in the night-time ionosphere was less than $5\cdot10^9$ m$^{-3}$. $N_e(h)$-profiles of the night time Martian ionosphere were determined by the Mars-4 and -6 Spacecrafts.[9] It was found that at the peak altitude of about 110 km the electron density was about $4.6\cdot10^9$ m$^{-3}$. Ionisation of density up to $10^9$ m$^{-3}$ may even appear at quite low altitudes.

$\gamma$) Fig. 6 represents *electron density height profiles*[6] while Figs. 7a and b show plasma temperature profiles. The profiles in Fig. 6 were derived from refractivity profiles recorded on Mariner 4, 6, 7 and 9, and on Mars-2. The plasma temperature profiles were derived from refractivity profiles recorded on Mariner 4 and 6 assuming temperature equilibrium (i.e. the temperatures of neutral particles, ions and electrons are supposed to be equal, $T_n = T_i = T_e$). Further, the ionosphere was supposed to be in diffusive equilibrium, and at a certain starting level ion masses and temperatures were assumed so as to start the computations.[2,3] A comparison of the electron density profiles plotted in Fig. 6 reveals that the Martian ionosphere in 1969—1971 differs slightly from the ionosphere in 1965: the height of the ionization maximum has increased as have also the maximum electron density, the scale-height above the maximum, and the plasma temperature at the level of maximum electron density. The upper boundary [due to inadequate experimental sensitivity in the S-band] was also at a greater height in 1969, thus showing that the top-side electron density was also greater when the solar activity was more important.

$\delta$) The coordinates of the occultations in 1965 and 1969 (local time, season and solar activity level) show that Mars was nearer to the Sun during the period 1965—1969 so that an increased solar radiation flux was entering the Martian

[10] J. S. Hogan, R. W. Stewart and S. I. Rasool: Radio Sci. **7**, No. 5, 525 (1972).

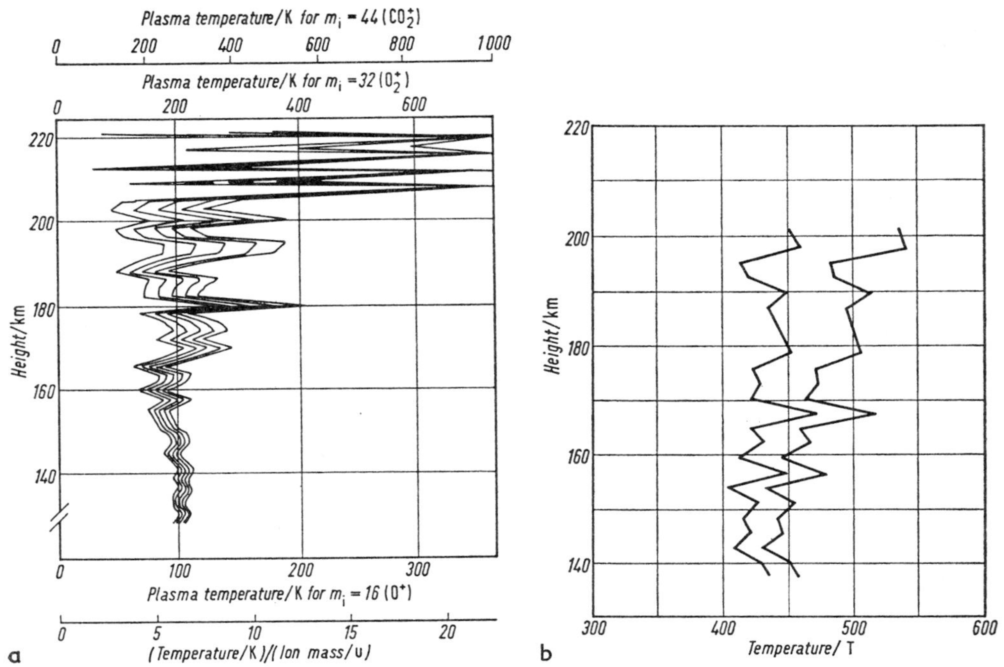


Fig. 7a and b. Plasma temperature profiles for the Martian atmosphere calculated from occultation data obtained (a) by Mariner 4[2] and (b) by Mariner 6[3]. The bottom abscissa scale of Fig. 7a gives the measured quantity. Interpretation as temperature depends upon the identification of the principal positive ion (three different scales).

atmosphere. The magnitude of the ultraviolet radiation flux, which is the main source of ionization and heating in the atmosphere, increased between 1965 and 1969 by a factor of two. From an analysis of the change in the experimental conditions between 1965 and 1969, even before the results of the experiments became known, it was predicted that variations would be found in certain martian ionospheric characteristics, e.g. the value of the maximum electron density, the corresponding height and exospheric temperatures.[11]

$\varepsilon$) The height refractivity profiles obtained from the experiments aboard Mariner 4, 6 and 7 were obtained with a single frequency method. As stated, this procedure is not completely reliable in the lower atmosphere. In particular, it has been shown[12] that an important plasma density might exist at a very low altitude, about 15 km above the surface. The relevant density is said to be about the same or an order of magnitude smaller than that at the peak of the ionosphere. If this interpretation is proved to be correct, it will be necessary to revise the data previously determined, e.g. the scale height of the lower Martian atmosphere (varying within the limits of 9 to 15 km). Thus the measured altitude profile of the refractive index could be interpreted with different profiles. In Fig. 8 the electron density profile for scale height $H_n = 9$ km is indicated by curve 1 and that for $H_n = 15$ km by curve 4.

---

[11] R. W. STEWART and J. S. HOGAN: Science **165**, No. 3891, 386 (1969).

[12] J. V. HARRINGTON, M. D. GROSSI and B. M. LANGWORTHY: J. Geophys. Res. **73**, No. 9, 3039 (1968).

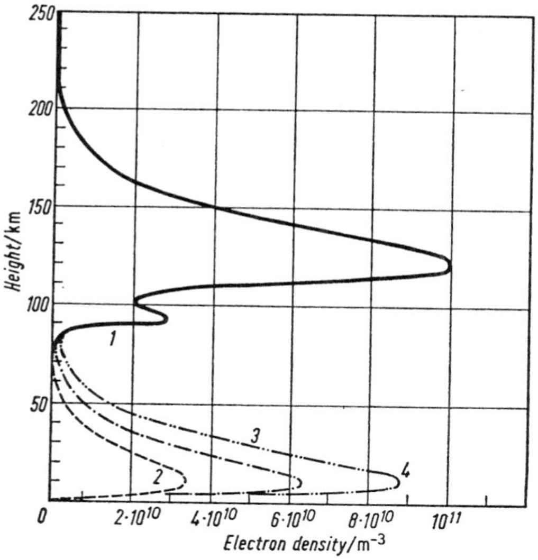


Fig. 8. Plausible electron density profiles in the Martian ionosphere corresponding to the following scale heights of the atmosphere: ① 9 km; ② 11 km; ③ 13 km; ④ 15 km.[12]

It is probable that there is a region of *enhanced electron density near the surface of Mars,* since there are no appreciable amounts of $O_3$ and $O_2$ in the martian atmosphere. Ozone would be able to absorb the solar ultraviolet radiation while molecular oxygen with its high affinity for electrons would reduce the free electron density in the lower atmosphere by binding them. All these features are quite different from the conditions in the terrestrial ionosphere.

**8. The ionosphere of Venus.**

α) The first attempt to measure *local conditions* in the ionosphere of another planet was carried out with the space probe Venera 4 on 18 October 1967. The spacecraft descended into the Venusian atmosphere on its night side. The scientific instruments aboard included plane and hemispheric charged particle traps.[1] The planar traps were designed to measure low ion densities in the outermost part of the Venusian ionosphere, in the range $5 \cdot 10^7$ to $5 \cdot 10^9$ m$^{-3}$.

During the period when the vehicle was approaching the planet the total collector current of the plane traps was measured every 7 s. To separate the (thermal) ionospheric ions and the (high-speed) ions of non-ionospheric origin, e.g. solar wind ions, one grid of the plane trap was fed every 14 s by a potential of +50 V relative to the spacecraft in order to remove the thermal (ionospheric) ions; in this mode, only energetic (non-ionospheric) ions could reach the collector. Varying the grid potential from 0 to 50 V enabled the contribution of non-ionospheric ions to the total current to be evaluated. Near the surface of the planet the spacecraft velocity was about $10^4$ m/s so that the measurements made with plane traps gave one data point every 150 km.

The hemispherical traps were intended for measuring the positive ion density near the peak of the Venusian ionosphere, i.e. near the main ionization maximum.

[1] K. I. Gringauz, V. V. Bezrukih, L. S. Musatov, and T. K. Breus: Kosmič. Issled. **6**, No. 3, 11 (1968).

According to the models of the Venusian ionosphere available at that time,[2-4] the maximum charged particle density had been estimated to be of the order of $10^{15}$ m$^{-3}$. For this reason the sensitivity of these traps had been chosen in the range $10^{10}$ to $10^{13}$ m$^{-3}$. To give more measuring points on the ion density profile, these measurements were planned to be carried out every 0.8 s.

These measurements made by the hemispherical traps showed that the ion density in the night-time ionosphere nowhere exceeded $1 \cdot 10^{10}$ m$^{-3}$. As mentioned above, the low ion density measurements were made at 150 km intervals. Due to radio interference the data from the last two planar trap measurements at lower altitudes could not be decoded, so that the upper limit of $10^9$ m$^{-3}$ applies only to the ion density at heights above 300 km.

$\beta$) On 19 October 1967 Mariner 5 passed near Venus in a trajectory which permitted the radio-occultation of the spacecraft by the planetary atmosphere to be observed. At the beginning of the radio-occultation the latitude was 37° N and the solar zenith angle was 142°. The latitude of immersion, (i.e. vanishing reception) was 32° S at a solar zenith angle of −37°.

One of the experiments to determine the properties of the Venusian ionosphere carried out by the Stanford University group[5] consisted in making dispersive Doppler measurements on two harmonically combined frequencies: 49.8 and 423.3 MHz. In this experiment a signal propagated on one of the frequencies

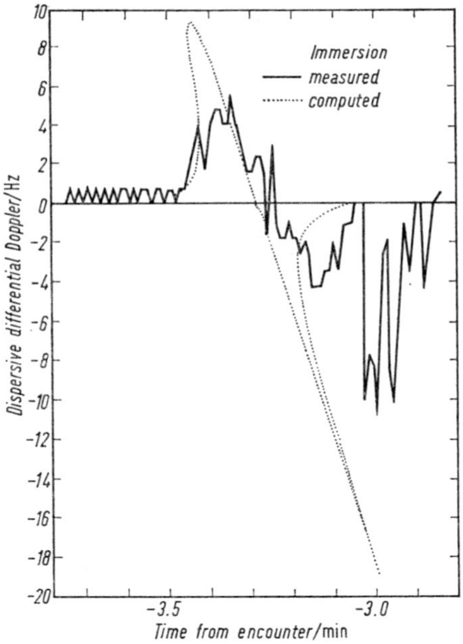


Fig. 9.

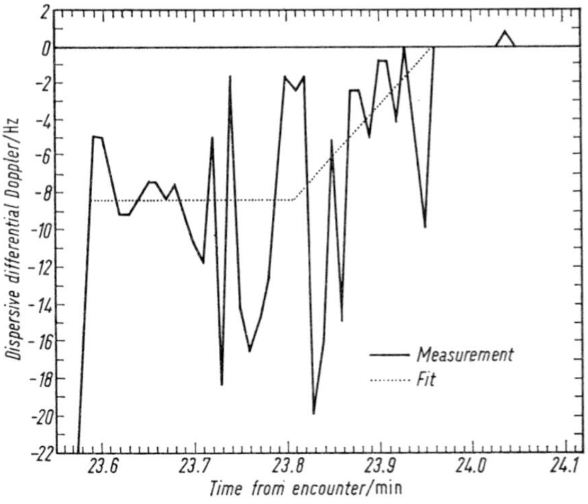


Fig. 10.

Fig. 9. Observed and computed differential Doppler effect during immersion of Mariner 5.[7]

Fig. 10. Dispersive differential Doppler effect versus time from closest approach, day side.[7]

[2] D. E. JONES: Planet. Space Sci. **5**, 166 (1961).
[3] A. D. DANILOV and S. P. JATCENKO: Kosmič. Issled. **2**, No. 2, 276 (1964).
[4] A. D. DANILOV and S. P. JATCENKO: Dokl. Akad. Nauk SSSR **162**, 774 (1965).
[5] Mariner Stanford Group: Science **158**, 1678, 1683 (1967).

from Earth to the spacecraft and returned to Earth on the other frequency; phase and amplitude as well as the group delay of the signals were measured. It seems, however, that measurement of group delay achieved only modest accuracy, and its results have not been analysed.

Simultaneously another experiment was carried out on 2298 MHz, a frequency in the S-band;[6] in this experiment the signal propagated only from the spacecraft to the Earth; signal frequency, phase and amplitude were measured. Unfortunately, this experiment was not sensitive enough to detect the rather low night-time electron density in the Venusian ionosphere.

As in the case of the Martian radio-occultation experiments, the S-band experiment did not clearly distinguish the contributions of the charged and neutral components of the lower atmosphere. However, as will be discussed later, by combining the two experiments data were obtained which allowed a determination of some parts of the electron density profiles in the ionosphere of Venus, for day and night-time.

$\gamma$) Figs. 9 and 10 show the variation in the rate of change of the *phase path* on two frequencies ($\Delta\varphi$) due to dispersion in the ionosphere of Venus as a function of orbital time (counted from the moment when the spacecraft was closest to the planet).[7] Data have been obtained for day and night conditions on Venus. The curves show steep dips and oscillations, indicating that multipath propagation was present with different rays being received at different moments. This multipath propagation was attributed to the 49.8 MHz signal; for this reason in the vicinity of the peak of the Venusian ionosphere the phase measurements could not be reduced and so were abandoned. Only the data from amplitude measurements could be used, although the method of constructing the profile from amplitude data is less accurate, as explained above.

Fig. 11 shows samples of the observed and calculated variations in the

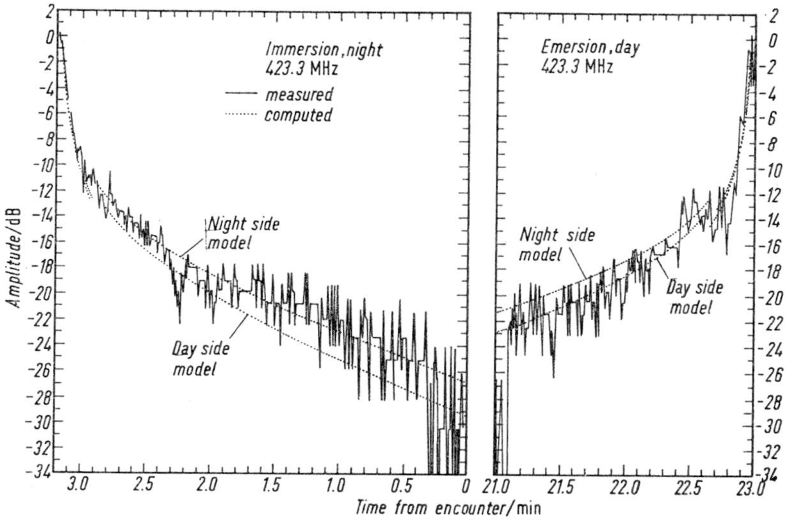


Fig. 11. Observed and computed amplitude variations illustrating the difference between day- and nightside atmospheres.[7]

[6] A. J. Kliore, G. S. Levy, D. L. Cain, G. Fjeldbo, and S. I. Rasool: Science **158**, 1683 (1967).

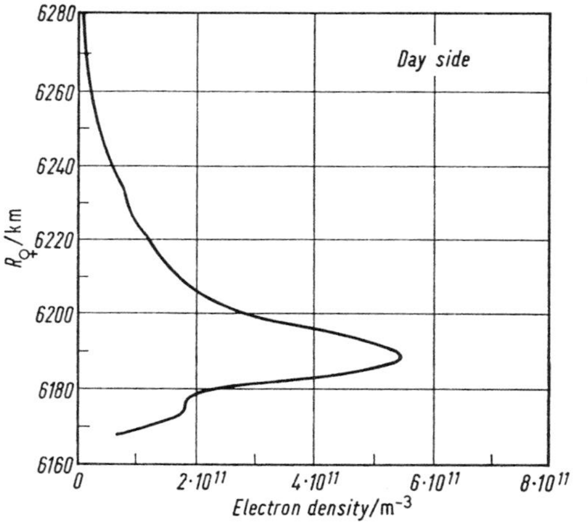


Fig. 12. Electron density in the daytime ionosphere of Venus obtained from data of the Mariner 5 single-frequency experiment in the S band.[6]

423.3 MHz *signal amplitude* for the day- and night-time Venusian ionospheres.[7] It is clear that the amplitude is fluctuating strongly due to the presence of inhomogeneities, or of horizontal gradients in the electron density. Consequently, when interpreting the results of amplitude measurements, the S-band experiment data were invoked. Starting with the Doppler-phase measurements in the S-band, an electron density profile of the daytime Venusian ionosphere was first computed (see Fig. 12); this profile was then used as a model for calculating the amplitude variations at 423.3 MHz.

δ) Fig. 13 shows day- and night-time *electron density profiles* in the Venusian ionosphere obtained by interpreting both experiments.[7,8] Obviously, that part of the electron density profile which is just below the ionization maximum (dotted line) is less reliable than other parts. This is the height range where amplitude measurements on 423.3 MHz and S-band phase data have been combined. In daytime at heights between 200 and 250 km no signals were received at all, probably because of caustic refraction in this height range.

The steep descent of the phase curve near about 500 km (see the data after 23.95 min in Fig. 10) is apparently due to refraction of the 49.8 MHz signal in the region of sharply increasing electron density (continuous line in Fig. 13). The zero Doppler readings preceding the last dip of the phase difference (see Fig. 10) correspond to a ray passing straight through the outer boundary of this region.[7]

By analogy with the boundary of thermal plasma in the Earth's ionosphere this boundary is called the plasmapause (Fig. 13).

In the region from 250 to 500 km the dotted curve had to be interpolated since due to multipath propagation of the 49.8 MHz signal the original data could not readily be interpreted.

The night-time electron density profile in the vicinity of the maximum has been determined from amplitude data obtained for the 423.3 MHz signal by fitting the profile to a

[7] G. FJELDBO and V. R. ESHLEMAN: The Atmosphere of Venus as Studied with the Mariner 5 Dual Radio-frequency Occultation Experiment, Final Report, Part 1, Radio Sci. Lab. Stanford, Electronics Lab., Stanford Univ., California (SUSEZ 69-003), 1969.

[8] T. K. BREUS and K. I. GRINGAUZ: In: Fizika Luni i Planet. Moskva: Nauka 1972, pp. 279–283.

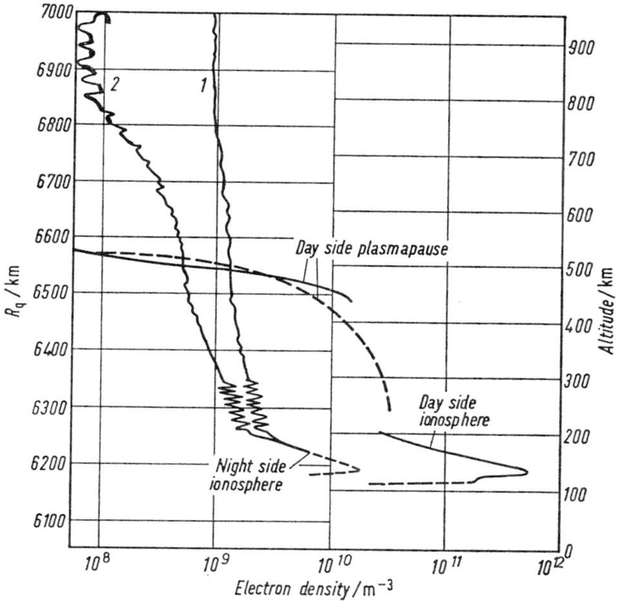


Fig. 13. Altitude profiles of the electron number density in the day and night ionosphere of Venus, obtained from data of the Mariner 5 dual-frequency experiment, and upper limits of the ion density in the atmosphere of Venus from data obtained by the Venera 4 probe (see text for explanation).

Chapman-layer model. It is important to note that the observed amplitude fluctuations in the lower ionosphere (from $-3.26$ to $-3.18$ min) could be due either to horizontal irregularities in the ionization profile near the 142 km level (as observed quite often in the terrestrial E region), or to propagation of the signal through four thin layers, each with electron density of the order of $10^{10}\ m^{-3}$ in the height range 87 to 120 km.

As stated, the shape of the night-time profile above 200 km essentially depends on the accuracy with which the contributions of the interplanetary medium and the Earth's ionosphere are interpreted.

ε) When at the beginning of the occultation the radio beam first contacted the night-time ionosphere (Fig. 3) the electron content did increase but only slowly. This increase could be explained by the presence of a certain *tail* in the electron density profile at *great heights* in the night-time planetary ionosphere. (It could otherwise be explained by a 1.3% increase of the electron content outside the planetary ionosphere, but this increase must then be attributed to the interplanetary space because during this period no sufficient variations occurred in the Earth's ionosphere as can be seen from Fig. 3.) If the increase is due to an ionized "tail" in the night-time ionosphere, extending high up in the planetary environment, then the shape of the electron density profile deeper in the planetary ionosphere necessarily depends on the assumed electron density distribution in the "tail". Fig. 13 represents two profiles: profile 1 obtained on the assumption that the plasma density in the "tail" was constant, while for profile 2 an exponential law has been assumed along the axis of symmetry coincident with the direction of the solar wind.[7]

The daytime maximum of electron density in the Venusian ionosphere is $(5 \pm 0.5)\ 10^{11}\ m^{-3}$ and lies at a radial distance of about 6190 km, i.e. near 140 km height. Apparently an additional maximum lies 15 km lower. The scale height above the main peak is about 13 to 15 km, which corresponds to a temperature $T_p$ of 300 to 400 K (if the main ion component of the Venusian ionosphere is $CO_2^+$). Higher up, the scale height is different as a consequence of a different temperature and ion composition; at such heights lighter ions are beginning to predominate.

The night-time maximum of electron density in the Venusian ionosphere was found at a height of about 170 km; maximum electron density was $10^{10}$ m$^{-3}$. The scale height just above the main maximum is of the order of 10 km.

Let us remind that according to Venera 4 data the upper limits of $N_i$ were $10^9$ m$^{-3}$ above 300 km and $10^{10}$ m$^{-3}$ below this altitude. So the measured $N_i$ and $N_e$ in the night-time ionosphere of Venus are not in contradiction. If we take into account the limitations of the radio occultation method for determining the electron density profile (see Sect. 6), it is clear that the uncertainty of the radio data may be reduced by comparing them with the results of direct measurements in the night-time Venusian ionosphere.

**9. Comparison of electron density and temperature profiles in the Martian, terrestrial and Venusian ionospheres.** To give one an idea of the extension of the Martian and Venusian ionospheres as compared with that of the Earth the electron density profiles obtained for the Martian and Venusian ionospheres are plotted[1] in Figs. 14 and 15, together with typical electron density profiles in the terrestrial ionosphere obtained for the same solar activity.

It is apparent that the Earth, though it occupies an intermediate position between these planets relative to the Sun, has a much thicker and denser ionosphere than either Mars or Venus. This is so in spite of the fact that the Earth's

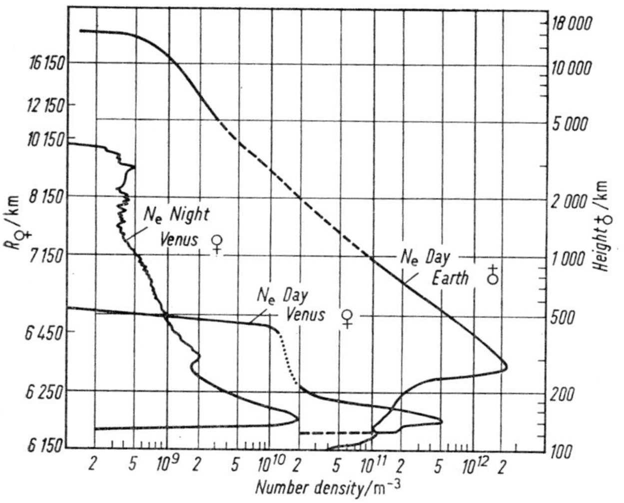


Fig. 14.

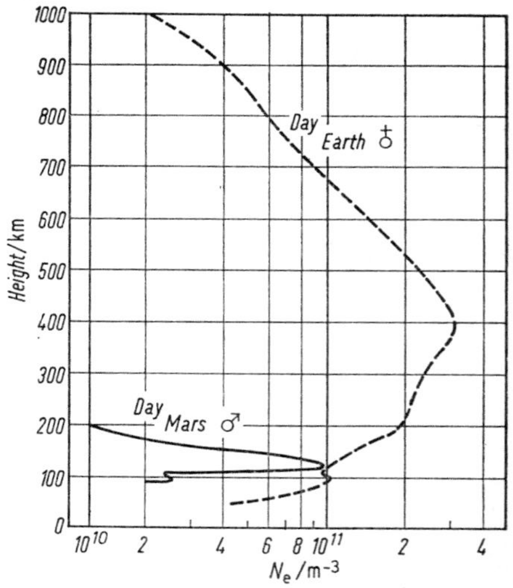


Fig. 15.

Fig. 14. Altitude distributions of the electron density in the ionospheres of Venus and the Earth.[1]

Fig. 15. Altitude distributions of the electron density in the ionospheres of Mars and the Earth.[1]

[1] K. I. GRINGAUZ and T. K. BREUS: Sp. Sci. Rev. **10**, No. 6, 743 (1970).

atmosphere receives solar ionizing radiation of smaller intensity than the atmosphere of Venus. Resuming the main findings:

1. The fact that for all these planets the shapes of electron density profiles are similar is striking enough. For example, below the main maximum of ionization a second maximum is seen in all three profiles. Above the main peak, in the daytime as well as in the night-time Venusian ionosphere (and in the Earth's ionosphere) one observes a sharp rise of the rate of electron density decrease with altitude—"a knee" or "plasmapause" as this phenomenon is called in the Earth's ionosphere. This "knee" occurs, however, at much greater height in the Earth's ionosphere than in the Venusian ionosphere. The phenomenon may be explained by the boundary of the thermal plasma envelope thought to be situated here. Perhaps in the ionosphere of Mars the "knee" in the electron density profile has not yet been found because of the lack of experimental sensitivity to smaller electron densities.[2]

2. The maximum electron densities in the ionospheres of Mars and Venus are of the same order as the maximum density in the daytime ionosphere of Earth.

3. Peak altitudes are considerably lower than the ionospheric peak altitude in the Earth's ionosphere, which lies between 270 and 500 km.

4. The electron temperature at peak altitude in the daytime terrestrial ionosphere may reach 3000 K, and 1000 K in the night-time ionosphere; the electron and ion temperatures in the plasmapause are much higher, tens of thousands K. The corresponding temperatures in the Martian and Venusian ionospheres appear to be much lower.[3–5]

## III. Models of the Martian and Venusian ionospheres.

### 10. Generalities: the influence of neutral composition.

α) First attempts to analyze and describe the structures of the Martian and Venusian ionospheres were made in a similar way as for the Earth's ionosphere, especially as the ionospheres of these planets have many similar features. Major difficulties are encountered when constructing such models, due to the lack of data concerning the upper neutral atmospheres.

Direct *composition measurements* have been carried out only in the lower Venusian atmosphere. The determination of the refractivity by the radio-occultation method allows only the neutral particle density in the lower atmosphere to be determined with the degree of accuracy with which it is possible to determine the chemical composition from other data. Figs. 16 and 17 represent the results of measurements of neutral particle density and temperature in the lower atmospheres of Mars and Venus.[1] For comparison, typical curves of the same parameters for the Earth's atmosphere are also plotted.

Composition, temperature and density in the upper neutral atmosphere have been obtained by extrapolation of the direct measurements in the lower atmosphere. The extrapolation was made in such a way that the models of the ionosphere so constructed were in agreement with the observed electron density/height profiles. Certainly, such a procedure is questionable, since the ion composition,

---

[2] S. J. Bauer and R. E. Hartle: J. Geophys. Res. **78**, 3169 (1973).

[3] J. V. Evans: In: Solar-Terrestrial Physics (ed. J. W. King and W. S. Newman), London-New York: Academic Press 1967, 289.

[4] K. I. Gringauz: In: Solar Terrestrial Physics (ed. J. W. King and W. S. Newman), London-New York: Academic Press 1967, 341.

[5] G. P. Serbu and E. J. R. Maier: J. Geophys. Res. **75**, 31, 8102 (1970).

[1] V. R. Eshleman: Radio Sci. **5**, No. 2, 325 (1970).

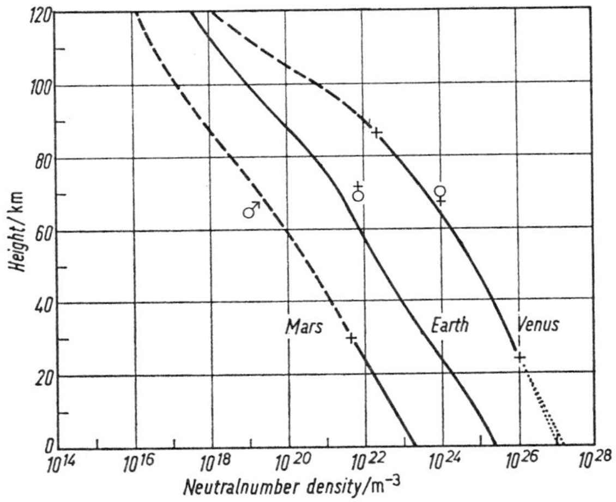


Fig. 16. Altitude profiles of neutral particle number densities in the Martian and Venusian atmospheres (solid line-experimental data, dashed curve-extrapolation). For comparison the neutral particle density in the Earth's atmosphere is also given.[1]

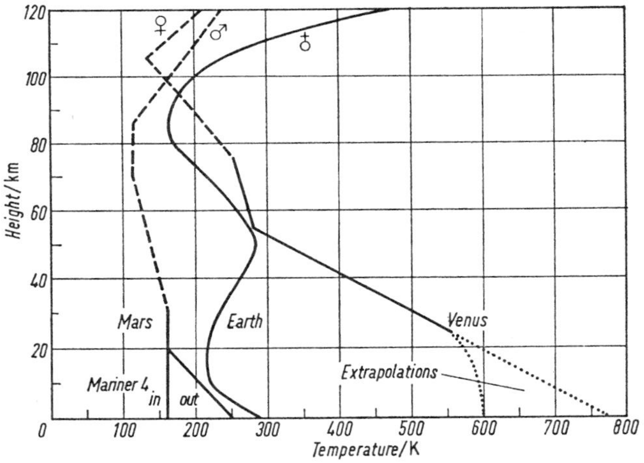


Fig. 17. Altitude profiles of temperatures in the Martian and Venusian atmospheres (solid line-experimental data, dashed curve-extrapolation). For comparison the neutral temperature in the Earth's atmosphere is also given.[1]

which depends on the composition of the neutral gas at the height of the ionosphere, determines the processes which play the main role in forming the ionospheric maximum.

β) An ionization maximum of the type of the terrestrial F1 or E region may be expected if the ionosphere is in photochemical equilibrium. The main ionization maximum of the terrestrial F2 region, however, is formed far above the level of maximum rate of ionization. This is due to the neutral component, namely atoms which prevail at greater altitude in the neutral atmosphere (oxygen atoms in the Earth's atmosphere). If neutral molecules are present at all in the atmosphere, ion losses must occur in the F2 region due to ion-molecule reactions with subsequent dissociative recombination of the molecular ions formed in this way. With increasing height the density of the molecular components of the neutral atmosphere (and hence the rate of ion recombination which is proportional to this density) decreases more rapidly than the atomic component density and hence than the rate of ion formation. It follows that the level of the electron density maximum is higher than that of maximum ion production. The equilibrium is maintained by downward transfer of the ions formed at greater height, down to the region of rapid recombination through ambipolar diffusion.

It is obvious that a knowledge of the atmospheric composition in the region where the maximum of ionization usually appears is extremely important in chosing a correct model of the ionosphere.

**11. Problems involving the range near the main peak of the profile.** The uncertainty regarding the properties of the neutral planetary atmosphere has consequences for the choice of a suitable model of the ionosphere. This can be seen from an analysis of the first Martian and Venusian ionosphere models constructed on the basis of preliminary data yielded by the experiments of the Mariner 4, Venera 4 and Mariner 5 spacecrafts.

α) Three types of model have been proposed for the Martian ionosphere in analogy with the terrestrial ionospheric layers F2[1–3], F1[4] and E[5,6].

These models are very different. As for the neutral upper atmosphere model, derived from ionospheric parameters fitting the ionospheric models of types E and F2, the corresponding neutral densities differ by four orders of magnitude. The neutral particle temperature in the vicinity of the main ionization peak differs by a factor of five. In the F2-type models atomic oxygen is taken to be the main component of the upper atmosphere while in the E-type model the main component is a mixture of $CO_2$ and $N_2$ (see Fig. 18). Available experimental data at that time did not allow the percentage of $CO_2$ to be derived with the degree of accuracy necessary to distinguish between the different proposed models. The Mariner 4 observations are compatible with a $CO_2$ content of 80 to 100% in the lower Martian atmosphere.

The models of types F2 and E are in fact contradictory in many respects.

From Mariner 5 data two preliminary models (Fig. 19) of types F1 and E[7] have been proposed under the assumption that the ionospheric ions are all $CO_2^+$. In the vicinity of the ionization peak the neutral particle densities of these two models differ by two orders of magnitude, while the temperatures differ by a factor of two.

The results of measurements[8,9] carried out on Mariner 6 and 7 confirmed that $CO_2$ is indeed the main component of the Martian neutral atmosphere. No traces of nitrogen were found so that models with an appreciable $N_2$ content had to be discarded. Atomic oxygen, O as well as CO and hydrogen H were also found to be practically negligible. For instance, the ratio of O and $CO_2$ densities[9,10] in the vicinity of the ionospheric peak is of the order of $10^{-3}$.

[1] G. Fjeldbo, W.C. Fjeldbo, and V. R. Eshleman: J. Geophys. Res. **71**, No. 9, 2307 (1966).
[2] F. S. Johnson: Science **150**, 1455 (1965).
[3] F. S. Johnson: The atmosphere of Mars. Presented at 7-th Int. Space Sci. Symp. Comm. on Space Res. (COSPAR), Vienna, Austria, 11–17 May 1966.
[4] T. M. Donahue: Science **152**, 763 (1966).
[5] J. W. Chamberlain and M. B. McElroy: Science **152**, 21 (1966).
[6] M. B. McElroy: J. Geophys. Res. **74**, No. 1, 29 (1969).
[7] A. J. Kliore, G. S. Levy, D. L. Cain, G. Fjeldbo, and S. I. Rasool: Science **158**, 1683 (1967).
[8] C. A. Barth *et al.*: Science **165** (Sept. 5, 1969).
[9] M. B. McElroy and D. M. Hunten: J. Geophys. Res. **75**, No. 7, 1188 (1970).
[10] D. E. Anderson and C. W. Hord: J. Geophys. Res. **76**, 6666 (1971).

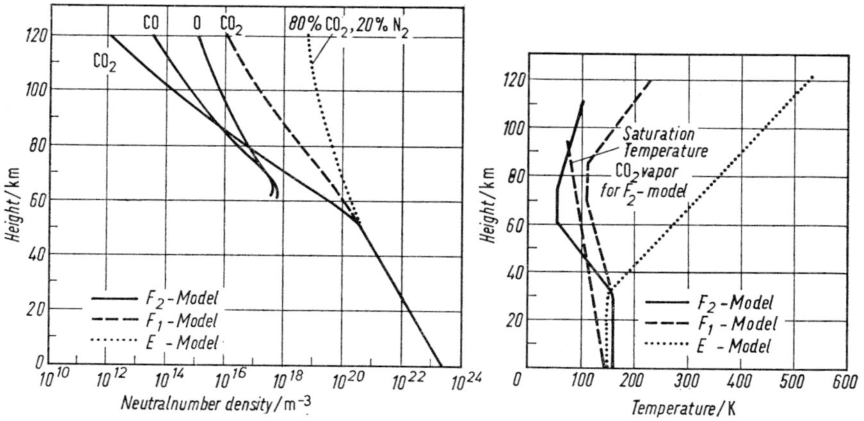


Fig. 18. Models of the Martian neutral atmosphere calculated from experimental data obtained by Mariner 4, assuming ionosphere models of the type of the terrestrial F2 and F1 layers. Left: number densities, right: temperatures, for three different models (see text). Thermal equilibrium is supposed to exist in the neutral atmosphere (model E).*

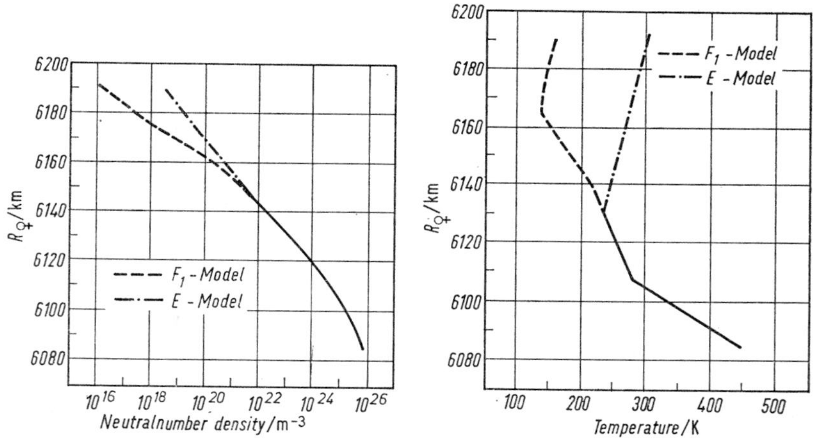


Fig. 19. Models of the daytime neutral atmosphere of Venus calculated from experimental data obtained by Mariner 5, corresponding to ionospheric models of the type of the terrestrial F1 and E layers.[7] Ordinate: radius from center of Venus. Left: number densities, right: temperatures, for two different models.

β) A detailed analysis of the characteristic features of the neutral atmosphere of *Venus*, obtained by indirect and *in-situ* methods can be found in a review paper.[11]

As for the composition of the Venusian lower atmosphere, data obtained in Venera 5 and 6 experiments showed that the $CO_2$ content in the atmosphere of

* G. FJELDBO and V. R. ESHLEMAN: Planet. Space Sci. **16**, No. 8, 1035 (1968).

[11] V. I. MOROZ: Uspehi Fisičeskih Nauk **104**, No. 2, 255 (1971).

Venus is as high as 93 to 100%; nitrogen and other inert gases contribute some 2 to 5%, while the oxygen, $O_2$ content[12,13] does not exceed 0.1%.

So oxygen is practically absent in the upper atmospheres of both planets. For this reason the ionospheric models obtained by analogy with the terrestrial ionospheric layer F2 need to be abandoned.

The F1-type model, for the Venusian ionosphere where a pure $CO_2$ atmosphere and hence $CO_2^+$ ions alone are assumed, seems to be the model most consistent with the observations. The Martian ionosphere electron density profiles can also most closely be matched with the F1-type models.

The following ions are thought to be the main components of the Martian ionosphere[14]: $CO_2^+$ due to photoionization of $CO_2$; $O_2^+$ due to the charge-exchange reaction $CO_2^+ + O \rightarrow O_2^+ + CO$; possibly $O^+$ at greater heights due to photoionization of an atomic oxygen O.

γ) There is, however, another difficulty since *dissociation* of $CO_2$ should take place under the influence of the Schumann-Runge bands in the solar spectrum:

$$CO_2 + h\nu \rightarrow CO + O. \tag{11.1}$$

This raises the question as to how the products of dissociation, namely atomic oxygen and CO, could disappear from the upper atmospheres so rapidly that no F2 layer appears above the F1 peak.

Molecular recombination of CO and O is slower[15] than recombination of O with O. Hence one should ask what mechanism could prevent the rapid formation of molecular oxygen, $O_2$. This species should be identifiable rather easily by spectroscopic measurements. Anyway, some effective mechanism of CO and $O_2$ interaction must be removing CO from the upper atmospheres of Mars and Venus.

So far attempts have been made to solve this problem by considering local photochemical processes. McElroy and Hunten[9] postulated that most of the oxygen in the upper atmospheres was formed in the ($^1$D) state. This would react with $CO_2$ to produce $CO_3$, and this activated complex might easily be deactivated down to the ground state by emission of photons. This de-activated $CO_3$ may then react with CO to produce 2 $CO_2$ so that the overall result of the process would be a very rapid recombination of CO and O. However, as shown by Shimizu and other authors[16–18] and recently acknowledged by McElroy,[14] the above reaction chain with $CO_3$ is not acceptable, since O ($^1$D) would rapidly revert to O ($^3$P) because of inelastic collisions with $CO_2$.

Since local reactions do not seem to give satisfaction, American and Japanese authors are now considering columnar equilibrium with vertical interchange by mixing and vertical transport of dissociation products down into the lower regions of the planetary atmosphere where reactions with triple collisions could be operative and play the main role.

From their calculations these authors conclude that the eddy-diffusion coefficient $K_{turb}$ for the Martian atmosphere must be of the order of $10^3$ m$^2$ s$^{-1}$ [18,19] which is an order of magnitude higher than for the Earth's atmosphere. All the CO and O ($^3$P) which may be produced in the upper atmosphere should be trans-

[12] A. P. Vinogradov, Ju. A. Surkov, B. M. Andreyčikov, O. M. Kalinin, and I. M. Grečiševa: Kosmič. Issled. **8**, 4, 578 (1970).

[13] V. S. Avdujevskij, M. Ja. Marov, and M. K. Rojdestvenskij: Kosmič. Issled. **7**, 2, 233 (1969).

[14] M. B. McElroy: Upper Atmospheres of the Planets. Preprint of paper given at the Symposium of IAGA, Moscow, August 1971.

[15] I. D. Clark and J. F. Noxon: J. Geophys. Res. **75**, 7311 (1970).

[16] M. Shimizu: Icarus **9**, 593 (1968).

[17] M. Shimizu: Icarus **10**, 11 (1969).

[18] T. Shimazaki and M. Shimizu: Rep. of Ionosph. and Space Research in Japan **24**, 80–98 (1970).

[19] M. Shimizu: J. Geophys. Res. **78**, 6780 (1973).

ported downwards to the level where recombination to $CO_2$ under the influence of catalytic reactions[20] with $HO_2$ or $H_2O$ will be almost complete. In the Martian stratosphere the effect of turbulence may well exceed that of Earth's[6] because of the absence of an ozone layer in the atmosphere of Mars. In the terrestrial atmosphere this particular layer provokes a temperature inversion that prevents the penetration of energy from the lower towards the upper regions of the atmosphere.
The eddy-diffusion coefficient $K_{\text{turb}}$ for the Venusian atmosphere[19] must be of the order of: $10^2$ to $10^3$ m$^2$ s$^{-1}$.

α) The failure of the theory involving the $CO_3$ complex proposed to explaining the photochemistry of the Martian and Venusian atmospheres created new problems concerning the *structure of the Venusian upper atmosphere*. As will be shown below, a hydrogen-deuterium model of the upper atmosphere has been proposed to account for observations of the scattering of solar Lyman-alpha radiation by the atmosphere.[21] From these observations it was concluded[22] that $K_{\text{turb}}$ could not exceed 10 m$^2$ s$^{-1}$ otherwise the H density necessary to explain the Lyman-alpha observations would not be afforded. It is quite possible that turbulent mixing is less important in the Venusian atmosphere than in the Martian one, since tidal motions are absent on Venus because of the slow rotation of the planet. The atmosphere of Venus is extremely dense and a temperature maximum seems to exist since waves propagating from the lower to the upper regions of the Venusian atmosphere appear to be reflected. But if the eddy-diffusion coefficient is $K_{\text{turb}} \sim 10$ m$^2$ s$^{-1}$, the problem of $CO_2$ photochemistry in the lower Venusian atmosphere remains unexplained.

## 12. The upper ionosphere of Venus.

α) A most peculiar feature of the upper ionosphere of Venus is a sharp decrease in the electron density at a height of about 500 km in the daytime, but of about 3000 km in the night-time. This feature is similar to the Earth's plasmapause, which is usually observed at a distance of about 20000 km from the Earth. Venus, unlike Earth, has no strong internal magnetic field and hence there is no magnetosphere which could act as an obstacle to stop the solar wind. The role of obstacle may be filled by the Venusian ionosphere[1,2] which may cause a shock wave at a short distance from the planet. If this is so, electric currents must be induced in the ionosphere as a result of interaction with the (rather weak) interplanetary magnetic field. This process may create an induced magnetosphere or *pseudo-magnetosphere*. The boundary of the disturbed interplanetary magnetic field and this kind of magnetosphere may indeed correspond[1,3] to the observed *plasma-pause* (or *anemopause* as it is sometimes called). On the night-time side of the planet the plasmapause is adjacent to the zone of disturbed solar plasma flux, which is therefore farther from the planet on the night-side.

β) Above the ionization maxima of the Venusian ionosphere a noticeable increase in the scale height is observed. By day this is above 200 km, by night above 300 km of altitude. This observation indicates the presence of light ions. For example, in the vicinity of the peak of the daytime profile the plasma scale

---

[20] R. R. REEVES *et al.*: J. Phys. Chem. **70**, 1637 (1966).
[21] C. A. BARTH: J. Atmos. Sci. **25**, 564 (1968).
[22] M. B. MCELROY and D. M. HUNTEN: J. Geophys. Res. **74**, 1720 (1969).
[1] H. S. BRIDGE, A. J. LAZARUS, C. W. SNYDER, E. J. SMITH, L. DAVIS, JR., P. J. COLEMAN, JR., and D. E. JONES: Science **158**, 1669 (1967).
[2] F. S. JOHNSON and J. E. MIDGLEY in: K. S. CHAMPION, P. A. SMITH and R. L. SMITH-ROSE (eds.): Space Research **IX**. Amsterdam: North-Holland Publ. Co. 1969, 760.
[3] Mariner Stanford Group: Science **158**, 1678, 1683 (1967).

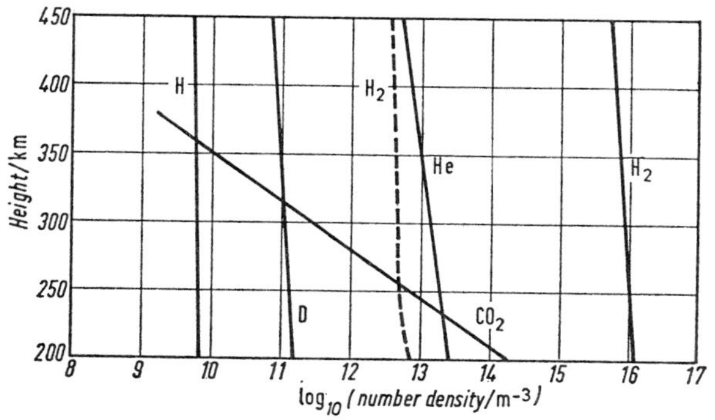


Fig. 20. Distribution of the neutral constituents in the upper atmosphere of Venus after BARTH's results computed by McELROY and HUNTEN.[8] These authors give, however, reasons in favor of the broken line for $H_2$.

height $H_p$ is (13 to 15) km, corresponding to a temperature $T_p = (300$ to $400)$ K if the main component is taken to be $CO_2$. However, above the 300 km level $H_p$ is as large as 30 km.

From measurements of the intensity distribution of the Lyman-alpha radiation in the upper atmosphere it is concluded that the upper neutral atmosphere of Venus consists of two components whose scale heights differ by a factor of two.[4,5] If one supposes the emission to be due to fluorescent scattering of the solar Lyman-alpha radiation in the atmosphere and that one of its components is atomic hydrogen, H, then the second component would be molecular hydrogen or deuterium. The author of the Lyman-alpha experiment, BARTH[4], assumed that the second component was $H_2$. According to his estimates the H and $H_2$ densities in the upper atmosphere should have the distributions depicted in Fig. 20. However, McELROY and HUNTEN[6] and DONAHUE[7] have critisized this H—$H_2$ model of the outer Venusian atmosphere. They argue that photodissociation of $H_2$ would produce so much atomic hydrogen H that its density would greatly exceed the density necessary to explain the observed intensity of Lyman-alpha radiation. According to McELROY and HUNTEN's estimates,[8] the $H_2$ density in the Venusian upper atmosphere cannot exceed the limit indicated by a broken line in Fig. 20.

As mentioned above, a hydrogen-deuterium model could also explain the observed facts. In that case the concentration of *deuterium*, D, would have to be one order of magnitude higher than the H density near the base of the exosphere. This is rather astonishing since the D/H ratio in the Earth's oceans is of the order of $10^{-4}$. McELROY and HUNTEN[8] then DONAHUE[9] and WALLAS[10] proposed that the enrichment of deuterium in the Venusian atmosphere would be due to different rates of thermodissociation. Allowing for this effect, one finds that with a ratio D/H of only 0.1 in the lower Venusian atmosphere this ratio in the upper atmosphere would be of the order of 10. Since the magnitude of the D/H ratio

[4] C. A. BARTH: J. Atmos. Sci. 25, 564 (1968).
[5] C. A. BARTH, L. WALLACE, and J. B. PEARCE: J. Geophys. Res. **73**, 7, 2541 (1968).
[6] M. B. McELROY and D. M. HUNTEN: J. Geophys. Res. **74**, 1720 (1969).
[7] T. M. DONAHUE: J. Atmos. Sci. **25**, 568 (1968).
[8] M. B. McELROY and D. M. HUNTEN: J. Geophys. Res. **75**, No. 7, 1188 (1970).
[9] T. M. DONAHUE: J. Geophys. Res. **74**, 1128 (1969).
[10] L. WALLACE: J. Geophys. Res. **74**, 115 (1969).

is strongly dependent on the eddy-diffusion coefficient $K_{turb}$, this theory requires an eddy-diffusion coefficient of the order of $10\ m^2\ s^{-1}$ which seems far too small in view of the $CO_2$ chemistry of the Venusian atmosphere (see Sect. 11).

*Helium* may also be one of the components of the neutral upper atmosphere of Venus.[11,12] The curve in Fig. 20 that represents the atomic He density[8] has been computed from an electron density profile for the night-time Venusian ionosphere under the assumption that the night-time ionization maximum was due to charge exchange of $CO_2$ with helium ions arriving from the daytime ionosphere.[11]

$\gamma$) Among the proposed *models of the Venusian ionosphere* the most detailed are those of BANKS and AXFORD[13] and of BAUER and his coauthors [*3*].[14-16] These are all based on the model of the upper neutral atmosphere presented in Fig. 20.

In both models, the main ionization peak of the daytime ionosphere is attributed to photoionization of $CO_2$ by ultraviolet solar radiation, whereas the outer regions of the ionospheres differ in their composition. H and D are the main components in the model of BANKS and AXFORD[13] while H (or D) and He are the main components in the model of BAUER *et al.*[14] Another difference is that BAUER and his coauthors[14] consider a static model (i.e. one in static equilibrium) while BANKS and AXFORD[13] insist on the need for a dynamic model (i.e. one in dynamical equilibrium).

In both models the position of the anemopause is determined by the condition that the dynamical solar wind pressure equals the pressure in the ionosphere. In the BANKS and AXFORD[13] model the directional fluxes of the ionospheric ions $H^+$ and $D^+$ participate in the pressure balance at the anemopause height. Under the influence of the solar wind, at heights of about (400 to 500) km where the ion diffusion coefficient in the neutral gas is high enough, the ions may travel around the planet and so reach the nightside up to a height of 3000 km.

In the model of BAUER and his coauthors a horizontal magnetic field of about $10\ \gamma$ (as has been measured by the magnetometer aboard of Venera 4 at a height of about 200 km[17]) is included in the pressure balance. They found a self-consistent solution including density and temperature distributions in the daytime Venusian ionosphere, see Fig. 21. According to their calculations, the directional ion fluxes sweep up the transverse magnetic field from the ionosphere and hence increase its thermal conductivity. The increased thermal conductivity leads to a reduction of plasma temperature, thus provoking a disturbance of the pressure balance at the anemopause. Very large $H^+$ and $D^+$ ion fluxes would be needed to maintain the balance. These cannot be provided from ionosphere sources like photoionization of H and D or by a hypothetical charge-exchange reaction between H and $CO_2^+$ as proposed by BANKS and AXFORD. Therefore BAUER *et al.* suppose that the magnetic field participates in the pressure balance and that helium ions rather than $H^+$ and $D^+$ ions play the main role in determining the upper daytime ionosphere of Venus. According to their model the eddy-diffusion coefficient in the Venusian atmosphere must be of the order of $100\ m^2\ s^{-1}$ in order to provide a He density of $5 \cdot 10^{13}\ m^{-3}$ at 100 km (see Fig. 20). It appears that the origin of the

[11] M. B. MCELROY and D. F. STROBEL: J. Geophys. Res. **74**, No. 5, 1118 (1969).
[12] R. C. WHITTEN: J. Geophys. Res. **75**, 19 (1970).
[13] P. A. BANKS and W. I. AXFORD: Nature **225**, 924 (1970).
[14] S. J. BAUER, R. E. HARTLE, and J. R. HERMAN: Nature **225**, No. 5232, 533 (1970).
[15] S. J. BAUER, R. E. HARTLE, and J. R. HERMAN: Nature (London) **225**, No. 5232, 533 (1970).
[16] J. R. HERMAN, R. E. HARTLE, and S. J. BAUER: The Dayside Ionosphere of Venus, Goddard Space Flight Center, Greenbelt, Maryland, 620—272, June 1970 (Preprint), (1970b).
[17] Š. Š. DOLGINOV, E. G. JEROŠENKO, and L. N. ŽUZGOV: Kosmič. Issled. **6**, 561 (1968).

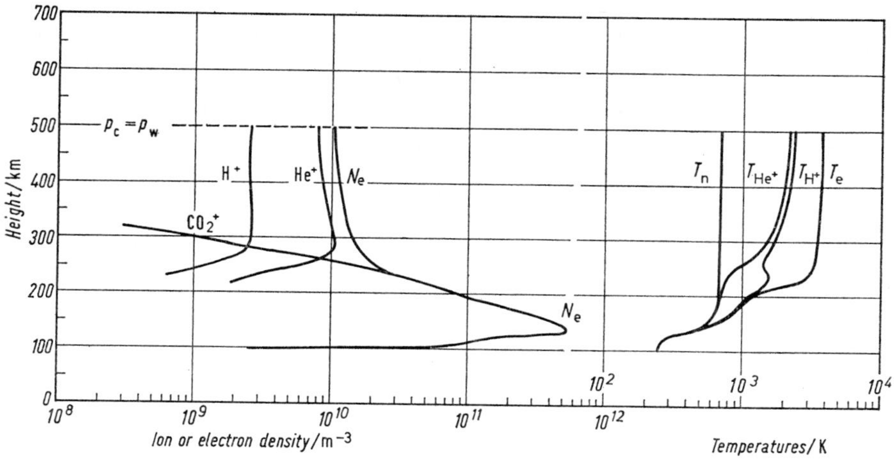


Fig. 21. Model of charged-particle density (electrons and ions $CO_2^+$, $He^+$, $H^+$) and temperature (neutrals, $He^+$ ions, $H^+$ ions, electrons) distributions of the Venus ionosphere consistent with pressure balance between solar wind and the ionosphere (balance pressure $p_c = p_w$ about $8.65 \cdot 10^{-10}$ N m$^{-2}$).[15]

night-time ionization maximum is connected with the assumption of an abundance of $He^+$ ions in the upper Venusian atmosphere.

δ) It is difficult to explain the high ion densities near the night-time ionization peak of Venus. The time constant of recombination in the vicinity of the maximum is (100 to 200) sec. Such ionization sources as cosmic rays, meteors and scattered Lyman-alpha radiation cannot produce a peak of ionization at the observed heights, and it is hard to imagine that the solar wind would penetrate down to these levels of the night-time ionosphere.

McElroy and Strobel[11] suggested that the night-time ionization maximum was sustained by *transfer of charged particles* from the daytime side of the planet.

Developing this idea, Bauer *et al.*[15,16] suppose that helium ions are transferred to the nightside ionosphere and that charge exchange occurs with $CO_2$. The $CO_2^+$ ions formed in this way diffuse downward into the dense atmosphere where they recombine. The ionization maximum then occurs at the height where the rate of dissociative recombination becomes comparable with the rate of $CO_2^+$ influx due to diffusion.

Banks and Axford[13] note that the inverse charge-exchange reaction of $H^+$ appearing in the night-time Venusian atmosphere with $CO_2$ is not sufficiently effective to explain the high ion densities in the night-time maximum. Therefore they also incline to the idea that $H_2^+$ ions which come from the daytime ionosphere exchange their charge with $CO_2$ molecules. Numerical calculations have not been presented for either model of the night-time ionosphere.

The altitude distribution of electrons in the Venusian ionosphere in 1974 as obtained by the Mariner-10 S- and X-band measurements is shown in Fig. 22.[18]

One can see that the electron density vs. height profile has two "ledges", one near 180 km, another near 250 km altitude. The plasmapause was located near 300 km. The electron density at the plasmapause is by an order of magnitude smaller than that obtained with the Mariner-5 experiments, but the rampressure

[18] H. T. Howard and C. L. Taylor *et al.*: Science **183**, No. 4131 (1974).

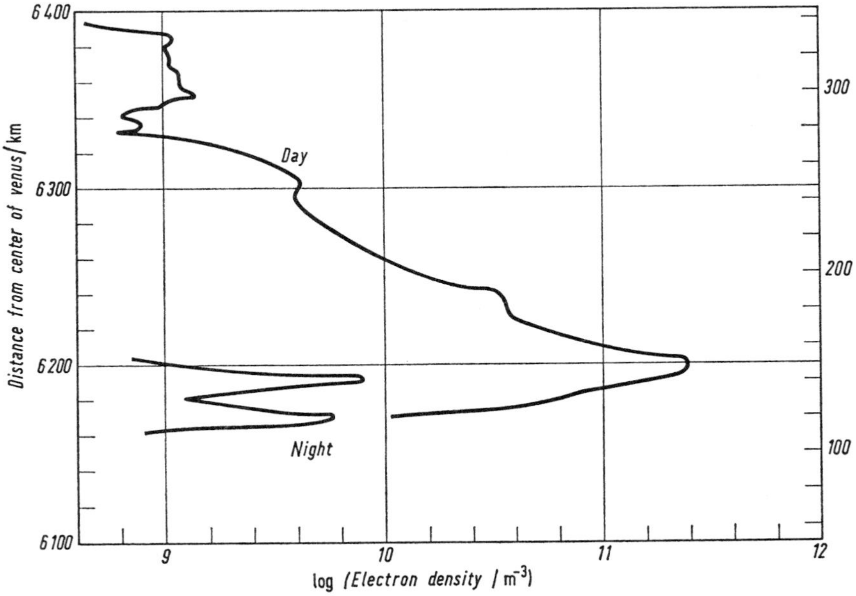


Fig. 22. Dayside and nightside electron number density obtained by differential Doppler S- and X-band observations of Mariner 10.[19]

of the Solar wind during the Mariner-10 encounter was by about a factor of 1.5 greater than during the Mariner-5 encounter.[20]

The Mariner-10 experiments detected a considerable amount of atomic oxygen and neutral helium in the upper atmosphere of Venus.[21]

BAUER and HARTLE[22] have suggested a new model of the day-side ionosphere of Venus, based on the Mariner-10 data. The "ledge" of the electron density profile at 180 km is treated in this model as an F2-layer consisting of $O^+$, deformed by the direct influence of the solar wind pressure. The assumption that $He^+$ is the dominant ion in the upper atmosphere of Venus has now been experimentally confirmed and the upper ledge of the density profile is explained as consisting of $He^+$.

Unfortunately, the pressure balance problem at the plasmapause is even more difficult after the Mariner-10 experiment. The same can be said about the explanations of the height structure of the venusian ionosphere; apart from the previous difficulties one must now explain a new and strange form of the Ne(h)-profile at night. May be that electron fluxes as revealed by Venera 9 and 10 in the planet's optical umbra[23] might produce the Venusian night-time ionosphere.[24]

[19] H. T. HOWARD, G. L. TYLER, and G. FJELDBO *et al.*: Science **183**, 1297–1301 (1974).

[20] H. S. BRIDGE, A. J. LAZARUS, and J. D. SCUDDER *et al.*: Science **183**, 1293–1296 (1974).

[21] A. L. BROADFOOT, S. KUMAR, M. J. S. BELTON, and M. B. MCELROY: Science **183**, No. 4131 (1974).

[22] S. J. BAUER and R. E. HARTLE: Geophys. Res. Lett. **1**, 79 (1974).

[23] K. I. GRINGAUZ, V. V. BEZRUKIH, M. I. VERIGIN *et al.*: Measurements of electron and ion plasma components along the Mars-5 satellite orbit. Preprint-D-194, Space Research Institute, Akademija Nauk SSSR, 1976.

[24] JU. N. ALEXANDROV, M. B. VASILIEV, A. S. VIŠLOV *et al.*: Venus ionosphere as measured by dual-frequensy radis occultation of Venera 9 and 10. Preprint $P_2$-278, Space Research Institute, Akademika Nauk SSSR, 1976.

**13. The upper ionosphere of Mars.** According to the results of magnetic field measurements onboard Mars-2 and 3[1] Mars may possess an intrinsic magnetic field corresponding to a magnetic moment of $2 \cdot 4 \cdot 10^{12}$ T m$^3$ ($=2.4 \cdot 10^{16}$ Gs m$^3$). This field stops the solar wind at a distance of about 1000 ... 1500 km from the planet's surface.[2-5]

The shock front due to interaction of the solar wind and Mars' magnetosphere is apparently removed to 2500 km from the surface ($\approx 0.7\ R_M$)[2].

Plasma distribution in the martian magnetosphere may resemble the corresponding distribution in the Earth magnetosphere with a plasmapause at some distance from the surface.

However, the existence of a plasmapause apparently can not be detected from electron density profiles (Fig. 6), due to strong fluctuations of electron density found by means of the radio-occultation method.

## Conclusions.

From our short description of experimental data obtained in the Martian and Venusian ionospheres, the methods of measurement, and the models constructed to explain these data, it appears that there are still many problems which demand further experiments.

First of all, it is necessary to obtain more accurate electron density profiles, especially for the night-time ionosphere of Venus, and better neutral densities too. Other vital data are direct measurements of plasma composition and density above the main ionization peak, neutral particle temperatures, ratios of upper atmosphere neutral composition, and neutral density profiles. Measurements of variations in space and time of ionospheric parameters, and of relevant horizontal gradients would advance our understanding, in particular of a possible particle transfer from the daytime side of the planet. The launching of artificial planetary satellites with appropriate orbits and equipment and also *in-situ* measurements by means of space vehicles descending into the planetary atmospheres would be of enormeous value in solving these problems.

## General references.

[1] Gringauz, K. I.: In: Beker, R. L. M, Jr., and Maud W. Makemson (eds.): Proceedings of the 12th International Astronautical Congress (Washington D. C., 1961). Wien: Springer; New York and London: Academic Press 1961.

[2] Gringauz, K. I., and T. K. Breus: Comparative charateristics of the ionospheres of the planets of the terrestrial group: Mars, Venus and the Earth. Space Sci. Rev. **10**, 743–769 (1970).

[3] Bauer, S. J.: Physics of planetary ionospheres. In: Physics and Chemistry in Space, Vol. 6. Berlin-Heidelberg-New York: Springer 1973.

[4] Evans, J. V. (ed.): Symposium on Planetary Atmospheres and Surfaces. Radio Sci. **5**, No. 2, Feb. 1970.

[1] Š. Š. Dolginov, Ve. G. Erošenko, and L. N. Žuzgov: J. Geophys. Res. **78**, 4779 (1973).

[2] K. I. Gringauz, V. V. Bezrukih, G. I. Volkov, T. K. Breus, L. S. Musatov, L. P. Havkin, and G. F. Sloutčenkov: J. Geophys. Res. **78**, 5808 (1973).

[3] K. I. Gringauz, V. V. Bezrukih, T. K. Breus, M. I. Verigin, G. I. Volkov, and A. V. Diačkov: Kosmič. Issled. **12**, 585 (1974).

[4] K. I. Gringauz: Review of data on interaction of solar wind with Mars obtained by means of charged particle traps from Mars-2, 3 and 5 satellites. Preprint D-220, Space Research Institute, Akademija Nauk SSSR, 1975.

[5] T. K. Breus and M. I. Verigin: Kosmič. Issled. **14**, No. 2 (1976).

# Sachverzeichnis.

## (Deutsch-Englisch.)

Bei gleicher Schreibweise in beiden Sprachen sind die Stichwörter nur einmal aufgeführt.


Absorption 214.
—, Čerenkov- 238.
abnehmende Frequenz, Emission, *falling tone, emission* 332.
adiabatisches Gesetz, *adiabatic law* 180.
Aërosol, *aërosole* 60, 66.
Ähnlichkeiten, hemisphärische, *hemispheric similarities* 147.
Änderung, halbjährliche, *semiannual variation* 147.
Äquinoktialereignisse, *equinoctial events* 149.
äußere Ionensphäre, *outer ionosphere* 219, 236.
— Quellen, *external sources* 226.
— Teilchenflüsse, Geschwindigkeit, *velocity of external particle fluxes* 219.
Akkommodation, partielle, *partial accommodation* 244.
Aktivität der Sonne, *solar activity* 76, 83.
akustische Grenz-Frequenz, *acoustic cut-off frequency* 168, 186.
— Schwerewelle (in kompressibler Atmosphäre), *acoustical internal gravity wave* 168.
— Schwerewellenmoden, *gravito-acoustic wave modes* 188.
— Struktur, *acoustical structure* 166.
— Welle, *acoustic wave* 240ff.
akustischer Bereich, *acoustic domain* 189.
— Wellenleiter, *duct* 200.
Alfvén-Brechungsindex, *Alfvén refractive index* 235.
— FLF-Wellen, modifizierte, *modified Alfvén FLF wave* 250.
— -Geschwindigkeit, *velocity* 221.
Alfvén-Welle, *Alfvén wave* 235.
—, modifizierte, *modified* 236.
Alfvén-Wellen, ELF-, *ELF Alfvén waves* 250, 251.
anisotrope Prozesse, *anisotropic processes* 205.
anomaler Doppler-Effekt, *anomalous Doppler effect* 228ff.
Anregung, *excitation* 228, 320.
—, Čerenkov- 228.
—, Gyroresonanz-, *gyroresonance* 228.
—, Ionenzyklotron-, *ion-cyclotron* 305.
— von Wellen, *of waves* 295.
Anregungspotential, *excitation potential* 31ff., 38.
anwachsende Frequenz, Emission, *rising tone, emission* 332.
astronomische Statistik, *astronomical statistics* 13.
Atmosphäre, einheitliche, *unified atmosphere* 173.
—, isotherme, *isothermal* 186.
— der Venus, neutrale, *of Venus, neutral* 374.
— der Venus, Struktur der oberen, *structure of the Venusian upper atmosphere* 376.
— von Mars, neutrale, *Martian neutral atmosphere* 374.
atmosphärische (Sauerstoff-) Banden, *atmospheric bands* 56, 108.
atomarer Sauerstoff, *atomic oxygen* 87.
Aufheizung der Stratopause, *heating of the stratopause* 121.
Auftriebskoeffizienten, Kurve für den, *lift coefficient curve* 168.
Auge, Empfindlichkeit, *sensibility of the eye* 17.
außerordentliche Welle, *extraordinary wave* 232, 236.

Bahn, endliche, *finite orbit* 277ff.
—, geschlossene, *closed* 277.
—, offene, *open* 277.
—, unendliche, *infinite* 277.
Bahnlinien, unbegrenzte, *infinite trajectories* 278.
Bande, Kaplan-Meinel- 36.
Bandenemissionen, OH-, *band emissions of OH* 38, 52, 56, 65, 76, 92.
Bandenspektrum des Sauerstoffs, *band spectrum of the oxygen molecule* 53
Bedingung, Resonanz-, *resonance condition* 297.
Begrenzung von Körpern, *boundary of bodies* 243.
berechnete Stromsysteme, *calculated current systems* 174.
Bereich der Überschallbewegung, *zone of supersonic motion* 220.
—, niederstfrequenter, *very low frequency* 235.
Bergwellen, *mountain waves* 206.
Beta-Ebene, *beta plane* 184.
Bewegungsgleichung, *equation of motion* 180.

Blamont-Kastler-Anordnung, *Blamont-Kastler arrangement* 20.
Bogen, Nordlicht, *auroral arc* 70.
Boussinesq-Näherung, *Boussinesq approximation* 186.
Brechungsindex, Alfvén-, *Alfvén refractive index* 235.
—, komplexer, *complex* 224.
Brechungsprofile, *profiles of refractivity* 356, 361.
Breite, geomagnetische, *geomagnetic latitude* 78.
Breitband, *broad-band* 335.
Brunt-Vaisälä-Frequenz, *Brunt-Vaisälä frequency* 186.

Chapman-Elias-Schichtmodell, *Chapman-Elias layer model* 121.
Chapmansche Theorie, *Elias-Chapman theory* 88.
Charakter, monsunartiger, *monsoonal character* 117, 135, 140.
Čerenkov-Absorption 238.
Čerenkov-Anregung, *Čerenkov excitation* 228.
Čerenkov-Dämpfung, *Čerenkov damping* 228.
Čerenkov-Strahlung (Effekt), *Čerenkov radiation (effect)* 81, 228ff.
Čerenkov-Vavilov-Effekt, *Čerenkov-Vavilov effect* 228.
Chorus 309ff., 332ff.
Chorusspektrum, *chorus spectrum* 335.
$CO_2$, Dissoziation, *dissociation of* $CO_2$ 375.
Coriolis-Parameter 184.
Cyclotronwelle, *cyclotron wave* 235.

Dämpfung, *attennuation* 228.
Dämpfung, Čerenkov-, *Čerenkov damping* 228.
—, Gyroresonanz-, *gyroresonance* 228.
—, Landau- 228, 238.
—, Larmor 228.
—, räumlich, *spatial* 224, 307.
—, zeitlich, *temporal* 224.
Dämpfungsdekrement, *damping decrement* 224.
—, zeitliches, *temporal* 238.
Dämpfungsfaktor, räumlich, *spatial damping factor* 224.
Dämpfungskoeffizient, räumlicher, *spatial damping coefficient* 239.
Dämmerung, *dawn and dusk* 51, 104.
Dämmerungseffekt, *dawn-dusk effect* 50, 51.
Debye-Radius $\lambda_D$ 218, 220, 238.
Deuterium 377.
diagnostisches Diagramm, *diagnostic diagram* 187, 188.
Diagramm, diagnostisches, *diagnostic diagram* 187, 188.
Dichte, Energie-, *energy density* 343ff., 344.
—, Gebiet verminderter, *rarefaction region* 262.
— $\mathcal{L}$, Lagrangesche, *Lagrangian density* 212, 215.
— der Welle, Impuls-, *wave momentum density* 214.
Dichteprofile, Elektronen-, *electron density profiles* 365, 369ff., 369.
dielektrische Permeabilität, *dielectric permeability* 228ff.
— Suszeptibilität, *susceptibility* 227.
Dielektrizitätskonstante, *permittivity tensor* 228.
differentieller Transport, *differential transport* 175.
diffuse, elastische Reflektion, *diffuse elastic reflection* 244.
Diffusion, Koeffizient der Turbulenz-, *eddy-diffusion coefficient* 375, 376, 378.
—, molekulare, *molecular* 59, 126.
Diskrepanz zwischen theoretischen und beobachteten Resultaten, *disagreement between theoretical and observational results* 160.
dissoziative Rekombination, *dissociative recombination* 89, 90, 93.
Dissoziation, Photo-, *photo dissociation* 87.
Dispersion, Frequenz-, *frequency dispersion* 227.
—, räumliche, *spatial* 227, 238.
Dispersionsgleichung, *dispersion equation* 196, 224, 227.
Dissipation, turbulente, *turbulent dissipation* 206.
Dissoziation von $CO_2$, *dissociation of* $CO_2$ 375.
Doppler-Effekt, *Doppler effect* 228, 366.
—, anomaler, *anomalous* 228ff.
—, normaler, *normal* 228.
Doppler-Fizeau-Effekt, *Doppler-Fizeau effect* 95, 96.
Doppler-Verschiebung, *Doppler shift* 228.
Drehimpuls, *angular momentum* 213.
— der Welle, *wave angular momentum* 216.
Dreifach-Stöße, *triple collisions* 88.
Druck durch Sonnenwind, *solar wind pressure* 378.
durch Whistler angeregte Emissionen, *whistler triggered emissions (WTE)* 331.
dynamische Regelung der Temperatur, dynamic thermal control 133.
Dynamoregion (hohe Breite), *high latitude dynamo region* 173.
Dynamoströme, *dynamo currents* 171.
Dynamostromsysteme, *dynamo current systems* 173.

Ebene, Beta-, *beta plane* 184.
Effekt, Čerenkov-Vavilov-, *Čerenkov-Vavilov effect* 228.
—, Doppler- 228, 366.
—, Fokussierungs-, *effect of focusing* 266, 267.
—, orographischer, *orographic* 144.
—, Resonanz-, *resonance* 322.
effektive Masse, *effective mass* 236.

effektiver differentieller Querschnitt, *effective differential cross-section* 286.
Eigenschaften, kleinräumige, *small scale features* 124.
Eikonalgleichung, *Eikonal equation* 195, 196.
eingefangene Wellen, *trapped waves* 340.
Einheiten, energetische, *energetic units* 10.
—, visuelle, *visual* 8.
einheitliche Atmosphäre, *unified atmosphere* 173.
Einflüsse, Zähigkeits-, *viscous effects* 128.
Einwirkung eines Hindernisses, *orographic forcing* 206.
ELF Alfvén-Wellen, *ELF Alfvén waves* 250, 251.
elf-jährige Periode, *solar cycle period* 71, 76.
elf-jähriger Sonnenflecken-Zyklus, *solar cycle* 73, 79.
ELF-Wellen, *ELF waves* 250, 251.
ELF-Whistler 302.
Elias-Chapman-Schicht, *Elias-Chapman layer* 121.
elektrische Leitfähigkeit, Struktur, *electrical conductivity, structure* 170.
— Potentialfelder, *potential fields* 173.
elektrischer Strom, Struktur, *electric current, structure* 173.
Elektronen, Langmuir-Schwingung, *electrons, Langmuir oscillations* 221.
elektronenakustische Welle, *electron-acoustic wave* 239.
Elektronendichte, Maximum, *maximum of electron density* 369, 370.
Elektronendichteprofile, *electron density profiles* 365, 368ff., 369.
Elektronenfokussierung, *electron focusing* 269.
Elektronengyrofrequenz, *electron gyrofrequency* 220.
Elektronengyroresonanz, *electron gyroresonance* 241.
Elektroneninhalt, gesamter, *total electron content* 81, 358.
Elektronenplasmafrequenz, *electron plasma pulsation* 221.
Elektronen-Vervielfacher, Photo-, *photomultiplier* 19.
Elektronenwelle, *electronic wave* 236.
Elektronenwhistler, kurze Bahn, *short electron whistler* 307, 330.
Elektronen-Whistlerwelle, *electron Whistler wave* 236.
elektrostatische Welle, *electrostatic wave* 240.
elektrostatisches Potential, *electrostatic potential* 243.
Emission 339.
— abnehmender Frequenz, *falling tone* 332.
— anwachsender Frequenz, *rising tone* 332.
— aus dem Nachlauf, *from the wake* 299.
—, Hiss 322.
— (im Nachtleuchten), gelbe, *yellow (night time)* 51, 65, 70, 76, 77.
— — —, grüne, *green (night time)* 27, 45, 48, 54, 60, 63, 65, 70, 76–79, 87, 107.
—, Schmalband-, *narrow-band* 338.
—, Spektrum, Kontinuum, *continuum* 39, 43, 65, 94.
Emissionen, durch Whistler angeregte, *whistler-tiggered emissions (WTE)* 331.
—, Klassifizierung, *classification* 302.
—, künstlich angeregte, *artificially stimulated* 332.
— mit hakenförmigem Sonagramm, *hooks* 331.
—, untertassenförmige, *saucer-shaped* 322, 324.
Empfindlichkeit des Auges, *eye-sensibility* 17.
endliche Bahn, *finite orbit* 277ff.
energetische Einheiten, *energetic units* 10.
Energie, Wellen-, *wave energy* 209.
Energiedichte, *energy density* 343ff., 344.
— der Welle, *wave energy density* 210.
Energiefluß, *energy flux* 343.
— -Geschwindigkeit, *velocity of energy flux* 248.
Energie-Impuls-Tensor, *energy-momentum tensor* 212.
Erosion 245.
Erwärmung, explosionsartige, *explosive warming* 118, 131, 133ff.
Erzeugung neuer Teilchen, *production of new particles* 243, 245.
E-Typ, Modell, *model of type E* 373.
Euler-Lagrange-Gleichung, *Euler-Lagrange equation* 212, 215.
explosionsartige Erwärmung, *explosive warming* 118, 131, 133ff.
extrem niederfrequenter Zweig, *extreme low-frequency branch* 234.

Fehlerfunktion, *error function* 259.
$F_1$-Typ, Modell, *$F_1$-type model* 375.
Feinstruktur, *fine structure* 334, 339.
Feld, geomagnetisches, *geomagnetic field* 175.
Fernzone, *far zone* 253, 269, 274.
Festkörper, Plasmafluß um, *plasma flow around solid bodies* 217, 252.
Fläche, Stratonull-, *stratonull surface* 135.
Flüsse, Sekundär-, *secondary flows* 216.
Fluoreszenz, *fluorescence* 110.
Fluß, Energie-, *energy flow* 343.
—, linearer Scherungs-, *linear shear* 192.
— nullter Ordnung, *zero order* 191.
—, thermischer, *thermal* 126.
— um künstliche Körper, *around artificial bodies* 227.
—, Verdampfungs-, *evaporation* 245.
Fokussierung, *focusing* 284.
—, Elektronen-, *electron* 269.
Fokussierungseffekt, *effect of focusing* 266, 267.
—, Ionen-, *ion* 269.
—, Teilchen-, *particle* 161.

Fokussierungseffekt, Wellen-, *wave* 293.
Form des Körpers, *shape of the body* 254.
Frequenz, akustische Grenz-, *acoustic cut-off frequency* 168, 186.
—, Brunt-Vaisälä- 186.
— im Kreuzungspunkt, *crossover* 236, 237ff.
—, systemeigene, *intrinsic* 192.
—, (Brunt-) Vaisälä 186.
Frequenzdispersion, *frequency dispersion* 227.
Frequenzverhalten, kompliziertes, *complicated frequency shapes (hooks)* 331.
Funktion, Whitaker-, *Whitaker function* 133.
Funktionen, Hough-, *Hough functions* 183.
$F_2$-Typ, Modell, *model of type* $F_2$ 373.

Gebiet verminderter Dichte, *rarefaction region* 262.
geladene Teilchen, Käfigsonde für, *charged-particle trap* 353ff., 358.
gelbe Emission (des Nachtleuchtens), *yellow emission (of the night time)* 51, 65, 70, 76, 77.
gelbes Natrium-Dublett, *yellow doublet of sodium* 56.
geomagnetische Breite, *geomagnetic latitude* 78.
— Feld, *field* 175.
Geometrie, kartesische, *Cartesian geometry* 182.
geometrische Optik, *geometrical optics* 195, 211.
gesamter Elektroneninhalt, *total electron content* 81, 358.
geschlossene Bahn, *closed orbit* 277.
Geschwindigkeit, Alfvén-, *Alfvén velocity* 221.
— der Elektronen, thermische, *thermal velocity of electrons* 220.
— des Körpers, *body's velocity* 219.
—, Energiefluß-, *velocity of energy flux* 248.
—, Gruppen-, *group* 188, 189, 198.
—, Phasen-, *phase* 188, 189.
—, Spur-, *trace* 188, 189.
—, systemeigene Gruppen-, *intrinsic group* 211.
—, thermische Ionen-, *thermal velocity of ions* 220.
—, Überschall-, *supersonic* 220.
— von äußeren Teilchenflüssen, *velocity of external particle fluxes* 219.
Gesetz, adiabatisches, *adiabatic law* 180.
—, Maxwell-Boltzmann- 227.
Gezeiten-Gleichung, Laplacesche, *Laplace's tidal equation* 156, 183.
—, Mond-, *Lunar tides* 82.
—, thermische, *thermal* 150, 161.
Gezeitenstrahl, stratosphärischer, *stratospheric tidal jet* 155.
Gezeitentheorie, *tidal theory* 161, 205.
Gezeitensystem, hemisphärisches, *hemispheric tidal system* 151.
Gleichung, Bewegungs-, *equation of motion* 180.
—, Dispersions-, 196, 224, 227.
—, Eikonal- 195, 196.
—, Euler-Lagrange- 212, 215.
—, inhomogene, *inhomogeneous* 204.
—, kinetische, *kinetic* 253.
—, Kontinuitäts-, *continuity* 180.
—, Laplacesche Gezeiten-, *Laplace's tidal* 156, 183.
—, Navier-Stokes- 127.
—, Poisson- 225, 227.
—, Sellmeier- 355.
—, Whitaker- 193.
Gleichungen, kinetische, *kinetic equations* 225.
Grenzbedingung, obere, *upper boundary condition* 201.
—, untere, *bottom* 206.
Grenzflächenmoden, *interface modes* 199, 200.
Grenzfrequenz, *cutoff frequency* 237, 301, 316, 321.
Grenzwelle, *wave cutoff* 235.
großer Körper, *large body* 220.
grüne Emission (im Nachtleuchten) *green (night time) emission* 27, 45, 48, 54, 60, 63, 65, 70, 76–79, 87, 107.
Gruppengeschwindigkeit, *group velocity* 188, 189, 198, 247.
Gyrofrequenz, Ionen-, *ion gyrofrequency* 170.
—, Protonen-, *proton* 316.
Gyroresonanz, *gyroresonance* 336.
Gyroresonanzanregung, *gyroresonance excitation* 228.
Gyroresonanzdämpfung, *gyroresonance damping* 228.
—, Elektronen-, *electron* 241.
—, Ionen-, *ion* 241.

hakenförmiges Sonagramm, Emissionen, *hooks* 331.
halbjährliche Änderung, *semiannual variation* 147.
Hamiltonsches Variationsprinzip, *Hamilton's variational principle* 211, 212.
harmonische Protonengyroresonanzfrequenz, *multiple proton gyroresonance* 316.
Hauptkomponente, *main component* 373, 378.
heißes Plasma, *hot plasma* 228.
Helium 378.
hemisphärische Ähnlichkeiten, *hemispheric similarities* 147.
— Systeme, Wechselwirkung zwischen, *interaction between hemispheric systems* 174.
hemisphärisches Gezeitensystem, *hemispheric tidal system* 151.
Herzberg-Banden, *Herzberg bands* 32, 65, 70.
HF-Langmuirwelle, *HF Langmuir wave* 238ff., 337, 340.
HF-Wellen, *HF waves* 248.

Hindernisse, Einwirkung, *orographic forcing* 206.
Hiss 309ff., 332ff.
—, Emission 322.
—, VLF 322.
hochfrequenter Zweig, *high-frequency branch* 233.
Hochpaß, *high-pass* 335.
hohe Breite, dynamoregion, *high latitude dynamo region* 173.
horizontaler Maßstab, *horizontal scale* 125.
Hough-Funktionen, *Hough functions* 183.
Hybridfrequenz, *hybrid frequency* 236.
—, obere, *higher* 231, 234, 337.
—, untere, *lower* 230, 231, 234, 236, 298, 301, 320ff., 321ff.
hydromagnetische Whistler, *hydromagnetic whistler* 302, 303.
Hydrostatik, *hydrostaticity* 185.

Impuls, Dreh-, *angular momentum* 213.
— —, der Welle, *wave angular momentum* 216.
—, Energie-, Tensor-, *energy-momentum tensor* 212.
Impulsdichte der Welle, *wave momentum density* 214.
in der Magnetosphäre reflektierte Whistler (MR), *magnetospheric reflected whistlers (MR)* 325, 327.
inelastische Reflektion, *inelastic reflection* 244.
— Stöße, *collisions* 91.
inhomogene Gleichung, *inhomogeneous equation* 204.
Inkompressibilität, *incompressibility* 185.
Inkrement der Zunahme, *growth increment* 224.
isotherme Atmosphäre, *isothermal atmosphere* 186.
Instabilität des Strahls, *beam instability* 226.
Intensität, *intensity* 8, 37.
Ionen, *ions* 87.
ionenakustische Welle, *ion-acoustic wave* 240ff.
Ionenfokussierung, *ion focusing* 269.
Ionenfrequenzen, kombinierte Mehrfach-, *combined multiple ion frequency* 236.
Ionengyrofrequenz, *ion gyrofrequency* 170, 220.
Ionengyroresonanz, *ion gyroresonance* 241.
Ionenplasmafrequenz, *ion plasma pulsation* 221.
Ionenstoßfrequenz, *ion collision frequency* 170.
Ionenwelle, *ionic wave* 235.
Ionen-Whistlerwelle, *ion-whistler wave* 235.
Ionenwhistler kurzer Bahn *short ion whistler* 307.
Ionenzyklotronanregung, *ion-cyclotron excitation* 305.
Ionenzyklotron-Resonanzwelle, *ion-cyclotron resonance wave* 305.
Ionenzyklotronverstärkung, *ion-cyclotron amplification* 305.
Ionenzyklotronwellen, *ion-cyclotron waves* 221.
Ionenzyklotronwhistler, *ion-cyclotron whistler* 306.
Ionosphäre des Mars, *Martian ionosphere* 363.
— — —, Modell, *model* 371.
— der Venus, *of Venus* 365.
— — —, Modell, *model* 371.
—, upper, *obere* 376.

Käfigsonde für geladene Teilchen, *charged-particle trap* 353ff., 358.
kannelliertes Spektrum, *spectrum with periodic structure* 20.
Kaplan-Meinel-Bande 36.
kartesische Geometrie, *Cartesian geometry* 182.
— —, mitrotierende, *rotating* 183.
Kastler-Anordnung, Blamont-, *Blamont-Kastler arrangement* 20.
Kaustik, *caustic* 293ff.
kinetische Gleichung, *kinetic equation* 253.
— Gleichungen, *equations* 225.
Klassifizierung von Emissionen, *classification of emissions* 302.
kleiner Körper, *small body* 220, 274, 277.
— ruhender Körper, *body at rest* 276.
kleinräumige Eigenschaften, *small scale features* 124.
— Struktur, *structure* 119, 123.
Knick, *ledge* 379.
Koeffizient der Turbulenz-Diffussion, *eddy-diffusion coefficient* 375, 376, 378.
Körper, Form, *shape of the body* 254.
—, Geschwindigkeit, *body's* velocity 219.
—, groß, *large* 220.
—, klein, *small* 220, 274, 277.
—, kleiner ruhender, *small body at rest* 276.
Körperpotential, *body potential* 245.
—, Potential eines großen, *large body potential* 280.
—, Potential eines kleinen, *small body potential* 280.
—, punktförmig, *point* 220.
—, sich langsam bewegender, *slowly moving* 282.
—, zylindrischer, *cylindrical* 271.
Körpern, Begrenzung von, *boundary of bodies* 243.
kombinierte Mehrfachionenfrequenzen, *combined multiple ion frequency* 236.
komplexer Brechungsindex, *complex refractive index* 224.
kompliziertes Frequenzverhalten, *complicated frequency shape (hooks)* 331.
Komponenten, meridionale, *meridional components* 136.
kompressible Atmosphäre, Schwerewelle, *internal gravity wave* 168, 177, 188, 200.
Kondensationsgebiet, *condensation region* 261.

Kontinuitätsgleichung, *continuity equation* 180.
Kontinuum (Emission, Spektrum), *continuum* 39, 43, 65, 94.
Kronecker-Symbol 227.
Kreuzungspunkt, Frequenz im, *crossover frequency* 236, 237ff.
künstlich angeregte Emissionen (KAS), *artificially stimulated emission (ASE)* 332.
künstliche Körper, Fluß um, *flow around artificial bodies* 227.
Kugel, rotierende, *rotating sphere* 183.
Kurve für den Auftriebskoeffizienten, *lift coefficient curve* 168.
kurze Bahn, Whistler, *short-hop whistler* 325.

Ladungsaustausch, *charge-exchange* 379.
Lagrangesche Dichte $\mathcal{L}$, *Lagrangian density* $\mathcal{L}$ 212, 215.
Lamb-Moden, *Lamb modes* 199, 200.
— -Wellen, *waves* 189, 200.
Landau-Dämpfung, *Landau damping* 228, 238.
Langmuir-Ionenschwingung, niederfrequente, *low frequency Langmuir ion oscillations* 240.
Langmuir-Schwingung der Elektronen, *Langmuir oscillations of electrons* 221.
Langmuir-Tonks-Welle, *Langmuir-Tonks wave* 240.
Langmuir-Welle, HF-, *HF Langmuir wave* 238ff., 337, 340.
langsame elektronenakustische Welle, *slow electron-acoustic wave* 240.
— ionenakustische Welle, *ion-acoustic wave* 241, 251ff., 318, 319.
Laplacesche, Gezeiten-Gleichung, *Laplace's tidal equation* 156, 183.
Larmor-Dämpfung, *Larmor damping* 228.
Larmor-Radius 218, 220, 231.
Lee-Welle, *Lee wave* 208.
Leitfähigkeit, Struktur der elektrischen, *electrical conductivity structure* 170.
Leitfähigkeiten, Pedersen und Hall-, *Pedersen and Hall conductivities* 170.
leuchtende Nachtwolken, *noctilucent clouds* 162, 163, 165.
LF-Wellen, *LF waves* 249.
linearer Scherungsfluß, *linear shear flow* 192.
longitudinale, Plasmaschwingung, *longitudinal plasma oscillation* 233.
— Resonanzschwingung, *resonance oscillation* 238.
Lyman-Alpha 32, 114.

Machscher Kegel, *Mach cone* 261.
Magnetfeld, systemeigenes, *intrinsic magnetic field* 380.
magnetischer Sturm, *geomagnetic storm* 78.
magnetoakustische Wellen, *magneto-acoustic waves* 251.
Magnetopause 219.
Magnetosphäre, *magnetosphere* 219.
—, Pseudo- 376.
magnetosphärische Übergangsregion, *magnetosheath* 219.
Mars, Ionosphäre, *Martian ionosphere* 360, 363, 380.
—, —, Modell, *model* 371.
—, neutrale Atmosphäre, *Martian neutral atmosphere* 374.
Masse, effektive, *effective mass* 236.
Maßeinheit, Ralleigh, *quantum measure of radiation Ralleigh* 12.
Maßstab, horizontaler, *horizontal scale* 125.
Maximum der Elektronendichte, *maximum of electron density* 369, 370.
Maxwell-Boltzmann-Gesetz, *Maxwell-Boltzmann law* 227.
Maxwellsche Verteilungsfunktion, *Maxwellian distribution function* 226ff.
Mehrkomponentenplasma, *multicomponent plasma* 236.
Meinel-Bande (von OH), *Meinel bands of OH* 37.
meridionale Komponenten, *meridional components* 136.
— Winde, *winds* 144, 148.
— —, tägliche, *diurnal* 157.
— Windprofile, *wind profiles* 138, 139.
Messung der Zusammensetzung, *composition measurement* 371.
—, photoeletrische Methoden, *photoelectric methods (measurements)* 18, 22.
—, visuelle Methoden, *visual methods (measurements)* 16, 22.
meteorologisches Raketennetz (MRN), *meteorological rocketnetwork (MRN)* 117, 119, 120.
Methoden (Messungen), photoelektrische, *photoelectric methods (measurements)* 18, 22.
— —, visuelle, *visual methods (measurements)* 16, 22.
—, photographische, *photographic* 17, 21.
Mikropulsationen, *micropulsations* 302.
Mikroschwingungen, perlenartige, *pearl-type micropulsations* 302.
mitrotierende kartesische Geometrie, *rotating cartesian geometry* 183.
mit unbegrenzter Bahn, Teilchen, *infinite particles* 281.
Mode, Schwere-, *gravity mode* 189.
Moden, *modes* 196.
—, akustische Schwerewellen-, *gravito-acoustic wave* 188.
—, Grenzflächen-, *interface* 199, 200.
—, Lamb 199, 200.
—, normale *normal* 197, 198.
—, Schwingungs-, *modes of oscillation* 202.
— in Wellenleitern, *ducted* 200.
Modell der Ionosphäre des Mars, *model of the Martian ionosphere* 371.
— — Ionosphäre der Venus, *the Venusian ionosphere* 371.
— mit mehreren Schichten, *layered model* 194.
— vom E-Typ, *model of type E* 373.

Modell der Ionosphäre des Mars, $F_1$-Typ, *$F_1$-type model* 375.
— — $F_2$-Typ, *$F_2$-type model* 373.
— zur Temperaturstruktur, *model temperature structure* 155.
modifizierte Alfvénwelle, *modified Alfvén wave* 236.
— Alfvén-VLF-Wellen, *Alfvén VLF waves* 250.
Molekül, OH-, *OH molecule* 28.
molekulare Diffusion, *molecular diffusion* 59, 126.
Mond-Gezeiten, *lunar tides* 82.
monsunartiger Charakter, *monsoonal character* 117, 135, 140.
MRN (meteorologisches Raketennetz), *meteorological rocket network (MRN)* 117, 119, 120.

Nachlauf, Emission aus dem, *emission from the wake* 299.
— (Schweif), *wake* 254.
Nachtleuchten, rote Emission, *night time, red emission* 45, 50, 56, 70, 76–79, 106.
Nachtwolken, leuchtende, *noctilucent clouds* 162, 163, 165.
Näherung für Neutralteilchen, *neutral approximation* 252, 253.
—, quasihydrodynamische, *quasi-hydrodynamic* 228.
—, statische, *static* 252, 253.
Nahzone, *near zone* 253, 266.
Natrium, *sodium* 31.
— -Dublett, gelbes, *yellow doublet of sodium* 56.
Navier-Stokes-Gleichung, *Navier-Stokes equation* 127.
nichtdivergierende Wellen, *non-divergent waves* 190.
nichtisotherme Schallgeschwindigkeit, *non-isothermal sound velocity* 240ff.
nichtlineare Prozesse, *nonlinear processes* 204.
nichtthermische Schallgeschwindigkeit, *non-thermal sound velocity* 221.
niederfrequente Langmuir-Ionenschwingung, *low frequency Langmuir ion oscillation* 240.
niederstfrequenter Bereich, *very low frequency range* 235.
— Zweig, *branch* 234.
— —, extrem, *extreme* 234.
neue Teilchen, Erzeugung, *production of new particles* 243, 245.
neutrale Atmosphäre der Venus, *neutral atmosphere of Venus* 374.
— — von Mars, *Martian neutral atmosphere* 374.
— und geladene Komponenten, Wechselwirkung zwischen, *interaction between the neutral and electrical components* 171.
Neutralteilchen, Näherung für, *neutral approximation* 252, 253.
Neutralteilchendichte, *neutral particle density* 372.
Nordlichtbogen, *auroral arc* 70.
normale Moden, *normal modes* 197, 198.
normaler Doppler-Effekt, *normal Doppler effect* 228.
$\nu$-Whistler 325, 328.
nullte Ordnung, Fluß, *zero order flow* 191.

obere Grenzbedingung, *upper boundary condition* 201.
— Hybridfrequenz, *higher hybrid frequency* 231, 234, 337.
— Ionosphäre, *upper ionosphere* 376.
offene Bahn, *open orbit* 277.
OH-Bandenemissionen, *band emissions of OH* 38, 52, 56, 65, 76, 92.
OH-Molekül, *OH molecule* 28.
Okkultations-Methode, Radio-, *radio-occultation method* 353ff., 354, 359, 360.
Optik, geometrische, *geometrical optic* 195, 211.
optische Resonanz, *optical resonance* 108, 110.
ordentliche Welle, *ordinary wave* 232.
orographischer Effekt, *orographic effect* 144.
Ozon, *ozone* 59, 60, 89, 91, 93, 94, 102, 112.
Ozonosphäre, *ozonosphere* 120.
Ozonprofil, *ozone profile* 122.

Paket, Wellen-, *wave packet* 214, 215.
Parameter, Coriolis- 184.
partielle Akkommodation, *partial accommodation* 244.
Pedersen- und Hall-Leitfähigkeiten, *Pedersen and Hall conductivities* 170.
Periode der Sonnenrotation (27 Tage), *27 days solar rotation period* 76.
—, elf-jährige, *solar cycle* 71, 76.
perlenartige Mikroschwingungen, *pearl-type micropulsations* 302.
Permeabilität, dielektrische, *dielectric permeability* 228ff.
Perlmutterwolken, *nacreous clouds* 162, 164.
Phasengeschwindigkeit, *phase velocity* 188, 189, 224, 231.
Phasenweg, *phase path* 354, 355, 357.
Photodissoziation, *photo dissociation* 87.
photoelektrische Methoden (Messungen), *photoelectric methods (measurements)* 18, 22.
Photo-Elektronen-Vervielfacher, *photomultipler* 19.
photographische Methoden, *photographic methods* 17, 21.
Photometer 17.
Plasma 169.
—, heißes, *hot* 228.
—, Mehrkomponenten-, *multicomponent* 236.
—, ruhendes, *quiescent* 225.
—, Welleneinfang im, *wave trapping in* 235.
Plasmafluß um Festkörper, *plasma flow around solid bodies* 217, 252.

Plasmafrequenz, Elektronen-, *electron plasma pulsation* 221.
—, Ionen-, *ion plasma pulsation* 221.
Plasmapause 376, 381.
—, *knee (plasma pause)* 219, 224, 330, 341, 371.
Plasmapotential, *plasma potential* 273.
Plasmapermeabilität, Tensor der dielektrischen, *dielectric permeability tensor of a plasma* 225.
Plasmaschwingung, longitudinale, *longitudinal plasma oscillation* 233.
Plasmasphäre, *plasmasphere* 353.
Plasmatemperaturprofile, *plasma temperature profiles* 364.
Plasma-Verdünnung, *plasma refraction* 355.
Polargebiete, Winter-, *winter polar regions* 134.
Poisson-Gleichung, *Poisson equation* 225, 227.
Portonengyrofrequenz, *proton gyrofrequency* 316.
Potential, Anregungs-, *excitation potential* 31ff., 38.
— eines großen Körpers, *large body potential* 280.
— eines kleinen Körpers, *small body potential* 280.
— elektrostatisches, *electrostatic* 243.
—, Körper-, *body* 245.
—, Plasma-, 273.
Potentialfelder, elektrische, *electrical potential field* 173.
Profil, Ozon-, *ozone profil* 122.
—, vertikales Temperatur-, *vertical temperature* 130, 131.
— zonaler Winde, *zonal wind profile* 126, 136, 137.
Profile, Brechungs-, *profiles of refractivity* 356, 361.
—, meridionale Wind-, *meridional wind profile* 138, 139.
—, Plasmatemperatur-, *plasma temperature* 364.
Protonengyroresonanzfrequenz, harmonische *multiple proton gyroresonance frequency* 316.
Protonenwhistler, *proton whistler* 306.
Prozesse, anisotrope, *anisotropic processes* 205.
—, nichtlineare, *nonlinear* 204.
—, Verlust-, *dissipative* 205.
Pseudomagnetosphäre, *pseudomagnetosphere* 376.
Pseudoschweremoden, *gravity pseudomodes* 203.
Punkt, singulärer, *singular point* 228.
punktförmiger Körper, *point body* 220.

**q**uasihydrodynamische Näherung, *quasi-hydrodynamic approximation* 228.
quasi-longitudinal 230.
quasiperiodische Struktur, *quasi-periodic structure* 259.
quasiruhend, *quasi-quiescent* 220.
Quellen, *sources* 202.
—, äußere, *external* 226.
Querschnitt, effektiver differentieller, *effective differential cross-section* 286.

**R**adio-Okkultations-Methode, *radio-occultation method* 353ff., 354, 359, 360.
Radius $\lambda_D$, Debye- 218, 220, 238.
—, typischer, *typical* 275.
räumliche Dämpfung, *spatial damping* 224, 307.
— Dispersion 227, 238.
— Strahlkeule der Streuung, *scattering spatial lobe* 289.
— Trägheit, *inertia* 227.
räumlicher Dämpfungsfaktor, *spatial damping factor* 224.
— Dämpfungskoeffizient, *damping coefficient* 239.
Ralleigh (Maßeinheit), *quantum measure of radiation* 12.
Rate, Verdampfungs-, *evaporation rate* 245.
Reflektion, *reflection* 301.
—, diffuse, elastische, *diffuse elastic* 244.
—, inelastische, *inelastic* 244.
—, spiegelnd, *specular* 244.
— von Teilchen, *particle reflection* 243, 244.
Rekombination, *recombination* 88.
—, dissoziative, *dissociative* 89, 90, 93.
—, strahlende, *radiative* 90.
Resonanz, *resonance* 297.
—, optische, *optical* 108, 110.
Resonanzbedingung, *resonance condition* 297.
Resonanzeffekt, *resonance effect* 322.
Resonanzschwingung, longitudinale, *longitudinal resonance oscillation* 238.
Resonanz-Spitzen, *spikes* 336.
Resonanzwelle, Ionenzyklotron-, *ion-cyclotron resonance wave* 305.
Richardson-Zahl, *Richardson number* 192, 193.
rote Emission (des Nachtleuchtens), *red emission (of the night time)* 45, 50, 56, 70, 76–79, 106.
rotierende Kugel, *rotating sphere* 183.
ruhendes Plasma, *quiescent plasma* 225.

**S**auerstoff, *oxygen* 28, 29, 32.
—, atomarer, *atomic* 87.
—, Bandenspektrum des, *band spectrum of the oxygen molecule* 53.
— -Banden, atmosphärische, *atmospheric oxygen bands* 56, 108.
Schallgeschwindigkeit, *speed of sound* 166, 167, 201.
—, nichtisotherme, *non-isothermal* 240ff.
—, nichtthermische, *nonthermal* 221.
Schattenwurf, *shadowing* 284.
Scherung, Wind- *wind shear* 127.
Scherungsfluß, linearer, *linear shearflow* 192.
Schichten, Modell mit mehreren, *layered model* 194.

Schichtmodell, Chapman-Elias-, *Chapman-Elias layer model* 121.
Schmalbandemission, *narrow-band emission* 338.
schnelle elektronenakustische Welle, *fast electron-acoustic wave* 240, 329.
— ionenakustische Welle, *ion-acoustic wave* 241, 251ff., 296, 316ff., 317, 318, 320, 329.
— magnetoakustische Welle, *magneto-acoustic wave* 236.
Schwanz, *tail* 369.
Schweif (Nachlauf), *wake* 254.
— (Wake) 254.
Schweremode, *gravity mode* 189.
Schweremoden, Pseudo-, *gravity pseudo-modes* 203.
Schwerewelle (in kompressibler Atmosphäre), *internal gravity wave* 168, 177, 188, 200.
— — — —, akustische, *acoustical* 168.
Schwerewellen, *gravity waves* 167.
—, stationäre, *gravitational oscillations* 162.
Schwingungsmoden, *modes of oscillation* 202.
S.C.I. (stratosphärischer Zirkulations-Index), *(stratospheric circulation index)* 139–149.
Sekundärflüsse, *secondary flows* 216.
Sellmeier-Gleichung, *Sellmeier equation* 355.
Separation der Variablen, *separation of variables* 181.
sich langsam bewegender Körper, *slowly moving body* 282.
singulärer Punkt, *singular point* 228.
Slipher-Banden 108.
Sonagramm 303, 306.
—, Emissionen mit hakenförmigem, *hooks* 331.
Sonne, Aktivität, *solar activity* 76, 83.
Sonnenfinsternis, *eclipse* 111, 112.
Sonnenflecken-Zyklus (elf-jährig) *solar cycle* 73, 79.
Sonnenrotation (27 Tage), Periode der, *27 days solar rotation period* 76.
Sonnenwind, *solar wind* 222, 381.
—, Druck durch, *pressure* 378.
Spektraldichte, *spectral density* 343.
Spektrum, Chorus-, *chorus spectrum* 335.
—, kannelliertes, *spectrum with periodic structure* 20.
spiegelnde Reflektion, *specular reflection* 244.
Spikes 336.
Spitzen, Resonanz-, *spikes* 336.
Spurgeschwindigkeit, *trace velocity* 188, 189.
statische Näherung, *static approximation* 162.
Statistik, astronomische, *astronomical statistics* 13.
stationäre Schwerewellen, *gravitational gravity waves* 162.
Stickstoff, *nitrogen* 31, 37.
Stickstoffoxyde, *nitrogen oxydes* 114.
Stöße, inelastische, *inelastic collisions* 91.
Stoßfrequenz, Ionen-, *ion collision* 170.
—, Transport-, *transport collision* 169.
Stoßfront, *shock front* 381.
Stoßintegral, *collision integral* 225.
Stoßwelle, *shock wave* 261, 271.
Strahl, Instabilität, *beam instability* 226.
—, stratosphärischer Gezeiten-, *stratospheric tidal jet* 155.
Strahlbestimmung, *ray tracing* 195.
strahlende Rekombination, *radiative recombination* 90.
Strahlung (Effekt), Čerenkov-, *Čerenkov radiation (effect)* 81, 228ff.
Strahlungskeulen, Winkelverhalten mit mehreren, *multi-lobe angular character* 288.
Stratonull-Fläche, *stratonull surface* 135.
Stratopause, Aufheizung, *heating of the stratopause* 121.
stratosphärische Zirkulation, *stratospheric circulation* 117, 135.
stratosphärischer Gezeitenstrahl, *stratospheric tidal jet* 155.
— Zirkulations-Index (S.C.I.), *circulation index* 139–149.
Streufunktion, *scattering function*, 287, 288.
Streuung, *scattering* 225, 286, 377.
—, räumliche Strahlenkeule der, *spatial lobe* 289.
Ströme, Dynamo-, *dynamo currents* 171.
Strom, Struktur des elektrischen *electric current structure* 173.
Stromsysteme, berechnete, *calculated current systems* 174.
—, Dynamo-, *dynamo current systems* 173.
Struktur, akustische, *acoustical structure* 166.
— der elektrischen Leitfähigkeit, *electrical conductivity structure* 170.
— der oberen Atmosphäre der Venus, *of the Venusian upper atmosphere* 376.
— des elektrischen Stromes, *electric current structure* 173.
—, kleinräumige, *small scale* 119, 123.
—, Modell zur Temperatur-, *model temperature* 155.
—, quasiperiodische, *quasi-periodic* 259.
—, Temperatur-, *temperature* 131.
—, thermische, *thermal* 129.
—, Wellen-, *wave* 164.
Sturm, magnetischer, *geomagnetic storm* 78.
Sturmperiode, winterliche, *winter storm* 117, 131, 133, 137, 140, 147.
subprotonosphärische Whistler, *subprotonospheric whistlers* 325, 327.
Suszeptibilität, dielektrische, *dielectric susceptibility* 227.
Symbol, Kronecker- 227.
systemeigene Frequenz, *instrinsic frequency* 192.
— Gruppengeschwindigkeit, *group velocity* 211.
systemeigenes Magnetfeld, *intrinsic magnetic field* 380.

tägliche meridionale Winde, *diurnal meridional winds* 157.

tägliche meridionale Winde, Temperaturänderungen, *temperature variations* 152–154, 161.
— Wärmewelle, *heat wave* 150, 154.
— Windfelder, *wind fields* 158.
— zonale Winde, *zonal winds* 159.
Tagesgang, *diurnal variation* 119.
Teilchen mit unbegrenzter Bahn, *infinite particles* 281.
—, Reflektion, *particle reflection* 243, 244.
—, Wechselwirkung von, *interaction of* 228.
Teilchenfokussierung, *particle focusing* 261.
Temperatur, *temperature* 77, 95, 99, 372.
—, dynamische Regelung, *dynamic thermal control* 133.
Temperaturänderungen, tägliche, *diurnal temperature variations* 152–154, 161.
Temperaturprofil, vertikales, *vertical temperature profile* 130, 131.
Temperaturprofile, Plasma-, *plasma temperature profile* 164.
Temperaturstruktur, *temperature structure* 131.
—, Modell, *model* 155.
Tensor der dielektrischen Plasmapermeabilität, *dielectric permeability tensor of a plasma* 225.
—, Energie-Impuls-, *tensor energy-momentum* 212.
theoretische und beobachtete Resultate, Diskrepanz, *disagreement between theoretical and observational results* 160.
Theorie, Elias-Chapmansche, *Elias-Chapman theory* 88.
thermische Geschwindigkeit der Elektronen, *thermal velocity of electrons* 220.
— Gezeiten, *tides* 150, 161.
— Ionengeschwindigkeit, *velocity of ions* 220.
— Struktur, *structure* 129.
— Windrelation, *wind relation* 156.
thermischer Fluß, *thermal flux* 126.
— Transport 126.
Trägheit, räumlich, *spatial inertia* 227.
—, zeitlich, *temporal* 227.
Transport, differentieller, *differential transport* 175.
—, thermischer, *thermal* 126.
—, turbulenter, *eddy* 123, 127, 134.
—, Wärmefluß durch, *heat flux* 127.
Transportkoeffizient der Turbulenzdiffusion, *eddy diffusion transport coefficient* 126.
Transportstoßfrequenz, *transport collision frequency* 169.
transversale Whistler, *transverse whistler* 325, 327.
tropischer Bogen, *intertropical arc* 70, 90.
turbulent vertikal transportierte Wärme, *vertical eddy-transported heat* 128.
turbulente Dissipation, *turbulent dissipation* 206.
— Zähigkeit, *eddy viscosity* 127.
turbulenter Transport, *eddy transport* 123, 127, 134.
Turbulenzdiffusion, Koeffizient, *eddy-diffusion coefficient* 375, 376, 378.
typischer Radius, *typical radius* 275.

Übergangsgebiet, *transitional region* 224.
Übergangsregion, magnetosphärische, *magnetosheath transitional region* 219.
Überschallbewegung, Bereich, *zone of supersonic motion* 220.
Überschallgeschwindigkeit, *supersonic velocity* 220.
Überschallströmung, *supersonic flow* 253.
Umwandlung von longitudinalen Wellen, *transformation of longitudinal waves* 301.
unbegrenzte Bahnlinien, *infinite trajectories* 278.
unendliche Bahn, *infinite orbit* 277.
untere Grenzbedingung, *bottom boundary condition* 206.
— Hybridfrequenz, *lower hybrid frequency* 230, 231, 234, 236, 298, 301, 320ff., 321ff.
untertassenförmige Emissionen, *saucer-shaped emissions* 322, 324.

Vaisälä-Frequenz, *(Brunt-) Vaisälä frequency (Brunt-)* 186.
Van Rhijn-Methode, *method of Van Rhijn* 58, 66.
Variablen, Separation der, *separation of variables* 181.
Variationsprinzip, Hamiltonsches, *Hamilton's variational principle* 211, 212.
verbotener Übergang, *forbidden transition* 28, 31.
Verhältnis vertikal zu horizontal, *vertical-horizontal ratio* 125.
Venus, Ionosphäre, *Venusian ionosphere* 365.
—, Modell der Ionosphäre, *model of the Venusian ionosphere* 371.
—, neutrale Atmosphäre, *neutral atmosphere of* 374.
—, Struktur der oberen Atmosphäre, *structure of the Venusian upper atmosphere* 376.
Verdampfung, *evaporation* 245.
Verdampfungsfluß, *evaporation flux* 245.
Verdampfungsrate, *evaporation rate* 245.
Verdünnung, Plasma-, *plasma refraction* 355.
Verlust-Prozesse, *dissipative processes* 205.
Verschiebung, Doppler-, *Doppler shift* 228.
Verstärkung, Ionenzyklotron-, *ion-cyclotron amplification* 305.
Verteilungsfunktion, *distribution function* 225, 226.
—, Maxwellsche, *Maxwellian* 226ff.
vertikal zu horizontal, Verhältnis, *vertical-horizontal ratio* 125.
vertikale Verteilung, *vertical distribution* 65ff., 68.
— Wellengleichung, *wave equation* 182, 192.
vertikales Temperaturprofil, *vertical temperature profile* 130, 131.

visuelle Einheiten, *visual units* 8.
— Methoden (Messungen), *methods (measurements)* 16, 22.
VLF-Hiss 322.
VLF-Wellen, *VLF waves* 250.

Wärme, turbulente vertikal transportierte, *vertical eddy-transported heat* 128.
Wärmefluß durch Transport, *transport heat flux* 127.
Wärmewelle, *heat wave* 151.
—, tägliche, *diurnal* 150, 154.
Wake (Schweif) 254.
Wasserdampf, *water vapor* 60.
Wasserstoff, *hydrogen* 28, 32.
Wechselwirkung von Teilchen, *interaction of particles* 228.
— zwischen hemisphärischen Systemen, *between hemispheric systems* 174.
— — neutralen und geladenen Komponenten, *the neutral and electrical components* 171.
Welle, Alfvén-, *Alfvén wave* 235.
—, akustische, *acoustic* 240ff.
—, außerordentliche, *extraordinary* 232, 236.
—, Cyclotron- 235.
—, Drehimpuls-, *angular momentum* 216.
—, elektronen-, *electronic* 236.
—, Elektronen-Whistler-, *electron whistler* 236.
—, elektronenakustische, *electron-acoustic* 239.
—, elektrostatische, *electrostatic* 240.
—, Energiedichte, *energy density* 210.
—, HF-Langmuir- 238ff., 337, 340.
—, Impulsdichte, *momentum density* 214.
— Schwere- (in kompressibler Atmosphäre), *internal gravity* 168, 177, 188, 200.
—, ionenakustische, *ion-acoustic* 240ff.
—, Ionen-, *ionic* 235.
—, Ionen-Whistler-, *ion-whistler* 235.
—, Langmuir-Tonks- 240.
—, langsame elektronenakustische, *slow electron-acoustic* 240.
—, — ionenakustische, *ion-acoustic* 241, 251ff., 318, 319.
—, Lee- 208.
—, modifizierte Alfvén-, *modified Alfvén* 236.
—, ordentliche, *ordinary* 232.
—, schnelle elektronenakustische, *fast electron-acoustic* 240, 329.
—, — ionenakustische, *ion-acoustic* 241, 251ff., 296, 316ff., 317, 318, 320, 329.
—, — magnetoakustische, *magneto-acoustic* 236.
Wellen, Anregung von, *excitation of waves* 295.
—, Berg-, *mountain* 206.
—, eingefangene, *trapped* 340.
—, ELF 250, 251.
—, ELF-Alfvén- 250, 251.
—, HF- 248.
—, Ionencyclotron-, *ion-cyclotron* 221.
—, Lamb- 189, 200.
—, LF-, *LF* 249.
—, magnetoakustische, *magneto-acoustic* 251.
—, modifizierte Alfvén-VLF-, *modified Alfvén VLF* 250.
—, nichtdivergierende, *non-divergent* 190.
—, Schwere-, *gravity* 167.
—, Umwandlung von longitudinalen, *transformation of longitudinal* 301.
—, VLF- 250.
Welleneinfang im Plasma, *wave trapping in plasma* 235.
Wellenenergie, *wave energy* 209.
Wellenfokussierung, *wave focusing* 293.
Wellengleichung, vertikale, *vertical wave equation* 182, 192.
Wellenleiter, *duct* 197.
—, akustischer, acoustic 200.
—, Moden, *ducted modes* 200.
Wellenpaket, *wave packet* 214, 215.
Wellenstruktur, *wave structure* 164.
Whistler, ELF- 302.
—, hydromagnetische, *hydromagnetic* 302, 303.
—, in der Magnetosphäre, reflektierte (MR), *magneto-spheric reflected* 325, 327.
—, Ionenzyklotron-, *ion-cyclotron* 306.
— kurzer Bahn, *short-hop* 325.
Elektronen-, in kurzer Bahn, *short electron* 307, 330.
—, Ionen-, in kurzer Bahn, *short ion* 307.
—, Protonen-, *proton* 306.
—, subprotonosphärische, *subprotonospheric* 325, 327.
—, transversale, *transverse* 325, 327.
Whistlerwelle, Elektronen-, *electron-whistler wave* 236.
—, Ionen-, *ion-whistler wave* 235.
Whitaker-Funktion 133.
Whitaker-Gleichung, *Whitaker*'s equation 193.
Wind, Sonnen-, *solar wind* 381.
Winde, meridionale, *meridional winds* 144, 148.
—, Profil zonaler, *zonal wind profile* 126, 136, 137.
—, tägliche meridionale, *diurnal meridional* 157.
—, — zonale, *zonal* 159.
Windfelder, tägliche, *diurnal wind fields* 158.
Windprofile, meridionale, *meridional wind profiles* 138, 139.
Windrelation, thermische, *thermal wind relation* 156.
Windscherung, *wind shear* 127.
Winkelbreite, *angular width* 290.
Winkelverhalten mit mehreren Strahlungskeulen, *multi-lobe angular character* 288.
winterliche Sturmperiode, *winter storm period* 117, 131, 133, 137, 140, 147.
Winterpolargebiete, *winter polar regions* 134.
Wirkung, *action* 212, 215, 216.

Wolken, *clouds* 162.
—, leuchtende Nacht-, *noctilucent* 162, 163, 165.
—, Perlmutter-, *nacreous* 162, 164.

Zähigkeit, turbulente, *eddy viscosity* 127.
Zähigkeitseinflüsse, *viscous effects* 128.
Zahl, Richardson- 192, 193.
zeitliche Dämpfung, *temporal damping* 224.
— Trägheit, *inertia* 227.
zeitliches Dämpfungsdekrement, *temporal damping decrement* 238.
Zirkulation, stratosphärische, *stratospheric circulation* 117, 135.
Zodiakal-Licht, *zodiacal light emission* 85.
zonale Winde, tägliche, *diurnal zonal winds* 159.
Zone, Fern-, *far zone* 253, 269, 274.
Zunahme, Inkrement der, *growth increment* 224.
Zusammensetzung, Messung, *composition measurement* 271.
Zweig, hochfrequenter, *high-frequency branch* 233.
Zwischenzone, *intermediate zone* 220, 252.
Zyklus (elf-jährig), Sonnenflecken-, *solar cycle* 73, 79.
zylindrischer Körper, *cylindrical body* 271.

# Subject Index.

## (English-German.)

Where English and German spellings of a word are identical the German version is omitted.


Accommodation, partial, *partielle Akkommodation* 244.
Acoustic cut-off frequency, *akustische Grenzfrequenz* 168, 186.
— duct, *akustischer Wellenleiter* 200.
— domain, *akustischer Bereich* 189.
— wave, *akustische Welle* 240ff.
Acoustic, gravito-, wave modes, *akustische Schwerewellenmoden* 188.
Acoustical internal gravity wave, *akustische Schwerewelle (in kompressibler Atmosphäre)* 168.
— structure, *akustische Struktur* 166.
Action, *Wirkung* 212, 215, 216.
Absorption 214.
—, Čerenkov- 238.
Adiabatic law, *adiabatisches Gesetz* 180.
Alfvén velocity, *Alfvén-Geschwindigkeit* **221**.
— wave, *Alfvén-Welle* 235.
Alfvén wave, modified, *modifizierte Alfvén-Welle* 236.
— waves, ELF, *ELF-Alfvén-Wellen* 250, 251.
— VLF waves, modified, *modifizierte Alfvén-VLE-Wellen* 250.
Amplification, ion-cyclotron, *Ionenzyklotronverstärkung* 305.
Angular character, multi-lobe, *Winkelverhalten mit mehreren Strahlungskeulen* 288.
Angular, momentum, *Drehimpuls* 213.
— —, wave, *der Welle* 216.
— width, *Winkelbreite (Keulenbreite)* 290.
Anisotropic processes, *anisotrope Prozesse* 205.
Anomalous Doppler effect, *anomaler Doppler-Effekt* 228ff.
Approximation, Boussinesq, *Boussinesq-Näherung* 186.
—, static, *statische* 162.
—, neutral, *Näherung für Neutralteilchen* 252, 253.
Artificial bodies, flow around, *Fluß um künstliche Körper* 227.
Artificially stimulated emissions (ASE), *künstlich angeregte Emissionen* 332.
Atmosphere, isothermal, *isotherme Atmosphäre* 186.
—, Martian neutral, *neutrale Atmosphäre des Mars* 374.
— of Venus, neutral, *neutrale Atmosphäre der Venus* 374.
—, unified, *einheitliche Atmosphäre* 173.
—, upper, structure of the Venusian, *Struktur der oberen Atmosphäre der Venus* 376.
Attennuation, *Dämpfung* 228.
—, spatial, *räumliche* 307.

Beam instability, *Instabilität des Strahls* 226.
Beta plane, *Beta-Ebene* 184.
Bodies, boundary of, *Begrenzung von Körpern* 243.
Body at rest, small, *kleiner, ruhender Körper* 276.
—, cylindrical, *zylindrischer* 271.
—, point, *Punktkörper* 220.
— potential, *Körperpotential* 245.
—, shape, *Form des* 254.
—, slowly moving, *sich langsam bewegender* 282.
—, small, *kleiner* 220, 274, 277.
Body's velocity, *Geschwindigkeit des Körpers* 219.
Boussinesq approximation, *Boussinesq-Näherung* 186.
Bottom boundary condition, *untere Grenzbedingung* 206.
Boundary condition, bottom, *untere Grenzbedingung* 206.
— —, upper, *obere* 201.
— of bodies, *Begrenzung von Körpern* 243.
Branch, high-frequency, *hochfrequenter Zweig* 233.
—, low-frequency, *niederfrequenter* 234.
Broad-band, *Breitenband* 335.
Brunt-Vaisälä frequency, *Brunt-Vaisälä-Frequenz* 168, 186.

Calculated current systems, *berechnete Stromsysteme* 174.
Chapman-Elias layer model, *Chapman-Elias-Schichtmodell* 121.
Charge-exchange, *Ladungsaustausch* 379.
Charged-particle trap, *Käfigsonde für geladene Teilchen* 353ff., 358.
Cartesian geometry, *kartesische Geometrie* 182.
— —, rotating, *mitrotierende* 183.
Caustic, *Kaustik* 293ff.

Čerenkov absorption 238.
— damping, *Dämpfung* 228.
— excitation, *Anregung* 228.
— radiation, *Strahlung* 228ff.
Čerenkov-Vavilov effect, *Čerenkov-Vavilov-Effekt* 228.
Chorus 309ff., 332ff.
— spectrum, *Chorusspektrum* 325.
Circulation, stratospheric, *stratosphärische Zirkulation* 117, 135.
Classification of emissions, *Klassifizierung von Emissionen* 302.
Closed orbit, *geschlossene Bahn* 277.
Clouds, *Wolken* 162.
—, nacreous, *Perlmutter-* 162, 164.
—, noctilucent, *leuchtende Nachtwolken* 162, 163, 165.
$CO_2$, dissociation, *Dissoziation von* $CO_2$ 375.
Coefficient curve, lift, *Kurve für den Auftriebskoeffizienten* 168.
Collision frequency, ion, *Ionenstoßfrequenz* 170.
— —, transport, *Transportstoßfrequenz* 169.
— integral, *Stoßintegral* 225.
Combined multiple ion frequency, *kombinierte Mehrfachionenfrequenzen* 236.
Complex refractive index, *komplexer Brechungsindex* 224.
Component, main, *Hauptbestandteil* 373, 378.
Components, meridional, *meridionale Komponenten* 136.
Composition measurement, *Messung der Zusammensetzung* 371.
Condensation region, *Kondensationsgebiet* 261.
Conductivities, Pedersen and Hall, *Pedersen und Hall-Leitfähigkeiten* 170.
Continuity equation, *Kontinuitätsgleichung* 180.
Coriolis parameter 184.
Crossover frequency, *Frequenz im Kreuzungspunkt* 236, 237ff.
Cross-section, effective, differential, *effektiver differentieller Querschnitt* 286.
Current systems, calculated, *berechnete Stromsysteme* 174.
— —, dynamo, *Dynamo-Stromsysteme* 173.
Currents, dynamo, *Dynamoströme* 171.
Cut-off frequency, *Grenzfrequenz* 237, 301, 316, 321.
— —, acoustic, *akustische Grenzfrequenz* 168, 186.
— wave, *Grenzwelle* 235.
Cylindrical body, *zylindrischer Körper* 271.
Cyclotron wave, *Cyclotronwelle* 235.

Damping, Čerenkov, *Čerenkov-Dämpfung* 228.
— coefficient, spatial, *räumlicher Dämpfungs koeffizient* 239.
— decrement, *Dämpfungsdekrement* 224.
— —, temporal, *zeitliches* 238.
— factor, spatial, *räumlicher Dämpfungsfaktor* 224.
—, gyroresonance, *Gyroresonanzdämpfung* 228.
—, Landau, *Landau-Dämpfung* 228, 238.
—, Larmor, *Larmor-Dämpfung* 228.
—, spatial, *räumlich* 224.
—, temporal *zeitlich* 224.
Debye radius $\lambda_D$ 218, 220, 238.
Decrement, damping, *Dämpfungsdekrement* 224.
Density, energy, *Energiedichte* 343ff., 344.
— $\mathcal{L}$, Lagrangian, *Lagrangesche Dichte* $\mathcal{L}$ 212, 215.
— profiles, electron, *Elektronendichteprofile* 365, 368ff., 369.
—, wave momentum, *Impulsdichte der Welle* 214.
Densities, neutral particle, *Neutralteilchendichte* 372.
Deuterium 377.
Diagram, diagnostic, *diagnostisches Diagramm* 187, 188.
Diagnostic diagram, *diagnostisches Diagramm* 187, 188.
Dielectric permeability, *dielektrische Permeabilität* 228ff.
— susceptibility, *dielektrische Suszeptibilität* 227.
Differential transport, *differentieller Transport* 175.
Diffuse elastic reflection, *diffuse, elastische Reflektion* 244.
Diffusion coefficient, eddy-, *Koeffizient der Turbulenzdiffusion* 375, 376, 378.
—, molecular, *molekulare Diffusion* 126.
Disagreement between theoretical and observational results, *Diskrepanz zwischen theoretischen und beobachteten Resultaten* 160.
Dispersion equation, *Dispersionsgleichung* 196, 224, 227.
—, frequency, *Frequenzdispersion* 227.
—, spatial, *räumliche* 227, 238.
Dissipation, turbulent, *turbulente Dissipation* 206.
Dissipative processes, *Verlust-Prozesse* 205.
Dissociation of $CO_2$, *Dissoziation von* $CO_2$ 375.
Distribution function, *Verteilungsfunktion* 225, 226.
— —, Maxwellian, *Maxwellsche* 226ff.
Diurnal heat wave, *tägliche Wärmewelle* 150, 154.
— meridional winds, *tägliche meridionale Winde* 157.
— temperature variations, *Temperaturänderungen* 152–154, 161.
— variation, *Tagesgang* 119.
— wind fields, *Windfelder* 158.
— zonal winds, *zonale Winde* 159.
Domain, acoustic *akustischer Bereich* 189.
Doppler effect, *Doppler-Effekt* 228, 366.
— —, anomalous, *anomaler* 228ff.
— —, normal, *normaler* 228.
— shift, *Doppler-Verschiebung* 228.

Duct, *Wellenleiter* 197.
—, acoustic, *akustischer* 200.
Ducted modes, *Moden in Wellenleitern* 200.
Dynamic thermal control, *dynamische Regelung der Temperatur* 133.
Dynamo current systems, *Dynamo-Stromsysteme* 173.
— currents, *Dynamoströme* 171.
— region, high latitude, *Dynamoregion (hohe Breite)* 173.

Eddy diffussion coefficient, *Koeffizient der Turbulenzdiffusion* 375, 376, 378.
— — transport coefficient, *Transportkoeffizient der* 126.
— transport, *turbulenter Transport* 123, 127, 134.
— -transported heat, vertical, *turbulent vertikal transportierte Wärme* 128.
— viscosity, *turbulente Zähigkeit* 127.
Effect, Doppler, *Doppler-Effekt* 228, 366.
— of focusing, *Fokussierungseffekt* 266, 267.
—, orographic, *orographischer Effekt* 144.
—, resonance, *Resonanzeffekt* 321.
Effects, viscous, *Zähigkeitseffekte* 128.
Effective differential cross-section, *effektiver differentieller Querschnitt* 286.
— mass, *effektive Masse* 236.
Eikonal equation, *Eikonalgleichung* 195, 196.
Electric current structure, *Struktur des elektrischen Stromes* 173.
— potential fields, *elektrische Potentialfelder* 173.
Electrical conductivity structure, *Struktur der elektrischen Leitfähigkeit* 170.
Electron-acoustic wave, *elektronenakustische Welle* 239, 329.
— content, total, *gesamter Elektroneninhalt* 81, 358.
— density, maximum, *Maximum der Elektronendichte* 369, 370.
— — profiles, *Elektronendichteprofile* 365, 368ff., 369.
— focusing, *Elektronenfokussierung* 269.
— gyrofrequency, *Elektronen-Gyrofrequenz* 220, 241.
— plasma pulsation, *Elektronenplasmafrequenz* 221.
— whistler wave, *Elektronen-Whistlerwelle* 236.
Electrons, Langmuir oscillations, *Langmuir-Schwingung der Elektronen* 221.
Electronic wave, *Elektronenwelle* 236.
Electrostatic potential, *elektrostatisches Potential* 243.
— wave, *elektrostatische Welle* 240.
ELF Alfvén waves, *ELF-Alfvén-Wellen* 250, 252.
— waves, *Wellen* 250, 251.
— whistlers 302.
Elias-Chapman layer, *Elias-Chapman-Schicht* 121.
Emission 339.
— from the wake, *aus dem Nachlauf* 299.
—, Hiss 322.
—, narrow-band, *Schmalband-* 338.
Emissions, artificially stimulated (ASE), *künstlich angeregte Emissionen* 332.
—, Classification, *Klassifizierung von* 302.
—, saucer-shaped, *untertassenförmige* 322, 324.
—, whistler-triggered, (WTE), *von Whistlern angeregte* 331.
Energy density, *Energiedichte* 343ff., 344.
— —, wave, *der Welle* 210.
Energy flux, *Energiefluß* 343.
— —, velocity, *Geschwindigkeit* 248.
— -momentum tensor, *Energie-Impuls-Tensor* 212.
—, wave, *Wellenenergie* 209.
Equation, continuity, *Kontinuitätsgleichung* 180.
—, dispersion, *Dispersionsgleichung* 196, 224, 227.
—, eikonal, *Eikonalgleichung* 195, 196.
—, Euler-Lagrange, *Euler-Lagrange-Gleichung* 212, 215.
—, inhomogeneous, *inhomogene* 204.
—, kinetic, *kinetische* 225, 253.
—, Navier-Stokes 127.
— of motion, *Bewegungsgleichung* 180.
—, Poisson, *Poisson-Gleichung* 225, 227.
—, Sellmeier, *Sellmeier-Gleichung* 355.
—, Whitaker's, *Whitaker-Gleichung* 193.
Equinoctial events, *Äquinoktialereignisse* 149.
Erosion 245.
Error function, *Fehlerfunktion* 259.
Euler-Lagrange equation, *Euler-Lagrange-Gleichung* 212, 215.
Evaporation, *Verdampfung* 245.
— flux, *Verdampfungsfluß* 245.
— rate, *Verdampfungsrate* 245.
Events, equinoctial, *Äquinoktialereignisse* 149.
Excitation, *Anregung* 228, 320.
—, Čerenkov 228.
—, gyroresonance, *Gyroresonanzanregung* 228.
—, ion-cyclotron, *Ionenzyklotronanregung* 305.
Excitation of waves, *Anregung von Wellen* 295.
External particle fluxes, velocity, *Geschwindigkeit von äußeren Teilchenflüssen* 219.
— sources, *äußere Quellen* 225.
Extraordinary wave, *außerordentliche Welle* 232, 236.
Extreme low frequency branch, *extrem niederfrequenter Zweig* 234.
Explosive warming, *explosionsartige Erwärmung* 118, 131, 133ff.

Falling tone emission, *Emission abnehmender Frequenz* 332.
Far zone, *Fernzone* 253, 269, 274.
Fast electron-acoustic wave, *schnelle elektronenakustische Welle* 240.

Fast electron-acoustic wave, ion-acoustic wave, *ionenakustische Welle* 241, 251 ff., 296, 316–318, 320, 329.
— magneto-acoustic wave, *magnetoakustische Welle* 236.
Features, small scale, *kleinräumige Eigenschaften* 124.
$F_1$-type model, *Modell vom Typ* $F_1$ 375.
Field, geomagnetic, *geomagnetisches Feld* 175.
Fine structure, *Feinstruktur* 334, 339.
Finite orbit, *endliche Bahn* 277 ff.
Flow around artificial bodies, *Fluß um künstliche Körper* 227.
—, linear shear, *linearer Scherungsfluß* 192.
—, zero-order, *Fluß nullter Ordnung* 191.
Flux, energy, *Energiefluß* 343.
—, evaporation, *Verdampfungsfluß* 245.
—, thermal, *thermischer Fluß* 126.
Focusing, *Fokussierung* 284.
—, effect, *Fokussierungseffekt* 266, 267.
—, electron, *Elektronen* 269.
—, ion, *Ionen-* 269.
—, particle, *Teilchen* 261.
—, wave, *Wellen* 293.
Forcing, orographic, *Einwirkung eines Hindernisses* 206.
Frequency, acoustic cut-off, *akustische Grenzfrequenz* 168, 186.
—, Brunt-Vaisälä 186.
—, cross-over *Frequenz im Kreuzungspunkt* 236, 237 ff.
—, cut-off, *Grenzfrequenz* 237, 301, 316, 321.
— dispersion, *Frequenzdispersion* 227.
—, intrinsic, *systemeigene* 192.
—, (Brunt-) Vaisälä 186.
Function, distribution, *Verteilungsfunktion* 225, 226.
Function, Whitaker, *Whitaker-Funktion* 193.
Functions, Hough, *Hough-Funktionen* 183.
$F_2$ model, *Modell vom Typ* $F_2$ 373.

Geomagnetic field, *geomagnetisches Feld* 175.
Geometrical optics, *geometrische Optik* 195, 211.
Geometry, Cartesian, *kartesische Geometrie* 182.
Gravitational oscillations, *Schwerewelle, stationäre* 162.
Gravito-acoustic wave, modes, *akustische Schwerewellenmoden* 188.
Gravity mode, *Schweremode* 189.
— pseudomodes, *Pseudoschweremoden* 203.
Gravity wave, acoustical internal, *akustische Schwerewelle (in kompressibler Atmosphäre)* 168.
— —, internal, *Schwerewelle (in kompressibler Atmosphäre)* 168, 177, 188, 200.
— waves, *Schwerewellen* 167.
Group velocity, *Gruppengeschwindigkeit* 188, 189, 198, 247.
— —, intrinsic, *systemeigene* 211.
Growth increment, *Inkrement der Zunahme* 224.
Gyrofrequency, electron, *Elektronen-Gyrofrequenz* 220.
—, *Ionen-* 170, 220.
—, proton, *Protonen-* 316.
Gyroresonance, *Gyroresonanz* 336.
— damping, *Gyroresonanzdämpfung* 228.
—, electron, *Elektronen-* 241.
— excitation, *Gyroresonanzanregung* 228.
—, ion, *Ionen-* 247.
Gyroresonances, multiple proton, *Harmonische der Protonengyroresonanzfrequenz* 316.

Hamilton's variational principle, *Hamiltonsches Variationsprinzip* 211, 212.
Heat flux, Transport, *Transport des Wärmeflusses* 127.
—, vertical eddy-transported, *turbulent vertikal transportierte Wärme* 128.
Heat wave, *Wärmewelle* 151.
— —, diurnal, *tägliche* 150, 154.
Heating of the stratopause, *Aufheizung der Stratopause* 121.
Helium 378.
Hemispheric similarities, *hemisphärische Ähnlichkeiten* 147.
— systems, interaction between, *Wechselwirkung zwischen hemisphärischen Systemen* 174.
— tidal system, *Gezeiten-System* 151.
HF Langmuir wave, *HF-Langmuir-Welle* 238 ff., 337, 340.
HF waves, *HF-Wellen* 248.
High-frequency branch, *hochfrequenter Zweig* 233.
High latitude dynamo region, *Dynamoregion (hohe Breite)* 173.
High-pass, *Hochpass* 335.
Higher hybrid frequency, *obere Hybridfrequenz* 231, 337.
Hiss 309 ff., 332 ff.
Hiss emission 322.
Hiss, VLF 322.
Hooks, *Emissionen mit hakenförmigem Sonagramm* 331.
Horizontal scale, *horizontaler Maßstab* 125.
Hot plasma, *heißes Plasma* 228.
Hough functions, *Hough-Funktionen* 183.
Hybrid frequency, *Hybridfrequenz* 236.
— —, higher, *obere* 231, 337.
— —, lower, *untere* 230, 231, 234, 236, 301, 320 ff., 321 ff.
Hydrodynamic approximation, quasi-, *quasihydrodynamische Näherung* 228.
Hydromagnetic whistlers, *hydromagnetische Whistler* 302, 303.
Hydrostaticity, *Hydrostatik* 185.

Incompressibility, *Inkompressibilität* 185.
Increment, growth, *Inkrement der Zunahme* 224.
Inelastic reflection, *inelastische Reflektion* 244.

Inertia, spatial, *Trägheit, räumlich* 227.
—, temporal, *zeitliche* 227.
Infinite orbit, *unbegrenzte Bahn* 277.
— particles, *Teilchen mit unbegrenzter Bahn* 281.
— trajectories, *unbegrenzte Bahnlinie* 278.
Inhomogeneous equation, *inhomogene Gleichung* 204.
Integral, collision, *Stoßintegral* 225.
Interaction between hemispheric systems, *Wechselwirkung zwischen hemisphärischen Systemen* 174.
— — the neutral and electrical components, *neutralen und geladenen Komponenten* 171.
— of particles, *von Teilchen* 228.
Interface modes, *Grenzflächenmoden* 199, 200.
Intermediate zone, *Zwischenzone* 220, 252.
Internal gravity wave, *Schwerewelle (in kompressibler Atmosphäre)* 168, 177, 188, 200.
— — —, acoustical *akustische* 168.
Instability, beam, *Instabilität des Strahls* 226.
Intrinsic frequency, *systemeigene Frequenz* 192.
— group velocity, *Gruppengeschwindigkeit* 211.
— magnetic field, *systemeigenes Magnetfeld* 380.
Ion-acoustic wave, *ionenakustische Welle* 240ff.
Ion-collision frequency, *Ionenstoßfrequenz* 170.
Ion-cyclotron amplification, *Ionenzyklotronverstärkung* 305.
— excitation, *Ionenzyklotronanregung* 305.
— resonance wave, *Ionenzyklotronresonanzwelle* 305.
— waves, *Ionenzyklotronwellen* 221.
— whistler, *Ionenzyklotronwhistler* 306.
— focusing, *Ionenfokussierung* 269.
— frequency, combined multiple, *kombinierte Mehrfachionenfrequenzen* 236.
— gyrofrequency, *Ionengyrofrequenz* 170, 220.
— gyroresonance, *Ionengyroresonanz* 247.
— plasma pulsation, *Ionenplasmafrequenz* 221.
— -whistler wave, *Ionenwhistlerwelle* 235.
Ionic wave, *Ionenwelle* 235.
Ionosphere, upper, *obere Ionosphäre* 376.
— of Mars, *des Mars* 360, 363, 380.
— of Venus, *der Venus* 365.
Isothermal atmosphere, *isotherme Atmosphäre* 186.

Jet, stratospheric tidal, *stratosphärischer Gezeitenstrahl* 155.

Kinetic equation, *kinetische Gleichung* 225, 253.
Knee (= plasmapause), *Plasmapause* 330, 341, 371.
Kronecker symbol 227.

Lagrangian density $\mathcal{L}$, *Lagrangesche Dichte* $\mathcal{L}$ 212, 215.
Lamb modes, *Lamb-Moden* 199, 200.
— waves, *Lamb-Wellen* 189, 200.
Landau damping, *Landau-Dämpfung* 228, 238.
Langmuir ion oscillation, low frequency, *niederfrequente Langmuir-Ionenschwingung* 240.
— oscillations of electrons, *Langmuir-Schwingung der Elektronen* 221.
— -Tonks wave, *Langmuir-Tonks-Welle* 240.
— wave, HF, *HF Langmuir-Welle* 238ff., 337, 340.
Laplace's tidal equation, *Laplacesche Gezeitengleichung* 156, 183.
Large body, *großer Körper* 220.
— — potential, *Potential des großen Körpers* 280.
Larmor damping, *Larmor-Dämpfung* 228.
— radius 218, 220, 231.
Law, adiabatic, *adiabatisches Gesetz* 180.
—, Maxwell-Boltzmann 227.
Layered model, *Modell mit mehreren Schichten* 194.
Ledge, *Knick* 379.
Lee waves, *Leewelle* 208.
LF waves, *LF-Wellen* 249.
Lift coefficient curve, *Kurve für den Auftriebskoeffizienten* 168.
Linear shear flow, *linearer Scherungsfluß* 192.
Low frequency branch, *niederfrequenter Zweig* 234.
— — —, extreme, *extrem* 234.
— — Langmuir ion oscillation, *niederfrequente Langmuir-Ionenschwingung* 240.
— — range, very, *niederstfrequenter Bereich* 235.
Lower hybrid frequency, *untere Hybridfrequenz* 230, 231, 234, 236, 298, 301, 320ff., 321ff.
Longitudinal plasma oscillation, *longitudinale Plasmaschwingung* 233.
—, quasi-, *quasilongitudinal* 230.
— resonance oscillation, *longitudinale Resonanzschwingung* 238.

Mach cone, *Machscher Kegel* 261.
Magnetic field, intrinsic, *systemeigenes Magnetfeld* 380.
Magneto-acoustic waves, *magnetoakustische* Wellen 251.
Magnetopause 219.
Magnetosheath, *magnetosphärische Übergangsregion* 219.
Magnetosphere, *Magnetosphäre* 219.
—, pseudo-, *Pseudo-* 376.
Magnetospheric reflected whistlers, *in der Magnetosphäre reflektierte Whistler* 325, 327.
Main component, *Hauptbestandteil* 373, 378.
Martian ionosphere, *Ionosphäre des Mars* 360, 363, 380.

Martian ionosphere, model, *Modell der* 371.
— neutral atmosphere, *neutrale Atmosphäre* 374.
Mass, effective, *effektive Masse* 236.
Maximum of electron density, *Maximum der Elektronendichte* 369, 370.
Maxwell-Boltzmann law, *Maxwell-Boltzmann-Gesetz* 227.
Maxwellian distribution function, *Maxwellsche Verteilungsfunktion* 226ff.
Measurement, composition, *Messung der Zusammensetzung* 371.
Meridional components, *meridionale Komponenten* 136.
— wind profiles, *Windprofile* 138, 139.
— winds, *Winde* 144, 148.
— —, diurnal, *tägliche* 157.
Meteorological pocket network (MRN), *meteorologisches Raketennetz (MRN)* 117, 119, 120.
Micro-pulsations, pearl-type, *perlenartige Mikropulsationen* 302.
Mode, gravity, *Schweremode* 189.
Modes, *Moden* 196.
—, ducted, *in Wellenleitern* 200.
—, gravity pseudo, *Pseudoschweremoden* 203.
—, gravitoacoustic wave, *akustische Schwerewellenmoden* 188.
—, interface, *Grenzflächenmoden* 199, 200.
—, Lamb 199, 200.
—, normal, *normale* 197, 198.
— of oscillation, *Schwingungsmoden* 202.
Model, Chapman-Elias layer, *Chapman-Elias-Schichtmodell* 121.
—, $F_1$-type, *Modell vom Typ* $F_1$ 375.
—, layered, *mit mehreren Schichten* 194.
— of the Martian ionosphere, *der Ionosphäre des Mars* 371.
— temperature structure, *zur Temperaturstruktur* 155.
— of type E, *vom Typ E* 373.
— — — $F_2$ 373.
— — — Venusian ionosphere, *Ionosphäre der Venus* 371.
Modified Alfvén VLF waves, *modofizierte Alfvén-VLF-Wellen* 250.
— — wave, *Alfvén-Welle* 236.
Momentum, angular, *Drehimpuls* 213.
— density, wave, *Impulsdichte der Welle* 214.
—, energy-, tensor, *Energie-Impuls-Tensor* 212.
—, wave, angular, *Drehimpuls der Welle* 216.
Monsoonal character, *monsunartiger Charakter* 117, 135, 140.
MRN (meteorological rocket network), *meteorologisches Raketennetz* 117, 119, 120.
Motion, equation, *Bewegungsgleichung* 180.
Mountain waves, *Bergwellen* 206.
Molecular diffusion, *molekulare Diffusion* 126.
Multicomponent plasma, *Mehrkomponentenplasma* 236.
Multi-lobe angular character, *Winkelverhalten mit mehreren Strahlungskeulen* 288.
Multiple proton gyroresonances, *Harmonie der Protonengyroresonanzfrequenz* 316.

Nacreous clouds, *Perlmutterwolken* 162, 164.
Narrow-band emission, *Schmalbandemission* 338.
Navier-Stokes equation, *Navier-Stokes-Gleichung* 127.
Near zone, *Nahzone* 253, 266.
Neutral and electrical components interaction between, *Wechselwirkung zwischen neutralen und geladenen Komponenten* 171.
— approximation, *Näherung für Neutralteilchen* 252, 253.
— atmosphere, Martian, *neutrale Atmosphäre des Mars* 374.
— — of Venus, *Venus* 374.
— particle densities, *Neutralteilchendichte* 372.
Noctilucent clouds, *leuchtende Nachtwolken* 162, 163, 165.
Non-divergent waves, *nichtdivergierende Wellen* 190.
Non-isothermal sound velocity, *nichtisotherme Schallgeschwindigkeit* 240ff.
Nonlinear processes, *nichtlineare Prozesse* 204.
Nonthermal sound velocity, *nichtthermische Schallgeschwindigkeit* 221.
Normal Doppler effect, *normaler Doppler-Effekt* 228.
— modes, *normale Moden* 197, 198.
$\gamma$-Whistlers 325, 328.

Occultation method, radio-, *Radiookkultationsmethode* 353ff., 354, 359, 360.
Open orbit, *offene Bahn* 277.
Optics, geometrical, *geometrische Optik* 195, 211.
Orbit, closed, *geschlossene Bahn* 277.
—, finite, *endliche* 277ff.
—, open, *offene* 277.
Orbits, infinite, *unbegrenzte Bahn* 277.
Ordinary wave, *ordentliche Welle* 232.
Orographic effect, *orographischer Effekt* 144.
— forcing, *Einwirkung eines Hindernisses* 206.
Oscillation, longitudinal resonance, *longitudinale Resonanzschwingung* 238.
—, modes, *Schwingungsmoden* 202.
Oscillations, gravitational, *Schwerewellen, stationäre* 162.
Outer ionosphere, *äußere Ionosphäre* 219, 236.
Ozonosphere, *Ozonosphäre* 120.
Ozone profile, *Ozonprofil* 122.

**P**acket, wave, *Wellenpaket* 214, 215.
parameter, *Coriolis* 184.
Partial accommodation, *partielle Akkomodation* 244.
Particle focusing, *Teilchenfokussierung* 261.
— reflection, *Teilchenreflektion* 243, 244.
Particles, infinite, *Teilchen mit unbegrenzter Bahn* 281.
—, interaction, *Wechselwirkung von Teilchen* 228.
—, production of new, *Erzeugung neuer* 243, 245.
Path, phase, *Phasenweg* 354, 355, 357.
Pearl-type micro-pulsations, *perlenartige Mikropulsationen* 302.
Pedersen and Hall conductivities, *Pedersen- und Hall-Leitfähigkeiten* 170.
Permeability, dielectric, *dielektrische Permeabilität* 228ff.
— tensor, plasma, dielectric, *Tensor der dielektrischen Plasmapermeabilität* 225.
Permittivity, *Dielektrizitätskonstante* 228.
Phase path, *Phasenweg* 354, 355, 357.
Phase velocity, *Phasengeschwindigkeit* 188, 189, 224, 231.
Plane, beta, *Beta-Ebene* 184.
Plasma 169.
— dielectric permeability tensor, *Tensor der dielektrischen Plasmapermeabilität* 225.
— flow around solid bodies, *Plasmafluß um feste Körper* 217, 252.
—, hot, *heißes* 228.
—, multicomponent, *Mehrkomponentenplasma* 236.
— oscillation, longitudinal, *longitudinale Plasmaschwingung* 233.
Plasmapause 219, 224, 330, 341, 376, 381.
Plasma pulsation, electron, *Elektronenplasmafrequenz* 221.
— —, ion, *Ionenplasmafrequenz* 221.
— potential, *Plasmapotential* 273.
—, quiescent, *ruhendes* 225.
— refraction, *Plasma-Verdünnung* 355.
Plasmasphere, *Plasmasphäre* 353.
Plasma temperature profiles, *Plasmatemperaturprofile* 364.
—, Wave trapping in, *Welleneinfang im Plasma* 235.
Point, singular, *singulärer Punkt* 228.
— body, *Punktkörper* 220.
Poisson equation, *Poisson-Gleichung* 225, 227.
Polar regions, winter, *Winterpolargebiete* 134.
Potential body, *Körperpotential* 245.
—, electrostatic, *elektrostatisches* 243.
— field, electric, *elektrisches Potentialfeld* 173.
—, large body, *Potential eines großen Körpers* 280.
—, plasma, *Plasmapotential* 273.
—, small body, *Potential eines kleinen Körpers* 280.
Pressure, solar wind, *Druck des Sonnenwindes* 378.
Processes, anisotropic, *anisotrope Prozesse* 205.
—, dissipative, *Verlust-* 205.
—, nonlinear, *nichtlineare* 204.
Production of new particles, *Erzeugung neuer Teilchen* 243, 245.
Profile, ozone, *Ozonprofil* 122.
—, vertical temperature, *vertikales Temperaturprofil* 130, 131.
Profiles, meridional wind, *meridionale Windprofile* 138, 139.
— of refractivity, *Brechungsprofile* 356, 361.
—, plasma temperature, *Plasmatemperaturprofile* 364.
—, zonal wind, *Profile zonaler Winde* 126, 136, 137.
Proton gyrofrequency, *Protonengyrofrequenz* 316.
— whistler, *Protonenwhistler* 306.
Pseudomagnetosphere, *Pseudomagnetosphäre* 376.

**Q**uasi-hydrodynamic approximation, *quasihydrodynamische Näherung* 228.
— -longitudinal 230.
— -periodic structure, *-periodische Struktur* 259.
— -quiescent, *quasiruhend* 220.
Quiescent plasma, *ruhendes Plasma* 225.

**R**adiation, Čerenkov, *Čerenkov-Strahlung* 228ff.
Radius $\lambda_D$, Debye 218, 220, 238.
—, Larmor 218, 220, 231.
—, typical, *typischer* 275.
Radio-occultation method, *Radiookkultationsmethode* 353ff., 354, 359, 360.
Rarefaction region, *Gebiet verminderter Dichte* 262.
Rate, evaporation, *Verdampfungsrate* 245.
Ratio, vertical-horizontal, *Verhältnis vertikal zu horizontal* 125.
Ray tracing, *Strahlbestimmung* 195.
Reflection, *Reflektion* 301.
—, diffuse, elastic, diffuse, *elastische* 244.
—, inelastic, *inelastische* 244.
—, particle, *Teilchenreflektion* 243, 244.
—, specular, *spiegelnde* 244.
Refractivity, profiles, *Brechungsprofile* 356, 361.
Refraction, plasma, *Plasmaverdünnung* 355.
Region, transitional, *Übergangsgebiet* 224.
Resonance, *Resonanz* 297.
— condition, *Resonanzbedingung* 297.
— effect, *Resonanzeffekt* 321.
— oscillation, longitudinal, *longitudinale Resonanzschwingung* 238.
Refractive index, complex, *komplexer Brechungsindex* 224.
Richardson number, *Richardson-Zahl* 192, 193.
Rising tone, *Emission anwachsender Frequenz* 332.

Rotating Cartesian geometry, *mitrotierende kartesische Geometrie* 183.
Rotating sphere, *rotierende Kugel* 183.

Saucer-shaped emission, *untertassenförmige Emission* 322, 324.
Scale, horizontal, *horizontaler Maßstab* 125.
Scattering, *Streuung* 225, 286, 377.
— function, *Streufunktion* 287, 288.
— spatial lobe, *räumliche Strahlenkeule der Streuung* 289.
S.C.I. (stratospheric circulation index), *stratosphärischer Zirkulationsindex* 139–149.
Sellmeier equation, *Sellmeier-Gleichung* 355.
Semiannual variation, *halbjährliche Änderung* 147.
Separation of variables, *Separation der Variablen* 181.
Shadowing, *Schattenwurf* 284.
Shape of the body, *Form des Körpers* 254.
Shear flow, linear, *linearer Scherungsfluß* 192.
Shift, Doppler, *Doppler-Verschiebung* 228.
Shock front, *Stoßfront* 381.
— wave, *Stoßwelle* 261, 271.
Short electron whistler, *kurzer Elektronenwhistler* 307, 330.
— -hop whistlers, *Whistler mit kurzem Weg* 325.
— ion whistler, *kurzer Ionenwhistler* 307.
Similarities, hemispheric, *hemisphärische Ähnlichkeiten* 147.
Singular point, *singulärer Punkt* 228.
Slow electron-acoustic wave, *langsame elektronenakustische Welle* 240.
— ion-acoustic wave, *ionenakustische Welle* 241, 251ff., 318, 319.
Slowly moving body, *sich langsam bewegender Körper* 282.
Small body, *kleiner Körper* 220, 274, 277.
— — at rest, *kleiner, ruhender Körper* 276.
— — potential, *Potential des kleinen Körpers* 280.
— scale features, *kleinräumige Eigenschaften* 124.
— — structure, *Struktur* 119, 123.
Solar wind, *Sonnenwind* 222, 381.
Solar wind pressure, *Druck durch Sonnenwind* 378.
Solid bodies, plasma flow around, *Plasmafluß um festen Körper* 217, 252.
Sonagram 303, 306.
Sound speed, *Schallgeschwindigkeit* 166, 167, 201.
Sound velocity, non-isothermal, *nichtisotherme Schallgeschwindigkeit* 240ff.
— —, nonthermal, *nichtthermische* 221.
Sources, *Quellen* 202.
—, external, *äußere* 226.
Spatial attenuation, *räumliche Dämpfung* 307.
— damping, *Dämpfung,* 224.
— damping factor, *Dämpfungsfaktor* 224.
— damping coefficient, *Dämpfungskoeffizient* 239.
— dispersion 227, 238.
— inertia, *Trägheit* 227.
— lobe, scattering, *Strahlungskeule der Streuung* 289.
Spectral density, *Spektraldichte* 343.
Specular reflection, *spiegelnde Reflektion* 244.
Speed of sound, *Schallgeschwindigkeit* 166, 167, 201.
Sphere, rotating, *rotierende Kugel* 183.
Spikes, *Resonanzspitzen* 336.
Static approximation, *statische Näherung* 162.
Stratonull surface, *Stratonullfläche* 135.
Stratopause, heating, *Aufheizung der Stratopause* 121.
Stratospheric circulation, *stratosphärische Zirkulation* 117, 135.
— — index (S.C.I.), *stratosphärischer Zirkulationsindex* 139–149.
— tidal jet, *Gezeitenstrahl* 155.
Structure, acoustical, *akustische Struktur* 166.
—, electric current, *Struktur des elektrischen Stromes* 173.
—, model temperature, *Modell zur Temperaturstruktur* 155.
— of the Venusian upper atmosphere, *der oberen Atmosphäre der Venus* 376.
—, quasi-periodic, *quasiperiodische* 259.
—, small scale, *kleinräumige* 119, 123.
—, wave, *Wellenstruktur* 164.
Subprotonospheric whistlers, *subprotonosphärische Whistler* 325, 327.
Supersonic flow, *Überschallströmung* 253.
— motion, zone, *Bereich der Überschallbewegung* 220.
— velocity, *Überschallgeschwindigkeit* 220.
Surface, stratonull, *Stratonullfläche* 135.
Susceptibility, dielectric, *dielektrische Suszeptibilität* 227.
Symbol, Kronecker, *Kronecker-Symbol* 227.

Tail, *Schwanz* 369.
Temperature, *Temperatur* 372.
— profile, vertical, *vertikales Temperaturprofil* 130, 131.
— profiles, plasma, *Plasmatemperaturprofile* 364.
— structure, model, *Modell zur Temperaturstruktur* 155.
— variations, diurnal, *tägliche Temperaturänderungen* 152–154, 161.
Temporal damping, *zeitliche Dämpfung* 224.
— — decrement, *zeitliches Dämpfungsdekrement* 238.
— Inertia, *Trägheit* 227.
Tensor, energy-momentum, *Energie-Impuls-Tensor* 212.
Theoretical and observational results, disagreement between, *Diskrepanz zwischen theoretischen und beobachteten Resultaten* 160.

Thermal control, dynamic, *dynamische Regelung der Temperatur* 133.
— flux, *thermischer Fluß* 126.
— structure, *thermische Struktur* 129.
— tides, *Gezeiten* 150, 161.
— transport 126.
Thermal velocity of electrons, *thermische Geschwindigkeit der Elektronen* 220.
— — of ions, *Ionengeschwindigkeit* 220.
— wind relation, *Windrelation* 156.
Tidal equation, Laplace's, *Laplacesche Gezeitengleichung* 156, 183.
— jet, stratospheric, *stratosphärischer Gezeitenstrahl* 155.
— system, hemispheric, *hemisphärisches Gezeitensystem* 151.
— theory, *Gezeitentheorie* 161, 205.
Tides, thermal, *thermische Gezeiten* 150, 161.
Total electron content, *gesamter Elektroneninhalt* 81, 358.
Trace velocity, *Spurgeschwindigkeit* 188, 189.
Trajectories, infinite, *unbegrenzte Bahnlinien* 278.
transformation of longitudinal waves, *Umwandlung longitudinaler Wellen* 301.
Transitional region, *Übergangsgebiet* 224.
Transport coefficient, eddy diffusion, *Transportkoeffizient der Turbulenzdiffusion* 126.
— collision frequency, *Transportstoßfrequenz* 169.
—, differential, *differentieller* 175.
—, eddy, *turbulenter* 123, 127, 134.
— heat flux, *des Wärmeflusses* 127.
—, thermal, *thermischer* 126.
Transverse whistlers, *transversale Whistler* 325, 327.
Traps, charged-particle, *Käfigsonde für geladene Teilchen* 353ff., 358.
Trapped waves, *eingefangene Wellen* 340.
Turbulent dissipation, *turbulente Dissipation* 206.
Typical radius, *typischer Radius* 275.

Unified atmosphere, *einheitliche Atmosphäre* 173.
Upper boundary condition, *obere Grenzbedingung* 201.
— ionosphere, *Ionosphäre* 376.

Vaisälä frequency, (Brunt-), *(Brunt-) Vaisälä-Frequenz* 186.
Variables, separation, *Separation der Variablen* 181.
Variation, semiannual, *halbjährliche Änderung* 147.
—, diurnal, *Tagesgang* 119.
Variations, diurnal temperature, *tägliche Temperaturänderungen* 152–154, 161.
Variational principle, Hamilton's, *Hamiltonsches Variationsprinzip* 211, 212.
Vavilov-Čerenkov effect, *Čerenkov-Vavilov-Effekt* 228.
Velocity, Alfvén, *Alfvén-Geschwindigkeit* 221.
— body's, *Geschwindigkeit des Körpers* 219.
— of electrons, thermal, *thermische Geschwindigkeit der Elektronen* 220.
— of energy flux, *Energiefluß-Geschwindigkeit* 248.
— of external particle fluxes, *Geschwindigkeit von äußeren Teilchenflüssen* 219.
—, group, *Gruppengeschwindigkeit* 188, 189, 198.
—, intrinsic group, *systemeigene Gruppengeschwindigkeit* 211.
— of ions, thermal, *thermische Ionengeschwindigkeit* 220.
—, non-isothermal sound, *nichtisotherme Schallgeschwindigkeit* 240ff.
—, phase, *Phasengeschwindigkeit* 188, 189, 224.
—, supersonic, *Überschallgeschwindigkeit* 220.
—, trace, *Spurgeschwindigkeit* 188, 189.
Venusian ionosphere, model, *Modell der Ionosphäre der Venus* 371.
— upper atmosphere, structure, *Struktur der oberen Atmosphäre der Venus* 376.
Venus, ionosphere, *Ionosphäre der Venus* 365.
—, neutral atmosphere, *neutrale Atmosphäre der Venus* 374.
Vertical eddy-transported heat, *turbulent vertikal transportierte Wärme* 128.
— -horizontal ratio, *Verhältnis vertikal zu horizontal* 125.
— temperature profile, *vertikales Temperaturprofil* 130, 131.
— wave equation, *vertikale Wellengleichung* 182, 192.
Very low frequency range, *niederstfrequenter Bereich* 235.
Viscosity, eddy, *turbulente Zähigkeit* 127.
Viscous effects, *Zähigkeitseffekte* 128.
VLF hiss 322.
— waves, *VLF-Wellen* 250.

Wake, *Nachlauf (Schweif)* 254.
—, emission from the, *Emission aus dem* 299.
Warming, explosive *explosionsartige Erwärmung* 118, 131, 133ff.
Wave, acoustic, *akustische Welle* 240ff.
—, Alfvén, *Alfvén-Welle* 235.
— angular momentum, *Drehimpuls der* 216.
— cut-off, *Grenzwelle* 235.
—, cyclotron, *Zyklotronwelle* 235.
—, electron whistler, *Elektronenwhistlerwelle* 236.
—, electron-acoustic, *elektronenakustische Welle* 239, 329.
—, electronic, *Elektronenwelle* 236.
—, electrostatic, *elektrostatische* 240.
— energy, *Wellenenergie* 209.
— — density, *Energiedichte der Welle* 210.

Wave, equation, vertical, *vertikale Wellengleichung* 182, 192.
—, extraordinary, *außerordentliche* 232, 236.
—, fast magneto-acoustic, *schnelle magnetoakustische Welle* 236.
—, — electron-acoustic, *elektronenakustische* 240.
—, — ion-acoustic, *ionenakustische* 241, 251 ff., 296, 316–318, 329.
— focusing, *Wellenfokussierung* 293.
—, HF Langmuir, *HF-Langmuir-Welle* 238 ff., 337, 340.
—, internal gravity, *Schwerewelle (in kompressibler Atmosphäre)* 168, 177, 188, 200.
—, ion-acoustic, *ionenakustische* 240 ff.
—, ion-cyclotron resonance, *Ionenzyklotronresonanzwelle* 305.
—, ionic, *Ionenwelle* 235.
—, ion-whistler, *Ionenwhistlerwelle* 235.
—, Langmuir-Tonks, *Langmuir-Tonks-Welle* 240.
—, LF 249.
—, modified Alfvén, *modifizierte Alfvén-Welle* 236.
— momentum density, *Impulsdichte der* 214.
—, ordinary, *ordentliche* 232.
— packet, *Wellenpaket* 214, 215.
—, shock, *Stoßwelle* 261, 271.
—, slow electron-acoustic, *langsame elektronenakustische* 240.
—, — ion-acoustic, *ionenakustische* 241, 251 ff., 318, 319.
— structure, *Wellenstruktur* 164.
— trapping in plasma, *Welleneinfang im Plasma* 235.
Waves, ELF, *ELF-Wellen* 250, 251.
—, ELF-Alfvén 250, 251.
—, excitation, *Anregung von* 295.
—, gravity, *Schwerewellen* 167.
—, HF 248.
—, ion-cyclotron, *Ionenzyklotronwellen* 221.
—, Lamb 189, 200.
—, lee, *Leewellen* 208.
—, magneto-acoustic, *magnetoakustische* 251.
—, modified Alfvén VLF, *modifizierte Alfvén-VLF-Wellen* 250.
—, mountain, *Bergwellen* 206.
—, non-divergent, *nichtdivergierende* 190.
—, transformation of longitudinal, *Umwandlung longitudinaler* 301.
—, trapped, *eingefangene* 340.
—, VLF 250.
Whistler, ion-cyclotron, *Ionenzyklotronwhistler* 306.
—, proton, *Protonenwhistler* 306.
—, short ion, *kurzer Ionenwhistler* 307.
— triggered emissions (WTE), *von Whistlern angeregte Emissionen* 331.
— wave, electron, *Elektronenwhistlerwelle* 236.
Whistlers, ELF, *ELF-Whistler* 302.
— hydromagnetic, *hydromagnetische* 302, 303.
—, magnetospheric reflected, *in der Magnetosphäre reflektierte* 325, 327.
—, short-hop, *Whistler mit kurzem Weg* 325.
—, subprotonspheric, *subprotonosphärische* 325, 327.
—, transverse, *transversale* 325, 327.
Whistlers, *v* 325, 328.
Whitaker's equation, *Whitaker-Gleichung* 193.
Whitaker function, *Whitaker-Funktion* 193.
Wind fields, diurnal, *tägliche Windfelder* 158.
— profile, zonal, *Profil zonaler Winde* 126, 136, 137.
— profiles, meridional, *meridionale Windprofile* 138, 139.
— relation, thermal, *thermische Windrelation* 156.
— shear, *Windscherung* 127.
Winds, diurnal meridional, *tägliche meridionale Winde* 157.
—, — zonal, *zonale* 159.
—, meridional, *meridionale* 144, 148.
Winter polar regions, *Winterpolargebiete* 134.
— storm period, *Sturmperiode* 117, 131, 133, 137, 140, 147.

Zero-order flow, *Fluß nullter Ordnung* 191.
Zonal wind profile, *Profil zonaler Winde* 126, 136, 137.
Zonal winds, diurnal, *tägliche zonale Winde* 159.
Zone, intermediate, *Zwischenzone* 220, 252.
— of supersonic motion, *Bereich der Überschallbewegung* 220.

# Index

## pour la contribution écrite en francais:

## A. T. Vassy et E. Vassy: La luminescence nocturne. (The Nightglow.)

Activité magnetique, *magnetische Aktivität* 77ff., 111.
— solaire, *der Sonne* 76, 83.
Aérosol, *Aërosol* 60, 66.
Alpha, Lyman, *Lyman-Alphalinie* 32.
Altitude, *Höhe* 57, 62, 65ff., 70, 71, 109.
Arc, auroral, *Nordlichtbogen* 70.
—, intertropical, *tropischer Bogen* 70, 90.
Artificielles, perturbations, *künstliche Störungen* 101.
Astronomique, statistique, *astronomische Statistik* 13.
Atmosphérique, système, *atmosphärisches System* 36.
Atmospheriques, bandes, *atmosphärische Banden* 56, 108.
Atomique, oxygène, *atomarer Sauerstoff* 87.
Auroral, arc, *Nordlichtbogen* 70.
Azote, *Stickstoff* 31, 37.
—, oxydes, *Stickstoffoxyde* 114.

Bandes atmosphériques, *atmosphärische Banden* 56, 108.
— de Herzberg, *Bandenspektrum von Herzberg* 32, 35, 70.
— — Kaplan-Meinel, *Bandenspektrum von Kaplan-Meinel* 36.
— — Meinel de OH, *Meinel-Bande (von OH)* 37.
— — OH, *OH-Bandenspektrum* 38, 52, 56, 65, 76, 92.
— — $O_2$, *Bandenspektrum des Sauerstoffs* 53.
— — Slipher, *Slipher-Banden* 108.
—, spectre, *Bandenspektrum* 32.
Blamont-Kastler, dispositif, *Anordnung* 20.

Cannelé, spectre, *kannelliertes Spektrum* 20.
Chapman 87.
—, mécanisme de, *Chapmansche Theorie* 88.
Chocs inélastiques, *inelastische Stöße* 91.
— triples, *Dreifachstöße* 88.
Claire nuits, *klare Nächte* 47.
Conjugue magnetique, *magnetisch konjugierte Orte* 83.
Colonne, émission intégrée dans la, *Emission innerhalb einer Säule* 11.
Contenu total d'electrons, *gesamter Elektroneninhalt* 81.
Continu, fond, *kontinuierlicher Hintergrund* 70, 71.
—, spectre, *kontinuierliches Spektrum* 39, 43.
Continuum, *Kontinnum* 65, 94.
Cosmique, rayonnement, *kosmische Strahlung* 81.
Couleur, *Farbe* 24.
Cours de l'année, variations, *jährliche Änderung* 53.
— de la unit, variation, *Änderung während der Nacht* 48.
Crépusculaire, effet, *Dämmerungseffekt* 50, 51.
Crépuscule, *Dämmerung* 51, 104.
Cycle solaire, *(elf-jähriger) Sonnenfleckenzyklus* 73, 79.

Désactivation, *Entaktivierung* 90, 91.
Détachement, *Ablösung* 90.
Diffusion incohérente, soundeur, *Rückstreuradar* 81.
— moléculaire, *molekulare Difussion* 59.
Dispositif Blamon-Kastler, *Blamont-Kastler-Anordnung* 20.
Dissociation, recombinaison avec, *dissoziative Rekombination* 89, 90, 93.
Distribution spatiale de la raie, *räumliche Verteilung des Strahls* 71, 73.
— verticale, *vertikale* 65ff., 68.
Doppler-Fizeau, effet de, *Doppler-Fizeau-Effekt* 95, 96.
Doublet jaune de Na I, *gelbes Natrium-Doublet* 56.

Échelette, réseaux, *Echelette-Gitter* 26.
Éclairement, *Beleuchtung* 8.
Éclat, *Aufleuchten* 9.
Éclipse, *Sonnenfinsternis* 111, 112.
Effet Čerenkov, *Čerenkov-Effekt* 81.
— crépusculaire, *Dämmerungseffekt* 50, 51.
— de Doppler-Fizeau, *Doppler-Fizeau-Efekt* 95, 96.
Electrons, contenu total, *gesamter Elektroneninhalt* 81.
Émission intégrée dans la colonne, *Emission innerhalb einer Säule* 11.
Emittance, *Emittanz* 9, 44.
Énergétiques, unités, *energetische Einheiten* 10.
Énergie 39.
E région 79.
Espace, variations, *räumliche Änderung* 57.

Étalon secondaire, *sekundäres Normalmaß* 41.
— photométrique, *photometrisches Normalmaß* 22.
Étude spectrale, *spektrale Untersuchung* 25.
Excitation, potentiel, *Anregungspotential* 31ff., 38.
Extra-galactiques, sources, *extragalaktische Quellen* 85.

Fluorescence, *Fluoreszenz* 110.
Flux, *Fluß* 8.
Fond continu, *kontinuierlicher Hintergrund* 70, 71.
F région 79.
Fusée, *Rakete* 27, 63, 64, 111, 112.

Géomagnetique, latitude, *geomagnetische Breite* 78.

Herzberg, bandes de, *Bandenspektrum von Herzberg* 32, 65, 70.
Hétérogenéité, *Heterogenität* 57, 60.
Hydrogène, *Wasserstoff* 28, 32.

Identification, *Identifizierung* 28.
Inélastiques, chocs, *inelastische Stöße* 91.
«Interdite», transition, *verbotener Übergang* 28, 31.
Interféromètre, *Interferometer* 26, 32.
Intensité, *Intensität* 8, 37.
Intertropical, arc, *tropischer Bogen* 70, 90.
Invariante, latitude magnétique, *invariante magnetische Breite* 68ff., 69.
Ionosphére, *Ionosphäre* 79.
Ionosphériques itinérantes, perturbations, *raschlaufende Veränderungen der Ionosphäre* 81.
Ions négatifs, *negative Ionen* 87.
— positifs, *positive* 87.

Jaune de Na I, doublet, *gelbes Natrium-Doublet* 56.
—, raie, *gelbe Emission* 51, 65, 70, 76, 77.
27 jours, période, *27-tägige Periode (der Sonnenrotation)* 76.

Kaplan-Meinel, bande de, *Bandenspektrum von Kaplan-Meinel* 36.

Latitude, *Breite* 67, 70, 71, 74ff.
— géomagnetique, *geomagnetische* 78.
— magnétique invariante, *invariante magnetische* 68ff., 69.
L'oeil, sensibilité, *Empfindlichkeit des Auges* 17.
Longueur d'onde, *Wellenlänge* 11.
Lumière stellaire, *Sternlicht* 85.
— totale, *unzerlegtes Licht* 45, 53.
— zodiacale, *Zodiakallicht* 85.
Luminance, *Luminanz* 9, 21.
Lunaires, marée, *Mondgezeiten* 82.
Lyman alpha, *Lyman-Alphalinie* 32.

Magnetique, activité, *magnetische Aktivität* 77ff., 111.
—, conjugue, *magnetisch konjugierte Orte* 83.
—, orage, *magnetischer Sturm* 78.
Magnitude, *Größe (von Sternen)* 9.
Marée lunaires, *Mondgezeiten* 82.
Mécanisme de Chapman, *Chapmansche Theorie* 88.
Meinel, bandes (de OH), *Meinel-Bande (von OH)* 37.
Mesures visuelles, *visuelle Messungen* 22.
— photoélectriques, *photoelektrische* 22.
Météorite, *Meteorit* 109.
Méthode de Van Rhijn, *Van Rhijn-Methode* 58, 66.
Méthodes photoélectriques, *photoelektrische Methoden* 18.
— photographiques, *photographische* 17, 21.
— visuelles, *visuelle* 16.
Moléculaire, diffusion, *molekulare Diffusion* 59.
Molécule OH, *OH-Molekül* 28.
Multiplicateur, photo-, *Photoelektronenvervielfacher* 19.

Negatifs, ions, *negative Ionen* 87.
Nuits claire, *klare Nächte* 47.

OH, bandes, *OH-Bandenspektrum* 38, 52, 56, 65, 76, 92.
d'Onde, longueur, *Wellenlänge* 11.
Optique, resonance, *optische Resonanz* 108.
Orage magnétique, *magnetischer Sturm* 78.
Ozone, *Ozon* 59, 60, 89, 91–94, 102, 112.
$O_2$, bandes, *Bandenspektrum des Sauerstoffs* 53.
Oxydes d'azole, *Stickstoffoxyde* 114.
Oxygène, *Sauerstoff* 28, 29, 32.
— atomique, *atomarer* 87.

Période de 27 jours, *27-tägige Periode (der Sonnen-Rotation)* 76.
— solaire undécennale, variation avec la, *Variation mit der elf-jährigen Sonnenflecken-Periode* 56.
— undécennale, *elf-jährige Periode* 71, 76.
Permise, raie, *erlaubter Strahl* 31, 32.
Perturbations artificielles, *künstliche Störungen* 101.
— ionosphériques itinérantes, *raschlaufende Veränderungen der Ionosphäre* 81.
Photochimiques, processus, *photochemische Prozesse* 93.
Photodissociation, *Photodissoziation* 87.
Photoélectriques, mesures, *photoelektrische Messungen* 22.
—, méthodes, *Methoden* 18.
Photographiques, méthodes, *photographische Methoden* 17, 21.
Photomètre, *Photometer* 17.
Photométrique, étalon, *photometrisches Normalmaß* 22.
Photomultiplicateur, *Photoelektronenvervielfacher* 19.
Polarisation 44, 110.

Positifs, ions, *positive Ionen* 87.
Potentiel d'excitation, *Anregungspotential* 31 ff., 38.
Processus photochimiques, *photochemische Prozesse* 93.

**R**adiative, recombinaison, *strahlende Rekombination* 90.
Raie jaune, *gelbe Emission* 51, 65, 70, 76, 77.
— $L_\alpha$ (Lyman-alpha), $L_\alpha$*-Strahl* 114.
— permise, *erlaubter Strahl* 31, 32.
— rouge, *rote Emission (des Nachtleuchtens)* 45, 50, 56, 70, 76–79, 106.
— verte, *grüne Emission (des Nachtleuchtens)* 27, 45, 48, 54, 60, 63, 65, 70, 76–79, 87, 107.
Rayleigh 12.
Rayonnement cosmique, *kosmische Strahlung* 81.
Recombinaison, *Rekombination* 88.
— avec diddociation, *dissoziative* 89, 90, 93.
— radiative, *strahlende* 90.
Région E, *E-Region* 79.
— F, *F-Region* 79.
Répartition, *Verteilung* 23.
Réseaux échelette, *Chelette-Gitter* 26.
Résonance, *Resonanz* 108, 110.
— optique, *optische* 108.
Rouge, raie, *rote Emission (des Nachtleuchtens)* 45, 50, 56, 70, 76–79, 106.

**S**atellite, *Satellit* 27, 66, 112.
Secondaire, étalon, *Normalmaß* 41.
Sensibilité de l'oeil, *Empfindlichkeit des Auges* 17.
SLIPHER, bandes de, *Slipher-Banden* 108.
Sodium, *Natrium* 31.
Solaire, activité, *Sonnenaktivität* 76, 83.
—, cycle, *(elf-jähriger) Sonnenfleckenzyklus* 73, 79.
Soundeur à diffusion incohérente, *Rückstreuradar* 81.
Sources extra-galactiques, *extragalaktische Quellen* 85.
Spatiale de la raie, distribution, *räumliche Verteilung des Strahls* 71, 73.
Spectrale, étude, *spektrale Untersuchung* 25.
Spectre, *Spektrum* 28.
— cannelé, *kannelliertes* 20.
— continu, *kontinuierliches* 39, 43.
— de bandes, *Bandenspektrum* 32.
Spectrographe, *Spektrograph* 25.
Sporadique, variation, *sporadische Änderung* 46.
Statistique astronomique, *astronomische Statistik* 13.
Stellaire, lumière, *Sternlicht* 85.
Système atmosphérique, *atmosphärisches System* 36.

**T**empérature, *Temperatur* 95, 97, 99.
Temps, variation dans le, *zeitliche Änderung* 46.
Totale, lumière, *unzerlegtes Licht* 45, 53.
Triangulation, *Ortsbestimmung durch Triangulation* 62, 63.
Transition «interdite», *verbotener Übergang* 28, 31.

**U**ndécennale, période, *elf-jährige Periode* 71, 76.
Unités énergétiques, *energetische Einheiten* 10.
— quantiques, *Einheiten* 11.
— visuelles, *visuelle* 8.

**V**an Rhijn méthode, *Van Rhijn-Methode* 58, 66.
Vapeur d'eau, *Wasserdampf* 60.
Variation avec la periode solaire undécennale, *Variation mit der elf-jährigen Sonnenflecken-Periode* 56.
— — au cours de l'année, *jährliche Änderung* 53.
— — — de la unit, *Änderung während der Nacht* 48.
— dans le temps, *zeitliche Änderung* 46.
— sporadique, *sporadische* 46.
Variations dans l'espace, *räumliche Änderung* 57.
Verte, raie, *grüne Emission (des Nachtleuchtens)* 27, 45, 48, 54, 60, 63, 65, 70, 76–79, 87, 107.
Verticale, distribution, *vertikale Verteilung* 65 ff., 68.
Visuelles, mesures, *visuelle Messungen* 22.
—, méthodes, *Methoden* 16.
—, unités, *visuelle Einheiten* 8.

**Z**odiacale, lumière, Zodiakallicht 85.

# Physics and Chemistry in Space

Editors: J. G. Roederer, J. T. Wasson

The series "Physics and Chemistry in Space" will cover the following main topics: Solar Physics, Cosmic Rays, Interplanetary Plasma and Fields, Physics of the Magnetosphere, Radiation Belts, Aurora and Airglow, Ionosphere, Aeronomy, Moon, Planets, and Interplanetary Condensed Matter, Satellite Geodesy, Satellite Meteorology, Satellite and Rocket Astronomy Techniques, Exobiology.

Vol. 1: A. J. Jacobs

## Geomagnetic Micropulsations

81 figures. VIII, 179 pages. 1970

**Contents:** The Earth's Magnetic Field. — The Morphology of Geomagnetic Micropulsations. — Magneto-Hydrodynamic Waves. — Theories of the Origin of Pc 1 Pulsations. — Theories of Pc 2—5 and Pi Oscillations. Micropulsations and the Diagnostics of the Magnetosphere.

Vol. 2: J. G. Roederer

## Dynamics of Geomagnetically Trapped Radiation

94 figures. XIV, 166 pages. 1970

**Contents:** Particle Drifts and the First Adiabatic Invariant. — Bounce Motion, the Second Adiabatic Invariant and Drift Shells. — Periodic Drift Motion and Conservation of the Third Adiabatic Invariant. — Trapped Particle Distributions and Flux Mapping. — Violation of the Adiabatic Invariants and Trapped Particle Diffusion. — Appendices.

Vol. 3: I. Adler, J. I. Trombka

## Geochemical Exploration of the Moon and Planets

129 figures. X, 243 pages. 1970

**Contents:** Introduction. — Instruments Used for Compositional Exploration. — Instruments and Techniques Under Development. — Apollo Surface Missions and the Lunar Receiving Laboratory Program. — Date Processing and Analysis. — Orbital and Surface Exploration Systems After Early Apollo.

Vol. 4: A. Omholt

## The Optical Aurora

54 figures. XIII, 198 pages. 1971

**Contents:** The Occurence and Cause of Auroras: a Short Introduction. — The Electron Aurora: Main Characteristics and Luminosity. — The Proton Aurora. — The Optical Spectrum of Aurora. — Physics of the Optical Emissions. — Temperature Determinations from Auroral Emissions. — Pulsing Aurora. — Optical Aurora and Radio Observations. — Auroral X-Rays.

**Springer-Verlag Berlin Heidelberg New York**